2020

YEARBOOK OF CHINA AGRICULTURAL PRODUCTS PROCESSING INDUSTRIES

中国农产品加工业年鉴

科学技术部农村科技司
中国农业机械化科学研究院　编
中国包装和食品机械有限公司
食品装备产业技术创新战略联盟

中国农业出版社
CHINA AGRICULTURE PRESS

内 容 简 介

　　本年鉴较系统地记述了我国有关农产品加工业发展的方针、政策、法律、法规和规划等贯彻执行情况；有关领导、专家对发展我国农产品加工业的论述；本领域内相关行业的发展综述；简介了相关行业经济运行情况及名、优、特、新产品；登载了农产品加工业的国内外统计资料；记载了相关的国家标准、行业标准、专利以及本行业的大事记。本年鉴资料新颖、准确、科学、翔实，内容丰富，可供政府管理部门、协会、学会、中介组织、生产企业、科研教学单位的管理人员、策划人员、教育工作者和科技工作者参考。

编 辑 出 版 说 明

一、为紧跟我国农产品加工业发展的时代脉搏和大力宣传主旋律，在各级领导和行业专家的支持和帮助下，我们组织编辑出版的《中国农产品加工业年鉴》（2020）与广大读者见面了，其宗旨是为我国农产品加工业的发展起到桥梁和促进作用。

二、《中国农产品加工业年鉴》由科学技术部、农业农村部、国家发展和改革委员会、国家林业和草原局、国家粮食和物资储备局、中华全国供销合作总社、中国机械工业联合会、中国轻工业联合会的有关主管部门及农产品加工业相关协会、学会、科研院所、大专院校等，与中国农业机械化科学研究院、中国包装和食品机械有限公司、食品装备产业技术创新战略联盟联合编辑出版。

三、《中国农产品加工业年鉴》（2020）安排了7个部分的框架内容，每个栏目名称基本未变，其中的内容和数据均以2019年的基本情况为主；但根据资料的获取难易程度也有部分2018年前后的情况，并保持每卷年鉴的连续性，其中的政策法规及重要文件、大事记和标准均以2020年的基本情况为主。

四、《中国农产品加工业年鉴》记述了相关方针、政策、法律、法规和规划等贯彻执行情况；记述了有关领导、专家对发展我国农产品加工业的论述；记述了本领域相关行业的发展综述；介绍了农产品加工业行业经济运行情况及名、优、特、新产品；登载了农产品加工业国内外统计资料；记载了相关的国家标准、行业标准、专利以及本行业的大事记。年鉴既述事，也记人，每年编辑、出版一卷。若干年后，不但可以见证我国每年的农产品加工业发展情况，而且将是系统、全面、可靠、翔实的史册和工具书。由于年鉴的权威性和正式的连续出版发行，将有益于国内外各界了解和研究我国农产品加工业现状与发展等情况，促进相互交流与合作；有益于各部门借鉴现实和历史经验，掌握全局，运筹帷幄，制定政策和发展规划，指导本行业健康发展；有益于社会各界沟通行业信息、产品信息，互相学习，取长补短，推动我国农产品加工业的发展和乡村振兴战略的实施。

五、本年鉴各部分所列数据，因来源渠道不同，不尽一致。全面的数据均以国家统计局提供的为准。本年鉴全国性统计数据均不包括香港、澳门两个特别行政区和中国台湾省。两区一省的相关数据，在年鉴的附录中列出。

六、为系统、准确、科学、翔实地反映我国农产品加工业现状，并力争办出本年鉴的特色，我们在编辑中继续突出了综述文章以当年国家重点抓的农产品加工业中的有关行业为主，全书内容以推动产业发展为主，国家标准、行业标准与专利以加工工艺、设备和相应的产品为主，统计数据以国家统计局经济行业分类为主，国外的统计数据以特点显著的部分发达国家和少数发展中国家为主等。

七、本年鉴的编辑、出版、发行等工作，得到了中央及各级有关部门、协会、学会、科研院所、高等院校、生产企业、社会团体的大力支持和帮助，谨此表示衷心的感谢！

目　录

编辑出版说明

第六部分　大事记

第七部分　附　录

Contents

Editors Notes

Part Ⅰ Special Subjects Exposition

Part Ⅱ Development Situation of Related Trades

Part Ⅲ Policies, Regulations and Important Documents

Part Ⅳ Domestic Comprehensive Statistics Materials

Part Ⅴ　Standard and Patents

Part VI   Chronicle of Events

Part VII   Appendix

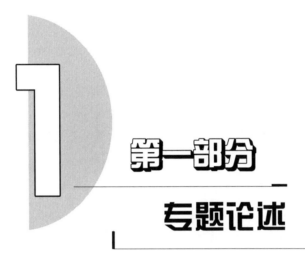

第一部分

专题论述

坚持守正创新 科技自立自强
接续推进我国食品装备产业高质量发展

科学技术部农村科技司

食品装备作为食品加工工艺技术工程化应用的载体，是支撑食品工业提质增效、高质量发展和增强产业竞争力的必备物质基础。"十三五"以来，行业深入贯彻落实习近平总书记"四个面向"的重要指示精神，贯彻落实国家创新驱动发展、装备制造强国和乡村振兴战略，坚持守正创新，科技自立自强，我国食品加工装备行业持续保持健康发展势头，行业规模、产业结构、产品质量、技术创新和国际竞争力等都取得了突破性进展，为我国食品工业快速发展提供了有力支撑。

一、发展成就

我国食品装备行业经过 40 多年发展，不断加大技术创新、积极推进产业转型升级，总体保持稳步发展，产品结构升级趋势显著，头部企业实力明显增强，行业集中度进一步提升；出口稳定增长，贸易顺差逐步扩大。

（一）行业发展保持稳定态势

行业规模总体稳中有升，"走出去"步伐明显加快。2019 年，全国食品装备制造行业 1 047 家规模以上企业实现主营业务收入 1 178.99 亿元，同比增长 2.63%。其中，商业、饮食、服务业专用设备同比增长 12.92%，包装专用设备同比增长 8.78%，这两个领域比 2018 年有较大增长。出口稳步增长，贸易顺差进一步扩大，2019 全年实现进出口贸易总额 110.61 亿美元，同比增长 7.49%，其中出口 68.37 亿美元，同比增长 11.01%，进口 42.24 亿美元，同比增长 2.25%。

（二）科技创新推动行业技术进步

食品装备领域创新成效显著，科技投入持续增长，建立了服务全产业链的食品装备制造创新体系。通过国家科技计划稳步投入，推动食品装备产品结构向多元化、优质化、功能化方向发展，高科技、高附加值产品的比例稳步提升，产品综合性能和自动化水平不断提升，部分装备填补了国内空白，高端装备、

成套装备的技术水平与国际先进水平逐步接近，部分产品性能达到或超过国外先进水平，并开拓了国际市场，实现了高端成套装备从长期依赖进口到基本实现自主化并成套出口的跨越，科技进步促进了行业整体水平和产品质量不断提高。研发了一批具有自主知识产权的核心技术和先进装备，研制了一批高水平成套装备和自动化生产线，如国内首条 12 000 瓶/h 非浓缩还原汁超洁净冷灌装生产线；机器人上甑、智能化白酒酿造成套装备；大型酒糟绿色循环酿酒智能发酵仓技术；谷物醋固态发酵机组及其成套装备关键技术。开发了一批下游产业和市场亟须的新产品和高端成套装备，行业领军企业提供了一批生产整体解决方案和信息化、智能化开发应用系统，在车间交钥匙工程设计、设备集成优化、数字化监控、信息化远程管理、节能降耗、质量追溯等方面也取得了明显进步。

（三）产业结构调整促进行业高质量发展

围绕全产业链发展需求，进一步推动了食品装备制造业与上下游产业的融合创新发展，不断推进产业发展方式、经营模式、产品结构的调整，传统酿造食品、面食、肉类等领域装备的自动化、智能化水平不断提升，休闲食品领域装备、新兴中央厨房领域蓬勃发展，液态食品领域的技术装备不断升级，初步实现了食品和包装机械与人工智能、大数据、云计算、互联网、机器人等新技术的融合发展；培育形成了一批市场占有率高、辐射带动能力强、技术创新和成套集成实力显著、具有明显竞争优势的行业骨干企业和龙头企业，提高了重点产品与关键装备的生产集中度，有效地提高了国产关键装备和高端成套装备的技术水平；对中小食品和包装机械企业，通过打造企业"专、精、特、新"等优势，形成了各类企业分工协作、共同发展的新格局。

（四）行业技术创新体系和服务平台不断完善

建立了大中型骨干企业为主体、以科研单位和高等院校为支撑的食品和包装机械行业技术创新体系，成立了一批国家级、省级和行业的研发中心和创新示

范基地，一批具有较强科技创新能力的企业在各个细分领域建立了企业工程技术研发中心。在技术创新过程中，产学研合作不断向纵深发展，合作层次不断提高，合作模式不断创新，人才队伍不断壮大，创新能力普遍增强。相关高校积极开展食品机械、包装机械等领域的人才培养和科学研究等工作，培养一批高素质的专业创新人才；与企业合作，共同完成一批国家重点研发计划项目和省级技术创新项目，突破了一批产业共性关键技术和重大产品技术创新，解决了部分影响行业发展的技术瓶颈。

二、存在不足

我国食品工业规模以上企业总营业收入已超过10万亿元，成为国民经济各门类中名副其实的第一大产业。但食品加工技术整体上仍处于初加工多、综合利用低、能耗高的发展阶段，国产化的食品加工核心技术装备水平不高，以传统制造装备为主，大型食品企业超过80%的高端装备仍依赖进口；食品企业较多通过技术引进或者装备仿制来满足市场需求，面临潜在的技术封锁风险，高端食品加工装备已成为我国食品产业安全和高质量发展的瓶颈。

（一）高端关键零部件和重要软件依赖进口

目前，国产食品加工和包装机械基本满足了我国大部分食品加工业的发展需求，但高性能装备和高速生产线的高端关键零部件国产性能达不到要求，如高性能PLC、伺服电机、控制单元、气动元器件、密封件、电磁阀、高速轴承、部分高端精密仪器和专用传感器等需要进口，装备制造的设计软件、控制软件、信息化管理软件等高端软件还依赖进口。

（二）核心技术研发和自主创新能力亟待提升

面对激烈竞争的国内外市场，行业还普遍存在核心技术缺乏、研发投入不足、自主创新能力不强的局限，大多数企业属于中小企业，没有研发中心，技术力量薄弱，不重视研发和技术创新。研究院所和高等院校本领域专业化的研究团队和研究平台较少，缺少能与发达国家可比的研究开发试验基地。基础研究、原创性研究及共性技术创新和关键核心技术集成创新不够，高端关键装备和高水平智能生产线攻关力度不够，具有自主知识产权的产品供给不足，致使企业缺少核心竞争力，严重制约行业创新驱动和高质量发展。

（三）行业集中度低且缺少具有国际影响力的企业

我国食品装备制造行业80%以上为中小企业，规模以上企业仅有1 047家，2019年仅有1家企业的主营业务收入突破20亿元，与国际顶尖企业如瑞典利乐公司（TetraPak）2018年全球营收112亿欧元、德国克朗斯公司（Krones）2017年全球营收36.91亿欧元相比，本领域国内装备企业在规模上相差巨大，缺乏竞争力和产品垄断力。行业中小企业发展，缺少围绕产业链错位发展的战略和路径，创新投入和融资能力有限，围绕产业链高端生产线和成套装备供给能力不足，企业规模发展缓慢。国际知名企业依托庞大的营收规模，投入巨额研发资金，在技术创新、系统集成和智能化方面不断推出新一代产品，形成跨代垄断和竞争优势。国内企业受到规模和创新能力的制约，难以形成与国际一流企业集团抗衡的创新能力、成套服务能力、资本实力和市场竞争能力。

三、发展趋势

（一）制造方式绿色化

食品工业、农产品加工业是高能耗、高污染、高耗水的产业，克服这些问题需要积极开展基于装备全生命周期的技术创新和集成，实现从产品设计、制造、包装、运输、使用、报废与回收利用等全生命周期的绿色化，重视采用绿色制造技术和生产工艺，考虑资源和能源的节约和持续利用，减少废料和污染物的产生及排放，提高生产和使用过程的经济效益和社会效益。

（二）工艺创新与装备成套化

目前，中小规模食品企业生产工艺落后，特别是传统食品生产工艺源于手工作坊式生产，致使生产装备落后，缺少成套生产装备，不能适应食品的工业化生产需求。必须基于大工业化和现代化生产的特征和需求，采用新技术和技术集成的方法，改造和创新食品生产工艺，加强工艺与装备融合发展，开发适应现代食品生产和包装的新工艺、新方法、新技术、新装备及生产线，提高装备的技术水平和生产效率，实现食品生产装备的成套化和智能化。

（三）信息技术融合与智能化

食品加工与产品包装具有生产过程复杂、工作环节多、参量耦合性强、质量控制要求高等特点，互联网技术、机器人、大数据、云计算、人工智能等先进技术的快速发展，实现食品加工和包装生产过程的数据采集、分析处理、控制的实时化，实现面向不同产品的柔性化和智能化生产，为装备自动化、柔性化、智能化和智能车间、智慧工厂发展提供了重要支撑。

四、发展重点

当前，全球新一轮科技革命和产业变革蓬勃发展，大数据、云计算、人工智能等新一代信息技术与装备制造业深度融合；欧美等发达国家推进再工业化，吸引高端制造业回流，一些新兴市场国家利用比较优势吸引中低端制造业转移，对我国形成"前堵后追"倒逼态势；新冠肺炎疫情、中美贸易摩擦等不确定性重大事件频发，给我国食品加工装备制造业带来前所未有的挑战。今后一个时期，围绕构建"双循环"新发展格局，更好支撑乡村振兴战略实施，食品装备行业必须要把"坚持守正创新、科技自立自强，推进转型升级和高发展质量"作为核心任务，实现食品装备制造大国向制造强国转变。

面向未来，要坚持"稳规模、调结构、提水平、强创新、攻关键、保安全"的高质量发展思路，把技术创新、智能化、信息化、绿色安全、高效节能及重要成套装备作为食品装备行业发展的重点，以"四个加强"为主线，全面推进食品装备科技创新、智能制造、绿色制造和高质量发展，努力实现"中国制造向中国创造转变、中国速度向中国质量转变、中国产品向中国品牌转变"。

（一）加强先进设计方法创新

为提高食品装备产品质量和性能、缩短开发周期、降低原材料消耗及制造成本，加强数字化设计平台开发，利用机械优化设计、虚拟样机、模块化设计和集成设计等先进设计技术，推动产品设计从传统的面向零部件、单一工作过程、单一学科的局部优化发展到面向整体的多学科全面优化，加快研发高速度、高精度、高性能和智能化的装备。建立面向全行业共享的国家级创新设计平台，开发本领域多学科交叉虚拟仿真优化平台，推进装备制造向服务型制造转型发展，重点建设智能工厂及车间，搭建智能制造网络系统平台，实现食品和包装机械制造的数字化和智能化，提高关键零部件和整机的制造质量。

（二）加强共性关键技术及通用装备研发

围绕行业亟须攻克的共性关键技术，通过原始技术创新与系统集成创新，创新绿色、高效和高端加工关键技术。重点开展高效食品粉碎技术及装备、食品高效分离提取技术及装备、食品节能干燥技术及智能装备、食品减菌技术与智能装备、食品冷加工技术及装备、食品洁净加工技术及装备、食品制造感知技术及品质检测装备、食品工业机器人应用等技术和装

备，以及食品包装共性关键技术及通用包装机械研发，不断推出智能化、绿色化、高性能的通用装备，满足食品工业、包装工业快速发展的装备需求。

（三）加强重点专用技术与成套装备开发

面向重点产业发展需求，加大关键技术攻关，提升关键装备和成套设备的技术水平，服务食品工业和农产品加工业高质量发展。重点开展禽畜智能屠宰与肉类加工成套装备、乳制品加工技术与成套装备、水产品保鲜加工技术与装备、果蔬智能加工技术及装备、大型油脂加工成套装备、方便食品加工成套装备、传统中式调理食品工业化装备、发酵酿造关键技术及装备等成套装备研发与示范应用，开展大型高速饮料啤酒包装、果汁和乳制品高速杀菌灌装封盖、白酒和酱油等传统酿造产品高速灌装封盖等智能化生产线，以及物流化包装装备及智能化立体仓储系统研发，支撑我国特色食品加工业高质量、高效益、高水平发展。

（四）加强食品工业互联网服务平台建设

充分发挥行业组织和公共服务网络基础，联合食品加工行业骨干企业、重要软件企业、大数据及互联网企业、高等学校和科研院所，共同建设中国食品工业互联网服务平台。建立上下游产业企业信息服务数据库和供应链平台，实现企业需求信息和资源供给信息共享；建立食品和农产品加工智能制造服务平台，为下游企业提供技术、装备等共享信息在线服务；建立基于5G互联网、物联网、大数据、云计算和人工智能等技术的在线协同智能制造服务平台，打造产业基础高级化、产业链现代化，实现产品数字设计、协同制造、生产管理服务等的信息化、智能化和现代化。

站在两个一百年的历史交汇点，面对复杂严峻国内外环境特别是新冠肺炎疫情等巨大冲击，确保国家粮食安全和农产品有效供给，接续推进全面乡村振兴，需要我们胸怀"两个大局"，始终坚持守正创新，坚持科技自立自强，积极推动我国食品和农产品加工装备制造业实现以创新为引领，以战略科技力量为支撑，以培育具有国际竞争力的优势企业为主体，开创产业基础高级化、产业链现代化，行业技术创新能力、产品技术水平和国际竞争力显著增强的发展新局面，推动我国食品和农产品加工装备行业由制造大国跨入制造强国行列。

聚焦"四个重点" 推进农产品加工业做大做强

农业农村部乡村产业发展司司长 曾衍德

一、农产品加工业是乡村产业的骨干组成部分,在农业农村现代化中居于举足轻重的地位

乡村产业包括现代种养业、乡村特色产业、农产品加工流通业、乡村休闲旅游业、乡村新型服务业和乡村信息产业,其中农产品加工业是体量最大、产业关联度最高、农民受益面最广的产业。2019 年,规模以上农产品加工企业 8.1 万家,农产品加工业营业收入超过 22 万亿元,成为为耕者谋利、为食者谋福的产业,成为农业农村现代化的重要支撑力量。

促进乡村产业发展,需要大力发展农产品加工业。农产品加工业是发展潜力最大的乡村产业,产业链延伸的关键环节。加工业强不强,事关产业链长不长。乡村产业的发展,有的纵向延伸农业产业链条,"接二连三";有的横向拓展农业功能,"隔二连三"。但这都是以农产品加工业为纽带的,即便是休闲农业也离不开"后背箱"和"伴手礼"加工制品。农产品加工业是产业体系的重要一环。"农头工尾、粮头食尾",关键是农产品加工,贯通科工贸金,就好比人体的"腰"部,腰杆子硬了,产业体系就强了。农产品加工业是农民就业增收的重要途径。基层干部讲:"农业不加工,等于一场空"。据测算,消费者每支出 10 元钱购买农产品,种养环节只挣 1 元,加工环节挣 3 元,流通餐饮等环节挣 6 元。

促进农业转型升级,需要大力发展农产品加工业。农业结构调整、转型升级、供给侧结构改革,农产品加工业是主线,抓住这一主线的手,并不单是政府有形的手,还有市场无形的手。一方面,推进农业供给侧结构性改革,农产品加工业是重要带动力。农产品加工业发展了,农户就可以根据市场需求,生产适销对路的产品;就可以加工需求为牵引,形成"为加工而种、为加工而养"的格局。另一方面,引导社会资本下乡,农产品加工业是重要投资领域。农产品加工业门类广、链条长,有着巨大的投资空间。在城市工业发展到一定阶段后,社会资本就会关注农产品加工业,这将利于引导加工产能向主产区、优势区和物流节点下沉,促进产地与销区、科技与产业的协同发展。

促进产业融合发展,需要大力发展农产品加工业。过去,原字号农产品卖不上好价钱,关键是农产品加工存在"短板",也是产业融合发展的"短板",更是农业农村现代化的"短板"。一方面,农产品加工业助力农业提质增效。目前,我国农产品加工业总产值与农业总产值之比为 2.3∶1,比发达国家平均的 3.5∶1 低 1.2 个比值。据测算,每增加 0.1 个比值,加工业产值将会增加 1 万多亿元。另一方面,农产品加工业助力要素跨界配置。农产品加工业将工业化标准理念和服务业人本理念注入农业,把田间地头打造成"原料车间",把加工流水线打造成"观光工厂",把体验店打造成"现场制作""线上销售",把二三产业留在农村,把就业岗位和增值收益留给农民。

二、农产品加工业发展面临难得机遇,孕育着巨大的发展空间

农产品加工业的发展,与国家的发展大战略密切相关。乡村振兴战略的实施,形成以国内经济大循环为主体、国内国际双循环相互促进的新发展格局,这些都为加工业的发展带来难得的发展机遇。体现在以下几点:

政策驱动力增强,为农产品加工业健康发展营造良好环境。中央明确坚持农业农村优先发展,城乡融合发展加快步伐,特别是双循环经济发展格局的构建,将带动乡村设施条件改善,土地、资金、人才、产品等资源要素将向乡村汇聚,广阔农村将是一个充满活力、充满朝气、充满生机的新天地。农产品加工企业深耕农业、植根农村,以农业为"根据地",以农村为"大后方",必将成为优先受益对象。

市场驱动力增强,为农产品加工业快速发展注入强大动力。目前,我国人均 GDP 已达 1 万美元,恩

格尔系数下降到 27.7%，已经进入"小康＋健康"阶段，健康性、营养性、便利性消费大幅增加。现在6亿多农村居民收入增加、4亿多中产阶层消费升级，加上生活工作节奏加快，对方便快捷、营养安全的加工食品需求剧增，为农产品加工企业适应消费、引领消费、创造消费提供发展机会。

技术驱动力增强，为农产品加工业转型升级提供有利条件。现代新技术、新装备快速发展，5G、云计算、物联网、区块链技术，以及智能制造、生物合成、3D打印等技术与农产品加工业交互联动，提高了加工智能化、自动化、精细化水平。包子、饺子、花卷、汤圆等，以往只能手工制作，现在随着自动机械装备水平的提高，这些主食都已经实现了工厂化生产、规模化制作，既保持了传统风味，效率也大大提升。

机遇稍纵即逝，我们要善于把握大势，善于抓住机遇，赢得发展先机，就一定能够实现农产品加工业的更好发展、更大提升。

三、农产品加工企业要争做促进农业农村现代化排头兵，争当国内国际"双循环"新发展格局的领头雁

农业农村现代化，农产品加工业是重要标志。构建国内国际"双循环"新发展格局，农产品加工业发展空间巨大。大战略、大格局，需要大产业、大企业，农产品加工业必须在这一大背景下，建设大基地，打造大链条，创响大品牌，实现大发展。

打造抱团发展联合体，成为乡村产业发展的引领者。实践表明，农产品加工企业发展好的地方，往往能够激活一片区域、壮大一个产业、带动一方农民。一些农民讲，"如果有加工、何必去打工"。加工企业要主动融入乡村产业发展，把农业农村作为长期发展的"大本营"，而不是作为"跳板"。要发挥带动者、主力军、突击队的作用，进行要素导入和产业对接，把工业化标准理念和服务业人本理念注入农业。同时，通过发展农业产业化联合体等多种形式，引导小农户分工分业发展，成为现代农业发展的积极参与者和主要受益者。

主推融合发展新模式，成为农业融合现代产业要素的开拓者。统筹发展初加工、精深加工、综合利用加工，提升加工业质量效益。一方面，是技术融合。当前，全新技术革命，正在引领产业变革。农产品加工企业要借势重塑产业形态、重构经营模式、重组市场主体。一方面，是产业融合。当前，农村产业融合

发展趋势明显，催生出一大批新产业新业态新模式。农产品加工企业要顺势超越产业竞争，实现"腾笼换鸟"、实施"蓝海"策略。

开辟绿色发展新领域，成为绿水青山转为金山银山的示范者。绿色是农产品加工业的本色，是未来农产品加工业最鲜明的特征，同时，绿色发展是一场革命。农产品加工企业要坚持绿色生态导向，推进农产品加工副产品和废弃物循环、梯次、全值、综合利用，最大限度提高资源利用率。同时，要引领农业绿色发展，通过示范引导、技术培训等途径，在小农户中普及绿色生产方式。

融入国内国际"双循环"新发展格局，成为提升农业国际竞争力的领航者。随着我国构建国内经济大循环、国内国际双循环新发展格局的加快落实，迫切需要农产品加工企业参与进去。一方面，充分发挥资金、技术、产品、市场等方面的比较优势、先发优势，加快融入国际分工体系，充分利用两个市场、两种资源，补齐资源短板。另一方面，找准自身定位，围绕当地的特色优势资源进行合作开发、投资兴业，提高国际化配置资源的能力，争创具有全球竞争力的世界一流企业。

提升农产品加工业是促进乡村产业振兴的重中之重，按照中央部署要求，农业农村部将聚焦"四个重点"，推进农产品加工业做大做强。一是完善扶持政策。落实好国家已经出台的农产品加工业政策，进一步完善"地、钱、人"等政策。在地上，研究保障农产品加工业等一二三产业融合发展用地政策。在钱上，推动县域金融机构将吸收的存款、小微企业融资优惠政策重点使用于农产品加工业。开发信用乡村、信用园区建设，建立诚信台账和信息库。在人上，支持龙头企业"引人""育人""留人"政策。二是壮大企业队伍。引导龙头企业采取多种方式，建立大型农业企业集团，打造知名企业品牌，形成国家、省、市、县级龙头企业梯队，打造乡村产业发展"新雁阵"。扶持一批龙头企业牵头、家庭农场和农民合作社跟进、广大小农户参与的农业产业化联合体。三是加快科技创新。以农产品加工关键环节和瓶颈制约为重点，组织科研院所、大专院校与企业联合开展技术攻关，研发一批先进加工技术。扶持一批农产品加工装备研发机构和生产创制企业，开展信息化、智能化、工程化加工装备研发，集成组装一批科技含量高、适用性广的加工工艺及配套装备，提升农产品加工层次水平。四是搭建平台载体。集聚资源、集中力量，建设一批产加销贯通、贸工农一体、一二三产业融合发展的农产品加工园区、国际农产品加工产业园，形成"一村一品"微型经济圈、农业产业强镇小

型经济圈、现代农业产业园中型经济圈、优势特色产业集群大型经济圈，构建"圈"状发展格局。

我们要紧紧围绕国家发展大战略，布局好农产品加工业大棋局，顺势而为、乘势而上，共同推动农产品加工业高质量发展，助力乡村全面振兴和农业农村现代化。

（本文为作者于 2020 年 9 月 6 日在河南省驻马店市举办的全国乡村产业发展论坛上的报告，略有删改）

加快农产品仓储保鲜冷链设施建设的思路与对策

农业农村部市场与信息化司司长　唐珂

2020 年中央 1 号文件要求，启动农产品仓储保鲜冷链物流设施建设工程。农业农村部为此专门印发了实施意见，作出全面部署。做好这项促进现代农业发展的重大牵引性工程，既是推动农业高质量发展和乡村振兴的重点内容，更是适应人民群众美好生活需要和消费升级的重要举措。

一、加快农产品仓储保鲜冷链设施建设，促进农业生产和农产品消费双升级

是推动农业供给侧结构性改革的客观需要。城乡居民农产品消费正由"吃得饱"向"吃得更安全、更营养、更健康"转变。最近 5 年，我国肉、蛋、奶、水果、水产品人均消费量平均每年分别上涨 3.3%、3.4%、1.0%、4.6%、1.8%。快速变化的消费升级，倒逼产业链、供应链提质增效，迫切要求加快发展农产品仓储保鲜冷链设施，降低农产品产后损耗，满足周年供应和均衡上市需求，提供更多质优物美的农产品。

是实现乡村产业振兴的内在要求。农产品仓储保鲜冷链设施是现代农业发展的重要支撑。目前需求缺口很大，有关资料显示我国鲜活农产品储藏保鲜需求满足比例不超过 20%。加快建设步伐有助于发挥流通对生产的先导性作用，促进生产、加工、物流基地建设，实现区域内技术、制度、管理等方面的交流与合作，提升组织化、规模化、标准化和信息化水平，放大产业规模和外溢效应。

是顺畅农产品高效流通的迫切需要。农产品仓储保鲜冷链设施为农产品提供了一条区别于传统的渠道与平台，契合了农产品跨地域、大流通、反季节的现实需要，产地供给增加"收储"，市场需求加大"投放"，形成产地农产品流通的"蓄水池"和"新渠道"，从而提升农产品市场运行的稳定性，促进产业链不同环节的分工协作、优势互补和一体化发展。

是提高农业国际竞争力的有效手段。蔬菜和水果是我国的主要出口产品，由于仓储保鲜冷链设施建设滞后，出口比重普遍不高，出口量仅占总产量的 1.3%、0.6%。在全球农业一体化进程加快的形势下，应对跨国公司的产业布局和资本渗透，突破国外质量、技术和绿色壁垒障碍，需要加快产地仓储保鲜冷链设施建设，为提高我国农业国际竞争力奠定坚实基础，在危机中育新机，于变局中开新局。

二、借鉴国际先进经验，把握农产品仓储保鲜冷链设施建设重点

"他山之石，可以攻玉"。发达国家在加强农产品仓储保鲜冷链设施建设方面已有较为成熟的经验。一是注重公益属性。政府对设施建设和行业发展持续投入，加拿大国家铁路公司在政府支持下，成为北美地区效益最好的铁路冷链物流企业，韩国建立专项基金资助专业性农产品冷链物流公司，并对农协会员提供专项补贴。二是注重模式选择。日本、韩国等东亚国家形成了以农协为主体、不同层级批发市场相结合的仓储保鲜冷链体系；美国、加拿大等北美国家形成了"产地—超市与连锁店—消费者"冷链物流体系；法国、荷兰等西欧国家依托大型公益性农产品批发市场，利用现代信息系统和交易平台，搭建"水公铁空"多式联运的冷链物流体系。三是注重主体培育。2003 年欧洲成立了由 48 家会员单位组成的冷链协会。日本农协在国内建立了多个专业化农产品冷链物流中心，能短时间内集聚优势农产品资源，保障冷链物流货源。

当前，我国农产品仓储保鲜冷链设施建设迈入了

新阶段，截至 2019 年底，全国冷库容量近 7 000 万 t，近 5 年以 10％以上的增速发展。我们必须立足国情，借鉴经验，加快解决突出问题。

一是基础设施能力严重不足。我国冷库容量位列世界第三，但人均拥有率约为 0.1m³/人，低于绝大多数可比国家。我国果蔬、肉类、水产品冷藏运输率分别为 35％、57％、69％，远低于发达国家 90％的平均水平。

二是设施标准规范滞后。现有规范标准衔接不紧密，不成体系，不少地方温控手段原始粗放，缺乏统一标准。

三是运营主体面临诸多困难。现有主体大多数实力相对较弱，资金筹集能力较差，难以适应农产品仓储保鲜冷链设施投资规模大、回收周期长、操作专业性强的客观要求。

四是信息化发展缓慢。无论是硬件还是软件，我国农产品仓储保鲜冷链信息化程度都较低，制约了交易效率提高，也不利于各级政府和市场主体的科学管理决策。

三、创新农产品仓储保鲜冷链设施建设思路与对策，确保建设工作健康有序发展

纵观世界农业发达国家和地区的成功实践，立足我国农产品仓储保鲜设施发展现状和特点，我们要提高认识，深入谋划，加快推进我国农产品仓储保鲜冷链设施建设，由以松散集聚为基础向规模化、集群化方向发展，以产业融合为目标向社会化、组织化方向演进，以消费需求为引领向专业化、市场化方向迈进，以政府支持、协会服务为保障向标准化、集约化方向转变。

始终坚持一个目标，提升农产品产地储藏保鲜能力。即围绕乡村全面振兴的总体目标，坚持"统筹布局、突出重点，市场运作、政府引导，科学发展、创新驱动，规范实施、注重公益"的原则，以鲜活农产品主产区、特色农产品优势区和贫困地区为重点，着力保供给、减损耗、降成本、强品牌、兴产业、惠民生。力争通过"十四五"时期的持续努力，基本建立起农产品产地仓储保鲜冷链体系，使储藏保鲜能力明显增强，农产品标准化、信息化、品牌化水平全面提升，新型经营主体市场竞争力明显提高，产销对接更加顺畅，农民就地就近就业明显增多，在巩固脱贫攻坚成果和实施乡村振兴战略上发挥更加积极作用。

充分做好两个衔接，构建农产品产地仓储保鲜冷链平台。农产品仓储保鲜冷链设施是产地与市场的桥梁，是实现产品向商品跨越的推手。一是要与产业优势相衔接。坚持立足当前和着眼长远相结合，聚焦产业强县（市、区），选择产业发展基础好、产品特色优势强、设施需求强烈的乡（镇）村集中建设，体现产业优势，发挥规模效应，形成田间地头的"加工车间""保鲜工厂"。二是要与消费需求相衔接。遵循客观规律，坚持以市场需求为导向，针对当前市场供需缺口明显的品种和产销衔接明显不畅的地区，调动新型经营主体建设的自觉性、主动性和积极性，使财政资金流向主体较强、市场急需的地方，补齐短板，融通产销，尽快形成有竞争力的仓储保鲜冷链体系。

努力实现"三化"联动，促进农产品产地仓储保鲜冷链设施高质量发展。在农产品仓储保鲜冷链设施建设中强化市场意识、应用信息技术、实施品牌战略，必将加快农业现代化进程。一是坚持市场化运营。加强新型经营主体培育，引导主体树立依托市场、顺应市场、把握市场的意识，按需经营，积极参与竞争，形成运营成本合理、产品独具特色、市场竞争力强的农产品仓储保鲜冷链发展模式。二是提升信息化水平。现代化的物流必须配套现代化的信息流。依托农产品仓储保鲜冷链设施建设，建立信息采集制度，搭建全国性信息平台，按照规范化标准化配备计量称重、视频采集、温湿感应等设施设备，实现仓储保鲜冷链信息的自动采集、汇总处理和统一发布，为宏观决策提供数据支撑。三是加强品牌化引领。在农产品仓储保鲜冷链设施运营中培育品牌，在品牌培育中促进发展，将其打造成品牌农产品的"孵化器"。以品牌连接农产品生产基地、仓储保鲜冷链设施和消费大市场，构建品牌营销推介平台，提高运营效率。

抓实抓好四项建设，夯实农产品产地仓储保鲜冷链设施基础。从产地储藏保鲜设施入手，建立健全农产品仓储保鲜冷链体系。一是加强主体设施建设。支持县级以上示范家庭农场和农民合作社示范社配备规模适度的节能型储藏通风库、机械冷库和气调储藏库以及配套设施设备，补齐"最初一公里"短板。下一步还要鼓励各类市场主体参与建设，共建共享共用。二是推进产地渠道建设。在产区成立流通型合作社、联合社、产销联合体或引入农业企业运营农产品仓储保鲜冷链设施，通过发展精深加工、电子商务等方式，对接批发市场、加工企业和电商平台等，形成线上线下高效对接的流通渠道。三是加快流通体系建设。鼓励新型经营主体集群集聚建设仓储保鲜冷链设施，形成田头市场，快速批量储藏、集散和分销鲜活农产品。推动全国性、区域性产地批发市场集中改善冷藏、冷冻、预冷等冷链物流设施，完善县、乡、村各级冷链集散中心基础设施建设，并与农产品物流骨

干网络连接形成完整体系，构建稳定高效的农产品出村进城平台。四是加强标准规范建设。结合资源禀赋和产业实际，健全标准体系，制定标准高、接地气、可操作、适合不同农产品和季节特点的本地化技术方案和操作规程，提升兼容性与衔接性，确保农产品仓储保鲜冷链设施功能先进、运转安全、效益良好，实现全程可监管、可追溯、可视化。

着力构建"五个机制"，保障农产品仓储保鲜冷链设施有序发展。实现农产品仓储保鲜冷链设施快速建设，需要以公共资源的重点倾斜撬动配套基础条件和互补领域环节的协同投资，突破分散和小规模的瓶颈制约。一是健全责任机制。省级农业农村部门对本地区设施建设负总责，要抓好规划布局、目标制定、资金统筹、组织动员及督导检查等工作。地市级农业农村部门做好上下衔接、区域协调和督促检查，县级党委政府负主体责任，主要负责同志当好"总指挥"，做好建设布局、资金使用、推进实施等工作，对实施效果负责。二是落实保障机制。坚持"开源"与"整合"，各级农业农村部门要研究出台一批扶持政策，将真金白银投入建设中。统筹用好中央和地方专项支持资金，争取将扶贫资金、涉农整合资金以及专项债券统筹集中使用。推动金融机构创新产品、改善服务，对新型经营主体给予适当贴息支持。主动协调发展改革、自然资源等部门落实保鲜仓储设施用电用地

扶持政策，对需要集中建设仓储保鲜冷链设施的田头市场，优先协调安排建设用地指标。三是建立管护机制。农产品仓储保鲜冷链设施要有人建、更要有人管，按照"谁所有、谁受益、谁管护"的原则，新型经营主体对其所建设施要承担相应的管护责任，实现安全运行并长期发挥效益。各级农业农村部门要加强专业指导，提升新型经营主体的规模组织能力、信息获取能力、设施维护能力和产品直销能力。四是构建服务机制。充分发挥信息采集和信息服务的双向互动作用，对设施运营主体提供管理、政策、市场、科技、电商、品牌、金融等方面信息服务，满足个性化需求，提升经营管理和抗风险能力。充分发挥行业协会的专业优势和桥梁纽带作用，开展培训、咨询、营销、品牌培育等服务，提升设施运营主体经营能力。五是强化监管机制。健全完善农产品仓储保鲜冷链设施建设内部风险防控机制，强化监督制约，加强过程管理，严格纪律约束，对倒卖补助指标、套取补助资金、搭车收费等严重违规行为，坚决查处，绝不姑息。要压实实施主体直接责任，落实县级审核验收责任，建立可核查机制，全程全面公开各类信息，严格规范验收程序，确保设施质量和制度公平，努力把这项联农利农惠农的好事做好。

（原文刊载于2020年07月30日的《农民日报》，略有删改）

推进营养导向型食物生产发展 构建食物可持续发展的长效机制

全国政协委员、国家食物与营养咨询委员会主任、
中国农业科学院原党组书记　　陈萌山

一、食物营养、人体免疫与抗击新冠肺炎关系

人体免疫是战胜病毒的最强"法宝"。面对今年初来势汹涌的新冠肺炎疫情，在以习近平同志为核心的党中央坚强领导下，全国人民上下一心、众志成城，迅速取得了疫情防控阻击战重大战略成果，目前，国内疫情已经得到基本控制，生产生活秩序正加快恢复。同时，抗击新冠肺炎疫情的实践告诉我们，增强全民健康，强化公共卫生治理体系、治理能力建

设，至关重要。增强全民健康，就是要提高公民的身体素质及免疫能力。从这次新冠肺炎患者的治愈过程看，病毒携带者自身的免疫力成为与病毒抗衡成败的关键，最终赖以战胜病毒的，很大程度上还是要靠启动恢复患者自身的免疫系统。

合理膳食是免疫功能的基石。人体的免疫系统，如何才能保持正常运转？众所周知，人体的免疫系统由免疫器官、免疫细胞以及各种免疫活性物质组成。每时每刻，人体都会面临着外来物质侵入、细胞突变或衰老、体内环境发生变化，这时，免疫系统就要发挥作用。在此过程中，合成免疫细胞，分泌各种免疫

活性物质，不断清除体内"非己"的物质，修补受损的器官和组织，需要大量的能量和原料。这其中，有40多种物质人体都无法自我合成或合成速度很慢，必须通过食物摄入来满足人体需要，我们将其称为人体必需营养素，包括8种必需氨基酸、钙、磷、钠、铁、锌、硒等常量和微量元素以及各种维生素等，通过科学合理的膳食，及时补充维持免疫系统正常运转所需的营养素，才能保持人体强大的免疫能力。因此我们讲，合理膳食是免疫功能的基石，必须大力宣传，引导城乡居民重视饮食营养健康，才能构筑人体免疫的健康防线。

二、当前，我国城乡居民食物消费存在的问题

食物消费和营养素摄入结构不平衡。从食物消费提供的营养素与居民营养需要来看，我国能量供给总体过剩，每人每天热量供给已经超过全球平均水平，达到 12 991kJ，远高于人体需要 9 196～10 868kJ。但优质蛋白，特别是维生素、矿物质等微量营养素不足现象突出，我国居民平均每天摄入 240g 乳制品，与300g 的居民膳食指南推荐的最低标准还有 60g 差距。同时，有 90％以上的人群膳食钙摄入量没有达到推荐摄入量，50％以上的人群锌摄入量没有达到推荐摄入量，70％以上的人群没有达到维生素 C 推荐摄入量，全国超过一半的 6～24 个月龄儿童缺铁，20％缺乏叶酸。食物消费结构和营养素摄入需求之间的沟壑还很明显。

城镇与乡村之间营养状况发展不平衡。我国贫困地区特别是部分偏远贫困地区，蛋白质、矿物质、维生素等营养素难以满足人体健康需要，营养不良现象还比较普遍。而城镇居民因膳食不平衡或营养过剩引发的肥胖、高血压、高血糖、高血脂、糖尿病、痛风等慢性疾病高发，各种慢性病人群已超过 4 亿。据国家卫生服务调查数据显示，我国居民营养过剩的状况令人堪忧，成人超重率达到 30.1％，儿童青少年超重率为 9.6％。据中央电视台播报，我国肥胖人口已经超过了 9 千万，而肥胖的增长率也超过了 10％，平均肥胖率达 12％，中国人腰围的增长速度已成为世界之最。目前，我国成年人的高血压患病率为25.2％，糖尿病患病率为 10.9％，高胆固醇血症患病率为 4.9％，以"三高"为代表的慢性营养性疾病在给城市居民身体健康带来严重威胁的同时，每年还增加数以千亿计的医疗费用。研究表明，引发慢性病的首要原因是来自不合理饮食，调整优化膳食结构以应对慢性病高发的任务十分艰巨。

三、影响食物生产升级和食物消费升级的主要原因

食物生产供给结构调整滞后。我国农产品供给已经实现由长期短缺到总量基本平衡的历史性转变，但产品生产结构与居民消费之间不平衡日益凸显。小麦产略大于需，但优质小麦供给不足；稻谷产大于需，但优质稻米还在进口；大豆需求量持续扩张，供需缺口持续加大；杂粮杂豆消费需求快速增长，但质量好、有品牌、受青睐的产品供给不足。此外，有资料显示，目前，我国蔬菜中维生素 C 的含量大幅度下降，菠菜、刀豆、茼蒿、油菜、白菜、番茄、卷心菜分别下降 20％～60％不等。这一变化趋势是我国农业长期以数量导向、忽视营养要求的直接反映，是我国长期倚重化石农业模式的直接反映。

生产加工技术体系跟不上需求变化。在推进现有生产、加工和物流体系，由追求产量向主要追求色香味形、追求质量安全、追求营养价值转变过程中，初级农产品的主栽品种、主要生产模式等环节的营养型技术供给不足，食品营养强化、营养保持的加工与烹饪技术严重缺乏，个性化、功能型食品生产的发展受到制约。

现代饮食文明发展要求与居民食育水平不协调。应营养健康型社会发展的呼唤，我国传统饮食文化需要在传承中发展和延伸，形成科学的膳食模式、饮食文明和饮食习惯，为此，迫切需要全社会对食育工作更加重视起来，改善目前健康饮食知识普遍匮乏、大中小学食育教学未成体系、食育相关理论研究滞后、社会共建共享局面尚未形成的现状。

四、发展营养导向型食物生产的内涵和特点

当前，我国食物生产正加快进入营养导向型发展的新阶段。这是新时代下，我国食物生产历史性跨越的新水平，现代化发展的新标志，全面小康目标的新需求。它的主要内涵是：农业生产从生存型食物供给保障，向健康型满足营养需求转型；产品加工从适应人民吃饱吃得安全，向吃出健康吃出愉悦转型；食物供给从满足一般性大众型食物消费需求为主，向满足个性化定制型食品消费需求转型。

营养导向型食物生产有哪些特点？一是消费需求发生巨大变化，食物的营养健康将成为第一需求，口粮消费逐步稳定，菜果畜产品消费迅速增加，消费者对消费数量的要求逐步稳定，食物的营养价值

和结构将成为首要问题。二是食物形态发生巨大变化，居民对食物方便、快捷、安全的要求逐步提高，终端消费产品由粮食、食物向食品转变。三是农业功能发生巨大变化，为适应消费者生活需求多样化，农业的生态功能、生活功能、休闲娱乐功能、文化教育功能将进一步凸显。四是农业生产发展方式发生巨大变化，新型经营主体大量涌现，新型生产模式快速发展。五是农业业态发生巨大变化，电商、物联网、植物工厂、智慧农业逐步成为新的模式和新的动能。此外，2020 年初以来，在应对突如其来的新冠肺炎疫情过程中，如何保障不同人群、不同地区长时间食物营养应急供应，又成为一个新的现实问题。

五、发展营养导向型食物生产需要坚持的原则

要坚持"大食物、大营养、大健康"理念。"大食物"，即面向整个国土资源，挖掘动物、植物、微生物等生物资源的潜力，特别是潜力巨大的海洋食物和森林食物等，丰富多样化食物品种；同时放眼全球，建立面向国内外两种资源、两个市场的食物有效供给大格局。"大营养"，即强化食物营养功能的科学评估，把慢性病引发因素与营养功能食物开发有效对接起来，树立细分人群健康需求、营养型食物生产、食物合理消费三位一体的大营养观。"大健康"，包括食物生产健康——农业生产的绿色可持续发展，食物消费健康——反对浪费、倡导节约前提下的营养素合理摄入，居民身心健康——良好生态环境下的健康体魄、健康心态和科学生活方式。

要坚持"营养指导消费，消费引导生产"原则。顺应新时代的营养健康要求，食物安全理念要更加突出生产、消费、营养、健康的协调发展，食物生产的目标要加快向以营养为导向的高产、优质、高效、生态、安全转变；食物发展的理念要由过去"生产什么吃什么"逐步向"需要什么生产什么"转变，由"加工什么吃什么"逐步向"需要什么加工什么"转变。立足构建营养指导消费、消费引导生产的新型关系，逐步形成营养需求为导向的现代食物产业体系，更加关注"舌尖上的健康"。

六、大力发展营养导向型食物生产需要采取的重要措施

一是着力推进营养导向型技术创新和营养标准的建设。要从农业新品种选育入手，把感官品质、加工品质、营养品质纳入育种目标，与产量性状、农艺性状、抗逆性状等一起构成国家农业新品种审定推广的评价指标体系。与此同时，研究出台农产品营养标准通用技术准则与规范，推动政府部门制定农产品营养标准。这就是要用两手，一手是通过农业科技创新，在新品种选育时，把营养质量作为重要的遗传育种目标性状使产出的农产品有明确的营养指标，另一手是通过强化政府部门的监管引导，全面建立农产品营养标准，以有力推动我国农业和食物生产向营养导向转型。

二是着力推进食物营养和健康知识的全面普及。要大力宣传健康饮食理念，大力宣传饮食文明和饮食行为规范，推动吃的科学和吃的文明。要从主要针对学生群体和妇女老人，转向全人群营养教育。要通过多种渠道或平台宣传普及营养知识，充分利用目前发达的互联网平台、微信公众号及传统的电视、报纸、杂志等媒介进行宣传，使居民真正意识到均衡膳食营养消费和科学饮食的重要性，从而实现食物营养可持续发展和城乡居民绿色消费目标。

三是着力推进居民营养干预制度的有效落地。要强化低收入人群食物营养的基本保障工作，加强在外就餐人员及新型城镇化地区居民的膳食指导，倡导文明生活方式和合理膳食模式。未来 15 年，我国老年人口将突破 2.5 亿。要适应人口老龄化的要求，开展老年人营养监测与膳食引导，科学指导老年人补充营养、合理饮食，研究开发适合老年人身体健康需要的食物产品，重点发展营养强化食品和低盐、低脂、低糖食物。着力降低农村儿童青少年生长迟缓、缺铁性贫血发生率，遏制城镇儿童青少年超重、肥胖增长态势。强化孕产妇营养均衡调配，加强母乳代用品和婴幼儿食品质量监管。

四是着力推进食物营养政策法规的健全实施。着手编制面向新时代的国家食物营养发展纲要，加快制订出台《国民营养法》等相关法规，研究制订特殊人群营养食品通则、餐饮食品营养标识等标准，统筹建立医疗体系与健康保障体系协调发展机制，研究建立适合于中国大众普通人群营养改善与个性化精准服务并举的食物营养与健康标准新体系等。

五是着力推进食养理念普及和现代食品产业发展。要大力倡导食养理念，让城乡居民都能明白，食养对身体滋补是增进健康、延年益寿最重要的途径，让全体国民都能选择适宜的食物，通过食物促进营养健康，让食养成为城乡居民对营养健康追求的一种生活方式。要大力推进食养健康产业发展，依靠科技，推动我国传统食品生产现代化，打造生态高端食品工业，把我国传统食品从家庭厨房制作为主向社会专业

制作转变，从经验型向科学型转变，从体力型向动力型转变，从手艺型向工艺型转变，从工具向装备转变，从脑力劳动向人工智能转变，从源于自然向巧夺天工转变。还要更加重视食药同源产品的研发加工及其产业化，不断满足人民群众对生活质量和健康水平的新需求。

（本文根据 2020 年 5 月 23 日中国农村杂志社与人民网记者魏登峰、王琦琪、张桂贵联合采访整理）

食品产业是高技术产业
中国应抢占制高点

中国工程院院士、北京工商大学校长 孙宝国

我国食品产业占国民经济的 9%，预计未来 10 年中国食品消费将增长 50%，在国民经济和人民生活中具有重要作用。食品产业属于大健康产业，我国很早就有食疗养生的优秀传统，国家提出的一系列行动，都是为了提高人民的健康水平。食品科技界、食品产业界肩负着解决中国人吃饭的问题，使命光荣。

一、定制化智能化塑造未来格局

食品产业是高技术产业，国家层面已经把食品科技作为高技术来对待。发达国家这些年也在积极布局食品科技，抢占制高点。美国重点强调新技术、新材料在生产高质量食品、保障全球食品供应和安全等方面的应用，欧盟将食品列入重点支持研究领域，日本将膳食营养健康列入重点支持研究领域。我国应该抢占食品科技的制高点。

以食品生物合成细胞工厂、食品增材制造为代表的高技术正在颠覆传统模式。传统的以植物蛋白为主要基材的人造肉开发我们一直在做，但以细胞培养的人造肉研究才刚起步。以食品组学、大数据为基础的定制化、智能化加工制造正在塑造未来格局，以智能化中央厨房工厂为代表的新产业模式正在深刻改变发展链条。食品工业要为餐饮业服务。而以全程智能绿色冷链为支撑的生鲜食品物流正在重构产后减损增效体系，如通过智能绿色冷链，山东的桃子可以卖到非洲。

以传统酿造、工业烘焙为代表的产业标准化智能制造正在引领产业升级，传统食品产业升级也是高技术的一个方面。在世界范围内，食品科技发展呈现出 9 个基本趋势。

一是以绿色和智能化为特征的食品先进制造技术装备将加快食品产业跨越升级速度。如 3D 打印技术为食品形状、质地、成分以及最终的口味提供了无限可能。

二是以主动防控为核心的食品质量与安全风险控制技术将有力保障食品全产业链安全。如超高压灭菌技术能够保持食品原有的口感和营养特性，延长保质期，减少浪费。

三是以自动化机械为基础的食品制造信息物理系统将极大提升食品加工效率。如 AQS（创新食品加工系统）可高效精准对肉鸡及其他动物进行分级，并能够自我学习和进化。

四是以食品生物合成和大数据技术为代表的高新技术将支撑构建未来食品产业新业态。如通过牲畜干细胞培育，使肉类生产成为可持续工程。

五是以新资源、新材料开发为重点的应用探索将引领食品产业发展新方向。如利用大豆、小麦、马铃薯等为原材料合成出植物源人造肉，昆虫也可能是未来蛋白质的重要来源。

六是基于基因研究的个性化营养食品创制将为食品产业带来广阔市场。如致力于为用户提供基于个人 DNA 分析的定制化、个性化饮食服务，将改变食品供应"一刀切"状态，向个人量身打造的饮食方向转变。

七是区块链等现代信息技术将为保障食品供应链安全提供有力支撑。如区块链可以对安装芯片的酒在 2s 内准确定位，很好地应用于食品供应链追踪和溯源。

八是现代保鲜储运技术对接平台经济将为满足优质便捷生鲜食品消费提供核心抓手。2018 年我国生鲜电商行业销售达到 2 158.2 亿元，全球第一。开发生鲜电商物流支撑技术可保障电商供给质量，有望实现弯道超车。

九是基于组学分析技术的发酵食品制造将助力传

统美食推广及文化传承。如微生物组学升级传统发酵食品，能满足对传统食品安全、风味和营养的需求，更有助于我国传统发酵酿造食品产业的文化传承。

二、科技创新助力传统产业升级

像冬至、春节吃饺子就是中国的民族文化。对吃饭而言，自助餐和回到圆桌感觉截然不同，加上两瓶酒又是另一种感觉，这就是文化。中国的饮食文化博大精深，需要继承和弘扬。坚持饮食文化自信，坚持创新驱动，积极主动探索中国传统食品的科学技术问题，全面构建适合我国膳食模式和饮食习惯的食品科理理论体系、技术体系和创新体系，推动中国传统食品现代化、国际化，是我们目前的重要任务。

一要坚持问题导向，探索中国传统食品的基础科学，构建食品科技理论体系。中国的传统食品基础科学发展比较晚，目前需要研究的基础理论主要课题有：食品组分健康效应、食品组学与肠道微生态、食品特征组分效应变化机制、食品微生物功能基因发掘、食品细胞制造、生鲜食品物流品质控制。

二要坚持需求导向，突破关键技术和重大前沿技术，构建食品产业技术体系。未来建设"十四五规划"要构建的技术体系主要体现在食品组分相互作用与品质调控、食品柔性智能绿色低碳制造、细胞培养食品、新型酶制剂开发与应用、生鲜食品储藏保鲜与新型包装、智能化绿色冷链物流、食品质量安全主动防控、食品智能化装备数字化设计与制造及食品产业大数据技术。

三要构建食品产业创新体系，包括食品柔性制造、食品低碳绿色制造、全生命周期营养健康食品、食品细胞工厂、食品新酶与新资源开发、食品包装智能物流、食品质量安全主动防控、食品装备数字化设计与制造、食品装备智能控制系统、食品大数据等重大技术工程。

上述三个方面从基础理论技术体系到整个产业体系都是相互关联的。食品是高技术产业，以学科交叉为基础的高技术发展是未来食品产业发展的重大方向。健康中国战略和人民美好生活的实现迫切需要食品科技的全面创新，食品前沿科技创新与传统产业升级是食品产业的核心任务。构建适合我国膳食模式和饮食习惯的食品科技理论体系、技术体系、创新体系，提高食品产业国家竞争力是我们的历史使命。

（本文为作者在《食品研究与开发》创刊四十周年大会上的报告，略有删改）

我国粮油加工业 2019 年基本情况

中国粮油学会首席专家　王瑞元

一、我国粮油加工业的总体情况

这里需要说明的是，下面介绍的"我国粮油加工业的总体情况"仅指小麦加工业、大米加工业、其他成品粮加工业和食用植物油加工业（不包括粮油机械制造业）等成品粮加工企业的总体情况。

（一）企业数及企业按性质分类数

2019 年，全国入统成品粮油加工企业为 14 531家，其中小麦粉加工企业为 2 573 家，大米加工企业为 9 760 家，其他成品粮油加工企业为 594 家，食用植物油加工企业为 1 604 家；按企业性质分，国有及国有控股企业 735 家，内资非国有企业 13 640 家，港澳台商及外资企业 156 家，分别占比 5.1%、

93.8% 和 1.1%。

（二）产业化龙头企业数量

2019 年，粮油加工业龙头企业为 1 958 家，其中小麦粉加工龙头企业 456 家，大米加工龙头企业 948家，其他成品粮加工龙头企业 104 家，食用植物油加工龙头企业 450 家。在 1 958 家龙头企业中，国家级龙头企业 210 家，其中小麦粉加工企业 57 家、大米加工企业 90 家、其他成品粮加工企业 8 家、食用植物油加工企业 55 家；省级龙头企业 1 748 家，其中小麦粉加工企业 399 家、大米加工企业 858 家、其他成品粮加工企业 96 家、食用植物油加工企业 395 家。

（三）粮油应急加工企业数量及产量

2019 年，全国粮油应急加工企业为 4 078 家，其中小麦粉应急加工企业 1 035 家，大米应急加工企业

2 537家，食用植物油应急加工企业430家，其他成品粮应急加工企业76家。在4 078家粮油应急加工企业中，省级应急加工企业534家，市级应急加工企业1 018家，县级应急加工企业2 526家。

2019年，应急加工小麦粉产量为4 932.9万t，应急加工大米产量为4 074.4万t，应急加工食用植物油产量为624.0万t，应急加工精炼植物油产量为1 423.4万t。

（四）全国放心粮油示范工程企业数量

2019年，全国"放心粮油"示范工程企业2 489家，其中小麦粉加工企业617家，大米加工企业1 376家，食用植物油加工企业422家，其他成品粮加工企业74家。在2 489家"放心粮油"示范工程企业中，中粮协的614家，省级的926家，市级的949家。

（五）主要经济指标情况

1. 工业总产值　2019年，全国粮油加工业总产值为13 928.4亿元，其中小麦粉加工总产值3 257.6亿元，大米加工总产值4 760.5亿元，其他成品粮加工总产值248.7亿元，食用植物油加工总产值5 661.6亿元，分别占比23.4％、34.2％、1.8％和40.6％。

2. 产品销售收入　2019年，全国粮油加工业产品销售收入为14 398.4亿元，其中小麦粉3 252.5亿元，大米4 683.0亿元，其他成品粮214.1亿元，食用植物油6 248.8亿元。在14 398.4亿元的销售收入中，内资非国有企业9 754.6亿元，国有及国有控股企业1 768.4亿元，港澳台商及外商企业2 875.4亿元，分别占比67.7％、12.3％和20.0％。

3. 利润总额　2019全国粮油加工业利润总额为344.0亿元，其中小麦粉加工92.0亿元，大米加工120.9亿元，其他成品粮加工7.9亿元，食用植物油加工123.2亿元。根据2019年产品销售收入14 398.4亿元计，其产品收入利润率为2.4％。在344.0亿元利润总额中，内资非国有企业为267.1亿元，国有及国有控股企业为2.4亿元，港澳台商及外商企业为74.5亿元，分别占比77.6％、0.7％和21.7％。

（六）获得专利与研发费用投入情况

2019年，粮油加工业获得各类专利844件，其中发明专利299件。从不同行业获得的专利情况看，2019年，小麦粉加工企业获得专利142件，其中，发明专利50件；大米加工企业获得专利284件，其中发明专利119件；其他成品粮加工企业获得专利89件，其中发明专利19件；食用植物油加工企业获得专利329件，其中发明专利111件。

在研发费用的投入方面，2019年粮油加工业研发费用的投入为24.7亿元，占产品销售收入14 398.4亿元的0.17％。其中，小麦粉加工的研发费用投入为7.6亿元，占产品销售收入3 252.5亿元的0.23％；大米加工的研发费用投入为6.2亿元，占产品销售收入4 683.0亿元的0.13％；食用植物油加工的研发费用投入为9.8亿元，占产品销售收入6 248.8亿元的0.16％。与《粮油加工业"十三五"发展规划》提出的，到2020年研发费用投入占主营业务收入比例达到0.6％有较大的差距。

（七）有关深加工产品产量

2019年，全国粮食行业深加工产品产量为：商业淀粉2 900.8万t，淀粉糖777.0万t，多元醇23.7万t，酒精838.6万t，氨基酸241.4万t，有机酸3.6万t，其他发酵制品180.5万t，大豆蛋白47.2万t，谷朊粉2.6万t，其他深加工产品894.2万t。

二、我国粮油加工业主要行业的基本情况

小麦粉加工业、大米加工业和食用植物油加工业是我国粮油加工业的主力军，这三个行业的发展情况对全国粮油加工业的发展起到重要的决定性作用。根据"粮食行业统计资料"，现将2019年我国小麦粉加工业、大米加工业和食用植物油加工业的基本情况分别介绍如下。

（一）小麦粉加工业

1. 企业数及按不同经济类型数量划分情况　2019年，我国小麦粉加工企业2 573家，其中国有及国有控股企业150家、内资非国有企业2 376家、港澳台商及外商企业47家，分别占比5.8％、92.4％和1.8％。

2. 小麦粉加工能力及产品产量　2019年，小麦粉加工业的生产能力为年处理小麦19 982.8万t，当年处理小麦9 756.3万t，产能利用率为48.2％；产品产量为7 249.0万t，其中专用粉1 353.8万t，全麦粉1 088.8万t，食品工业用454.8万t，民用粉2 956.1万t。平均出粉率为74.3％，如去掉全麦粉，其他小麦粉的平均出粉率大约为71.6％。

3. 小麦粉加工业的主要经济指标情况

（1）工业总产值　2019年，全国小麦粉加工企业实现工业总产值为3 257.6亿元，其中国有及国有控股企业214.9亿元，内资非国有企业2 687.1亿元，港澳台商及外资企业355.6亿元，分别占比6.6％、82.5％和10.9％。

（2）产品销售收入　2019年，全国小麦粉加工

企业实现产品销售收入 3 252.5 亿元，其中国有及国有控股企业 245.9 亿元，内资非国有企业 2 617.0 亿元，港澳台商及外商企业 389.6 亿元，分别占比 7.6%、80.5%和 11.9%。

（3）利润总额 2019 年，全国小麦粉加工企业实现利润总额 92.0 亿元，产品收入利润率为 2.8%，其中国有及国有控股企业为 1.2 亿元，内资非国有企业 80.7 亿元，港澳台商及外商企业 10.1 亿元，分别占比 1.3%、87.7%和 11.0%。

（二）大米加工企业

1. 企业数及按不同经济类型数量划分情况
2019 年，我国大米加工企业为 9 760 家。其中，国有及国有控股企业 435 家，内资非国有企业 9 300 家，港澳台商及外商企业 25 家，分别占大米加工企业总数的 4.5%、95.2%和 0.3%。

2. 大米加工生产能力及产品产量 2019 年，大米加工业的生产能力为年处理稻谷 37 401.3 万 t，当年处理稻谷 11 213.1 万 t，其中早籼稻 779.2 万 t，中晚籼稻 5 633.0 万 t，粳稻 4 800.8 万 t，分别占比 7.0%、50.2%和 42.8%，产能利用率为 30.0%。产品产量（不含二次加工）为 7 254.4 万 t，其中早籼米 504.1 万 t，中晚籼米 3 576.4 万 t，粳米 3 173.9 万 t；平均出米率为 64.7%，其中早籼稻平均出米率为 64.7%，晚籼稻平均出米率为 63.5%，粳稻平均出米率为 66.1%。

3. 大米加工企业主要经济指标情况
（1）工业总产值 2019 年，全国大米加工企业实现工业总产值为 4 760.5 亿元，其中国有及国有控股企业为 419.8 亿元，内资非国有企业为 4 144.8 亿元，港澳台商及外商企业 196.0 亿元，分别占比 8.8%、87.1%和 4.1%。

（2）产品销售收入 2019 年，全国大米加工企业实现产品销售收入 4 683.0 亿元，其中国有及国有控股企业为 491.5 亿元，内资非国有企业为 3 961.0 亿元，港澳台商及外商企业为 230.5 亿元，分别占比 10.5%、84.6%和 4.9%。

（3）利润总额 2019 年，全国大米加工企业实现利润总额 120.9 亿元，产品收入利润率为 2.6%，其中国有及国有控股企业为 6.6 亿元，内资非国有企业为 108.2 亿元，港澳台商及外商企业为 6.1 亿元，分别占比 5.5%、89.5%和 5.0%。

（三）食用植物油加工业

1. 企业数及按不同经济类型数量划分情况
2019 年，我国规模以上的入统食用植物油加工企业 1 604 家，其中国有及国有控股企业 121 家，内资非国有企业 1 405 家，港澳台商及外商企业 78 家，分

别占比 7.5%、87.6%和 4.9%。

2. 食用植物油加工能力及产品产量 2019 年，食用植物油加工企业的油料年处理能力为 16 862.8 万 t，其中大豆处理能力为 11 586.5 万 t，油菜籽的处理能力为 3 287.8 万 t，花生处理能力为 757.2 万 t，葵花籽处理能力为 109.6 万 t，其他油料处理能力为 1 121.7 万 t，分别占比 68.7%、19.5%、4.5%、0.6%和 6.7%。

2019 年，食用植物油加工企业油脂精炼能力合计为 6 515.0 万 t，其中大豆精炼能力为 3 196.9 万 t，菜籽油精炼能力为 1 849.7 万 t，棕榈油精炼能力为 613.2 万 t，其他原油精炼能力为 855.2 万 t，分别占比 49.1%、28.4%、9.4%和 13.1%。

2019 年，食用植物油加工企业处理油料合计为 8 327.1 万 t，其中大豆为 7 531.0 万 t，油菜籽 450.6 万 t，花生 215.8 万 t，葵花籽 1.9 万 t，芝麻 53.2 万 t，其他油料 74.6 万 t，产能利用率为 49.4%。

2019 年，我国入统油脂加工企业生产的各类食用植物油合计为 1 871.9 万 t，其中大豆油 1 413.6 万 t，菜籽油 164.4 万 t，花生油 67.4 万 t，其他食用植物油为 226.5 万 t。

3. 2019 年食用植物油加工企业主要经济指标情况
（1）工业总产值 2019 年，全国食用油加工企业实现工业总产值 5 661.6 亿元，其中国有及国有控股企业 879.7 亿元，内资非国有企业 2 833.4 亿元，港澳台商及外商企业 1 948.5 亿元，分别占比 15.6%、50.0%和 34.4%。

（2）产品销售收入 2019 年，全国食用植物油加工企业实现产品销售收入 6 248.8 亿元，其中国有及国有控股企业 1 023.6 亿元，内资非国有企业 2 994.1 亿元，港澳台商及外商企业 2 231.1 亿元，分别占比 16.4%、47.9%和 35.7%。

（3）利润总额 2019 年，全国食用植物油加工企业实现利润总额 123.2 亿元，产品收入利润率为 2.0%，其中国有及国有控股企业－5.5 亿元，内资非国有企业 72.8 亿元，港澳台商及外商企业 55.9 亿元，分别占比－4.5%、59.1%和 45.4%。

三、其他成品粮加工企业简要情况

从统计资料上看，其他成品粮加工企业是指除小麦粉和大米加工以外的粮食加工企业，诸如玉米面和玉米渣加工、成品杂粮及杂粮粉加工、大麦加工、谷子加工、其他谷物加工及薯类加工。其情况简要如下：

（一）企业数量

2019 年，其他成品粮加工企业 594 家，其中国有及国有控股企业 29 家，内资非国有企业 559 家，港澳台商及外商企业 6 家，分别占比 4.9%、94.1% 和 1.0%。

（二）产品产量

2019 年，其他成品粮加工企业生产的产品产量分别为：玉米面和玉米渣 72.0 万 t，成品杂粮及杂粮粉 14.5 万 t，大麦 0.1 万 t，高粱 0.5 万 t，谷子 4.8 万 t，其他谷物 7.5 万 t，薯类折粮 0.6 万 t。

（三）主要经济指标

2019 年全国其他成品粮加工企业实现工业总产值 248.7 亿元，其中国有及国有控股企业 0.8 亿元，内资非国有企业 225.0 亿元，港澳台商及外商企业 22.9 元；实现产品销售收入 214.1 亿元，其中国有及国有控股企业 7.4 亿元，内资非国有企业 182.5 亿元；港澳台商及外商企业 24.2 亿元；实现利润总额 7.9 亿元，其中国有及国有控股企业 0.1 亿元，内资非国有企业 5.5 亿元，港澳台商及外商企业 2.4 亿元。

四、粮油食品加工企业主食品生产情况

（一）主食品生产能力

2019 年，全国主食品年生产能力为 1 733.9 万 t，其中馒头年产能为 68.2 万 t，挂面年产能为 597.1 万 t，鲜湿面年产能为 15.6 万 t，方便面年产能为 326.3 万 t，方便米饭年产能为 22.3 万 t，米粉（线）年产能为 119.3 万 t，速冻米面主食品年产能为 275.6 万 t。

（二）主食品产品产量

2019 年，全国粮油食品加工企业生产各类主食品产量合计为 853.9 万 t，其中馒头 30.7 万 t，挂面 378.5 万 t，鲜湿面 8.6 万 t，方便面 120.9 万 t，方便米饭 14.8 万 t，米粉（线）71.8 万 t，速冻米面制主食品 161.8 万 t。

五、粮油机械制造企业简要情况

（一）企业数量

2019 年，全国粮油机械制造企业 173 家，其中国有及国有控股企业 11 家，内资非国有企业 156 家，港澳台商及外资企业 6 家。

（二）产品产量

2019 年，全国粮油机械制造企业制造的产品总数为 681 123 台（套），其中小麦粉加工主机 16 643

台（套），大米加工主机 117 082 台（套），油脂加工主机 13 364 台（套），饲料加工主机 28 442 台（套），仓储设备 151 530 台（套），通用设备 164 503 台（套），粮油检测仪器 17 879 台（套），其他设备 171 680 台（套）。

（三）主要经济指标

2019 年，全国粮油机械制造企业实现工业总产值 254.6 亿元，其中国有及国有控股企业 3.5 亿元，内资非国有企业 238.1 亿元，港澳台商及外商企业 13.1 亿元。

2019 年实现产品销售收入 241.7 亿元，其中国有及国有控股企业为 2.9 亿元，内资非国有企业为 225.3 亿元，港澳台商及外商企业为 13.4 亿元。

实现利润总额为 20.6 亿元，产品收入利润率为 8.5%，其中国有及国有控股企业 0.2 亿元，内资非国有企业 19.3 亿元，港澳台商及外商企业 1.2 亿元。

六、其他有关情况

（一）粮食行业从业人员情况

2019 年末，全国粮食行业从业人员总数为 194.15 万人，其中行政机关 7.64 万人，事业单位 3.46 万人，各类涉粮企业 183.05 万人（其中国有及国有控股企业 49.17 万人，非国有企业 115.78 万人）。

在涉粮企业从业人员 183.05 万人中，粮油收储企业从业人员 52.62 万人，占总人数的 28.7%；成品粮油加工企业从业人员 43.39 万人，占 23.7%；粮油食品企业从业人员 46.28 万人，占 25.3%；粮食深加工企业从业人员 13.63 万人，占 7.4%；饲料加工企业从业人员 24.82 万人，占 13.6%；粮油机械制造企业从业人员 2.31 万人，占 1.3%。

在全国粮食行业从业人员 194.15 万人中，专业技术人员 22.20 万人，占 11.4%；工人 115.46 万人，占 59.5%。在 22.20 万专业技术人员中，具高级职称的 1.37 万人，占 6.2%；中级职称的 5.92 万人，占 26.7%。在工人中，技术工人 39.2 万人，占 34.0%；高级技师 7 789 人，占技术工人的 2.0%。

（二）粮油科技统计情况

2019 年，粮食行业共报送粮油科技项目 1 433 个，与上年相比增加了 151 个。当年粮油科技经费投入 30.06 亿元，从入统项目的技术领域看，加工类科研项目 671 个，占项目总数的 46.5%，依然是粮食科研领域的重点。依次是储藏类项目 215 个，粮食宏观调控及信息化项目 49 个，粮油检测及质量安全项目 53 个。

2019 年，在粮食行业报送的 1 433 个项目组成中，按项目类别划分为：支撑项目 8 个，公益专项 4 个，农转项目 5 个，国际合作专项 1 个，国家自然科学基金项目 39 个，高技术产业化项目 11 个，地方科技项目 245 个，单位自主研发项目 591 个，横向委托研究项目 204 个，其他 325 个。

（本文为作者根据 2020 年 8 月国家粮食和物资储备局粮食储备司公布的"2019 年粮食行业统计资料"有关粮油加工业的情况整理，刊印于 2021 年 2 月《江南大学油脂园地》，略有删改）

大力推动中国食品工业"五新"发展

中国轻工业联合会会长　张崇和

2019 年，食品工业深入贯彻落实中央决策部署，坚持新发展理念，营业收入增速保持在 4% 以上，高于全国工业发展速度；利润增速高于全国工业 11 个百分点；万元资产营业收入是全国工业的 1.5 倍，产出利润是全国工业的 1.2 倍。食品工业很好地实现了高质量发展。国家食品安全监督抽检 24.4 万批次，检验微生物、农兽药残留、食品添加剂、生物毒素、重金属 558 项，总体合格率 97.6%。我国食品安全状况稳中向好，食品安全突出问题治理取得实效。

2019 年食品产业诚信体系更加完善，评价体系新增食品企业 134 家。婴幼儿配方乳粉追溯试点范围不断扩大，可追溯产品数据 8 亿余条；全国食盐电子防伪追溯平台进一步健全。食品工业供给质量和能力显著增强，中国轻工业联合会发布的第六批升级和创新消费品中，4 种乳制品、饮料、冷饮产品入选；2019 年中国轻工业百强企业中，44 家食品企业入榜。标准体系进一步优质优化，整合强制性标准 877 项，清理优化推荐性标准 207 项。审批公告"三新食品" 71 种，团体标准服务取得初步成效。科技创新取得新成果，科技部食品安全关键技术研发重点专项立项 23 项，获得国家自然科学基金食品资助项目 526 项。规模以上食品工业企业研发经费 524 亿元，比上年增长 1.4 亿元。全年科技成果两项获国家技术发明二等奖，6 项获国家科学技术进步二等奖，57 项通过中国轻工业联合会科技成果鉴定。

对推动食品行业高质量升级发展提出 5 点建议：

1. 要加强风险研究，形成新发展机遇　要深入研究新冠肺炎疫情对食品产业的冲击，做好长期准备，建立应对机制，采取有效措施，化解食品产业安全风险。认真落实中央"六稳""六保"要求，引导食品行业，稳定生产、稳定就业、稳定市场预期，保产业链、保供应链、保原料安全。要适应疫情防控常态化，研究原料采购和产品销售的新变化，研究生产、物流、线上线下的新模式，调整产品结构，增强产业韧性，寻找发展新空间。

2. 要调整循环战略，形成新发展格局　牢牢把握扩大内需这个战略基点，扩建优质原料基地，保障内需供应；集聚优势力量，突破"卡脖子"技术，推动产业链自主可控；把握好科技创新战略支撑，加大科研投入，开发中高端产品，不断满足人民对美好生活的需求；稳住出口这个战略基本盘，继续拓展"一带一路"沿线市场，促进产品、服务、资本出口，带动产能、装备、技术、标准输出，全方位、多层次、多元化参与国际大循环；推动形成食品工业大循环为主体、国内国际双循环相互促进的新发展格局。

3. 要坚持科技创新，形成新发展动能　食品行业要科学谋划，求真务实，做好行业"十四五"发展规划；要集中优势力量，加强关键共性技术协同攻关，力争在营养靶向设计技术、精准营养供给技术、智能健康管理技术、天然添加剂提取技术等方面取得突破。推动关键配料技术、特殊膳食配方技术、新食品资源前瞻性技术的研发和产业化，以科技创新和技术进步，形成我国食品工业发展的新动能。

4. 要推进"三品"战略，形成新发展优势　紧跟消费趋势，提升供给能力，把老品牌优势和新市场需求结合起来，把提升品牌影响力和定制化生产结合起来，从品种功能上满足消费者个性化、差异化、精细化需求。要大力推进食品行业国际对标，鼓励高端制造，提升营养水平，提高科技含量，向消费者提供优质的食品。要发挥老字号驰名商标的带动作用，鼓励发展自主品牌，形成食品行业新发展优势。

5. 要完善标准体系，形成新发展引擎　要推进公共安全、质量分级、绿色制造、安全标准的制定完善；要加强营养食品、特色食品、生物发酵食品、方便食品、未来食品等重点领域标准工作，确保标准协调互补、先进有效；积极开展绿色制造标准体系建设，为食品行业发展提供标准支撑；以多层次、多元化、高水平、高质量的标准体系，形成食品行业新发展引擎。

2020年1~7月食品工业运行情况及全年运行展望报告显示，1~7月，食品工业规模以上工业企业34 698家，占轻工行业的32.40%；完成营业收入4.39万亿元（占轻工业的43.51%），同比由负转正，增长0.05%；完成利润总额3 203.89亿元（占轻工业的49.94%），同比增长7.49%（增幅高于同期轻工全行业8.51个百分点）；营业收入利润率7.30%（高出同期轻工行业平均利润率0.94个百分点）；行业累计出口交货值同比下降3.67%（降幅比同期轻工全行业低6.72个百分点）；出口额同比下降6.41%；进口额同比增长23.86%。

1~7月，农副食品加工业完成营业收入同比增长1.27%；食品制造业同比增长1.71%；酒、饮料和精制茶制造业同比下降5.44%。农副食品加工业和食品制造业自3月起，酒、饮料和精制茶制造业自4月起，环比实现正增长。农副食品加工业完成利润

总额同比增长20.07%（今年以来仅6月份同比增幅为负，其他月份均为正增长）；食品制造业同比增长8.48%，连续2个月同比增长；酒、饮料和精制茶制造业同比下降1.05%，但比1~6月份收窄了1.82个百分点。

今年以来食品工业运行特点，一是做好疫情防控并坚持生产，对社会经济稳定作出贡献；二是生产快速恢复，收入利润回升好于全国工业；三是主动调整结构，保障原料利用和消费需求。同时应该看到疫情对产业的冲击，暴露了食品产业链短板，行业存在着多种应急能力不强的问题。

食品工业增速从1~2月份下降13.4%，快速回升到1~6月下降0.62%，1~7月转为正增长0.05%，6月、7月当月同比增长近4%。可以预测，随着我国宏观经济的稳定发展，2020年全国食品工业规模以上企业营业收入将增长2%左右，实现利润增长7%左右。

（本文为作者2020年10月12日在第四届中国食品产业发展大会暨中国轻工业食品工业管理中心技术专家委员会年会上的讲话，略有删改）

对发展农业智能科技的思考

中国工程院院士、农业农村部农业信息技术重点实验室主任　赵春江

一、我国农业面临的问题

我国面临的农业问题很多，其中很重要的一个问题就是种地的人越来越少。随着城市化进程的加快，农村的劳动力大幅度减少。2019年，我国的城镇化率是60%，2020年已超过61%，到2030年将会超过70%，城镇化进程的加快，使得农村人口大量减少，劳动力也大幅度减少。世界银行的报告数据显示，从1991年到2018年，中国农村劳动力、农业就业人数已从60%下降到26.1%。当然，世界农业的农村劳动力也在减少，说明城镇化加快是全世界面临的一个普遍问题，但是我国农村劳动力减少的数量更多一些。

第二个问题是我国农业生产效率低、生产效益差。目前，根据2005年不变价格计算，我国农业人均产值是800~1 000美元，这主要是因为小农户、

地块比较小、碎片化程度高。根据初步统计，2020年有2.2亿农户，其中50亩以下农户占全国耕地总面积的80%，由于规模小，所以生产效率和欧美、日韩相比，人均农业产值还是比较低的。2018年，中国农业劳动力占全行业、全社会的劳动力比重是26.1%，但是农业GDP只占全国GDP的7.2%。

第三个问题是资源利用效率低。从2010年开始，我国化肥与农药的投入量在不断减少，但根据2017年的统计数据来看，氮肥的利用率为37.8%，农药的有效使用率是38.8%，与发达国家相比还具有一定的差距。基于这些问题，我们在不断寻找一些能够通过技术解决的方案。

近年来，信息技术发展迅速，信息技术的快速发展成为整个社会经济发展的一个重要引擎。当前，前沿性的信息技术，比如人工智能、区块链、云计算、大数据和工业互联网，简称为"ABCD5i"，这些技术与传统行业融合之后引发新的革命，如和农业的深度

融合引发了农业的第三次革命——农业数字革命。当前，农业数字革命正在进行，还没有结束，在这个过程中的核心要素是数据（信息）、知识和智能。农业数字革命的高级表现形态就是智能农业或智慧农业，这两个词的区别在于角度不同。智慧农业是从人/管理的角度来考虑的，而智能农业是从机器的角度考虑的，智能/智慧本质上没有特别大的差异。"大力推进农业的机械化、智能化，给农业现代化插上科技的翅膀"，这为我国发展智能农业指明了方向。

二、农业中的智能科技

农业中的智能科技，"智能"两个字重点指的是机器智能。机器智能的基础是计算，核心是机器学习，通过机器智能去辅助、延伸人类的能力，以提高工作效率。机器智能模仿了人类的多种能力：一个是感知力，对事物的判别，对图像、动植物的个体识别等；第二个是行动力，使机器像人一样行动，如焊接、物体搬运；第三个是脑智力，像人一样思考和处理问题的能力。

农业中的智能科技不等同于简单的信息领域中的智能科技。新一代人工智能技术包括五大方面：大数据智能、跨媒体智能、群体智能、人机混合增强智能、自主无人系统。这些共性的智能科技和农业融合之后，形成横断交叉、具有农业特色和特点的智能科技，如农业动植物智能识别（认知计算，发现知识与规律）；农业跨媒体数据挖掘分析（机器学习、图像识别、病虫草害识别）；基于5G＋区块链进行远程诊断、农产品质量安全管理；人机协同与农业智能系统（无人农业、智慧管理）；农业无人机混合智能交互与虚拟现实（AR/VR、果树剪枝、动物手术）；农业机器人与农业无人系统。

下面介绍三个具有代表性、典型的、在农业中非常重要的智能科技。

1. 农业大数据智能 它是以人工智能手段对大数据进行深入分析，探析其隐含模式和规律的智能形态，实现从大数据到知识、进而决策的理论方法和支撑技术。随着新的物联网技术、网络技术的发展和传统的数据分析，农业大数据智能化已经发生了很大的变化：从粗糙的低精度分析向更加精准的高精度方向发展；从过去较为直观的浅层特征分析到现在复杂关联的深层特征分析；从有限特征的简单关系到农业体系内多因素、多系统之间的复杂关联。基于大数据智能化可以做很多事情，例如可以使用大数据搭建信息服务平台，以基于大数据的全国农业科教云平台为例，在这个平台中，覆盖了3 550个品种的全息知识

图谱库，1 000多万张知识图集，200多万条知识规则，以及1.2万个生产管理模型。这些知识主要是通过数据挖掘和分析，探索它们之间内部的相互关联关系逐渐形成的。通过这种大数据，我们可以构建全息的知识图谱，有利于从智能化的程度、智能化的角度来做好有针对性的、个性化的增值具体服务。

2. 农业AR/VR技术 AR/VR技术可能不是最新的技术，但是一个很实用的技术。AR主要是图像增强，VR重点是虚拟设计。在下面这个例子中，我们主要是基于图像增强技术进行表型信息的解析。对于玉米的茎秆来说，通过CT扫描之后可以形成维管束分布的图像，但是由于维管束比较小、分布不规律等原因，维管束在空间的分布不便于观察，需要通过图像增强技术，把维管束整个茎秆横切面面积、维管束总数目、周皮区/髓区维管束数目、周皮区/髓区维管束分布密度都计算、分析出来。再通过AR技术，就能够实现高精度的识别，识别之后发现，不同的玉米品种之间，维管束的空间分布、数目，包括整个体积变化等存在显著差异。这为我们认识玉米的生物学特性提供了一个方法性的基础。目前，我们通过一些核心算法做成软件，可以进行批量的图像处理来观察大量自交系维管束的分布特征。如果是养鱼的话，鱼在水底下，水比较浑浊时看不清鱼在水底下的行为表现和状态，而这恰恰是喂鱼投料的一个重要参考依据。通过基于人工智能算法的水下图像增强，提高了图像的质量，图像就可以看得非常清楚。

另外，我们可以应用VR技术对农作物理想的株型进行结构性设计，这对于提高光合生产潜力非常重要。判断一个品种是否高产、倒伏，理想的株型结构是其非常重要的表型参数，通过株型设计可以设计出最佳的理想株型，实现上面的光充分利用，下面还有抗倒的能力。

3. 农业自主无人系统 所谓自主无人系统，这是人工智能发展到比较高级的一个阶段，是一个复杂的系统，它将情景感知、机器视觉、自动规划等认知技术整合到传感器、制动器等硬件中，使它有能力在农业未知环境中灵活处理不同的任务，例如典型的农产品智能加工车间、无人农业等。

实际上，自主无人系统在工业领域中较为常见，例如汽车行业中的自动驾驶汽车，大家对此并不陌生。美国汽车工程师协会（SAE）发布了汽车自动驾驶分级标准：从"眼手脚"并用，到"脱脚""脱手""脱眼""脱脑"，到最后的"无人驾驶"。当然，我国基本上也是这五级分级标准。目前自动驾驶汽车已经有了商业化的应用，如奥迪就已有无人驾驶的汽车，但这些汽车比农业上的拖拉机行走的路况要好。那么

农业装备的智能该如何分析、分级，凯斯纽荷兰是一家较大的农业装备公司，他们对农业装备的智能化也进行了分级和定义：辅助导航全部人操控、人机协同与优化全部人操控、系统对环境监测下人辅助自动操控、在田间监督下无人自动操控、远程监督下（田间无监控）无人全自动操控。这与工业上的汽车分级不太一样，它结合了农业的特点。

当前，智能农机装备成为世界热点，重点包括自动驾驶的拖拉机、农业机器人，以及无人机。特别是无人机，现在的市值很大，能够达到 178 亿美元，预计到 2023 年将达到 400 多亿美元。农业机器人的发展也很快，预计到 2022 年年底能够达到 128 亿美元。在自主无人系统中，很关键的一点是装备智能，其最高体现形式就是农业机器人，它是智能化程度最高的一个装备。它具有基于视觉、触觉、听觉、味觉技术的多模态信息感知系统（相当于人类的五官）；非结构环节和复杂光环境下的靶标高精度识别、场景预判与路径规划、智能控制算法的机器脑（相当于人的大脑）；高效鲁棒的机器人专用驱动及适应于农产品鲜活特性的柔软末端执行机构部件（相当于人的手脚），从而进行各项操作。

三、大力发展智能农业

未来智能农业的场景应该是什么样：人机和谐、环境优美，机器在无人背景下进行作业。要实现这种场景，还有很多工作要做，要大力发展农业智能科技。国家《新一代人工智能发展规划》中，关于智能农业提出了三个方面：一是研制农业智能传感与控制系统、智能化农业装备、农机田间作业自主系统等；二是建立完善天空地一体化的智能农业信息遥感监测网络，建立典型农业大数据智能决策分析系统；三是开展智能农场、智能化植物工厂、智能牧场、智能渔场、智能果园、农产品加工智能车间、农产品绿色智能供应链等集成应用示范。未来，我国人工智能农业应用发展路径，将从技术攻关、产品研发、集成应用到引领现代农业的发展，最后形成产业，会经过一步一步地协同攻关来实现。我们要在发展的路径当中抓住机遇，特别是对有针对性的农业场景的智能应用问题进行深入研发。

如何提高农业智能化水平，主要从三大技术出发：一是物联网技术，重点是数据的获取、大数据的积累；二是大数据的分析技术，即大数据智能；三是人工智能的一系列算法，包括机器学习、知识系统等方面。所以说，农业智能科技和其他信息领域的智能科技有相同的地方，但更兼具有特色的地方。

近几年，我们进行了一些智能农业的探索，如在河北建立了 79 个（小麦—玉米）智慧农场，从播种到收获，包括施肥管理等各个方面进行全程化、智能化的管理。例如基于北斗导航的冬小麦宽窄行与玉米错茬协同播种，就是小麦玉米两茬，收完小麦之后播玉米种子，但不能把玉米种子播在小麦茬上，否则玉米种子出不来，玉米苗也长不好。为了解决这一问题，需要进行宽窄行播种，把玉米种子播在宽行里面，这就需要机器来准确地掌握小麦麦茬的位置，通过导航技术可以实现这一点。另外，在智慧农场当中，创新发展了"大底方＋小处方"的氮肥追施新技术和装备，能够实现精准施肥。我们相信，"智能技术＋农业"，将会带来美好的明天。

（本文根据作者于 2020 年 6 月 23～24 日在天津召开的"第四届世界智能大会"上的演讲内容整理而成，刊登于《机器人产业》第 4 期，略有删改）

粮食安全重在总量安全

中国农业风险管理研究会会长、
清华大学农村研究院副院长　张红宇

2020 年注定是人类历史上难以忘却的一年。生存与发展，两大时代主题再次摆在每个人的面前。发展很重要，但是活着更重要，而活着的前提是粮食安全。所以，今天以粮食安全与农业风险管理为题，讲三个大的问题。

第一，粮食安全重在总量安全。

改革开放 42 年，中国在多种农产品总量方面都取得了绝对的成就。有关数据不再给大家重复。但是在今天为什么特别强调总量安全，基于 3 个方面的考虑。

一是粮食总量是满足我们农业供给侧结构性改革的基本要求。农业供给侧结构性改革要多元化、高端化、品牌化、差异化。换句话说，要吃得好，但吃得好绝对是我们在总量满足的前提下才能吃得好。2019年中国口粮总量人均是 237kg，从这个角度来看，粮食不仅解决了我们吃饱的问题，吃好也是同样得到了解决。与此同时，农业的新产业、新业态在不断地释放。观光旅游休闲、生态环境保护、互联网＋，有的叫产业业态，有的叫新产业，如观光旅游休闲是产业的话，"互联网＋"那就作为业态，这些新产业、新业态的发展功能释放都是建立在粮食总量得到满足的前提之下。

二是粮食总量决定了我们应对国际风云变幻的底气。今年国际形势异常复杂，所以我们要坚守底线思维，从"六稳"到"六保"，到国内国际双循环。实现中央的要求，我以为总量在其中扮演了非常重要的角色。小麦和水稻保 97％ 以上的谷物基本自给，保99％ 以上的口粮基本自给，使我们有底气应对国际风云变幻。

三是粮食总量安全决定了现代化进程的发展基础。在国际风云变幻的背景之下，习近平总书记反复叮嘱我们吃饭是大问题。我们的口粮、我们的粮食总量是安全的，我们现代化的进程不会因此而受到丝毫的影响。事实上，到了一个比较艰难的时候，中国只要有两件法宝掌握在我们自己手里，我们就可以迎刃而解。第一，粮食，特别是口粮，总量绝对安全的话，可以保证我们饿不死。第二，工业门类齐全，保证了我们发展好。只要这两件法宝保证在自己手里，我认为我们现代化进程、中国梦是一定可以实现的。

第二，总量安全要抓根本。

怎样保证粮食的总量安全？42 年的改革开放经验反复告诉我们，一靠政策，二靠投入，同时我们要靠制度安排。各种激励因素，构成了我们总量安全的无限的推动力。但是今天我们要保证总量安全，我以为要有四个方面的积极因素。

一是资源要素。资源要素包括 3 个方面：①保证我们有足够的耕地。②保证我们有足够的面积。17.5亿亩，包括大豆在内的粮食播种面积，8 亿亩口粮播种面积，这是必须要保证的。③保后备资源。总书记在吉林看玉米生产、看黑土地保护，这类的举措，都是保后备资源。这是第一要素。

二是科学基础。实际上，我们粮食总量能够获得基本的保障，取决于我们这么多年坚持生物技术、装备技术、信息技术，包括降耗技术。①生物技术。杂交稻、杂交技术，包括基因技术，特别是种业，改变了我们今天的命运。一粒种子改变一个世界，1978年中国的粮食总量 3.04 亿 t，去年我们粮食总量6.64 亿 t，粮食总量翻了一番，主要是科学技术和生物技术。②装备技术。装备技术今天不仅仅是提高劳动生产效率的问题，更是机械化、集约化、节约化生产，特别是做到颗粒归仓，都离不开装备。最近南方地区大水灾，我们抓住有利的时机，及时收割、及时烘干，这在以前是难以想象的。③降耗技术。最低限度地节约用水、用肥、用药。比如 2015 年我们的化肥使用量高达 6 023 万 t，去年减少到 5 404 万 t，减少 10％。同期，农药由 150 万 t 下降到 122 万 t，减少了 18％，这是最好的表现。④信息技术。数字革命在中国的粮食生产方面发挥了重要作用。比如防虫、防灾，我们在第一时间最小范围可以做到精准采取相关措施，避免更多的问题。

三是在人力资源方面。人是决定一切的。所以，《中国共产党农村工作条例》强化了五级书记抓乡村振兴，特别提出了粮食省长负责制。粮食省长负责制的核心是约束性指标。除了我们在培养和造就一批懂农业，"一懂两爱"的"三农"队伍以外，我们更要关注新型农民的健康成长。我们既要注重"有文化、懂科技、会管理、善经营"的职业化农民培养，还要强化"有爱国情怀、有工匠精神、有创新意识、有社会责任"4 个精神方面的培育。

四是政策因素。说一千道一万，政策对粮食总量促进极为重大。第一，表现为投入政策。高标准农田的建设，今年两会明确提出要建到 8 000 万亩，一季500kg，两季 1 000kg，从这个角度来讲，高标准农田建设之日，也是我们粮食安全得到有效保障之时。第二，我们的价格政策。实际上对小麦和水稻的最低收购价，是引领其他农产品价格导向的一个很重要的指标，在很大程度比补贴的意义要高得多。第三，聚焦对粮食的各项补贴，比如农机购置补贴，包括生产性服务业的相关补贴。

总而言之，通过 4 个方面积极因素的释放，我认为保总量安全就有了根本保证。

今天向大家汇报的第三个问题，也就是最后一个问题，农业风险大有可为，在保证国家粮食安全方面，风险管理很有作用，而且意义重大。从广泛意义上来讲，我们一切对农业的支持和保护政策，都可以理解为风险管理政策。所谓风险就是不确定性，而风险管理就是减少不确定性，并且把不确定性减少到最低程度。从这个角度来讲，我最近在思考，与其我们过去狭隘地把包括保险、包括期货在内的这种风险管理工具，主要用于受损以后的补偿，能不能把相关的理念前置。换句话说，预防重于止损，或者叫重于减损，减少损失，至于止损。从这个角度来看，有 3 个问题需要抓。

一是基础。减少损失的基础，什么基础？基础设施建设基础、各项政策出台的基础。高标准农田建设，我们在很大层面上可以防止涝灾、旱灾、虫灾、雹灾，如果这些都做好了，损失可以减少到最小的范围，降低到最低的程度，这是基础设施。科学技术基础，如良种，同种作物种子可以产 1 000kg，也可能产 250kg。从这个角度来讲，基础建设非常重要。

二是信息化。数字革命真的是改变了我们对传统农业的认识。如果我们善于运用数字技术，无论是发生自然灾害，还是市场灾害，在很大层面上于第一时间，都能够及时进行政策上的一些变动。

三是能力。风险管理最终取决于我们对风险怎么认识，怎么样强化相关的举措，这就是能力问题。过去我们对小生产更多的是通过保险这种政策工具来止损。现今，实现规模化的经营，仅仅是保险，甚至是再保险也是不够的。对企业化经营、对规模化经营来讲，一定要在保险的基础上加期货。在两个市场的背景之下，一定要抓贸易救济。这是我们如何防止风险能力建设问题。从这个角度来讲，第一，风险预警的能力怎么样；第二，出了险以后我们的赔偿能力怎么样；第三，风险管理的体制怎么样。

总而言之，产业安全重在粮食安全，粮食安全重在总量安全。

（本文为作者于 2020 年 7 月 25 日在中国"三农"发展大会上的讲话，略有删改）

农产品加工业向"高尖精"发展的路径

中国农业科学院农产品研究所所长 王凤忠

农产品加工业是我国最大的制造业，总产值占制造业的 18% 左右，是我国经济发展的战略性支柱产业。当前，在新一轮科技革命、城镇化、工业化推动下的产业转型、消费升级，为农产品加工业提出新的发展要求和方向。农产品加工业在现有基础上，如何突破制约和瓶颈，创新农产品加工业纵深发展模式和举措，具有重要的理论和实践意义。

一、根据农产品特征推进"分区"发展模式

根据农产品原料自身特征不同，根据鲜活易腐、保质期长短、加工程度不同考虑分区域发展模式。农产品仓储物流、减损保鲜、分级分选、产地初加工集中在原料主产区，而精深加工考虑农产品减损、提质、增效，向主销区扩展，出口型农产品加工向边境口岸、贸易港或其他国家延伸。通过农产品加工带动，打造"一村一品、一乡一业"，建设农业产业强镇，加快建设乡村产业园区和产业集群，实现"点、线、面"结合，功能有机衔接，区域性辐射带动。在粮油加工领域，形成产地初加工，销地精深加工格局。粮油产地气候干燥、分级分选、碾米磨粉等初加工工业主要集中在粮油主产区。米面食品加工、油脂加工等精深加工主要集中在城市周边、东南沿海等主销区附近。在果蔬、特色农产品加工领域，形成主产区初加工、主销区深加工零星分布。果蔬、特色农产品由于以鲜食为主，加工主要集中在原料主产区，尤其预冷、干燥、仓储、物流、保鲜、分级、分选等初加工环节全部布局在主产区，部分果汁饮料、果蔬营养食品企业、提取企业、特膳企业在主销区有零星分布。畜产品加工领域，形成初深加工都集中在主产区格局。受疫病防控、活物跨省运输和成本限制，畜产品仓储物流、加工基本都集中在主产区，部分深加工点状布局在城市周边等主销区。

二、根据农产品加工程度推进"三刀"发展模式

根据各地区经济社会发展水平，有序推进农产品加工业"三刀模式"发展。所谓"三刀"是根据加工程度不同首次提出的概念。第一刀是"粮去壳""菜去帮""果去皮""猪变肉"，也就是农产品产地初加工，主要解决仓储物流、减损保鲜、分级分选的问题，实现产品增值在 20% 以上。第二刀是"粮变粉""肉变肠""菜变香""果变汁"，也就是食品加工和食品制造，解决农产品精深加工、提质增效的问题，实现产品增值 60% 以上。第三刀是"麦麸变多糖""米糠变油脂""果渣变纤维""骨血变多肽"，也就是共

产物梯次利用，解决变废为宝、节能减排、环境污染的问题，实现产品增值高达3倍以上。我国加工业水平多停留在第一刀上，第二刀、第三刀潜力有待挖掘。据统计，我国一产的加工产值平均水平仅为2.3：1，远低于发达国家水平。

三、根据产业生命周期推进"三个苹果"发展模式

"三个苹果"模式即"金苹果—烂苹果—银苹果"，是按照产业生命周期从鼎盛到衰落，产品价值不断被挖掘的过程。"金苹果"的金就是指特色产业刚刚起步时，由于生产规模小、经营主体少、产量少，加上特色品质，一个"苹果"就能卖出天价，单体利润高，我们称之为"金苹果"。但这种情况不会持续很长时间，一旦相似经营主体在类似气候、地理环境的地区大规模生产，就会造成量大价跌，"金苹果"就变成了"烂苹果"。要想防止"烂苹果"出现，一是要做好"金苹果"的地理标志、原产地认证、名特优新农产品认证等，让"金苹果"身价倍增；二是要将"烂苹果"变成"银苹果"，也就是引导当地经营主体根据市场需求打造适销对路的加工品。例如筛选适宜加工的鲜食果蔬变成汁、酒、醋、片，扩大消费方式，扩大销路，把千军万马过独木桥现象变成万马奔腾、各显神通，延伸产业链条，提升产品附加值，带动更多农户增收致富。要想实现产业振兴，必须要做好"保金、防烂、强银"的工作。

四、抓农产品原料品质评价和标准制定

专用原料是农产品加工的"第一车间"，没有好的原料就难以加工出好的产品。但对于如何评价好原料产品，目前还没有国家权威标准和评价，导致优质不优价、增产不增收现象普遍存在。因此，农产品加工业发展首先应该抓原料品质评价工作，通过品质评价不仅可为育种家提供育种方向，为加工企业提供原料收购标准，指导企业按照优质原料加工特性改造生产工艺，提高产品质量和企业效益，还可为农户提供种植养殖标准和收储标准，提高农产品市场竞争力和经济效益。所谓的"时空"评价，就是要根据农产品的多种用途，对其食用品质、营养品质、加工品质、安全品质进行综合评价，既要考虑何时采收、储运过程、保鲜长短等"时间"品质评价，也要考虑品种、产地、部位等"空间"品质评价，还要考虑原料鲜食、蒸煮、煎炒、烹炸等不同的食用方式的营养成分的保留，构建消费带动加工、加工引导生产、生产决定产业发展的现代化产业体系。

五、抓核心技术和装备的引进和开发

我国农产品加工装备制造技术处在工业1.0、2.0、3.0、4.0并存且以2.0、3.0为主的阶段，国产设备的智能化、规模化和连续化水平较低，核心装备依赖进口，整体落后发达国家至少20年以上。我国必须依靠科技，以产业共性、关键性、前瞻性技术开发为重点，加大新材料、新技术、新工艺与新型农产品加工装备的结合，推进加工设备的集成化、智能化、信息化，切实提高我国农产品加工装备水平。在初加工技术和装备方面，农产品采收、清洗、分选、烘干等基础环节共性技术要避免重复投资，探索统一经营模式；在精深加工方面，注重物联网、大数据、云计算、互联网等信息技术的应用，培育发展网络化、智能化、精细化现代加工新模式。例如食品智能制造技术，可实现运行数据、质量体系、制造管理等全程监控，机器人系统集成；可实现生产控制精准、协同度高和柔性化水平好的大数据处理系统等。

六、抓"五优"全程质量控制

短缺经济时代业界会把残次品、落地果作为加工原料，生产粗放、劣质的加工制品。随着我国消费升级，消费者更多关注营养、健康和安全，对加工农产品是否含有超量的防腐剂、保鲜剂等安全性问题心存疑虑，盲目信赖国外进口食品。为打消广大消费者对农产品加工制品的顾虑，我们要积极建立和实施加工制品全过程质量安全管理体系，像法国优质葡萄酒生产一样从原料产地、加工过程等进行全程质量控制，推行以市场为导向的"五优"理论，即在优质产区利用适宜的优质品种、最优采收时间、最优仓储物流、最优加工技术手段，为消费者提供最优质的加工品。

（本文刊载于2020年06月22日的《农民日报》，略有删改）

小麦加工装备发展趋势及挑战

河南工业大学教授　赵仁勇

一、国内小麦加工行业及加工装备的发展现状

目前，我国小麦产量已达 1.3 亿 t 左右，小麦消耗量在 1 亿 t 左右，面粉消耗量在 8 000 万 t 左右。小麦加工企业数量方面，小企业 2 250 家，规模以上企业 1 550 家。规模以上企业的年产值在 2 000 万元以上，总产能 2.33 亿 t，产能已经远远过剩。2019 年，规模以上企业面粉产量 8 607 万 t，小企业面粉产量 257.6 万 t，占比非常低，面粉的产能利用率不到 50%。现今，面粉厂的数量越来越少，单条制粉生产线的产能越来越大，专用面粉市场需求越来越强劲，方便食品产业发展非常快，健康食品的需求也越来越大，包括特殊人群食品的发展，都需要有新的小麦粉产品。但是，国内的小麦生产加工相对单一，农户的生产规模比较小，小麦品种多且杂，不具备分品种储存、流通、加工的条件，市场意识也比较欠缺，制粉行业面临新的机遇和挑战。

二、小麦加工装备未来发展的途径

首先要建立小麦收购智能检测平台。企业在小麦收购过程中，面临着数据追溯困难、检测结果不准确、"人情粮"和大量人力成本的困扰，而小麦收购智慧检测平台完全能够解决这一系列问题。通过建立无人值守自动扦样系统、自动筛分杂质检测系统、小麦质量智能检测平台、智能控制留样立体库的智能实验室，可保证小麦收购质量安全。

第二要发展大数据智能化的润麦系统。研究入磨麦水分含量、天气温湿度、生产线产量与成品面粉水分之间的关系，进行数学建模仿真，通过数学模型和已知的面粉目标水分含量、环境温湿度、生产线产量、小麦硬度等，计算出入磨麦水分含量，再通过目标入磨麦的水分含量，以及获得的天气预报温湿度信息、原粮的质量、润麦时间、入磨麦出仓时间等，计算润麦的加水量。

第三是建立电子"粉师"系统。对磨粉机轧距实现实时监测，实现设备数据线上可视化。磨粉机轧距能够自动调节，达到最佳研磨效果，提高出粉率，尤其是好粉的出粉率。控制室内自动检测皮磨剥刮率和重点心磨系统取粉率，实现循环检测和电脑控制系统的智能化。

第四是建立智慧配粉系统。配粉指标基于灰分含量、白度、蛋白含量等在线近红外检测指标。根据目标粉的基本要求及不同粉管粉的特性，对粉路进行程序切换，切换后再根据在线近红外检测结果对粉路进行重新分配。整个系统由上位机计算和执行。

第五是发展全自动包装、立体库及智能仓储系统。围绕面粉厂的智能化、自动化、无人化要求，很重要的一个工段就是包装储藏工段，要求有全自动的包装立体库以及智能仓储系统，包括全自动袋装粉的定量包装系统、袋装粉的智能码硬件系统，用于执行软件命令，实现动作，主要由执行机构组成。软件系统为硬件的管理系统，产品资料可通过传感器自动识别、自动录入、在线记录并追踪产品位置，实现无人化车间运行。

第六是实现车间环境治理与清洁生产。首先从气力输送、粉尘治理、温湿度等方面，对制粉车间环境进行分析，通过送排风系统平衡车间送排风，保持车间微正压，避免新的污染物混入。通过回风系统的过滤、净化处理，以及湿度调节和温度调节，对带有粉尘的空气进行过滤、净化处理。

小麦加工装备是小麦加工的基础和条件，智能化的装备大大减轻了小麦加工流程的人力负担，智能系统的开发和研究，也将为实现小麦加工技术的现代化提供有力的保障。

（本文为作者 2020 年 10 月 20 日在第三届中国粮食交易大会期间举办的粮食机械装备发展论坛上的演讲，略有删改）

实施国家粮食安全战略
守住管好天下粮仓

国家粮食和物资储备局

习近平总书记强调，越是面对风险挑战，越要稳住农业，越要确保粮食和重要副食品安全。近期，新冠肺炎疫情在全球蔓延，引发各方对世界粮食安全问题的担忧和高度关注。我国粮食连年丰收、库存充实、储备充足、供应充裕，市场运行和价格总体平稳。我们对端牢中国人的饭碗有充分信心，对支撑打赢疫情防控阻击战有充足底气。实践充分证明，党中央关于实施国家粮食安全战略的决策部署是完全正确的，保障国家粮食安全这根弦任何时候都不能放松。

一、解决好吃饭问题始终是
治国理政的头等大事

悠悠万事、吃饭为大。当前，国际环境错综复杂，新冠肺炎疫情全球蔓延，多边主义和单边主义交锋碰撞，国内改革进入深水区，保障粮食安全面临许多新挑战。要从世情国情粮情出发，切实增强办好"头等大事"的思想自觉、政治自觉和行动自觉。

1. 粮食安全是维护国家安全的重要基石 粮食安全与能源安全、金融安全是经济安全的重要方面，是国家安全的重要基础。世界上真正强大、没有软肋的国家都有能力解决自己的吃饭问题。我们是拥有14亿多人口的大国，如果粮食方面出了问题，一切都无从谈起。对粮食问题要从战略上看，看得深一点、远一点。只有确保谷物基本自给、口粮绝对安全，把饭碗牢牢端在自己手中，才能保持社会大局稳定。

2. 粮食安全是增进民生福祉的重要保障 粮食是人民群众最基本的生活资料。粮食充足，则市场稳定、人心安定。高水平、可持续的粮食安全保障体系，不仅可以"为食者造福"，让城乡居民"吃得安全""吃得健康"；也可以"为耕者谋利"，增加种粮农民收入；还可以"为业者护航"，促进粮食产业创新发展、转型升级、提质增效，不断增强人民群众的获得感、幸福感、安全感。

3. 粮食安全是应对风险挑战的重要支撑 粮安

天下。受疫情、干旱和草地贪夜蛾、沙漠蝗虫等病虫害影响，近期国际粮食市场大幅波动。我国粮食连年丰收，稻谷、小麦连续多年产大于需，口粮库存能满足1年以上的市场需求；日应急加工能力约9.5亿kg，按每人每天0.5kg粮计算，仅粮食应急加工企业的日加工能力就够全国人民吃1d多。充足的储备和库存、强大的应急加工能力，确保了我国粮食市场供应量足价稳，为应对各种风险挑战赢得了主动。

二、全面实施国家粮食安全战略

近年来全国各级各部门共同努力，深入实施"以我为主、立足国内、确保产能、适度进口、科技支撑"的国家粮食安全战略，粮食安全形势持续向好。

1. 坚持以我为主，牢牢掌握国家粮食安全主动权 保障粮食安全，必须坚持以我为主，立足国内，确保中国人的饭碗牢牢端在自己手上，碗里主要装中国粮，这是由基本国情决定的。我国是人口大国，依靠国际市场解决吃饭问题，既不现实也不可能。一个国家只有实现粮食基本自给，才能掌握粮食安全主动权，进而才能掌控经济社会发展大局。面对世界百年未有之大变局，应对新冠肺炎疫情等重大公共突发事件，只有做到手中有粮，才能确保心中不慌。

2. 深入实施"藏粮于地、藏粮于技"战略，夯实国家粮食安全基础 粮食生产根本在耕地，命脉在水利，出路在科技。党中央、国务院高度重视耕地保护，严守耕地红线，划定9亿亩粮食生产功能区，持续增强高标准农田、水利工程等建设力度。2016—2018年，每年新增高标准农田8 000万亩以上、高效节水灌溉面积2 000万亩以上。2019年，农业科技进步贡献率达到59.2%，主要粮食作物耕种收综合机械化率超过80%。粮食生产取得历史性的"十六连丰"，粮食产量连续5年稳定在6.5亿t以上，人均粮食占有量达到470kg左右，远高于世界平均水平。

3. 大力发展粮食产业经济，建设粮食产业强国 "产业强，粮食安"。要以"粮头食尾"和"农头工

尾"为抓手，推动粮食精深加工，做强绿色食品加工业。自2017年实施优质粮食工程以来，中央财政累计投入资金近200亿元，带动地方和社会资本投入550多亿元，以粮食产后服务体系、粮食质量安全检验监测体系建设、"中国好粮油"行动计划为抓手，在产后减损促增收、源头把控保安全、品质引领好粮油方面取得了显著成效，树立起从增产向提质转变的鲜明导向。全国纳入粮食产业经济统计的企业达到2.3万家，年工业总产值超过3.1万亿元，产值超千亿元省份11个，其中山东省超过4000亿元。

4. 加强粮食安全制度建设，走好中国特色粮食安全之路 制度是关系粮食安全保障的根本性、稳定性、长期性问题。党中央、国务院高度重视粮食安全制度建设，不断深化粮食收储制度改革，健全完善农业支持保护制度和粮食主产区利益补偿机制，切实调动地方抓粮、农民种粮积极性。强化粮食安全省长责任制考核、中央事权粮食政策执行和中央储备粮管理情况考核，强力推动了粮食安全责任落实。建立了与我国经济社会发展相适应的现代粮食储备制度，中央储备、地方储备协同配合的政府储备体系逐步健全。英国经济学人智库发布的2019年全球粮食安全指数报告中，我国排名较前年大幅上升。

5. 统筹利用"两个市场、两种资源"，积极参与全球粮食安全治理 在立足国内吃饭的前提下，适当进出口，有利于调剂部分国内粮油产品余缺，有利于深化国际粮食合作。近年来我国粮食贸易和对外合作不断加强，2019年粮食进口总量1.06亿t，其中大豆8851万t；积极支持有条件的企业"走出去"，在有需要的国家和地区开展农业投资，推广粮食生产、加工、仓储、物流等技术和经验；积极参与全球粮食安全治理，力所能及地提供紧急粮食援助，坚定维护多边贸易体系，落实联合国2030年可持续发展议程，更好地维护世界粮食安全，展示负责任大国的形象。

三、切实守住管好"天下粮仓"

站在新的历史起点上，全国粮食和物资储备部门要坚持底线思维，增强忧患意识，守住管好"天下粮仓"，筑牢国家粮食安全防线。

第一，压实粮食安全责任，提高粮食安全保障能力。把加大耕地保护力度、稳定粮食播种面积和产量、完善地方粮食储备安全管理、提高粮食应急保障能力等方面，作为2020年度落实粮食安全省长责任制的重中之重，严格执行考核标准和程序；认真实施中央事权粮食政策执行和中央储备粮管理年度考核，优化考核方案，注重增强实效，坚决担起国家粮食安全重任。

第二，深化收储制度改革，搞活粮食市场和流通。认真落实稻谷、小麦最低收购价政策，释放鲜明有力信号，充分调动农民种粮积极性。同时，以确保口粮绝对安全、防止"谷贱伤农"为底线，统筹谋划推动粮食收储制度改革，完善价格形成机制，让价格更好反映市场供求。积极培育多元市场购销主体，协调做好信贷、运力、库容等保障，畅通粮食销售渠道。创新办好中国粮食交易大会，充实拓展国家粮食交易平台功能，促进产销合作和跨区域流通。

第三，加强储备安全管理，增强抵御粮食市场风险能力。优化储备规模结构，提高小包装成品粮油储备比例，引导有条件地方根据需要扩大成品粮油储备覆盖范围或扩大储备量。优化储备区域布局，中央储备主要布局在战略要地、粮食主产区、交通要道和有特殊需要的地区，地方储备主要布局在大中城市、市场易波动地区、灾害频发地区和缺粮地区。加强中央储备和地方储备协同运作，做到关键时刻调得出、用得上。

第四，优化保供稳价机制，创新完善粮食"产购储加销"体系。着力推进优质粮食工程、现代物流工程、智能化管理提升行动等重大支撑项目，构建各环节协同联动的机制，促进优粮优产、优购、优储、优加、优销"五优联动"，实现"产购储加销"有机融合、有效链接，积极防范应对粮食领域的各种风险挑战。加强市场监测预测，及时研判、发布预警，用专业权威声音有效引导舆情、稳定社会预期。

第五，着力强化规划引领，加快粮食仓储物流设施和应急能力建设。认真组织编制"十四五"时期粮食物流基础设施建设规划，统筹布局一批大型粮食物流枢纽，增强分拨集散能力。加快建设高标准"绿色粮仓"，实施绿色智能仓储功能提升行动。逐步完善分类管理、分级负责、属地保障的粮食应急管理体制，综合考虑地区间生产消费、仓储物流等因素，建立完善省际或市域间粮油对口支援机制，形成布局合理、运转高效的粮油应急保供网络。

第六，加快推动立法修规，加快实现国家粮食安全治理现代化。积极争取有关方面重视支持，着力推进《粮食安全保障法》立法进程，修订出台《粮食流通管理条例》，制定粮食储备安全管理条例，以法律法规形式明确粮食安全责任；完善粮食标准体系，加快制修订急需重要标准，出台粮食储备操作规程和技术规范，做到有法可依，有标可循。

（本文刊载于2020年04月27日的《人民日报》，略有删改）

2025 年农产品加工营收将达 32 万亿元

——《全国乡村产业发展规划（2020—2025 年）》出炉

农业农村部

产业兴旺是乡村振兴的重点，是解决农村一切问题的前提，因此产业振兴是乡村振兴的首要任务。

农业农村部印发了《全国乡村产业发展规划（2020—2025 年）》（以下简称《规划》）。《规划》提出，要发掘乡村功能价值，强化创新引领，突出集群成链，培育发展新动能，聚集资源要素，加快发展乡村产业，为农业农村现代化和乡村全面振兴奠定坚实基础。

《规划》提出了乡村产业发展目标：到 2025 年，乡村产业体系健全完备，乡村产业质量效益明显提升，乡村就业结构更加优化，农民增收渠道持续拓宽，乡村产业内生动力持续增强。农产品加工业营业收入达到 32 万亿元，农产品加工业与农业总产值比达到 2.8∶1，主要农产品加工转化率达到 80%。培育一批产值超百亿元、千亿元优势特色产业集群。乡村休闲旅游业年接待游客人数超过 40 亿人次，经营收入超过 1.2 万亿元。农林牧渔专业及辅助性活动产值、农产品网络销售额均达到 1 万亿元。返乡入乡创新创业人员超过 1 500 万人。

指　标	2019 年	2025 年	年均增长
农产品加工业营业收入（万亿元）	22	32	6.5%
农产品加工业与农业总产值比	2.3∶1	2.8∶1	[0.5]
农产品加工转化率（%）	67.5	80	[12.5]
产值超 100 亿元乡村特色产业集群（个）	34	150	28%
休闲农业年接待旅游人次（亿人次）	32	40	3.8%
休闲农业年营业收入（亿元）	8 500	12 000	5.9%
农林牧渔专业及辅助性活动产值（亿元）	6 500	10 000	7.5%
农产品网络销售额（亿元）	4 000	10 000	16.5%
返乡入乡创新创业人员（万人）	850	1 500	10%
返乡入乡创业带动就业人数（万人）	3 400	6 000	10%

注：［　］为累计增加数。

农产品加工业与农业总产值比＝农产品加工业总产值/农业总产值，其中农产品加工业总产值以农产品加工业营业收入数据为基础计算。

一、提升农产品加工业

统筹发展农产品初加工、精深加工和综合利用加工，推进农产品多元化开发、多层次利用、多环节增值。按照"粮头食尾""农头工尾"要求，统筹产地、销区和园区布局，形成生产与加工、产品与市场、企业与农户协调发展的格局。

推进农产品加工向产地下沉。向优势区域聚集，引导大型农业企业重心下沉，在粮食生产功能区、重要农产品保护区、特色农产品优势区和水产品主产区，建设加工专用原料基地，布局加工产能，改变加工在城市、原料在乡村的状况。向中心镇（乡）和物流节点聚集，在农业产业强镇、商贸集镇和物流节点布局劳动密集型加工业，促进农产品就地增值，带动农民就近就业，促进产镇融合。向重点专业村聚集，依托工贸村、"一村一品"示范村发展小众类的农产品初加工，促进产村融合。

推进农产品加工与销区对接。丰富加工产品，在产区和大中城市郊区布局中央厨房、主食加工、休闲食品、方便食品、净菜加工和餐饮外卖等加工，满足城市多样化、便捷化需求。培育加工业态，发展"中央厨房+冷链配送+物流终端""中央厨房+快餐门店""健康数据+营养配餐+私人订制"等新型加工业态。

推进农产品加工向园区集中。推进政策集成、要素集聚、企业集中、功能集合，发展"异地经济"模式，建设一批产加销贯通、贸工农一体、一二三产业融合发展的农产品加工园区，培育乡村产业"增长极"。提升农产品加工园，强化科技研发、融资担保、检验检测等服务，完善仓储物流、供能供热、废污处理等设施，促进农产品加工企业聚集发展。

专栏1　农产品加工业提升行动

> 1. 建设农产品加工园。到2025年，每个农牧渔业大县（市）建设1个农产品加工园，建设300个产值超100亿元的农产品加工园。
> 2. 建设农产品加工技术集成基地。到2025年，建设50个集成度高、系统性强、能应用、可复制的农产品加工技术集成科研基地。

二、拓展乡村特色产业

以拓展二三产业为重点，延伸产业链条，开发特色化、多样化产品，提升乡村特色产业的附加值，促进农业多环节增效、农民多渠道增收。创新营销模式，健全绿色智能农产品供应链，培育农商直供、直播直销、会员制、个人定制等模式，推进农商互联、产销衔接。

（一）推进聚集发展

集聚资源、集中力量，建设富有特色、规模适中、带动力强的特色产业聚集区。打造"一县一业""多县一带"，在更大范围、更高层次上培育产业集群，形成"一村一品"微型经济圈、农业产业强镇小型经济圈、现代农业产业园中型经济圈、优势特色产业集群大型经济圈，构建乡村产业"圈"状发展格局。

建设"一村一品"示范村镇。依托资源优势，选择主导产业，建设一批"小而精、特而美"的"一村一品"示范村镇，形成一村带数村、多村连成片的发展格局。用3~5年的时间，培育一批产值超1亿元的特色产业专业村。

建设农业产业强镇。根据特色资源优势，聚焦1~2个主导产业，吸引资本聚镇、能人入镇、技术进镇，建设一批标准原料基地、集约加工转化、区域主导产业、紧密利益联结于一体的农业产业强镇。用3~5年的时间，培育一批产值超10亿元的农业产业强镇。

提升现代农业产业园。通过科技集成、主体集合、产业集群，统筹布局生产、加工、物流、研发、示范、服务等功能，延长产业链，提升价值链，促进产业格局由分散向集中、发展方式由粗放向集约、产业链条由单一向复合转变，发挥要素集聚和融合平台作用，支撑"一县一业"发展。用3~5年的时间，培育一批产值超100亿元的现代农业产业园。

建设优势特色产业集群。依托资源优势和产业基础，突出串珠成线、连块成带、集群成链，培育品种品质优良、规模体量较大、融合程度较深的区域性优势特色农业产业集群。用3~5年的时间，培育一批产值超1000亿元的骨干优势特色产业集群，培育一批产值超100亿元的优势特色产业集群。

（二）培育知名品牌

按照"有标采标、无标创标、全程贯标"要求，以质量信誉为基础，创响一批乡村特色知名品牌，扩大市场影响力。

培育区域公用品牌。根据特定自然生态环境、历史人文因素，明确生产地域范围，强化品种品质管理，保护地理标志农产品，开发地域特色突出、功能属性独特的区域公用品牌。规范品牌授权管理，加大品牌营销推介，提高区域公用品牌影响力和带动力。

培育企业品牌。引导农业产业化龙头企业、农民合作社、家庭农场等新型经营主体将经营理念、企业文化和价值观念等注入品牌，实施农产品质量安全追溯管理，加强责任主体逆向溯源、产品流向正向追踪，推动部省农产品质量安全追溯平台对接、信息共享。

培育产品品牌。传承乡村文化根脉，挖掘一批以手工制作为主、技艺精湛、工艺独特的瓦匠、篾匠、铜匠、铁匠、剪纸工、绣娘、陶艺师、面点师等能工巧匠，创响一批"珍稀牌""工艺牌""文化牌"的乡土品牌。

（三）深入推进产业扶贫

贫困地区发展特色产业是脱贫攻坚的根本出路。

促进脱贫攻坚与乡村振兴有机衔接，发展特色产业，促进农民增收致富，巩固脱贫攻坚成果。

推进资源与企业对接。发掘贫困地区优势特色资源，引导资金、技术、人才、信息向贫困地区的特色优势区聚集，特别是要引导农业产业化龙头企业与贫困地区合作创建绿色优质农产品原料基地，布局加工产能，深度开发特色资源，带动农民共建链条、共享品牌，让农民在发展特色产业中稳定就业、持续增收。

推进产品与市场对接。引导贫困地区与产地批发市场、物流配送中心、商品采购中心、大型特产超市、电商平台对接，支持贫困地区组织特色产品参加各类展示展销会，扩大产品影响，让贫困地区的特色产品走出山区、进入城市、拓展市场。深入开展消费扶贫，拓展贫困地区产品流通和销售渠道。

专栏 2　乡村特色产业提升工程

1. 建设"一村一品"示范村镇。到 2025 年，新认定 1 000 个全国"一村一品"示范村镇。

2. 建设农业产业强镇。到 2025 年，建设 1 600 个农业产业强镇。

3. 建设现代农业产业园。到 2025 年，建设 300 个现代农业产业园。

4. 建设优势特色产业集群。到 2025 年，建设 150 个产值超 100 亿元、30 个产值超 1 000 亿元的优势特色产业集群。

5. 培育乡村特色品牌。到 2025 年，培育 2 000 个"乡字号""土字号"特色知名品牌，推介 1 000 个全国乡村能工巧匠。

三、优化乡村旅游产业

依据自然风貌、人文环境、乡土文化等资源禀赋，建设特色鲜明、功能完备、内涵丰富的乡村休闲旅游重点区。建设城市周边乡村休闲旅游区、自然风景区周边乡村休闲旅游区、民俗民族风情乡村休闲旅游区、传统农区乡村休闲旅游景点。

乡村休闲旅游要坚持个性化、特色化发展方向，以农耕文化为魂、美丽田园为韵、生态农业为基、古朴村落为形、创新创意为径，开发形式多样、独具特色、个性突出的乡村休闲旅游业态和产品，突出特色化、差异化、多样化。

实施乡村休闲旅游精品工程，加强引导，加大投入，建设一批休闲旅游精品景点。通过建设休闲农业重点县、美丽休闲乡村、休闲农业园区，促进乡村休

闲旅游高质量发展，要规范化管理、标准化服务，让消费者玩得开心、吃得放心、买得舒心。

专栏 3　乡村休闲旅游精品工程

1. 建设休闲农业重点县。到 2025 年，建设 300 个休闲农业重点县，培育一批有知名度、有影响力的休闲农业"打卡地"。

2. 推介中国美丽休闲乡村。到 2025 年，推介 1 500 个中国美丽休闲乡村。

3. 推介乡村休闲旅游精品景点线路。到 2025 年，推介 1 000 个全国休闲农业精品景点线路。

四、发展乡村新型服务业

扩大生产性服务业领域，提高服务水平，丰富生活性服务业内容，创新服务方式，鼓励大型农产品加工流通企业开展托管服务、专项服务、连锁服务、个性化服务等综合配套服务。鼓励各类服务主体建设运营覆盖娱乐、健康、教育、家政、体育等领域的在线服务平台，推动传统服务业升级改造，为乡村居民提供高效便捷服务。

依托农家店、农村综合服务社、村邮站、快递网点、农产品购销代办站等发展农村电商末端网点。实施"互联网＋"农产品出村进城工程，完善乡村信息网络基础设施，加快发展农产品冷链物流设施。

五、推进农业产业化和农村产业融合发展

打造农业产业化升级版，壮大农业产业化龙头企业队伍，培育农业产业化联合体，推进农业产业融合发展，培育多元融合主体，发展多类型融合业态，建立健全融合机制。

壮大农业产业化龙头企业队伍。实施新型农业经营主体培育工程，引导龙头企业采取兼并重组、股份合作、资产转让等形式，建立大型农业企业集团，打造知名企业品牌，提升龙头企业在乡村产业发展中的带动能力。

培育农业产业化联合体。扶持一批龙头企业牵头、家庭农场和农民合作社跟进、广大小农户参与的农业产业化联合体，构建分工协作、优势互补、联系紧密的利益共同体，实现抱团发展。

建立健全融合机制。引导新型农业经营主体与小农户建立多种类型的合作方式，促进利益融合。完善利益分配机制，推广"订单收购＋分红""农民入

股＋保底收益＋按股分红"等模式。

专栏 4　农村创新创业带头人培育行动

1. 培育农村创新创业主体。到 2025 年，培育 100 万名农村创新创业带头人，带动 1 500 万返乡入乡人员创业。

2. 遴选农村创新创业导师。到 2025 年，培育 10 万名农村创新创业导师。

3. 建设农村创新创业园区和孵化实训基地。到 2025 年，建设 2 000 个农村创新创业园区和孵化实训基地。

4. 培育乡村企业家队伍。到 2025 年，着力造就一支懂经营、善管理，具有战略眼光和开拓精神的乡村企业家队伍，选树 1 000 名全国优秀乡村企业家。

六、推进农村创新创业

农村创新创业是乡村产业振兴的重要动能。优化创业环境，激发创业热情，形成以创新带创业、以创业带就业、以就业促增收的格局。

培育返乡、入乡、在乡创业主体，实施农村创新创业带头人培育行动，加大扶持，培育一批扎根乡村、服务农业、带动农民的创新创业群体。支持地方依托县乡政府政务大厅设立农村创新创业服务窗口，发挥乡村产业服务指导机构和行业协会商会作用，培育市场化中介服务机构。建立"互联网＋"创新创业服务模式，为农村创新创业主体提供灵活便捷在线服务。

按照"政府搭建平台、平台聚集资源、资源服务创业"的要求，建设各类创新创业园区和孵化实训基地。引导地方建设一批资源要素集聚、基础设施齐全、服务功能完善、创新创业成长快的农村创新创业园区，依托现代农业产业园、农产品加工园、高新技术园区、电商物流园等，建立"园中园"式农村创新创业园，力争用 5 年时间，覆盖全国农牧渔业大县（市）。依托各类园区、大中型企业、知名村镇、大中专院校等平台和主体，建设一批集"生产＋加工＋科技＋营销＋品牌＋体验"于一体、"预孵化＋孵化器＋加速器＋稳定器"全产业链的农村创新创业孵化实训基地。

新时期我国农业装备产业科技创新发展研究

中国农业机械化科学研究院　吴海华　方宪法

我国是农业生产大国，也是农业装备应用的大市场。经过近 20 年的创新发展，我国农业装备产业科技进入新的发展阶段，正面临科技与产业革命的新机遇，产业重塑和转型跨越发展陷阱的新风险，从"0 到 1"自主创新的新挑战。

新一轮科技革命和产业变革正在蓬勃兴起，农业装备将融合生物、农艺和工程技术，集成先进制造与智能控制、新一代信息通信、新材料和人工智能等技术，向高效化、智能化、网联化和绿色化方向加速发展，成为现代农业发展新需求、国际产业技术竞争新焦点。

一、我国农业装备产业科技发展分析

（一）现代农业发展的战略重点

农业装备是现代农业发展的重要支撑，从 2004 年提出要提高农业机械化水平，到 2020 年提出要加快大中型、智能化和复合型农业机械研发和应用。历年中央 1 号文件从研发制造、购置补贴、应用推广和基础设施等方面都提出了需求与目标，国务院也相继出台有关推进农机化和农机装备产业及科技发展政策，农业装备已成为我国发展现代农业的战略重点，也是制造强国、科技强国的重点发展领域。

"十五"以来，在国家一系列强农惠农政策的支持和拉动下，我国农业装备产业快速发展，成为世界农业装备制造和使用大国，规模以上企业数量从 1 600 多家增加到近 2 500 家，产业规模从 2001 年的 480 多亿元增长到 2016 年的最高 4 500 多亿元，利润从 2001 年 6 亿元增长到 2016 年的最高 250 多亿元，产品种类从近 3 000 种增加到 4 000 多种。

农业装备对农业机械化发展的贡献度超过 75%，

有力地支撑了我国农作物生产机械化率从 32% 提高到 70%，农业生产进入以机械化为主导的新阶段。

农业装备提高了我国现代农业生产能力和水平，为保障粮食安全和农业产业安全发挥了重要作用。

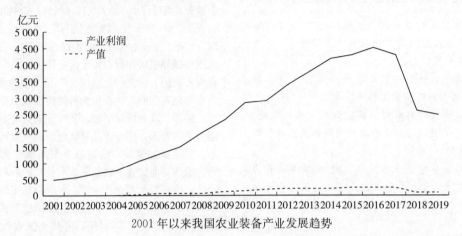

2001 年以来我国农业装备产业发展趋势

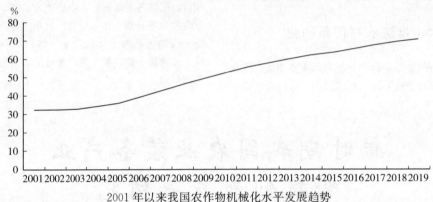

2001 年以来我国农作物机械化水平发展趋势

（二）形成需求与目标导向结合的政策框架

为实现农业和农业装备产业增长的目标，"十五"以来，从内生性、外生性等影响因素角度，以及需求拉动、创新驱动和产业促动等维度，实施了农机购置补贴、农机工业政策及产业科技创新政策，构建了需求与目标导向结合的政策框架。

2004 年颁布实施的《农业机械化促进法》明确了中央和省级财政补贴扶持责任，也明确了农业装备科研具有的基础性、关键性和公益性特点。

农机具购置补贴政策是我国农业机械化发展过程中最为重要的一项财政支持政策，从 1998 年开始中央财政每年投入 2 000 万元用于大中型拖拉机及配套农具更新补贴，到 2004 年开始将农机购置补贴纳入国家支农强农惠农政策体系，中央财政资金投入增加到 7 000 万元，以后逐年增加，2014 年最高达 236.5 亿元。

2004—2019 年，中央财政共投入 2 200 多亿元，扶持 3 560 多万户购置 4 500 多万台（套）农业装备。

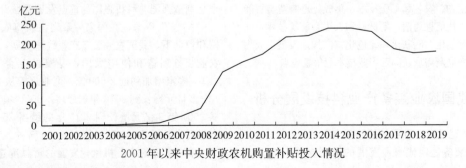

2001 年以来中央财政农机购置补贴投入情况

为提高创新能力，增强核心竞争力，2006 年出台的国家中长期科技规划纲要将"多功能农业装备与设施"作为农业领域优先主题，科技部门制订的系列科技发展规划都将农业装备作为重点领域，通过一系列国家科技计划项目及国家技术创新工程的实施，推动了农业装备领域应用基础、关键核心技术和重大装备突破，并初步形成自主可控技术体系和产学研深度融合的技术创新体系。

围绕构建竞争有序、发展协调和增长持续的现代产业，建立市场配置资源和政府宏观调控相结合的产业发展机制，国务院分别于 2010 年、2015 年和 2018 年出台了《关于促进农业机械化和农机工业又好又快发展的意见》、《中国制造 2025》和《关于加快推进农业机械化和农机装备产业转型升级的指导意见》。

产业部门也制定了《农机工业发展政策》等政策，并通过支持企业技术改造等举措，推动形成布局合理、适合国情、专业化协作和产业集中度较高的产业新格局，以及形成以大型企业为龙头、中小企业相配套的产业体系和产业集群。

（三）走出多元融合的技术路径

近年来，我国农业装备技术快速发展，逐步奠定了机械化、自动化、信息化和智能化的技术基础，形成了耕种管收及加工的技术和产品体系，走出了一条大中小结合、农机农艺融合、装备与信息融合及制造与服务融合的具有特色的技术发展路径。

"十五"期间，以完善机械化生产体系为目标，以"现代化"为导向，重点推进粮食作物和大宗经济作物生产关键环节作业装备研发。

"十一五"期间，以突破共性技术、创制重大产品和构建创新平台为目标，以"多功能"为导向，从农业机械化和农业装备两个方向全面部署耕整、种植、植保、田间管理、收获、秸秆处理和加工等全程机械化作业装备研发，着力于改变创新能力弱、关键环节缺门少类的局面。

"十二五"期间，以完善功能、增加品种、拓展领域和提升水平为目标，以"智能化"为导向，体系化部署粮经饲、种养加和产前产中产后全链条生产作业，以及从设计到制造的关键技术和装备研发，推进机械化、自动化和智能化融合发展。

"十三五"期间，以关键核心技术自主化、主导装备智能化和薄弱环节机械化为目标，以"系统智能"为导向，全链条设计、一体化部署智能制造、智能装备和智能作业关键技术及装备研发，提升智能化的能力和水平，实现以智能控制技术为核心的普遍智能化。

（四）构建产业链创新体系及生态

围绕产业链部署创新链，实现创新要素间、创新主体间及科技与产业融通发展，促进跨领域、跨学科协同创新，是实现产业迈向价值链中高端的关键，也是应对创新体系和创新战略竞争的基础。

"十五"以来，围绕形成从基础研究、应用研究、技术开发到产业化应用的创新链，建设了土壤植物机器系统技术研发、拖拉机动力系统国家重点实验室，形成了由农业机械、草原畜牧业装备、农业智能装备、农产品智能分选装备、种子加工装备和饲料加工装备等国家工程技术研究中心组成的农业装备工程化技术体系。

（五）塑造产业科技创新的发展格局

我国农业装备科技创新从改造仿制、引进消化吸收再创新，到以自主创新为核心能力的协同创新，实现从机械替代人畜力的机械化，以电控技术为基础的自动化，以信息技术为核心的智能化，形成机械化、自动化和智能化并联发展的格局，为构建智能技术、智能装备为主导的现代产业体系奠定了发展基础。

"十五"以来，农业装备信息化、智能化等应用基础研究紧跟发展趋势，土壤、动植物与环境信息获取、水肥种药精量控制施用、工况与质量检测、远程操控与运维等技术奠定了农业全程信息化和机械化技术体系基础，推进了农机作业与先进农艺技术协调融合发展。

大型动力、复式整地、变量施肥、精量播种和高效收获等关键技术突破，形成了适应不同生产规模的全程作业装备技术及产品体系，推进了农业装备向高效化、智能化发展。

低碳环控设施、能源高效利用、精细生产与调控和数字化管理等关键技术突破，促进了设施园艺集约化、绿色化发展。

绿色灭菌、节能干燥、分选分级、安全包装和全程品控与溯源等关键技术突破，促进了农产品加工精细化、自动化发展。

二、全球科技创新趋势

（一）未来农业变革引发新机遇、新挑战

全球农业发展进入由传统农业、现代农业向未来农业转变的新阶段。现代生命科学、物质科学、生物技术和信息技术等发展，以及农业生产、组织方式变革，促进了现代农业科技从微观到宏观全方面变革；基因组学应用可定向培育新品种、改良性状和表型，合成生物技术应用使细胞工厂变为可能，合成牛奶、生物合成肉等将改变农业生产方式和投入品结构，物联网、大数据和人工智能等催生无人农业新业态。

未来 30 年，全球人口将增加 20% 以上，达到 97

亿人，对食物需求也将增加40%，面对水土资源短缺、生态环境恶化、病虫害及疫病频发、自然灾害与气候变化影响加重，农业生产要更加高效，农业装备科技创新要更好地应对未来农业变革，以及全球粮食安全和气候变化等重大机遇和挑战。

（二）全球产业发展和竞争进入新阶段

总体上，近年来全球农机产业发展相对平稳，产业规模保持在1 000亿欧元左右，2019年达到1 070亿欧元。产业区域格局基本稳定，欧洲、美洲和亚洲

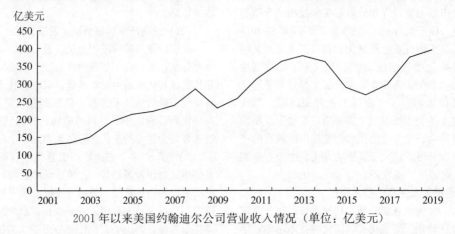

2001年以来美国约翰迪尔公司营业收入情况（单位：亿美元）

产业竞争态势面临深刻变化。全球产业集中度不断提高，产业竞争由技术主导向技术与资本主导转变，关键核心技术制高点竞争凸显，创新战略、创新体系和创新产业链的竞争日益重要，基础研究竞争成为新领域，企业竞争成为产业竞争的主要表现。

（三）技术创新呈现以智能化为核心的新趋势

学科交叉融合正在引发以绿色、智能和泛在为特征的群体性技术突破，推动农业装备向以人工智能技术、生物技术为核心的自主智能方向发展，加速现代农业向高效智能精细生产方式转变。

生长过程及环境调控基础技术研究不断深入，推进农业生产作业及管理由群体向个体、广域向局域、定量向变量、结构化环境向开放环境的全生命周期精细生产调控，水、肥、药、光和热等农业生产要素实现精准精量施用，农业灌溉水利用系数达到0.7~0.9，农药利用率达到60%以上，化肥有效利用率达到50%以上。

信息感知、混合现实、边缘计算和机器学习等技术发展与应用推进农业装备智能控制从单向、单一目标监控功能，向多目标多参数融合、智能决策控制的自主智能方向发展，自动驾驶、远程操控和协同作业等成为更加高效智能发展趋势。

（四）全产业链融合发展催生新业态、新产业

现代农业从种子、田间生产、产后加工与储运到

是主要农机市场，约占全球农机产业的95%左右。全球贸易中，欧洲、美洲和亚洲分别约占全球的59%、23%和14%。市场相对集中，欧盟、北美、南美及中国、印度和俄罗斯等国家和地区市场占全球70%以上。

跨国企业主导产业技术及竞争的格局日益增强。美国、日本和德国等国家的跨国农机企业主导全球产业竞争格局稳固，通过领先的技术和强大的资本优势占据产业价值链的高端，推动全产业链发展。

剩余物综合利用的全生命周期管理的生产新模式，要求农业装备研发、制造和应用要推进生物、农艺和工程技术融合，以及制造、信息、生物、新材料和新能源等技术集成，实现从耕整、种植、田间管理、收获和产地处理等全链条高度集成与配套，从而更加高效、精细和绿色。

互联网、物联网、大数据和新一代移动通信等技术与现代农业、农业装备的深度融合，加速农业传感器、农用无人机、农业机器人和智能农业系统等智能农业装备新产业发展。如美国爱科的精准农业技术（Fuse Technologies）可确保农业生产始终在最优状态下进行提升产量；美国约翰迪尔公司"绿色之星"（Green Star）精准农业系统可实现田间耕作、播种、施肥、喷洒农药和收获等作业的准确定位及智能化控制；Kubota智能农业系统（KSAS）是基于云的农业管理支持服务系统，通过基于模拟的优化种植计划实现利润最大化。

智能农业装备产业发展，也催生并加速了以植物工厂、垂直农场、无人农场和精准农业等为主要业态的智慧农业应用产业，预计未来全球智慧农业将快速发展，其市值将以每年超过10%的复合增长率增长，到2025年将达到300多亿美元。

（本文刊载于《农业工程》2020年第5期，略有删改）

2

第二部分

相关行业发展概况

油 料 加 工 业

一、基本情况

2019 年，我国粮食总产量达 66 384 万 t，其中小麦产量为 13 359 万 t，稻谷产量为 20 916 万 t，玉米产量为 26 077 万 t，杂粮产量为 971 万 t，豆类产量为 2 132 万 t，薯类产量（折干粮）为 2 883 万 t。

二、进出口情况

2019 年我国进口各类油料合计为 9 330.8 万 t，其中进口大豆 8 851.1 万 t，进口油菜籽 273.7 万 t；进口各类食用植物油合计为 1 152.7 万 t，其中进口大豆油 82.6 万 t，进口菜籽油 161.5 万 t，进口棕榈油 755.2 万 t，进口葵花籽油 122.9 万 t，进口橄榄油 5.24 万 t，进口椰子油 17.23 万 t。出口油料合计为 116 万 t，出口食用油脂为 27 万 t。进口豆粕 97 万 t，进口菜籽粕 158 万 t。

三、油料油脂生产情况

2019 年，我国的油料生产与粮食生产一样，再创历史新高。2019 年我国八大油料作物的总产量达 6 666 万 t，再创历史最高纪录，其中大豆产量为 1 810 万 t，花生产量为 1 760 万 t，油菜籽产量为 1 353 万 t，棉籽产量为 1 060 万 t，葵花籽产量为 328 万 t，油茶籽产量为 265 万 t，芝麻产量为 45 万 t，亚麻籽产量为 45 万 t。2019 年度我国食用油年度消费总量为 3 978.0 万 t，我国食用油的自给率为 30.1%，我国人均食用油的消费量为 28.4 千克。

四、标准工作

1. 2019 年 8 月 7 日，国家粮食和物资储备局网站发布"关于公开征求《食用调和油》国家标准意见的通知"，同时发布了《食用调和油》文本（意见稿）。食用调和油是我国食用油产品的大品种，是大众消费的植物油品种之一，以其独特的产品特点和价格优势丰富着我国城乡所有的超市和农贸市场。食用调和油也是我国小包装食用植物油中的主要产品，每年消费量达近 500 万 t，占到小包装油脂总量 990 万 t 的一半，但是很多消费者因为不知道生产者到底是用何种油配制，影响了食用调和油的市场。

2. 2019 年 8 月 9～10 日，2019 年度国家粮食标准制修订立项审定会在西安召开，来自全国粮油标准化技术委员会、国家粮食和物资储备局标准质量中心、部分国家粮食质量监测中心等 48 位专家及相关高等院校、科研院所、大型生产企业的 180 余位科研人员参加了会议。会议由国家粮食和物资储备局标准质量中心副主任王正友主持。国家粮食和物资储备局标准质量中心主任张树森出席并讲话，指出，国家粮食和物资储备局一直高度重视粮食标准化工作，目前建立了较为完整的粮食流通标准体系。现归口管理的粮食标准共有 631 项，其中国家标准 341 项，行业标准 290 项，基本覆盖粮食收购、储存、运输、加工、销售和进出口等环节，较好地满足了促进粮食生产、搞活粮食流通、规范粮食经营、优化消费结构的需要，发挥了重要的规范、引领和保障作用。强调本次粮食标准制修订立项审定会的宗旨是建立"绿色、优质、营养、健康"的粮食及杂粮标准体系，以满足人民群众对美好生活的需求。本次标准立项申报工作得到了业内的广泛支持和关注，共征集到来自行业内相关高等院校、科研院所、大型生产企业的粮食标准 173 项，其中国家标准 37 项、行业标准 136 项。本次评审会按照原粮及制品、油料及油脂、粮食储藏及流通、粮油机械 4 个专业组分别进行，评审专家在认真听取了各申报单位的汇报后，经过质询、评分、讨论，最终形成立项结论，为下一步标准制修订工作奠定基础。

3. 2019 年 9 月 5 日，"好油换着吃，营养更均衡"，金健植物油有限公司发布八款新品。中国粮油学会常务理事、中国粮油学会油脂分会会长何东平、全国粮油标准化技术委员会油料及油脂分技术委员会秘书长张世宏、武汉轻工大学教授郑竟成应邀与会，金健植物油有限公司优秀经销商代表及 KA 代表出席本次发布会。会上大家一同观看了展现金健植物油有限公司核心价值理念的微电影《一本厂册》，微电影以回忆的方式讲述了老油脂人对品质的坚守和传承。

金健植物油有限公司的前身为 1936 年创办的中国植物油料厂常德厂，近百年的历史，有过创业的艰辛，经受过战争的洗礼，经历过金融风暴的考验，一步步成长壮大。金健植物油有限公司是金健米业股份有限公司全资子公司，被评为国家级绿色工厂和"中国好粮油"行动省级示范企业，获得"中国油茶籽油加工企业 10 强""湖南名牌产品""湖南省十大茶油推荐品牌""常德市农业产业化龙头企业"等荣誉称号，拥有十多项产品专利证书。

4. 2019 年 11 月 28 日，全国粮油标准化技术委员会油料及油脂分技术委员会一届四次会议在广西防城港召开，对 25 项油料和油脂的国家和行业技术标准进行审定。会议指出，要进一步深化对油料油脂标准工作重要性的认识，引导油脂行业技术进步，推动油脂行业健康发展；要认真做好油料油脂标准制修订工作，理顺标准，健全体系，保障粮油产品安全。防城港市副市长张海出席会议并致辞。中国粮油学会首席专家王瑞元、国家粮食和物资储备局标准质量中心原主任唐瑞明以及来自全国科研院所、高校、企业的60 余位专家代表出席会议。

五、行业活动

1. 2019 年 4 月 3 日，中国粮油学会油脂分会八届一次常务理事会在云南楚雄成功召开，本次会议由云南摩尔农庄生物科技开发有限公司承办，油脂分会常务副会长王兴国主持会议。油脂领域近百人参加本次会议。会上王瑞元名誉会长作关于"2018 年我国粮油生产供应情况浅析"等报告，何东平会长传达中国粮油学会 2019 年工作会议精神，周丽凤常务副秘书长宣读中国粮油学会油脂分会 2019 年工作要点，谷克仁副会长部署"中国粮油学会油脂分会第 28 届学术年会暨产品展示会"相关工作。确定该届学术年会的主题为：创新、提质、转型、发展。陈刚副会长部署首届中国"瑞元杯"青年油脂论坛相关工作，暨南大学汪勇教授汇报并部署"第六届国际稻米油科学技术大会"相关工作，"第六届国际稻米油科学技术大会"定于 2019 年 6 月 26~28 日在广州召开。会议的最后对承办"第 28 届中国粮油学会油脂分会学术年会暨产品展示会"单位（中国热带农业科学院椰子研究所等）授旗，对承担第六届国际稻米油会议的单位（暨南大学等）授旗，对承担首届中国"瑞元杯"青年油脂论坛的单位（中粮营养健康研究院）授旗，对中国粮油学会油脂分会官方网站（中国油脂网、中国油脂科技网）授牌，对中国粮油学会油脂分会会刊（《中国油脂》、《粮食与食品工业》和《粮食与油脂》）

授牌。

2. 2019 年 10 月 17~19 日，在海南省海口市召开由中国粮油学会油脂分会主办，中国热带农业科学院椰子研究所、海南省粮油科学研究所等单位共同协办的中国粮油学会油脂分会第 28 届学术年会暨产品展示会，来自全国油脂界、行业大专院校和科研单位、相关企业近 500 名专家、学者、企业代表参加了此次会议。会议围绕"创新、提质、转型、发展"的主题，从油脂萃取精炼等新工艺、新设备、新技术，专用油脂和功能性油脂的开发，各种油料新资源的开发利用及油脂副产品的综合利用、油脂标准的制修订及油料油脂检测技术等方面展开了学术交流与研讨。中国粮油学会理事长张桂凤，中国粮油学会首席专家、中国粮油学会油脂分会名誉会长王瑞元，中国粮油学会油脂分会会长、武汉轻工大学何东平，中国粮油学会油脂分会常务副会长、江南大学王兴国，中国热带农业科学院椰子研究所党委书记赵瀛华，海南省粮油科学研究所所长郑联合，海南大学食品学院院长李从发等出席了大会开幕式。开幕式由中国粮油学会油脂分会常务副会长王兴国主持。大会特邀中国粮油学会首席专家、油脂分会名誉会长王瑞元，物联网应用技术教育部工程中心主任纪志成，北京工商大学刘新旗分别做了题为《我国油脂市场及油脂加工业今后应重点做好的几项工作》《职能工厂共性关键技术与新模式应用》《植物蛋白加工技术的实践、研究与开拓》的报告。与会代表就油脂制取、精炼、储藏等新工艺、新设备、新技术，专用油脂、功能性油脂的开发和油脂精细化工产品的研究，特种油料新资源的开发利用及油脂副产品的综合利用，油厂节能减排及安全生产，油脂标准的制修订及油料、油脂检测技术，油脂企业现代管理与油脂科技信息等进行了广泛的学术交流。会议期间还举办了油脂机械及相关产品展示会。此次会议圆满召开，对推动我国油脂行业改革创新、调整结构、绿色发展发挥了积极的作用。

3. 2019 年 11 月 2 日，由中国粮油学会油脂分会主办，佳格集团承办召开的"首届葵花籽油加工与营养高峰论坛"在苏州顺利落幕。本次高峰论坛会议由中国粮油学会油脂分会秘书长周丽凤主持，参加会议的领导及专家有中国粮油学会理事长张桂凤、首席专家王瑞元、秘书长王莉蓉，中国粮油学会油脂分会会长何东平及部分领导与专家。大会旨在促进葵花籽油产业的持续健康发展，共同见证葵花籽油为中国消费者带来的健康转变。会上，中国粮油学会首席专家王瑞元做了题为《我国葵花籽油产业的发展前景报告》，他表示对我国葵花籽油产业的发展前景十分看好。其他与会嘉宾相继发表了《炒籽条件对葵花籽油风味及综合品质的影响》《葵花籽油系列食用油的营养功效研究进展》《葵花籽煎炸油的研究进展》《石榴皮精油对葵花籽油氧化酸败及风味特性影响研究》《"油"衷守护——葵花籽油品质安全管理报告》等多项专业研究报告。本次高峰论坛最后由何东平会长发布了《尚德守法诚信倡议书》，与会企业积极响应，共同落实食品安全工作。

（武汉轻工大学　何东平）

淀　粉　加　工　业

一、基本情况

（一）资源概况

根据国家统计局数据，2019 年粮食种植面积普遍下降，但产量稳中略有增加。其中，2019 年中国玉米总产量略增至 26 078 万 t，比 2018 年增产 360 万 t，增幅 1.4%（表 1）。2019 年中国玉米消费结构基本稳定，其中，饲用约占 66.0%，工业用约占 30.0%，食用约占 4.0%。2019 年世界玉米产量 111 621 万 t，其中美国 34 596 万 t，约占世界总产量 30.99%；中国为 26 078 万 t，约占世界总产量的 23.36%。

表 1　2019 年我国玉米主产区产量

单位：万 t

省（自治区）	2018 年	2019 年	同比增长（%）
河　北	1 941.15	1 986.60	2.34
山　西	981.62	939.40	−4.30
内蒙古	2 699.95	2 722.30	0.83
辽　宁	1 662.79	1 884.40	13.33
吉　林	2 799.88	3 045.30	8.77
黑龙江	3 982.16	3 939.80	−1.06
山　东	2 607.16	2 536.50	−2.71
河　南	2 351.38	2 247.40	−4.42
陕　西	584.15	609.60	4.36
其　他	6 107.15	6 166.60	0.97
总　计	25 717.39	26 077.90	1.40

（二）加工业概况

根据中国淀粉工业协会不完全统计，2019 年我国淀粉总产量 3 213.37 万 t，同比增长 7.72%。其中，玉米淀粉 3 097.43 万 t，同比增长 10.04%；木薯淀粉 17.01 万 t，同比下降 35.26%；马铃薯淀粉 45.49 万 t，同比下降 23.15%；甘薯淀粉 22.85 万 t，同比下降 10.64%；小麦淀粉及其他 30.58 万 t，同比下降 46.47%。

1. 我国淀粉及深加工品产量和品种情况　2019 年中美贸易摩擦继续影响国内玉米市场，加上深加工扶持政策调整的影响，玉米深加工效益有所下降，但由于新增产能继续释放，玉米淀粉产量继续增加，较 2018 年产量增加 10.04%。我国木薯种植面积持续大幅萎缩局势不变，国内原料供应减少叠加进口木薯淀粉对市场的挤占，2019 年我国木薯淀粉产量继续保持下降趋势，产量同比降幅达到 35.26%。因生产成本（包括原料辅料价格、劳动力等）不断增长，企业加工利润受到挤压，加上环保监管力度增强，整体开工率有所下降，2019 年马铃薯淀粉产量减少 23.15%。综合来看，受玉米淀粉产量增长的带动，2019 年淀粉全行业继续保持平稳增长，产量整体呈上升趋势（表 2、表 3）。

表 2　2019 年我国淀粉产量及品种情况

品　种	产量（万 t）	占总淀粉（%）	同比增长（%）
玉米淀粉	3 097.43	96.39	10.04
木薯淀粉	17.01	0.53	−35.26
马铃薯淀粉	45.49	1.42	−23.15
甘薯淀粉	22.85	0.71	−10.64
小麦淀粉及其他	30.58	0.95	−46.47
合　计	3 213.37	100.00	7.72

表 3　2019 年我国淀粉深加工品产量及品种情况

品　种	产量（万 t）	占总淀粉（%）	同比增长（%）
变性淀粉	175.78	10.12	5.98
结晶葡萄糖	450.70	25.94	10.82
液体淀粉糖	984.77	56.68	3.89
糖　醇	126.02	7.25	12.35
合　计	1 737.27	100.00	6.41

2. 淀粉产量分布及生产规模情况　2019 年我国玉米淀粉产量分布情况仍然是山东、河北、吉林三省位于前三，首位山东省占我国玉米淀粉总产量的 48.30%（2018 年 47.43%）；依次是河北和吉林省，分别占全国玉米淀粉总产量的 12.95%（2018 年 11.97%）和 11.88%（2018 年 14.23%），前三省玉米淀粉产量之和占全国玉米淀粉总产量的 73.13%，占比变化不大（2018 年为 73.63%）。随着黑龙江省新建产能的不断投产，2019 年黑龙江玉米淀粉产量升至 335.66 万 t，占全国总产量的 10.84%（2018 年 8.34%），位列全国第四位。前四省玉米淀粉年产量合计为 2 601.08 万 t，占全国总产量的 83.97%（2018 年 81.97%）。2019 年全国玉米淀粉产量 10 万 t 以上的企业共 41 家，比上年增加 3 家，10 万 t 以上企业玉米淀粉总产量提高到 3 048.77 万 t（2018 年为 2 759.11 万 t），占玉米淀粉总产量的比重保持在 98.43%（2018 年 98.02%）（表 4）。

表 4　2019 年我国淀粉产量分布及生产规模情况

地 区	淀粉产量（万 t）	占总产量（%）	玉米淀粉生产规模情况	
			年产 10 万 t 企业（个）	企业最大年产量（万 t）
山　东	1 496.21	48.30	17	411.50
河　北	401.23	12.95	6	194.31
吉　林	367.98	11.88	2	100.52
黑龙江	335.66	10.84	2	162.00
宁　夏	110.93	3.58	1	110.93
陕　西	88.96	2.87	1	73.12
河　南	92.11	2.97	2	29.48
其他 18 个省、自治区、直辖市	204.35	6.60	10	45.33
合　计	**3 097.43**	**100.00**	**41**	—

注：其他 18 个省、自治区、直辖市为：山西、内蒙古、辽宁、江苏、湖北、四川、广东、广西、海南、云南、重庆、甘肃、青海、新疆、贵州、安徽、江西、福建。

二、市场及进出口情况

2019 年，淀粉及深加工行业整体景气度继续提升，一方面是国家政策支持，另一方面是终端需求良好。淀粉及深加工新增产能继续释放，产量稳步增长，行业生产技术水平和产品品质继续提高，使得产品应用领域不断扩展，终端市场需求向好。电子商务、家电、物流行业包装用纸继续增加，直接拉动造纸行业淀粉需求量的稳步提升，国内含糖食品尤其是碳酸饮料产量持续保持增长，带动淀粉糖消费攀升，近年来人们对健康食品以及功能性食品关注度的提高也打开了我国糖醇的广阔市场空间。因此，2019 年淀粉及深加工产品市场呈现供需两旺的特征。

2019 年，我国淀粉类产品及淀粉深加工产品进口及出口数量均增长，玉米淀粉等 13 种主要商品的出口总量为 252.46 万 t，比上年增长 8.57%，进口总量为 306.87 万 t，比上年增长 21.87%。在出口贸易中，2019 年我国淀粉类产品出口总量约 76.32 万 t，同比增长 34.43%。受益于出口退税政策鼓励，国内玉米淀粉出口继续放量，2019 年出口量增长至 70.41 万 t，同比增长 35.63%。不过，受部分国家贸易政策限制，我国淀粉糖出口量为 152.73 万 t，与上年基本持平。除淀粉糖以外的其他深加工产品出口量变化不大。在进口贸易中，2019 年我国淀粉类产品进口总量约 242.69 万 t，同比增长 17.39%。主要因木薯淀粉进口单价同比下跌 6.91%，2019 年我国木薯淀粉进口量同比增长 18.26% 至 237.55 万 t。2019 年我国淀粉糖及变性淀粉进口均大幅提高，其中，淀粉糖进口总量 17.83 万 t，同比大幅增长 538.64%；变性淀粉进口量 46.17 万 t，同比增长 21.87%；但糖醇类进口大幅下降 37.22% 至 1 769t（表 5）。

表5 2019年我国淀粉及部分深加工品进出口情况

品　名	进口（t）	同比增长（％）	出口（t）	同比增长（％）
玉米淀粉	3 053	20.76	704 100	35.63
木薯淀粉	2 375 495	18.26	680	−2.80
马铃薯淀粉	30 930	−36.55	6 111	243.70
小麦淀粉	4 221	265.76	2 683	−23.05
其他未列名淀粉	13 237	111.45	49 576	16.41
葡萄糖及葡萄糖浆，果糖＜20％	7 567	286.40	795 930	7.05
葡萄糖及糖浆，20％≤果糖≤50％，转化糖除外	403	−63.08	9 108	−27.60
果糖及果糖浆，果糖＞50％，转化糖除外	3 198	10.64	229 658	−24.06
其他固体糖	167 084	660.47	492 570	5.64
山梨醇	1 456	−33.78	89 114	7.47
甘露醇	297	−45.17	8 572	−5.29
木糖醇	16	−78.86	43 935	−5.13
糊精及其他改性淀粉	461 722	9.96	92 578	−2.10
合　计	**3 068 679**	**21.87**	**2 524 615**	**8.57**

三、生产技术发展情况

（一）生产规模

2019年我国淀粉及深加工产品的生产集中度依然较高，各品种规模以上企业产量占比均略有提高。玉米淀粉、变性淀粉、固体糖、液体淀粉糖规模以上企业产量占比分别达到89.24％、78.61％、85.20％和85.36％，比上年提高0.85、0.27、2.95和2.28个百分点（表6、表7）。玉米淀粉年产100万t以上的企业中，规模最大企业的年产量达到411.50万t，同比提高8.81％。变性淀粉年产10万t以上的企业仍为4个，年产量合计达到72.01万t，占总产量的40.97％；年产量5万～10万t的企业增加1个，产量占比从上年的19.10％大幅提高至23.99％。固体糖年产100万t以上的企业仍为1个，年产量122.08万t，占总产量的27.09％；年产量20万～80万t的企业比上年增加1个，产量占比同比提高了7.95个百分点。液体淀粉糖年产50万t以上企业数量保持在7个，合计产量占比51.32％，同比提高2.49个百分点；年产量超过100万t的企业数量为2家，比上年增加1家，其中规模最大单体企业年产量为128万t。

表6 2019年我国玉米淀粉生产规模

项　目	2018年	2019年	同比增长（％）
年产100万t以上企业（个）	9	9	持平
年产100万t以上企业总产量（万t）	1 535.20	1 667.65	8.63
占全国玉米淀粉总产量（％）	53.21	53.84	0.63
年产40万t以上企业（个）	17	18	5.88
年产40万t以上企业总产量（万t）	1 014.94	1 096.46	8.03
占全国玉米淀粉总产量（％）	35.18	35.40	0.22

表7 2019年我国部分淀粉深加工品生产规模

项　目		2017年	2018年	同比增长（%）
变性淀粉	年产10万t以上企业（个）	4	4	持平
	年产10万t以上企业总产量（万t）	68.59	72.01	4.99
	占全国总产量（%）	41.35	40.97	−0.38
	年产5万t以上企业（个）	5	6	20.00
	年产5万t以上企业总产量（万t）	31.68	42.17	33.11
	占全国总产量（%）	19.10	23.99	4.89
	年产3万t以上企业（个）	8	6	−25.00
	年产3万t以上企业总产量（万t）	29.67	24.00	−19.11
	占全国总产量（%）	17.89	13.65	−4.24
结晶葡萄糖	年产100万t以上企业（个）	1	1	持平
	年产100万t以上企业总产量（万t）	133.20	122.08	−8.35
	占全国总产量（%）	32.75	27.09	−5.66
	年产20万t以上企业（个）	4	5	25.00
	年产20万t以上企业总产量（万t）	146.46	198.15	35.29
	占全国总产量（%）	36.01	43.96	7.95
	年产10万t以上企业（个）	4	4	持平
	年产10万t以上企业总产量（万t）	54.88	63.77	16.20
	占全国总产量（%）	13.49	14.15	0.66
液体淀粉糖	年产50万t以上企业（个）	7	7	持平
	年产50万t以上企业总产量（万t）	462.87	505.42	9.19
	占全国总产量（%）	48.83	51.32	2.49
	年产10万t以上企业（个）	13	13	持平
	年产10万t以上企业总产量（万t）	324.67	335.14	3.23
	占全国总产量（%）	34.25	34.03	−0.22

（二）新工艺、新技术、新设备、新产品

2019年，在智能制造、转型升级、推动制造业高质量发展等政策指引下，以中粮生化等为首的行业骨干和领军企业，通过不断的研发投入与技术攻关，提高技术装备水平，开发高端及新型产品，丰富产品线，延展产业链条，打破国外企业的技术垄断，获得了核心竞争力和差异化竞争优势，并为行业的发展带来持续的驱动力。

1. 中粮生物科技打破多项国际垄断技术，新产品研发再获新突破　2019年，中粮生物科技股份有限公司研发投入近亿元，整合下属4家国家级研发中心，建立技术研发创新中心，与国内多个知名科研院所及院士团队达成战略合作协议，针对聚乳酸材料改性及下游制品开发等多个产业前沿和热点项目进行合作，借助外部力量实现企业创新发展。其中，联合江南大学食品科学与技术国家重点实验室全球首创一种高品质麦芽糊精生物酶法改性技术，显著提升了添加麦芽糊精产品的外观、口感、色泽等品质，可应用到婴幼儿奶粉、脂肪替代品等高端市场中。此外，开发了酸奶专用系列变性淀粉和复配型酸奶增稠稳定剂，可有效起到增稠稳定和口感改善效果，打破国外厂商对酸奶专用变性淀粉的垄断。2019年，中粮生化攻克D-阿洛酮糖新型功能性单糖生产的关键技术瓶颈，成功打通该产品全套生产工艺，开发出各种规格的阿洛酮糖液体和晶体制品。

2. 山东寿光巨能金玉米开发有限公司积极开展延链补链研究　在现有产品品种的基础上，重点研发了生物质热塑复合材料、乳酸、丙交酯、聚乳酸、生物基尼龙 56 盐等新材料，已实现规模生产并投放市场。同时，该公司根据客户需求开展产品研发，如啤酒专用淀粉、造纸专用淀粉、粉丝专用淀粉等，均已实现"客户定制"。

3. 迈安德集团推动制造业转型升级，推进工业化和信息化融合，积极打造智能工厂 以迈安德设计安装的日产 600t 的玉米淀粉工厂为例，该工厂只需要 10 名工人就能使整套设备运行起来，运行过程中出现的任何故障，电脑都能迅速定位排查，以便快速维修。

4. 上海兆光生物工程设计研究院致力于打造高品质机械产品和系统解决方案 液化蒸发一体化技术及装置将液化与蒸发浓缩系统一体化设计，大大降低了制糖的蒸汽消耗；模拟移动床色谱分离技术及设备，采用国际最先进的顺序式模拟移动床工艺，极大地促进了我国淀粉糖工业的发展，打破了国外色谱设备的高价垄断。满式床模拟移动床连续离交技术，是目前国际上最先进的脱盐净化设备，该技术已在数十个大型淀粉糖项目中使用，效果显著。兆光膜过滤系统应用于酶法制糖工业过程中去除蛋白、纤维、脂肪、胶体物质等杂质，提高产品品质，降低活性炭用量，提高副产品收率。

5. 明阳生化利用智能装备降本增效 2019 年，明阳生化第一台自动化智能码垛机械手运行上线，采用自动输送线和自动码包机器人替代人工搬运和人工码垛工作。机械手利用了先进的在线控制技术、控制系统以及完整的配套输送线等优势，有效避免了甩包、破包、滑垛等问题，从根本上消除了工人职业病潜在的风险，且能有效减轻劳动强度、降低人工成本、提高工作效率，包装码垛工人需求量从 5 人减少至 2 人，每天产量从 90t 提升至 105t。

6. 象屿生化集团致力于绿色生产与发展循环经济并举，开展绿色工厂管理制度化建设 通过将生产过程中产生的废水、废热进行回收，生产中产生的废渣出售给下游饲料厂家进行后续利用，污水处理产生沼气进入电厂掺烧发电，有效降低了能源、资源消耗，减少了污染物排放，达到了节能、降耗、减污、增效的目的。

7. 中粮生物科技降低对石油基外包装的依赖，减少"白色污染" 中粮生物科技股份有限公司已通过产品外包装循环化使用、无包装运输、采用可降解生物基包装材料三大措施，极大降低了其产品外包装的消耗，取得了良好效果。

四、行业主要活动

2019 年，淀粉加工行业继续在淀粉协会的组织和带领下，以市场为导向，以规范、发展为主题，通过加强部委沟通、制定相关标准、开展行业调研、举办特色活动、加强国际交流等方式，提出行业建议，引导产业结构调整，规范行业行为，维护公平竞争的市场秩序，促进行业健康发展。

1. 加强部委沟通，反映行业诉求 为畅通沟通渠道，反映行业诉求，推进行业健康发展，中国淀粉协会代表行业企业积极加强与有关部委的沟通和交流，提出行业意见和建议。2019 年，协会参与了《产业结构调整指导目录》《淀粉行业建设项目重大变动清单》《食品及相关领域关键核心技术和产品清单》《国家危险废物名录（修订稿）》等 15 项国家重大事项征求意见，参加了 2019 年全国农业贸易救济工作会等多次会议，及时反馈企业的实际情况和诉求。同时，继续为国务院有关部门及时提供淀粉行业运行情况以及存在的问题，承担工信部委托《食品工业发展报告》和科技部委托《中国农产品加工业年鉴》中关于淀粉加工业相关部分的编写工作。为了抵制欧盟产业的不公平贸易和不正当竞争，淀粉协会自 2006 年组织行业内骨干企业，先后发起了六次"反倾销""反补贴"战役，在商务部、农业部、国家发展和改革委员会、国务院关税税则委员会等主管部门的支持下，取得了全面胜利。我国对欧盟马铃薯淀粉征收反倾销和反补贴税，合计税率为 $25\%\sim69.1\%$。2019 年 2 月经期终复审调查再次延长反倾销税至 2024 年，是我国目前征收时间最长的反倾销税之一，使得覆盖 15 个主产省（自治区）的中国马铃薯产业得到了全面保护和蓬勃发展。

2. 参与标准制定，引领行业发展 受国家卫生健康委员会食品安全标准与监测评估司委托，淀粉协会与上海市质量监督检验技术研究院、中国食品工业协会和江南大学共同承担修订《食品安全国家标准—食用淀粉》（GB 31637—2016）的工作。淀粉协会继续承担《污染源源强核算技术指南 农副食品加工工业—淀粉工业》和《排污单位自行监测技术指南 农副食品加工》的修订工作，两标准均于 2019 年 3 月 1 日实施。为进一步引导淀粉行业健康持续发展，加快淘汰落后设备，促进行业技术进步，淀粉协会与中国轻工业清洁生产中心共同完成《淀粉工业水污染物排放标准》（GB 25461—2010）的评估，2019 年年内已完成验收，并共同制订了《淀粉行业清洁生产评价指标体系》。为了《第二次全国污染源普查工业污染源产排污核算 谷物磨制、饲料加工、植物油加工、其他农副食品加工行业》标准的制定，2019 年淀粉协会第二次全国污染源普查调研专家小组成立，对全国各淀粉及淀粉制品制造企业展开了多次行业调研。

淀粉协会与中国生物发酵产业协会共同参与制订《糯玉米淀粉（蜡质玉米淀粉）》行业标准，2019年完成了成立标准起草小组、征集编制单位、样品送检、标准编写等一系列的标准起草工作，11月26日召开了标准的启动及起草会议。《淀粉行业绿色工厂评价要求》团体标准于2018年开始编制，2019年3月1日颁布实施。《马铃薯汁水蛋白提取操作技术规范》和《饲料原料 马铃薯蛋白粉》2个团体标准由协会马铃薯淀粉专委会组织制定，并与中国轻工业清洁生产中心共同编制，于2019年8月19日开始实施。

3. 强化服务功能，提高服务质量 2019年，我国淀粉加工行业转型升级进程加快，为进一步促进行业转型发展、提质增效、绿色引领、创新驱动，淀粉协会及8个专委会积极发挥职能作用，强化服务功能，召开本专业特色活动，不断扩大行业影响，并引导和推进淀粉行业健康持续发展。为探讨玉米深加工产业新时代下的发展战略，2019年8月14日中国淀粉工业协会与中国工程院环境与轻纺工程学部、吉林省粮食和物资储备局、吉林省科学技术厅、中国生物发酵产业协会等共同在长春举办了"第六届世界淀粉产业大会暨绿色生物制造技术高峰论坛"。2019年年内，玉米淀粉专委会在长春组织召开"2019玉米行业高峰论坛"，马铃薯淀粉专委会在苏州组织召开"2019年度中国马铃薯淀粉产业环保技术高峰论坛会暨会长办公会"，木薯淀粉专业委员会在南宁承办"2019年木薯行业发展论坛"，甘薯淀粉专业委员会在北京主办"2019年薯类绿色加工与综合利用技术研讨会"，淀粉糖专委会组织召开"2019年中国（上海）国际淀粉糖技术交流会"，糖醇专委会在上海召开以"数字、绿色、质量"为主题的"糖醇产业新时代高峰论坛"，2018年新成立的绿色制造专业委员会召开了"绿色制造发展论坛"。为满足玉米加工业及上下游客户对玉米与淀粉行业信息的需求，同时为政府决策提供信息参考，淀粉协会自1988年以来坚持归纳整理行业年度统计数据，刊发协会《年报》。在《年报》的基础上，协会又联合艾格农业、国家粮油信息中心、光大期货等单位共同编制了《中国玉米市场和淀粉行业年度分析及预测报告》(2019)，打造中国最具影响力和权威性的专业报告，为广大会员单位和上下游客户服务。2019年，协会充分发挥"中国淀粉工业协会信息产业基地"作用，开发玉米深加工月度分析报告、行业经济运行检测与分析等，并加强协会网站市场信息数据对接共享，为淀粉行业提供更翔实的信息。此外，淀粉协会持续加强行业信息数据库和市场信息网络平台建设，继续坚持《淀粉与淀粉糖》《淀协通讯》等刊物的编制工作，并加强新媒体推广，更好地为会员和公众提供沟通交流和信息服务。

4. 开展特色活动，对接产业需求 6月19～21日，淀粉协会在国家会展中心召开了"第十四届上海国际淀粉及淀粉衍生物展览会、2019上海国际薯业产业开发展览会（Starch Expo 2019/Potato Expo 2019)"。本次展会与同期食品系列展深度联合，吸引了64 176人次专业买家莅临参观。为了客观真实地了解国家贸易救济政策的实施效果，客观公正地评估马铃薯产业在贫困不发达地区经济发展过程中和脱贫攻坚中的地位和作用，2019年9～10月，淀粉协会陪同商务部贸易救济调查局先后两次对有代表性的重点产区甘肃和宁夏地区进行了深入的考察调研。为了了解玉米淀粉行业及下游消费变化，以及企业对玉米与玉米淀粉期货的参与情况，把握本行业更多有价值的信息，2019年3月，协会与大连商品交易所共同组织了淀粉行业龙头企业、投资咨询机构对山东、上海以及广东地区玉米淀粉下游企业的专项调研，涉及制药、造纸、食品、啤酒以及行业内的制糖企业。2019年制糖行业需求面临极大的挑战，协会糖醇专委会于6月份组织了关于糖醇市场现状及未来发展趋势的市场考察调研活动。此外，协会多次参加会员单位活动。组织环保专家赴甘肃庄浪县进行马铃薯产业调研，组织召开了庄浪县宏达加工有限公司废水处理工艺可行性分析专家论证会等。

5. 加强国际交流，提升国际地位 为促进淀粉行业国际间的对话和协调，2019年10月9日，中国、墨西哥、俄罗斯、泰国、土耳其和美国及欧洲的淀粉行业协会联合宣布成立国际淀粉协会联合会。联合会的主要工作将围绕行业发展以及业内共同关心的重要话题展开，联合会成员将在与消费者沟通交流等方面形成合力，并致力于成为淀粉行业在世界卫生组织和国际食品法典委员会等国际组织统一发声的平台。协会还组织了行业内部分龙头企业赴荷兰、比利时、法国进行参观、学习、考察和交流，先后到访了欧洲淀粉协会、法国罗盖特总部，实地考察法国罗盖特工厂、法国ADM工厂、荷兰耐浩水技术管理公司及设备制造商等，深入了解欧洲谷物生产、收购、储存、加工、物流配送等各个环节。

五、淀粉行业未来

1. 东北地区将逐步成为玉米淀粉及深加工行业新的产业基地 通过实施玉米优势产区布局规划，以及玉米市场化的逐步推进，东北地区依靠丰富的原料供应与储备、辽阔的土地资源、低廉的成本与能源优势，在政策补贴以及当地政府扶持政策的吸引下，越来越多的大型企业在东北地区投资建厂并逐渐投产。未来东北地区将会凭借在土地潜力、原料供给与储备、机械化程度高以及人工成本等多方面的优势，成为新的玉米深加工产业基地。

2. 延伸下游，布局全产业链将成为常态，产品多元化、系列化发展将成为主要趋势　目前新建产能以及大型企业的规划多注重全产业链的布局，传统淀粉产品在全产业链企业中的占比逐步压缩，单一布局的企业将逐步被兼并、淘汰，未来单体企业产业链更长、规模更大。淀粉加工产品种类多样，应用广泛，因此企业在延伸产业链的步伐中应注重产品的系列化、多元化的开发，在拓展市场的同时可有效规避单一产品市场的风险。

3. 行业整合加速发展，规模化、集约化程度明显提高　市场竞争的加剧及原料供应紧张问题将迫使企业更加注重原料和加工副产品的综合全面利用，开发和生产不同用途的商品，实现资源的高效利用以实现"零排放"。为实现该目标，淀粉及深加工产能将不断集中，生产规模日益扩大，行业兼并、重组、整合速度将加快。从企业规模来看，将淘汰一批中小规模企业（如年产 30 万 t 以下），而大型企业集团数量、单厂规模超过 300 万 t 的企业数量将增加，超

1 000 万 t 级现代化企业集团将成为行业的中坚力量。

4. 深加工的专用化发展将延伸至原料端，对原料提出更多要求　随着市场和终端需求的进一步细分，淀粉及深加工将逐步向原料端提出更多更高要求。为满足某种专业化的终端需求，会要求从种植阶段开始介入育种、栽培、病虫害防治等技术，确保为深加工产品提高种类更适用、品质更好的专用原料。由不同品种原料开发及生产专用化产品，从而带动淀粉全产业链的健康、优质、高效发展。

5. 环保治理为行业可持续发展提供动力　一是环保对行业本身的要求促进行业的发展。环保治理已成为近年来淀粉行业的头等大事，也是企业生存和发展的必要条件，淀粉企业排污许可证审核和发放已成为行业发展的重要引领和示范。通过环保治理整顿企业生产秩序、促进企业提升生产工艺、改善企业生产环境，为行业健康、可持续发展提供动力。二是环保的进一步严苛为淀粉加工行业提供更大的发展空间和机遇。如塑料的治理是我国环保的一项重要工作，随着科技发展及创新，未来使用马铃薯、木薯及玉米淀粉等原料生产的可降解塑料将较为普遍，届时"限塑"工作的进展将为淀粉行业提供非常广阔的需求空间。

（中国淀粉工业协会　范春艳　董延丰）

肉类及蛋品加工业

一、基本情况

2019 年，我国肉类产量下降，蛋品产量上升。肉类市场供应不足，价格大幅上涨，进口明显增加。全国肉类及蛋品加工行业规模以上企业数量减少，工业资产、业务收入和利润增加，供给侧结构性改革力度加大。

（一）规模以上企业数量及主要经济指标

2019 年全国肉类及蛋品加工行业规模以上企业 3 703 家，比上年减少 402 家。其中，规模以上屠宰及肉类加工企业 3 503 家，比上年减少 381 家，降幅 9.8%；规模以上蛋品加工企业 200 家，比上年减少 21 家，降幅 9.5%。

1. 主营业务收入　本年度全国肉类及蛋品加工行业规模以上企业营业收入稳步增长。其中，规模以

上屠宰及肉类加工企业营业收入 10 169.2 亿元，比上年增长 16.1%；规模以上蛋品加工企业营业收入 260.4 亿元，比上年增长 9.8%。

2. 利润　本年度全国肉类及蛋品加工行业规模以上企业利润显著增长。其中，规模以上屠宰及肉类加工企业实现利润总额 506.6 亿元，比上年的 376.6 亿元增加 130.0 亿元，增幅 34.5%，增幅较大；规模以上蛋品加工企业实现利润 11.6 亿元，比上年的 11.3 亿元增加 0.3 亿元，增幅 2.7%。

二、行业运行特点

（一）重点行业分析

2019 年，我国牲畜屠宰、禽类屠宰、肉制品及副产品加工业规模以上企业数量均有所减少，蛋品加工业规模以上企业稳定；主营业务收入均有不同程度

增长，产业结构有所变化，主要是禽类屠宰占比上升。

1. **牲畜屠宰业** 2019 年全国规模以上牲畜屠宰企业 1 175 家，比上年的 1 299 家减少了 124 家，降幅 9.5%，占企业总数的 33.5%；其业务收入 3 475.8 亿元，比上年的 3 054.3 亿元增加了 421.5 亿元，增幅 13.8%；占肉类行业业务收入总额 10 169.2 亿元的 34.2%，比上年的 36.6% 下降了 2.4 个百分点。

2. **禽类屠宰业** 2019 年全国规模以上禽类屠宰企业 603 家，比上年的 722 家减少了 119 家，降幅 16.5%，占企业总数的 17.2%，比上年的 18.5% 下降了 1.3 个百分点。其业务收入 2 632.6 亿元，比上年的 2 092.6 亿元增加了 540 亿元，增幅 25.8%；占肉类行业业务收入总额的 25.9%，比上年的 23.8% 增加了 2.1 个百分点。

3. **肉制品及副产品加工业** 2019 年全国规模以上肉制品及副产品加工企业 1 725 家，比上年的 1 863 家减少 138 家，降幅 7.4%，占企业总数的 49.2%，比上年的 48% 上升 1.2 个百分点。其业务收入 4 060.8 亿元，比上年的 3 611.4 亿元增加 449.4 亿元，增幅 12.4%；占肉类行业业务收入总额 39.9%，比上年的 39.6% 增加了 0.3 个百分点。

4. **蛋品加工业** 2019 年全国规模以上蛋品加工企业 200 家，保持稳定；其业务收入 260.4 亿元，比上年的 237.2 亿元增加了 23.2 亿元，增幅 9.8%。

（二）市场运行分析

2019 年我国肉禽蛋类市场供应总体上比较紧张，其主要原因是猪肉产量下降幅度较大。虽然牛羊禽肉产量有不同程度增长，肉类进口量也有大幅度增长，但仍无法弥补猪肉减产造成的供求缺口。

1. **肉禽蛋生产总量** 据国家统计局公报，2019 年全年猪牛羊禽肉产量 7 649 万 t，比上年下降 10.2%。其中，猪肉产量 4 255 万 t，下降 21.3%；牛肉产量 667 万 t，增长 3.6%；羊肉产量 488 万 t，增长 2.6%；禽肉产量 2 239 万 t，增长 12.3%。加上 120 万 t 杂畜肉，肉类总产量达 7 769 万 t。禽蛋产量 3 309 万 t，增长 5.8%。

2. **肉类产品结构** 2019 年猪肉、禽肉、牛肉、羊肉、杂畜肉在肉类总产量中所占比重为 54.8∶28.8∶8.6∶6.3∶1.5，产品大类结构发生显著变化，猪肉下降 7.2 个百分点，禽肉上升 6.8 个百分点。

3. **肉类进口** 2019 年肉及杂碎进口总量为 618 万 t，同比增加 217.21 万 t，增幅 54.2%。分大类看，2019 年进口猪肉 210.8 万 t，禽肉 77.9 万 t，牛肉 165.9 万 t，羊肉 39.2 万 t，同比分别增长 75.0%、

55.2%、59.7%、23.0%。此外，进口杂碎 123.6 万 t，约占进口总量 20%（表 1）。

表 1　2019 年肉类进口情况

单位：万 t、亿元

种类	进口量	同比增长（%）	进口额	同比增长（%）
肉及杂碎	618	54.2	1 330	77.3
其中：牛肉	165.9	59.7	568.6	79.1
猪肉	210.8	75.0	323.7	136.2
羊肉	39.2	23.0	128.2	49.1
冻鸡	78.0	55.2	136.2	82.0

数据来源：海关总署。

4. **肉类出口** 2019 年我国肉类出口总量 12.33 万 t，同比减少 12.63 万 t，降幅 50.6%。其中，猪肉出口 2.68 万 t，牛肉出口 218.72t，羊肉出口 1 954.28t，冻鸡肉出口 9.4 万 t，同比分别下降 43.0%、47.4%、12.3%、53.9%（表 2）。

表 2　2015 年以来肉类进出口贸易逆差概览

单位：万 t、亿元

年份	肉类出口	肉类进口	进出口贸易逆差	逆差增减（%）
2019	12.3	618	605.67	61.15
2018	24.96	400.79	375.83	26.48
2017	92.53	409.90	297.14	−24.76
2016	72.25	467.16	394.91	90.54
2015	78.65	285.90	207.25	—

数据来源：海关总署。

5. **肉禽蛋市场供应总量** 以肉类总产量＋肉类净进口量（即肉类进口减去肉类出口后的数量）得到肉类的市场供应总量，也就是表观消费量。2019 年，我国肉类市场供应总量为 8 374 万 t，比上年的 9 006 万 t 减少 632 万 t，下降 7.1%；禽蛋市场供应总量因产量增长、出口平稳而保持稳中有增。2019 年我国人均肉类消费量为 59.8kg，比上年的 61.8kg 减少 2kg；人均蛋品消费 23.6kg，比上年的 22.4kg 增加 1.2kg。

6. **肉禽蛋市场价格** 2019 年我国肉禽蛋市场价格同比升幅明显。一是猪肉价格涨幅超过 100%。2019 年第 1 周猪肉批发价格为 20.66 元/kg；到第 44 周升至 42.35 元/kg，涨幅达 104.9%；到第 47 周又升至 43.87 元/kg，比第 1 周上涨了 112.3%。二是牛肉价格涨幅接近 20%。2019 年第 1 周牛肉批发价

格为 56.69 元/kg；到第 44 周升至 67.95 元/kg，涨
幅达 19.9%；到第 47 周略有下降，为 67.75 元/kg，
仍比年初上涨 19.5%。三是羊肉价格涨幅超过 10%。
2019 年第 1 周羊肉批发价格为 56.85 元/kg；到第 44
周升至 63.49 元/kg，涨幅达 11.7%；到第 47 周略
有下降，为 63.16 元/kg，仍比年初上涨 11.1%。四
是禽肉价格涨幅超过 10%。2019 年第 1 周白条鸡批
发价格为 16.23 元/kg；到第 44 周升至 19.50 元/kg，
涨幅达 20.1%；到第 47 周有所下降，为 18.14 元/
kg，仍比年初上涨 11.8%。五是鸡蛋价格涨幅超过
5%。2019 年第 47 周鸡蛋平均批发价格为 9.95 元/
kg，比上年同期的 9.40 元/kg 上涨了 5.8%。

2019 年肉类及蛋品加工业面临的突出问题就是
市场供应不足，肉类价格大幅上涨。由于猪肉减产
20% 以上造成的肉类短缺，不仅拉高了国内肉价，而
且拉高了全球肉价。2019 年 12 月，与上年同期相
比，全国 36 个大中城市平均批发价格：猪肉上涨了
109.7%；牛肉上涨了 20.3%；羊肉上涨了 12.5%；
白条鸡上涨了 11.6%；鸡蛋上涨了 5.8%。2019 年
全国肉类进口总量增长了 46.5%，进口总额增长了
77.3%。原料价格上涨造成屠宰及肉类加工业的成本
大幅上升。2019 年，规模以上屠宰及肉类加工企业
营业收入 10 169.2 亿元，比上年增长 16.1%；营业
成本 9 147 亿元，比上年增长 15.7%，成本占收入的
比例高达 90%（表3）。

**表3 主要肉禽蛋产品 2019 年 12 月
36 个大中城市平均批发价**

单位：元/kg

主要产品	2019 年 12 月	2018 年 12 月	增减（%）
猪肉	43.87	20.92	109.7
牛肉	67.75	56.33	20.3
羊肉	63.16	56.12	12.5
白条鸡	18.14	16.26	11.6
鸡蛋	9.95	9.40	5.8

资料来源：商务部。

三、科技创新与技术进步

（一）肉类行业获得两项国家科技进步奖

中国肉类食品综合研究中心牵头申报的"传统特
色肉制品现代化加工关键技术及产业化"获得国家科
学技术进步奖轻工组二等奖。该项目经过 12 年的联
合攻关，建立了特色肉制品安全控制技术及标准、质
量控制技术及标准、现代化加工装备三大核心技术体

系，技术达到国际领先水平，进一步提升传统特色肉
制品品质与安全性；有效解决了传统特色肉制品在工
业化进程中的技术瓶颈问题和标准羁绊问题，创制传
统特色肉制品现代化加工设备，提高效率，实现节能
减排，为社会提供了更安全、更健康、更优质的产
品，实现了传统肉制品加工的现代科技创新。取得的
关键技术突破：一是中式香肠通过乳酸菌发酵等风
味、质构定量调控技术形成独特风味物质，使香肠更
营养更美味；二是集成先进的技术和工艺，有效去除
传统腌腊肉制品加工过程中可能产生的苯并芘等多环
芳烃类有害物质，使腊肉产品更安全、更放心；三是
突破了现代加工技术，研制出烘干成熟一体化、自然
气候模拟等装备，用大规模生产替代传统的作坊式生
产，为中国传统的肉品规模化生产，为中华传统美食
走出中国、走向世界提供了坚强的科技支撑。该项目
于 2019 年 4 月获得中国轻工业联合会科学技术一
等奖。

南京农业大学牵头申报的"肉品风味与凝胶品质
控制关键技术研发及产业化应用"获得国家科学技术
进步奖农业工程组二等奖。该项目经过 20 年的联合
攻关，摸清中式肉品风味"家底"，揭示了中式传统
腌腊肉制品风味形成机理，首次阐明了传统腌腊肉制
品的主体风味形成取决于"内源酶"的作用，否定了
传统的"表面霉菌起主导作用"的传统认知；阐明西
式低温肉制品凝胶形成新机制，摸索出了最为合适的
温度区间、时间长度和环境条件，研发出基于内源酶
活力调控的"低温腌制—中温风干—快速成熟"的现
代制作工艺，使产品盐分含量降低 50%，生产周期
显著缩短，优级产品率由 75% 提高到 97% 以上，解
决了传统腌腊肉制品生产周期长、脂肪氧化严重、产
品盐分过高和风味品质难以控制的技术瓶颈，解决了
西式肉品"水土不服"，出水出油严重、货架期短的
难题，并填补了国内肌肉凝胶乳化理论的空白。在此
基础上，该项目还鉴定出导致低温肉制品腐败的主要
菌种，阐明其消长规律，制定出生产加工过程的关键
控制点。在 20 年的科技攻关中，共上市新产品 75
种，授权发明专利 31 项。

（二）屠宰及肉类加工机械装备行业的变化

2019 年受非洲猪瘟疫情持续影响，畜禽屠宰分
割机械装备市场此消彼长。由于肉制品企业的生产原
料肉出现供应短缺、成本上升，众多企业大幅压缩肉
制品产量，出现大量设备产能闲置，导致肉制品加工
机械装备需求疲软，国内肉类机械企业的研发创新条
件受到制约。

1. 牲畜屠宰分割机械装备 自 2018 年非洲猪瘟
爆发以来，全国各地各类生猪屠宰建设项目开始处于

暂停、观望状态，生猪屠宰机械装备销售受到严重影响。但在疫情影响下，改运猪为调肉政策的实施，推动了解冻设备、分割设备、精细切割等初加工设备的应用需求加大，以及车间消毒杀菌设备和工装清洗卫生设备的需求进一步提升。

随着国外肉牛屠宰技术的进步，国内牛肉产能和消费的提升，我国肉牛屠宰生产线关键设备技术不断提升。我国自主研发的牛自动旋转击晕箱技术不断优化，已完全满足不同（普通、阿訇等）用户的需求，产能可达 20 头/h 以上；肉牛屠宰生产线气动传送轨道的开发应用，降低了生产能耗，提高了工位操作精准度和生产效率；牛自动机器人封肛、机器人劈半等关键设备技术的逐步开发，将进一步提升肉牛屠宰生产线的自动化程度，降低生产劳动强度，保障肉品卫生安全。

2. **禽类屠宰分割机械装备** 禽肉消费的增长，推动了家禽养殖、屠宰加工的扩能，作为禽肉主产区的山东、河北、河南、辽宁、江苏等地，在 2019 年出现了众多家禽屠宰新建、扩建项目的加速建设和投产；家禽成套屠宰线设备需求的增长，为禽类成套屠宰加工生产线的自动化、智能化科研开发注入了动力。目前，国内自主开发的肉鸡自动掏膛屠宰生产线已达到 13 500 只/h 的能力，并已经广泛应用。肉鸡自动分割生产线和在线分级系统已在加速自主研制开发，肉鸭自动掏膛屠宰生产线的自主研制开发工作也已启动。

3. **高、低温肉制品加工机械装备** 2019 年以来，中西式灌制类肉制品加工机械，从原料解冻设备到绞肉、搅拌、斩拌、乳化、灌装、蒸煮（熏蒸）、杀菌、冷却，一直到包装、储运设备，通过深入理解不同肉制品的理化指标、物理特性和工艺区别，从设备材料、卫生安全、构件精度、节能降耗等各个方面提高性能，提升单机数字化、信息化技术融合性和上下游联机通用性，进一步提高成套自动化能力和标准化水平。传统中式肉制品工业化生产机械装备技术取得了一定的突破，应用节能降耗技术和新材料，嵌入智能感知与仿真新技术，进一步提高了传统肉制品安全、智能、绿色化生产。

（三）肉类包装业的进步

2019 年非洲猪瘟造成我国生猪养殖业损失巨大，导致肉类供给严重不足，甚至对国民经济造成重大影响，在保供过程中深刻反映了我国肉类食品生产供给和食品安全方面的问题。生鲜肉类食品的包装升级比较明显，热收缩包装、气调包装和贴体包装三种代表性的包装方式得到大面积推广使用。2019 年国产贴体包装、气调包装和收缩包装设备得到大量推广，部

分企业还实现了产品出口，将中国制造的设备销售到发达国家和地区。包装设备与前道生产设备的集成化也得到提高，包装设备正更多地参与到智能制造中来。智能化、自动化的设备已经成为 2019 年乃至今后几年的发展方向，国内外的加工包装机械生产企业，都在朝着更智能化的方向努力。

1. **热收缩包装** 采用高阻隔型热收缩袋包装冷却肉，常温下保质期可达 60d 以上，在冷冻条件下可以实现 18 个月以上的保质期。热收缩包装生产线使用特殊的热收缩膜通过在线拉伸包装或自动封切包装设备，衔接自动热收缩装置，改变了原始的人工装缩袋的过程，实现自动化的包装过程。2019 年以中国肉类协会包装分会为主体制订的《肉类食品用热收缩包装膜、袋》团体标准完成评审，进入公示阶段，该团体标准的制定实施，将引领和指导冷却肉、冷冻肉的包装升级。

2. **气调包装** 以 MAP 气调方式保持产品的新鲜和风味，特别适合于高端冷却肉和卤制品领域。气调包装一般适用于冷链物流产品，对全过程温度和卫生要求较高，保质期在 15d 内。2019 年高端冷却肉采用气调包装的越来越多，精细分割的鲜肉、肉糜、肉馅等广泛应用。在肉制品行业，也有越来越多的厂家采用气调锁鲜包装，并在包装方式上不断创新发展。鲜肉预制品气调包装生产线集合了预制盒自动脱盒，可配套自动投料装置，减少人工投料环节，再经过自动输送装置，将预包装产品托盒输送至包装设备内，进行气调包装。2019 年以中国肉类协会包装分会为主体制订的《肉与肉制品气调包装技术规范》团体标准完成制订，进入评审阶段。

3. **真空贴体包装** 以几乎完美的"3D"展示效果，迅速在高端冷却肉和加工肉制品领域受到青睐，以高档牛排、高档火腿肉、海鲜食品等为代表的产品在盒马鲜生线下超市和各大电商快速推广开来，贴体包装在各类高附加值肉类食品领域获得高速发展。2019 年国内贴体包装膜的用量相比 2018 年增长超过 300%。

4. **肉类产品全自动包装生产线** 2019 年进口肉增加迅速，进而带来重新分割、包装的增加。除了在包装方式上采用更科学、更有利于保质保鲜的包装方式外，也更注重包装的设计和消费者体验，在包装中增加具有更强便利性功能如更便于打开、更便于重复封口、更便于加热调理、更便于回收等。虽然中美贸易战对国内包装行业造成一些影响，但总体而言国内肉类食品领域的包装产业链仍继续保持良好的发展态势。国内包装材料企业基本可以供应全部类型的包装材料，对进口的依赖度进一步降低，国内企业包装材

料的出口量继续增加。国内肉类食品企业不断提高生产效率，延长产品保质期，扩展产品销售渠道，对自动化、智能化包装设备及工艺的需求快速增长，相当一部分的肉类企业引进了德国、美国、日本等国际品牌的包装设备。同时，国内的包装设备企业也持续加大研发投入，陆续开发出功能优良、性价比高的包装设备。

（中国肉类协会　高观）

制　糖　工　业

一、制糖期基本情况

我国有 14 个省（自治区）产糖，沿边境地区分布，主产糖省（自治区）集中在我国北部、西北部和西南部。甘蔗糖产区主要分布在广西、云南、广东、海南及邻近省（自治区）；甜菜糖产区主要分布在新疆、内蒙古、黑龙江及邻近省（自治区）。与糖料种植相关的人员近 4 000 万。2019/2020 年度制糖期全国食糖总产量中甘蔗糖占 86.63%，甜菜糖占 13.37%。我国的食糖生产销售年度为 10 月 1 日至翌年的 9 月 30 日，开榨时间由北向南各不相同。甜菜糖厂一般在 9 月底或 10 月初开机生产；甘蔗糖厂一般在 11 月中或 12 月初开榨。2019/2020 年度制糖期于 2019 年 9 月 10 日中粮屯河奇台糖业公司正式开机生产，至 2020 年 6 月 22 日云南中粮梁河糖业有限公司芒东糖厂最后一个停机，历时 287d，比上制糖期多生产 43d。本制糖期，全国开工制糖生产企业（集团）49 家，开工糖厂 192 家，比上制糖期少开工 19 家。其中，甜菜糖生产企业（集团）7 家，制糖厂 33 家；甘蔗糖生产企业（集团）42 家，制糖厂 159 家；原糖加工企业 16 家。本制糖期食糖产量前十位的制糖企业（集团）产糖量占全国食糖总产量的 81.1%。

2019/2020 年度制糖期全国累计产糖 1 041.51 万 t，其中，优级和一级白砂糖 830.88 万 t，精制糖 105.09 万 t，绵白糖 54.94 万 t，赤砂糖和红糖 22.6 万 t，原糖及其他 28 万 t。本制糖期，全国糖料种植面积 138.02 万 hm²，比上制糖期减少 4.2%，其中甘蔗种植面积 116.51 万 hm²，比上制糖期减少 3.41%；甜菜种植面积 21.51 万 hm²，比上制糖期减少 8.28%。甘蔗品种目前仍以桂糖系列、台糖系列和粤糖系列为主，三大系列品种占甘蔗总种植面积的 82.22%，所占比例较前几年略有下降；其他品种约占总种植面积的 17.78%；甜菜主要种植品种仍以引进为主，即以德国 KWS 系列、安地系列、先正达系列为主，占甜菜总种植面积的 70.7%。2019/2020 年度制糖期食糖产量、播种面积、开工糖厂数见表 1。

表 1　2019/2020 年度制糖期全国糖料播种面积、食糖产量基本情况

企业名称	糖料播种面积（万 hm²）	产糖量（万 t）	开工糖厂数（间）
全国累计	**138.02**	**1 041.51**	**192**
甘蔗糖合计	116.51	902.23	159
广　东	9.12	70.91	20
其中：湛江	8.30	63.46	17
广　西	76.00	600.00	82
云　南	28.82	216.92	50
海　南	2.12	12.09	5
其　他	0.45	2.31	2
甜菜糖合计	21.51	139.28	33
黑龙江	1.19	3.40	2
新　疆	6.78	58.28	15
内蒙古	13.00	72.50	14
其　他	0.55	5.10	2

2019/2020 年度制糖期甘蔗平均收购价格（地头价，不含运输及企业对农民各种补贴费用等，下同）为 489 元/t，比上制糖期涨 9 元/t，甜菜平均收购价格为 499 元/t，比上制糖期涨 5 元/t。2019/2020 年度制糖期全国制糖行业主要技术指标：甘蔗平均单产 62.7t/hm²，甜菜平均单产 56.1t/hm²；甘蔗平均含糖分 14.63%，甜菜平均含糖分 15.32%；甘蔗平均产糖率 12.84%，甜菜平均产糖率 12.7%。

二、市场概况

（一）国内食糖市场

2019/2020 年度制糖期全国累计产糖 1 041.51 万 t，

比上制糖期减少 35 万 t，减幅 3.21%。其中，甘蔗糖产量 902.23 万 t，比上制糖期减少 4.48%；甜菜糖产量 139.28 万 t，比上制糖期增长 5.88%。本制糖期全国食糖消费量 1 530 万 t，年人均食糖消费量为 10.93kg。食糖消费结构略有变化，食糖消费总量中民用消费占 45.5%，工业消费占 54.5%。2019/2020 年度制糖期，中国糖业协会食糖价格指数 5 712 元/t，比上制糖期上涨 275 元/t，涨幅 5.06%；工业累计销售平均价格 5 524 元/t，比上制糖期上涨 276 元/t，涨幅 5.26%。本制糖期全国制糖行业销售收入 642 亿元，利润 9.6 亿元，财政税收 18.7 亿元，农民收入基本稳定。

1. 食糖产量小幅减少 全国糖料种植面积 138 万 hm²；加工糖料 8 136 万 t；食糖产量 1 042 万 t，比上制糖期减少 35 万 t。

2. 食糖消费持平略增 全国食糖消费量 1 530 万 t，比上制糖期增加 10 万 t。

3. 食糖价格同比回升 全国制糖企业（集团）成品糖累计平均销售价格 5 524 元/t，比上制糖期回升 276 元/t，增幅 5.3%。

4. 农民收入稳定，企业扭亏略盈，财政税收稳定 农民收入基本稳定，财政税收 18.7 亿元，企业盈利 9.6 亿元。

5. 抗击新冠肺炎疫情工作取得战略成果，打击食糖走私卓有成效 国家宏观调控措施不断完善，打击食糖走私效果显著，食糖进口实现了"按需、有序、平稳、可控"。

（二）国际食糖市场

2019/2020 年度制糖期，国际食糖价格大幅波动。受新冠疫情影响，全球食糖供求平衡出现逆转。原油价格快速大幅下跌和巴西货币创纪录贬值，导致巴西大幅提高产糖用蔗比，巴西食糖产量大幅增加，与此同时，食糖消费增长受到拖累，全球食糖产消由此前预期的大幅缺口转为基本平衡。受此影响，纽约原糖期货价格在 2020 年 2 月中旬见制糖期最高后快速大幅下跌，并于 2020 年 4 月末创制糖期最低，也是近 12 年半新低。随着原油价格企稳反弹和巴西货币贬值步伐放缓，以及食糖需求逐渐恢复，纽约原糖期货价格震荡反弹，最终报收于 13.1 美分/磅，比制糖期初下跌 0.83%，比上个制糖期末上涨 10.74%。整个制糖期，纽约原糖期货价格波动区为 9.05 美分/磅至 15.9 美分/磅。

展望 2020/2021 年度制糖期，市场认为，拉尼娜现象等不利天气或将影响泰国和巴西等全球食糖主产国（地区）的食糖生产。新冠疫情冲击，一方面继续拖累全球食糖消费增长，另一方面，增加原油价格和巴西等全球食糖主要出口国家的货币波动性。除此之外，印度食糖出口补贴政策影响全球食糖贸易平衡。综合来看，市场目前预期，全球食糖供求关系存在变数，有可能出现产销缺口，或将支持国际食糖价格震荡重心抬升。英国 Czarnikow 公司初步预期，全球食糖产量将进一步增长 1 541 万～19 071 万 t，全球食糖消费量将增长 584 万～18 791 万 t。世界主要产糖国食糖产量和消费量见表 2、表 3。

表 2 世界主要产糖国食糖产量统计表

单位：万 t（原糖值）

国家或地区	2016/2017 年度	2017/2018 年度	2018/2019 年度	2019/2020 年度	2020/2021 年度
总产量	**18 035**	**20 458**	**19 254**	**18 195**	**19 071**
其中：甘蔗糖	14 080	15 731	14 875	13 920	14 975
甜菜糖	3 956	4 727	4 379	4 275	4 096
欧洲总量	2 931	3 648	3 283	3 186	3 032
欧盟（28 国）	1 637	2 264	1 927	1 901	1 854
俄罗斯	662	696	645	699	588
乌克兰	218	233	198	141	148
土耳其	245	275	336	261	293
美洲总量	7 378	7 261	6 322	6 157	7 455
巴西	4 175	4 159	3 129	3 023	4 364
哥伦比亚	251	258	259	233	238
古巴	179	99	139	128	128
危地马拉	293	290	316	301	306
墨西哥	675	662	689	663	660

（续）

国家或地区	2016/2017 年度	2017/2018 年度	2018/2019 年度	2019/2020 年度	2020/2021 年度
美 国	880	905	894	904	881
加拿大	12	12	15	14	14
智 利	31	32	27	27	27
非洲总量	1 130	1 189	1 248	1 249	1 189
埃 及	245	245	270	255	255
南 非	193	221	228	228	243
摩洛哥	66	69	79	79	79
亚洲总量	6 069	7 859	7 884	7 135	6 917
中国（不含港澳台）	1 010	1 120	1 170	1 196	1 152
印 度	2 174	3 474	3 587	2 989	3 533
巴基斯坦	761	703	609	578	557
泰 国	1 069	1 567	1 552	1 371	766
印度尼西亚	282	241	224	258	245
菲律宾	271	226	233	244	244
伊 朗	178	179	180	180	157
日 本	74	85	84	84	84
大洋洲总量	521	496	510	463	450
澳大利亚	502	473	489	437	426

注：产量按制糖期统计，2020/2021 年度制糖期为预测数字。

表 3　世界主要食糖消费国食糖消费量统计表

单位：万 t（原糖值）

国家或地区	2017 年	2018 年	2019 年	2020 年	2021 年
总消费量	18 431	18 551	18 726	18 968	18 791
欧洲总量	3 456	3 478	3 467	3 483	3 404
欧盟（28 国）	1 973	2 007	1 990	2 002	1 938
俄罗斯	661	641	641	641	641
乌克兰	164	162	160	157	159
土耳其	310	315	321	326	305
美洲总量	4 214	4 184	4 135	4 168	4 097
巴 西	1 147	1 120	1 088	1 095	1 063
哥伦比亚	175	176	183	180	177
古 巴	66	66	66	67	67
危地马拉	87	89	91	92	93
墨西哥	516	513	501	511	503
美 国	1 217	1 233	1 233	1 238	1 231
非洲总量	2 210	2 263	2 315	2 370	2 380
埃 及	348	353	361	368	372
南 非	212	218	221	222	211
亚洲总量	8 394	8 468	8 650	8 787	8 752
中国（不含港澳台）	1 629	1 640	1 663	1 665	1 663
印 度	2 717	2 741	2 767	2 842	2 767
巴基斯坦	546	524	580	592	580

（续）

国家或地区	2017 年	2018 年	2019 年	2020 年	2021 年
泰 国	337	336	371	336	419
印度尼西亚	730	748	763	789	798
菲律宾	278	279	282	287	291
日 本	224	225	225	225	213
韩 国	151	158	163	166	165
大洋洲总量	158	158	159	159	159
澳大利亚	121	121	121	121	121

注：消费量按年度统计，2021 年消费量为预测数字。

（三）食糖进出口贸易

2019/2020 年度制糖期，我国食糖进口同比增加，出口同比略减。累计进口食糖 376.32 万 t，同比增长 16.09%；累计出口食糖 17.67 万 t，同比减少 7.96%。我国食糖进出口贸易情况分别见表 4、表 5。

表 4　2011—2020 年全国食糖进口与贸易方式统计表

单位：万 t

年份	合计	一般贸易	来料加工	进料加工	保税监管场所进出境货物	特殊监管区域物流货物	其他
2011	291.94	276.68	0.97	13.27	0.06		0.96
2012	374.72	360.86	0.99	12.55	0.04		0.28
2013	454.59	434.86	1.30	14.77			3.66
2014	348.58	266.33	1.24	13.94	66.93		0.14
2015	484.59	265.71	0.90	13.93	185.14	18.88	0.03
2016	306.19	219.43	1.21	13.67	61.91	9.96	0.01
2017	306.19	219.43	1.21	13.67	61.91	9.96	0.01
2018	177.96	127	1.24	8.93	36.85	3.94	
2019	197.43	133.91	0.69	8.04	46.54	8.25	
2020	365.36	233.51	0.66	11.25	97.31	22.63	

注：2020 年统计数字截至 10 月底。

表 5　2011—2020 年全国食糖出口与贸易方式统计表

单位：万 t

年份	合计	一般贸易	来料加工	进料加工	保税监管场所进出境货物	特殊监管区域物流货物	边贸	其他
2011	5.94	1.79	0.99	2.17			0.03	0.96
2012	4.71	1.64	0.93	1.87			0.02	0.25
2013	4.78	1.48	1.06	1.71			0.02	0.51
2014	4.62	1.39	1.09	2.00				0.14
2015	7.50	1.09	1.09	1.70	0.28	3.32		0.02
2016	14.91	1.17	1.12	2.12	0.16	10.34		
2017	8.80	0.70	0.76	1.23	0.15	5.95		0.01
2018	12.15	0.64	0.95	1.25	5.63	3.68		
2019	10.54	0.56	0.78	1.31	0.41	7.48		0.01
2020	12.39	0.56	0.94	1.77	0.36	8.75		0.01

注：2020 年统计数字截至 10 月底。

三、行业工作

1. 2019年2月24日，广西壮族自治区人民政府发布了《关于深化体制机制改革加快糖业高质量发展的意见》（桂政发〔2019〕8号）。

2. 2019年2月25日至3月1日，受工信部委托，中国糖业协会组织专家组，按照工信部《关于对2018年糖精生产计划执行情况进行检查的通知》要求，对三家国家定点糖精企业的年度生产计划执行情况进行了检查。

3. 2019年4月11日，广西壮族自治区发展和改革委员会发布《关于糖料蔗收购价格实行市场调节价问题的通知》（桂发改价格〔2019〕352号），同时废止广西壮族自治区物价局下发的《关于印发广西糖料蔗价款二次结算价格核定暂行办法的通知》（桂价格〔2011〕95号）。

4. 2019年5月23日，中国糖业协会五届八次理事长工作（扩大）会议在广西南宁召开。会议审议了中国糖业协会秘书处工作报告，讨论通过了"2019年中国糖业博览会暨世界糖业研讨会"相关工作安排，听取了各副理事长、特邀代表及主产糖省（区）糖业协会负责同志有关本制糖期食糖生产经营情况的汇报和政策建议。会议认真分析了我国糖业发展面临的严峻形势、重点任务、存在的主要问题和困难，总结了食糖保障措施实施以来的经验，深入研究了行业及协会的应对策略，并就行业及协会的下一步重点工作进行了安排。会议表决通过了相关决定和决议（草案）。

5. 2019年5月24～26日，由中国糖业协会与广西壮族自治区糖业发展办公室共同主办的"2019年中国糖业博览会暨世界糖业研讨会"（下称"糖博会"）在广西南宁举行。本次糖博会以"加快糖业转型升级，共享创新合作商机"为主题，突出国际化、多元化、产业化。参展面积近3万m²，参展商248家，观展人数超过3万人次。糖博会期间举办了以"大变革中的世界糖业"为主题的世界糖业研讨会，国际糖业组织、巴西蔗产联盟委员会、印度糖厂协会、泰国糖业生产公会、澳大利亚昆士兰糖业公司、世界糖业研究组织等单位嘉宾发表了主题演讲。国内外食糖生产和贸易相关企业代表200余人参加了研讨会。糖博会期间还分别举办了"中国糖业战略发展G30峰会""高产高糖糖料发展论坛""绿色智造糖业发展论坛""食糖产销零距离"等多场分论坛。

6. 2019年6月28日，为支持国家商品储备业务发展，发布部分商品储备政策性业务税收政策公告：财政部对商品储备管理公司及其直属库资金账簿免征印花税，对其承担商品储备业务过程中书立的购销合同免征印花税，对合同其他各方当事人应缴纳的印花税照章征收；对商品储备管理公司及其直属库自用的承担商品储备业务的房产、土地，免征房产税、城镇土地使用税。商品储备管理公司及其直属库，是指接受县级以上政府有关部门要托，承担粮（含大豆）、食用油、棉、糖、肉5种商品储备任务，取得财政储备经费或者补贴的商品储备企业。公告执行时间为2019年1月1日至2021年12月31日。2019年1月1日以后已缴上述应予免税的款项，从企业应纳的相应税款中抵扣或者予以退税。

7. 2019年7月11日，中国糖业协会五届九次理事长工作（扩大）会议在京召开。会议听取了秘书处工作报告和反食糖走私领导小组办公室工作汇报，各参会代表通报了企业（集团）生产经营情况。会议围绕行业目前面临的严峻形势展开了热烈讨论，并就行业健康稳定发展战略和协会工作提出了建议，达成了广泛共识。

8. 2019年7月30日至8月1日，中国糖业协会信息工作会议在甘肃省召开。参会代表介绍了所在企业2018/2019年度制糖期食糖产销、糖料种植、技术进步、转型升级、降本增效、兼并重组等方面情况，并就提高糖业信息统计和信息服务工作质量及效率展开了充分交流和探讨。会议总结通报了2018年协会信息统计工作，指出了信息报送工作中存在的主要问题，对如何完善协会信息统计工作提出了要求，并安排了下一步协会信息重点工作。会议期间还参观考察了当地甜菜种植基地。

9. 2019年8月6日，为深入贯彻落实《国家发展改革委农业部关于印发糖料蔗主产区生产发展规划（2015—2020年）的通知》（发改农经〔2015〕1101号）、甘蔗生产机械化推进工作第四次专题会议精神，切实做好甘蔗"高糖、高产"基地建设、生产机械化推进工作，实现云南蔗糖产业高质量发展，云南省印发《关于推进蔗糖业高质量发展的实施意见》（云发改产业〔2019〕447号），要求到2020年，全省建成"双高"糖料蔗核心基地13.33万hm²，到2023年力争建设23.33万hm²，带动全省33.33万hm²蔗区。

10. 2019年8月16日，广西壮族自治区政府办公厅印发实施《广西壮族自治区食糖临时储存管理办法》（桂糖〔2019〕59号），以规范操作流程、规范食糖临时储存管理，切实发挥稳定食糖市场功能作用。2019年11月1～2日，"2019/2020年度制糖期全国食糖产销工作会议暨全国食糖、糖蜜酒精订货会"在云南省昆明市召开。会议总结了2018/2019年度制糖期全国食糖产销工作，通报了 2019/2020 年度制糖期全国糖料种植及产量预计情况，通报了新制糖期国家食糖宏观调控的思路和原则，介绍了全球食糖供求形势和食品工业发展趋势，分析研究了 2019/2020 年度制糖期全国糖料生产及食糖产销形势，对新制糖期食糖供求平衡、产销工作、政府调控工作提出了政策建议。对 2018/2019 年度制糖期行业开展反食糖走私的 12 家先进单位予以表彰，对在反食糖走私工作中作出突出贡献的同志予以表彰和奖励。会议为参会代表提供了工商洽谈、订货的机会，帮助各企业间加强了产销、供需等环节的联系与合作。

11. 2019 年 11 月 1 日，根据工信部工作部署，中国糖业协会在云南省昆明市组织召开了"2019 年糖精行业工作座谈会"，会议回顾总结了 2019 年糖精限产限销工作，对定点糖精生产企业生产经营管理提出建设性意见和建议。工信部消费品工业司曹学军副司长到会并作总结，对 2020 年工作提出了建议和要求。

12. 2019 年 12 月 17～18 日，中国糖业协会原糖加工委员会主任（扩大）会议在海南召开。会议听取了委员会秘书处《2019 年原糖加工委员会工作总结》报告，听取了与会企业代表关于 2019 年企业原糖进口、加工生产和运营情况的汇报，回顾总结了 2014 年以来行业自律工作取得的经验教训。经过充分讨论与协商，会议在加强行业自律工作方面达成广泛共识。

（中国糖业协会　胡志江　王让梅）

蔬 菜 加 工 业

一、基本情况

（一）资源情况

中国是世界最大蔬菜生产国和消费国。2019 年蔬菜全年生产保持稳定，种植面积和总产量均超 2018 年，全国蔬菜种植面积 20 863km²，增 2.07％，全年蔬菜总产量 7.21 亿 t，增 2.56％。山东、河南、江苏、河北、四川、湖北、湖南、广西、广东、贵州蔬菜产量排名前十。播种面积最多的 6 省依次为：河南 1 732.94 khm²，广西 1 485.16 khm²，山东 1 464.19 khm²，贵州 1 435.60 khm²，江苏 1 424.47khm²，四川 1 412.99km²；总产量排名前 6 位的省依次为：山东 8 181.15 万 t，河南 7 368.74 万 t，江苏 5 643.68 万 t，河北 5 093.1 万 t，四川 4 639.13 万 t，湖北 4 086.71 万 t。产量前 10 位省份的蔬菜总量占全国蔬菜总产量的 70％，产业集中度增加。

（二）发展导向

农业农村部先后赴四川、广东、广西、湖南等 10 多个省（自治区、直辖市）督导检查，进一步压实省负总责和"菜篮子"市长负责制。从全国蔬菜种植分布情况看，以山东为代表的华东地区和以河南、湖北、湖南为代表的中南地区是我国蔬菜的主要产区，华东和中南地区蔬菜产量占比均在 30％以上，以四川为代表的西南地区蔬菜产量占比为 16％左右，华北地区蔬菜产量占比 10％，西北、东北地区蔬菜产量合计占比略强于华北。就省际蔬菜产业竞争力而言，可从蔬菜生产竞争力、加工竞争力和流通竞争力 3 个方面指标进行衡量，蔬菜产业竞争力整体上东部地区较强，西部地区较弱，较强的省为：山东、河南、江苏、湖北、湖南、河北、广东、浙江、四川。农业农村部发布 2018—2019 年度神农中华农业科技奖表彰决定，与蔬菜相关的浓缩苹果汁无菌贮藏灌装关键技术等 3 项获得一等奖，萝卜高效育种技术等 6 项获得二等奖，茎叶类蔬菜机械化生产等 7 项获得三等奖，中国农大果蔬加工创新团队等 4 个蔬菜科研团队获优秀创新团队奖。特色蔬菜水果农药残留控制关键技术创新与应用等 4 项成果、特色果蔬产贮运绿色保鲜关键新技术集成与示范推广等 23 项成果、露地蔬菜高产优质延迟上市技术集成等 20 项成果，分获农业农村部 2016—2018 年度全国农牧渔业丰收奖一、二、三等奖。

二、行业概况

（一）蔬菜加工总体情况

随着我国"菜篮子"工程的实施，蔬菜加工业得到长足的发展，蔬菜、干鲜果品、禽畜产品加工进入国家发改委、商务部 2019 版《鼓励外商投资产业目录》。西北番茄酱加工基地、东部及东南沿海干制、罐头、速冻和腌制蔬菜加工基地已成为我国蔬菜加工产业的区域特点，山东、福建、浙江、新疆、江苏、广东成为蔬菜加工及出口的主要省（自治区），形成了一批具有较强市场竞争能力的蔬菜加工产业集团，如新疆屯河、山东九发、山东龙大、浙江海通、新疆啤酒花、北京牵手等蔬菜加工企业，这些企业对于引领我国蔬菜加工产业的发展、扩大国际竞争力起到了推动作用。国家重视品牌农业和产地农产品加工业，支持建设一批精深加工基地，认定一批农业产业化龙头企业、农业产业强镇和现代农业产业园。不可否认，2019年丰产不丰收、菜贱伤农、商品性差的现象还有发生，我国蔬菜采后商品化平均处理比率约1%，保鲜贮藏比例不足20%，综合加工比例不到10%，远低于发达国家水平。保鲜、贮运、商品化处理的研究和开发水平不足依然是我们的短板，我国蔬菜流通损耗率约为美国、日本及欧洲等发达国家和地区冷链物流的3～4倍。蔬菜种植基地建设与蔬菜品种培育如何适应规模化蔬菜加工的要求，即蔬菜加工与蔬菜农艺的融合才刚刚引起重视，蔬菜深加工产品的有效物质含量与国外优质产品还有一定的差距。

（二）生产及加工技术

1. 采后加工 我国产地蔬菜保鲜库、预冷库的保有量提升，蔬菜预冷、分级、包装、配送一条龙冷链物流体系和一二三线城市社区分销网络正在逐步完善。为保证食材质量安全，从源头上对食材进行检测把关，统一使用无尘生产车间现代化流水线作业对蔬菜分别进行集中清洗、消毒、切割，加工成"净菜"，使用专用冷链车配送到消费者处已成为产地或销地集中初加工的重要加工方式。采后预冷贮藏是减少蔬菜采后损失的主要措施，为了减少蔬菜贮藏和运输过程中的损失，通常采后防腐变质的加工措施是：真空预冷、低温冷藏、气调贮藏、减压贮藏等。减压贮藏相比于低温冷藏和气调贮藏保质期更长、有效营养成分保持更好，通过真空泵抽取密封贮藏库内的空气，使蔬菜处于低压高湿环境下，氧气的减少降低了微生物中腐败菌的活性，也降低了蔬菜的呼吸强度，从而达到蔬菜保鲜减损的目的。减压贮藏是产地低成本保鲜贮藏的重要方式，也越来越受到重视。蔬菜的近冰温冷藏技术被称为是继低温冷藏、气调贮藏之后的第三代保鲜新技术，被称为果蔬贮藏保鲜领域上的又一次革命。有研究认为水降解聚乳酸保鲜对叶类蔬菜有着良好的保鲜效果。

2. 蔬菜汁 我国的果蔬汁饮料加工起步于20世纪80年代，按照我国饮料分类标准划分，与蔬菜相关的饮料类产品主要包括：果蔬汁、浓缩果蔬汁、果蔬汁饮料、果蔬汁饮料浓浆、复合果蔬汁及饮料、果肉饮料、发酵型果蔬汁饮料和其他果蔬汁饮料。果蔬汁加工的一般工艺流程：清选、去杂、清洗、破碎、压榨提汁、酶处理、澄清、过滤、均质、吸附、浓缩、杀菌与灌装。目前常用的破碎方式可分为热破碎和冷破碎，压榨取汁主要有冷榨、热榨与冷冻压榨，澄清分为自然沉降澄清、酶法澄清、吸附澄清、超滤澄清和壳聚糖澄清，过滤有压滤法、真空过滤法、超滤法、离心分离法等，浓缩的方法有蒸发浓缩、真空浓缩、冷冻浓缩、膜浓缩、反渗透浓缩。杀菌分为热力杀菌和非热力杀菌，巴氏杀菌和高温瞬时杀菌是热力杀菌常用方法，超高压技术、脉冲电场技术、超临界 CO_2 技术和臭氧杀菌技术等是非热力杀菌常用方法。

3. 脱水蔬菜、果蔬粉 蔬菜脱水是将蔬菜中的大部分水分除去，保留蔬菜中维生素、叶绿素及微量元素等，营养损失少、耐贮藏、质量轻、体积小、便于运输、食用方便。脱水蔬菜市场发展较快，也是蔬菜脆片和蔬菜粉加工的关键工序。日光晾晒、热风干燥和冷冻干燥是目前常用方法。晾晒干燥属传统小规模蔬菜脱水方式，热风干燥仍是目前规模生产的主流方式，冷冻干燥蔬菜是脱水蔬菜出口的主打品种，压差膨化干燥制造蔬菜脆片是近年来的研究热点。果蔬粉是近几年来出现的一种新型产品，它不仅能促进营养成分的吸收，也可延长贮藏期、降低物流成本，还可以与其他物料结合研制复合食品或保健品等。干燥是蔬菜粉加工的主要工序，目前常用方式是喷雾干燥和热风干燥，另外真空干燥、微波干燥、变温压差膨化干燥等也见蔬菜粉加工中应用的报道。

4. 速冻蔬菜 速冻蔬菜将新鲜蔬菜通过低温使其迅速冻结，实现长期保鲜贮存和运输的一种方法。在保证新鲜蔬菜色泽、风味与营养价值方面优势突出，是我国鲜菜出口的主要产品之一。最短的时间内迅速冻结，蔬菜细胞内外的冰晶几乎同时形成，冰晶分布接近冻前产品中液态水分布的状态，冰晶呈针状结晶体均匀分布，组织结构无明显损伤。一般情况是将鲜菜放入 -25～-35℃ 的低温下迅速冻结，然后整理、包装并在 -18～-23℃ 下贮运。速冻蔬菜加工的关键设备是冻结器，国内一般采用以空气为介质强制循环的流化床式、隧道式、螺旋式冻结器，目前有液化气体喷淋式的使用实践，如液氮速冻器。我国速冻蔬菜出口的主要品种有荷兰豆、芦笋、青豆、青椒、甜玉米、黄瓜、菠菜等，菜花、辣椒、韭菜、青瓜、胡萝卜、山芋、番茄、茄子等也有冷冻产品。由于速冻蔬菜直接来自农田，所以对蔬菜生产过程中的农药和化肥使用必须严格控制，蔬菜生产的合同化管理、农药残留和有害病毒的控制是提高蔬菜安全的关键点，速冻蔬菜加工企业在 GMP 与 SSOP 的前提下实行 HACCP 是大势所趋。

5. 腌制蔬菜　酱菜味美、开胃、营养丰、易保存，加工遍布全国，用不同的酱或酱油对盐渍菜进行酱制，使酱中的糖分、氨基酸、芳香气等渗入到菜坯中是酱菜加工的主要特点。像烹饪菜系的不同，酱菜风味也随地域而各有差异，酱菜的地域差异性决定了企业的加工和市场规模都受到一定的限制，全国性的大品牌很难出现，相对大的品牌就是勾连南北以淮扬菜系为基础的扬州酱菜。榨菜是腌制菜的主要代表，榨菜的加工区域主要是重庆涪陵、四川和浙江。1980 年前主要以手工作坊为主，属地销售为主；1980 年后规模加工企业逐步发展，销售区域扩大、花色品种增多；2000 年后榨菜加工的集约度提高，机器替代人工，品质得到进一步保证，加工规模、市场集中度和品牌建设都得到快速发展；2014 年后品牌效应凸显，中小企业的散装和小品牌难以生存，产品向高质量的标准化加工、差异化需求、低盐化健康型转变。泡发菜是利用蔬菜自身附着的微生物或添加人工培养的乳酸菌发酵剂，发酵而成的特色食品。四川泡菜和东北酸菜是我国的两大类泡发菜产品，近年来随着韩日泡菜的进入，泡发菜的消费市场有所发展，也带动了多地泡发菜加工业的发展。

6. 蔬菜物流　农户和消费者之间长期存在着贩运商、批发市场、批发商、零售商等多级主体，繁多的环节拉长了流通链条、增加了物流成本和贮运时间、蔬菜层层加价、也影响了生鲜蔬菜的交货质量，这种方式传统流通模式占据着蔬菜交易总量的 70%，依然是蔬菜流通的主流。以超市为核心的农超对接和以产地蔬菜专业合作社为核心的电商直销等新业态开始起步，减少了流通中间环节、物流成本和蔬菜损耗，实现了生产、销售、消费三方共赢。产地地头的蔬菜预冷库建设、第三方物流企业的冷藏专用车保有量提升、配有大型冷藏库的城市物流中心建设是近年来蔬菜冷链基础设施建设的重点。以蔬菜产销大数据为支撑的信息化平台建设也开始实施。

7. 蔬菜副产物综合利用　尾菜是指新鲜蔬菜在采收、加工、流通、出售等过程产生的根、茎、叶、皮、核、种子、花、果等废弃物以及分选、价格波动等因素无法销售的剩菜，常大量丢弃于田间地头、沟渠、路旁、农贸市场等地，造成环境污染与资源浪费。肥料化利用，有规模化有机肥制造和简单堆沤直接还田。饲料化利用，有些尾菜清洗去杂后直接作为鲜饲料喂食，部分尾菜干燥粉碎后与牲畜饲料混用，有些尾菜可厌氧发酵成青贮饲料。能源化利用，有些藤蔓、菜根等晒干后直接作为生物质发电厂燃料，尾

菜也可通过沼气发酵转化为沼气燃料。新鲜尾菜的直接加工利用，地头分级的等外品和剔除的叶片，如娃娃菜、大白菜、甘蓝等新鲜尾菜腌制发酵泡菜，外形不规则的黄瓜、青瓜等制作酱菜。

8. 鲜切蔬菜与预制菜肴　鲜切蔬菜是近年来形成的便捷性新鲜蔬菜产品，主要加工流程：分选、整理、去杂、浸泡清洗、沥水、去皮切分、杀菌、包装等。由于鲜切蔬菜食用方便，生产规模和市场发展迅速。预制菜肴也发展较快，快餐类烹饪、高铁、民航、医院、学校、部队、写字楼等团体人群的菜肴初加工由分散自制转为工厂化、标准化生产。由于鲜切蔬菜和预制菜肴的迅速扩大，对贮藏和运输过程中的品质变化机理提出研究需求，品质变化的机理研究主要包括外观护色、口味和营养物质变化病原微生物的防控等，国内有些研究院所和大学已开展基于鲜切蔬菜和预制菜肴的保鲜技术研究。

三、国内外市场概况

2019 年总体来看，我国蔬菜供需平衡有余，市场运行以稳为主，国际市场继续保持贸易顺差。据商务部数据，2019 年全国 29 种主要蔬菜批发均价为 4.56 元/kg，比 2018 年的 4.35 元/kg 略上涨 4.8%；品种上莲藕、大蒜、洋葱和生姜价格涨幅较大。从全球范围内看，我国是蔬菜供应的主要国家，出口的主要市场是东盟、中国香港、韩国、日本、俄罗斯、美国，出口的主要省份是山东、云南、广东、江苏、广西。近年来，我国蔬菜产品出口稳中有升。2000—2010 年属国际市场波动成长期，国际市场对中国蔬菜的品质认知度逐年抬升，贸易壁垒和汇率变化，出口额在较大波动中提高。2011—2017 年属国际市场快速成长期，中国蔬菜品牌在国际市场提高，国际新兴市场的开拓和我国蔬菜加工能力的提高，出口额快速增加并在 2017 年创历史高点。2018—2019 年属高位盘整期，在略降后又小幅上扬，是国际市场相对固化后的正常现象，当然也不排除美日对中国的限制因素有所抬头。

（一）国内市场

大白菜是北方主要蔬菜品种，白菜主要输出区域以山东、河北、吉林、湖北、河南北方为主，山东是绝对的主力，山东承包了白菜输出前十五强城市中的五席；河北、湖北分别承包了三席，张家口异军突起，成为白菜供给最大城市，占全国白菜输出总量的 12.2%，河北白菜输出量占比呈现上升状态；吉林省白菜供给跌幅明显。2019 年菜价总体偏高且符合蔬菜季节性波动性规律。一季度的双节效应，价格由

2018年年底的低水平快速升高至高点；受2018年低价位影响，第二季度春季蔬菜种植面积有所调减，影响蔬菜供给使二季度蔬菜价格上涨；三季度蔬菜的品种采收和运输部分受到影响，蔬菜价格进一步推高；四季度黄淮流域、长江流域、陕南等中部地区的秋季蔬菜和南方产区叶菜类蔬菜大量上市，11月底蔬菜价格整体回落低位运行。

（二）国际市场

2019年蔬菜进出口交易总体上表现为稳定增长的态势。我国蔬菜出口优势品种包括蘑菇、大蒜、木耳、番茄、辣椒、生姜、洋葱、胡萝卜及萝卜等，值得注意的是，以大蒜、辣椒、洋葱、生姜为代表的辛辣类蔬菜出口占到1/3。出口蔬菜的加工品种按出口量占比排序主要是保鲜蔬菜、冷冻蔬菜、盐渍蔬菜和脱水蔬菜；如按出口额占比排序主要是保鲜蔬菜、脱水蔬菜、盐渍蔬菜和冷冻蔬菜。从交易数量看，出口蔬菜1163.19万t，同比增14.18%，进口蔬菜50.17万t，同比增105.03%。从交易额看，蔬菜出口154.97亿美元，同比增1.69%，进口9.60亿美元，同比增15.66%。贸易顺差145.37亿美元，同比增0.88%。

四、质量管理与标准化建设

（一）质量管理

保证蔬菜质量安全一直是"菜篮子"工程的重点工作，影响蔬菜质量安全的主要因素表现在以下方面：一是个别地区的蔬菜农药残留过高问题。大量散失的农药挥发到空气中、水体中并沉降聚集在土壤中，通过食物链富集作用转移到人体。二是蔬菜产地基础配套设施不完善和加工能力不足引起的蔬菜降等和腐烂损失。大部分蔬菜产地缺乏冷藏和保鲜库，冷链运输尚不完善的现状还没有根本改观，蔬菜分级、除杂、规范包装等规模化加工手段亟待提升。三是大田蔬菜和设施蔬菜的病虫害问题。仅靠物理灭虫、生物农药和天地昆虫技术并不能完全解决蔬菜病虫害问题，蔬菜质量安全依然任重道远。2019年全国蔬菜例行监测合格率达到97.4%，连续12年保持96%以上，全年未发生重大质量安全事故，蔬菜质量安全水平保持了总体优良稳定。农业农村部年底下达《全国试行食用农产品合格证制度实施方案》，对蔬菜、水果等实施食用农产品合格证制度。扩大有机蔬菜比重，推进农药化肥减量增效，将果菜茶有机肥替代化肥试点扩大到175个县。

（二）标准化建设

2018年7月全国蔬菜质量标准中心在寿光成立，中心由农业农村部与山东省政府合作共建。成立了包括4名院士在内的67名专家组成的专家委员会和46人的本地专家团队，作为标准中心的技术支撑。以全国蔬菜质量标准中心为载体，推行从种苗到餐桌的全产业链标准，承担全国蔬菜质量标准制修订。至2019年中心蔬菜质量大数据服务平台建设启动，形成14大类蔬菜182个品类的蔬菜标准体系，完成蔬菜质量标准数据库建设，蔬菜质量标准参数指标达到7.7万项；编制完成37种蔬菜的54项生产技术规程；启动112项国家标准、行业标准、地方标准研制工作。2019年发布《全国农业机械化管理统计调查制度》，进一步明确了果蔬烘干机、保鲜储藏设备、机械脱出农产品数量中的蔬菜外观整理、机械清选蔬菜数量、果蔬机械分级、机械保质蔬菜数量等数据的统计要求，规范了蔬菜产地初加工业发展的统计口径。农业农村部开始全国试行《农产品质量安全追溯管理专用术语》等11项技术规范。

表1 2019年有关部门发布的蔬菜加工相关标准

标准号	标准名称
NY/T 3416—2019	茭白贮运技术规范
NY/T 3435—2019	植物新品种特异性、一致性和稳定性测试指南 芥蓝
NY/T 3441—2019	蔬菜废弃物高温堆肥无害化处理技术规程
GH/T 1239—2019	果蔬风冷预冷装备
GH/T 1273—2019	涡轮式水果打浆机
QB/T 4627—2019	玉米笋罐头
QB/T 5421—2019	薯类罐头

五、行业工作

1."第二十届中国（寿光）国际蔬菜科技博览会"于4月20日至5月30日在山东寿光召开。由农业农村部、商务部、山东省政府等联合主办，属中国5A级农业专业展会。大会以"绿色、科技、未来"为主题，围绕服务"三农"和实施乡村振兴战略，以加入国际展览业协会（UFI）为契机，全面汇集国内外蔬菜领域的新技术、新品种、新业态、新模式，着力打造开放包容、互惠共享的国际化、专业化、市场化的蔬菜产业服务平台。展览面积45万m²，设12个展馆，展出国内外名优蔬菜品种2000多个，新品种320个，展示先进栽培模式82种，新模式17种，展示蔬菜新技术105项。12个国家的50家企业参展，中国台湾22家农会、38家展商展销400余种蔬菜、瓜果等产品。作为国内唯一的国际性蔬菜产业品牌展会已连续成功举办了20届。40多个国家和地区以及国内31个省、自治区、直辖市的近3万名客商及430个重要代表团参展参会，206.8万人次到会参观，实现各类贸易额131.8亿元。集中签约重点项目23个，总投资额84亿元，引资额75亿元。

2. "2019年中国蔬菜产业大会暨全国知名蔬菜销售商走进宁夏活动"于7月17日在银川市开幕，会议由中国蔬菜协会、宁夏农业农村厅、银川市政府主办。全国多个省份的蔬菜生产加工营销企业及合作社代表、科研单位专家及全国农技推广部门专家等800多人参加会议。大会邀请国内外蔬菜行业专家和企业家，分别就质量安全管理、品牌建设、蔬菜种植机械化、废弃物的生态解决方案等议题进行交流。宁夏设施蔬菜、供港蔬菜、脱水蔬菜、冷凉蔬菜、硒砂瓜五大板块具有比较优势。

3. "2019中国（重庆）国际果蔬汁技术研讨会"于5月8~10日在重庆召开。会议由西南大学、国家柑橘工程技术研究中心、中华全国供销合作总社济南果品院、联合国际果汁保护协会等单位共同举办。以"绿色、开放、共享"为主题，来自国内及德英美多国的知名专家学者、政府机关、相关协会、加工企业和设备制造商等近200位专家学者参会。9位专家作了大会主题报告，内容涵盖中国果汁生产瓶颈问题及其解决方法、果蔬汁产业现状、加工新技术新设备、热点产品、质量标准新要求等。

4. "2019果蔬类功能食品开发及产业发展大会"于5月26日在陕西杨凌召开。会议由中国果蔬贮藏加工技术研究中心和济南果品研究院主办，西北农林科技大学、杨凌示范区展览局承办。本次大会以营

养、健康、发展、合作为主题，聚焦果蔬营养功能食品发展现状与趋势、标准体系及加工过程质量控制、果蔬活性物质分离纯化技术、果蔬生物发酵关键技术及副产物资源综合利用等议题，邀请行业专家学者、知名企业等开展演讲交流。

5. "2019中国果蔬汁产业峰会"于8月13日在厦门召开。会议由中国饮料工业协会主办。以"蔬果搭配，寻求突破"为主题，国内和国际多个国家的权威专家、知名企业代表汇聚一堂，为中国果蔬产业发展建言献策。重点围绕果蔬汁行业发展现状和趋势、研发与市场经验、原料价格、蔬果搭配、多元发展等主题展开深入讨论，激发行业发展潜力。

6. "2019第十三届果蔬加工产业与学术研讨会"7月17日在沈阳举办。研讨会由中国食品科学技术学会果蔬加工技术分会主办，沈阳大学承办。大会由果蔬营养保健与人类健康，果蔬加工新产品、新技术、新装备，果蔬产品加工安全与质量控制以及果蔬加工副产物综合利用4个议题组成，来自中国农业大学、浙江大学等全国各地117家高校、院所及企业的400余位代表出席会议。

7. "2019北京国际果蔬展览会及果蔬大会"于9月9日在北京展览馆召开。本届果蔬展由中国出入境检验检疫协会等主办，吸引了来自新西兰、日本等20个国家海外代表前来参展和参会，北京新发地市场、上海龙吴市场等数十家重要果蔬流通市场及其商户前来展示和交流，北京、上海、天津、吉林、甘肃、山东等地的特色果蔬产品及生鲜流通产业供应商前来寻找合作机会，以及来自百果园等百余家零售商前来采购和洽谈。

（山东省农业机械科学研究院　李寒松）

蜂 产 品 加 工 业

一、基本情况

养蜂业是现代农业的一个重要组成部分，是一资源节约型、环境友好型、人类健康型的绿色产业。养蜂技术的进步对农业生产增产提质、农民就业增收、改善生态平衡、增强人类健康等都有着积极重要的推动作用。世界上许多发达国家和发展中国家已将养蜂业列入促进农业可持续发展、维护生态平衡的重要

保障。

我国幅员辽阔，气候适宜，蜜源植物种类繁多，人力资源丰富，发展养蜂业具有得天独厚的优势。中华人民共和国成立后，特别是改革开放之后，在党和国家政府的高度重视和政策、经费的支持，我国养蜂业突飞猛进，取得了举世瞩目的成就，我国蜂群饲养量由1949年的不足50万群发展到1960年的335万群，到1999年的720万群，2019年达1 200万群，占世界蜂群总量的15%，居世界首位。

蜂产品是蜜蜂为了生存繁衍从自然界索取并加以酿造而形成的物质以及蜜蜂自身分泌的物质，它包括蜂蜜、蜂王浆、蜂花粉、蜂胶、蜂蜡和蜂毒等六大类。随着蜜蜂饲养量的增长，我国蜂产品产量也飞速提升。蜂蜜从20世纪60年代初的5.3万t，到90年代末的23万t，上升到2019年的44.4万t，列居世界榜首；全球90%以上的蜂王浆来自中国；蜂花粉、蜂胶、蜂蜡产品均居世界第一。2019年，蜂王浆的年产量约2 800t；蜂花粉的年产量约5 000t；蜂胶约300t；蜂蜡6 000t；均居世界第一。据海关统计，2019年，我国蜂产品（蜂蜜、蜂王浆、蜂花粉）的出口总额为2.9亿美元，仅蜂蜜一项出口12.08万t，创汇2.35亿美元。

二、生产及出口情况

2019年，全国蜂业生产情况总体良好，蜂蜜产量稳中略降。油菜蜜生产期间，主产省湖北油菜花期受低温多雨影响减产；云南受油菜籽收购价格、种植结构调整等影响，油菜种植面积有所减少；四川、江苏两省油菜花期泌蜜正常。洋槐蜜生产期间，河南、河北、陕西、山西主产省部分地区5月上旬受到干旱影响，洋槐花流蜜不佳；中下旬陕西、山西大部分地区洋槐蜜丰收，少部分地区后期受降雨影响有所下降；洋槐蜜花期属于中等偏上年景。荆条蜜生产期间，吉林、山西、甘肃主产省中吉林荆条花期开花正常，但泌蜜不佳，蜂场普遍产量不高；其他两省不同程度受到天气干旱影响，荆条蜜歉收；荆条蜜产量属于小年景。椴树蜜生产期间，受前期少雨雪、花期低温降雨影响，主产区黑龙江和吉林椴树蜜生产歉收，属于中等偏下年景。蜂蜜是蜜蜂生产的基本食粮，它将影响到所有产品的生产及蜜蜂的生存、健康与繁衍。

（一）蜂蜜

我国是世界蜂蜜第一生产大国，也是第一出口大国。2019年全国蜂蜜总产量44.4万t，同比2018年的44.7万t略有下降。蜂蜜主产前十省：浙江6.6万t，河南6.1万t，四川5.5，广东2.6万t，湖北2.3万t，重庆2.1万t，江西2.0万t，广西1.8万t，安徽1.8万t，新疆1.8万t（表1）。

据海关统计，2019年我国蜂蜜出口12.35万t，同比下降2.18%，出口金额为2.35亿美元，同比下降5.62%。2019年，我国蜂蜜出口第一国家为英国，出口量为3.21万t，约占全年出口总量的25.99%；其次是日本和波兰，分别占全年出口总量的23.48%和7.76%（表2）。

表1　2019年全国各省蜂蜜产量

省　份	产量（万t）	省　份	产量（万t）
北　京	0.1	湖　北	2.3
天　津	0.0	湖　南	1.1
河　北	1.1	广　东	2.6
山　西	0.7	广　西	1.8
内蒙古	0.2	海　南	0.1
辽　宁	0.3	重　庆	2.1
吉　林	1.2	四　川	5.5
黑龙江	1.7	贵　州	0.4
上　海	0.1	云　南	1.1
江　苏	0.4	西　藏	0.0
浙　江	6.6	陕　西	0.7
安　徽	1.8	甘　肃	0.5
福　建	1.7	青　海	0.0
江　西	2.0	宁　夏	0.1
山　东	0.4	新　疆	1.8
河　南	6.1		

表 2　2019 年我国蜂蜜出口国家及地区统计

国家或地区	数量（kg）	金额（美元）	国家或地区	数量（kg）	金额（美元）
英 国	32 113 198	56 742 354	泰 国	826 763	1 533 383
日 本	29 049 362	64 016 212	阿 曼	784 242	1 515 767
波 兰	9 598 592	17 080 313	中国香港	770 370	2 112 851
比利时	8 591 900	16 514 578	摩洛哥	618 116	1 197 748
西班牙	6 862 291	12 354 286	阿联酋	578 859	1 037 578
德 国	3 995 989	7 954 339	保加利亚	487 200	853 512
南 非	3 700 201	6 887 781	克罗地亚	406 000	676 663
葡萄牙	3 430 700	6 046 122	科威特	352 352	706 770
澳大利亚	3 157 046	6 371 493	罗马尼亚	304 500	623 103
沙特阿拉伯	3 071 568	6 545 115	瑞 典	302 470	622 346
荷 兰	2 862 300	5 214 294	希 腊	263 924	493 036
意大利	2 253 470	4 154 276	立陶宛	263 900	501 982
新加坡	1 779 725	3 986 759	法 国	182 705	462 384
爱尔兰	1 734 600	3 542 919	斯洛文尼亚	182 700	303 373
马来西亚	1 015 155	2 147 500	文 莱	158 478	351 269

（二）蜂王浆

我国是蜂王浆生产和出口大国，世界上 90% 蜂王浆来自中国。然而，我国蜂王浆的经济价值却不乐观，不论是内销价格还是出口价格均处于全球最低位。2019 年，全国蜂王浆产量约 2 800t，居世界首位。据海关统计，2019 年度我国出口鲜蜂王浆 675.25t，同比下降 16.9%，出口额 1 839.44 万美元，同比上升8.5%，平均出口价格 27.24 美元/kg，单价同比下降2.2%，其中日本仍然是最大的出口国，出口总量198.31t，占出口总数的 29.36%，出口金额 631.1 万美元。其余出口国按照出口量排名分别为：西班牙、

法国、泰国、美国、比利时、德国、韩国和沙特阿拉伯等（表 3）。出口蜂王浆冻干粉 257.53t，同比下降9.1%，出口额 2 233.41 万美元，同比下降 12.38%，出口价格 86.72 美元/kg（表 4）。蜂王浆制剂出口量345.1t，出口额 333.73 万美元，出口均价 9.67 美元/kg，同比 2018 年分别降低 1.93%、8.35% 和 1.73%（表 5）。我国蜂王浆产品出口对新兴市场的开拓效果明显，以前蜂王浆产品出口对日本市场依存度高，风险过于集中。而现在蜂王浆产品出口贸易已经覆盖六大洲，尤其对新兴市场非洲的出口高速增长，为产业进一步走向国际市场注入了活力。

表 3　2019 年我国鲜蜂王浆出口国家及地区统计

国家或地区	数量（kg）	金额（美元）	国家或地区	数量（kg）	金额（美元）
日 本	198 305	6 431 350	沙特阿拉伯	21 406	500 032
西班牙	137 863	3 198 837	意大利	18 500	434 121
法 国	84 150	2 102 500	土耳其	15 600	369 546
泰 国	62 130	1 479 831	澳大利亚	9 597	292 543
美 国	26 400	800 551	乌拉圭	9 500	200 220
比利时	24 742	768 155	荷 兰	3 500	84 213
德 国	24 670	577 094	加拿大	3 150	85 520
韩 国	21 420	617 374	伊拉克	2 814	61 626

ant r:

（续）

国家或地区	数量（kg）	金额（美元）	国家或地区	数量（kg）	金额（美元）
罗马尼亚	1 800	53 700	希 腊	1 000	29 257
阿联酋	1 494	62 327	马来西亚	850	18 749
奥地利	1 485	57 421	以色列	820	30 780
科威特	1 100	45 241	黎巴嫩	600	15 605
保加利亚	1 000	32 890			

表4 2019年我国蜂王浆冻干粉出口国家及地区统计

国家或地区	数量（kg）	金额（美元）	国家或地区	数量（kg）	金额（美元）
日 本	73 995	7 799 595	意大利	3 200	233 754
澳大利亚	59 025	5 196 333	泰 国	2 850	238 343
美 国	24 707	1 747 142	埃 及	1 850	174 661
西班牙	18 678	1 353 120	德 国	1 440	112 177
新西兰	15 175	1 339 025	马来西亚	1 250	90 626
韩 国	12 115	945 154	土耳其	1 200	76 660
印度尼西亚	8 921	541 917	克罗地亚	637	63 693
加拿大	8 415	651 115	俄罗斯联邦	625	53 696
法 国	8 200	644 053	中国香港	520	46 800
荷 兰	5 300	421 712	黎巴嫩	500	8 206
沙特阿拉伯	3 675	210 025	伊 朗	375	38 152
英 国	3 355	214 396	新加坡	374	28 954

表5 2019年我国蜂王浆制剂出口国家及地区统计

国家或地区	数量（kg）	金额（美元）	国家或地区	数量（kg）	金额（美元）
墨西哥	68 626	883 100	中国香港	3 027	64 553
哥伦比亚	41 037	304 245	哥斯达黎加	3 000	12 809
罗马尼亚	38 357	353 338	德 国	2 896	28 596
美 国	34 038	264 502	荷 兰	2 760	43 745
危地马拉	28 110	246 099	印度尼西亚	2 400	25 500
巴拿马	27 750	206 812	俄罗斯联邦	2 310	24 160
匈牙利	25 334	230 325	厄瓜多尔	2 210	17 420
萨尔瓦多	15 877	129 441	智 利	2 160	19 800
加拿大	14 803	116 636	法 国	2 100	21 586
洪都拉斯	8 550	72 416	英 国	1 684	17 020
多米尼加共和国	6 984	40 932	澳大利亚	1 533	32 268
保加利亚	6 300	73 380	毛里求斯	1 110	10 863

（三）蜂花粉

我国蜂花粉生产主要以大宗油菜花粉、茶花粉和杂花粉为主,荷花、玉米、柳树、荞麦、五味子等为辅。油菜花粉主要产区有江西、安徽、湖北、四川、辽宁、青海、甘肃、新疆和内蒙古等地;茶花粉主要产区有四川、江西、安徽、浙江、江苏等地。2019年我国蜂花粉总产量约5 500t,其中油菜粉和杂油菜粉约占总产量60%。2019年我国蜂花粉国际市场形势良好,主要出口韩国、美国、墨西哥、日本、阿曼、泰国、乌拉圭、加拿大、阿根廷、伊拉克、沙特阿拉伯、菲律宾、黎巴嫩、希腊、阿联酋、中国香港、波兰、澳大利亚、约旦、阿尔及利亚、叙利亚、以色列和英国等国家和地区（表6）。据海关统计,2019年我国蜂花粉出口2 344t,与2018年相比稍有下降;创汇约1 154万美元,平均单价为4.9美元/kg。韩国仍为我国花粉出口主市场,2019年出口1 571t,占出口总量的67%;美国为我国蜂花粉出口第二大市场,出口212t;我国蜂花粉出口第三大市场仍是墨西哥,出口124t。目前,我国蜂花粉制品品种繁多,主要有蜂宝素、花粉蜜、花粉片、花粉晶、花粉冲剂、花粉口服液、破壁花粉及花粉饮品、药品、化妆品等百余种,主市场为国内。

表6 2019年我国蜂花粉出口国家及地区统计

国家或地区	数量（kg）	金额（美元）	国家或地区	数量（kg）	金额（美元）
韩 国	1 571 100	7 659 077	沙特阿拉伯	22 015	114 680
美 国	212 988	1 007 265	菲律宾	20 300	118 425
墨西哥	124 675	473 847	黎巴嫩	14 000	43 630
日 本	65 268	455 096	希 腊	12 000	43 800
阿 曼	49 100	241 594	阿联酋	9 000	26 200
泰 国	48 100	316 424	中国香港	8 700	44 370
乌拉圭	39 160	200 279	波 兰	8 000	41 600
加拿大	32 915	146 402	澳大利亚	7 500	50 765
阿根廷	30 000	152 152	约 旦	7 000	29 028
伊拉克	24 925	93 265	阿尔及利亚	6 250	28 340

（四）蜂胶

2019年,全国蜂胶产量基本持平略有下降,约280t,但蜂胶价格呈持续上涨的趋势。毛胶价格为300~680元/kg,每个胶含量百分点的价格约12元。由于有相当数量质量相对比较好的沙盖胶和块胶,以600元/kg以上的价格通过电商、微商平台直接零卖,加大了毛胶的供货缺口,毛胶价格上涨。使提纯蜂胶的原料成本持续增长,加上加工成本的上涨,提纯蜂胶的供货价格在1 000~3 000元/kg,平均在1 600元/kg左右。蜂胶原料供不应求,主要供国内市场。

（五）蜂蜡

我国蜂蜡主要以出口为主,德国、美国和阿尔及利亚是我国蜂蜡出口的三大主市场。据海关统计,2019年我国出口蜂蜡9 729t,有小幅增长,出口总额4 708万美元。其中,出口德国1 940t,占出口总量的20%,出口金额1 103万美元,占出口总额的23.42%;出口美国1 200t,占出口总量的12.39%,出口金额776万美元,占出口总额的16.48%;出口阿尔及利亚1 173t,占出口总量的12.11%,出口金额266万美元。位居出口前20的国家还有法国、意大利、西班牙、希腊、荷兰、英国、澳大利亚、土耳其、塞尔维亚、突尼斯、阿尔巴尼亚、叙利亚、乌兹别克斯坦、日本、韩国、黎巴嫩和伊拉克（表7）。

表7 2018年我国蜂蜡出口国家及地区统计

国家或地区	数量（kg）	金额（美元）	国家或地区	数量（kg）	金额（美元）
德 国	1 940 343	11 034 296	法 国	768 612	4 251 514
美 国	1 200 674	7 768 421	意大利	474 907	2 689 502
阿尔及利亚	1 173 783	2 665 929	西班牙	424 830	1 700 817

（续）

国家或地区	数量（kg）	金额（美元）	国家或地区	数量（kg）	金额（美元）
希　腊	422 688	1 504 377	阿尔巴尼亚	151 162	332 833
荷　兰	408 000	2 337 726	叙利亚	121 585	304 489
英　国	394 146	2 252 007	乌兹别克斯坦	106 772	276 783
澳大利亚	362 920	2 769 106	日　本	102 117	660 991
土耳其	247 010	839 141	韩　国	83 707	434 070
塞尔维亚	202 001	891 789	黎巴嫩	83 680	194 815
突尼斯	198 600	464 307	伊拉克	70 735	253 462

（六）蜂毒

蜂毒由蜜蜂毒腺产生并注入毒囊，蜜蜂自卫时从尾部螫针排出。目前使用的取毒方法多数会伤及蜜蜂甚至死亡，故除了必要的医用外，为了保护蜜蜂，一般情况不生产蜂毒。

三、行业活动

1. 农业农村部实施蜂业质量提升行动　养蜂业是农牧业绿色发展的纽带，集经济、社会和生态效益于一体，在满足群众生活需要、促进农业绿色发展、提高农作物产量、维护生态平衡、助力脱贫攻坚等方面发挥着重要作用。为推动养蜂业健康发展，各地农业农村、财政部门要进一步深化对养蜂业在促进农业绿色发展、节本增效和保护生物多样性方面重要意义的认识，更加重视蜜蜂授粉酿蜜"月下老人"作用和"健康益友"作用，围绕养蜂业关键技术和薄弱环节，以良种化、标准化、集约化、产业化为重点，探索建立蜂产业提质增效、产业融合发展的长效机制，全面提升我国蜂业发展质量，农业农村部在黑龙江、江苏、浙江、江西、山东、河南、湖北、湖南、四川、云南等10个蜂业主产省实施蜂为质量提升行动，支持经费每省500万元。各省结合本地实际，用于支持蜜蜂良种场或高效优质蜂产业发展示范区建设，以提高蜜蜂标准化养殖水平，提升养蜂业装备现代化水平，打造产加销一体、一二三产融合的全产业链发展模式，建设高效优质蜂产业发展示范区。

2. 农业农村部农药检定所开展蜜蜂农药中毒事故调查　农业农村部农药检定所联合中国养蜂学会组织开展蜜蜂农药中毒事故跟踪监测调查工作，重点了解事故周围农药的使用情况，并采集死亡蜜蜂进行农药残留检测，以明确农业生产上易造成蜜蜂死亡的农药品种，磋商解决方案，力争尽最大努力保护蜜蜂及产品安全。

3. 中国养蜂学会向新中国成立70周年华诞献礼　2019年11月26日，为了向新中国成立70周年华诞献礼、为了回报时任国家副主席习近平对蜜蜂的批示，中国养蜂学会在北京主办"首届全国蜜蜂授粉产业大会"。会上回顾了习近平对"蜜蜂授粉'月下老人'作用，对农业的生态、增产似应刮目相看"批示10年来我国蜜蜂授粉业发展情况，总结汇报10年来的全国蜜蜂授粉成果，展示蜜蜂授粉及中国蜂业成就。会议邀请了生态院士、国际授粉专家、蜂业及种植业专家、学者、企业和农民代表分别做主旨报告、特邀报告、学术报告及经验交流，拓展跨学科、跨领域间的交流与合作，效果超出意料之外，影响非凡。会议还举办了"中国养蜂学会40周年"活动。来自农业农村部、商务部、中国农业科学院、中国检验检疫科学研究院、国际蜂联、亚洲蜂联及美国、法国、日本、中国台湾的嘉宾、专家、学者及代表等共800余人出席了盛会。

4. "全国蜂业'十四五'座谈会"在北京召开　2019年11月26日，中国养蜂学会在北京召开"全国蜂业'十四五'发展规划座谈会"，来自全国31省、自治区、直辖市养蜂管理站站长、养蜂学会协会领导、中国养蜂学会各省副理事长和副秘书长及各省代表等60余人出席会议，为"十四五"蜂业发展建言献策。

5. 中国蜂业博览会暨全国蜂产品市场信息交流会在河南召开　2019年3月18～19日，中国养蜂学会联合蜂产品协会主办的"2019年中国蜂业博览会暨全国蜂产品市场信息交流会"在河南长葛召开，来自全国各地的蜂业界同仁1 500余人出席了会议。博览会展位220个，涵盖各类产品，其中展示数量最多的是蜂产品及其延伸产品（64家）和蜂机具设备（69家）。会议总结了2018年全国蜂产品市场情况，对2019年蜂产品市场行情趋势进行了预测和分析；

专家、学者还围绕国家相关政策、蜂产业现状、蜂业科技最新成果进行了研讨。大会期间，中国养蜂学会还召开了八届四次理事长办公会、八届二次常务理事会以及2019全国蜂业科技创新合作平台座谈会，商磋"十四五"规划及2019工作计划，以科技创新引领全国蜂业健康可持续发展。

6. "世界蜜蜂日" 2019年5月20日，中国养蜂学会主办的第三届"世界蜜蜂日（5.20）"系列公益性主题活动在北京密云主会场拉开帷幕。该活动为全社会搭建了一个蜜蜂科普文化交流的平台，强调了蜜蜂对人类、对粮食及农产品安全、对整个生态系统和自然界生物多样性的重要作用！助推"蜜蜂授粉·月下老人'作用"，践行"绿水青山就是金山银山"。此次活动主题："不忘初心，砥砺前行：'蜜蜂，让城乡生活更美好'"；倡导："关爱蜜蜂，保护地球，维护人类健康""每人每天一匙天然蜂蜜"。全国中心主会场1个，特色专场2个，区域主会场8个，各省分会场120余个，直接参与人数百万。国际合作伙伴斯洛文尼亚国务秘书亲率团出席开幕式，并向农业农村部、中国养蜂学会赠送感谢证书，感谢中国对"世界蜜蜂日"发起及对斯国蜂业发展的鼎力支持！参加开幕式的国际伙伴还有泰国、俄罗斯、法国、澳大利亚和韩国等代表，活动非常成功，社会效应显著。

7. 启动中国农民丰收节（蜜蜂）——蜂收节 2019年9月20日，在农业农村部的正确领导下，中国养蜂学会积极响应党中央、国务院号召，启动中国农民丰收节（蜜蜂）——"蜂"收节，一个真正属于蜜蜂、属于蜂农的节日。首届"蜂"收节，统一主题、统一标识、统一口号，设主会场1个，全国68个分会场，万人参与互动。广大蜂农朋友们欢天喜地割蜜采收，庆丰收、扬文化、兴乡村，展示全国农业农村发展和蜂产业取得的成效，呈现出一派喜气洋洋的丰收气氛，提升广大农民朋友们的荣誉感、幸福感和获得感。

8. 农业农村部开展标准化蜜蜂养殖示范基地建设 2019年，农业农村部委托中国养蜂学会分别在浙江、重庆、海南、广东、山东、安徽等省（直辖市）建设"标准化示范基地""成熟蜜基地"之乡11个，以点带面，带动基地周边地区实行标准化养蜂生产，带动贫困农民发展养蜂，推动全国养蜂生产实施标准化、规模化、机械化，逐步实现现代化。同时，形成了《蜜蜂标准化养殖技术规范》《成熟蜜技术规范》。

9. 国家恢复蜜蜂转地"绿色通道" 2019年，由于各地交流运输部门贯彻落实《国务院办公厅关于进一步做好非洲猪瘟等动物疫病防控工作的通知》，严格执行运输活畜禽不再享受"绿色通道"政策，给转地蜜蜂造成了巨大困难和损失。中国养蜂学会及时向国务院办公厅呈交"关于'放行蜜蜂绿色通道'的请求"，得到李克强总理的关怀，3月5日，中央和国家机关下发了"关于对转地放蜂车辆恢复执行鲜活农产品运输'绿色通道'政策的通知"，允许蜜蜂通行。至此，一项惠及全国蜂农的重大利好政策正式实施。

10. 中国发现"蜂巢小甲虫"疫病 2018年，地方向中国养蜂学会汇报在南方发现美国蜜蜂常见病虫害"蜂巢小甲虫"（*Aethina tumida* Murray）。蜂巢小甲虫是寄生蜜蜂的重要害虫，目前已入侵我国并呈严峻的扩散蔓延态势，专家前往核验，情况属实。中国养蜂学会立即向农业农村部汇报疫情并提出防控措施，同时，开展技术研讨会和防控培训。

11. 国际蜂联（APIMONDIA）国际养蜂大会在加拿大召开 2019年9月8日，APIMONDIA第46届国际养蜂大会暨博览会在加拿大蒙特利尔召开。来自世界五大洲蜂业、农业等各行业相关人士6 000余人出席大会、参加博览，开展国际学术报告与经验交流，学习国际科技前沿，探讨国际间合作，展示中国蜂业新成果。中国养蜂学会率中国蜂业代表团116人出席了大会、参加博览，开展国际学术报告与经验交流，学习国际科技前沿，探讨国际间合作，展示中国蜂业新成果。中国养蜂学会成熟蜜示范基地产品荣获6枚奖牌（1金、4银、1铜）的好成绩，得到了国际同仁的赞赏，这是中国养蜂学会执行农业农村部标准化示范基地建设中成熟蜜示范基地第五次登上国际奖台，再次荣获国际殊荣，彻底改变了中国蜂蜜在国际上的形象，大大提升了中国蜂蜜的国际影响力。

12. 辉煌四十载 奋斗新时代 《辉煌四十载 奋斗新时代》，记录了中国养蜂学会、中国蜂业学者40年来的艰辛历程，总结了中国蜂业40年来的发展成就、成果与亮点。内容丰富，资料翔实、图文并茂，具有很强的时代感，是科技工作者、大专院校相关专业师生的理想工具书和参考资料，也是蜂业行政管理人员、蜂业经营者必备的工具书。

13. 首发《中国蜂业科技前沿》 中国养蜂学会出版发行《中国蜂业科技前沿》，展示了21世纪以来我国最新的蜂业科技前沿，收录了21世纪以来中国学者在国际期刊发表的SCI文章，涵盖了蜜蜂生物学、蜜蜂饲养、蜜蜂遗传与育种、蜂病防治、蜜蜂授粉、蜂业标准化、蜂产品、蜂疗保健、蜂业经济与中华蜜蜂等各领域，非常值得科技工作者学习借鉴。

14. 践行"绿水青山就是金山银山" "发展养

蜂是脱贫致富的捷径"。中国养蜂学会的养蜂脱贫攻坚倡导继续得到全国各省贫困地区的响应，重庆石柱县、城口县、酉阳县、陕西黄龙县、蓝田县、湖北五峰县、神农架林区、贵州锦屏县、六枝特区、广东丰顺县、海南琼中黎族苗族自治县、河南卢氏县、山东蒙阴县、四川平武县等开展了养蜂扶贫，按照中国养蜂学会的理念和指导，以 1 群收获千元，10 群万元收益，取得了可喜的成效。

15. 中国蜂产业报告 中国养蜂学会发布《中国蜂产业报告》（白皮书）。内容主要包含：养蜂生产、蜂产品生产加工及质量安全、蜜蜂授粉、产业发展等，以及调查的全国蜜蜂存养数量、蜂产品产量、出口量、进口量及其国际对比数据，为政府制定全国蜂业"十四五"规划提供了决策依据。

（中国农业科学院蜜蜂研究所 陈黎红
中国农业科学院 徐明）

食 用 菌 加 工 业

全国食用菌行业深入贯彻习近平总书记系列重要讲话精神，认真贯彻中央"三农"工作决策部署，紧密围绕国家发展战略，抢抓机遇，主动作为，在基础研究和技术进步、装备创新与改进、市场规范与开拓、产业化规模化经营以及行业文化建设等方面取得了可喜的成果。

一、基本情况

（一）产量产值

1. 产量 据对全国 28 个省、自治区、直辖市（不含宁夏、青海、海南和港澳台地区）的统计调查，2019 年全国食用菌总产量 3 933.87 万 t（鲜品），比 2018 年 3 789.03 万 t 增长了 3%。从全国食用菌产量分布情况来看，产量较大的有河南省（540.94 万 t）、福建省（440.8 万 t）、山东省（346.38 万 t）、黑龙江省（342.87 万 t）、河北省（310.02 万 t）、吉林省（256.49 万 t）、四川省（240.28 万 t）、江苏省（210.12 万 t）、湖北省（133.63 万 t）、江西省（132.8 万 t）、陕西省（132.62 万 t）、辽宁省（120.43 万 t）。

2. 产值 2019 年产值 3 126.67 亿元，比 2018 年 2 938.78 亿元增长 6%。从全国食用菌产值分布情况看，2019 年产值超过 100 亿元的有河南省（397.70 亿元）、云南省（242.82 亿元）、河北省（232.39 亿元）、福建省（229.41 亿元）、山东省（215.17 亿元）、黑龙江省（202.63 亿元）、吉林省（201.50 亿元）、四川省（200.27 亿元）、江苏省（182.98 亿元）、江西省（129.41 亿元）、湖北省（128.28 亿元）、广东省（118.79 亿元）、陕西省（102.37 亿元）。

（二）出口创汇

1. 出口量 海关统计出口数据显示，2019 年全国各类食用菌产品年出口量为 67.97 万 t，同比减少 1.45%。5 大类出口量及占总数量的比重：罐头类食用菌出口量为 261 628.98t，占出口总量 38%；干货类食用菌 139 634.29t，占总量的 20%；鲜或冷藏类食用菌为 125 758.26t，占总量的 18%；蘑菇菌丝为 124 916.99t，占总量的 18%；盐水腌制暂时保藏类食用菌为 42 693.24t，占总量的 6%。

2. 创汇 海关总署统计数字表明，2019 年食用菌类创汇 36.35 亿美元，同比减少 16.67%。出口创汇金额前 10 种产品依次为：干香菇 15.95 亿美元，干木耳 5.90 亿美元，其他蘑菇罐头 5.69 亿美元，小白蘑菇（洋蘑菇）罐头 1.86 亿美元，其他伞菌属蘑菇罐头 1.35 亿美元，其他鲜或冷藏的蘑菇 0.84 亿美元，蘑菇菌丝 0.73 亿美元，干银耳（白蘑菇）0.61 亿美元，其他制作或保藏的蘑菇罐头 0.60 亿美元，鲜或冷藏的香菇 0.47 亿美元。以上产品创汇占总金额比重分别为 43.88%、16.23%、15.65%、5.12%、3.71%、2.31%、2.01%、1.68%、1.65%、1.29%。

二、科研、新产品、新技术

1. 1 月 6 日，国家卫生健康委员会、国家市场监督管理总局联合印发《关于对党参等 9 种物质开展按照传统既是食品又是中药材的物质管理试点工作的通知》，明确指出，在试点地区，党参、肉苁蓉（荒漠）、铁皮石斛、灵芝、天麻、杜仲叶、山茱萸、黄芪、西洋参作为食药物质时其标签、说明书、广告、宣传信息等不得含有虚假内容，不得涉及疾病预防、治疗功能。两部委的《通知》指出，根据各地试点实施情况，国家卫生健康委将会同国家市场监管总局，研究论证将上述物质纳入食药物质目录管理的可行性。本次开展食药物质管理试点工作，国家卫健委提出了明确的要求：在作为保健食品原料使用时，应当按保健食品有关规定管理，作为中药材使用时，应当按中药材有关规定管理。

2. 由中国工程院院士、吉林农业大学李玉教授主持的中国工程院院地合作重点咨询项目"吉林省乡村振兴模式及其战略推进优先序研究"项目启动会在吉林农业大学召开。中国工程院院地合作重点咨询项目"吉林省乡村振兴模式及其战略推进优先序研究"项目，是中国工程科技发展战略吉林研究院成立后的首批重点咨询项目，由李玉院士主持，邓秀新、康绍忠、陈温福、陈剑平、张福锁等院士参加，最终目标是构建符合吉林特色的乡村振兴模式，提出吉林省乡村振兴战略推进关键工作及其先后顺序，厘清吉林省乡村振兴的有效路径，提出合理的政策建议，为吉林省率先实现农业农村现代化提供理论与实践支撑。

3. 3月3日，教育部下发了《教育部关于公布2019年普通高等学校本科专业备案和审批结果的通知》，山西农业大学申报的"食用菌科学与工程"本科专业获批，正式列入国家普通高等学校本科专业目录（专业代码：082 711T），成为全国首个食用菌本科专业，开创了中国食用菌科学大学教育的先河。

4. 农业农村部、国家林业和草原局等部门联合发布中国特色农产品优势区（第三批）名单，"商洛香菇"成功入围，将有效提高商洛香菇的知名度和市场占有率，对商洛农业经济发展起到积极推动作用。商洛市依托良好的生态环境和明显的区位优势，以建设秦岭生态农业示范市为抓手，把香菇产业作为脱贫攻坚和乡村振兴的主导产业之一，以转变生产方式为核心，以生态高效、循环发展为根本要求，坚持双轮驱动，大力推广"百万袋"生产模式和"政府建厂＋企业租用"运营模式，走规模化、产业化、专业化和品牌化发展道路，推动了商洛香菇产业实现井喷式发展。

5. 习近平总书记在陕西商洛市柞水县，调研脱贫攻坚情况，并实地考察金米村产业扶贫成果。为了拓宽贫困群众的增收渠道，金米村将地理标志"柞水木耳"的种植销售作为脱贫攻坚突破口，引进5家农业龙头企业，建成木耳大数据中心、年产2 000万袋的木耳菌包生产厂和1 000t的木耳分拣包装生产线，发展5个智能连栋木耳大棚，带动130户贫困户积极参与木耳产业发展，户均增收4 600元。做到了户户

有产业、人人有活干，贫困户通过自己的劳动换回"真金白银"，使"柞水木耳"成为脱贫致富的"金耳朵"。

6. 清华大学与昆明尊龙有限公司在昆明举行"云南优势野生菌新功能研究合作"签约仪式。清华大学生命科学学院药物药理研究室主任邢东明、尊龙有限公司董事长杨光辉签订合作协议。

云南是全国野生菌自然产量和贸易量最大的省份，也是世界野生菌贸易的主要出产地，占世界野生菌的40%，占全国野生菌的80%；野生菌年均蕴藏量50万t左右，几乎覆盖全省所有县（市、区）。云南野生食用菌品种资源丰富、共生森林富足、生态环境优越的三大优势是不可比拟、不可复制和不可超越的比较优势。根据协议内容，未来10年双方将联合开展云南优势野生菌功能成分的发现与评价，具有调节免疫功能的松茸口服液活性成分的研究、评价，按照国际化标准开展以松茸为重点的前沿创新技术研发，为云南生物医药创新发展提供新动能。

7. 双孢蘑菇是全球栽培范围最广的食用菌，它是生长在粪草发酵料上的一种伞菌，属蘑菇科蘑菇属。双孢蘑菇的栽培方式有菇房栽培、大棚架式栽培和大棚畦栽等，产量排在我国各类食用菌品种的第五位。农业农村部农产品质量安全风险评估实验室（上海）根据生产基地调研情况，从质量安全生产实际出发，提出了双孢蘑菇全程质量安全控制指南。

8. 冬虫夏草是"青海三宝"之一，"青海省冬虫夏草（真菌及寄主昆虫）种质资源库建立及虫菌协调进化研究"项目通过验收和成果评价。项目系统地对青海冬虫夏草生态资源变迁、演替进行观测和评价，完成了对蝙蝠蛾的遗传多样性评价。项目采集了青海省玉树、果洛、黄南等6个主产区冬虫夏草标本，初步建立了青海省冬虫夏草种质资源库和资源数字信息系统，将省内冬虫夏草的产区、气象因子、寄主昆虫、侵染真菌及特征序列等整理归纳录入，为全面系统地查询省内冬虫夏草种质资源的应用提供了依据，采用科技手段，有计划、有步骤，有目标、有措施地持续、系统进行青海冬虫夏草生态环境资源的变迁、演替的观测和评价，收集环境基础数据，分析其产量动态变化，更好确定禁采区、限采区等，为宣传"青海冬虫夏草"品牌和保护虫草资源及草原生态具有重要的意义。

9. 农业农村部农产品质量安全中心官网公布，"黔阳天麻"获评全国名特优新农产品称号，这是怀化市5个获评名特优新农产品之一。洪江市（原黔阳县）有着悠久的天麻栽培历史，20世纪70年代铁

山、熟坪等乡镇已开始人工栽培天麻，天麻选育的科研成果先后获得湖南省科学技术进步四等奖、怀化地区科技成果三等奖。到80～90年代，全市掀起了种植天麻的热潮，所产的产品享誉省内外。近年来，洪江市高度重视中药材产业发展，出台了中药材产业发展奖补政策，对天麻等道地中药材品种给予大力扶持，先后有湖南博源、康业药业、大华农场等企业和合作社加入天麻种植的队伍中，天麻栽培的面积大幅增加。今年，湖南博源与怀化学院签订了产学研合作协议，建立天麻工程技术研究中心，共同开展蜜环菌、种子繁育等科研，力争通过3～5年的时间将"黔阳天麻"打造成"雪峰山药谷"中的一张靓丽名片。

10. 一种新型食用菌菌棒自动化高效生产系统工程日前研发成功，并得到中国农学会专家组高度评价。这项由国家食用菌产业体系首席科学家张金霞团队、河北省现代农业产业体系通占元团队、翔天集团共同研发的系统工程，实现了食用菌产业提质增效高质量发展，与现用生产技术相比，灭菌时间和冷却时间大大缩短，菌棒制作时间节省80%以上，香菇发菌期由45d缩短至12d，综合成本降低19.6%，并实现了菌棒制作几乎"零污染"。项目形成的工业化系统工程颠覆了传统的食用菌农业生产技术，工艺技术达到国际领先水平。据国家食用菌产业体系首席科学家张金霞介绍，这项系统工程研发历时8年，最大的创新在于大大降低了传统工艺过程中的污染率，并实现了菌棒制作的工厂化。

11. 雅江县农牧农村和科技局收到了来自国家知识产权局发来的商标注册证书，"雅江松茸"（鲜品）地理标志证明商标通过国家认证，这是继"雅江松茸"（干品）、雅江黑虎掌、雅江黄虎掌、雅江木耳后，雅江县获得的第五个国家地理标志认证，将有助于进一步擦亮"中国松茸之乡"金字招牌，推动该县产业的发展。松茸是世界级珍稀野生菌，因为其营养丰富，被誉为"菌中之王"，目前还不能进行人工培育。而雅江松茸因其个头大、肉质细、色泽好，产量和品质居全国之首，2013年雅江县还被中国食用菌协会授予"中国松茸之乡"称号。

12. 成都中医药大学定点帮扶的藏区深度贫困村——甘孜州得荣县木格村，气候恶劣、土壤贫瘠、缺水严重、资源匮乏，除了传统的种养殖业，新的产业发展极其艰难，举步维艰。虽于2019年完成"两不愁、三保障"脱贫指标，但离全面建成小康社会的目标还有差距。为进一步助力当地经济社会发展，结合当地实际，探索出适合木格村长效发展的产业，随着虫草试种成功，得荣县木格村脱贫致富奔小康又添

新路子。5月24日，村民们小心翼翼采挖出半野生冬虫夏草，手捧精心养护20余天的辛勤成果，脸上都洋溢着幸福的表情。据了解，本次种植僵虫3 000根，收获虫草2 424根，在各试种点，最低出草率65.27%，最高出草率93.41%，综合出草率80.8%，初步达到预试目标。在采挖当天，成都中医药大学还组织企业进行现场收购，当即实现户均纯增收1 000～2 000元。

13. 上海市农业科学院食用菌所成功驯化出一种难以人工栽培的野生药用菌——乌灵参。据报道，乌灵参具有安神、止血、降血压之功效，主治失眠、心悸、吐血、衄血、高血压、烫伤等疾病，目前该种以"乌灵胶囊"形式收录于《中华人民共和国药典》（2020年版）。研究人员自2011年收集到该野生菌种，陆续进行驯化栽培研究，于2014年初步栽培出子实体，后续不断进行驯化、方法改良和技术的探索等研究，历经8年终于获得稳产菌株及相关栽培技术。"乌灵胶囊"成分显示为菌丝体，若以子实体为成分，将极有可能提高"乌灵胶囊"的药效，或增加新的以乌灵参为成分的新药。

14. 商务部、科技部发布了2020年第38号"关于调整发布《中国禁止出口限制出口技术目录》（《目录》）的公告"。灵芝（赤芝、紫芝）、茯苓、冬虫夏草等16种菌类药材的菌种、菌株、纯化、培养、发酵和生产工艺被列入禁止出口目录中。这16中菌类药材是：冬虫夏草、羊肚菌、牛舌菌、云芝、树舌、灵芝（紫芝、赤芝）、雷丸、猪苓、密环菌、松茸、短裙竹荪、长裙竹荪、黄裙竹荪、大马勃、黑柄炭角菌、茯苓。本次《目录》调整先后征求了相关部门、行业协会、业界学界和社会公众意见，共涉及53项技术条目：一是删除了4项禁止出口的技术条目；二是删除5项限制出口的技术条目；三是新增23项限制出口的技术条目；四是对21项技术条目的控制要点和技术参数进行了修改。根据《中华人民共和国技术进出口管理条例》，凡是涉及向境外转移技术，无论是采用贸易还是投资或是其他方式，均要严格遵守《中华人民共和国技术进出口管理条例》的规定，其中限制类技术出口必须到省级商务主管部门申请技术出口许可，获得批准后方可对外进行实质性谈判，签订技术出口合同。

15. 金针菇作为我国重要的栽培食用菌之一，经济价值和营养价值都很高，它的身影经常出现在餐桌上。据数据统计，金针菇的产量在我国食用菌中位列第四。在过去的研究中，由于形态特征类似，不少人把金针菇归到欧洲的毛腿冬菇（*Flammulina velu-tipes*）。中国科学院昆明植物所真菌多样性与分子进

化研究团队有了新的发现，他们认为金针菇和毛腿冬菇是两个完全不同的物种。为此，研究团队给"金针菇"起了一个学名叫"F. filiformis"。

三、食用菌保鲜、加工和质量

1. 贵州省第一张"食用菌食用农产品合格证暨雷山县首张食用农产品合格证"在雷山县郎德镇杨柳村食用菌产业园由雷山县欧波农农旅专业合作社开具，标志着该县正式启用食用农产品合格证制度。在食用农产品合格证开具仪式上，县农业农村局首先围绕食用农产品合格证的开具要求、合作社规范化管理、"两品一标"基础知识、国家农产品质量安全追溯管理信息平台等做了详细的讲解并现场演示了合格证开具的具体做法。随后，开具了贵州省第一张食用菌食用农产品合格证暨雷山县首张食用农产品合格证。

2. 横县云表镇是桑蚕大镇，桑园面积达 0.33 万 hm^2，年产鲜茧 1.37 万 t，产值 3.26 亿元。蚕蛹作为云表镇桑蚕丝绸产业链上的副产品，曾经被当成饲料和肥料使用。将虫草的真菌注射到蚕蛹中，就能让真菌吸收蚕蛹的高蛋白，培植出"软黄金"——蚕蛹虫草。并充分利用本地桑蚕资源优势，科研攻关，发展蚕蛹虫草种植，培育出桑蚕衍生新产品——蚕蛹虫草茶，目前该产品已经获得相关专利。

3. 巴拿马、日本和印度三国科学家正联手对一种食用菌膳食补剂在加强新冠肺炎并发症患者免疫系统方面的功效进行研究。阿根廷网站"infobae"8 月 3 日报道，上述科研小组包括来自巴拿马科研暨高科技服务学院（INDICASAT-AIP）的科学家，研究对象是能够在人体中产生化合物 β-葡聚糖，从而达到免疫调节功能黑酵母菌 AFO-202，即暗金黄担子菌（Aureobasidium pullulans）。由 INDICASAT AIP 学院派出的项目参与人员、专门从事营养保健品研究的有机化学家乔安特拉盖伊（Johant Lakey）博士介绍，研究这种膳食补充剂的目的是通过减轻炎症，加快新冠肺炎患者的康复过程，初步科研成果预计在 9 月或 10 月得出。利用黑酵母 AFO-202 降低新冠肺炎死亡率的想法由日本山梨大学（University of Yamanashi）的印度裔心脏外科专家塞缪尔·亚伯拉罕（Samuel Abraham）博士提出，相关科研内容于 7 月 9 日发表于知名学术杂志《免疫学前沿》。黑酵母菌 AFO-202 于 20 世纪 80 年代在日本首次被发现，直至现在，科学界一直认为该特定菌株的生长地点仅限于亚洲地区。然而，远在中美洲地区的巴拿马也已经意识到了食用真菌对于人体免疫力的促进作用。在巴拿马卫生当局建议民众食用的一系列能够降低新冠病毒感染概率的食品中，就包括蘑菇。

4. 一项刊登在国际杂志《Cell Reports》上的研究报告，来自中国科学院微生物研究所等机构的科学家们通过研究报道了灵芝杂萜衍生物（ganoderma meroterpene derivative，GMD）的抗非酒精性脂肪性肝病（NAFLD）的效应，研究者表示，GMD 能增加拟杆菌属细菌的丰度从而激活拟杆菌属—叶酸—肝脏通路，进而减缓非酒精性脂肪肝患者的症状。NAFLD 是一种最常见的慢性肝病，如今其越来越成为影响全球人群健康的公共健康问题，然而目前并没有有效的药物批准用于治疗这种肝病，天然产物及其衍生物突出的化学多样性和生物活性就使其成为有望开发潜在药物的来源和焦点，比如灵芝（Ganoderma Mushroom），其作为一种传统中药已经有几千年的药用历史了。

5. 一种由蘑菇衍生的生物质制成的类皮革材料可能比动物皮革或其塑料衍生品更便宜，与此同时在环境上更具可持续性。几千年来，人类一直使用动物制作皮革。最近，随着对大规模畜牧业的伦理关注的增加，皮革生产的环境成本已经成为一个严重的问题。用真菌生物质作为生产材料和纺织品的基础的想法并不新鲜。早在 20 世纪 50 年代，造纸者就在真菌的细胞壁中发现了一种叫作甲壳素的聚合物，这种聚合物可以用来制造书写用纸。最近，这些真菌衍生的化合物已被用于制造从建筑材料到时尚纺织品的一切产品。真菌衍生皮革是一种相对较新的技术创新。皮革就是利用这种菌丝体结构生产出来的。

6. 庆元县食用菌产业"机器换人"示范县成功入选浙江省农业农村厅公示的 2020 年农业"机器换人"示范单位名单，全市仅 3 个县，分别为缙云、庆元、松阳。据介绍，目前，庆元县拥有各类食用菌机械 1.4 万台，机械总动力达 4.57 万 kW，其中，杀菌设备 4 412 台，接种设备 7 986 台，粉碎机 1 300 台，拌料机 400 台，食用菌生产流水线 78 台套。食用菌生产基础加工、装袋、消毒灭菌均达到 100%，接种和烘干达到 86% 以上，有力推动食用菌"大县"向"强县"发展。

7. 云南省科技成果转化新闻发布会召开，云南 2019 年已对 13 个科技成果转化成效显著的项目安排财政奖补资金 2 830 万元，对 11 个建有科技成果转化机构的高校、科研院所安排财政资金 620 万元。

云南着力推进科技成果转化，为云南高质量发展提供创新源头供给。云南省热带作物科学研究所将发明专利转让给景洪宏臻生物科技集团，助力该企业建成了全球唯一一家黑牛肝菌菌种保藏及工厂化栽培研发、生产基地，使该企业成为目前全球独一无二工厂化栽培牛肝菌的企业，代表野生食用菌人工驯化及栽培的最高水平，在同行业中产生了巨大影响。

8. 由随州市农业农村局统一组织，随州市食用菌协会与23个香菇种植经销公司（合作社）签订了免费使用中华人民共和国农产品地理标志和"随州香菇"地理标志证明商标使用许可协议，有效期3年。香菇种植经销有了"金字招牌"，受到经销商们的交口称赞。

得益于独特自然资源环境优势，随州有30多万人从事香菇产业，年种香菇2亿多袋，产干菇6万多t，占全省产量50%以上，产业链年产值200多亿元，年外贸出口最高峰近7亿美元，多年保持全省同行业领先地位，是名副其实的"中国香菇之乡"。

9. 为有效保护注册商标专用权及企业和消费者的合法权益，四川巴中市市场监督管理局立足商标监管职能，服务创新驱动发展，加大注册商标专用权保护力度。近日，巴中市市场监管局开展"十项活动"治理通江银耳"四乱"，确保"维护商标专用权"专项行动收到实效。包括治理乱宣传行为、治理乱涨价行为、治理乱添加行为、治理乱贴牌行为。

10. 中国与德国、欧盟正式签署了《中华人民共和国政府与欧洲联盟地理标志保护与合作协定》。该协定谈判于2011年启动，历时8年。《协定》包括十四条和七个附录，主要规定了地理标志保护规则和地理标志互认清单等内容。根据协定，纳入协定的地理标志将享受高水平保护，并可使用双方的地理标志官方标志等。协定附录共纳入双方各275个地理标志产品，涉及酒类、茶叶、农产品、食品等。这是中欧之间首次大规模互认对方的地理标志，共550个（各275个），都是双方久负盛名、家喻户晓的地理标志，比如我国的庆元香菇、西峡香菇、罗源秀珍菇、房县香菇、房县黑木耳、东宁黑木耳等。

四、质量管理与标准化工作

1. 中国食用菌协会发布《灵芝孢子粉水提取物》团体标准，该标准是国内标准中首次对孢子粉类产品进行明确要求。

2. 通江县召开《通江银耳等级规格》地方标准评审会。会上，专家组对送审稿中的术语定义、要求、抽样方法、检测方法、包装标志等内容逐条逐句逐字交流讨论核实，并提出相关修改意见和建议，最终形成专家评审意见。通江银耳分级标准的制定，旨在构建通江银耳标准体系，推进通江农业标准化建设，形成通江银耳自我保护、占领市场的有力武器；将有效提高产品竞争门槛，实现优质优价，是适应消费多样化发展趋势、满足不同消费者需求层次的技术基础；也是树立通江银耳产品整体形象，引导银耳产业做大做强的重大战略选择，为县域经济发展和农民增收提供强力支持和保障。该标准制定后，将指导销售者对通江银耳按照区域性地方标准科学分级，打破"统货"形式包装上市格局，从外观品质上展示通江银耳特质，提升消费者对银耳产品的外观辨别力，把通江银耳的特质性作为行政执法打假和消费者鉴别通江银耳的重要依据。

3. 汉中市是我国天麻三大主产区之一，拥有品种丰富的天麻种质资源和得天独厚的产业发展条件。汉中天麻也成为广大山区群众脱贫致富的特色产业。随着天麻产业规模的不断壮大，急需提高天麻栽培技术和专业化程度，保护菌材资源，提高产品品质，提升经济效益。《天麻标准综合体》由陕西森盛菌业科技有限公司、汉中市汉麓生物科技有限公司、宁强县真菌研究所、汉中植物研究所、陕西省食用菌工程技术研究中心联合制定。该标准从天麻生产环境、菌种准备、种子质量、种麻质量、商品天麻质量、萌发菌和蜜环菌菌种生产技术规程、蒴果生产技术规程、栽培生产、产地初加工及产品质量等九个方面进行了规范，为天麻生产、流通和管理工作提供可靠的技术保证。

4. 为推动品牌建设及相关行业标准体系的构建，发挥团体标准在支撑和引领行业发展中的作用，山西省品牌研究会已发布《山西省品牌研究会团体标准管理办法》（晋品研〔2020〕1号），经全国团体标准信息平台公示，已拥有制定发布团体标准的资质，标准编号为T/SXPP。2020年8月17日，经研究会团体标准领导小组审议通过了由山西德道生物科技股份有限公司、山西省品牌研究会等单位牵头申报的《蛹虫草酒》团体标准立项。

5. 随州市质量协会急企业所急，于2021年1月中旬邀请省标准化研究院专家到随州市各相关单位调研，起草了《香菇酱》《香菇浓缩汁》两项团体标准（草稿），经多方征求意见，最终形成了团体标准送审稿。2月9日，随州市质量协会组织召开《香菇酱》《香菇浓缩汁》团体标准评审会，来自检测机构、行业协会、食品企业等方面的6位专家对2项团体标准送审稿逐条进行了评审，一致同意通过该标准评审，并提出宝贵意见。协会秘书处根据评审专家的意见对两项团体标准再次进行了完善，并根据《随州市质量协会团体标准制修订程序》的要求，对这两项团体标准予以发布。

6. 福建省农业科学院农业工程技术研究所主持申报的国家标准《生鲜银耳包装、贮存与冷链运输技术规范》由国家标准化管理委员会下达立项（20203877－T－442），实施周期24个月。这是我国生鲜食用菌冷链物流领域的首个国家标准，填补了我国生鲜银耳保鲜方面国家标准空白，对促进福建省银耳乃至整个食用菌产业发展具有重要意义，进一步提升了福建省银耳产业在全国的行业影响力。

五、行业工作

1. 2020年在防控疫情期间，中国食用菌协会联合山东省食用菌协会、四川省食用菌协会、广西食用菌协会共同推出"助力乡村振兴——毛木耳产业系列大讲堂"线上直播活动。

2. 通过协会信息平台，发出《中国食用菌协会关于新型冠状病毒肺炎疫情防控的倡议书》，要求广大会员单位深入贯彻习近平总书记重要指示精神，思想高度统一，在全力做好自身安全工作的同时，积极发扬互助互爱精神，积极向疫情严重地区提供援助。及时了解疫情对产业及会员生产经营工作的影响情况，经过调查和统计分析，发出《抗击疫情 菌业有为——食用菌工厂化生产企业、装备与菌需物资企业经营状况调查》《中国食用菌协会工厂化专业委员会关于新鲜食用菌运输"绿色通道"协调情况的通报》及产业应对疫情报告等，向总社报送了《中国食用菌协会关于当前产业动态及动员组织物资捐助情况的报告》，引导行业稳生产、保安全、作贡献，争取相关支持与帮助。应国家发改委、商务部、供销总社等要求，协会动员组织物资捐赠，帮助湖北解决生产和生活问题，帮助湖北销售滞销的优势农产品，协调组织北京闽中绿雅商贸有限公司、福建益升食品有限公司等企业积极向当地运送食用菌等产品，湖北裕国菇业股份有限公司、上海大山合菌物科技股份有限公司、浙江江源菇品有限公司、浙江富来森食品有限公司、青岛联合菌业科技发展有限公司、浙江广运食品有限公司、北京百素珍食品有限公司等积极采购食用菌产品2亿多元，有效缓解了销售困难等问题。全行业捐款捐物踊跃，仅从我会抽样调查的50个会员企业统计，共捐款现金160万元，防疫物资达9万件，食用菌鲜品400余t，精深加工产品近2万盒，约2 350多万元。同时，协会开展形势分析和市场预警，引导有序复工。对行业复工重点问题进行调查分析，并提出了引导意见，也向有关部门反映协调解决运输、用工和市场等问题并得到了妥善解决。开展线上供需见面、技术交流，开通了线上直播，为行业企业、菇农答疑解惑。推出"网上博览会""食用菌行业线上技术交流会系列活动"，抓生产，保供应和销售，围绕生产技术普及、复工复产关键环节、消费市场走势等内容，为食用菌行业同仁搭建免费线上交流的平台。

3. 2020年9月17日上午，2020全国食用菌产业发展暨柞水"小木耳 大产业"招商大会在陕西柞水县隆重举行，大会以"小木耳 大产业"为主题，由中国食用菌协会、陕西省农业农村厅、陕西省供销合作总社、商洛市人民政府共同主办，柞水县人民政府、商洛市农业农村局、商洛市供销合作社共同承办。

4. 2020中国（河南·南阳）食用菌产业高峰报告会在西峡召开。参会嘉宾有省市领导、众多食用菌基地县领导、相关科研院所专家以及企业代表。中国食用菌协会高茂林常务副会长、何方明副会长分别主持了会议。

5. 探索灵芝学术前沿，推动产业科技创新。10月31日，"灵芝业界泰斗"林志彬教授从事灵芝研究50周年学术研讨会暨新书发布会，作为第十八届福州市科协年会分会场在福州隆重召开。来自全国各地的100多位专家学者、企业家代表们围绕林志彬教授50年灵芝研究学术成果开展交流研讨，对林教授思想宝库进行一次全新的深度挖掘和系统梳理。会上，中国食用菌协会会长顾国新受邀上台致辞，对林教授50年来不懈钻研为中国食用菌产业发展作出的卓越贡献表示感谢和致敬。中国中药协会原会长、专家委员会主任房书亭对会议的召开表示祝贺并指出，林志彬教授从事灵芝药理研究的50年，有力地推动了中医药特别是灵芝产业的可持续健康发展。

6. 第二届"菌连天下"中国（连云港）食用菌产业发展交流会在江苏省连云港市举办，会议围绕食用菌产业发展和品牌建设进行交流，旨在探索食用菌新技术、新业态、新模式，进一步加强食用菌产业国际合作与交流，全面提升食用菌产业国际竞争力。中国食用菌协会常务副会长高茂林、副会长何方明，甘肃省农业农村厅副厅长蔚俊，江苏省农业农村厅总农艺师唐明珍，连云港副市长吴海云等领导专家出席交流会。

（中国食用菌协会　咸俊）

乳 制 品 制 造 业

一、基本情况

（一）生鲜乳生产

2019 年，全国生鲜乳产量持续增长，全年奶类产量 3 297.6 万 t，同比增长 3.8%。其中，牛奶产量 3 201.2 万 t，同比增长 4.1%；其他奶类产量 96.4 万 t，同比增长 -5.7%。

牛奶产量前五位省份为内蒙古、黑龙江、河北、山东和新疆。其他奶类生产方面，陕西、云南、山东、西藏、内蒙古、河北、新疆、河南等省（自治区）产量较高，其中陕西产量 51.9 万 t，占全国的 53.8%。奶类、牛奶、其他奶类产量前五位省份情况分别见表 1、表 2、表 3。

表 1　2019 年全国奶类总产量前五位省份情况

地　区	产量 （万 t）	同比增长 （%）	占全国比例 （%）
全国总计	3 297.6	3.8	100.0
内蒙古	582.9	1.9	17.7
黑龙江	467.0	1.9	14.2
河　北	433.8	10.9	13.2
山　东	234.5	0.9	7.1
新　疆	209.4	3.8	6.4

资料来源：国家统计局。

表 2　2019 年全国牛奶产量前五位省份情况

地　区	产量 （万 t）	同比增长 （%）	占全国比例 （%）
全国总计	3 201.2	4.1	100.0
内蒙古	577.2	2.1	18.0
黑龙江	465.2	2.0	14.5
河　北	428.7	11.4	13.4
山　东	228.0	1.3	7.1
新　疆	204.4	4.9	6.4

资料来源：国家统计局。

表 3　2019 年全国其他奶类产量前五位省份情况

地　区	产量 （万 t）	同比增长 （%）	占全国比例 （%）
全国总计	96.4	-5.7	100.0
陕　西	51.9	3.8	53.8
云　南	6.8	-9.3	7.1
山　东	6.5	-12.2	6.7
西　藏	5.8	31.8	6.0
内蒙古	5.7	-8.1	5.9

资料来源：国家统计局。

（二）经济运行状况

2019 年，我国乳制品行业生产稳定增长，生产经营状况稳定向好，国产乳制品产品质量安全状况保持较好水平。据国家统计局数据（月报），2019 年 1~12 月，全国规模以上乳制品企业 565 家（上年 587 家），主营业务收入 3 946.99 亿元，同比增长 10.17%（去年为 10.72%），利润总额 379.35 亿元，同比增长 61.40%（去年为 -1.41%），销售收入利润率为 9.6%（去年为 6.8%）。

2019 年 12 月底，全行业产成品存货总额 93.35 亿元，同比增长 0.06%（上年同期为 14.36%）。产成品存货总额占销售总收入的 2.4%（上年同期为 2.8%），库存有所减少。2019 年 12 月底，亏损企业亏损额为 21.71 亿元，同比增长 -67.17%（去年同期 94.10%）。行业亏损额与利润总额的比值为 1:17.5（上年同期 1:3.5）。企业经济效益大幅改善。

2019 年 12 月，行业资产总计为 3 616.85 亿元，同比增长 13.52%，增速同比提高 5.94 个百分点。

2019 年，全国规模以上企业乳制品产量 2 719.40 万 t，同比增长 5.58%（去年为 4.43%），其中液体乳产量 2 537.67 万 t，同比增长 5.81%（去年为 4.34%），乳粉产量 105.24 万 t，同比增长 2.36%（去年为 -0.74%）。

分地区情况看，乳制品产量居前的省（自治区）为河北、内蒙古、山东、河南和黑龙江，五省（自治区）乳制品总产量为 1 227.13 万 t，占全国的

45.12%，占比较上年下降 0.81 个百分点。五省（自治区）中山东、黑龙江、河北、内蒙古 4 个省（自治区）处于正增长，河南为负增长。全国乳制品产量处于负增长的省（自治区）有 5 个（上年为 11 个）；乳制品产量超过 100 万 t 的省（自治区）有 10 个，其中增长的有 8 个，增幅最大的为安徽省，为 12.96%，下降的有 2 个，降幅最大的为四川省，为 -2.88%。液体乳产量居前的省（自治区）为河北、内蒙古、山东、河南和黑龙江，五省（自治区）液体乳总产量为 1 155.54 万 t，占全国的 45.54%，占比较上年下降 2.29 个百分点。液体乳产量超过 100 万 t 的省（自治区）有 9 个，其中增长的有 7 个，增幅最大的是安徽省，为 13.16%，下降的有 2 个，降幅最大的是河南省，为 -2.63%。乳粉产量前五位的省（自治区）为黑龙江、陕西、内蒙古、河北和江苏，五省（自治区）合计生产乳粉 81.28 万 t，占全国的 77.24%，占比较上年下降 2.52 个百分点。有 11 个省（自治区）乳粉产量超过 1 万 t，其中增长的有 7 个，吉林省同比增长幅度最大，为 77.74%，下降的有 4 个，广东下降幅度最大，为 -12.92%。2019 年全国规模以上企业乳制品、液体乳、乳粉产量及产量前五位省份情况分别见表 4、表 5、表 6。

表 4   2019 年全国乳制品产量前五位省份情况

地 区	产量 （万 t）	同比增长 （%）	占全国比例 （%）
全国总计	**2 719.40**	**5.58**	**100.00**
河 北	356.83	5.77	13.12
内蒙古	289.34	3.65	10.64
山 东	217.85	7.11	8.01
河 南	198.94	-2.64	7.32
黑龙江	164.17	5.85	6.04

资料来源：国家统计局。

表 5   2019 年全国液体乳产量前五位省份情况

地 区	产量 （万 t）	同比增长 （%）	占全国比例 （%）
全国总计	**2 537.67**	**5.81**	**100.00**
河 北	347.14	5.36	13.68
内蒙古	272.46	4.33	10.74
山 东	208.02	5.94	8.20
河 南	198.89	-2.63	7.84
黑龙江	129.03	9.46	5.08

资料来源：国家统计局。

表 6   2019 年全国乳粉产量前五位省份情况

地 区	产量 （万 t）	同比增长 （%）	占全国比例 （%）
全国总计	**105.24**	**2.36**	**100.00**
黑龙江	35.10	-5.54	33.36
陕 西	24.93	12.44	23.69
内蒙古	8.31	-6.14	7.90
河 北	6.77	35.67	6.44
江 苏	6.16	3.48	5.86

资料来源：国家统计局。

二、市场状况

2019 年，据中国乳制品工业协会对 98 家会员单位（销售收入占全行业的 82.8%）的统计，在乳粉类产品中，全脂乳粉占 15.4%，全脂加糖乳粉占 4.5%，脱脂乳粉占 0.6%，婴幼儿配方乳粉占 56.8%，中老年乳粉占 11.8%，孕产妇乳粉占 1.3%，儿童乳粉占 4.9%，调味乳粉占 1.2%，其他乳粉占 3.5%。

2019 年，根据中国乳制品工业协会统计数据，全国奶油类产品产量约 15.7 万 t；干酪类产量约 5.7 万 t，其中原干酪约占 1.1%，再制干酪约占 98.9%；炼乳产量约 19.2 万 t，其中甜炼乳约占 98.1%，无糖炼乳约占 1.9%。

2019 年，根据中国乳制品工业协会统计数据，全国液体乳产品构成为：巴氏杀菌鲜乳约占 6.5%，灭菌纯乳约占 41.9%，调制乳约占 17.8%，发酵乳约占 33.8%，其中常温发酵乳约占 35.4%。

（一）生鲜乳收购价格

2019 年，国内奶源供应基本稳定，价格与 2018 年同期相比有所提高，并维持高位运行，在产奶旺季价格出现小幅回落，旺季过后价格快速提高。据农业农村部对内蒙古、河北等 10 个奶牛主产省（自治区）（10 省份生乳产量占全国的 82.1%）生乳平均价格的调查数据，2019 年 1 月平均价格 3.61 元/kg，4 月为 3.54 元/kg，8 月为 3.65 元/kg，12 月为 3.84 元/kg。2019 年 12 月全国主产区生乳平均价格（表 7）环比涨 0.2%，同比涨 7.2%。

（二）乳制品价格

2019 年，乳制品消费价格继续随社会整体消费价格增长而小幅增长，保持了产品价格的相对稳定。根据国家统计局的调查数据，2019 年 12 月，乳制品价格环比涨 0.4%，同比涨 0.8%；全年乳制品平均价格涨 1.6%，远低于同期食品全年平均价格 9.2% 的增长。

表7　2019年分月全国主产区生鲜乳平均价格情况

月份	1月	2月	3月	4月	5月	6月	7月	8月	9月	10月	11月	12月
价格（元/kg）	3.61	3.62	3.59	3.54	3.53	3.55	3.59	3.65	3.71	3.78	3.83	3.84

（三）乳制品进出口

1. 进口　据海关统计数据，2019年1～12月，全国共进口各种乳制品313.16万t，金额118.61亿美元，同比分别增长11.19%和10.92%，进口乳制品总货值占国内乳制品工业销售总收入的21.0%，占比较上年下降了0.4个百分点。其中，乳粉、液体乳、乳清类产品、零售婴幼儿食品、干酪、乳糖、奶油进口量较大，其中除了乳糖和奶油其他产品都超过了10万t。增速上看，液体乳进口量再次加速，原料类产品乳粉、白蛋白保持增长，奶油、乳糖、乳清类产品出现较大下降，具体进口情况见表8。

表8　2019年全国乳制品进口情况

商品名称	数量（万t）	同比增长（%）	金额（亿美元）	同比增长（%）
进口合计	313.16	11.19	118.61	10.92
液体乳	89.06	32.26	11.01	20.65
乳粉	101.48	26.62	31.24	28.63
炼乳	3.47	25.63	0.56	14.21
发酵乳	3.38	9.57	0.59	−3.13
乳清类产品	45.34	−18.63	6.07	−4.22
奶油	8.55	−24.55	4.66	−33.06
干酪	11.49	5.98	5.22	1.73
乳糖	9.29	−20.80	1.02	3.66
零售婴幼儿食品	35.64	7.00	53.31	9.05
酪蛋白	2.44	−0.24	1.83	2.40
白蛋白	3.02	2.84	3.11	32.55

注：1. 液体乳数据不包括发酵乳。2. 乳粉数据不包括婴幼儿配方乳粉。3. 数据来源：中国海关。

从进口来源看，新西兰仍然是我国最大的乳制品进口来源地，其次是德国、美国、澳大利亚和法国，我国分别从这些国家进口了127.13万t、39.70万t、24.63万t、22.36万t和19.49万t的乳制品，五国合计占到总进口量的74.50%，占比较上年下降2.09个百分点。其中，液体乳主要来源于新西兰、德国、澳大利亚、波兰和法国，进口量分别为28.39万t、25.84万t、10.32万t、7.72万t和6.07万t，五国合计占液体乳总进口量的87.96%，占比较上年提高0.40个百分点；乳粉主要来源于新西兰、澳大利亚、德国、法国和爱尔兰，进口量分别为75.50万t、6.83万t、2.97万t、2.63万t和1.83万t，五国合计占乳粉总进口量的88.44%，占比较上年提高0.09个百分点；乳清类产品主要来自美国、法国、白俄罗斯、荷兰和德国，进口量分别为16.17万t、5.46万t、3.67万t、3.43万t和3.08万t，五国合计占乳清粉总进口量的70.13%，占比较上年下降7.59个百分点；零售婴幼儿食品主要来自荷兰、新西兰、爱尔兰、法国和德国，分别进口11.10万t、6.96万t、4.75万t、4.01万t和2.58万t，五国合计占零售婴幼儿食品进口量的82.49%，占比较上年下降0.14个百分点；干酪主要来自新西兰、澳大利亚、美国、丹麦和意大利，进口量分别为6.68万t、1.71万t、0.75万t、0.47万t和0.38万t，五国合计占干酪总进口量的87.04%，占比较上年下降0.76个百分点；乳糖主要来自美国、德国、荷兰、波兰和新西兰，进口量分别为6.32万t、1.06万t、0.55万t、0.37万t和0.34万t，五国合计占乳糖总进口量的93.16%，占比较上年下降1.98个百分点；奶油主要来自新西兰、法国、比利时、荷兰和澳大利亚，进口量分别为 7.09 万 t、0.51 万 t、0.21 万 t、0.20 万 t 和 0.17 万 t，五国合计占奶油总进口量的 95.80%，占比较上年下降 1.63 个百分点；酪蛋白主要来自新西兰、荷兰、法国、德国和爱尔兰，分别进口 1.61

万 t、0.45 万 t、0.18 万 t、0.05 万 t 和 0.04 万 t，五国合计占酪蛋白总进口量的 95.31%，占比较上年提高 0.15 个百分点。2019 年，具体产品进口价格情况见表 9。

表 9　2019 年乳制品进口价格情况

商品名称	12 月价格（美元/t）	同比增长（%）	1～12 月平均价格（美元/t）	同比增长（%）
液体乳	1 186	−6.71	1 236	−8.78
乳粉	3 342	14.50	3 078	1.58
炼乳	1 582	−9.64	1 601	−9.56
发酵乳	1 657	−9.06	1 742	−11.59
乳清粉	1 168	−3.10	1 338	17.71
奶油	5 267	−13.07	5 455	−11.28
干酪	4 575	−2.32	4 545	−4.11
乳糖	975	−0.88	1 100	30.88
婴幼儿零售食品	14 229	−0.32	14 956	1.92
酪蛋白	7 591	8.15	7 472	2.65
白蛋白	9 537	1.57	10 313	28.88

注：1. 液体乳数据不包括发酵乳。2. 乳粉数据不包括婴幼儿配方乳粉。3. 数据来源：中国海关。

2．出口　2019 年，我国乳制品出口继续保持增长，但增幅大幅降低。全年乳制品出口 5.75 万 t，货值 4.58 亿美元，同比分别增长 1.61% 和 21.61%。

其中，液体乳、婴幼儿零售食品、发酵乳、炼乳、奶油是出口的主要产品，具体出口情况见表 10。

表 10　2019 年全国乳制品出口情况

商品名称	数量（万 t）	同比增长（%）	金额（亿美元）	同比增长（%）
出口合计	5.75	1.61	4.58	21.61
液体乳	2.48	−8.58	0.21	−15.02
乳粉	0.18	−43.13	0.07	−29.46
炼乳	0.30	8.64	0.05	2.37
发酵乳	0.39	35.66	0.09	46.22
乳清粉	0.03	−50.47	0.01	−55.16
奶油	0.24	13.32	0.09	6.07
干酪	0.01	−38.23	0.01	−27.09
乳糖	0.14	28.59	0.04	12.29
婴幼儿零售食品	1.88	16.86	3.92	26.03
酪蛋白	0.09	71.27	0.05	61.29
出口合计	5.75	1.61	4.58	21.61

注：1. 液体乳数据不包括发酵乳。2. 乳粉数据不包括婴幼儿配方乳粉。3. 数据来源：中国海关。

我国乳制品出口主要是为香港和澳门地区提供产品，2019 年共向香港和澳门地区出口乳制品 4.79 万 t，同比增长 2.70%，占总出口量的 83.25%。

2019 年，我国乳制品进出口数量逆差 307.41 万 t，同比增长 11.40%，金额逆差 114.03 亿美元，同比增长 10.52%。

三、行业动态

（一）行业集中度

根据中国乳制品工业协会统计，2019 年营业收入居前列的企业有：内蒙古伊利实业集团股份有限公司、蒙牛集团、光明乳业股份有限公司、黑龙江飞鹤乳业有限公司、君乐宝乳业集团、北京三元食品股份有限公司、雀巢（中国）有限公司、美赞臣营养品（中国）有限公司、新希望乳业股份有限公司和西安银桥乳业（集团）有限公司。2019 年，10 家企业营业收入合计 2 485.5 亿元，同比增长 14.2%，比全行业增幅高 4.1 个百分点；10 家企业营业收入占全行业的 63.0%，占比较 2018 年提高 2.4 个百分点。

（二）产品质量

根据收集到的国家监督抽检结果，2019 年，全国乳制品监督抽检共计 72 570 批次，合格 72 398 批次，合格率 99.8%。2019 年，国家市场监管总局抽检婴幼儿配方乳粉 7 958 批次，合格 7 941 批次，合格率 99.8%。

2019 年，国家监督抽检质量不合格的产品都是属于偶发性的质量问题，不具有系统性、普遍性或区域性的安全风险。

（中国乳制品工业协会　岳增君）

烟 草 加 工 业

2019 年，国家局党组研究出台《关于建设现代化烟草经济体系推动烟草行业高质量发展的实施意见》，陆续制定 6 份配套政策措施和 2 份专项规划，全面形成"1＋6＋2"高质量发展政策体系，从战略和全局高度对行业高质量发展做出了系统性、整体性、前瞻性安排，以顶层设计串起高质量发展一盘棋，推动行业发展质量变革、效率变革、动力变革。

一、国内外市场概况

（一）国内市场概况

2019 年，中国烟草行业工业总产值为 10 061.94 亿元，同比增长 6.45%。2019 年烟草行业实现工商税利总额 12 056 亿元，同比增长 4.3%；上缴财政总额 11 770 亿元，同比增长 17.7%。烟草产量 215 万 t，比 2018 年下降 9 万 t，同比下降 3.9%。烟草出口数量 19.4 万 t，同比增长 4%；进口数量 15.39 万 t，同比增长 19.1%。烟草进口金额 119 996 万美元，同比增长 12.3%；烟草出口金额 56 326 万美元，同比增长 4%。随着人们注重身体健康，烟草需求量逐年下降，2019 年烟草行业表观需求量 211 万 t，同比下降 3.2%。从中国烟草制品收入来看，2014—2019 年烟草制品收入增长率呈 V 形走势。2019 年中国烟草制品业收入增长率为 6.15%，比 2018 年烟草制品业收入高出 0.24 个百分点。

（二）国外市场概况

2019 年，全球主要烟叶产区（不含中国）烤烟总产量 190.3 万 t，同比增长 5.8%，白肋烟总产量 55.7 万 t，同比减少 5.9%。其中，南美地区烤烟产量同比增长 5.5%，白肋烟产量略有增长；非洲及中东地区烤烟产量同比增长 4.1%，白肋烟产量大幅下降 14.7%；中北美洲烤烟产量同比减少 5.6%，白肋烟产量同比有下降；欧洲及独联体地区烤烟产量同比减少 5.6%，白肋烟产量同比略有下降；亚太地区（不含中国）烤烟产量同比减少 3.9%，白肋烟产量同比略有增长。

1. 烟叶　2019 年，烟叶市场方面，全球烟叶产量增长，价格略有下降，环球烟叶公司坚守主业，皮克萨斯公司谋求多元化发展。主要烟草公司方面，几大跨国烟草公司市场占有率持续提高，但利润普遍下降，汇率影响是重要因素，调整后的利润水平普遍增长，产品创新是业绩和发展的关键。

2. 卷烟　2019 年，全球卷烟销量约 6 000 万箱（不含中国），同比下降约 2%。近 5 年来基本以 1%～2% 的速度逐年递减。据欧睿国际调查，全球销量超过 50 万箱的市场共 28 个。其中，印度尼西亚、埃及、孟加拉国、越南、巴基斯坦、波兰、阿尔及利亚、叙利亚、伊拉克销量仍有增长，其他市场销量均下降。下降主要受价格提高、新型烟草产品替代等因素影响。

2019 年，全球卷烟销售额约 5 000 亿美元（不含中国），同比增长约 3%。销售额超过 50 亿美元的市场约 20 个，其中大部分市场销售额仍呈上升态势，意大利、英国、韩国、泰国销售额同比下降。

卷烟仍将稳定占据烟草市场主体地位。尽管吸烟率持续下降，但吸烟人口数量稳定，且预计未来一段时间仍将保持稳定。2018 年日本加热卷烟市场增速明显放缓，显示加热卷烟对卷烟的替代仍然面临较大困难。2019 年以 JUUL 为代表的尼古丁盐类电子烟在美国市场的动荡，显著影响了市场对新型电子烟产品替代卷烟能力的预期。综合几大跨国烟草公司经营业绩来看，卷烟仍将是烟草市场收益的主要来源。美国等传统烟草大国和经济发达国家仍将保持较高收益，新兴市场销量仍将保持增长。

3. 非卷烟　2019 年，全球雪茄（含小雪茄）销量约 300 亿支，同比增长 6.5%。销量超过 1 亿支的市场共 15 个，其中，销量居第一位的美国占到近一半，销量前三位市场合计占比 66%，前五位市场合计占比 73%。全球雪茄销售额约 350 亿美元，同比增长 18.3%，近年来持续增长。

烟丝、斗烟、鼻烟、嚼烟、口含烟等品类的销售额自 2014 年以来有所增长。烟丝价格便宜，其销量主要受消费者收入水平影响。瑞典口含烟主要在北欧地区作为减害产品销售。

4. 新型烟草产品　2019 年，全球新型烟草产品（包括电子烟和加热卷烟，含中国）销售额估算为 365.9 亿美元，同比增长 20% 以上。其中，电子烟销售额约 194.6 亿美元，同比增长约 25%；加热卷烟销售额 171.3 亿美元，同比增长约 45%。美国电子烟市场剧烈动荡，欧盟电子烟销量保持增长，日本和其他地区加热卷烟销量保持增长。

5. 电子烟　据世界卫生组织报告，相对于传统烟草产品，对电子烟使用情况进行监测和调查的国家较少，因而难以对全球电子烟使用率和使用人数进行可靠估计。据各类商业零售调查，全球电子烟市场高度集中，前 10 个市场大概消费了总量的 70% 以上，主要集中在美国、英国、法国等发达国家。

6. 加热卷烟　2019 年，加热卷烟约覆盖全球 50 多个市场，消费主要集中在日本、韩国、俄罗斯以及欧洲地区。相对于电子烟，成功的加热卷烟产品上市时间短、覆盖市场范围小，但价格高，总销售额已经接近电子烟，对卷烟的替代性相对更强。与电子烟市场不同，参与加热卷烟市场竞争的主要是国际烟草巨头。

二、主要烟草公司

2019 年，主要烟草公司在全球市场的占有率持续提高，总体竞争格局基本稳定。菲莫国际保持销量第一大跨国烟草公司地位，在加热卷烟领域仍占有绝对优势。英美烟草各类烟草产品发展势头良好，销售收入增长，但利润下降。日本烟草海外业务增长，国内日趋稳定，但新型烟草产品未见起色。帝国品牌公司经营仍较困难。各大跨国烟草公司利润普遍下降，汇率影响是重要原因，调整后的利润保持较高增长。

（一）菲莫国际

2019 年，菲莫国际总体经营业绩低于预期，加热卷烟业绩突出。不含税销售收入同比增长 0.6%，利润总额同比下降 7.4%，稀释每股收益同比下降 9.3%，除去汇率因素同比下降 6.7%。

1. 烟草产品销量　传统卷烟（以下称卷烟）和加热卷烟销量合计 1 532.7 万箱，同比减少 2%，其中，卷烟 1 413.4 万箱，同比减少 4.5%；加热卷烟 119.4 万箱，同比增加 44.2%，销量比重达到 7.8%。除中国和美国以外，菲莫国际全球市场占有率为 28.4%，同比提高 0.1 个百分点，其中，卷烟市场占有率 26.2%，同比下降 0.5 个百分点；加热卷烟的总体市场占有率 2.2%，同比提高 0.6 个百分点。

菲莫国际预计，2020 年全球烟草市场容量将下降 3%～4%。其中，印度尼西亚市场受税收和价格提高影响将继续下降，日本市场小雪茄替代卷烟的势头仍会持续（税制改变导致小雪茄税负低）。卷烟和加热卷烟总销量将下降 2.5%～3.5%，全年加热卷烟销量可能降至 180 万～200 万箱。

2. 销售收入和利润　全年含税销售收入 779.2 亿美元，同比下降 2.4%。不含税销售收入 298.1 亿美元，同比增长 0.6%，除去汇率影响增长 3.8%。其中，卷烟 242.2 亿美元，同比下降 5.1%；加热卷烟 55.9 亿美元，同比增长 36.4%，占总销售收入的 18.8%（销量比重 7.8%）。

全年利润 105.3 亿美元，同比下降 7.4%。

3. 卷烟品牌　2019 年，菲莫国际拥有全球销量前 15 的卷烟品牌中的 6 个，分别为"万宝路"（市场占有率 10%）、"蓝星"（3.5%）、"切斯特菲尔德"（2.2%）、"菲莫"（1.9%）、"百乐门"（1.5%）、"邦德街"（1.1%）。其中，仅"蓝星"销量同比增长 3.4%，达到 185.7 万箱。但其他两个重点品牌"云雀""财富"销量均有所减少。

4. 重点经营举措

（1）不断提高加热卷烟品质。菲莫国际于2019年9月推出新一代iQOS产品，突出特点是续航能力更强、充电时间更短。至2019年年底，该公司已经累计投入60亿美元、10年时间用于无烟气产品的研发和推广。计划于2020年推出电子烟产品iQOS Mesh。

（2）努力拓展加热卷烟市场，促进消费者转变。至2019年年底，iQOS已覆盖52个国家和地区，拥有1360万消费者。公司目标是到2021年加热卷烟销量达到200万箱，到2025年至少有4000万以上卷烟消费者转向无烟气产品，无烟气产品销量占比达到30%以上。

（3）2020年1月，菲莫国际与韩国KT&G公司达成全球合作协议，由菲莫国际在韩国之外的国际市场独家经营韩国KT&G公司无烟气产品Lil系列。菲莫国际宣称此举将为全球消费者提供更为丰富的选择。

（二）英美烟草

2019年，英美烟草卷烟销量下降、销售收入增长，重点品牌市场占有率提高，加热卷烟、电子烟、新型口含烟等新型烟草产品销量增长，在各个品类都取得了良好的经营业绩。

1. 烟草产品销量　卷烟和加热卷烟销量1354万箱，同比减少4.4%，重点市场占有率提高30个基点，其中，卷烟销量1336万箱，同比减少4.7%；加热卷烟销量18万箱，同比增长31.6%。

电子烟烟弹销量2.3亿套，同比增长19.5%。2019年12月，电子烟覆盖27个市场，在欧洲市场占主导者地位。

新型口含烟销量12亿套，同比增长188%，在美国、俄罗斯及斯堪的纳维亚等地区均有增长。

其他烟草产品销量42万箱，同比减少7.1%，主要为手卷烟；传统口含烟销量16万箱（折合卷烟），同比减少0.6%。

2. 销售收入和利润　不含税销售收入258.8亿英镑（1英镑约合人民币8.83元），同比增长5.7%。卷烟结构提高9%，抵消销量下降后仍贡献了67%的销售收入增长。重点品牌销售收入187.9亿英镑，同比增长8.9%。其中，卷烟重点品牌增长了5.6%；新品类增长32.4%，达到12.1亿英镑；加热卷烟销售收入6.9亿英镑，同比增长22.7%；电子烟销售收入3.9亿英镑，同比增长23.4%；新型口含烟销售收入1.3亿英镑，同比增长273%；传统口含烟销售收入1亿英镑，同比增长11%。

利润90.2亿英镑，同比下降3.2%；利润率34.8%，下降320个基点。除去调整因素后，利润同比增长7.6%，利润率43.1%，同比提高50个基点。

3. 卷烟品牌　"波迈""乐富门""健牌""登喜路""百乐门""好彩"等卷烟重点品牌销量860万箱，同比减少3%，降幅低于总量，市场占有率提高70个基点，合计占有率在全部区域实现增长。

美国市场卷烟重点品牌发展态势良好。"新港"销量同比下降3.9%，但市场占有率提高40个基点。"美国精神"销量增长0.5%，市场占有率提高10个基点。"骆驼"销量下降6%，爆珠烟和薄荷烟销量稳定，但其他类型市场占有率下降了10个基点。

4. 重点经营举措

（1）优化集中新型烟草产品品牌组合。将现有的电子烟品牌全部整合入Vuse，加热卷烟全部整合入Glo，新型口含烟全部整合入Velo，打造三大国际品牌。

（2）优化升级加热卷烟产品。2019年在日本和韩国市场发布了3款加热卷烟新产品，分别拥有更新的加热性能、更修长的外观设计、更新鲜的口味体验。

（3）扩大电子烟市场范围。收购南非领先电子烟公司Twisp。

（三）日本烟草

2019年，日本烟草国际业务销量、销售收入持续增长，但受汇率影响，利润下降；国内烟草业务持续下降，市场规模、占有率均下降，加热卷烟未见起色。

1. 烟草产品销量　全年烟草产品销量1049.2万箱，同比增长2%。国际市场销量891.6万箱，同比增长4.3%，贡献销量增长42万箱。市场占有率在各个区域均有所提高，贡献销量增长26万箱。日本国内卷烟销量151万箱，同比减少7.9%，市场占有率下降1个百分点到60.4%。日本国内低风险烟草产品销量6.6万箱，较上年增长1万箱，低风险烟草产品市场占有率9%。

2. 销售收入和利润　国际市场核心销售收入12530亿日元（1日元约合人民币0.07元），同比增长0.2%，除去汇率影响同比增长9.3%。价格提高贡献增长8.75亿美元，销量增长贡献增长1.74亿美元。

国际市场调整后利润3408亿日元，同比下降11.4%，除去汇率影响，调整后的利润同比增长10.7%，其中，8.02亿美元来自价格提高，2000万美元来自销量增长。

全年国内市场核心销售收入 5 689 亿日元，同比下降 2.3%，其中低风险烟草产品 609 亿日元，同比减少 37 亿日元。

国内市场调整后的利润 1 872 亿日元，同比减少 10.4%。卷烟销量减少、低温加热卷烟胶囊生产设备发生大笔减值，抵消了卷烟价格提高带来的利润增长。

3. 卷烟品牌　国际市场旗舰品牌销量共计 554 万箱，同比增长 4%。其中，"云斯顿"销量 309.2 万箱，同比增长 3.2%；"骆驼"销量 114.2 万箱，同比增长 5.2%；"MEVIUS"销量 31.8 万箱，增长 1.1%；"乐迪"销量 98.8 万箱，同比增长 6%。

国内市场旗舰品牌销量共计 119.1 万箱，同比减少 2.9%。其中，"MEVIUS"销量 75.6 万箱，同比减少 3.2%；"云斯顿"销量 19.5 万箱，同比减少 5%；"七星"销量 19.5 万箱，同比减少 1.3%；"美国精神"销量 5 万箱，同比增长 5.2%。

4. 重点经营举措　在国内市场重点提高产品品质，增加低风险烟草产品研发投入，加快设备升级，提高加热棒质量，增强品牌组合竞争力，进一步明确高温和低温加热卷烟市场定位，高温加热卷烟聚焦扩大市场占有率，低温加热卷烟继续培育细分市场。

在国际市场，一方面通过并购拓展卷烟市场空间，维护好新兴市场增长，一方面积极拓展低风险烟草产品市场。电子烟旗舰品牌"Logic"在 26 个国家销售。

（四）帝国品牌公司

帝国品牌公司本年度经营困难，每股收益同比减少 26.2%，主要有两个原因：一是美国电子烟市场形势多变，帝国品牌公司电子烟产品业绩不佳。二是非洲、亚洲、大洋洲的经营业绩均低于预期。

2019 财年（截止到 2019 年 9 月 30 日），烟草产品销量 488.4 万箱，同比减少 4.5%。含税销售总收入 315.9 亿英镑，同比增长 5.1%。其中，烟草业务含税销售收入 234.2 亿英镑，同比增长 2.4%；利润总额 22 亿英镑，同比下降 8.7%，其中烟草业务利润 20.7 亿英镑，同比下降 9.1%。

2019 财年，帝国品牌公司对业务重点做出了较大调整：首先是调整烟草产品品牌组合，将所有品牌重新划分为"资产型品牌"和"组合型品牌"。2019 年资产型品牌不含税销售收入 52.7 亿英镑，同比增长 4.4%，占烟草业务不含税销售收入的 65.9%，同比提高 1.4 个百分点，组合型品牌不含税销售收入同比下降了 1.9%。其次是调整区域机构，不再延续过去"回报型市场""成长型市场"的划分方式，建立了欧洲分部、美洲分部、非亚澳分部，确定了 10 个

"优先市场"、23 个"关键市场"。

该公司提出 3 个发展重点：优化传统烟草业务，更加聚焦主要盈利市场、主要盈利品牌，剥离非核心业务；调整投资重点方向，由传统烟草转向下一代烟草产品，持续创新产品，尤其是将升级电子烟旗舰品牌 Blu，同时发展大麻业务；加强成本管控，简化生产流程，加强精益管理，提高资金配置效率。

（五）其他烟草公司

奥驰亚集团。2019 年代理菲莫国际 iQOS 在美国的经营业务。全年集团核心烟草业务业绩突出，连续 54 年实现分红增长。降本增效成绩突出，全年节约成本 6 亿美元。但对 JUUL 电子烟的投资遇到了意想不到的挑战，全年计提减值准备 86 亿美元，以至于该笔投资的账面价值由最初的 128 亿美元减少到 2019 年 12 月 31 日的 42 亿美元。尽管如此，集团表示加热卷烟 iQOS 和口含烟仍将为集团在新型烟草产品领域建立可靠的竞争优势。2019 年，集团卷烟销量 203.6 万箱，同比下降 7.3%，降幅较去年扩大 1.5 个百分点，美国市场占有率 49.7%，同比下降 0.4 个百分点，近年来持续下降。含税销售收入 251.1 亿美元，同比下降 1%；缴纳消费税 53.1 亿美元，同比下降 7.3%；利润总额 24.9 亿美元，同比增长 29.9%。

韩国 KT&G 公司。2019 年在国内推出加热卷烟 Lil 系列，取得良好市场反应。在此基础之上，授权菲莫国际在韩国以外的国际市场独家销售 Lil 加热卷烟。2019 年卷烟总销量 168 万箱，同比下降 0.9%，其中，国内卷烟销量 82 万箱，同比增长 2.5%，国内市场占有率 63.5%，同比提高 1.5 个百分点；境外卷烟销量 86 万箱，同比下降 3.6%。卷烟不含税销售收入 2.9 万亿韩元（1 韩元约合人民币 0.006 元），同比增长 12.1%，其中，国内不含税销售收入 1.9 万亿韩元，同比增长 3.9%；境外不含税销售收入 8 440 亿韩元，同比增长 8.9%。利润 1.1 万亿韩元，同比增长 14.2%。

印度烟草公司。由于近年来印度卷烟税率持续提高，卷烟税负约是其他烟草产品的 55 倍，导致合法卷烟销量持续下降，非法卷烟贸易连年增长，约 68% 的烟草产品消费量未纳入税收体系。2019 财年，卷烟不含税销售收入 2 071.2 亿卢比（1 卢比约合人民币 0.09 元），同比下降 9.5%，占销售收入的 45.8%；缴纳各类税收总额 3 200.6 亿卢比，同比增长 15.5%。

瑞典火柴公司。2019 年业绩达到历史新高，不仅在北欧等原有主营市场保持了领先地位，还在美国

市场建立了更为明显的竞争优势，同时向其他市场扩张。2019 年，口含烟在斯堪的纳维亚地区销量 2.7 亿听，同比增长 2.0%；在其他地区销量 0.6 亿听，同比增长 149%。湿润鼻烟在美国市场销量 1.2 亿听，同比下降 2.0%。2019 年，在美国销售雪茄 16.9 亿支，同比减少 0.6%。2019 年不含税销售收入 147.4 亿瑞典克朗（1 瑞典克朗约合人民币 0.71 元），同比增长 13.6%；利润 53.1 亿瑞典克朗，同比增长 10.3%。

埃及东方烟草公司。2019 财年，生产卷烟 163 万箱，同比减少 2.4%。国内卷烟销量 124 万箱，同比减少 3.1%。含税销售收入 534.9 亿埃及镑（1 埃及镑约合人民币 0.45 元），同比增长 13.9%；净利润 37.3 亿埃及镑，同比增长 3.7%。

三、行业工作

（一）行业管理

烟草行业政治生态突出问题全面整改。2019 年 11 月 16 日，烟草行业警示教育暨政治生态突出问题全面整改动员部署电视电话会议在北京召开。张建民局长强调，要提高政治站位，清醒认识行业政治生态严峻形势和突出问题，以强烈的政治担当和自我革命精神，抓好全面整改，实现行业政治生态根本好转。

排查整治"天价烟"问题。2019 年，国家局深入推进"天价烟"问题专项检查和集中整治，严肃查处领导干部利用烟草专营权谋取私利问题，立案 111 起，处理 300 人，通报曝光典型案例 81 起。制定《关于构建"天价烟"防治长效机制的意见》。

为加强对未成年人身心健康的保护，2019 年 10 月 30 日，国家烟草专卖局、国家市场监督管理总局发布《关于进一步保护未成年人免受电子烟侵害的通告》，敦促电子烟生产、销售企业或个人及时关闭电子烟互联网销售网站或客户端等。电子烟产品的市场监管力度进一步加大。

行业各级专卖管理部门始终保持打假打私高压态势，着力净化烟草市场环境。强化卷烟规范经营，保持打击违规大户的高压态势，严肃查处勾结违规卖烟大户的"内鬼"。推进"放管服"改革优化升级，全面推行烟草专卖行政执法"三项制度"，在烟草专卖监管领域全面推行部门联合"双随机、一公开"监管，烟草行业一体化在线政务服务平台、"互联网＋监管"系统在全行业相继实施推广。

（二）行业活动

深入学习贯彻党的十九届四中全会精神。2019 年 11 月 1 日，国家局、总公司召开机关党员干部大会，传达学习党的十九届四中全会精神，部署行业贯彻落实举措。全行业把学习贯彻全会精神作为重要政治任务，以党的政治建设为统领，以深化行业治理为动力，以提高法治思维和依法办事能力为抓手，以完善监督体系为保障，以建设现代化烟草经济体系为支撑，以社会主义先进文化为引领，兴起学习宣传贯彻热潮，为建设现代化烟草经济体系、推动行业高质量发展提供了强大的精神力量。

扎实开展"不忘初心、牢记使命"主题教育。2019 年 6 月 6 日，全国烟草行业"不忘初心、牢记使命"主题教育工作会议在北京召开。行业主题教育自上而下分两批进行。行业各单位紧扣习近平新时代中国特色社会主义思想主线，聚焦"不忘初心、牢记使命"主题，牢牢把握"守初心、担使命，找差距、抓落实"总要求，围绕理论学习有收获、思想政治受洗礼、干事创业敢担当、为民服务解难题、清正廉洁做表率的具体目标，紧密结合烟草行业实际，一体推进学习教育、调查研究、检视问题、整改落实四项重点措施，将主题教育同实现高质量发展相结合，主题教育扎实有效开展。

行业加速实施创新驱动发展战略，统筹谋划科技创新中长期布局，为行业高质量发展做好相关配套政策措施的制定工作。深化科技体制机制创新，重点推进行业科技创新平台总体布局、行业科技创新人才专项工程、促进科技成果转移转化行动、科技领域"放管服"改革等工作。深化关键核心技术攻关、质检能力建设、标准化支撑能力建设，围绕创新型行业总体目标做好科技创新支撑。

（郑州烟草研究院　王英元）

酿 酒 工 业

一、基本情况

2019年是酿酒行业结构调整、集中度提升、消费升级持续深化的一年。酿酒行业整体经济效益稳定，并向高质量阶段发展挺进。行业集中度进一步提升，行业结构的深度调整在稳固有序地进行。全行业更加注重产品结构的优化和产品品质的提升，产量与市场需求基本保持在合理区间。

2019年，全国酿酒行业规模以上企业完成酿酒总产量5 590.13万kL，同比增长0.30%。其中，饮料酒产量4 898.55万kL，同比增长0.71%；发酵酒精产量691.58万kL，同比下降2.50%。主要经济效益汇总的全国酿酒行业规模以上企业总计2 129家，累计完成产品销售收入8 350.66亿元，与上年同期相比增长6.80%；累计实现利润总额1 611.67亿元，与上年同期相比增长12.84%。

（一）主要经济指标

1. 主营业务收入　2019年，全国酿酒行业累计完成销售收入8 350.66亿元，与上年同期相比增长6.80%。其中，白酒行业完成销售收入5 617.82亿元，同比增长8.24%；啤酒行业完成销售收入1 581.32亿元，同比增长4.79%；葡萄酒行业完成销售收入145.09亿元，同比下降17.51%；黄酒行业完成销售收入173.27亿元，同比增长2.71%；其他酒行业完成销售收入315.63亿元，同比下降0.18%；发酵酒精行业完成销售收入525.75亿元，同比增长12.54%（表1）。

表1　2019年我国酿酒行业销售收入和利润变化情况

酒　种	销售收入（亿元）	同比增长（%）	利润总额（亿元）	同比增长（%）
白酒制造业	5 617.82	8.24	1 404.09	14.54
啤酒制造业	1 581.32	4.79	133.87	10.00
葡萄酒制造业	145.09	−17.51	10.58	−16.74
黄酒制造业	173.27	2.71	19.26	11.45
其他酒制造业	307.41	−0.18	47.95	11.69
发酵酒精制造业	525.75	12.54	−4.08	−151.94
合　计	**8 350.66**	**6.80**	**1 611.67**	**12.84**

数据来源：国家统计局。

2. 利润　2019年，酿酒行业累计实现利润总额1 611.67亿元，同比增长12.84%。分行业看，白酒行业累计实现利润总额1 404.09亿元，同比增长14.54%；啤酒行业累计实现利润总额133.87亿元，同比增长10.00%；葡萄酒行业累计实现利润总额10.58亿元，同比下降16.74%；黄酒行业累计实现利润总额19.26亿元，同比增长11.45%；其他酒行业累计实现利润总额47.95亿元，同比增长11.69%；发酵酒精行业累计实现利润总额−4.08亿元，同比下降151.94%。由以上2019年酿酒行业经济效益数据并结合产量情况（表2）看出，饮料酒行业总体经济效益向好，而部分行业则出现不同幅度的下降。

表2　2019年我国酿酒企业分酒种产品产量情况

酒　种	总产量（万kL）	同比增长（%）
发酵酒精（折96°）	691.58	−2.50
饮料酒	4 898.55	0.71
其中：白酒（折65°）	785.95	−0.76
啤酒	3 765.29	1.09
葡萄酒	45.15	−10.09
黄酒及其他酒	302.16	1.67

说明：饮料酒包括13种，麦芽酿造的啤酒、葡萄汽酒、鲜葡萄酿造的酒、味美思酒、黄酒、蒸馏葡萄制得的烈性酒、威士忌酒、朗姆酒、杜松子酒、伏特加酒、利口酒及柯迪尔酒、龙舌兰酒、白酒。

数据来源：国家统计局。

（二）行业经济运行情况

2019 年，我国酿酒行业紧跟消费升级趋势，在保持稳步健康发展的基础上，继续进行产业深度调整，效果明显。酿酒行业经济规模扩大，产业结构持续优化，市场活力不断激发，新动能发展壮大，酒业经济发展的质量和韧性显著增强。2019 年酿酒行业主要经济效益指标同比增速变化情况如表 3 所示。

表 3　2019 年我国酿酒行业主要经济效益指标同比增速变化情况

单位：%

指　标	1～3 月	1～6 月	1～9 月	1～12 月
产品产量	−0.19	0.75	0.32	0.30
产品销售收入	7.43	7.27	8.24	6.80
利润总额	19.72	18.25	17.91	12.84
亏损额	3.95	8.15	13.04	3.56

资料来源：国家统计局。

1. 价格　2019 年，白酒、啤酒、黄酒、其他酒制造业利润总额均有上升，葡萄酒和发酵酒精制造业利润总额有所下降。从单位产品利润上看，白酒、啤酒制造业有所上升，葡萄酒略有降低，发酵酒精制造业单位利润大幅降低（表 4）。酿酒行业仍处于调整阶段，酒类产品价格仍体现酒类市场资源配置和市场调整状态。

表 4　2019 年我国酿酒行业单位产品销售收入和利润情况

酿酒行业	销售收入（元/L）	同比增长（%）	利润（元/L）	同比增长（%）
发酵酒精制造业	7.60	15.43	−0.06	−153.28
白酒制造业	71.48	9.07	17.86	15.42
啤酒制造业	4.20	3.67	0.36	8.82
葡萄酒制造业	32.14	−8.25	2.34	−7.40

资料来源：国家统计局。

2. 市场　在宏观经济、产业生态、消费升级等不断变化的大背景下，2019 年酒业市场基本面大为改善。目前，酒类消费已从基本消费逐步转变为个性化、多样化的高品质消费。再加上追求养生、健康消费等时代消费特征的出现，"少喝点、喝好点""适量饮酒、快乐生活"的理性饮酒行为逐渐成为一种新的消费理念与消费趋势。与此同时，随着经济建设提速、消费升级、中产阶级扩容等新市场环境的形成，有效扩充了高品质高端酒的市场容量。酒类产业深度调整成效明显，大众消费逐渐常态化，各种新型消费场景不断涌现，全方位、多角度满足大众的美酒消费需求成为常态。

从市场结构来看，2019 年酒类品牌集中度进一步提升，结构性升级明显。白酒、啤酒、葡萄酒、黄酒一线名酒企业在中高端产品上都有非常突出的表现，同时高端产品比重大幅提升，这也使得酒类市场价格线进一步提高。市场容量趋稳的同时，随着品牌意识提高和强化，消费向骨干企业、驰名品牌、优势品牌集中。强势龙头品牌挤压非龙头品牌，品牌集中度进一步提升。

从消费端来看，大众消费与消费升级是 2019 年市场发展的核心动力。2019 年酒类市场大众消费所占的比例大幅提高。据国家统计局数据显示，全国居民人均可支配收入由 2015 年的 21 996 元增至 2019 年的 30 733 元，这也正是大众消费升级、酒类消费持续升级的有力支撑。

从流通渠道来看，"全酒品、新零售"成为酒类流通变革的主要方向。消费"品牌化、多元化、个性化、健康化"对酒类流通提出"全酒品"的新需求。2013 年限制三公消费以后，酒类消费开始"去中心化"，大众消费成为酒类消费的主力军。2015 年开始，数字化营销、新零售模式开始在酒类市场相继流行。2019 年，线上选酒、线上订单，线下体验、线下配送，线上支付、线上评价的"新零售"已在酒类市场从概念落地为现实，推动着酒类市场稳健发展。

3. 投资　2019 年，酿酒行业总体资产总额增加 7.60%，除葡萄酒略有下降外，各子行业资产总额均有所增加，其中其他酒制造业增长 24.13%，增幅最大。全国酿酒行业规模以上企业共亏损 335 家，亏损面为 15.74%；亏损企业累计亏损额 45.13 亿元，比上年同期小幅增长 3.56%（表 5）。截至 2019 年 12 月底，行业资产负债总额达 4 703.32 亿元，负债率达 39.05%，较上年同期小幅下降 0.97%。

表 5　2019 年我国酿酒行业亏损及其变化情况

酿酒行业	企业数量（个）	资产总额增幅（%）	亏损面（%）	亏损额（亿元）	同比增长（%）
白酒制造	1 176	9.36	11.14	8.88	−5.85
啤酒制造	373	0.69	24.93	16.06	−10.84
葡萄酒制造	155	−2.70	21.29	1.69	25.57

（续）

酿酒行业	企业数量（个）	资产总额增幅（%）	亏损面（%）	亏损额（亿元）	同比增长（%）
黄酒制造	110	3.16	5.45	0.30	2.76
其他酒制造	207	24.13	11.11	1.95	30.94
酒精制造	108	2.12	45.37	16.25	24.94
合　计	2 129	7.60	15.74	45.13	3.56

资料来源：国家统计局。

4. 区域分布　2019 年我国酿酒产量最大的五个地区四川、山东、广东、黑龙江、河南五省酿酒总产量 2 400.31 万 kL，比上年同期增长 2.48%，占全国酿酒总产量的 42.94%（表 6）。其中，四川省酿酒总产量最大，达到 643.97 万 kL，同比增长 7.37%；山东省酿酒总产量 596.77 万 kL，同比小幅下降 0.65%；广东省酿酒总产量 422.20 万 kL，同比下降 1.15%；黑龙江省酿酒总产量 380.27 万 kL，同比增长 9.02%；河南省酿酒总产量 357.10 万 kL，同比下降 2.39%。

表 6　2019 年重点省份酿酒产量情况

省　份	产量（万 kL）	同比增长（%）
全　国	5 590.13	0.30
四　川	643.97	7.37
山　东	596.77	-0.65
广　东	422.20	-1.15
黑龙江	380.27	9.02
河　南	357.10	-2.39

资料来源：国家统计局。

5. 行业集中度　酒类产业经过深度调整之后，从 2015 年开始，酒类消费市场持续向好，除"增速快""业绩好"的显著特点出现外，酒类产业集中度一年比一年提高，市场结构升级愈发明显。

以白酒产业为例，19 家白酒上市公司在 2018 年总营收达到 2 086 亿元，占白酒营收总额近 40%，同比增长近 30%，是行业平均水平的两倍多。在 2019年，这 19 家白酒上市公司的利润就占据了整个白酒产业利润的半壁江山。从白酒规模以上企业数量连续减少来看，这说明白酒产业的"马太效应"在加剧，头部企业的引领作用愈发明显；而利润 5 年来始终保持稳步提升，而且利润主要集中在产业前 4% 的龙头企业。2019 年白酒行业收入和利润的集中度分别上升了 18% 和 11%。整个白酒产业集中度正在大大提升，利润处于高度集中状态，龙头企业引领产业发展作用愈发明显。同样在啤酒、葡萄酒、黄酒等产业，营收与利润均在向龙头企业大幅倾斜。

6. 进出口　根据海关总署数据，2019 年饮料酒及发酵酒精制品累计进出口总额 60.41 亿美元，同比下降 15.14%。其中，累计出口额 11.10 亿美元，同比下降 21.64%；进口额 49.31 亿美元，同比下降 13.53%。白酒 2019 年进口量同比上升 31.23%，与上年同期相比显著增长。啤酒 2019 年出口量同比增长 8.26%，较上年同期增长幅度略有升高。葡萄酒和酒精的进出口量与上年同期相比都显著下降，尤其是酒精，出口量下降 66.66%，进口量下降 88.98%。由进出口数据可以看出，我国酒类商品进出口贸易在 2019 年总体呈下降趋势（表 7）。

表 7　2019 年我国酒类商品进出口贸易情况

商品名称	出　口				进　口			
	出口量（万 kL）	同比增长（%）	出口额（亿美元）	同比增长（%）	进口量（万 kL）	同比增长（%）	进口额（亿美元）	同比增长（%）
白　酒	1.64	-4.76	6.65	1.28	0.39	31.23	1.37	34.31
啤　酒	41.76	8.26	2.55	1.18	73.20	-10.86	8.20	-9.33
葡萄酒	0.33	-46.96	0.80	-77.83	59.41	-11.30	23.36	-15.40
黄　酒	1.49	2.90	0.24	1.25	0.003 2	133.97	0.003 1	458.86
其他饮料酒	0.32	-8.42	0.39	-23.79	12.26	30.69	15.59	11.70

（续）

商品名称	出　口				进　口			
	出口量 （万 kL）	同比增长 （%）	出口额 （亿美元）	同比增长 （%）	进口量 （万 kL）	同比增长 （%）	进口额 （亿美元）	同比增长 （%）
酒　精	2.88	−66.66	0.46	−34.02	11.51	−88.98	0.78	−85.46
合　计	48.41	−5.71	11.10	−21.64	156.76	−40.45	49.31	−13.53

注：（1）根据《饮料酒分类》（GB/T 17204—2008）并结合海关总署所统计的类别，其他饮料酒包括：葡萄汽酒（未加香料）、小包装的味美思酒及类似酒（容器容量≤2L；加植物或香料的用鲜葡萄酿造的酒）、蒸馏葡萄酒制得的烈性酒、威士忌酒、朗姆酒及蒸馏已发酵甘蔗产品制得的其他烈性酒、杜松子酒、伏特加酒、利口酒及柯迪尔酒、龙舌兰酒、未改性乙醇（按容量计酒精浓度＜80%）及其他蒸馏酒及酒精饮料。（2）酒精包括：未改性乙醇（按容量计酒精浓度≥80%）、任何浓度的改性乙醇及其他酒精。

资料来源：海关总署。

二、重点行业分析

消费者对美酒品质的追求和产业发展不平衡、不充分的矛盾是今后酿酒产业发展需要解决的主要矛盾，基于对国家宏观经济、政策以及产业的分析、梳理和今年的开局形势，2019 年，我国酿酒产业调整将持续纵深，转型升级不断得到强化，推动产业经济高质量发展，为未来发展提供新机遇、新引擎、新活力。

（一）白酒产业

2019 年白酒产业集中度进一步加大，消费升级和产区效应凸显，具体体现在以下方面。

1. 头部企业引领作用愈发明显　数据显示，近三年来全国规模以上白酒生产企业数量和产量呈下降趋势，整个产业开始进入挤压式增长阶段。次高端以上品牌上市公司的收入增速保持在 15% 以上，净利润增速基本在 20% 以上，利润占行业比例更近八成。市场份额逐渐向头部企业靠拢，并且强者恒强，马太效应显现，白酒消费的高端化趋势在持续提升。产业营销模式变革，白酒消费品属性越来越强。白酒产业营销模式正从大经销商向小经销商转变，生产企业终端话语权增强；生产企业逐渐建立与意见领袖消费者、核心门店、终端商等渠道的直接连接，有效拉近了与消费端的距离。从传统营销升级为基于渠道大数据的现代营销，达成了稳固渠道网络、拉动市场销售、改善渠道利润、净化渠道秩序的目标，白酒的消费品属性越来越强。

2. 名高端产品价格持续上涨　2019 年，高端、次高端及区域强势品牌白酒的营收增速明显高于三四线品牌。纵观 2015—2019 这五年白酒产业的发展轨迹，茅台、五粮液、洋河、泸州老窖等高端品牌每年都会根据市场变化上调产品价格，基于企业发展战略

需要以及对竞争对手的回应，涨价成为不少高端品牌的一大选择。

3. 领军企业提质增效，引领产业高质量发展　2019 年白酒产业利润增速大于销售收入增速，而收入增速又远大于产量增速，说明白酒产业正在向高质量发展稳步推进。同时，领军企业在整个产业当中的比重越来越大。2019 年，茅台、五粮液销售收入超过千亿元，且白酒产业销售收入超过百亿元规模的企业数量、销售收入、利润均保持着良好增长势头。

（二）啤酒产业

2019 年我国啤酒产量完成 3 765.3 万 kL，比上年同期（调整数 3 724.9 万 kL）增长 1.1%，产量净增长 40.4 万 kL。人均占有量为 26.9L，比上年下降 0.4L。如以消费量来计算，则 2019 年啤酒总消费量为 3 796.3 万 kL，比上年同期增长 0.8%；人均消费量为 27.1L，比上年上升 0.4L。自 2018 年以来，啤酒行业 2019 年连续第二年出现消费增长，增幅较上年提高 0.6 个百分点，呈现出产品结构和市场结构变革成效显著的态势。

1. 发展模式从规模主导向利润主导转变　2019 年主流啤酒集团以高端化、多元化、特色化消费升级需求为导向，加快向高附加值产品转型升级，引领啤酒行业高质量发展。几大主流集团的利润近五年来持续增长，前五大啤酒企业占市场近 80% 份额，分别为华润啤酒、青岛啤酒、百威英博、燕京啤酒和嘉士伯集团。

2. 消费结构由低端向中高端转变，高端啤酒议价能力提升　啤酒市场进入存量时代，产业寡头竞争更加激烈，中高端啤酒的消费占比快速扩大。数据显示，2011—2018 年，高端啤酒销售额增速在 20%～35%，而低端啤酒销量占比由 89.1% 下降至 76.5%。2019 年高端啤酒占比进一步扩大，但高端及超高端类别的占比仍然大幅低于成熟啤酒市场（美国该比例

为 42.1%），增长空间巨大。2019 年，各大啤酒龙头企业纷纷加码中高端啤酒市场，高端产品价格上调的同时，市场份额依旧快速扩张，显示高端啤酒的议价能力提升。

3. 消费特征由单一型向多元型转化，新场景、新品类打造盛行 2019 年，啤酒产品结构碎片化进一步放大，消费更加注重场景化；在产品选择上，消费者更加倾向于追求个性化产品，与健康、环保、便捷服务等紧密相连，"悦己型"体验式消费盛行，清爽型啤酒产品消费量下降，更适合个人享受型的浓醇型啤酒销量上升。广大啤酒企业紧跟消费趋势，强化消费场景打造，推出了多种新品类，如消费者倍加喜爱的高度啤酒与女性消费者追崇的无醇啤酒、果味啤酒开始大量涌现。

啤酒产业新的增长极显现，工坊啤酒增长较快。我国工坊啤酒市场自 2015 年起进入高速发展阶段，2019 年工坊啤酒的发展进程更是进一步加快，而且在消费端更受消费者追崇。在消费者眼里，"工坊啤酒"已经成中高档啤酒的代名词，凭借丰富的品类、口感以及具个性化的消费场景，市场规模稳步扩容。

（三）葡萄酒产业

在经过 2001—2012 年的加速发展阶段以后，国内葡萄酒产业在 2013 年进入调整期。2014 年和 2015 年出现短暂回暖。自 2016 年起，产量、销售额和利润等主要经济指标出现三连跌，尤其 2017 年，产量、销售额和利润出现了近三成的断崖式下跌状况。2019 年，葡萄酒产量、销售额和利润的下跌趋势逐步收窄，国产葡萄酒行业深度调整已经开始触底，未来发展前景光明。

近几年，我国葡萄酒产业在实践中探索出了一些颇具特色的发展模式，葡萄酒产区政府发挥葡萄酒的产业特色，一二三产业融合发展。2019 年河北省人民政府出台了做强做优葡萄酒产业的实施意见，根据实施意见，河北省将构筑"2511"产业格局，即：打造两大优质产区，培育 5 家龙头企业、10 个优质酒庄、10 个知名品牌；到 2022 年，预计河北省葡萄酒产区种植面积达到 1.33 万 hm² 以上，葡萄酒产量达到 20 万 kL 以上，葡萄酒产业主营业务收入达到 100 亿元以上。2020 年一季度，宁夏落实新建酿酒葡萄基地 2 120.53hm²，批复新（扩）建酒庄 6 个，预计总投资 2.5 亿元以上，葡萄酒产能增加 2 000t 以上。各大产区政府都强调，要强化葡萄酒产业与相关产业的融合发展，以葡萄酒产业为龙头，推动地方经济高质量发展。如今，宁夏、蓬莱和秦皇岛等产区的葡萄酒旅游都已初步发挥作用。

由于产业发展特点，我国葡萄酒产业发展曾出现断代，且近代工业化葡萄酒发展历程又短，一直没有形成自己的葡萄酒文化体系和品鉴标准，这些也一度导致国产葡萄酒企业缺乏正确的市场定位和产品体系定位，没有形成与消费者良好的互动体系，以至于市场推广力度偏弱。在近几年的发展过程中，中国葡萄酒产业充分认识到自身发展中存在的不足，强化文化体系建设，用中国葡萄酒特有的文化语言、消费理念与消费者对话，渐渐赢得消费者认可。相信在中国葡萄酒产业文化体系建设逐步成型的基础上，中国葡萄酒将迎来更好的明天。

（四）黄酒产业

2019 年，纳入国家统计局范畴的规模以上黄酒生产企业 110 家，其中亏损企业 6 家，企业亏损面为 5.45%。规模以上黄酒企业累计完成销售收入 173.27 亿元，同比增长 2.71%；累计实现利润总额 19.26 亿元，同比增长 11.45%。黄酒商品累计出口总额 2 431 万美元，同比增长 2.90%；累计出口 14 868kL，同比增长 1.25%。2019 年黄酒行业整体发展平稳，利润的增长幅度比销售收入的增长幅度大，一方面反映了黄酒行业销售收入的增幅不温不火，不够强劲，另外一方面也反映了黄酒行业产品结构、价值回归初现成效。近年来，中国黄酒产业正在向高端化、年轻化方向发展，多家企业推出高端产品，将年轻化概念融入产品中，适应消费升级的加速、健康消费观念的形成、消费场景的多元化、高端市场的需求，逐步发展黄酒中高端产品，提升黄酒产品整体档次，逐步实现黄酒的价值回归。

黄酒行业需要加强中国黄酒传统酿造技艺和文化的保护和传承，提高中国黄酒品质，促进黄酒产品优化升级，增强黄酒企业竞争力，让更多的消费者认知黄酒品质和文化内涵，满足人民对美好生活的需求，扩大黄酒的影响力，振兴中国黄酒产业，推动黄酒行业高质量健康发展。

（五）果露酒产业

从 2018 年开始，果露酒行业销售收入开始回升，且利润的增幅大于销售额的增幅，说明果露酒行业的产品结构得到一定的优化。长期看，果露酒市场需求增速放缓，但仍有增长空间。

从产业格局看，领头企业比重继续增大，与第二梯队的差距也在拉大。劲酒继续占据露酒产业市场份额最高的龙头位置；五粮液、茅台等白酒名企的露酒产品处于第二梯队，市场规模在 10 亿元左右徘徊；椰岛鹿龟酒、张裕三鞭酒、竹叶青、宁夏红等品牌维持在第三梯队，市场规模在 1 亿～5 亿元；大多数中小企业营收维持在千万元左右。总的来看，果酒企业以区域性、小规模企业为主，大部分企业没有纳入国家统计局统计范畴，通过对部分代表性果酒企业进行调研，目前果酒行业销售规模在 10 亿~20 亿元，行业整体还处于萌芽期。

为适应新的消费需求，露酒的产品开发向口味愉悦型露酒发展，如茅台的不老酒、五粮液的生态系列酒、泸州老窖的养生酒系列产品、洋河的双沟莜清酒、汾酒的玫瑰汾酒、古井贡酒的亳菊酒等，强调其愉悦的属性以及长期饮用的安全和健康价值，推出后很快赢得了消费者认可。作为传统酒种，果露酒在工艺技术的研究、风味的研究以及活性物质的研究方面都远远不够；植物类露酒占总产品的 90% 以上，动物类露酒产品不足 8%；产品同质化严重，产品个性及特点表达不充分，在酒类产品中竞争力较弱。

（六）发酵酒精产业

2019 年发酵酒精价格低迷，行业整体亏损。根据国家统计局统计数据，2019 年规模以上发酵酒精企业 108 家累计实现利润总额 −4.08 亿元，与上年同期相比下降 151.94%，是 2016 年以来最差的一年。玉米酒精平均价格在 5 000~5 400 元/t 波动，木薯酒精平均价格在 5 300~5 600 元/t 波动。玉米酒精单位利润水平在盈亏平衡线上下波动，木薯酒精吨亏损额全年在 500 元以上。

从原料结构来看，玉米酒精产能优势扩大，木薯酒精进一步萎缩。玉米原料占比从 2018 年的 60% 提高到 2019 年的 65%，木薯原料占比从 2018 年的 25% 下降到 2019 年 16%。而稻谷用量进一步扩大，占比从 2018 年的 11% 提高到 2019 年的 15%。

行业集中度进一步提升。单个工厂年产量从 2018 年和 2019 年对比来看，产量在 10 万 t 以上企业总产量从 71.9% 增长到 75.82%，20 万 t 以上企业从 43.65% 增长到 54.16%，30 万 t 以上企业从 31.99% 增长到 44.09%。行业集中度进一步提升，行业骨干大企业发挥规模、资金、原料优势，龙头效应凸显。而中小规模企业只能差异化发展，行业竞争更加激烈。

三、行业面临的问题

我国酿酒行业经济发展基本平稳，增长方式发生转变，产业结构深度调整，产品结构进一步优化，消费市场回归理性，整个酿酒产业实现了由快速增长向平稳增长的过渡。但是，发展过程中积累的政策、市场和创新等方面的诸多问题和所面临的困难依然严峻，需要继续深入关注和探讨。

（一）政策与市场

1. 立法和标准滞后，企业自律生产经营引导

不足　我国法律法规特别是食品安全有关法律进一步完善。2015 年新的《中华人民共和国食品安全法》实施，强调充分发挥消费者、行业协会、媒体等的监督作用，形成社会共治格局。然而，随着酒类市场消费形势的不断变化，适应酒类生产流通特点的专门性法律法规仍然十分缺乏；涉及检测、流通等方面的标准仍然较少。立法和标准的滞后，造成对酒类商品的监管困难，需要进一步加快相关工作的进行，并应着力强调行业协会的作用，引导企业自律生产经营。

2. 社会舆论关注提升，预警机制亟待健全　随着人民生活水平的提高，食品质量安全意识不断加强，作为特殊食品的酒类产品备受社会各界的关注。酒类产品的质量安全关系到生产企业的命脉，关系到整个酿酒产业的健康发展。特别是白酒行业，舆论关注度高，影响面大，公众美誉度亟待提高。面对行业热点与社会误读，行业与企业仍欠缺快速应变能力和有效的危机公关能力。尽快建立健全行业预警机制，有效组织与引导企业开展行业自律，加强消费者教育，普及酒文化知识，倡导理性饮酒，强化社会责任意识，树立行业正面形象，努力营造行业的社会美誉度，应该作为全行业的一项重要工作。

3. 产业发展不平衡，转型升级刻不容缓　目前，酿酒产业已走出调整期，但是无个性、同质化、缺乏性价比的产能过剩仍是产业转型发展的绊脚石，产业发展不平衡、不充分，美酒稀缺，供需矛盾长期存在。此外，产业普遍存在重复建设、资源配置不合理、产业规模过于松散的现象，也是酿酒产业转型升级、转变经济增长方式过程中应深刻思考的课题。转型升级、转变经济增长方式是中国酒业未来发展战略的核心之一，是提高综合竞争力的关键。转变经济增长方式一定是从提高供给质量出发，由不可持续性向可持续性转变，加强优质供给，减少无效供给，扩大有效供给。

4. 中小企业经营困难，产业结构亟须优化　2019 年，全国酿酒产业规模以上企业的亏损面为 15.74%，亏损额 15.73 亿元，较上年同比增长 3.56%，呈现出利润继续向少数企业集中的趋势。在特色经济区域建设中，产业企业整体竞争力不强，主要依靠知名企业名酒品牌和少数骨干企业做支撑，大量中小企业经营非常困难的现象普遍。同时，知识产权侵权、产品同质化严重，产品品质良莠不齐、影响整体产区形象的现象也很普遍。产业结构亟须优化，产业集群建设也需要梳理好大、中、小企业的关系，实现大、中、小企业协同发展。

（二）科技创新

酿酒行业的科技创新能力明显不均衡，啤酒、葡

萄酒行业通过引进吸收国外技术装备，促进了生产水平的提升，但自主研发和自主创新能力尚有不足；白酒、黄酒行业通过加大机械化生产试点，在一定程度上提高了生产效率，但与机械化、自动化、智能化、信息化先进水平差距仍然较大。酒精行业规模企业通过升级改造，技术水平和产品质量逐步提升，但是在全面实现循环经济、资源重复利用，进而提高产出效益方面尚无重大突破。科学建立行业创新机制，加大力度提高自主研发能力，树立传统产业向现代工业迈进的坚定信心，推动酿酒行业现代化工业进程，是我国实行"中国制造 2025"的需要，也是整个酿酒产业的重要任务。支持具有一定规模和实力的装备生产企业，培育成为水平较高的龙头骨干企业；支持中小企业走专业化、配套生产之路。同时紧紧抓住"中国制造 2025"实施的契机，大力发展具有自主知识产权的酿酒设备，促使行业向集成化、智能化、高端化发展。

四、发展趋势

我国酒类行业发展呈现新变化和新趋势，产业结构调整将持续纵深，行业集中度进一步提高，转型升级也将不断得到强化，产业经济高质量发展，为未来发展提供了新机遇、新引擎、新活力。

（一）酿酒行业长期向好趋势仍会保持

由于受新冠肺炎疫情重大突发公共卫生事件影响，虽然前期行业受到短暂冲击，但在最短时间内，经过行业企业的共同努力而重回正轨，行业经济企稳和转型升级的趋势进一步明朗，市场驱动的因素没有发生根本性的变化，酿酒行业经济长期向好趋势仍会保持。

（二）行业集中度进一步提升，高质量发展全面提速

2017—2019 年，规模以上企业数量减少了 652家，这也预示着，未来利润向少数企业集中的趋势日趋明显，产业发展将更趋规范，有助于提升产业效率，也有望为名优主流酒企健康发展带来长期利好。行业由规模效益向品质效益、特色效益转变，在提升产业服务上传播美酒文化和健康饮酒文化。开辟和拥抱新渠道，充分利用 5G、云计算、大数据、物联网等新一代信息技术，为市场消费提供高效、贴心的服务体验，打造迅捷、周到的消费服务体系，培育新的经济增长点，激活蛰伏的发展潜能。

（三）一二三产业融合，实现多重价值

酒类产业非常特殊，贯穿一二三产业，上游到农业，下游可延伸业态众多，文创、文旅、康养、包装、物流、餐饮等，相关产业链范围非常广泛。如何实现一瓶酒价值到多瓶酒价值的提升，未来产业链的机会非常多，将会形成商业新模式。从一瓶酒到多瓶酒价值的提升过程会呈现很多商业机会，可丰富到一二三产融合的整体战略规划当中来，让酒的历史文化可观，让酒的消费可验，让酒的酿艺可学，让酒的陈酿可藏，让酒的美景可旅，让酒的营养可养，实现产业发展新机会。

（四）标准化建设高度赋能动力

标准是共同遵循的规范、准则，标准的水平在一定程度上反映了一个产业的核心竞争力和发展水平，在酿酒产业正处于新旧动能转换的关键时期，标准化处于更加突出的位置，以标准全面推进新旧动能转换，形成新的竞争优势。长期以来，中国酒业协会一直不断完善酒类产业标准化体系，并发布了一系列团体标准，补充了产业标准化领域的空白，目前酿酒行业标准工作实现了系统构建、体系准入、协调配套、追本溯源、科学表达等方面的优化和提升。尽管酿酒产业在标准化工作方面取得一定成效，但在发展中也客观地存在标准矛盾、老化、滞后等问题。产业未来发展离不开标准的引领和支撑，未来行业还会进一步推进标准化工作，促进标准顶层设计更趋科学合理。

（五）国际市场拓展将呈稳中提质发展势头

无论从国际市场还是国内产能看，进入全球各个国家和市场是中国酒企持续要走的一条路，也正由于国际市场占比少，未来中国美酒国际化空间巨大。在走出去方面，白酒、黄酒都在进行着有益的实践。近年来，白酒出口额呈上升趋势，国际化取得一定进展。黄酒出口规模保持在每年 1.41 万～1.53 万 kL，出口总金额保持在每年 0.23 亿～0.25 亿美元。中国酒在国际市场上拓展将呈现稳中提质的发展势头，品牌也会得到持续的发展。同时，错综复杂的国际环境必然会产生新矛盾新问题，行业需要高度重视，加强预判，积极应对，化解不利因素，努力巩固和保持稳中提质的良好局面，加快更高水平的国际化发展步伐。

五、政策建议

（一）加强酒类行业政策建设，引导企业自律生产经营

进一步加快加强酒类行业政策建设，依据酒类市场消费形势的不断变化，制定适应酒类生产流通特点的专门性法律法规，并应着力强调行业协会的作用，引导企业自律生产经营。出台鼓励措施，支持酿酒行业在提高自主创新能力、促进节能减排、提高产品质

量、改善安全生产条件、保障酒业食品安全等方面开展的技术改造项目。

（二）引导企业践行社会责任，实现行业可持续发展

行业和企业社会责任现已成为行业健康、可持续发展的重要推动力，行业协会及业内企业近几年越来越重视社会责任的践行。建议针对酿酒行业企业社会责任报告制定相关发布政策，规定符合相应标准的企业均应每年发布社会责任报告，以推动整个酿酒行业健康发展。

（三）推进理性饮酒政策建设，规范行业引导

国家相关政令法规的持续推动，使得理性饮酒推进不断深化。建议出台相关政策法规，以便于行业引导更加规范、合理、有效，有利于将理性饮酒推广及酒类知识普及社会化、透明化，有利于推动酿酒行业健康发展，有利于科学引导消费者健康消费。

（四）提升传统产业文化宣传，推进民族品牌建设

建议着力提升传统产业文化宣传，对传统产业民族品牌进行保护、鼓励和支持，推进民族品牌建设。在保留深层次文化基因的基础上，创新发展适应时代潮流、符合科学理念的"新文化"。在产业升级、产品结构调整继续深化的同时，加大对提升传统产业企业文化、品牌文化、消费文化等方面的引导、开发与探讨。

（本文为中国酒业协会提供数据，编辑部万丽娜编写）

蚕 丝 加 工 业

一、基本情况

（一）蚕桑生产

1. 产量　据商务部国家茧丝绸协调办公室的统计，2019 年全国桑园面积 75.53 万 hm²，较上年减少 1.23 万 hm²，同比下降 1.6%；蚕种发种量 1 728.31 万张，同比增加 103.2 万张，增 6.33%。2019 年尽管全国桑园面积减少，但蚕茧产量有所提高，全年蚕茧产量 72.08 万 t，较上年增加 1.02 万 t，同比上升 1.4%；综合均价 43.46 元/kg，同比下降 7.2%。其中春茧收购均价较上年同期下跌 24.5%，较上年秋茧下跌 14.6%；秋茧收购均价较上年同期上涨 10.1%，较春茧上涨 28.8%。2019 年全国蚕农售茧收入 292.35 亿元，较上年减少 29.59 亿元，同比下降 9.2%。

2. 资源分布　全国 9 个地区桑园面积下降，其中云南、山西降幅较大，分别下降 34.6% 和 24%，其次为江苏、浙江，分别下降 7.8% 和 5.4%。贵州、四川、江西等 10 个地区桑园面积增长，其中贵州增长 39.9%。2019 年广西桑园面积居全国首位，广西桑园面积达到 19.7 万 hm²；四川紧跟其后，桑园面积为 15.01 万 hm²；云南排名第三，桑园面积为 6.10 万 hm²；陕西排名第四，桑园面积为 5.40 万 hm²；重庆桑园面积为 4.85 万 hm²，排名第五。从蚕茧产量看，全国有 5 个省（自治区、直辖市）蚕茧产量超过 2 万 t，依次是广西、四川、云南、江苏和广东，总产量占全国比重为 83%，与上年相比，浙江蚕茧产量降至 2 万 t 以下，分区域看，东部蚕茧产量占比缩小，中、西部扩大，其中，东、中、西部地区蚕茧产量分别为 9.99 万 t 和 5.18 万 t 和 56.91 万 t，占比分别为 13.8%、7.2% 和 79%，东部地区蚕茧产量占比较上年缩小 1.7%，中、西部地区占比分别扩大 0.5% 和 1.2%。

（二）加工量、产值、利税、固定资产投资

据国家统计局统计，规模以上企业主要产品的产量均有下降。2019 年丝产量 6.86 万 t，其中生丝产量为 6.41 万 t，同比下降 16.85%，绢丝产量为 4 507t，同比下降 16.37%。全行业规模以上企业主营业务收入 682.03 亿元，同比下降 4.49%，利润 27.02 亿元，同比下降 12.18%。其中缫丝加工实现利润 10.48 亿元，同比下降 20.43%；丝织加工实现利润 15.02 亿元，同比下降 6.6%；丝印染加工实现利润 1.53 亿元，同比增长 0.17%。675 家规模以上企业的主营业务收入增速较上年同期回落了 4.49 个百分点，利润增速回落了 12.18 个百分点，行业经济处于低位运行态势，亏损企业的亏损总额 4.4 亿元，同比增长 44.72%；企业亏损面达到 20.3%，较上年同期增长 2.02 个百分点，高于纺织行业平均水平 3.42 个百分点；企业存货 134.72 亿元，同比增长 2.29%；企业销售费用 10.98 亿元，同比增长 3.56%；管理费用 21.78 亿元，同比下降 1.07%；

财务费用 8.26 亿元，同比增长 3.46%，其中利息支出 7.46 亿元，同比增长 2.29%。全年茧丝绸企业的生产运营难度有所加大，企业存货增长，加上各项管理财务等成本费用的上升，进一步挤压了行业的利润空间，导致企业亏损面和亏损总额的持续扩大。

二、新技术、新成果

1. "蚕丝生物活性分析技术体系的建立与应用"项目获中国纺织科技技术发明奖一等奖　该项目由鑫缘集团与苏州大学共同实施，主要进行丝素活性肽的护肤产品关键技术开发，解决了丝素蛋白在化妆品等领域产业化开发的技术难题，重点开发了丝素肽的高保湿护肤系列和活肤系列产品，拓宽了蚕丝应用的领域，取得了显著成效。

2. "纺织品天然染料染色印花关键技术及产业化"项目获中国纺织科技进步奖二等奖　江苏鑫缘集团与苏州大学开展了持久而系统的产业化关键技术攻关，创新性地解决了天然染料真丝织物生态印花成套加工等关键技术难题，推动了生态、保健丝绸纺织品的开发和天然色素资源的合理利用，形成了生态高档天然染料染色真丝面料和家纺产品的产业化生产，开发出具有抗菌、保健功能的真丝面料、真丝家纺产品、真丝针织内衣等系列产品，迎合了生态环保、功能性的市场要求，受到普遍欢迎，增强了产品的国际竞争力。

3. 人工设计的蛋白纤维在活体生物中首次合成，有着极其重要的应用价值　家蚕基因重组获得人工合成蚕丝蛋白，在国内外尚属首次，将为大规模获取生物蛋白提供可能。蚕体约含 16 425 个基因，其中一个叫作 $Fib\text{-}H$ 基因，它是丝蛋白的最主要成分，是几千年以来人类驯化和利用家蚕的主要靶标。敲除 $Fib\text{-}H$ 基因获得空丝腺，可使蚕宝宝吐出人工合成蚕丝蛋白。人工合成的蚕丝蛋白（丝素和丝胶）材料在高吸水材料、支架材料、医用生物材料等领域应用广泛，如桑蚕丝面料的衣服，由于桑蚕丝爱泛黄、易皱，衣服款式、花色比较单一，桑蚕丝让人有些爱不起来。通过对蚕丝纤维的人为改良和重新设计，以后桑蚕丝可能会像棉质衣服一样，既保持桑蚕丝的舒适感，又像棉衣一样耐穿、好打理。

4. 华康 2 号、3 号等系列抗脓病桑蚕新品种育成和推广　华康 2 号、3 号等系列抗脓病蚕品种，由中国农业科学院蚕业研究所研发团队，历时十余年育成。品种的突出表现为对家蚕血液型脓病（BmNPV）具有高度抵抗性，其中对家蚕血液型脓病（BmNPV）的半致死浓度（LC_{50}）比常规品种高 3~4 个数量级，由此带来优良的经济性状，尤其是华康 3 号抗血液型脓病和抗高温的性能明显高于当家品种"菁松×皓月"，同时，易养好繁，每千克茧制种量可达 3.5~4.5 张，生产的原料茧具备了缫制高品位生丝的要求。2019 年全国年累计推广量突破 150 万张，不仅产生了良好的经济效益和社会效益，更获得了山东、四川、云南、陕西、江苏等全国主要蚕区广大种场和蚕农的广泛好评。

5. 全龄人工饲料工厂化养蚕技术发布　由浙江企业和浙江省农业科学院等发起组建的科研团队2019 年 1 月 20 日对外公布，该团队已实现全龄人工饲料工厂化养蚕，系统集成了品种、饲料、生产工艺、人工智能等创新技术，实现了高效率、低成本、高效益的现代化茧丝产业生产模式。企业于 2012 年起与浙江省农业科学院等展开合作，探索以人工饲料代替桑叶，将工业化手段植入农业化经营，从而实现工厂化养蚕代替传统养蚕，全龄人工饲料工厂化养蚕项目从探索到成功量产，历经 7 年时间，其成功实现了家蚕饲养的集约化、规模化、标准化、常年化和工厂化。除产业价值外，该项目还具有深层的科研拓展价值，其开启了"生物定制"的大门，依托标准、可控的养殖模式，可培育出较稳定的目标蚕种，对进一步挖掘桑蚕除产丝以外价值，如蚕体制药医用等，具有开创性意义。

6. 蚕蛹蛋白纤维纱线被广泛应用　蚕蛹蛋白纤维虽然具有不少优良特性，但也存在可纺性较差的缺点。因此，在产品开发过程中，重点研究了蚕蛹蛋白纤维的预处理工艺，通过多次对比试验，有效地改善了纤维的可纺性，保证了纺纱过程的顺利进行，成功开发了蚕蛹蛋白纤维纯纺和蚕蛹蛋白与莫代尔、POREL 混纺纱线，而且同配比、同纱支纱线的质量在条干 CV 值、粗节、棉结和单纱强力等各方面都大大优于同行水平。该纱线可用于生产高档服装面料、T 恤、内衣、床上用品等产品，目前已有厂家采用蚕蛹蛋白纤维纯纺纱开发了高档针织内衣。蚕蛹蛋白产品保留了真丝织物的优点，又克服了真丝织物娇嫩、色牢度差、易缩、易皱、易泛黄、遇强碱易脆损等缺陷，产品柔软细腻、透气舒适、亲肤美肤、环保健康、染色绚丽，具有较好的市场前景。

7. 数码织造试验开发装备技术通过专家组验收　由浙江丝绸科技公司承担的浙江省科技计划项目"完备丝绸产品创制实验室的数码织造试验开发装备"通过专家组验收。项目引进电子多臂、电子提花、刚性剑杆织机等先进的织造装备及数码设计系统，完备了实验室条件，并在数码织造新技术研发创新和工程化开发应用上发挥了良好作用。

8. 超临界 CO_2 无水绳状染色技术实现绿色和环保化生产 传统印染行业每年排放大量废水，造成严重的生态环境污染，国际上运用的超临界二氧化碳（CO_2）经轴匹染技术，虽可对纺织品进行无水化染色，但其加工产品匀染性不易控制。由苏州大学领衔的超临界 CO_2 流体无水染整课题组成功研发的新型无水生态染色已经进入示范推广阶段。超临界 CO_2 流体无水染色机及其配套生态染色关键技术，首次实现了超临界 CO_2 流体无水绳状匹染，具有无水、无污染排放、生态环保等清洁化生产特点，社会、环境效益显著。超临界流体无水染色技术还实现了超临界流体高压染色釜中绳状织物与大流量流体的双重可控和协调循环，解决了匹染织物不匀性问题。研发的超临界 CO_2 流体无水生态染色产品，主要染色牢度达到或高于国家标准（GB/T17253—2008）一等品要求。

9. 废丝蛋白提取改性深加工技术获得推广应用 我国是产丝大国，每年由缫丝、织绸、服装等企业产生的蚕丝下脚料 63 100t 以上，包括废丝、废绸及服装边角料。但我国一直以来对这些资源的回收、综合利用的研发力度不够，大量优质天然蛋白资源被浪费，严重制约了该领域的发展。我国研究开发的丝蛋白的生物水解、化学物理改性及其综合利用相关技术具有重要意义。该技术通过对各种蛋白酶种进行酶解开展对比试验，选择出水解效率高的 Alcalase 酶和 Flavourzyme 酶。通过一次酶解、复合酶解及二次酶解工业化适用性研究，确定酶工业化生物水解技术，得到各种用途的丝蛋白产品，产品可用于食品、化妆品、服装等领域，使不宜制作蚕丝被等产品的蚕丝下脚料通过废丝蛋白的提取改性技术进行深加工，也可以变废为宝。

三、国内市场概况

（一）国内市场

2019 年国内消费市场相对平稳。根据中国丝绸营销网络管理系统监测的 60 家监测企业数据显示，全年丝绸企业内销额 23.55 亿元，同比减 7.4%。从销售品种看，家纺类产品仍占据了丝绸企业销售额的 60% 以上，而真丝绸缎类和真丝服装类在当年的内销额都有下降。据统计，家纺类产品年内销额 14.18 亿元，同比减少 14.5%，占内销额比重的 65.4%；真丝绸缎类年内销额 12.56 亿元，同比减少 3.2%，占内销额比重的 21.4%；真丝服装类年内销额 5.01 亿元，同比下降 8.6%，占内销额比重的 5.6%；丝绸服饰类年内销额 3.63 亿元，同比减少 3%，占内销

额比重的 15%；其他丝绸制品年内销额 1.127 亿元，同比减少 4.9%，占内销额比重的 1.4%。

（二）国外市场

据中国海关统计，2019 年我国累计出口蚕丝类商品 8 922.75t，同比下降 5.39%，平均单价 44.95 美元/kg，同比上涨 1.75%。出口量排名前五位的市场依次为：印度、意大利、日本、越南、罗马尼亚，市场占比分别为 30.73%、13.10%、12.98%、8.00%、7.85%，全国出口总额 4.01 亿美元，同比下降 25.74%。主要出口省（自治区）按出口额排名前六位的是浙江、江苏、山东、广西、广东、四川，市场占比依次为 28.69%、21.9%、11.37%、10.61%、6.98%、6.24%。真丝绸缎累计出口数量 9 384.83 万 m，同比下降 5.88%，金额 5.97 亿美元，同比下降 7.7%。丝绸服装及制品出口 12.33 亿美元，同比下降 33.66%，其中真丝绸服装出口 3 920.44 万件，同比下降 47.16%。根据 2019 年各省（自治区、直辖市）真丝绸商品出口金额排名情况分析，出口排名前十的省份中绝大部分省（自治区、直辖市）都出现了不同程度的下滑，浙江、广东、江苏、广西、山东、上海、四川等省（自治区、直辖市）的出口金额，同比分别下降 17.15%、45.33%、11.55%、25.71%、16.09%、16.45%、27.39%。东部沿海各省份丝绸出口下滑态势明显，广东省降幅最大，同比下降 40% 多；江西、辽宁和河南有所增长，同比分别增长 19.68% 和 26.36% 和 101.69%。

纵观 2019 年，随着中美贸易摩擦的不断升级，国内外客商观望情绪加重，加上中下游绸缎和终端产品市场库存有待消化等影响，蚕茧和生丝的价格逐步回落，直到第二季度才开始企稳回升。截至 2019 年 12 月底，国内干茧和生丝的价格分别为 11.62 万元/t 和 37.23 万元/t，较上年同期分别增长 3.57% 和 3.42%。

四、质量管理与标准化工作

1. 强化标准体系建设，夯实行业技术基础 中国丝绸协会牵头全国丝绸标委会按计划完成了《蚕丝中非蛋白物质含量试验方法》《丝绸术语》等国家和行业标准制修订计划的申报工作，以及《精品生丝》等 7 项中丝协团体标准的立项。组织专家完成了《织锦工艺制品》国家标准、《生丝/氨纶包缠丝》等 3 项行业标准，以及《精品生丝》等 3 项团体标准的制修订。《蚕丝被》《苏绣》《桑蚕彩色丝试验方法》3 项国家标准，以及《丝绵包》《精品生丝》团体标准已获批准发布，行业普遍关注的《鲜茧缫丝技术规程》

等团体标准制订工作正在有序推进。

《纺织工业水污染物排放标准》规定了纺织工业企业或生产设施的水污染物排放控制要求、监测要求、达标判定监督管理要求，适用于现有纺织工业企业或生产设施的水污染物排放管理，以及纺织工业建设项目的环境影响评价、环境保护设施设计、竣工环境保护验收、排污许可证核发及其投产后的水污染物排放管理。该标准对于完善纺织工业污染物排放标准体系，更加科学有效地控制纺织工业污染物排放具有重要意义。

2. 蚕桑生产标准化建设步伐加快　各地分别制定华南、华东、西南等主要蚕区的蚕桑生产技术标准或操作规程。其中华南亚热带多批次饲养模式生产技术规程共 25 个，覆盖杂交桑种子生产、杂交桑苗生产、桑树栽培管理、种茧育桑园栽培、桑蚕种保护、冷藏、浸酸技术、大蚕地面育、蚕茧收购、蚕病防治、蚕茧干燥等技术规程。华东高效茧丝蚕桑生产的蚕桑标准化生产技术规程共 15 个，覆盖桑苗繁育、嫁接、桑树病虫害防治、高密度蚕种催青、小蚕饲育、蚕病防治、桑蚕茧（鲜茧）分类与分级、热循环烘茧灶烘茧等技术规程。西南丘陵地区简易化蚕桑生产技术规程共 19 个，覆盖桑树快速建园、桑园肥培管理、果桑栽培、桑蚕种消毒、桑蚕省力蚕台饲育、桑蚕上蔟、桑蚕茧干燥、养蚕消毒、稚蚕饲育机操作等技术规程。全国桑园间作套种立体栽培技术规程 16 个。

3. 《染色桑蚕捻线丝》《合成纤维丝织物》《莨绸》3 项丝绸领域国家行业标准发布　《染色桑蚕捻线丝》规定了染色桑蚕捻线丝的术语和定义、规格、要求、试验方法、检验规则、包装和标志，适用于经染色加工后的 2 000 捻/m 及以下、所用原料是 20 根及以下生丝，其单根生丝的名义纤度在 49den（54.4dtex）及以下绞装、筒装染色桑蚕捻线丝的品质评定。《合成纤维丝织物》规定了合成纤维丝织物的术语和定义、要求、试验方法、检验规则、包装和标志，适用于以合成纤维长丝为主要原料纯织或交织的各类服用练白、染色、印花、色织机织物。莨绸是利用广东、广西地区特有的一种植物——薯莨的液汁对桑蚕丝织物涂层，再用佛山邻近的河涌塘泥覆盖后晒晾加工的，因为含有单宁质的薯莨液汁与本地河涌塘泥特有的铁矿物质作用，变成了黑色的单宁酸铁，使桑蚕丝纤维包裹上一层薯莨膜。

4. 茧丝绸标准化体系建设工作有序推进　我国现有茧丝绸产业相关标准超过 200 项，其中，国家标准 37 项，行业标准 123 项，地方标准 100 多项，覆盖了蚕种、桑园桑树、蚕茧、丝类（含绢等）、织物、

衍生产品和专用仪器设备等。但是，目前茧丝绸标准缺失老化、交叉矛盾、水平不高等现实问题，严重困扰了产业的健康发展。中国纤维管理局认真贯彻首届中国质量大会精神，按照"三个转变"的重要指示和构建"放、管、治"三位一体质量提升格局的要求，深入推进我国茧丝绸标准体系建设工作，提出了当前的任务和要求：一是根据国民经济行业分类（GB/T 4754），结合国际标准分类（ICS）和中标分类，按照所服务的国民经济行业（第一、第二、第三产业），覆盖茧丝绸整体产业和相关社会事业的要求，进一步完善标准体系分类框架；二是开展基础通用、产品、方法和管理类标准制修订以及共性地方标准的转化或提升工作；三是推进茧丝绸标准的国际化，提升丝绸产品的国际竞争力；四是增强检验检测装备自主创新能力，推进蚕茧自动检测和蚕丝性状分析等关键检验仪器设备的研发和升级换代。

五、行业管理

1. 组织开展行业调查　中国丝绸协会联合各省（自治区、直辖市）丝绸协会，共同开展了 2018—2019 年全国茧丝绸企业情况摸底调查，重点围绕蚕桑基地规模、蚕茧收购量、装备数量、主要产品产量以及企业生产运营中遇到的困难和问题等方面进行了全面摸底调查，共回收调查问卷 342 份，涉及 12 个省、自治区、直辖市的企业。经过收集整理，专门撰写调查报告并进行了发布。3 月初，协会组织专家到南充市嘉陵区调研，对当地蚕丝被产业集群发展情况进行了实地考察，提出了具体的意见和建议。

2. 组织缫丝专业技术培训　为适应行业和企业的需求，加快实施人才培养战略，国家茧丝办于 8 月中旬联合苏州大学等单位，在云南省昆明市举办了"2019 全国缫丝技术及管理高级研修班"，来自十多个省、自治区、直辖市的 80 余名企业一线技术人员参加了培训。会议组织行业资深专家和高校教授，分别就高品质生丝生产关键工艺技术、缫丝生产精细化管理等进行了专业培训。协会连续两年举办缫丝专业技术培训活动，在帮助企业提高员工素质、产品质量和综合管理水平方面发挥了积极的作用。

3. 举办服装专业设计大赛　9 月 17 日，由中国丝绸协会主办，南充市商务局、四川省丝绸协会承办的"丝绸女神杯"2019 中国丝绸服装设计大赛决赛暨颁奖晚会在南充举行。大赛得到了国内外时尚设计界的高度关注，吸引了来自中、美、意、法等 8 个国家和地区，共计 530 名选手报名参赛。经过激烈角逐，最终从 26 名入围决赛选手作品中，分别产生了

金银铜等奖项。大赛的成功举办，搭建了国内专业设计人才交流平台和展示舞台。

4. 蚕茧收购秩序监督检查 为保持茧丝市场供求总体平衡，维护收购秩序稳定，保护蚕农利益，确保茧丝绸行业平稳有序发展，商务部、工商总局印发了《关于做好 2019 年蚕茧生产与收购管理工作的通知》。通知要求各有关部门要高度重视蚕茧收购工作，切实加强蚕茧收购管理，维护正常收购秩序。各级工商行政管理部门加大市场巡查和执法力度，积极配合各级工信、商务等部门维护蚕茧收购市场秩序；建立毗邻市、县工商部门区域监管协作机制，加强协调沟通，严厉查处无照收购、超范围收购蚕茧行为；在蚕茧收购期间，各地、各相关部门开展了联合执法和专项检查，严厉打击无证经营，全国共出动检查车辆 1 000（车）次，先后对 600 多起无证收购蚕茧、压级压价和滥收毛脚茧行为进行了查处，杜绝了大规模的蚕茧大战、短斤少两和给蚕农"打白条"的现象发生，确保了蚕茧收购秩序总体平稳，切实维护了广大蚕农的利益。

5. 强化行业产销形势分析研判 5 月 8 日，"2019 全国茧丝绸行业产销形势分析会暨全国优质茧丝基地现场交流会"在四川省宜宾市高县召开，来自商务部国家茧丝办、各省市丝绸协会、行业主管部门、相关科研院所及茧丝绸企业的代表 300 多人参加了会议。会议通报了 2018 年全国茧丝绸产销情况，分析研判了 2019 年行业经济贸易形势和茧丝价格趋势，为稳定市场预期发挥了重要的引导作用。

6. 举办产业发展高峰论坛 9 月 17 日，2019 中国茧丝绸发展峰会暨"一带一路"论坛在南充市举行，大会邀请专家学者围绕 70 年来行业改革发展情况、中美贸易摩擦影响、"一带一路"机遇、西部大开发等热点进行了探讨。会上，四川、重庆、广西、云南、陕西、甘肃等 6 省（自治区）市丝绸协会联合发布了《中国西部茧丝绸产业发展——南充宣言》，

提出"共享西部新机遇、共谋西部新蓝图、共建西部新未来"的行业新主张，赢得了社会各界的高度关注。协会还为南充市嘉陵区政府、南充银海、四川顺成，分别颁发了"中国蚕丝被之乡"、"中国蚕丝被研发基地"称号牌匾和"高档丝绸标志"商标授权证书。

7. "2019 中国西部丝绸博览会"召开 9 月 17～22 日，由中国丝绸协会、中国纺织品进出口商会共同主办，南充市人民政府、四川省博览集团、四川省丝绸协会承办的"2019 中国西部丝绸博览会"在南充市举行。博览会以"新时代、新丝路、新未来"为主题，举办了大型丝绸展，来自国内外 100 多家丝绸及相关企业参加了展览，同期还组织了产业推介、高峰论坛、模特大赛、服装大赛、千人旗袍秀等丰富多彩的活动。博览会共促成丝纺服装、现代农业、电子信息等领域合作项目 30 多个，协议总投资 315.4 亿元，取得了较好的经济效益和社会效益，为大力传承丝路精神，务实推动西部地区经济建设和区域开放合作，做出了积极的贡献。

8. 产业结构调整持续推进 在商务部推进规模化集约化蚕桑基地建设政策的支持下，通过国家产业政策引导、公共财政扶持、龙头企业带动，产业结构得到进一步优化。广东丝纺集团积极参与粤北"生态发展区"开发，与始兴县政府共同推动"蚕桑现代农业产业园"项目建设。浙江凯喜雅集团在云南德宏州投资打造丝绸纺织工业园，积极布局全产业链。浙江嘉欣丝绸在宜州建立茧丝仓储物流基地，并在缅甸投资建设服装生产基地，不断完善供应链体系。江苏鑫缘集团联合四川宏和、新丝路等单位，在宜宾高县开发茧丝绸高质量融合发展项目，拟新建文化创意产品生产车间和展示销售中心，延伸拓展大健康生物科技产业。广西恒业集团第五家缫丝工厂在柳城县正式投产，成为全球规模最大的缫丝生产企业。

（中国农业科学院蚕业研究所 梁培生）

饲 料 加 工 业

一、基本情况

2019 年，受生猪产能下滑和国际贸易形势变化等影响，全国工业饲料产值和产量下降，产品结构调整加快，饲料添加剂产品总量稳步增长，规模企业经营形势总体平稳。

（一）饲料工业总产值

2019 年全国饲料工业总产值 8 088.1 亿元，同比下降 9.0%；营业收入 7 780.0 亿元，同比下降

10.5%。其中，饲料产品产值 7 097.7 亿元、营业收入 6 858.5 亿元，同比分别下降 9.8%、11.5%；饲料添加剂产品产值 839.3 亿元、营业收入 763.4 亿元，同比分别下降 12.4%、13.4%；饲料机械总产值 47.8 亿元、营业收入 60.5 亿元，同比分别下降 19.3%、1.4%；宠物饲料产品产值 103.3 亿元、营业收入 97.6 亿元。

（二）饲料总产量

2019 年全国工业饲料总产量 22 885.4 万 t，同比下降 3.7%。其中，配合饲料 21 013.8 万 t，同比下降 3.0%；浓缩饲料 12 41.9 万 t，同比下降 12.4%；添加剂预混合饲料 542.6 万 t，同比下降 10.6%。从不同品种看，猪饲料 7 663.2 万 t，同比下降 26.6%，其中仔猪、母猪、育肥猪饲料分别下降 39.2%、24.5%、15.9%；蛋禽饲料 3 116.6 万 t，同比增长 9.6%，其中蛋鸭、蛋鸡饲料分别增长 27.2%、1.8%；肉禽饲料 8 464.8 万 t，同比增长 21.0%，其中肉鸡、肉鸭饲料分别增长 17.9%、25.2%；反刍动物饲料 1 108.9 万 t，同比增长 9.0%，其中肉牛、奶牛、肉羊饲料分别增长 32.5%、0.8%、7.8%；宠物饲料产量 87.1 万 t，同比增长 10.8%；水产饲料 2 202.9 万 t，同比增长 0.3%；其他饲料 241.9 万 t，同比增长 29.5%。在饲料总产量中，猪饲料占比从上年的 43.9% 下降到 33.5%，禽饲料占比从上年的 41.4% 上升到 50.6%。

（三）集约化经营情况

全国 10 万 t 以上规模饲料生产厂 621 家，比上年减少 35 家；饲料产量 10 659.7 万 t，同比增长 3.7%，在全国饲料总产量中的占比为 46.6%，较上年增长 3.3%。全国有 7 家生产厂年产量超过 50 万 t，比上年减少 1 家，单厂最大产量 110.7 万 t。年产百万吨以上规模饲料企业集团 31 家，在全国饲料总产量中的占比为 50.5%，其中有 3 家企业集团年产量超过 1 000 万 t。

（四）区域布局变化情况

全国饲料产量超千万吨省份 9 个，比上年减少 2 个，按产量排序分别为山东、广东、广西、辽宁、江苏、河北、湖北、四川、湖南。其中，山东产量达 3 778.9 万 t，同比增长 5.9%；广东产量 2 923.8 万 t，同比下降 8.3%；山东和广东两省饲料工业总产值继续保持在千亿以上，分别为 1 057 亿元和 1 009 亿元，同比分别下降 13.1% 和 22.6%。2019 年，饲料产量排名前十的省份，产量占全国总产量的比例达 70.48%。全国有 12 个省份产量同比增长，其中贵州、云南、甘肃、宁夏、新疆等 5 个西部省份增幅超过 20%。

（五）企业经营调整情况

2019 年猪饲料生产厂 5 432 家，比上年减少 238 家；家禽饲料生产厂 4 848 家，比上年增加 313 家；反刍和宠物饲料生产厂也分别比上年增加 68 家和 38 家。全国散装饲料总量 4 414.3 万 t，同比增长 5.4%；在饲料总产量中的占比为 19.3%，比上年提高 1.7 个百分点。

（六）饲料添加剂产业情况

2019 年全国饲料添加剂产品总量 1 199 万 t，同比增长 8.2%。其中，直接制备饲料添加剂 1 130 万 t，同比增长 7.6%，生产混合型饲料添加剂 69 万 t，同比增长 20.0%。不同类别添加剂情况：氨基酸、维生素、矿物元素产品产量分别达 330 万 t、127 万 t、590 万 t，同比分别增长 10.5%、14.7%、4.1%。酶制剂和微生物制剂等生物饲料添加剂产品呈现上升势头，同比分别增长 16.6%、19.3%。非蛋白氮、防腐剂、防霉剂和酸度调节剂、着色剂、黏结剂、抗结块剂、稳定剂和乳化剂均保持增长。抗氧化剂、调味和诱食物质、多糖和寡糖产量下降，同比分别下降 7.1%、6.3%、9.8%。其他类添加剂 9 万 t，同比增长 6.9%。

全国饲料添加剂产品总产值 839 亿元、营业收入 763 亿元，同比分别下降 5.1%、13.4%。其中，直接制备饲料添加剂总产值 749 亿元、营收收入 679 亿元，同比分别下降 31.9%、34.1%；混合型饲料添加剂总产值 159 亿元、营收收入 126 亿元，同比分别下降 84.7%、83.6%。

（七）饲料质量安全监测情况

为加强饲料质量安全监管，保障动物产品质量安全，农业农村部畜牧兽医局组织开展了全国饲料质量安全监督抽查工作，总体情况如下：2019 年度监督抽查共抽检各类商品饲料样品 2 805 批次，总体合格率 96.2%。其中，配合饲料 1 622 批次，合格率 95.7%；浓缩饲料 436 批次，合格率 93.1%；精料补充料 76 批次，合格率 98.7%；宠物饲料 54 批次，合格率 96.3%；添加剂预混合饲料 285 批次，合格率 99.0%；饲料添加剂 95 批次，合格率 100%；混合型饲料添加剂 122 批次，合格率 100%；动物源性饲料原料 52 批次，合格率 96.2%；植物性饲料原料 46 批次，合格率 97.8%；微生物发酵类单一饲料 17 批次，合格率 100%。对 2 742 批次样品进行卫生指标检测，发现 41 批次不合格产品，不合格率 1.5%；对 2 201 批次样品进行禁限用药物指标检测，发现 38 批次不合格产品，不合格率 1.7%；对 30 批次样品进行牛羊源成分指标检测，发现 2 批次不合格产品，不合格率 6.7%；对 2 429 批次样品进行质量指标检测，发现34批次不合格产品，不合格率1.4%。其中，有5批次产品同时发现禁限用药物和质量指标不合格，2批次产品同时发现卫生和质量指标不合格。

（八）主要饲料原料生产情况

1. 玉米　据美国农业部供需报告显示，预测2019/2020年度全球玉米产量11.12亿t，较上年度下降1.0%。2019年我国玉米产量2.61亿t，较上年增加360万t，增幅1.4%。2019年我国进口玉米479.3万t，同比增长36.0%；进口额10.6亿美元，同比增长34.8%；出口玉米2.6万t，同比增长114.4%，出口额987万美元，同比增长64.7%。玉米进口主要来源国是乌克兰，进口量413.7万t，较上年增加120.8万t，同比增长41.2%，占总进口量的86.3%；其次是美国，进口量31.8万t，较上年增加0.5万t，同比增长1.7%，占总进口量的6.6%。再次是老挝、缅甸、俄罗斯，分别占总进口量的3.0%、2.4%、1.5%。从我国主要玉米出口国占比看，主要出口到朝鲜、加拿大、越南、俄罗斯、韩国，分别占总出口量的87.8%、4.3%、2.2%、2.1%、1.4%。

2. 大豆　自2014年以来，全球大豆供需持续处于供过于求局面，2019年全球大豆产量明显下降，主要受美国大豆种植面积大幅减少影响。据美国农业部供需报告显示，预测2019/2020年度全球大豆产量为3.42亿t，较上年减少1 688万t，同比下降4.7%。其中，美国大豆产量9 684万t，同比减少2 367万t，同比下降19.6%；巴西大豆产量1.26亿t，同比增加900万t，同比增长7.7%。2019年我国实施大豆振兴计划，实现了良好开局，大豆播种面积增加，单产有所提升，产量继续增加。国内大豆总产量1 810万t，较上年增加213万t，同比增长13.3%，创历史最高产量。我国是大豆主要消费国和进口国，大豆对外依存度高。我国大豆进口量连年递增，2019年我国大豆进口量8 851.1万t，同比增长0.5%；进口额353.4亿美元，同比下降7.2%；出口量11.7万t，同比下降13.9%；出口额0.9亿美元，同比下降7.3%。净进口8 839.4万t，同比增长0.6%。巴西、美国、阿根廷是我国进口大豆的主要来源国。受2018年以来中美经贸摩擦影响，我国自美国进口大豆由2017年占总进口量的34.4%下降到2019年的19.1%，减少了15.3%。2019年我国进口巴西、美国、加拿大大豆量分别为5 767万t、1 694万t、879万t，占总进口量的65.2%、19.1%、9.9%。

3. 油菜籽　受油菜籽主产国调减种植面积影响，2019年全球油菜籽产量下降。据美国农业部预计，2019/2020年度全球油菜籽产量6 815万t，同比减少426万t，同比下降5.9%，连续第二年下降。其中，加拿大油菜籽产量1 900万t，较上年减少134万t，同比下降6.6%；预计欧盟油菜籽产量1 700万t，较上年减少303万t，同比下降15.1%；澳大利亚油菜籽产量230万t，较上年增加12万t，同比增长5.5%。2019年，国内油菜籽产量为1 348.47万t，较上一年度增长1.5%。加拿大是我国油菜籽进口的主要来源国，2019年中国海关从加拿大进口的油菜籽中检测出危险性的有害生物，海关总署撤销部分问题严重的加拿大企业进口资格。受此影响，2019年我国油菜籽进口量大幅下降。海关数据显示，2019年我国油菜籽进口量273.7万t，较上年减少202.0万t，同比下降42.5%。其中，自加拿大进口油菜籽235.7万t，占总进口量的86.1%，自俄罗斯、澳大利亚、蒙古国进口量分别占总进口量的6.9%、4.9%、2.1%。2019年油菜籽出口53t，同比下降48.1%。

4. 鱼粉　近年来全球鱼粉供应相对稳定，2019年受秘鲁沿海地区厄尔尼诺现象影响，秘鲁鱼粉产量有所下降。2019年全球鱼粉产量470万t，较2018年略有减少。2019年国内鱼粉产量约66万t，同比增长4.3%。生产企业主要分布在浙江、山东、辽宁、广东、广西，五省（自治区）合计占国内生产总量的94%。其中，浙江、山东、辽宁分别约占33%、26%、20%。我国是最大的鱼粉进口国，2019年进口依存度达77%。海关数据显示，2019年我国进口鱼粉141.9万t，同比下降2.9%；进口额19.7亿美元，同比下降11.3%。秘鲁是世界最大的鱼粉生产国和出口国，2019年我国进口秘鲁鱼粉77.1万t，占总进口量的54.3%，增长0.6个百分点。其次是越南、俄罗斯，分别占总进口量的8.7%、5.1%。2019年我国仅鱼粉出口量140t，同比增长10.0%。

二、行业运行特点

（一）全球主要饲料原料供应充足，饲料产量总体稳定，略有下降

2019年全球饲料产量近11.3亿t，较2018年下降1.0%。其中，亚太地区依旧是饲料最大生产区，约占全球产量的32.2%，较上年下降1.6个百分点。受非洲猪瘟疫情等影响，中国猪饲料下降明显，导致亚太地区产量同比下降5.5%；其次是欧洲饲料产量2.79亿t，同比增长0.2%，占全球饲料产量的24.8%；北美、拉美、非洲地区饲料产量分别增长1.6%、2.2%、7.5%，中东地区、大洋洲地区饲料产量同比分别下降5.8%、1.3%。

（二）非瘟疫情影响未消，饲料行业迎来更残酷洗牌

2019 年是充满坎坷与荆棘的一年，畜牧业发展出现较大波动，生猪产能大幅下滑，家禽产业快速发展，牛羊产业稳中有增。饲料工业总产值及各类营收纷纷下降，猪料总产量对饲料工业总产量的影响最大。非瘟疫情让诸多养殖场从业内消失，进而导致部分饲料企业客源流失，产能下降；还有部分中小饲料企业，在疫情和行业巨头双重挤压下，抵挡不住强大的市场压力及资金压力，随之退出市场，导致产能下降，非瘟彻底加速了中国饲料行业的"大洗牌"。目前非瘟疫情对养殖领域的影响并未消失，故必将继续影响我国饲料工业总体发展，饲料企业之间的竞争更加白热化，疫情影响并未消除，不排除对整个饲料行业进一步"洗牌"的可能，还会有更多的饲料企业退出历史舞台，一些大企业也存在被逐渐淘汰出局的可能。根据各个动物饲料品种来看，除了猪料产量下降，家禽、反刍、宠物、水产及其他饲料产量均不同程度地增加。在非瘟疫情的影响下，诸多传统猪料企业转战家禽、水产等各个领域，企图在行业环境巨变下，寻求新的利润增长点。

（三）中兽药、微生态、酶制剂等饲料添加剂迎来重大机遇

2019 年度，饲料添加剂总量增长了 8.2%。其中，混合型饲料添加剂、氨基酸、维生素、矿物质和酶制剂、微生态制剂总量都有大幅增长，这与国家及行业发展相关趋势、政策密不可分。在"抗生素耐药性问题"及食品安全问题更加受到重视的环境下，近年来"禁抗、限抗"，推广抗生素合理化使用及积极寻找替代产品成为整个行业发展的主流，加之整个养殖行业在动物疫病防控方面理念由"治已病"转变为"治未病"，由药物治疗向保健预防为主，原来用于饲料添加的诸多抗生素产品等市场份额被削减。另外，在非瘟肆虐的情况下，诸多中兽药、微生态添加剂等产品，在预防非瘟方面也表现出了一定作用，故让这类产品在市场上很受欢迎。中兽药、微生态添加剂、酶制剂等几大类产品市场表现依旧强势，伴随着行业"健康、绿色、可持续"发展的要求和对食品安全的更高标准，结合农业农村部"兽用抗菌药减量化行动"的不断深入影响，这几大类产品在新形势下，将迎来重大发展机遇。

（四）未来市场，强者愈强

从产业集约化及区域变化情况而言，大规模饲料企业和巨头在市场竞争中依旧保持稳步发展态势，结合前面的饲料总量来看，行业龙头企业亦是占据重要位置。百万吨级别饲料企业占据了整个行业的半壁江山，在面临未来更加激烈的市场竞争及各类风险时，这类企业定能掌握一定主动权，故饲料企业会呈现出"强者愈强"的发展趋势。从区域变化来看，饲料产量大的地区，多为养殖业发达或养殖密集区，但由于市场趋于饱和，竞争加剧，难以继续带来增长，而西北、云贵地区的增长，则是由于近年来多方因素叠加的影响下，养殖企业将发展目光投向这些地区，该类地区养殖量的增长，促进了饲料工业的进一步发展。

三、质量管理与标准化工作

（一）农业农村部发布第 194 号公告，饲料禁抗成定局，行业迎来巨变新时代

2019 年 7 月 10 日，在这一个必将载入中国畜牧饲料行业发展史册的重要日子里，农业农村部第 194 号公告横空出世，标志着 12 种促生长药物饲料添加剂退出历史舞台已成定局，从大众呼吁在饲料中"减抗/替抗"，到现如今国家正式出台"饲料禁抗"政策法规，必将迎来饲料行业科技创新、百花争艳、转型升级的新时代。

根据《兽药管理条例》《饲料和饲料添加剂管理条例》有关规定，按照《遏制细菌耐药国家行动计划（2016—2020 年）》和《全国遏制动物源细菌耐药行动计划（2017—2020 年）》部署，为维护我国动物源性食品安全和公共卫生安全，农业农村部决定停止生产、进口、经营、使用部分药物饲料添加剂，并对相关管理政策做出调整。主要内容如下：①自 2020 年 1 月 1 日起，退出除中药外的所有促生长类药物饲料添加剂品种，兽药生产企业停止生产、兽药代理商停止进口相应兽药产品，同时注销相应的兽药产品批准文号和进口兽药注册证书。此前已生产、进口的相应兽药产品可流通至 2020 年 6 月 30 日。②自 2020 年 7 月 1 日起，饲料生产企业停止生产含有促生长类药物饲料添加剂（中药类除外）的商品饲料。此前已生产的商品饲料可流通使用至 2020 年 12 月 31 日。③2020 年 1 月 1 日前，我部组织完成既有促生长又有防治用途品种的质量标准修订工作，删除促生长用途，仅保留防治用途。④改变抗球虫和中药类药物饲料添加剂管理方式，不再核发"兽药添字"批准文号，改为"兽药字"批准文号，可在商品饲料和养殖过程中使用。⑤2020 年 7 月 1 日前，完成相应兽药产品"兽药添字"转为"兽药字"批准文号变更工作。⑥自 2020 年 7 月 1 日起，原农业部公告第 168 号和第 220 号废止。

（二）饲料添加剂预混合饲料、混合型饲料添加剂产品批准文号核发，取消审批后改为备案制

国务院关于取消和下放一批行政许可事项的决定

（国发〔2019〕6号）文件发布指出，饲料添加剂预混合饲料、混合型饲料添加剂产品批准文号核发，取消审批后，改为备案。2019年11月4日，农业农村部227号公告指出，农业农村部加大饲料管理法规宣传贯彻力度，加强强制性标准和规范性技术文件制修订，支持行业组织制定团体标准，指导、督促地方各级农业农村部门通过以下措施加强事中事后监管：①严格实施饲料和饲料添加剂生产许可管理，加大日常监管力度，强化对企业标准制定工作的服务和指导，督促企业建立健全全程质量安全管理和追溯体系；②建立饲料添加剂产品配方备案制度，要求企业主动履行备案义务，对违反规定不进行备案的要设定相应法律责任，开发网上备案系统，方便企业办事；③监督饲料企业严格按照产品标准进行生产，对产品是否符合国家强制性标准和规范性技术要求实施严格监管，严厉打击违规或超量添加抗生素、激素等化学物质的行为；④加大饲料产品经营和使用环节监督检查力度，严肃查处假冒伪劣饲料产品；⑤加强饲料企业信用监管，健全饲料行业诚信体系，及时记录饲料企业诚信状况并向社会公开。为深入贯彻行政审批制度改革精神，进一步落实"放管服"要求，鼓励饲料、饲料添加剂新品种开发和研制，帮助饲料企业和有关技术机构提高研发能力，农业农村部还建立了饲料原料和饲料添加剂审批咨询服务工作机制。

四、行业发展趋势

（一）产业集中度将持续提高

我国饲料行业内企业众多，产品同质化程度较高，属于充分竞争行业。饲料行业市场竞争日趋激烈，小型饲料加工企业分散式、区域化的经营模式受到了较为严重的冲击。未来，饲料企业的数量会大幅下降，以前有很多单品类的单厂存在，未来可能都会以综合性的工厂、集团化的运作模式构建饲料业务。大型饲料加工企业在采购成本控制、质量控制、品牌体系建设等方面体现出更为明显的优势，整个饲料行业正呈现出加速洗牌的趋势。

（二）由追求规模转变为依靠质量、服务的差异化发展

随着饲料行业市场竞争加剧，饲料企业从过去单纯追求扩大生产规模，转变为通过提供差异化产品和服务以获取较高的毛利率。一方面，饲料企业不断推出差异化的饲料产品，满足不同阶段动物的营养需求，同时满足不同养殖企业对产品的多样化需求；另一方面，饲料企业通过提供技术指导等增值服务，提升对养殖户和小规模养殖企业的吸引力。

（三）生物安全要求进一步提高

在非洲猪瘟蔓延的行业背景下，政府监管部门和消费者对于饲料加工企业的生物安全提出了更高的要求，各地畜牧兽医部门应加强监督管理，组织做好辖区内饲料生产及销售企业相关猪用饲料产品的抽样检测工作，组织和监督有关企业做好产品召回、无害化处理和追溯排查工作，以及相关生产设施、场所、运载工具等的清洗消毒。在此背景下，饲料生产条件差、生物安全管理能力低的小型饲料加工企业将面临更大的市场冲击。

（四）饲料加工企业积极推进外延式发展

受养殖业行情和产业形势变化影响，饲料企业加快调整产品结构和产业链布局。部分以商品饲料为主要产品的企业不断向下游养殖业务发展，部分产能转为生产自用饲料。传统饲料行业上市公司近年来持续布局生猪养殖行业，通过打通养殖链上下游环节享受产业一体化经营带来的成本优势。部分企业为优化产能布局，实现产品结构多样化，扩大市场占有率，加快收购兼并步伐，提升自身的综合实力。与具备产业链一体化优势的大型饲料加工企业相比，单体的饲料加工企业将面临更大的市场风险。

2019年，受生猪产能下滑和国际贸易形势变化等影响，全国工业饲料产值和产量下降，产品结构调整加快，饲料添加剂产品稳步增长，规模企业经营形势总体平稳。饲料市场体量如此之大，而推进饲料禁抗，可以减少养殖业抗生素的使用，有利于维护我国动物源性食品安全和公共卫生安全。从长远来看，未来十年，工业饲料总产量稳定增长，产品集中程度提高。短期内，预计饲料产量以稳为主，展望后期，饲料产品集中度逐渐提升，配合饲料占比将稳步增长，浓缩饲料占比将进一步下降。饲料工业未来将有很大发展空间。饲料加工要通过技术创新，优化产品结构，提高规模效益，利用现有加工能力，开发优质产品，参与市场竞争。

（中国农业科学院饲料研究所　刁其玉　王世琴）

水 产 品 加 工 业

一、基本情况

（一）生产情况

根据《中国渔业统计年鉴》显示，2019 年中国水产品总产量为 6 480.36 万 t，同比增长 0.35%，占世界水产品总产量的 36.45%。其中，养殖产量 5 079.07 万 t，占中国水产品总产量的 78.38%，占全球养殖水产品总量的 58.72%；捕捞产量 1 401.29 万 t，占水产品总产量的 21.62%，占全球捕捞总量的 15.35%。总产量中，海水产品产量 3 282.50 万 t，占总产量的 50.65%，同比增长 -0.57%；淡水产品产量 3 197.87 万 t，占总产量的 49.35%，同比增长 1.32%。在国内渔业生产中，鱼类产量 3 529.88 万 t，甲壳类产量 782.71 万 t，贝类产量 1 519.61 万 t，藻类产量 256.13 万 t，头足类产量 56.92 万 t，其他产量 118.09 万 t。

（二）水产品加工

1. 生产规模 2019 年，中国水产品加工企业 9 323 个，比 2018 年减少 13 个，同比增长 -0.14%。年加工能力为 2 888.20 万 t，同比增长 -0.14%。水产品加工业冷库 8 056 座，同比增长 1.24%，其中，冻结能力为 93.05 万 t/d，同比增长 7.09%；冷藏能力为 462.07 万 t/次，同比增长 -1.09%；制冰能力为 20.82 万 t/d，同比增长 2.84%。

2. 加工产量与产值 2019 年，中国水产品加工总量为 2 171.41 万 t，同比增长 0.68%。淡水加工产品为 395.32 万 t，同比增长 3.53%。海水加工产品 1 776.09 万 t，同比增长 0.06%。冷冻水产品 1 532.27 万 t，同比增长 1.14%。其中，冷冻品 793.86 万 t，同比增长 2.66%；冷冻加工品 738.41 万 t，同比增长 -0.44%。鱼糜制品及干腌制品产量为 291.52 万 t，同比增长 -5.34%，其中鱼糜制品 139.39 万 t，同比增长 -4.23%；干腌制品为 152.13 万 t，同比增长 -6.33%。藻类加工制品为 115.17 万 t，同比增长 4.08%。罐制品为 35.41 万 t，同比增长 -0.46%。鱼粉产量为 69.90 万 t，同比增长 7.55%。鱼油制品产量为 4.90 万 t，同比增长 -32.48%。其他水产加工品 110.40 万 t，同比增长

-4.37%。2019 年中国水产品加工总产值 4 464.61 亿元，同比增长 2.95%。

二、科研、新产品、新技术

1. "一种低温运输河蟹的装置"获得国家实用新型专利授权 中国水产科学研究院黑龙江水产研究所王世会等人完成的"一种低温运输河蟹的装置"获得国家实用新型专利授权，专利号：ZL201720375777.5。该实用新型装置包括箱本体和若干个用于放置河蟹的袋体结构，箱本体的内部形成容纳空间，袋体结构放置在容纳空间里，其上部为开口，用于盖合容纳空间开口的盖体设于箱本体的上方，袋本体包含袋体主体，与袋本体主体相连接的管道，管道的一端嵌入袋体主体内，袋体主体的口处还设有线绳，箱本体的底部固设有若干个冷源，且冷源以可拆卸的方式与箱本体连接，冷源的上部铺设有一层毛巾，箱本体的侧壁上设有多个用于透气的透气孔。该实用新型装置结构简单、省时省力，既可减少人体伤害又可减少河蟹运输过程中死亡现象。

2. "一种运鱼水箱"获国家实用新型专利授权 由中国水产科学研究院长江水产研究所申请的"一种运鱼水箱"获国家实用新型专利授权，专利号：ZL201721679801.0。发明人为吴金平、王科兵、危起伟、杜浩、陈细华。该实用新型运鱼水箱包括箱体、箱盖、过滤装置和供氧装置，解决了在鱼类长途运输过程中遇到的水温不恒定、水质容易变坏、出水口易堵、材质保温性能差、氧气头易堵易伤鱼、无可视窗、箱体与箱盖连接性差等问题，具有大规模生产的意义。

3. "一种海参清洗装置"获国家发明专利授权 由中国水产科学研究院黄海水产研究所曹荣副研究员等发明的"一种海参清洗装置"获国家发明专利授权，专利号：2017105259393。该发明是用于清洗海参的装置，它包括洗涤槽、传送装置、分离装置、挡板和内脏收集容器，传送装置包括上行传送带和下行传送带，上行传送带和下行传送带通过转向轴转向。发明的清洗装置能够很好地分离海参与海参内脏，且不会对海参造成损伤，分离后的海参内脏直接进入收

集装置，从而保持了加工环境卫生。

4. "养殖水产品中抗生素残留膳食风险评估软件（Risk - 01）"获计算机软件著作权授权登记　由中国水产科学研究院淡水渔业研究中心渔业环境保护研究室宋超、陈家长等人发明的"养殖水产品中抗生素残留膳食风险评估软件（Risk - 01）"获得国家版权局计算机软件著作权授权登记，授权号：2019SR0036649。本软件的功能是提供一种养殖水产品中抗生素残留的膳食风险评估方法，通过养殖水环境、养殖生物体、抗生素抗性、水产品消费量等指标构建计算方法进行膳食风险等级的表征和快速评估。该软件有利于明确未来我国水产养殖抗生素使用的监测重点，为养殖户、渔业主管部门等机构进行精准化的水产品质量安全管理提供技术支撑。

5. "一种快速检测贝类中多溴联苯醚残留量的方法"获国家发明专利授权　由中国水产科学研究院黄海水产研究所孙晓杰等发明的"一种快速检测贝类中多溴联苯醚残留量的方法"获国家发明专利授权，专利号：ZL201710581351.X。该发明涉及一种快速检测贝类中多溴联苯醚残留量的方法，其特征在于：采用短柱长、薄液膜的毛细管柱（DB 5MS，15m×0.25mm×0.10μm），结合气相色谱 电子轰击离子化/质谱法（GCEI/MS）进行检测。该发明具有三个特点：一是首次将新型油脂净化粉（EMR Lipid）用于贝类中多溴联苯醚分散固相萃取的前处理中，通过改进的 QuEChERS 技术，可实现样品中脂肪类的大量、快速去除。方法操作简单，成本较低。二是对于基质复杂样品，进一步结合浓硫酸氧化净化技术，更好的降低基质干扰，并极大地提高了检测效率。三是选用短柱长、薄液膜的毛细管柱（DB 5MS，15m×0.25mm×0.10μm），结合气相色谱电子轰击离子化/质谱法（GC EI/MS），实现了水产样品中低溴代及高溴代联苯醚的同时快速定性和定量分析。

三、国内外市场情况

（一）国内贸易

2019 年全国水产品市场交易量增价跌，交易价格稳中有降。与其他肉禽、蛋产品和食品大类的居民消费价格比较，水产品价格波动较小。与上年同期相比，同比价格波幅基本在 2% 以内，特别是 7 月份之后，全部稳定在 1% 左右，足见水产品对稳定菜篮子价格水平起到重要支撑作用，当然，这也反映出水产品市场呈现"旺市不旺"的反常状态。据对全国 80 家水产品批发市场成交情况统计，水产品综合平均价格总体下行，同比下降 1.44%。其中，淡水鱼类价

格持续低迷，淡水甲壳类和淡水其他类价格大幅下跌；海水鱼类价格持平略跌，海水甲壳类价格稳中有涨，海水贝类和海水头足类价格持平略跌。监测的 49 个品种中，20 个品种价格下跌，占比 40.8%，其中，蛙、紫菜、中华绒螯蟹和扇贝等跌幅在 10% 以上水平；有 20 个品种价格上涨，占比 40.8%，其中，只有蓝园鲹和田螺价格同比上涨幅度超过 10%；9 个品种价格稳定，涨跌幅度在 1% 以内。总体来看，价格下跌品种与价格上涨品种的数量持平，但下跌幅度均超过上涨品种，导致价格总水平呈明显下行趋势。另据可对比的 47 家水产品批发市场成交情况统计，2019 年全国累计成交水产品 1 069.37 万 t，同比增长 1.43%，成交额 2 255.01 亿元，同比下降 0.48%。

（二）进出口贸易

1. 总体情况　根据海关统计，2019 年水产品出口下降，进口增长，贸易顺差大幅收窄。根据中国海关统计，2019 年，我国水产品进出口总量 1 053.3 万 t，总额 393.6 亿美元，同比分别增长 10.3% 和 5.4%。其中，进口量 626.5 万 t，进口额 187.0 亿美元额，同比分别增长 19.9% 和 25.6%；出口量 426.8 万 t，出口额 206.6 亿美元，同比分别下降 13.8% 和 8.0%。贸易顺差仅为 19.6 亿美元，同比下降 74.1%。

2. 水产品贸易特点

（1）主要出口市场有增有减　主要出口目的地为日本、韩国、美国和泰国，占出口总量的 42.8%。其中，对日本和泰国出口增长，同比分别增长 5.4% 和 16.9%；对韩国和美国出口下降，同比分别下降 4.7% 和 18.7%。从出口品类看，鲜冷冻鱼类出口量最大，占出口总量的 48.5%，其次是加工鱼类、贝类及软体动物，分别占出口总量的 22.8% 和 17.4%。鲜冷冻鱼类、贝类及软体动物出口下降，加工鱼类出口增长。

（2）虾类出口市场全线下滑　美国、日本、中国台湾、韩国、中国香港、西班牙是我国虾类主要出口市场。其中，最核心的市场为美国和日本，受中美贸易摩擦影响，2019 年我国虾类对美出口量 2.9 万 t，出口额 2.5 亿美元，同比分别下降 43.6% 和 49.2%。从出口产品形式来看，随着国内生产成本的不断增加，我国初级加工产品冻虾和虾仁出口竞争力逐步丧失。深加工虾类是我国仅存的优势出口虾产品，主要以裹粉虾等深加工产品为主，2019 年深加工虾产品出口量 9.3 万 t，出口额 11.2 亿美元，同比分别下降 22.9% 和 26.1%。其中对美出口量 2.5 万 t，出口额 2.1 亿美元，同比分别下降 42.0% 和 48.4%。自中美贸易摩擦以来，美国采购商已开始将订单转向泰

国、越南和印度尼西亚，并加紧对其加工厂进行技术支持，提升其管理和装备水平，我国仅存的虾产品深加工优势也面临极大挑战。

（3）中美贸易摩擦反复，形势尚不明朗，我国罗非鱼输美形势严峻　2019年，我国罗非鱼出口量43.6万t，出口额12.8亿美元，同比分别下降2.2%和7.1%。主要出口市场下滑，新兴市场拓展困难。美国、墨西哥、科特迪瓦、以色列是我国罗非鱼出口的主要市场。其中美国是我国罗非鱼出口份额最大的市场，占我国罗非鱼出口总量的29.4%。自中美贸易摩擦以来，我国罗非鱼出口受到严重影响。2019年，我国罗非鱼对美出口量12.8万t，出口额4.0亿美元，同比分别下降5.1%和12.4%。据调查，大部分加征关税由中方企业以降低单价的方式承担，2019年中国罗非鱼出口价格大幅下降。

（4）进口市场普增　除美国外，主要进口来源地为俄罗斯、秘鲁、越南、美国、印度尼西亚、厄瓜多尔和印度，自上述国家的进口量占进口总量的66.6%。自东盟进口量同比增长39.0%，东盟各国中，自越南进口量同比增长59.8%，自印度尼西亚进口量同比增长11.4%；自俄罗斯和秘鲁进口量同比分别增长6.9%和5.6%。受贸易摩擦影响，自美进口量同比下滑11.8%。从进口品类看，鲜冷冻鱼类进口量最大，占水产品进口总量的比重为46.5%，其次是饲料用鱼粉，比重为22.6%，虾类、贝类及软体动物的比重分别为12.3%和9.2%。

（5）虾类进口持续高速增长。随着我国政府各项鼓励进口、降低关税政策的出台，国民消费需求的增长，以及打击走私力度不断增强，2019年我国虾类进口量72.2万t，进口额44.7亿美元，同比分别增长179.8%和146.8%，中国超越美国成为全球虾类进口第一大市场。厄瓜多尔、印度、泰国、越南、阿根廷、沙特、加拿大是我国虾类主要进口国。值得关注的是，随着沙特对虾养殖的发展，2019年我国自沙特进口对虾2.9万t，进口额达到1.8亿美元，沙特成为我国新兴对虾进口国。加拿大是我国北极虾主要进口国，2019年进口量2.8万t，进口额1.2亿美元，进口量基本稳定，进口额下滑14.3%。

3. 主要影响因素分析　2019年水产品市场供给总体较为充足，在肉禽价格大幅上升的背景下，国内水产品价格却持续低迷。具体分析，主要有以下三方面原因：

一是宏观经济方面。经济、贸易环境的变化对水产品特别是大宗产品造成影响。2019年在国内外经济下行压力较大、贸易保护主义抬头的复杂环境下，水产业面临的风险挑战不断增多。中美贸易谈判的曲折历程和数次反复变化对水产品出口造成冲击，也间接影响到国内水产品市场。而进口关税的持续走低又加快了国外产品对国内产品的替代，国内水产品市场受到进、出口贸易双向挤压。

二是供给方面。首先，市场供给相对充足，这是鱼价较低的根本原因。其次，大宗品种养殖技术的成熟保障了水产品供给能力。最后，跟风养殖和政策引导造成部分品种短期内供应量大幅增加。

三是消费方面。加工技术发展跟不上消费需求变化。从消费群体看，90后年轻人已成为消费主力，受消费习惯影响，以及生活节奏加快，一定程度上限制了市场对带刺的大宗品种的消费能力。巴沙鱼、狭鳕等低值进口白肉鱼也对国内淡水鱼消费产生替代效应。此外，受消费偏好制约，生猪供应减少对肉蛋类产品的价格利好明显优于水产品。

（三）展望

2020年，我国外贸发展面临的不确定、不稳定因素仍然较多。全球疫情的暴发和蔓延对水产品的贸易带来不利影响。相关国家和地区的餐饮消费受到不同程度的冲击，抑制了水产品市场的需求。全球经济复苏的基础还不稳固，"逆全球化"思潮抬头，贸易保护主义升温。在国内市场方面，我国经济基本面坚实，考虑到我国居民消费快速升级，国内消费者对优质、绿色水产品需求明显增加。进出口方面，仍然面临诸多困难和挑战，保持进出口回稳向好势头的任务仍然艰巨。

四、质量管理与标准化工作

（一）水产品加工流通领域相关标准

2019年批准发布的水产品加工流通领域相关标准见表1。

表1　2019年批准发布的水产品加工流通领域标准

序号	标准编号	标准名称	实施日期
1	GB/T 18108—2019	鲜海水鱼通则	2019/10/1
2	SC/T 3213—2019	干裙带菜叶	2019/11/1
3	SC/T 3211—2019	盐渍裙带菜	2019/11/1

来源：中国标准化管理委员会。

（二）农业农村部全面部署水产品质量管理

3月22日，农业农村部印发《2019年国家产地水产品兽药残留监控计划》《2019年海水贝类产品卫生监测和生产区域划型计划》《2019年水产养殖用兽药及其他投入品安全隐患排查计划》等3个计划，全面部署2019年水产养殖用兽药及其他投入品使用的监督管理工作，提升养殖水产品质量安全水平，加快推进水产养殖业绿色发展。

4月8日，农业农村部印发《2019年国家水生动物疫病监测计划》，全面部署2019年国家水生动物疫病监测相关工作。重点对草鱼、鲤、罗非鱼、石斑鱼、南美白对虾、克氏原螯虾等主要养殖品种开展鲤春病毒血症、白斑综合征、虾虹彩病毒病、罗非鱼湖病毒病等12种重大水生动物疫病和国际关注疫病进行监测，监测范围继续覆盖全国30个省、自治区、直辖市和新疆生产建设兵团，监测点全面覆盖相关品种的国家级、省级水产原良种场、引育种中心和重点苗种场。

4月16日，农业农村部印发《关于进一步扩大水产苗种产地检疫试点的通知》，决定2019年进一步扩大水产苗种产地检疫试点范围至北京、河北、辽宁、福建、江西、湖北、湖南、广西、海南、重庆、四川、云南、陕西、甘肃、青海以及大连、青岛、宁波等。试点工作提出了三项工作目标：力争达到年内各试点地区全部确认渔业官方兽医、全部建立检疫申报点、全部实现电子出证。

（三）黄海水产研究所主导制订国际标准《冷冻鱼糜》

2019年4月23日，国际标准化组织/食品标准化技术委员会/肉禽蛋鱼及其制品分技术委员会（以下简称ISO/TC34/SC6）在北京召开了ISO/TC34/SC6国际标准化工作新闻发布会，会上发布中国水产科学研究院黄海水产研究所王联珠研究员牵头制定《冷冻鱼糜》国际标准。此前，在2018年9月召开的第23届ISO/TC34/SC6年会上，中国代表团首次提出主导《冷冻鱼糜》《肉与肉制品术语》《猪屠宰操作规程》《发酵肉制品》《肉与肉制品中L－（＋）－谷氨酸的测定》《肉与肉制品中总磷含量测定》《肉与肉制品中氯霉素含量的测定》《肉与肉制品中着色剂的测定》等8项国际标准的制修订工作，获得了参会代表的支持。会后经过全体成员国的网络投票，8项国际标准项目已经正式获批立项。我国主导编制国际标准的立项，将为服务于国际贸易、减少国际贸易壁垒发挥积极的作用。

《冷冻鱼糜》是我国在水产品加工领域牵头制定的第一个国际标准，将在全球范围内统一规范冷冻鱼糜质量等级和相应质量参数，对促进全球冷冻鱼糜产业发展和国际贸易具有非常重要的意义。

五、行业管理

（一）海关总署公布《进口水产品准入程序》

2019年10月，海关总署官网公布了最新版《进口水产品准入程序》。一是接受申请。拟出口国（地区）以书面方式向海关总署提出对华出口水产品申请。海关总署启动准入程序并向拟出口国提供风险评估问卷。二是组织评估。海关总署组织专家组对拟出口国（地区）官方提供的答卷及相关技术资料进行风险评估，形成评估报告。评估过程中，可根据需要，商拟出口国同意，派专家组进行实地考察，也可进行验证性考察，以确认相关信息和操作的真实性、一致性。三是磋商检验检疫要求。根据评估结果，双方就对华出口水产品的检验检疫卫生要求进行磋商，达成一致后确定检验检疫要求（包括签署检验检疫议定书、备忘录或公告公布的检验检疫要求），确认输华产品兽医卫生证书内容和格式。四是企业注册。在完成以上评估审查程序后，拟输华企业按照要求在海关总署进行注册，海关总署发布《符合评估审查要求的国家或地区输华水产品名单》，同时拟出口国（地区）需向海关总署提供官方签字兽医官等信息。五是进口商备案和检疫许可。中国进口商应按照有关规定，在取得进口水产品收货人备案资格后，可申请从已准入国家（地区）的注册企业进口水产品的检疫许可。取得《中华人民共和国进境动植物检疫许可证》后，进口商应进口符合相关检验检疫要求的水产品。产品抵达中国口岸后，由中国海关实施检验检疫。

（二）发布行业报告

受FAO委托，中国水产流通与加工协会联合中国社会科学院财经战略研究院编写《中国水产品电商报告》（中英文版）。重点对中国水产品电商发展状况、特点，以及相关产业链进行了全面梳理和研究，剖析了水产品电商的典型案例和所存在的问题，并对推动水产品电商稳步发展提出了相关建议。这是国内首份对水产品电商进行全面系统分析的研究报告。该报告英文版也已提交FAO并将由FAO全球发布，把中国水产品电商的成功经验推广至全球，增强中国水产品电商的国际影响力。

4月份，中国水产流通与加工协会组织编写发布《中国鲟鱼产业发展报告》中英文版。报告梳理了中国鲟鱼养殖、加工、贸易现状，产业创新进展，面临的挑战，对产业发展提出建议，并强调中国鲟鱼保护与利用为全球鲟鱼可持续利用发挥的积极作用。该报告英文版已在FAO网站上公开发布，增强了中国鲟鱼产业在国际上的影响力。

（三）2016—2019年通过养殖河豚加工企业审核

经过中国水产流通与加工协会和中国渔业协会河豚鱼分会对提交申请养殖河豚加工企业审核，2019年仅有1家企业通过审核：扬中市天正水产有限公司。截至2019年12月，共有10家企业（表2）通过审核，其养殖河豚加工产品可以上市。

表2 2016—2019年通过审核的养殖河豚加工企业名单

序号	过审企业	加工品种
1	大连天正实业有限公司 曹妃甸加工厂（唐山曹妃甸区天正水产有限公司）	红鳍东方鲀
2	江苏中洋生态鱼类股份有限公司	暗纹东方鲀
3	大连富谷食品有限公司	红鳍东方鲀
4	唐山海都水产食品有限公司	红鳍东方鲀
5	威海蓝色海域海洋食品有限公司	红鳍东方鲀
6	靖江市豚之杰食品有限公司	暗纹东方鲀
7	荣成市泓泰渔业有限公司	红鳍东方鲀
8	大连天正实业有限公司	红鳍东方鲀
9	福建森海食品有限公司	暗纹东方鲀
10	扬中市天正水产有限公司	红鳍东方鲀

（四）举办专业研讨会，研讨产业热点问题

为了适应行业和产业发展，应广大从业者的请求，2019年中国水产流通与加工协会成立了河豚鱼美食文化分会、帝王蟹分会，并适时组织召开相关产业研讨会，从全产业链角度梳理产业发展思路，探讨三产融合的发展举措，推动了产业的健康发展，主要会议有：

（1）3月在湖北荆州召开第三届中国（国际）小龙虾产业大会，1 000余人参会。中外专家分享了小龙虾产业供应链建设、金融服务、品牌打造的思考和想法。

（2）5月在珠海召开第十一届中国虾产业发展研讨会，来自中外对虾生产国的渔业主管部门、权威专家、行业组织、科研机构、相关企业、媒体代表和业界代表200余人参加会议。各方专家对对虾生产与贸易形势、市场变化趋势进行充分研判，并展示虾蟹产业技术体系核心成果，有力促进该产业国际交流合作

及体系成果落地。

（3）5月组织召开2019生鲜供应链产业合作发展上海峰会。会议详细分析了水产行业宏观经济走势、数字化供应链、社区团购、生鲜标准化与团餐冷链配送等方面的形势。

（4）6月在广东湛江组织召开第十五届罗非鱼产业发展论坛，来自国内外权威专家，行业、企业代表与采购商、媒体代表近200人出席了论坛。论坛以内销为主题，召开专场采购对接会和产品品鉴会，全面梳理了国内外形势，协助企业开拓了国内外市场，对缓解产业危机、引导产业健康可持续发展起到了积极作用。

（5）9月在山东荣成组织召开第九届全国鲍鱼产业发展研讨会。会议分享了市场、零售等业界关注内容，并共同探讨鲍鱼产业发展方向。同期举办"名厨教你煮鲍鱼"的特色活动，从养殖环境、方式、营养等维度向公众介绍鲍鱼，同时邀请中国闽菜大师亲授鲍鱼处理、烹饪方法。

（6）10月在山东青岛组织召开第二届国际冷水鱼产业发展论坛，200多位来自国内外的专家学者、企业高管出席了论坛，就冷水鱼养殖生产、饲料营养、病害防治、工业化养殖系统和设备以及循环水养殖RAS等方面的研究成果及进展进行交流。会议还探讨了中国三文鱼、鲟鱼产业如何应对国际市场竞争、国内市场认知偏差等议题。

（7）10月在福建漳浦组织召开第十届全国石斑鱼产业发展论坛。论坛聚焦产业动态，就市场与消费、品牌建设等方面展开交流，500余人参会。

（8）11月在江苏盐城组织召开第二届鲶鱼产业大会。参会代表近百人，会上专家和业内代表就绿色健康养殖、鲶鱼产品市场需求分析、输美鲶鱼产品要求与食品安全的重要性等问题进行了深入交流，为规范鲶鱼产业和行业可持续发展提供了有效的参考意见。

（中国水产流通与加工协会　陈丽纯）

林产品加工业

一、经济林产业

2019年，全国经济林面积超过4 666.67万hm²，

全国经济林产品产量达1.95亿t，比2018年增加7.73%。其中，板栗219.81万t，竹笋干103.25万t，油茶籽269.93万t，核桃468.92万t，紫胶（原胶）6 549t。

二、木材生产及林产工业

1. 商品材持续增加 2019 年，全国商品材总产量为 10 045.85 万 m³，比 2018 年增加 1 234.99 万 m³，同比增长 14.02%。

2. 竹材产量减少 2019 年，全国竹材产量为 31.45 亿根，比 2018 年减少 1 037.44 万根，同比减少 0.32%。

3. 锯材产品产量有所减少 2019 年，全国锯材产量为 6 745.45 万 m³，比 2018 年减少 1 616.38 万 m³，同比减少 19.33%。

4. 人造板（三板）、胶合板、纤维板及其他人造板产量均增长 2019 年，全国人造板总产量为 30 859.19 万 m³，比 2018 年增加 949.90 万 m³，同比增加 3.18%。其中，胶合板 18 005.7 万 m³，增加 107.40 万 m³，同比增长 0.60%；纤维板 6 199.6 万 m³，增加 31.56 万 m³，同比增长 0.51%；刨花板产量 2 979.7 万 m³，增加 248.19 万 m³，同比增长 9.09%；其他人造板产量 3 674.12 万 m³，增加 562.75 万 m³，同比增长 18.09%。

5. 木制家具产量增加 全国木制家具总产量 31 564.35 万件，比 2018 年增长 30.53%。

6. 纸和纸板、纸浆产量均有所增加 全国纸和纸板总产量 10 765 万 t，比 2018 年增长 3.16%%；纸浆产量 7 207 万 t，比 2018 年增长 0.08%，其中，木浆产量 1 268 万 t，比 2018 年增长 10.55%。

7. 木竹地板产量有所增加 2019 年，全国木竹地板产量为 8.18 亿 m²，比 2018 年增加 2 907.25 万 m²，同比增长 3.69%。

8. 松香类产品有所增长 2019 年，全国松香类产品产量 143.86 万 t，比 2018 年增加 1.72 万 t，同比增长 1.21%。

三、木材产品市场供给与消费

（一）木材产品供给

木材产品市场供给由国内供给和进口两部分构成。国内供给包括商品材、木质纤维板和刨花板；进口包括进口原木、锯材、单板、人造板、家具、木浆、纸和纸制品、废纸、木片及其他木质林产品。2019 年木材产品市场总供给为 53 331.99 万 m³，与 2018 年同口径比增长 0.72%。

1. 商品材 2019 年，全国商品材产量 10 045.85 万 m³，比 2018 年增长 14.02%，其中，原木 9 020.96 万 m³、薪材（不符合原木标准的木材）1 024.89 万 m³，分别比 2018 年增长 11.53% 和 41.92%。

2. 木质纤维板和刨花板 2019 年，木质纤维板产量 5 910.79 万 m³、木质刨花板产量为 2 979.73 万 m³，分别比 2018 年增长 0.69% 和 9.56%。木质纤维板和刨花板折合木材供给 15 109.01 万 m³，扣除与薪材产量的重复计算部分，相当于净增加木材供给 14 289.10 万 m³。

3. 进口 2019 年，我国木质林产品进口折合木材 28 997.04 万 m³，其中，原木 5 922.95 万 m³，锯材（含特形材）4 831.74 万 m³，单板和人造板 544.84 万 m³，纸浆及纸类（木浆、纸和纸板、废纸和废纸浆、印刷品）15 111.37 万 m³，木片 2 261.65 万 m³，家具、木制品及木炭 324.49 万 m³。

（二）木材产品消费

木材产品市场消费由国内消费和出口两部分构成。国内消费包括工业与建筑用材消费；出口包括出口原木、锯材、单板、人造板、家具、木浆、木片、纸和纸制品、废纸及其他木质林产品。2019 年，木材产品市场总消费为 53 331.99 万 m³，与 2018 年同口径比增长 0.72%。

1. 工业与建筑 据国家统计局和有关部门统计，按相关产品木材消耗系数推算，2019 年我国建筑业与工业用材折合木材消耗量为 42 219.39 万 m³，比 2018 年增长 3.11%。其中，建筑业用材（包括装修与装饰）16 775.30 万 m³、造纸业用材 15 483.52 万 m³、煤炭业用材 636.26 万 m³，分别比 2018 年下降 1.60%、4.34% 和 5.59%；家具用材（指国内家具消费部分，出口家具耗材包括在出口项目中）6 124.65 万 m³，化纤业用材 1 224.98 万 m³，包装、车船制造、林化等其他部门用材 1 974.68 万 m³，分别比 2018 年增长 8.62%、7.97% 和 40.98%。

2. 出口 2019 年，我国木质林产品出口折合木材 10 164.11 万 m³。其中，原木 5.06 万 m³，锯材（含特形材）53.36 万 m³，单板和人造板 3 065.08 万 m³，纸浆及纸类（木浆、纸和纸板、废纸和废纸浆、印刷品）2 840.87 万 m³，家具 3 885.29 万 m³，木片、木制品和木炭 314.45 万 m³。

3. 其他 2019 年，增加库存等形式形成的木材消耗为 948.49 万 m³。

（三）木材产品市场供需的特点

2019 年，我国木材产品市场供需的主要特点表现为：木材产品总供求微幅增长，其中，国内供给较快增长，进口小幅下降，进口量超过国内供给量；国内需求略有增长，出口明显下降，库存大幅增加；原木与锯材产品总体价格水平和进口价格水平环比波动下降，同比明显下跌；进口价格水平波幅大于总体价格水平波幅。

1. 木材产品总消费略有增长，国内实际消费微幅扩大、出口明显下降、库存大幅增加 从国内消费看，2019 年，家具用材消耗大幅增长，建筑业用材消耗、造纸用材消耗小幅下降，木材产品国内消费增长 0.33%；同时，虽然纸和纸板出口较大幅度增长，但木质家具和胶合板的出口量快速下降，木材产品出口总规模缩小 4.89%。由于国内供给增速快于需求增速、出口降幅大于进口降幅，木材产品库存增加 39.77%。

2. 原木与锯材产品总体价格水平和进口价格水平环比波动下降，同比明显下跌，进口价格水平波幅明显大于总体价格水平波幅 2019 年，木材产品（原木与锯材）总体价格水平同比全面较大幅度下降，降幅为 0.97%～7.51%；从环比看，除 2 月持平，3～4 月、7 月和 11 月微幅上涨外，其余月份小幅下跌，跌幅为 0.08%～2.28%。各月进口木材产品价格水平同比全面下跌，跌幅为 3.39%～11.38%；从环比看，4 月、6 月、8 月和 12 月在 0.30%～4.21% 间小幅上涨，其余月份价格不同幅度下跌，跌幅为 0.10%～5.41%。从木材总体价格与进口价格的关系看，上半年两者的环比变化呈正相关，下半年呈负相关。

四、主要林产品进出口

林产品出口和进口较快下降，出口和进口分别下降 3.94% 和 8.44%。其中，木质林产品进出口下降、进口降幅远大于出口降幅，在林产品出口中占比小幅提高、进口中占比进一步明显下降；非木质林产品出口快速下降、进口大幅增长，林产品贸易重现顺差。木材产品市场总供给（总消费）为 53 331.99 万 m³，与 2018 年同口径比增长 0.72%。其中，国内供给较快增长、进口低速下降，进口在木材产品总供给中的份额持续小幅下降；国内实际消费微幅扩大、出口明显下降、库存大幅增加。原木与锯材产品总体价格水平和进口价格水平环比波动下降，同比明显下跌，进口价格水平波幅明显大于总体价格水平波幅。草产品出口 97.91 万元，进口 6.64 亿元，进出口以草饲料为主。

1. 林产品出口和进口较大幅度下降，出口降幅低于进口降幅，贸易差额由逆转顺，在全国商品出口和进口贸易中所占比重进一步下降 2019 年，林产品进出口贸易总额为 1 503.56 亿美元，比 2018 年下降 6.24%。其中，林产品出口 753.95 亿美元，比 2018 年下降 3.94%，占全国商品出口额的 3.02%，比 2018 年下降 0.14 个百分点；林产品进口 749.61 亿美元，比 2018 年下降 8.44%，高于全国商品进口 2.75% 的平均降速，占全国商品进口额的 3.61%，比 2018 年下降 0.22 个百分点。林产品贸易顺差为 4.34 亿美元。

2. 林产品进出口贸易中木质林产品仍占绝对比重，但进口份额进一步明显下降、出口份额小幅提高 2019 年，林产品进出口贸易总额中，木质林产品占 68.06%%，比 2018 年下降 2.14 个百分点。其中，出口额中木质林产品占 72.90%，比 2018 年提高 1.30 个百分点；进口额中木质林产品占 63.20%，比 2018 年下降 5.65 个百分点。林产品贸易以亚洲、北美洲和欧洲市场为主，且亚洲的集中度提高。出口市场中，亚洲集中了近 50% 的份额；进口市场中，亚洲的份额超过 1/3。从主要贸易伙伴看，美国是林产品出口和进口的最大贸易伙伴，其中出口市场中美国超过 1/5 的份额；进口市场相对分散，其中近 50% 的份额集中于印度尼西亚、泰国、美国、俄罗斯、巴西和加拿大等 6 国。2019 年，林产品出口总额中各洲所占份额依次为：亚洲 48.13%，北美洲 22.61%，欧洲 17.45%，非洲 4.48%，大洋洲 4.16%，拉丁美洲 3.17%，与 2018 年比，亚洲和欧洲的份额分别提高了 3.21 和 0.94 个百分点，北美洲的份额下降了 5.01 个百分点。林产品进口总额中各洲所占份额分别为：亚洲 35.97%，欧洲 22.04%，拉丁美洲 14.57%，北美洲 13.62%，大洋洲 9.87%，非洲 3.92%，其他 0.01%，与 2018 年比，亚洲的份额提高了 3.80 个百分点，北美洲的份额下降了 3.62 个百分点。从主要贸易伙伴看，前 5 位出口贸易伙伴依次是美国、日本、中国香港、越南和英国，占 43.62% 的市场份额，比 2018 年下降 4.89 个百分点。其中，美国和中国香港的份额分别下降 5.14 和 0.99 个百分点，越南的份额提高了 0.63 个百分点；前五位进口贸易伙伴分别为美国、印度尼西亚、泰国、俄罗斯和巴西，集中了 42.11% 的市场份额，比 2018 年下降了 1.07 个百分点。其中，美国和巴西的份额分别下降了 3.01 和 1.08 个百分点，印度尼西亚和泰国的份额分别提高了 2.84 和 0.51 个百分点。

（国家林业和草原局发展规划与资金管理司 林琳 于百川）

农作物秸秆加工业

一、基本情况

2019 年，全国粮食播种面积 11.606 万 hm²，粮食总产达到 66 384 万 t，比 2018 年增加 594 万 t，增长 0.9%，创历史最高水平。作为粮食生产附属产物的秸秆，产量也达到历史新高。如何有效地利用秸秆，避免焚烧秸秆造成环境污染，实现秸秆经济效益、社会效益和生态效益，成为农作物秸秆加工业的关键问题。

（一）主要成就

2019 年，在国家及各级政府的共同努力下各地根据实际需要推广不同的秸秆利用技术，综合利用效果显著。

1. 秸秆综合利用率稳步提高　为了解决秸秆的综合利用，2016 年以来，中央财政安排资金 86.5 亿元，以秸秆肥料化、饲料化、能源化为主要利用方向，开展整体推进的秸秆综合利用重点县建设，支持秸秆利用的重点领域和关键环节，共覆盖 684 个秸秆产生大县，秸秆综合利用市场主体达到 2.9 万家，推动全国秸秆综合利用率达到 86.7%，天津、湖北、江苏等 25 个省（自治区、直辖市）秸秆综合利用率达到 85% 以上。

2. 秸秆综合利用设备有所增加　在农业机械购置补贴的连续助力下，各级政府增加对秸秆利用机具补贴力度，设备有所增加。2019 年，国家安排秸秆粉碎还田机、打（压）捆机、免耕播种机购置补贴资金 13 亿元，秸秆粉碎还田机拥有量达到 97.05 万台，比 2018 年增加 4.42 万台，增幅达到 4.77%；秸秆打（压）捆机拥有量达到 10.80 万台，比 2018 年增加 2.25 万台，增幅达到 26.32%；免耕播种机拥有量达到 103.41 万台，比 2018 年增加 3.13 万台，增幅达到 3.12%；青饲料收获机拥有量达到 5.14 万台，比 2018 年增加 0.28 万台，增幅达到 5.76%。

3. 秸秆机械化粉碎还田面积再创新高　秸秆机械化粉碎还田，不仅省工节本，而且简便易行，同时有利于改善环境，培肥地力，逐步提高土壤有机质含量，实现农业可持续发展。2019 年机械化秸秆还田面积 5 433.176 万 hm²，比 2018 年增加 300.489 万 hm²，增长 5.85%，成为秸秆综合利用最主要的途径。

4. 秸秆养畜持续发展　2019 年，国家继续加大实施"粮改饲"试点工作，全国粮改饲试点范围已扩大到 17 个省（自治区、直辖市）629 个县，实施面积 100 万 hm² 以上；秸秆捡拾打捆面积 885.636 万 hm²，比 2018 年增长 98.23 万 hm²，增幅 12.48%；机械化青贮秸秆 9 077.99 万 t，比 2019 年增加 21.31 万 t，增幅 0.23%。

5. 秸秆能源化利用技术发展迅速　为了推动秸秆能源化利用技术，在东北地区重点推广了秸秆打捆直燃集中供暖和秸秆成型燃料清洁供暖等模式。目前，已在辽宁、黑龙江、河北、山西等地建成秸秆打捆直燃供暖试点 178 处，供暖户数 23 万户，供暖面积达到 700 多万 m²。同时，重点在"煤改电""煤改气"难以覆盖的地区，推动生物质成型燃料利用，配套推广清洁炉具，全国已建成成型燃料厂及加工点 2 360 处，年产量约 1 000 万 t。

（二）存在问题

2019 年，我国秸秆综合利用在机械化利用设备、粉碎还田、秸秆养畜、能源化利用方面取得了较大的成就，但是由于政策、资金、技术及认识等方面的差距，致使我国秸秆利用仍存在突出问题。

1. 秸秆焚烧现象仍然存在，污染严重　近几年，各级政府加大了对秸秆焚烧的管理力度，出台了一系列政策，秸秆焚烧的焚烧点不断地下降。据统计，2019 年火点数比 2017 年减少 40% 以上。但是，焚烧现象仍然存在，据卫星监测结果显示，4 月 10～14 日仅吉林省累计发现 603 处疑似火点，环境空气质量优良天数比去年同期下降 25.2 个百分点；PM2.5 平均浓度比去年同期上升 40 μg/m³。

2. 秸秆收集难度大，成本较高　秸秆资源分散、体积大、密度较低，缺乏配套的收集、运输机械设施，尤其是在粮食主产省，秸秆量大，茬口时间紧，劳动力少，收割后难以及时清理，收集储运成本较高，加之服务体系尚未建立，服务市场难以形成，制约了秸秆综合利用的发展。

3. 农民参与积极性不高　部分地区农民对秸秆资源价值认识不够，环保意识不够强，担心秸秆还田影响播种质量、出苗和产量，加之秸秆还田离田费时费力费工，经济效益低，影响了农民开展秸秆综合利用的主动性、积极性。

4. 秸秆收储运体系不完善　目前，我国各地已重视建立秸秆储运体系，但是由于秸秆价格体系不稳定、秸秆收集难度大，成本较高，收储运还不够完善，出现了"有秆不收、有收无储、有储难运"的现象。

（三）成效显著的地区

在各级政府的指导下，全国各地加大了秸秆综合利用工作的力度，秸秆利用普遍取得了良好的效果，天津、河北、湖北等地农作物秸秆综合利用成效显著。

1. 天津市　天津市按照《关于农作物秸秆综合利用和露天禁烧的决定》的要求，不断加大组织推动力度，严格落实主体责任，全力推进秸秆综合利用。2019 年，利用财政补助资金 6 555 万元开展秸秆机械化还田、离田作业，农作物秸秆综合利用率达 98%。其中，小麦秸秆全量化综合利用，主要利用方式为秸秆粉碎还田；玉米、大豆等秸秆综合利用率 99.4%，以秸秆粉碎还田和青黄贮为主；棉花秸秆综合利用率 98.2%，主要是离田外运燃料化利用；水稻秸秆综合利用率 87.8%，主要是离田外运饲料化和燃料化利用。

2. 河北省　河北省按照《秸秆综合利用实施方案（2019—2020 年）》的要求，提出以提高秸秆直接还田质量，增加离田利用（能源化、饲料化）比重为主攻方向，强化政策落实、制度保障，2019 年全省秸秆综合利用率达到 97.36%。

3. 湖北省　湖北省按照"因地制宜、农用优先、就地就近、政府引导、市场运作、科技支撑"的原则，建立健全政府、企业与农民三方共赢的利益连接机制，推动形成布局合理、多元利用的产业化发展格局，以提高秸秆综合利用水平。2019 年，共安排财政资金 5 995 万元，新建、扩建秸秆收储点 200 多个，全省农作物秸秆可收集资源量约 3 053 万 t，综合利用总量为 2 800 万 t，利用率达到 91.73%。

4. 安徽省　安徽省为了促进秸秆综合利用，提出了秸秆利用的重点任务，包括扶植龙头企业、打造园区平台、优化肥料化利用技术、加速提升能源化利用水平、拓展饲料化和基料化利用渠道、形成原料化利用产业集群、推进利用标准化收储体系建设及综合利用科技研发和应用等八个方面，并将启动相应的八大工程。2019 年，全省秸秆综合利用规模企业 1 860 个，总产值 216.12 亿元，总产值同比增长 96.4%；总销售收入 173.155 亿元，年利税 13.52 亿元，带动

34 214 人就业，农作物秸秆综合利用率超过 90%。

二、新产品和新技术

国家以及各级政府为了提高秸秆综合利用，针对困扰秸秆综合利用发展的各种技术开展攻关研究，在蔬菜有机土基质栽培、废弃秸秆制备生物汽柴油、作物秸秆能源化高效清洁利用等方面取得了新的成就，有力地推动了农作物秸秆的综合利用方式，提高了农作物秸秆的经济价值和社会价值。

1. 蔬菜有机土基质栽培技术研究项目　青海大学农林科学院利用青海当地丰富的牛羊粪资源，开展了以小麦秸秆、油菜秸秆和菇渣等农业生产废弃物为基质原料的温室果菜类、瓜类、叶菜类等蔬菜有机土基质栽培技术的研究。该技术将农业生产废弃物变废为宝，可提高肥水利用率和有机土栽培基质的有机质含量，有利于提高大田作物的土壤结构改良。此外，还能有效降低土壤连作障碍，同时加快非耕地的利用，扩大蔬菜种植区域，提高蔬菜的品质和质量，满足人民对优质蔬菜的需要，促进设施蔬菜生产向绿色环保型可持续农业的发展，取得了良好的社会、生态、经济效益。

2. 废弃秸秆制备生物汽柴油成套技术与装备项目　四川大学牵头承担的国家重点研发计划"废弃秸秆制备生物汽柴油成套技术与装备"项目围绕沸腾床加氢脱氧、热解残渣制备烟气净化剂、百万吨级生物汽柴油制备工艺放大等关键科学技术问题，深入研究开发生物汽柴油制备技术及装备，探索废弃秸秆资源化处理与石油炼制产业同址共炼方案，并规模化开展验证和应用示范。同时，成果将进一步解决废弃生物质能源分散性收集提炼、污染治理难题，促进二氧化碳减排，助力精准扶贫和乡村振兴战略实施，为保障国家能源安全提供有力科技支撑。

3. 作物秸秆能源化高效清洁利用技术研发集成与示范应用项目　由农业农村部规划设计研究院牵头主持的公益性行业（农业）科研专项"作物秸秆能源化高效清洁利用技术研发集成与示范应用项目"，经过 5 年研究，以共性技术、接口型关键技术为重点，面向六大区域需求，针对性开展了秸秆集中供应系统、安全化预处理、产品提质增效、清洁能源转化、过程污染物消减与控制、智慧管理系统与运行模式、标准体系等方面的研究，在秸秆热解气炭联产、半气化燃烧和捆烧供暖、秸秆燃料乙醇绿色生产制造等技术方面取得了显著进展。项目研究开发出共性技术与模式 11 项，接口型实用技术 17 项，建立示范工程 14 处，开发智慧型秸秆清洁能源管理系统 1 套，构

建区域适应性的秸秆清洁能源管理模式 6 套；申请专利 103 件，制定标准与技术规程 50 项，发表学术论文 128 篇。

三、行业活动

1. 2020 年 2 月，农业农村部、财政部印发《东北黑土地保护性耕作行动计划》（农机发 [2020] 2 号），将东北地区作为农作物秸秆覆盖还田、免（少）耕播种为主要内容的保护性耕作推广应用重点，力争到 2025 年实施面积达到 933.33 万 hm²。

2. 由农业农村部科技教育司、农业农村部农业生态与资源保护总站组织的"2020 年度秸秆综合利用推进专班第一次工作会议"于 3 月 20 日采用视频会议方式召开。会议提出今年推进专班的十个方面的重点工作，强调要做好秸秆资源台账和统计工作、监测工作和评估工作的有效衔接，要求推进专班找准工作的着力点和支撑点，切实完成秸秆综合利用年度目标任务。

3. 2020 年 9 月 23 日，农业农村部在吉林省召开了东北倒伏玉米机械化抢收工作布置会暨东北黑土地保护性耕作行动计划现场推进会，与会代表参观了梨树县保护性耕作研发基地、农机农民专业合作社、全国百万亩绿色食品原料标准化生产基地、倒伏玉米机收作业现场、免（少）耕播种作业现场。会议还对吉林省接连遭受 3 场强台风入侵，局地玉米、水稻等主要农作物受灾倒伏情况进行总结，要求各

地迅速行动、抢收减损，千方百计把成熟的粮食收上来，把收获环节的损失降下来，奋力夺取全年粮食丰收，扎实有序推进黑土地保护性耕作行动计划实施。

4. 2020 年 9 月 28 日，由中国农业大学国家保护性耕作研究院、农业农村部保护性耕作研究中心、中国农业机械化协会等单位联合举办的 2020 年全国两熟区玉米秸秆利用暨小麦免（少）耕播种田间演示会在山东省平度市田庄镇西寨村举行。活动现场设有玉米茎穗兼收区、秸秆打捆区、施肥整地区、小麦播种区、田间植保区、智能装备区、田间展示区等七大演示区，来自山东省农业机械化研究院等 28 家企事业单位的 52 种产品依次进行了演示，涵盖了玉米收获、秸秆还田、联合整地、小麦播种、田间植保、智能管理等各个生产环节。此外，演示会突出智能农机技术，包括无人驾驶植保机、无人车田间机器人、北斗监控终端、北斗自动导航和平地系统等。

5. 为配合东北黑土地保护性耕作行动计划实施，大力宣传普及保护性耕作技术与装备知识，在农业农村部农业机械化管理司的指导下，11 月 13 日，农业农村部农业机械试验鉴定总站、农业机械化技术开发推广总站联合中国农业机械流通协会在中国国际农业机械展览会上举办了保护性耕作技术及智能装备展览活动，展示高性能玉米免耕播种机，宣传东北四省区保护性耕作技术路线。

（天津市农业机械与农业工程学会　辛永波　宋樱　徐晓婕　胡伟）

食品与包装机械制造业

中国食品和包装机械制造业 2019 年以"调结构、稳增长"为主要特征，行业产品结构升级趋势明显，头部企业实力明显增强，行业集中度进一步提升。在我国食品工业产业结构升级的大背景下，以酒类、乳制品、饮料等液态食品和包装机械技术升级为基础，以中央厨房装备和传统食品工艺装备快速发展为主要驱动力，同时带动其他类别食品和包装机械均衡发展，我国食品和包装机械行业总体保持了健康稳定的增长。食品和包装机械行业走出去步伐明显加快，在国际贸易形势日趋严峻的形势下，国际出口保持了稳定增长，行业贸易顺差进一步提升。

一、基本情况

（一）主要经济指标

2019 年，全国 1 047 家规模以上食品和包装机械企业共完成主营业务收入 1 178.99 亿元，同比增长 2.63%。其中商业、饮食、服务业专用设备同比增长 12.92%，包装专用设备制造同比增长 8.78%，这两个领域较 2018 年有较大增长。而农副食品加工专用设备制造和食品、酒、饮料及茶生产专用设备制造两个细分领域有小幅调整。行业效益方面，全国 1 047 家规模以上企业全年实现利润 99.18 亿元，同比增长

2.22%，行业利润率为 8.41%，比 2018 年的 7.07% 提升了 1.34 个百分点，显示出食品和包装机械行业在产业结构调整的背景下，行业整体效益显著提升。其中包装专用设备制造利润大幅提升，同比增长 72.44%，利润率大幅提升 4.38 个百分点；商业、饮

食、服务业专用设备利润同比增长 26.69%，利润率提升 0.7 个百分点。数据显示这两个细分领域的行业效益比 2018 年有较大程度的提升，预计 2020 年仍将延续这一趋势。食品装备行业主要经济效益见表 1。

表 1　2019 年我国食品装备行业主要经济效益数据

分类名称	企业数（个）	营业收入		利润总额		利润率（%）	
		全年累计（亿元）	同比增减（%）	全年累计（亿元）	同比增减（%）	全年累计	上年同期
农副食品加工专用设备制造	328	378.45	−0.89	27.57	−1.66	7.28	7.34
包装专用设备制造	333	354.60	8.78	42.05	72.44	11.86	7.48
食品、酒、饮料及茶生产专用设备制造	271	277.07	−2.29	17.93	−2.56	6.47	6.49
烟草生产专用设备制造	63	110.36	4.48	7.81	6.36	7.07	6.95
商业、饮食、服务业专用设备制造	52	58.51	12.92	3.82	26.69	6.52	5.82
合　计	1 047	1 178.99	2.63	99.18	2.22	8.41	7.07

二、行业发展特点分析

（一）食品和包装机械行业整体平稳增长

2019 年，我国食品和包装机械行业以产品结构升级为主线，各细分领域的技术水平都有明显提升，尽管市场表现不一，但行业整体表现平稳，行业效益明显好转。

1. 乳制品　常温酸奶产品已经进入到平缓增长期，低温产品和奶酪制品在快速增长中。

2. 饮料　大容量瓶装水市场继续扩大，其中以 1.5L 及其以上的大包装、家庭装、商务用水等为典型的产品增速很快，推动大容量灌装包装设备市场保持高速增长。以 NFC 果汁产品、小包装乳酸菌饮料、休闲类乳制品产品等为代表的饮料市场发展迅速，带动了高端果汁无菌灌装产品和中小乳制品装备的发展。

3. 中央厨房、传统食品　需求正在快速增长，带动此类装备在 2019 年实现 27% 的增长，远高于食品和包装机械行业的平均水平，显示出这些领域正在进入到产业的黄金增长期。

4. 酒类专用设备　经过多年的研究创新，以泸州老窖、古井坊、五粮液、老白干等为代表的白酒企业已经开始全面地投入到智能化酿造以及高速灌装智能工厂的建设，清香型和浓香型白酒的智能化酿造也正在全面开始建设。中国主要白酒企业普遍开始了新建或者改造智能酿造工厂或者车间的步伐。

（二）头部企业的实力明显增强

据统计，中国食品和包装机械行业前 20 个骨干

企业有 8 家上市公司，占比达到了 38.1%，其固定资产和销售额相比"十三五"初期的 2016 年普遍增长 1 倍以上，其中杭州永创的主营业务收入已经突破 20 亿元。

1. 装备技术水平　头部企业的销售收入快速增加为研发创新提供了保证，中高端装备产品不断取得突破，成熟的高端国产装备陆续推出并应用到行业一线，并且以较高的性价比优势逐步开拓国内、国际市场。

2. 行业竞争　头部企业逐步形成了错位竞争的局面，产品的技术创新逐渐向业内龙头企业聚集，在各细分领域实现了诸多创新。如啤酒领域的乐惠国际已经成为完整的解决方案提供商；饮料装备方面，达意隆、新美星等企业其灌装产品、均质产品、数字化调配等整体解决方案日益科学完善；乳制品装备领域，以杭州中亚、山东碧海、上海普丽盛为代表的行业骨干企业，在酸奶制品、液态乳无菌灌装、乳酸菌饮料等领域形成了较为全面的装备供应体系。

（三）食品和包装机械产品技术升级趋势加快

1. 市场需求　包括正大这样的国际食品企业也开始将目光转移到国产装备上，尤其是品质和性能与欧美产品较为接近的装备产品，这一方面显示国产装备的技术升级，另一方面，国产装备在性价比方面确实有比较大的优势。

2. 细分领域　在技术标准化程度较高的液态食品和包装机械领域，我国的食品和包装机械技术水平不断缩小与国际先进水平的差距；而在酿造等传统食品和中央厨房专用设备领域，我国的食品和包装机械已经逐步走上以创新驱动的轨道。

头部企业产品的综合技术水平不断提升，中小企业也在靠技术和创新赢得市场。国内在智能化酿造、柔性给袋式包装、二次包装的智能化应用、视觉技术在检测和智能方面的应用等各个具体工艺环节，都在不断提升技术创新水平，从而满足国内外日益提升的食品制造业需求。

（四）食品和包装机械产品国际竞争力不断提升

1. 国际贸易　2019 年我国食品和包装机械行业全年实现进出口贸易总额 110.61 亿美元，同比增长 7.49%。其中，出口 68.37 亿美元，同比增长 11.01%；进口 42.24 亿美元，同比增长 2.25%。可以看出，同比出口增长要比进口增长高出 8.76 个百分点。

2. 细分行业　2019 年食品机械实现进出口总额 58.14 亿美元，同比增长 5.09%。其中，出口 33.37 亿美元，同比增长 4.51%；进口 24.77 亿美元，同比增长 5.9%。包装机械 2019 年实现进出口总额 52.47 亿美元，同比增长 10.28。其中，出口 35.00 亿美元，同比大增 18%；进口 17.47 亿美元，同比减少 2.51%。从上面的数据可以看出，2019 年全年贸易顺差较 2018 年继续扩大，食品机械的进口增长要高出出口增长 1.39 个百分点，而包装机械的出口增长大幅领先进口增长 20.51 个百分点，显示出我国的包装机械越来越受到全球市场的欢迎，而我国的食品机械还需要不断努力。

3. 全球市场　我国食品和包装机械出口的前十个国家和地区依次是：美国、越南、印度、印度尼西亚、泰国、日本、马来西亚、韩国、中国香港、德国。其中出口到美国的食品和包装装备产品达到了 7.87 亿美元。我国食品和包装机械的进口六大来源国依次是：德国、日本、意大利、美国、韩国、瑞典，其中进口德国的食品和包装机械产品达到了 12.51 亿美元，占全部进口额的 29.62%，显示出我国对德国食品和包装机械产品的依赖程度非常高。

4. 出口贸易分布　出口额较多的省、自治区、直辖市依次是：广东、浙江、江苏、上海、山东、福建、北京、安徽、广西、河南，其中广东、浙江、江苏三省的出口额分别是 13.81 亿美元、11.49 亿美元、10.06 亿美元，三省的出口额占我国食品和包装机械行业全部出口额的 51.72%，显示出这个三省的食品和包装机械产品在国际上具有很好的竞争实力。

5 进口省份分布　进口额较多的十个省、自治区、直辖市排名依次是：上海、江苏、广东、北京、浙江、山东、天津、辽宁、内蒙古、湖北，其中上海以 11.29 亿美元的进口额位居首位，显示出上海作为我国食品和包装机械国际贸易中心的重要地位。

（五）"三品"战略实施情况和典型案例

为了更好的推动"三品"战略在食品和包装机械行业的落地，2019 年中国食品和包装机械工业协会在沈阳、成都、长沙、漯河、济南举办了五场"数字化推动食品工业转型升级·地方站"活动，加快食品和包装机械企业在贯彻落实"三品"战略中的项目落地。

1. 杭州永创智能设备股份有限公司的"基于机器视觉及系统集成的乳品礼盒装箱码垛生产线"被评为 2019 年度浙江省科学技术进步奖二等奖　这条生产线包含基于四级关联的赋码追溯集成、高精准度机器视觉图像识别、综合应用机器人、多机协作编组码垛、多传感信息融合等多项关键技术，机器（线体）涵盖高端乳品包装全道工序，是市场上首套自主研发的机器视觉、机器人、工业软件系统高度集成的高端乳品全流程无人包装成套智能装备，实现了数字化包装车间交钥匙工程，解决了协调多家供应商的问题，大大提高生产效率。这条生产线主要应用在伊利、蒙牛、达利等国内液态食品巨头，生产产品包括伊利安慕希酸奶、有机金典奶、QQ 星、蒙牛特仑苏、达利豆本豆等高端饮品。

2. 2019 年宁波乐惠国际工程装备股份有限公司给百威英博墨西哥公司提供了近百台至今最大容积的发酵罐　全容积为 960m³，直径超过 9 000mm，合同总额近 3 亿人民币，取得了较好的经济效益。

3. 肥城金塔公司自主研制出 50 万 t 单条酒精生产线的单套酒精设备圆盘式干燥机　标志着我国在特大型酒精成套设备及工程设计制造上已达到了世界先进水平。

4. 山东碧海包装材料有限公司 2019 年推出了具有自主知识产权的全新产品碧海瓶　碧海瓶是由砖包演变来的，通过关键技术攻关，创造性地把砖包顶部的封合挪到了侧面，把侧边的平面移到了顶部，实现了小包装可以加盖的包装形式，成功地将砖包变成了"瓶"，是一款全新的中高端包装形式。碧海瓶采用先灌装后加盖技术的无菌灌装，既可以做低温鲜产品，又可做常温产品。通过积极的科研成果转化，新产品带来的利润总额同比增长 390.2%，碧海瓶也由此推动了乳品、饮料生产企业新一轮的产品升级。

5. 合肥泰禾光电科技股份有限公司研制成功智能装车系统　该系统结合 2D/3D 工业机器视觉、光电等传感设备，集中实现了进垛、传输、拆垛、分组、托盘回收等一系列功能，填补了国内外空白，现已获得授权实用新型专利 30 余项，申请发明专利 40 余项。智能装车系统智能化程度高，能够降低装车环节人工成本和管理成本，提高作业效率，促进企业传统物流转型升级，助力打通"智能工厂"的最后一环,受到粮油、食品、酒水、饮料、家电、化工、化肥、饲料等行业用户的欢迎。

(六)绿色制造、智能制造

2019年,食品和包装机械行业的智能制造、绿色制造突出表现在三个方面:

一是传统生产线的改造升级 乳制品、饮料、酒类、肉类等自动化、智能化程度较高的细分领域,以改造升级为主,普遍以智能化和数字化为目标,从乳制品行业来看,主要是智能立体库、食品安全追溯、供应链体系的智能装备发展,这些都推动了中高端国产生产线的落地逐步进入到品牌食品制造企业落地。

二是中央厨房、果蔬加工、传统食品技术装备、自动化酿造、精酿啤酒等领域智能制造的快速升级 如紫燕百味鸡、海底捞、首农集团、湘粮集团等企业,2019年都在快速新建、扩建智能化的中央厨房。中央厨房集中体现了现在餐饮食材加工的集约化、规模化、标准化,提高了食材到菜品的效率,凭借在成本控制、集中采购、标准化作业以及加工配送方面的优势,比传统配送节约近30%左右的成本,同时有效解决食品安全问题、节能环保问题,这些都是食品和包装机械智能化带来的成果。

三是新零售等食品产业创新继续推动食品工业数字化转型 2019年,食品工业新零售,打通了商品的生产、流通和销售的线,实现终端消费者和生产的联系,重构了整个零售新模式,新产品生命周期管理减少了食品工业生产中所有环节的损耗。

总体来看,食品和包装机械行业以智能生产线投资和改造为主要动力,行业统计数据也印证了这一点。商业、饮食、服务业专用设备制造和包装专用设备制造两个细分领域较2018年有较大的增长,规模以上企业主营业务收入分别比上年同比增长12.92%和8.78%,从2019年的数据来看,这两个细分领域有较大增长。另外,许多国际上的节能新技术得到重视和应用,在研发过程中将节能降耗技术与装备的生产性能有机结合起来,使得许多节能降耗的技术在食品生产领域得以应用,提高了资源的综合利用率,降低资源的损失,实现食品和包装机械行业绿色制造、智能制造。

(七)发展新亮点、新增长点

1. 中央厨房装备领域高速增长 统计数据显示,中央厨房、传统食品技术装备的需求正在快速增长,带动此类装备在2019年实现27%的增长,远高于食品和包装机械行业的平均水平。显示出这些领域正在进入到产业的黄金增长期。其中,中央厨房领域中的团餐是发展速度最快的部分,也是利润增长最快的部分,标准化的工艺设备,使前期投资少,见效快,正

大食品、益海嘉里、首农、紫燕食品等都在2019年大规模新建中央厨房工厂。正大在主食产业方面已经深耕多年,益海嘉里正在快速布局,区域性知名企业如首农集团、湘粮集团等快速新建、扩建工厂,为中央厨房、传统食品以及主食产业装备未来发展提供前所未有的黄金发展期。

2. 数字化、智能化水平明显提升 得益于我国数字化水平的整体提升,食品和包装机械装备领域的数字化和智能化水平提升明显。主要表现在以下两点:

一是单机智能化提升。从2019年调查的反馈情况来看,无论是中小型商用面条、馒头、包子等单机,还是大型液态包装设备,其通过大规模的应用芯片、PLC、伺服等极大提升了产品的硬件智能化基础,标准的工业接口和无线应用设备的嵌入使得设备本身对未来应用远程控制、云存储和云计算,甚至是5G应用提供了很好的基础。此外,大量软件甚至是基于大数据的自学习型的软件系统嵌入使得装备本身的智能化提升到前所未有的高度。

二是整线数字化和整线智能化的大幅提升。包括工艺极其复杂的大型智能化酿造生产线和系统,大型乳制品生产工艺控制和管理系统,大型MES系统,甚至是基于大数据的辅助决策系统等已经开始陆续在食品制造业投入使用。食品工业智能生产线和智能工厂的陆续出现大大提高了食品制造企业的生产效率,降低了生产成本,提高了决策的效率和速度,成为我国食品制造业的标杆。

3. 食品安全技术装备技术升级加快 2019年,我国食品安全技术装备市场需求不断提升,从食品制造企业反馈的数据来看,绝大部分企业已经把食品安全追溯和食品安全检测作为企业生产过程的标准配置,为这类设备生产企业带了大量订单。

食品安全追溯方面,市场上不断推出针对不同层级企业的产品,例如针对中小企业完全基于云技术的标准化追溯系统、读码赋码设备和系统、视觉检测设备和系统等,已经日益成为企业数字化建设的重要支撑和延伸,以及对消费者大数据分析的重要保障。

食品安全检测方面,食品安全检测装备已经开始在食品生产企业大规模应用,越来越多的食品生产企业在原材料筛选过程检测和抽样检测、原材料处理过程检测与监控、包装完整性检测、异物检测等各个环节大量应用食品安全检测设备和系统。

三、行业面临的问题

(一)国际贸易形势严峻

2019年我国食品和包装机械国际贸易显示出稳

中向好的发展趋势，进出口额分别有不同程度的增长，同时贸易顺差继续扩大，这说明我国食品和包装机械在全球市场热度在逐步提升。但高精尖端产品的品质和性能与欧美传统食品和包装机械行业发达国家仍存在一定的差距，这也表明我国大部分食品和包装机械在高端装备领域的国际贸易中依然处于劣势，同时产品的品质与性能的差距在短时间内将继续存在，在国际贸易中的竞争压力依然很大。

东南亚、非洲作为我国食品和包装机械出口增长的重要支撑点，吸引了大量的装备企业前往抢占市场份额，主要出口技术含量相对较低的中低端产品为主。东南亚及非洲等地区的整体食品行业体量将继续扩大，但国内企业为了抢占市场采取低价销售方式，所以企业利润并不高。

2019年国际贸易形势笼罩在贸易保护主义与单边主义盛行的阴影下，多边主义和单边主义之争更加尖锐，致使全球贸易受到冲击。对美贸易企业因贸易摩擦的影响，出现利润降低，甚至亏损状况，但美国作为我国食品和包装机械的第一出口大国，2019年仍达到7.87亿美元，这表明了我国食品和包装机械在美国仍有稳定的市场。

（二）部分食品和包装机械关键零部件供应存在"卡脖子"现象

截至目前，国产食品技术装备可以满足绝大部分我国食品工业的需求，整体安全可控；部分装备产品如啤酒饮料装备达到国际中端水平，开始参与全球竞争；部分食品和包装机械领域如肉类屠宰、乳制品高端大型高速国产化生产线性能不稳定，还达不到高速、稳定运行的要求，依赖进口；大部分关键零部件已经国产化，但大型PLC、伺服、控制单元、气动元器件、密封件、过滤膜、电磁阀、轴承、驱动器、低压开关等应用于高速生产线的高端关键零部件国产性能达不到要求，主要依赖德国、日本、美国进口。

同时，大型食品工厂ERP级、MES级国产软件市场占有率较低，ERP级主要是德国SAP占据主要市场份额，国内用友、金蝶市场占有率约30%；大型食品工厂MES级主要是德国西门子、美国洛克威尔、日本欧姆龙等依靠自动化硬件等优势占据市场主动，国产化软件品牌较多，多是企业定制化服务；其他信息化领域如财务、人力资源、仓储、物流等国产信息化软件占绝大部分市场份额，中小食品企业的信息建设领域基本以国产为主。

在食品安全技术装备领域，部分高端检测技术装备需要进口日本、美国、瑞士等国家的产品，主要是实验室用高端精密检测仪器，并且国内没有可以替代的产品，主要是检测精度和稳定性两个方面存在较

大差距；食品安全快速检测方面，国产设备发展迅速，但是在精度方面还有不小差距；食品安全在线检测方面，部分高端精密仪器和传感器需要进口国外；食品安全追溯方面，国内供应商发展迅速，国产化程度基本上达到100%。

从以上分析，食品技术装备领域的"卡脖子"现象主要有两个部分：一是部分高端关键零部件领域，大型PLC、伺服、控制单元、气动元器件、密封件、过滤膜、电磁阀、轴承、驱动器、低压开关等；二是食品安全检测用实验室高端精密检测仪器，如高端质谱仪、色相分析仪器等，以上设备依赖德国、日本、美国等国家的进口产品。这类国产产品在性能和指标两个方面都有不小差距，并且短时间内无法弥补。

（三）食品和包装机械行业标准化程度亟待提高

目前行业内仍有大量的装备生产企业存在低水平重复生产现象，低水平同质化机械产品对市场影响较大，为了规范企业行为、维护市场秩序、保障产品质量、提高市场竞争力，提高团体标准的起草与制定具有必要性和紧迫性。但在团体标准化实践中也暴露出一些焦点、难点问题，如缺乏标准应用的激励性政策或措施，缺乏标准应用的驱动力；标准制订、修订及管理过程协调、协作程度差，相关业务行政部门和企业的参与度不足等问题。

（四）中小微食品和包装机械企业生存压力加大

根据中国家庭金融调查（CHFS）的数据，有32%的小微企业参与民间借贷，相比之下，只有13%的小微企业获得过银行类金融机构贷款，而在食品和包装机械行业，这方面更为突出，占比更高。中小微企业中具有高水平技术、发展潜力的企业缺少资金支持，使得该类企业的发展较为困难，很难形成规模。

中小微企业大多资金链压力大、产品技术含量不足，很多企业以低价竞争获取客户，利润较低，缺少新产品的研发投入，大多在行业出现新型产品后进行模仿，客户大多规模也不是很大，所以设备更新换代速度较慢，扩充产能可能性较低，导致中小企业没有长期固定的客户。

四、发展趋势

（一）具备整体解决方案能力的企业优势突出

2019年，从市场的反馈来看，具备从工艺到装备整体解决方案能力的企业市场竞争力越来越强，主要原因是食品生产企业越来越选择轻量化运营，将更多的专业工作交给供应商去做。比如食品生产工艺的设计，专业设备的采购、组装、整线调试，甚至还要

帮助客户企业运营一段时间。这就要求装备企业对整个流程非常熟悉，并且从中也可以获得更高的附加值。

目前来看，液态食品和包装机械领域乐惠、新美星、达意隆、杭州永创等实力较强的企业普遍具备整体解决方案的综合能力，所以从企业的销售收入也可以看出这种综合能力的竞争优势。

今后一段时间，乳制品、肉制品、白酒、调味品、罐头食品、面制品、方便食品、中央厨房等领域陆续会出现一批具备整体交钥匙解决方案能力的综合企业，这个过程中会不断有并购、兼并等行业整合案例出现。

（二）"一带一路"沿线国家的食品和包装机械需求快速增加

"一带一路"不仅为我国带来了沿线国家先进的技术、高质量的产品，也为我国商品走出去提供了更加便捷的途径。根据2019年海关数据显示，我国食品和包装机械出口额前十的国家分别为：美国（7.87亿美元）、越南（4.66亿美元）、印度（3.78亿美元）、印度尼西亚（3.39亿美元）、泰国（2.71亿美元）、日本（2.68亿美元）、马来西亚（2.58亿美元）、韩国（2.02亿美元）、德国（1.58亿美元）、俄罗斯（1.53亿美元），这表明了作为"一带一路"重要环节的东盟各国是我国食品和包装机械的重要出口地区，这不仅为我国食品和包装机械企业的发展提供了更广阔的市场，也使得我国产品更加注重国际需求。

随着我国食品和包装机械设备进口的助力，当地的规模化企业正在逐步成长，我国食品和包装机械将在这些国家迎来出口规模的快速增长，这也将是我国食品和包装机械发展一次不可多得的机遇。

（三）传统食品的工艺与装备创新步伐加快

传统食品工艺创新主要解决的是我国传统食品从手工作坊式生产向工业智能化生产过程中，如何更好地保持原有的风味和营养，并且通过定量化的研究去除加工过程中产生的有害物质。通过国内食品企业和科研院所的联合攻关，在白酒酿造、调味品发酵、肉制品腌制发酵、面食及焙烤加工、调味料发酵加工等领域的工艺和装备技术水平明显提升，技术进步的步伐越来越快。

泸州老窖、劲酒等白酒企业经过多年的技术积累，目前已经开始大规模地采用智能化的酿造工艺和高速包装系统进行生产。以湖北纵横、裕盛等为代表的智能酿造和调酒系统，以乐惠、永创、鹏程、鼎正等为代表的中高速白酒包装系统，以永创为代表的后道包装系统等已经在白酒领域大规模商用，这是我国

白酒智能化取得的重大成果。

以双汇、金锣等为代表的肉类加工企业目前正在快速地提升传统熟食制品的业务，以河北晓进、山东诸城地区为代表的肉类前处理装备，以帆铭、大江等为代表的保鲜包装系统装备已经成为当前肉类加工包装装备的主流产品。在传统肉制品加工领域，传统风味的腊肉、禽类肉制品的标准化、工业化生产已经形成产业规模，其中杀菌技术的不断成熟已经解决了保质期的问题，带动了诸城等地区的杀菌板块的崛起。

以金沙河、克明、今麦郎、中粮等为代表的挂面产业发展迅速，市场需求不断增大，青岛海科佳为代表的挂面包装装备占据很大的市场份额，为挂面产业的智能化生产做出了重要贡献。此外，金美乐、万杰、燕诚等为代表的包子、饺子、面条等自动化生产线已经实现了智能化生产。

2019年，传统食品的休闲化趋势也推动了食品和包装机械的创新发展。从各类型农产品深加工装备开始，烘干、均质、调配、烟熏、膨化、烘焙、腌制、挤出、杀菌、真空包装、充气包装、各类型二次包装、码垛、智能物流等技术装备也发挥了重要的作用。此外，食品和包装机械行业在杀菌装备、给袋式包装机和各类型真空包装机领域出现了高速增长。

（四）企业数字化竞争优势越来越突出

制造业进入4.0时代，制造企业的数字化需求始终围绕着三个主题：降低成本、提升效率、科学决策。因为企业的根本是以经营利润为核心，所以企业最关注的是如何以最小的付出达到最大的收益，数字化要解决的就是这个问题。企业的数字化水平越高，也就代表企业具有更高的生产效率、决策效率和更具有未来的发展潜力。越大型的企业，数字化程度越高，利润也越高，这是趋势，也是未来发展方向。

（五）疫情对食品和包装机械企业经营造成一定冲击

2020年年初，新型冠状病毒肺炎疫情突然爆发，对食品和包装机械业的正常发展造成了严重影响。

部分包装机械企业作为保障医疗物资生产供应闭环的一部分，在疫情期间得到政府的支持，紧急扩大产能，例如生产口罩包装机、防护服包装机、压条机、消毒液灌装机等医疗物资的企业在政府的统筹规划下，紧急开工扩产。

但其他食品和包装机械企业，因疫情影响，订单量下降，导致营业额减少，同时原材料价格上涨、供应难、物流成本上升、流水周转慢、资金链承压等诸多因素使得企业经营压力持续增加。

供应链方面，受到关闭工厂和物流的影响，高端装备所需要的原产于欧洲及美国、日本的高端阀门、

传感器、气缸等关键零部件预期会受到很大影响，部分在中国有生产工厂的欧洲、美国、日本高端产品，受影响不大。

外贸方面，主要影响到中国食品和包装机械行业第三季度的订单。国外大量客户工厂关闭，市场影响较大，订单的运输、安装也成为最主要的问题。

面对困难，大多数企业对于下半年经济形势仍充满希望。有望疫情得到完全控制后，食品行业消费将迎来指数型反弹，随之将带动食品和包装机械行业的爆发式增长。

五、政策建议

（一）继续加大"一带一路"政策引导

拓宽信息沟通渠道，利用展会、展览、网络、推介会等形式，加强"一带一路"沿线国家政策、资源介绍，鼓励和引导企业"走出去"，对已经"走出去"的企业在"走出去"过程中所遇到的困难给予及时帮助。

（二）加强对基础科学研究的扶持

国产高端零部件在速度、稳定性、精度方面的基础研究需要加强，可以针对关键技术进行国家专项科研攻关。另外，在 ERP 级、MES 级软件方面，探讨对硬件接口进行统一要求的可能性，以加强软件之间的互联互通。

（三）加强行业标准化建设

加快推进食品和包装机械各细分行业的标准化技术委员会建立，对行业标准的制修订工作予以支持和鼓励，对达到并超过行业标准的优秀企业给予适当奖励。

（四）加大对中小微企业的扶持力度

在资金上，可以适时推出免税政策、上一年税收返还等普惠性的全国政策。不同地区可以根据本地区情况重点加强对小型微型企业的信贷支持，通过延期支付银行贷款利息、减免或延期缴纳税款、缓缴社会保险费和返还失业保险费、增加财政专项支持、减免中小微企业房租水电费（或滞纳金）等手段加大对中小微企业的支持。

在人才培养方面，从政策层面考虑，加强产学研合作、成果转化等方面的支持力度，促进食品和包装机械行业专业技术人才培养和能力提高，支持企业加强国际交流人才的培养。

（中国食品和包装机械工业协会　崔林）

3 第三部分

政策法规及重要文件

加强"从0到1"基础研究工作方案

（科技部 发展改革委等　国科发基〔2020〕46 号　2020 年 1 月 21 日）

为贯彻落实党的十九大精神和《国务院关于全面加强基础科学研究的若干意见》（国发〔2018〕4 号），切实解决我国基础研究缺少"从 0 到 1"原创性成果的问题，充分发挥基础研究对科技创新的源头供给和引领作用，制定工作方案如下。

一、总体考虑

当前，新一轮科技革命和产业变革蓬勃兴起，国际竞争向基础研究竞争前移，科学探索不断向宏观拓展、向微观深入，交叉融合汇聚不断加速，一些基本科学问题孕育重大突破，可望催生新的重大科学思想和科学理论，产生颠覆性技术。加强"从 0 到 1"的基础研究，开辟新领域、提出新理论、发展新方法，取得重大开创性的原始创新成果，是国际科技竞争的制高点。"从 0 到 1"原创性突破，既需要长期厚重的知识积累与沉淀，也需要科学家瞬间的灵感爆发；既需要对基础研究进行长期稳定的支持，也需要聚焦具有比较优势的领域，进一步突出重点，有所为、有所不为。

（一）指导思想

以习近平新时代中国特色社会主义思想为指导，面向世界科技前沿、面向国家战略需求、面向国民经济主战场，围绕重大科学问题和关键核心技术突破，以人为本、深化改革、优化环境、稳定支持、创新管理，强化基础研究的原创导向，激发科研人员创新活力，努力取得更多重大原创性成果，为建设世界科技强国提供强有力的支撑。

（二）基本原则

突出问题导向。围绕基础前沿领域和关键核心技术重大科学问题，坚持需求导向和前瞻引领。从国家战略需求出发，强化重点领域部署，鼓励跨领域、跨学科交叉研究，形成关键领域先发优势。

坚持以人为本。遵循人才成长规律，创新人才评价制度，深入实施人才优先发展战略，注重青年人才和创新团队的培育，激发青年人才创新活力。不唯帽子、不唯名气、不唯团队大小。

注重方法创新。适应大科学、大数据、互联网时代科学研究的新特点，注重科研平台、科研手段、方法工具和高端科学仪器的自主研发与创新，提高基础研究原始创新能力。

优化学术环境。遵循基础研究的规律与特点，推动基础研究分类评价，探索支持非共识项目的机制。鼓励自由探索，赋予科研人员更多学术自主权。弘扬科学精神，营造勇于创新、敢于啃硬骨头和学术民主、宽容失败的科研环境。

强化稳定支持。优化基础研究投入结构，依托国家重点实验室和国家科技计划等，对关系长远发展的基础前沿领域加大稳定支持力度，努力取得重大原创性成果和关键核心技术突破。

二、优化原始创新环境

（三）建立有利于原始创新的评价制度

一是推行代表作评价制度。对人和创新团队的评价，注重评价代表作的科学水平和学术贡献，让论文回归学术，避免唯论文、唯职称、唯学历、唯奖项倾向。二是建立国家重点实验室新的评价制度。坚持定期评估和分类考核制度。将完成国家任务情况和创新效能作为重要的评价标准，建立以创新质量和学术贡献为核心的评价制度。三是建立促进原创的基础研究项目评价制度。基础研究项目重点评价新发现、新原理、新方法、新规律的原创性和科学价值，注重评价代表性成果水平；应用基础研究项目重点评价解决经济社会发展和国家安全重大需求中关键科学问题的效能和应用价值。在高校、科研院所开展评价试点。

（四）支持高校、科研院所自主布局基础研究

高等学校与科研机构结合国际一流科研机构、世界一流大学和一流学科建设，遵循科研活动规律，自主布局基础研究，扩大高等学校与科研机构学科布局和科研选题自主权。鼓励科学家围绕重要方向开展长期研究，不追热点，把冷板凳坐热。鼓励和支持科学家敢于啃硬骨头，敢于挑战最前沿科学问题，在独创独有上下功夫，努力开辟新领域、提出新理论、设计新方法、发现新现象。推动科教融合，围绕重大科技任务加强科研育人。

（五）改革重大基础研究项目形成机制

根据改革完善科技计划项目形成机制的有关要求，完善国家重大基础研究项目形成机制，在指南编制方式、有效竞争、开放性、项目评审机制、评审专家队伍建设等方面完善基础研究项目形成方式和管理方式。充分重视科学研究过程的灵感瞬间性，对原创性课题开通项目申报、评审绿色通道，建立随时申报的机制。对于在重大原创性突破研究过程急需解决的关键问题实行滚动立项。国家重点研发计划对港澳机构开放，国家自然科学基金进一步研究向港澳特区科研人员开放基金项目申请的具体方案并逐步实施。

（六）深化国际合作与交流

深化政府间科技合作，建立国际创新合作平台，联合开展科学前沿问题研究。加大国家科技计划开放力度。鼓励国际科研合作交流，积极参与国际大科学计划和大科学工程。

（七）加强学风建设

提倡学术自由和学术民主，坚持严谨、求实的良好作风，力戒浮躁张扬之风，树立诚信、严谨的正确导向，弘扬爱国奉献、诚实守信、淡泊名利的科学精神。加强科研活动全流程诚信管理，对违背科研诚信要求的行为责任人开展失信惩戒，加大对科研造假等学术不端的惩治力度。

三、强化国家科技计划原创导向

（八）强化国家自然科学基金的原创导向

稳定支持各学科领域均衡协调可持续发展，加强对数学、物理等重点基础学科的支持，稳定支持一批基础数学领域科研人员围绕数学学科前沿问题开展基础理论研究，夯实发展基础。坚持自由探索、突出原创，科学问题导向和需求牵引并重，引导科学家将科学研究活动中的个人兴趣与国家战略需求紧密结合，实现对科学前沿的引领和拓展，全面培育源头创新能力。坚持学科建设的主方向，推进跨学科研究，强化学科交叉融合，培育新的学科发展方向。稳定支持面上项目、青年科学基金项目和地区科学基金项目，鼓励在科学基金资助范围内自主选题。为原创项目开辟单独渠道，采取专家或项目主任署名推荐、不设时间窗口接收申请，探索实施非常规评审和决策模式，着重关注研究的原始创新性，弱化对项目前期工作基础、可行性等要求，优化完善非共识项目的实施机制。

（九）国家科技计划突出支持重要原创方向

坚持全球视野，把握世界科技前沿发展态势，在关系长远发展的基础前沿领域前瞻部署。在重大专项和重点研发计划中突出支持基础研究重点领域原创方向，持续支持量子科学、脑科学、纳米科学、干细胞、合成生物学、发育编程、全球变化及应对、蛋白质机器、大科学装置前沿研究等重点领域，针对重点领域、重大工程等国家重大战略需求中的关键数学问题，加强应用数学和交叉研究，加强引力波、极端制造、催化科学、物态调控、地球系统科学、人类疾病动物模型等领域部署，抢占前沿科学研究制高点。创新"变革性技术关键科学问题重点专项"的组织模式和机制，加强变革性技术关键科学问题研究，支持我国科学家取得原创突破、应用前景明确、有望产出具有变革性影响的技术原型，加大对经济社会发展产生重大影响的前瞻性、原创性的基础研究和前沿交叉研究的支持，推动颠覆性创新成果的产生。

（十）国家科技计划突出支持关键核心技术中的重大科学问题

面向国家重大需求，对关键核心技术中的重大科学问题给予长期支持。重点支持人工智能、网络协同制造、3D打印和激光制造、重点基础材料、先进电子材料、结构与功能材料、制造技术与关键部件、云计算和大数据、高性能计算、宽带通信和新型网络、地球观测与导航、光电子器件及集成、生物育种、高端医疗器械、集成电路和微波器件、重大科学仪器设备等重大领域，推动关键核心技术突破。

四、加强基础研究人才培养

（十一）建立健全基础研究人才培养机制

要创新人才培养、引进、使用机制，真正选对人、用好人。加快培养一批在国际前沿领域具有较大影响力的领军人才，赋予领军人才技术路线决策权、项目经费调剂权、创新团队组建权。重视培养基础研究领域的青年人才，对青年人才开辟特殊支持渠道，重点支持淡泊名利、献身科学、潜心研究的优秀青年人才。推动教育创新，改革培养模式，把科学精神、创造能力的培养贯穿教育全过程。重视素质教育养成，加强基础研究人才创新能力的教育培养，培育一批具有基础研究创新能力的人才。支持高校、科研院所、企业多方引才引智，广聚天下英才。

（十二）实施青年科学家长期项目

统筹利用现有渠道，聚焦重点研究方向，准备支持一批30～40岁具有高级职称或博士学位、有志于长期从事科学研究的优秀青年科学家，瞄准重大原创性基础前沿和关键核心技术的科学问题，在数学、物理、生命科学、空间科学、深海科学、纳米科学等基础前沿领域和农业、能源、材料、信息、生物、医药、制造与工程等应用基础领域开展基础研究。按方向选人，按人定项目。青年科学家人选由一线科学家推荐。被推荐人根据确定的重点方向提出项目。项目负责人自主确定研究内容和技术路线。对项目进行全程跟踪、服务。承担单位对项目团队成员可实行年薪制等灵活分配方式。

（十三）在国家科技计划中支持青年科学家

抓住中青年时期这一实现原创性突破的峰值年龄，依托国家科技计划培养青年人才。在重点研发计划中加大对35岁以下青年科学家的支持。国家自然科学基金加强对"青年科学基金项目""优秀青年科学基金项目""杰出青年科学基金项目"等资助计划的支持，鼓励青年科学家自主选题，开展基础研究工作，构建分阶段、全谱系、资助强度与规模合理的人才资助体系，加大力度持续支持中青年科学家和创新团队。加大对博士后的支持力度，积极吸引国内外优秀博士毕业生在国内从事博士后研究。

五、创新科学研究方法手段

（十四）加强重大科技基础设施和高端通用科学仪器的设计研发

聚焦空间和天文、粒子物理和核物理、能源、生命、地球系统与环境、新材料、工程技术等世界科技前沿和国家战略急需领域，布局建设一批重大科技基础设施。依托重大科技基础设施开展科学前沿研究，解决经济社会发展重大科技问题。充分发挥设施的集聚作用，吸引国内外创新资源，促进科技交叉融合，形成国际顶尖科研队伍。培育具有原创性学术思想的探索性科学仪器设备研制，聚焦高端通用和专业重大科学仪器设备研发、工程化和产业化研究，推动高端科学仪器设备产业快速发展。

（十五）大力支持科研手段自主研发与创新

加大力度支持科研平台、科研手段、方法工具的创新，提升开展原创研究的能力，大力加强实验材料、数据资源、技术方法、工具软件等方面的创新。着力开展高端检测试剂、高纯试剂、高附加值专用试剂研发和科研用试剂研究，加强技术标准建设，完善科研用试剂质量体系。完善科技资源库（馆）的建设和运行管理机制，提升科技基础资源整理加工、保藏鉴定以及对科技创新和经济社会发展的支撑保障能力。鼓励研发国产高端设计分析工具软件，保证研发设计过程自主安全可控。在重大研发任务中加大对高端试剂、可控软件研发和基础方法创新的支持。

六、强化国家重点实验室原始创新

（十六）发挥国家重点实验室的辐射带动作用

发挥国家重点实验室创新平台作用，作为国家重大科技任务的提出者和组织者，牵头组织全国相关领域的科技力量，发挥集群优势，开展协同攻关，承担起行业领域的辐射带动作用。探索建立国家重点实验室作为独立责任主体申请和承担国家科技任务的机制。

（十七）支持国家重点实验室长期积累

支持国家重点实验室围绕孕育重大原始创新、推动学科发展和解决国家战略重大科技问题，在特定优势领域长期持续开展科技创新，在重点学科领域和关键技术领域形成持续创新能力。强化国家重点实验室的独立性和自主权，鼓励国家重点实验室在重要领域开展前沿探索，提出新方向，发展新领域。加大对国家重点实验室稳定支持力度，聚焦前沿、长期积累、突出原创。

七、提升企业自主创新能力

（十八）推动企业加强基础研究

鼓励企业面向长远发展和竞争力提升，前瞻部署基础研究。鼓励企业与高等院校、科研机构等基础研究机构合作，共建各类研究开发机构和联合实验室，加强企业实验室与高校、科研院所实验室紧密衔接和实质性合作，促进基础研究、应用基础研究与产业化对接融通，提高企业研发能力。重视企业内部创新环境建设，鼓励企业引进高层次人才，与高等院校和科研院所共同培养基础研究人才。发挥国家科技计划的导向作用，在重大专项、重点研发计划论证和实施过程中，组织企业家、产业专家和科技专家共同凝练来自生产一线、关系经济社会发展的关键重大科学问题，支持企业承担国家科研项目。

（十九）引导企业加大投入

切实落实企业研发费用按75%比例税前加计扣除等财税优惠政策。在具备条件的企业建设国家重点实验室，衔接基础研究和应用需求。做强国家自然科学基金企业创新发展联合基金，推动科研院所与高等院校围绕企业技术创新需求，解决企业发展中面临的重大科学问题和技术难题。

八、加强管理服务

（二十）加强组织协调和统筹实施

组建基础研究战略咨询专家委员会，加强基础研究顶层设计和统筹协调，研判基础研究发展趋势、凝练基础研究重大需求，在推进重大工作部署中发挥战略咨询作用。建立部门间沟通协调机制，统筹各类科技计划支持基础研究的资助政策与管理机制。强化中央和地方协作联动。发挥知识产权制度激励作用，推动知识产权权属改革，加强知识产权运用和保护。

（二十一）加大中央财政的稳定支持力度

中央财政加大对基础研究的稳定支持力度，建立健全稳定支持和竞争性支持相协调的投入机制。探索实施中央和地方共同出资、共同组织国家重大基础研究任务的新机制。

（二十二）加大地方政府和社会力量对基础研究的投入

鼓励和支持地方政府结合自身优势和特色，制定

出台加强地方基础研究和应用基础研究的政策措施，加大对基础研究的支持力度。探索共建新型研发机构、联合资助、慈善捐赠等措施，激励企业和社会力量加大基础研究投入。北京、上海、粤港澳科技创新中心和北京怀柔、上海张江、合肥、深圳综合性国家科学中心应加大基础研究投入力度，加强基础研究能力建设。

（二十三）改进管理部门工作作风

科技管理部门要提高站位、做好统筹，坚持"抓战略、抓规划、抓政策、抓服务"，进一步推进政府职能转变和"放管服"改革。科研院所和高等院校的科研管理部门全面提升微观管理服务水平，在放权上求实效，在监管上求创新，在服务上求提升，努力营造有利于基础研究的科研生态。

关于加强食品生产加工小作坊监管工作的指导意见

（市场监管总局 国市监食生〔2020〕25号 2020年2月6日）

各省、自治区、直辖市及新疆生产建设兵团市场监管局（厅、委）：

食品生产加工小作坊（以下简称小作坊）是指具有固定生产场所、从业人员较少、生产规模较小，主要从事传统食品、地方特色食品等生产加工活动，满足当地群众食品消费需求的市场主体。近年来，各地通过地方立法，完善管理制度，推动小作坊食品生产经营活动逐步规范和提升，探索了有益经验，取得了积极成效。为进一步规范小作坊生产经营行为，落实地方属地管理责任，有效防控小作坊食品安全风险，切实维护食品安全，促进乡村振兴和全面建成小康社会，现就加强小作坊监管工作提出以下指导意见。

一、开展小作坊摸底建档工作

省级市场监管部门负责制定小作坊摸底建档办法，建立本行政区域小作坊名录库，定期汇总小作坊总体情况。县级市场监管部门及其派出机构具体负责小作坊摸底建档和动态管理，小作坊建档率要达到100%。小作坊建档应重点记录以下内容：小作坊名称、开办者姓名及身份证号码、生产加工场所地址、食品类别及品种明细、主要原辅材料（含食品添加

剂）及采购渠道、食品销售区域等。

二、实行小作坊食品"负面清单"管理

省级市场监管部门要依据食品安全法、食品小作坊地方法规和相关制度规定，结合地方传统食品特色、消费习惯和食品安全状况，统一制定小作坊食品目录管理制度，建立禁止小作坊生产加工食品的"负面清单"。对小作坊生产白酒的，一律采用固态法白酒生产工艺，并严格产品销售监管，按照规定的范围销售。

三、落实食品安全主体责任

小作坊开办者要加强食品原料和辅料的采购、贮存和投料管理，对生产加工、产品包装、贮存销售等关键环节进行风险控制。执行从业人员健康管理制度和小作坊食品生产卫生规范，保证生产环境卫生、生产设备清洁、生产管理合规。要在生产经营场所明示食品安全承诺，不使用非食品原料，不用回收食品作为原料，不滥用食品添加剂，保证所生产的食品卫生、无毒无害，自觉接受社会监督。县级市场监管部门及其派出机构要督促小作坊严格落实食品安全主体责任，

指导小作坊依法依规从事生产加工活动，告知小作坊开办者禁止生产加工的食品品种，以及应当遵守的食品安全法律法规、食品生产卫生规范和食品安全标准。

四、加强小作坊食品生产监管

县级市场监管部门及其派出机构要依据食品安全法律法规、食品生产卫生规范和食品安全标准，对小作坊开展监督检查，重点检查小作坊卫生条件、食品原料采购使用、食品添加剂使用、从业人员健康管理、包装食品的标签标识和食品贮存等；必要时对食品进行抽检，检验发现的不合格食品，要依据法律法规的规定及时处置。针对人民群众反映强烈的小作坊食品安全问题，集中开展综合治理。通过许可（登记、核准、备案）等方式实施小作坊监督管理的，要优化工作流程、提升管理效能。

五、严厉打击违法生产加工行为

各地市场监管部门要严肃查处小作坊制售假冒伪劣食品，以及滥用食品添加剂等违法行为。对超出目录管理范围生产加工食品，不符合生产卫生规范要求，以及生产加工食品不符合食品安全标准的小作坊，要依法责令其立即停止生产经营，直至吊销许可（登记、核准、备案）。

六、推动小作坊转型升级和质量提升

各地市场监管部门要强化监管服务，加强指导帮扶，促进提升小作坊食品安全管理水平。鼓励小作坊改进设备工艺、加强创新研发，引导具备条件的小作坊申请食品生产许可，推进生产加工规模化和规范化。推动小作坊生产加工园区或集聚区建设，督促落实园区管理者责任，鼓励建立统一的原料采购、食品检验、仓储物流、电子商务等全链条配套服务，推进生产加工集约化。引导小作坊提升食品品质，以传统工艺为依托，采用优质食品原料，推进小作坊食品优质化。把小作坊升级改造、集约发展、品质提升、品牌创建等与推进乡村振兴结合起来，推动小作坊由"小散低"向"精特美"转型升级。

2020 年乡村产业工作要点

（农业农村部办公厅　2020 年 2 月 13 日）

2019 年，农业农村系统认真贯彻落实中央 1 号文件和农业农村部安排，紧扣乡村产业振兴目标，加强工作部署，加大工作力度，产业融合水平稳步提升，农产品加工业提质增效，乡土特色产业快速发展，创新创业深入推进，新产业新业态不断涌现，乡村产业呈现良好发展势头。

2020 年，是全面打赢脱贫攻坚战的收官之年，是全面建成小康社会的目标实现之年，促进乡村产业发展，具有重要意义。做好乡村产业工作的总体考虑是：以习近平新时代中国特色社会主义思想为指导，贯彻落实中央 1 号文件和《国务院关于促进乡村产业振兴的指导意见》精神，对标对表全面建成小康社会目标，牢固树立新发展理念，以实施乡村振兴战略为总抓手，以农村一二三产业融合发展为路径，聚焦重点产业、聚集资源要素，强化创新引领，突出集群成链，培育发展新动能，大力发展富民乡村产业，为全面小康和乡村振兴提供有力支撑。

做好今年乡村产业工作，在目标任务上，要力求取得"三个进展"：一是在延伸产业链上取得新进展。依托种养业，提升种养业，一产往后延，二产两头连，三产走精端，培育一批以种养为基础、以加工为纽带、以商贸物流为支撑的产业形态。二是在促进融合发展上取得新进展。跨界配置农业与工业、商贸、文旅、物流、信息等现代产业要素高位嫁接、交叉重组、渗透融合，促进农牧渔"内向"融合、产加销"纵向"融合、农文旅"横向"融合、新技术渗透"逆向"融合、产园产村"多向融合"和多元主体利益融合。三是在拓展农业功能上取得新进展。发掘农业多种功能和乡村多重价值，催生新产业新业态，搭建新平台新载体，"拓"出农业新业态，"展"出乡村新空间。

一、加力推进产业融合发展，提升乡村产业层次水平

一是创新推进主体融合

支持发展行政区域范围内"政产学研推用银"多

主体参与、产业关联度高、辐射带动力强的大型产业化联合体，构建政府引导、农民主体、企业引领、科研协同、金融助力的发展格局。积极发展以产业园区为单元，园区内龙头企业与基地农民合作社和农户分工明确、优势互补、风险共担、利益共享的中型产业化联合体。鼓励发展以龙头企业为引领，农民合作社和家庭农场跟进，广大小农户参与，采取订单生产、股份合作的小型产业化联合体。2020 年，扶持并推介一批主导产业突出、原料基地共建、资源要素共享、联农带农紧密的农业产业化联合体。

二是务实推进业态融合

跨界配置农业与现代产业要素深度交叉融合，形成"农业＋"多业态发展态势。以加工流通带动业态融合，引导各地发展中央厨房、直供直销、会员农业等业态。以功能拓展带动业态融合，促进农业与文化、旅游、教育、康养、服务等现代产业高位嫁接、交叉重组、渗透融合，积极发展创意农业、亲子体验、功能农业等业态。以信息技术带动业态融合，促进互联网、物联网、区块链、人工智能、5G、生物技术等新一代信息技术与农业融合，发展数字农业、智慧农业、信任农业、认养农业、可视农业等业态。2020 年，推介一批农村产业融合模式创新、联结机制创建、业态类型创造典型案例。

三是搭建产业融合载体

推进政策集成、要素集聚、功能集合、企业集中，建设产业集聚区。建设农业产业强镇。依托镇域资源优势，聚集资源要素，健全利益联结机制，建设一批基础条件好、主导产业突出、带动效果显著的农业产业强镇，培育乡村产业"增长极"。完善农业产业强镇考核监督办法，认定一批成效显著的农业产业强镇。建设乡村产业集群。以资源集聚区和物流节点为重点，促进产业前延后伸、横向配套、上承市场、下接要素，构建紧密关联、高度依存的全产业链，培育生产、加工、流通、物流、体验、品牌、电商于一体的产业集群，打造乡村产业发展高地。2020 年，认定一批农村一二三产业融合发展先导区。

二、大力发展农产品加工业，夯实乡村产业发展基础

一是积极发展农产品初加工

鼓励和支持农民合作社和家庭农场等新型经营主体发展保鲜、储藏、分级、包装等设施建设，促进农产品顺利进入终端市场和后续加工环节。在此基础上，发展粮变粉、豆变芽、肉变肠、奶变酪、菜变肴、果变汁等初级加工产品，提升农产品品质，满足

乡镇居民消费需要，把就业岗位更多留在乡村，把产业链增值收益更多留给农民。2020 年，举办全国茶叶加工职业技能大赛，认定一批制茶大师。

二是大力发展农产品精深加工

优化产能布局，鼓励和引导工商资本和农业产业化国家重点龙头企业在农畜产品优势区，建立标准化原料基地，打造"第一车间""原料车间"和"粮食车间"，优化加工产能。支持技术创新，突破技术瓶颈，研发推广一批有知识产权的加工关键技术装备，研制一批智能控制等产加工设备。加强标准制定，制修订一批农产品加工技术规程和产品质量标准。提升加工深度，引导龙头企业建设农产品加工技术集成基地和精深加工示范基地，增加精深加工产品种类和产品附加值，推动加工企业由小变大、加工程度由初变深、加工产品由粗变精。2020 年，发布农产品加工业 100 强企业。

三是推进副产物综合利用

按照集约节约、环境友好、绿色发展要求，鼓励农产品加工企业开展副产物循环高值梯次利用。推行低消耗、少排放、可循环的绿色生产方式，推进"生产—加工—产品—资源"循环发展。加快副产物综合利用的技术创新，开发新能源、新材料、新产品等，实现资源多次增值、节能减排。2020 年，推介一批农产品加工副产物综合利用典型案例。

四是建设农产品加工园区

按照"粮头食尾""农头工尾"要求，支持粮食生产功能区、重要农产品生产保护区、特色农产品优势区，建设一批各具特色的农产品加工园区。支持河南驻马店、黑龙江肇东建设国际农产品加工产业园，引导地方建设一批区域性农产品加工园，形成国家、省、市、县四级农产品加工园体系，构筑乡村产业"新高地"。2020 年，建设并推荐一批产值超 100 亿元的农产品加工园。

三、聚力发展乡村特色产业，拓展乡村产业发展空间

一是有序开发特色资源

发布并组织实施《乡村特色产业发展规划（2020—2025 年）》，积极引导小众类、多样性特色种养、特色食品、特色手工等乡村产业发展，开发乡土特色文化产业和创意产品，保护传统技艺，传承乡村文化根脉。开展乡村特色产业监测分析，引导特色产业持续健康发展。

二是建设特色农产品生产基地

集中资源，集合力量，引导各地建设特色粮、

油、薯、果、菜、茶、菌、中药材、养殖、林特花卉苗木等种养基地。创新发展绿色循环优质高效特色农业，建设绿色化、标准化、规模化、产业化特色农产品生产基地，完善仓储加工物流等全产业链条，加强质量管控和品牌宣传，提升优势特色产业的质量效益水平。2020年，建设一批特色农产品生产基地。

三是着力打造特色产业集群

发挥乡村特色资源优势，发展小而精、精而美的乡土特色产业，推进特色资源有序开发、规模开发。优化特色产业布局，认定一批全国"一村一品"示范村镇，推进特色农产品"产加销服""科工贸旅"一体化发展，推动一二三产业融合和产村产镇融合，促进全产业链首尾相连、上下衔接、前后呼应，实现串珠呈线、块状成带、集群成链，形成"一村一品""一镇一特""一县一业""一省一业"发展格局。2020年，建设一批产值超100亿元的特色产业集群，打造一批产值超50亿元的特色产业强县、超10亿元的特色产业强镇、超1亿元的特色产业强村。

四是培育乡土特色品牌

按照"有标采标、无标创标、全程贯标"要求，制定不同区域不同产品的技术规程和产品标准。加强特色产品展览展示，提升特色产品知名度。发掘一批有文化内涵和经济价值的乡村特色产品和能工巧匠，加强宣传推介。举办"一村一品"交流活动，开展农产品生产标准化、特征标识化、主体身份化、营销电商化"四化"试点，创响一批"土字号""乡字号"特色产品品牌。

四、壮大龙头企业队伍，构建乡村产业发展"雁阵"

一是培育龙头企业队伍

实施新型经营主体培育工程，培育一批有基地、有加工、有品牌的大型农业企业集团。加强对国家重点龙头企业监测，按照"退一补一"原则，递补成长性好的国家重点龙头企业。引导地方培育龙头企业队伍，构建国家、省、市、县四级格局，形成乡村产业"新雁阵"。2020年，遴选并推介全国农业产业化龙头企业100强，推介一批龙头企业典型案例和全国优秀乡村企业家。

二是完善联农带农机制

引导龙头企业与小农户建立契约型、股权型利益联结机制，推广"订单收购＋分红""土地流转＋优先雇用＋社会保障""农民入股＋保底收益＋按股分红"等多种利益联结方式。推进土地经营权入股发展农业产业化经营试点，创新土地经营权入股的实现形式。

五、积极发展乡村休闲旅游，增添乡村产业发展亮点

一是建设休闲农业重点县

按照区域、国内、世界三个等级资源优势要求，建设一批资源独特、环境优良、设施完备、业态丰富的休闲农业重点县，打造一批有知名度、有影响力的休闲农业"打卡地"。2020年，开展全国休闲农业重点县建设。

二是培育休闲旅游精品

实施休闲农业和乡村旅游精品工程，建设一批设施完备、功能多样的休闲观光园区、乡村民宿、农耕体验、农事研学、康养基地等，打造特色突出、主题鲜明的休闲农业和乡村旅游精品。开展休闲农业发展情况调查和经营主体监测。2020年，认定一批"一村一景""一村一韵"美丽休闲乡村，开展"最美乡创、乡红、乡艺、乡厨、乡贤、乡社、乡品、乡园、乡景、乡居"等"十最十乡"推介活动。

三是推介休闲旅游精品景点线路

运用网络直播、图文直播等新媒体手段多角度、多形式宣传一批有地域特色的休闲旅游精品线路。开展"春观花""夏纳凉""秋采摘""冬农趣"活动，融入休闲农业产品发布、美食活动评选等元素，做到视觉美丽、体验美妙、内涵美好，为城乡居民提供休闲度假、旅游旅居的好去处。2020年，推介一批休闲农业乡村旅游精品景点线路。

六、促进农村创新创业升级，增强乡村产业发展动能

一是培育创新创业群体

实施农村创新创业带头人培育行动，搭建要素聚乡、产业下乡、人才返乡和能人留乡平台，支持本地农民兴业创业，引导农民工在青壮年时返乡创业，将返乡创业农民工纳入一次性创业补贴范围，制定促进社会资本投入农业农村指引目录。吸引一批农民工、大学生和退役军人返乡创业，引进一批科技人员和社会资本入乡创业，发掘一批"田秀才""土专家"和"能工巧匠"在乡创业，支持各类人才返乡入乡兴办实业、发展产业、带动就业，培育乡村产业的"生力军"。2020年，培育并认定一批国家农村创新创业导师。

二是拓宽创新创业领域

支持返乡下乡在乡人员发展新产业，培育"互联网＋创新创业""生鲜电商＋冷链宅配""中央厨房＋食材冷链配送"等新业态，探索智能生产、平台经济

和资源共享等新模式。2020 年，推介农村创新创业典型县、优秀带头人案例，组织开展农村创新创业项目创意大赛。

三是搭建创新创业平台

引导有条件的产业园区、龙头企业、服务机构和科研单位发展众创、众筹、众包、众扶模式，建设一批功能完善、环境良好的农村创新创业园区和孵化实训基地。做好返乡入乡创新创业和社会资本下乡监测试点调查分析。

七、大力推动产业扶贫，助力打赢脱贫攻坚战

一是支持发展特色产业

发掘贫困地区的资源优势、景观优势和文化底蕴，开发有独特优势的特色产品。引导贫困地区创建"一村一品"示范村镇、最美休闲乡村，推介休闲旅游精品路线和精品点。

二是引导龙头企业建基地

引导农业产业化国家重点龙头企业与贫困地区合作创建绿色食品、有机农产品原料标准化基地。组织龙头企业与贫困县合作，加强贫困地区龙头企业培育，实现以企带村、以村促企、村企互动。

三是开展农产品产销对接

举办重点贫困县和深度贫困区农产品展示展销活动，免费提供摊位，让更多的贫困地区产品走出山区、进入城市、拓展市场。

社会资本投资农业农村指引

（农业农村部办公厅 2020 年 4 月 13 日）

一、总体要求

（一）指导思想

以习近平新时代中国特色社会主义思想和习近平总书记关于"三农"工作的重要论述为指导，按照"产业兴旺、生态宜居、乡风文明、治理有效、生活富裕"总要求，坚持农业农村优先发展总方针，以农业供给侧结构性改革为主线，聚焦乡村振兴重点领域，进一步扩大开放，创新投融资机制，降低准入门槛，营造良好营商环境，激发社会资本投资活力，更好满足乡村振兴多样化投融资需求，助力粮食、生猪等重要农产品稳产保供和农民收入持续稳定增长，为应对新冠肺炎疫情影响、打赢脱贫攻坚战和补齐全面小康"三农"短板重点任务提供有效支撑。

（二）基本原则

1. 尊重农民主体地位。充分尊重农民意愿，切实发挥农民在乡村振兴中的主体作用，引导社会资本与农民建立紧密利益联结机制，不断提升人民群众获得感。支持社会资本依法依规拓展业务，注重合作共赢，多办农民"办不了、办不好、办不合算"的产业，把收益更多留在乡村；多办链条长、农民参与度高、受益面广的产业，把就业岗位更多留给农民；多办扶贫带贫、帮农带农的产业，带动农村同步发展、农民同步进步。

2. 遵循市场规律。充分发挥市场在资源配置中的决定性作用，更好发挥政府作用，引导社会资本将人才、技术、管理等现代生产要素注入农业农村，加快建成现代农业产业体系、生产体系和经营体系。坚持"放管服"改革方向，建立健全监管和风险防范机制，营造公平竞争的市场环境、政策环境、法治环境，降低制度性交易成本，创造良好稳定的市场预期，吸引社会资本进入农业农村重点领域。

3. 坚持开拓创新。鼓励社会资本与政府、金融机构开展合作，充分发挥社会资本市场化、专业化等优势，加快投融资模式创新应用，为社会资本投资农业农村开辟更多有效路径，探索更多典型模式。有效挖掘乡村服务领域投资潜力，拓宽社会资本投资渠道，保持农业农村投资稳定增长，培育经济发展新动能，增强经济增长内生动力。

二、投资的重点产业和领域

对标全面建成小康社会和实施乡村振兴战略必须完成的硬任务，立足当前农业农村新形势新要求，围绕农业供给侧结构性改革，聚焦农业农村现代化建设

的重点产业和领域，促进农业农村经济转型升级。

（一）现代种养业

支持社会资本发展规模化、标准化、品牌化和绿色化种养业，巩固主产区粮棉油糖胶生产，大力发展设施农业，延伸拓展产业链，增加绿色优质产品供给。鼓励社会资本大力发展青贮玉米、高产优质苜蓿等饲草料生产，发展草食畜牧业。支持社会资本合理布局规模化养殖场，扩大生猪产能，加大生猪深加工投资，加快形成养殖与屠宰加工相匹配的产业布局；稳步推进鸡肉、牛羊肉等产业发展，增加肉类市场总体供应。鼓励社会资本建设优质奶源基地，升级改造中小奶牛养殖场，做大做强民族奶业。鼓励社会资本发展集约化、工厂化循环水水产养殖、稻渔综合种养、盐碱水养殖和深远海智能网箱养殖，推进海洋牧场和深远海大型智能化养殖渔场建设，加大对远洋渔业的投资力度。

（二）现代种业

鼓励社会资本投资创新型种业企业，提升商业化育种创新能力，提升我国种业国际竞争力。引导社会资本参与现代种业自主创新能力提升，加强种质资源保存与利用、育种创新、品种检测测试与展示示范、良种繁育等能力建设，建立现代种业体系。支持社会资本参与国家南繁育种基地建设，推进甘肃、四川国家级制种基地建设与提档升级，加快制种大县和区域性良繁基地建设。鼓励社会资本投资畜禽保种场（保护区）、国家育种场、品种测定站建设，提升畜禽种业发展水平。

（三）乡土特色产业

鼓励社会资本在特色农产品优势区开发特色农业农村资源。发展"一村一品""一县一业"乡土特色产业，建设标准化生产基地、集约化加工基地、仓储物流基地，完善科技支撑体系、生产服务体系、品牌与市场营销体系、质量控制体系，建立利益联结紧密的建设运行机制，形成特色农业产业集群。因地制宜发展具有民族、文化与地域特色的乡村手工业，发展一批家庭工厂、手工作坊、乡村车间，培育"土字号""乡字号"特色产品品牌。支持社会资本投资建设规范化乡村工厂、生产车间，发展特色食品、制造、手工业和绿色建筑建材等乡土产业。

（四）农产品加工流通业

鼓励社会资本参与粮食主产区和特色农产品优势区发展农产品加工业，提升行业机械化、标准化水平，助力建设一批农产品精深加工基地和加工强县。鼓励社会资本联合农民合作社和家庭农场发展农产品初加工，建设一批专业村镇。统筹农产品产地、集散地、销地批发市场建设，加强农产品仓储保鲜冷链物流体系建设，建设一批贮藏保鲜、分级包装、冷链配送等设施设备，提高冷链物流服务效率和质量，打造农产品物流节点，发展农超、农社、农企、农校等产销对接的新型流通业态。支持社会资本参与现代农业产业园、农村产业融合发展示范园、农业产业强镇建设。

（五）乡村新型服务业

鼓励社会资本发展休闲农业、乡村旅游、餐饮民宿、创意农业、农耕体验、康养基地等产业，充分发掘农业农村生态、文化等各类资源优势，打造一批设施完备、功能多样、服务规范的乡村休闲旅游目的地。引导社会资本发展乡村特色文化产业，推动农商文旅体融合发展，挖掘和利用农耕文化遗产资源，打造特色优秀农耕文化产业集群。支持社会资本发展农业生产托管服务，提供市场信息、农技推广、农资供应、统防统治、深松整地、农产品营销等生产性服务，建设一批农业科技服务企业、服务型农民合作社。鼓励社会资本改造传统小商业、小门店、小集市等商业网点，积极发展批发零售、养老托幼、文化教育、环境卫生等生活性服务业，为乡村居民提供便捷周到的服务。

（六）生态循环农业

支持社会资本参与畜禽粪污资源化利用、秸秆综合利用、废旧农膜回收、农药化肥包装废弃物回收处理、病死畜禽无害化处理、废弃渔网具回收再利用，加大对收储运和处理体系、还田管网设施、准用渔具等方面的投入力度。鼓励社会资本投资农村可再生能源开发利用，加大对农村能源综合建设投入力度，推广农村可再生能源利用技术，探索秸秆打捆直燃和成型燃料供暖供热，沼气生物天然气供气供热新模式。支持社会资本参与长江黄河等流域生态保护、东北黑土地保护、耕地保护与质量提升、农业面源污染治理、重金属污染耕地治理修复、种植结构调整试点。

（七）农业科技创新

鼓励社会资本创办农业科技创新型企业，参与实施农业关键核心技术攻关行动，开展生物种业、重型农机、渔业装备、智慧农业、绿色投入品、渔具标识和玻璃钢等新材料渔船等领域的研发创新、成果转化与技术服务。鼓励社会资本牵头建设农业领域国家重点实验室等科技创新平台基地，参与农业科技创新联盟、国家现代农业产业科技创新中心等建设，打造产学研用深度融合平台。引导社会资本发展技术交易市场和服务机构，提供科技成果转化服务，加快先进实用技术集成创新与推广应用。

（八）农业农村人才培养

支持社会资本参与农村实用人才、农业科技人才、农村专业服务型人才培养，投资建设农业农村人才培训基地、孵化基地，为人才提供更好的培训、实训、实习平台。鼓励社会资本为优秀农业农村人才提供奖励资助、技术支持、管理服务，促进农业农村人才脱颖而出。

（九）农业农村基础设施建设

支持社会资本参与高标准农田建设、农田水利建设，参与实施区域化整体建设，推进田水林路电综合配套，同步发展高效节水灌溉。鼓励参与渔港和避风锚地建设。鼓励社会资本参与农产品产地追溯体系建设，提供产品分级和物流运输周转等服务。

（十）数字乡村建设

鼓励社会资本参与数字农业、数字乡村建设，推进农业遥感、物联网、5G、人工智能、区块链等应用，提高农业生产、乡村治理、社会服务等信息化水平；参与农业农村信息基础设施投资、基础数据资源体系和重要农产品全产业链大数据中心建设。鼓励社会资本参与"互联网＋"农产品出村进城工程、信息进村入户工程建设，推进优质特色农产品网络销售，促进农产品产销对接。

（十一）农村创新创业

鼓励社会资本投资建设返乡创业园区、农村创新创业园区、农村创新创业孵化实训基地等平台载体，加强各类创新创业平台载体的基础设施、服务体系建设，推动产学研用合作，激发农村创新创业活力。鼓励社会资本联合普通高校、职业院校、优质教育培训机构等开展面向农村创新创业人员的创业能力、产业技术、经营管理培训，强化乡村振兴人才支撑。

（十二）农村人居环境整治

支持社会资本投资农村人居环境整治，参与农村厕所革命、农村生活垃圾治理、农村生活污水治理等项目建设运营，开展村庄清洁行动、美丽宜居村庄、文明渔港和最美庭院创建等活动，推进农村人居环境整治与发展乡村休闲旅游等有机结合。

三、创新投入方式

根据各地农业农村实际发展情况，因地制宜创新投融资模式，通过独资、合资、合作、联营、租赁等途径，采取特许经营、公建民营、民办公助等方式，健全联农带农有效激励机制，稳妥有序投入乡村振兴。

（一）完善全产业链开发模式

支持农业产业化龙头企业联合家庭农场、农民合作社等新型经营主体、小农户，加快全产业链开发和一体化经营，开展规模化种养，发展加工和流通，开创品牌、注重营销，推进产业链生产、加工、销售各

环节有机衔接，推进种养业与农产品加工、流通和服务业等渗透交叉，强化农村一二三产业融合发展。鼓励社会资本聚焦比较优势突出的产业链条，补齐产业链条中的发展短板。支持龙头企业下乡进村建总部、建分支机构、建生产加工基地，发挥农业产业化龙头企业的示范带动作用。

（二）探索区域整体开发模式

支持有实力的社会资本在符合法律法规和相关规划、尊重农民意愿的前提下，因地制宜探索区域整体开发模式，统筹农业农村基础设施建设与公共服务、高标准农田建设、集中连片水产健康养殖示范建设、产业融合发展等进行整体化投资，建立完善合理的利益分配机制，为当地农业农村发展提供区域性、系统性解决方案，促进农业提质增效，带动农村人居环境显著改善、农民收入持续提升，实现社会资本与农户互惠共赢。

（三）创新政府和社会资本合作模式

积极探索农业农村领域有稳定收益的公益性项目，推广政府和社会资本合作（PPP）模式的实施路径和机制，让社会资本投资可预期、有回报、能持续、依法合规、有序推进政府和社会资本合作。鼓励各级农业农村部门按照农业领域政府和社会资本合作相关文件要求，对本地区农业投资项目进行系统性梳理，筛选并培育适于采取 PPP 模式的乡村振兴项目，优先支持农业农村基础设施建设等有一定收益的公益性项目。鼓励社会资本探索通过资产证券化、股权转让等方式，盘活项目存量资产，丰富资本进入退出渠道。鼓励信贷、保险机构加大金融产品和服务创新力度，开展投贷联动、投贷保贴一体化等投融资模式试点。

（四）探索设立各类乡村振兴基金

各级农业农村部门应结合当地发展实际，推动设立政府资金引导、金融机构大力支持、社会资本广泛参与、市场化运作的乡村振兴基金。鼓励有实力的社会资本结合地方农业产业发展和投资情况规范有序设立产业投资基金。充分发挥农业农村部门的行业优势，积极稳妥推进基金项目储备、项目推介等工作，鼓励相关基金通过直接股权投资和设立子基金等方式，充分发挥在乡村振兴产业发展等方面的引导和资金撬动作用，进一步推动农业产业整合和转型升级，加快推进乡村振兴战略实施。

（五）建立紧密合作的利益共赢机制

强化社会资本责任意识，引导围绕"米袋子""菜篮子"、生猪生产等重点领域，做好疫情、灾害时期农产品稳价保供。鼓励农民以土地经营权、水域滩涂、劳动、技术等入股，农村集体经济组织通过股份

合作、租赁等形式，参与村庄基础设施建设、农村人居环境整治和产业融合发展，创新村企合作模式，充分发挥产业化联合体等联农带农作用，激发和调动农民参与乡村振兴的积极性、主动性。鼓励社会资本采用"农民＋合作社＋龙头企业""土地流转＋优先雇用＋社会保障""农民入股＋保底收益＋按股分红"等利益联结方式，与农民建立稳定合作关系、形成稳定利益共同体，做大做强新型农业经营主体，提升小农户生产经营能力和组织化程度，让农民更多分享产业链增值收益，让社会资本和农民共享发展成果。

四、打造合作平台

打造一批社会资本投资农业农村的合作平台，为社会资本投向"三农"提供规划、项目信息、融资、土地、建设运营等一揽子、全方位投资服务，促进要素集聚、产业集中、企业集群，实现控风险、降成本、提效率。

（一）完善规划体系平台

统筹做好发展引导规划、专项规划、区域规划、建设规划等的管理制定、信息发布等工作，充分发挥以《乡村振兴战略规划（2018—2022年）》《全国农业现代化规划（2016—2020年）》等为总纲，以种植业、渔业、畜牧业、种业、乡村产业、农垦和农业科技、农业机械化、农田建设和农业国际合作等相关规划为指导，以地方农业农村发展有关规划为补充的农业农村规划体系作用，引导社会资本突出重点、科学决策，有序投向补短板、强弱项的重点领域和关键环节。

（二）构建农业园区平台

围绕以粮食生产功能区、重要农产品生产保护区、特色农产品优势区，以及国家现代农业产业园为核心的"三区一园"，以及农业产业强镇、全国"一村一品"示范村镇、农村产业融合发展示范园、农业绿色发展先行区、农村创新创业园区、农业对外开放合作试验区和孵化实训基地、精深加工基地、南繁硅谷等重大农业园区，建立社会资本投资指导服务机构，发挥园区平台的信息汇集、投资对接作用。健全完善政策支持体系，加快园区公共服务设施和能力水平建设，增强各类园区对社会资本的引导和聚集功能，不断提升农业绿色化、优质化、特色化、品牌化水平。

（三）建设重大工程项目平台

依托高标准农田建设、优质粮食工程、大豆振兴计划、奶业振兴行动、畜禽种业振兴行动、优势特色产业集群建设，以及包括畜禽粪污资源化利用整县推进在内的绿色发展"五大行动"、农村人居环境整治、信息进村入户工程、国家现代种业提升工程等，建立项目征集和发布机制，引导各类资源要素互相融合。加强宣传和解读，让社会资本了解重大工程项目的参与方式、运营方式、盈利模式、投资回报等相关信息，提高项目透明度；充分发挥政府投资"四两拨千斤"的引导带动作用，稳定市场收益预期，调动社会投资积极性。

（四）推进项目数据信息共享

汇集农业领域基建项目、财政项目，以及各行各业重大项目，形成重点项目数据库，通过统一的信息共享平台集中向社会资本公开发布，发挥信息汇集、交流、对接等服务作用，引导各环节市场主体自主调节生产经营决策。推广大数据应用，引导整合线上线下企业的资源要素，推动业态创新、模式变革和效能提高。鼓励行业协会商会主动完善和提升行业服务标准，发布高标准的服务信息指引，发挥行业协会、开发区、孵化器的沟通桥梁作用，加强与资本市场对接。

五、营造良好环境

（一）加强组织领导

各级农业农村部门要把引导社会资本投资农业农村作为重要任务，加强与财政、发改、金融、自然资源等部门的沟通，推进信息互通共享，协调各有关部门立足职能、密切配合，形成合力。要建立规范的合作机制，引导社会资本积极参与相关规划编制、项目梳理，严格遵循乡村规划"三区三线"的空间管制，准确把握投资方向，积极探索具体方式，提高各类项目落地效率，充分发挥政府、市场和社会资本的合力作用。加强对外资的管理，推动外资依照《外商投资法》相关规定和要求，投资农业农村。

（二）强化政策激励

积极协调各部门完善激励引导政策，将农业种养殖配建的保鲜冷藏、晾晒存贮、农机库房、分拣包装、废弃物处理、管理看护房等辅助设施用地纳入农用地管理，落实农业设施用地可以使用耕地政策，并对在农村建设的保鲜仓储设施用电实行农业生产用电价格。加快健全以农村产权交易政策、农村人才队伍建设等为重要内容的政策保障体系；加快推进以深化"放管服"改革、优化项目审批程序和招投标程序、建立政企常态化沟通机制和投资需求信息发布机制、健全社会资本进入退出渠道等为主要内容的配套服务体系；加快构建以农村土地流转风险防范制度、农村社会信用评价制度，以及农业保险"扩面、增品、提标"和农产品期货价格发现机制等为重要内容的风险防范体系；加快健全商业性、合作性和政策性、开发性金融，以及信贷担保等为重要内容的多层次农村金融服务体系，不断加大对社会资本投资农业农村的支持力度。

（三）广泛宣传引导

大力宣传社会资本投资农业农村的重大意义，做好政策解读，回应社会关切，稳定市场预期，培育合作理念，正确引导社会资本有序进入农业农村经济领域。各地要加强社会资本投资农业农村的成功经验和案例的总结，推介一批典型模式。充分利用报刊、广播、电视、互联网等媒体，全方位、多角度、立体式宣传社会资本投资建设成果，营造社会资本投资农业农村的良好氛围。

关于加快农产品仓储保鲜冷链设施建设的实施意见

（农业农村部　2020 年 4 月 13 日）

各省、自治区、直辖市及计划单列市农业农村（农牧）厅（局、委），新疆生产建设兵团农业农村局，黑龙江省农垦总局、广东省农垦总局：

为贯彻落实党中央关于实施城乡冷链物流设施建设等补短板工程的部署要求，根据《中共中央 国务院关于抓好"三农"领域重点工作确保如期实现全面小康的意见》（中发［2020］1 号）和 2019 年中央经济工作会议、中央农村工作会议精神，我部决定实施"农产品仓储保鲜冷链物流设施建设工程"，现就支持新型农业经营主体建设仓储保鲜冷链设施，从源头加快解决农产品出村进城"最初一公里"问题，提出如下实施意见。

一、重要意义

党中央高度重视农产品仓储保鲜冷链物流设施建设，2019 年 7 月 30 日中央政治局会议明确提出实施城乡冷链物流设施建设工程。2020 年中央 1 号文件要求，国家支持家庭农场、农民合作社建设产地分拣包装、冷藏保鲜、仓储运输、初加工等设施。加大对新型农业经营主体农产品仓储保鲜冷链设施建设的支持，是现代农业重大牵引性工程和促进产业消费"双升级"的重要内容，是顺应农业产业发展新趋势、适应城乡居民消费需求、促进小农户和现代农业发展有机衔接的重大举措，对确保脱贫攻坚战圆满收官、农村同步全面建成小康社会和加快乡村振兴战略实施具有重要意义。加快推进农产品仓储保鲜冷链设施建设，有利于夯实农业物质基础装备，减少农产品产后损失，提高农产品附加值和溢价能力，促进农民稳定增收；有利于改善农产品品质，满足农产品消费多样化、品质化需求，做大做强农业品牌；有利于实现现代农业发展要求，加速农产品市场流通硬件设施、组织方式和运营模式的转型升级；有利于优化生产力布局，引导产业结构调整，释放产业发展潜力，增强我国农产品竞争力。

二、总体思路

（一）指导思想

以习近平新时代中国特色社会主义思想为指导，牢固树立新发展理念，深入推进农业供给侧结构性改革，充分发挥市场配置资源的决定性作用，紧紧围绕保供给、减损耗、降成本、强产业、惠民生，聚焦鲜活农产品产地"最初一公里"，以鲜活农产品主产区、特色农产品优势区和贫困地区为重点，坚持"农有、农用、农享"的原则，依托家庭农场、农民合作社开展农产品仓储保鲜冷链设施建设，进一步降低农产品损耗和物流成本，推动农产品提质增效和农业绿色发展，促进农民增收和乡村振兴，持续巩固脱贫攻坚成果，更好地满足城乡居民对高质量农产品的消费需求。

（二）基本原则

——统筹布局、突出重点。坚持立足当前和着眼长远相结合，综合考虑地理位置、产业布局、市场需求和基础条件等因素，在鲜活农产品主产区、特色农产品优势区和贫困地区统筹推进农产品产地仓储保鲜冷链设施建设。优先支持扶贫带动能力强、发展潜力大且运营产地市场的新型农业经营主体。

——市场运作、政府引导。充分发挥市场配置资源的决定性作用，坚持投资主体多元化、运作方式市场化，提升设施利用效率。政府要发挥引导作用，通过财政补助、金融支持、发行专项债等政策，采用先建后补、以奖代补等形式，带动社会资本参与建设。

——科技支持、融合发展。坚持改造与新建并举，推动应用先进技术设备，鼓励利用现代信息手段，构建产地市场信息大数据，发展电子商务等新业态。促进产地市场与消费需求相适应，融入一体化仓储保鲜冷链物流体系，形成可持续发展机制。

——规范实施、注重效益。立足各地实际，规范实施过程，完善标准体系，提升管理和服务水平。在市场化运作的基础上，完善带农惠农机制，提升鲜活农产品应急保障能力，确保运得出、供得上。

（三）建设目标

以鲜活农产品主产区、特色农产品优势区和贫困地区为重点，到2020年底在村镇支持一批新型农业经营主体加强仓储保鲜冷链设施建设，推动完善一批由新型农业经营主体运营的田头市场，实现鲜活农产品产地仓储保鲜冷链能力明显提升，产后损失率显著下降；商品化处理能力普遍提升，产品附加值大幅增长；仓储保鲜冷链信息化与品牌化水平全面提升，产销对接更加顺畅；主体服务带动能力明显增强；"互联网＋"农产品出村进城能力大幅提升。

三、建设重点

（一）实施区域

2020年，重点在河北、山西、辽宁、山东、湖北、湖南、广西、海南、四川、重庆、贵州、云南、陕西、甘肃、宁夏、新疆16个省（区、市），聚焦鲜活农产品主产区、特色农产品优势区和贫困地区，选择产业重点县（市），主要围绕水果、蔬菜等鲜活农产品开展仓储保鲜冷链设施建设，根据《农业农村部、财政部关于做好2020年农业生产发展等项目实施工作的通知》（农计财发〔2020〕3号）要求，鼓励各地统筹利用相关资金开展农产品仓储保鲜冷链设施建设。鼓励贫困地区利用扶贫专项资金，整合涉农资金加大专项支持力度，提升扶贫产业发展水平。有条件的地方发行农产品仓储保鲜冷链物流设施建设专项债。实施区域向"三区三州"等深度贫困地区倾斜。鼓励其他地区因地制宜支持开展仓储保鲜冷链设施建设。

（二）实施对象

依托县级以上示范家庭农场和农民合作社示范社实施，贫困地区可适当放宽条件。优先支持在村镇具有交易场所并集中开展鲜活农产品仓储保鲜冷链服务和交易服务的县级以上示范家庭农场和农民合作社示范社。

（三）建设内容

新型农业经营主体根据实际需求选择建设设施类型和规模，在产业重点镇和中心村鼓励引导设施建设向田头市场聚集，可按照"田头市场＋新型农业经营主体＋农户"的模式，开展仓储保鲜冷链设施建设。

1. 节能型通风贮藏库。在马铃薯、甘薯、山药、大白菜、胡萝卜、生姜等耐贮型农产品主产区，充分利用自然冷源，因地制宜建设地下、半地下贮藏窖或地上通风贮藏库，采用自然通风和机械通风相结合的方式保持适宜贮藏温度。

2. 节能型机械冷库。在果蔬主产区，根据贮藏规模、自然气候和地质条件等，采用土建式或组装式建筑结构，配备机械制冷设备，新建保温隔热性能良好、低温环境适宜的冷库；也可对闲置的房屋、厂房、窑洞等进行保温隔热改造，安装机械制冷设备，改建为冷库。

3. 节能型气调贮藏库。在苹果、梨、香蕉和蒜薹等呼吸跃变型果蔬主产区，建设气密性较高、可调节气体浓度和组分的气调贮藏库，配备碳分子筛制氮机、中空纤维膜制氮机、乙烯脱除器等专用气调设备，对商品附加值较高的产品进行气调贮藏。

根据产品特性、市场和储运的实际需要，规模较大的仓储保鲜冷链设施，可配套建设强制通风预冷、差压预冷或真空预冷等专用预冷设施，配备必要的称量、除土、清洗、分级、愈伤、检测、干制、包装、移动式皮带输送、信息采集等设备以及立体式货架。

四、组织实施

按照自主建设、定额补助、先建后补的程序，支持新型农业经营主体新建或改扩建农产品仓储保鲜冷链设施。各地要完善工作流程，确保公开公平公正。推行从申请、审核、公示到补助发放的全过程线上管理。

（一）编制实施方案

各省（区、市）农业农村部门应细化编制实施方案，做到思路清晰，目标明确，重点突出，措施有效，数据详实。具体包括以下内容：基本情况、思路目标、空间布局、建设内容、实施主体、资金支持、进度安排、保障措施及其他。省级农业农村部门要会同相关部门制定发布本地区农产品仓储保鲜冷链设施建设实施方案、技术方案、补助控制标准、操作程序、投诉咨询方式、违规查处结果等重点信息，开展农产品仓储保鲜冷链设施建设延伸绩效管理,并于2020年12月18日前报送工作总结和绩效自评报告。

(二)组织申报建设

新型农业经营主体通过农业农村部新型农业经营主体信息直报系统申报或农业农村部重点农产品市场信息平台申报建设仓储保鲜冷链设施。申请主体按规定提交申请资料,对真实性、完整性和有效性负责,并承担相关法律责任。县级农业农村部门要严格过程审核,公示实施主体,对未通过审核的主体及时给予反馈。实施主体按照各地技术方案要求,自主选择具有专业资格和良好信誉的施工单位开展建设,采购符合标准的设施设备,承担相应的责任义务,对建设的仓储保鲜冷链设施拥有所有权,可自主使用、依法依规处置。设施建设、设备购置等事项须全程留痕。

(三)组织开展验收

新型农业经营主体完成仓储保鲜冷链设施建设后向县级农业农村部门提出验收申请,县级农业农村部门会同相关部门,邀请相关技术专家进行验收。验收合格后向实施主体兑付补助资金,并公示全县仓储保鲜冷链设施补助发放情况。

(四)强化监督调度

各地农业农村部门建立健全仓储保鲜冷链设施建设管理制度,加强实施过程监督、定期调度,发布资金使用进度,根据实施进展及时开展现场督查指导。充分发挥专家和第三方作用,加强督导评估,强化政策实施全程监管。

五、有关要求

(一)强化组织领导

省级农业农村部门要高度重视,健全工作协作机制,加大与财政等部门的沟通配合,建立由市场、计财和相关业务处室组成的项目工作组,科学合理确定实施区域,根据农业生产发展资金专项明确的有关任务,做好补助资金测算,应保证补助资金与建设需求相一致,避免重复建设。任务实施县也要成立工作专班,切实做好补助申请受理、资格审核、设施核验、补助公示等工作,鼓励探索开展"一站式"服务,保证工作方向不偏、资金规范使用,建设取得实效。

(二)加大政策扶持

各地要积极落实农业设施用地政策,将与生产直接关联的分拣包装、保鲜存储等设施用地纳入农用地管理,切实保障农产品仓储保鲜冷链设用地需求。对需要集中建设仓储保鲜冷链设施的田头市场,应优先安排年度新增建设用地计划指标,保障用地需求。

农村集体建设用地可以通过入股、租用等方式用于农产品仓储保鲜冷链设施建设。各地要加强与电力部门沟通,对家庭农场、农民合作社等在农村建设的保鲜仓储设施,落实农业生产用电价格优惠政策。探索财政资金支持形成的项目资产股份量化形式,建立完善投资保障、运营管理、政府监管等长效运行机制,试点示范、重点支持一批田头公益性市场。

(三)强化金融服务

各地要积极协调推动将建设农产品仓储保鲜冷链设施的新型农业经营主体纳入支农支小再贷款再贴现等优惠信贷支持范围,开辟绿色通道,简化审贷流程。要引导银行业金融机构开发专门信贷产品。指导省级农业信贷担保公司加强与银行业金融机构合作,对符合条件的建设农产品仓储保鲜冷链设施的新型农业经营主体实行"应担尽担"。各地可统筹资金对新型农业经营主体农产品仓储保鲜冷链设施建设贷款给予适当贴息支持。

(四)严格风险防控

各地要建立农产品仓储保鲜冷链设施建设内部控制规程,强化监督制约,开展廉政教育。对倒卖补助指标、套取补助资金、搭车收费等严重违规行为,坚决查处,绝不姑息。对发生问题的地方要严格查明情况,按规定抄送所在地纪检监察部门,情节严重构成犯罪的移送司法机关处理。各地农业农村部门要落实主体责任,组建专家队伍,编写本地化技术方案,压实实施主体直接责任,严格验收程序,确保设施质量。各地农业农村部门要按照农业农村部制定的仓储保鲜冷链技术方案,结合当地实际,研究制定适合不同农产品和季节特点的仓储保鲜冷链技术和操作规程,切实提高设施利用效率,确保设施使用安全。对实施过程中出现的问题,认真研究解决,重大问题及时上报。

(五)做好信息采集与应用

各地要配合农业农村部健全完善农产品产地市场信息数据,通过农业农村部重点农产品市场信息平台,组织实施主体采取自动传输为主、手工填报为辅的方式,全面监测报送产地鲜活农产品产地、品类、交易量、库存量、价格、流向等市场流通信息和仓储保鲜冷链设施贮藏环境信息,监测项目实施情况,为宏观分析提供支持。仓储保鲜冷链设施建设规模在500吨以上的,应配备具有通信功能的信息自动采集监测传输设备,具有称重、测温、测湿、图像等信息采集和网络自动配置功能,实现信息采集监测传输设备与重点农产品市场信息平台互联互通,并作为项目验收的重要内容。各地要用好农产品产地市场信息数据,加强分析与预警,指导农业生产,促进农产销售。

（六）加强宣传示范

各地要做好政策宣贯，让基层部门准确掌握政策，向广大新型农业经营主体宣讲，调动其参与设施建设的积极性。各地要坚持"建、管、用"并举，开展专业化、全程化、一体化服务，通过集中培训、现场参观、座谈交流以及编写简明实用手册、明白纸等方式，帮助实施主体提高认识，掌握技术，确保设施当年建成、当年使用、当年见效。各地要及时总结先进经验，推出一批机制创新、政策创新、模式创新的典型案例，推动工作成效由点到面扩展，提升支持政策实施效果。

关于印发《新形势下加强基础研究若干重点举措》的通知

（科技部 财政部等　国科办基〔2020〕38 号　2020 年 4 月 29 日）

各有关单位：

为深入贯彻落实《国务院关于全面加强基础科学研究的若干意见》（国发〔2018〕4 号），在新形势下进一步加强基础研究，提升我国基础研究和科技创新能力，科技部、财政部、教育部、中科院、工程院、自然科学基金委共同制定了《新形势下加强基础研究若干重点举措》。现印发给你们，请结合本单位实际认真落实。

基础研究是整个科学体系的源头，是所有技术问题的总机关。现代科学技术发展进入大科学时代，科学、技术、工程加速渗透与融合，科学研究的模式不断重构，学科交叉、跨界合作、产学研协同成为趋势。经济高质量发展急需高水平基础研究的供给和支撑，需求牵引、应用导向的基础研究战略意义凸显。新形势下进一步加强基础研究，要以习近平新时代中国特色社会主义思想为指导，尊重科学发展规律，突出目标导向，支持自由探索，优化总体布局，深化体制机制改革，创新支持方式，营造创新环境，提升原始创新能力，努力攀登世界科学高峰，为创新型国家和世界科技强国建设提供强大支撑。

为落实《国务院关于全面加强基础科学研究的若干意见》，进一步加强基础研究，提升我国基础研究和科技创新能力，实现前瞻性基础研究、引领性原创成果重大突破，特提出以下重点举措。

一、优化基础研究总体布局

1. 加强基础研究统筹布局。

坚持基础研究整体性思维，把握基础研究与应用研究日趋一体化的发展趋势，注重解决实际问题，以应用研究带动基础研究，加强重大科学目标导向、应用目标导向的基础研究项目部署，重点解决产业发展和生产实践中的共性基础问题，为国家重大技术创新提供支撑。强化目标导向，支持自由探索，突出原始创新，强化战略性前瞻性基础研究，鼓励提出新思想、新理论、新方法。制定基础研究 2021—2035 年的总体规划。

2. 完善国家科技计划体系。

充分发挥国家自然科学基金的作用，资助基础研究和科学前沿探索，支持人才和团队建设，加强面向国家需求的项目部署力度，提升国家自然科学基金支撑经济社会发展的能力。面向国际科学前沿和国家重大战略需求，突出战略性、前瞻性和颠覆性，优化国家科技重大专项、国家重点研发计划、基地和人才计划中基础研究支持体系，强化对目标导向基础研究的系统部署和统筹实施。

二、激发创新主体活力

3. 切实把尊重科研人员的科研活动主体地位落到实处。

完善适应基础研究特点和规律的经费管理制度，坚持以人为本，增加对"人"的支持。重点围绕优秀人才团队配置科技资源，推动科学家、数学家、工程师在一起共同开展研究。落实科研人员在立项选题、经费使用以及资源配置的自主权，释放人才创新创造活力。切实保障科研人员工作和生活条件，强化对承担基础研究国家重大任务的人才和团队的激励，落实以增加知识价值为导向的分配政策，探索实行年薪制和学术休假制度，对科研骨干在内部绩效工资分配时予以倾斜。加快推进经费使用"包干制"的落实落地。认真落实《关于优化科研管理提升科研绩效若干措施的通知》，安排好纯理论基础研究、对试验设备依赖程度低和实验材料耗费少的基础研究项目间接费用。

4. 支持企业和新型研发机构加强基础研究。

引导企业面向长远发展和竞争力提升前瞻部署基础研究。扫除高校、科研院所和企业间人才流动的制度障碍。支持企业承担国家科研项目。支持新型研发机构制度创新，在科研模式、评价体系、人才引进、职称评定、内控制度等方面积极探索，先行先试。支持新型研发机构建设创新平台、承担国家科研任务。推动产学研协作融通，形成基础研究、应用研究和技术创新贯通发展的科技创新生态。

三、深化项目管理改革

5. 改革项目形成机制。

健全基础研究任务征集机制，组织行业部门、企业、战略研究机构、科学家等共同研判科学前沿和战略发展方向，多方凝结经济社会发展和生产一线的重大科学问题。提高指南开放性，简化指南内容，不限定具体技术路线，对原创性强的研究探索以指向代替指南。合理把握项目规模，避免拼凑和打包，保证竞争性和参与度。推行评审专家责任制，强化"小同行"评审，应用目标导向类基础研究评审须加强应用和产业专家。推进评审活动国际化。优化完善非共识项目的遴选机制和资助机制，建立非共识和颠覆性项目建议"网上直通车"，全时段征集重大需求方向建议。对于具备"颠覆性、非共识、高风险"等特征的原创项目，应单独设置渠道，创新遴选方式，探索建立有别于现行项目的遴选机制。对原创性项目开通绿色评审通道。

6. 改进项目实施管理。

在调整参与人员、研究方案、技术路线和经费开支科目方面赋予项目负责人更大的自主权。实施"减表行动"，简化预算测算说明和编报表格。建立定期评估与弹性评估相结合的评估制度，减少评估频率，可依项目自主申请开展中期评估，三年以下的项目不再进行中期评估。建立项目动态调整机制，强化全程跟踪，对实施好的项目加强滚动支持，对差的项目要及时调整。项目完成情况要客观评价，不得夸大成果水平。将科学普及作为基础研究项目考核的必要条件。稳步提升基础研究计划、项目和基地的对外开放力度。推动基础研究人才、项目等多层次、全方位、高水平交流和国际合作。

四、营造有利于基础研究发展的创新环境

7. 改进基础研究评价。

创新人才评价机制，建立健全以创新能力、质量、贡献为导向的科技人才评价体系。注重个人评价和团队评价相结合，尊重和认可团队所有参与者的实际贡献。基础研究评价要符合科学发展规律、反映基础研究特点，实行分类评价、长周期评价，推行代表作评价制度。注重基础研究论文发表后的深化研究、中长期创新绩效评价和成果转化的后评价工作。对自由探索和颠覆性创新活动建立免责机制，宽容失败。高校、科研院所要严格落实《关于深化项目评审、人才评价、机构评估改革的意见》要求，破除"唯论文、唯职称、唯学历、唯奖项"的倾向。

8. 推动科技资源开放共享。

加强科研设施与仪器国家网络管理平台建设，完善开放共享的评价考核和后补助机制，深化新购仪器设备购置查重评议，强化管理单位主体责任，加快推进科研设施与仪器开放共享。推进国家科技资源共享服务平台建设，建设一批国家科学数据中心和国家科技资源库（馆）。加强实验动物资源和科研用试剂的研发与应用。构建完善的国家科技文献信息保障服务体系。

五、完善支持机制

9. 加大对基础研究的稳定支持。

完善基础研究投入机制，加大对长期重点基础研究项目、重点团队和科研基地的稳定支持。支持优秀青年科学家长期稳定开展基础研究，坚持本土培养和从外引进并举。认真落实《关于扩大高校和科研院所科研相关自主权的若干意见》，支持高校和科研院所围绕重要方向，自主组织开展基础研究。重构国家实验室和国家重点实验室体系，形成以重大问题为导向，跨学科领域协同开展重大基础研究的稳定机制。

10. 完善基础研究多元化投入体系。

拓宽基础研究经费投入渠道，逐步提高基础研究占全社会研发投入比例。中央财政持续加大对基础研究的支持力度。通过部省联合组织实施国家重大科技任务和共建科研基地等方式，推动地方加大基础研究投入，强化地方财政对应用基础研究的支持。积极推动与各行业设立联合基金，解决制约行业发展的深层次科学问题。引导和鼓励企业加大对基础研究和应用基础研究的投入力度。鼓励社会资本投入基础研究，支持社会各界设立基础研究捐赠基金。

关于印发《赋予科研人员职务科技成果所有权或长期使用权试点实施方案》的通知

（科技部 发展改革委等 国科发区〔2020〕128 号 2020 年 5 月 9 日）

各有关单位：

《赋予科研人员职务科技成果所有权或长期使用权试点实施方案》（以下简称《实施方案》）已经 2020 年 2 月 14 日中央全面深化改革委员会第十二次会议审议通过。现将《实施方案》印发给你们，请结合实际认真贯彻执行。

为深化科技成果使用权、处置权和收益权改革，进一步激发科研人员创新热情，促进科技成果转化，根据《中华人民共和国科学技术进步法》《中华人民共和国促进科技成果转化法》《中华人民共和国专利法》相关规定，现就开展赋予科研人员职务科技成果所有权或长期使用权试点工作制定本实施方案。

一、总体要求

（一）指导思想

以习近平新时代中国特色社会主义思想为指导，全面贯彻党的十九大和十九届二中、三中、四中全会精神，认真贯彻党中央、国务院决策部署，加快实施创新驱动发展战略，树立科技成果只有转化才能真正实现创新价值、不转化是最大损失的理念，创新促进科技成果转化的机制和模式，着力破除制约科技成果转化的障碍和藩篱，通过赋予科研人员职务科技成果所有权或长期使用权实施产权激励，完善科技成果转化激励政策，激发科研人员创新创业的积极性，促进科技与经济深度融合，推动经济高质量发展，加快建设创新型国家。

（二）基本原则

系统设计、统筹布局。聚焦科技成果所有权和长期使用权改革，从规范赋予科研人员职务科技成果所有权和长期使用权流程、充分赋予单位管理科技成果自主权、建立尽职免责机制、做好科技成果转化管理和服务等方面做好顶层设计，统筹推进试点工作。

问题导向、补齐短板。遵循市场经济和科技创新规律，着力破解科技成果有效转化的政策制度瓶颈，找准改革突破口，集中资源和力量，畅通科技成果转化通道。

先行先试、重点突破。以调动科研人员创新积极性、促进科技成果转化为出发点和落脚点，强化政策引导，鼓励先行开展探索，破除体制机制障碍，形成新路径和新模式，加快构建有利于科技创新和科技成果转化的长效机制。

（三）主要目标

分领域选择 40 家高等院校和科研机构开展试点，探索建立赋予科研人员职务科技成果所有权或长期使用权的机制和模式，形成可复制、可推广的经验和做法，推动完善相关法律法规和政策措施，进一步激发科研人员创新积极性，促进科技成果转移转化。

二、试点主要任务

（一）赋予科研人员职务科技成果所有权

国家设立的高等院校、科研机构科研人员完成的职务科技成果所有权属于单位。试点单位可以结合本单位实际，将本单位利用财政性资金形成或接受企业、其他社会组织委托形成的归单位所有的职务科技成果所有权赋予成果完成人（团队），试点单位与成果完成人（团队）成为共同所有权人。赋权的成果应具备权属清晰、应用前景明朗、承接对象明确、科研人员转化意愿强烈等条件。成果类型包括专利权、计算机软件著作权、集成电路布图设计专有权、植物新品种权，以及生物医药新品种和技术秘密等。对可能影响国家安全、国防安全、公共安全、经济安全、社会稳定等事关国家利益和重大社会公共利益的成果暂不纳入赋权范围，加快推动建立赋权成果的负面清单制度。

试点单位应建立健全职务科技成果赋权的管理制度、工作流程和决策机制，按照科研人员意愿采取转化前赋予职务科技成果所有权（先赋权后转化）或转化后奖励现金、股权（先转化后奖励）的不同激励方式，对同一科技成果转化不进行重复激励。先赋权后转化的，科技成果完成人（团队）应在团队内部协商一致，书面约定内部收益分配比例等事项，指定代表向单位提出赋权申请，试点单位进行审批并在单位内公示，公示期不少于 15 日。试点单位与科技成果完成人（团队）应签署书面协议，合理约定转化科技成果收益分配比例、转化决策机制、转化费用分担以及知识产权维持费用等，明确转化科技成果各方的权利和义务，并及时办理相应的权属变更等手续。

（二）赋予科研人员职务科技成果长期使用权

试点单位可赋予科研人员不低于 10 年的职务科技成果长期使用权。科技成果完成人（团队）应向单位申请并提交成果转化实施方案，由其单独或与其他单位共同实施该项科技成果转化。试点单位进行审批并在单位内公示，公示期不少于 15 日。试点单位与科技成果完成人（团队）应签署书面协议，合理约定成果的收益分配等事项，在科研人员履行协议、科技成果转化取得积极进展、收益情况良好的情况下，试点单位可进一步延长科研人员长期使用权期限。试点结束后，试点期内签署生效的长期使用权协议应当按照协议约定继续履行。

（三）落实以增加知识价值为导向的分配政策

试点单位应建立健全职务科技成果转化收益分配机制，使科研人员收入与对成果转化的实际贡献相匹配。试点单位实施科技成果转化，包括开展技术开发、技术咨询、技术服务等活动，按规定给个人的现金奖励，应及时足额发放给对科技成果转化作出重要贡献的人员，计入当年本单位绩效工资总量，不受单位总量限制，不纳入总量基数。

（四）优化科技成果转化国有资产管理方式

充分赋予试点单位管理科技成果自主权，探索形成符合科技成果转化规律的国有资产管理模式。高等院校、科研机构对其持有的科技成果，可以自主决定转让、许可或者作价投资，不需报主管部门、财政部门审批。试点单位将科技成果转让、许可或者作价投资给国有全资企业的，可以不进行资产评估。试点单位将其持有的科技成果转让、许可或作价投资给非国有全资企业的，由单位自主决定是否进行资产评估。

（五）强化科技成果转化全过程管理和服务

试点单位要加强对科技成果转化的全过程管理和服务，坚持放管结合，通过年度报告制度、技术合同认定、科技成果登记等方式，及时掌握赋权科技成果转化情况。试点单位可以通过协议定价、在技术交易市场挂牌交易、拍卖等方式确定交易价格，探索和完善科技成果转移转化的资产评估机制。获得科技成果所有权或长期使用权的科技成果完成人（团队）应勤勉尽职，积极采取多种方式加快推动科技成果转化。对于赋权科技成果作价入股的，应完善相应的法人治理结构，维护各方权益。鼓励试点单位和科研人员通过科研发展基金等方式，将成果转化收益继续用于中试熟化和新项目研发等科技创新活动。建立健全相关信息公开机制，加强全社会监督。

（六）加强赋权科技成果转化的科技安全和科技伦理管理

鼓励赋权科技成果首先在中国境内转化和实施。国家出于重大利益和安全需要，可以依法组织对赋权职务科技成果进行推广应用。科研人员将赋权科技成果向境外转移转化的，应遵守国家技术出口等相关法律法规。涉及国家秘密的职务科技成果的赋权和转化，试点单位和成果完成人（团队）要严格执行科学技术保密制度，加强保密管理；试点单位和成果完成人（团队）与企业、个人合作开展涉密成果转移转化的，要依法依规进行审批，并签订保密协议。加强对赋权科技成果转化的科技伦理管理，严格遵守科技伦理相关规定，确保科技成果的转化应用安全可控。

（七）建立尽职免责机制

试点单位领导人员履行勤勉尽职义务，严格执行决策、公示等管理制度，在没有牟取非法利益的前提下，可以免除追究其在科技成果定价、自主决定资产评估以及成果赋权中的相关决策失误责任。各地方、各主管部门要建立相应容错和纠错机制，探索通过负面清单等方式，制定勤勉尽责的规范和细则，激发试点单位的转化积极性和科研人员干事创业的主动性、创造性。完善纪检监察、审计、财政等部门监督检查机制，以是否符合中央精神和改革方向、是否有利于科技成果转化作为对科技成果转化活动的定性判断标准，实行审慎包容监管。

（八）充分发挥专业化技术转移机构的作用

试点单位应在不增加编制的前提下完善专业化技术转移机制建设，发挥社会化技术转移机构作用，开展信息发布、成果评价、成果对接、经纪服务、知识产权管理与运用等工作，创新技术转移管理和运营机制，加强技术经理人队伍建设，提升专业化服务能力。

三、试点对象和期限

（一）试点单位范围

试点单位为国家设立的高等院校和科研机构。优先在开展基于绩效、诚信和能力的科研管理改革试点的中央部门所属高等院校和中科院所属科研院所，医疗卫生、农业等行业所属中央级科研机构，以及全面创新改革试验区和国家自主创新示范区内的地方高等院校和科研机构中，选择一批改革动力足、创新能力强、转化成效显著以及示范作用突出的单位开展试点。

（二）试点期限

试点期3年。

四、组织实施

（一）加强组织领导

在国家科技体制改革和创新体系建设领导小组指导下，科技部会同发展改革委、教育部、工业和信息化部、财政部、商务部、人力资源社会保障部、知识产权局、中科院等部门建立高效、精简的试点工作协调机制，及时研究重大政策问题，编制赋权协议范本，加强风险防控，指导推进试点工作，确保试点宏观可控。相关地方要建立协调机制，推动试点任务落实，做好成效总结评估和经验推广工作。试点单位应按照实施方案的原则和要求，编制试点工作方案。

（二）加强评估监测

科技部会同相关部门完善试点工作报告制度，试点单位应及时将试点工作方案、年度试点执行情况和赋权成果名单报告主管部门和科技部。对试点中的一些重大事项，可组织科技、产业、法律、财务、知识产权等方面的专家，开展决策咨询服务。发挥第三方评估机构的作用，对试点进展情况开展监测和评估。对于试点前有关地方和单位已经开展的科技成果赋权和转化成功经验、做法和模式，及时纳入试点方案。对试点中发现的问题和偏差，及时予以解决和纠正。

（三）加强推广应用

充分发挥试点示范作用，开展经验交流，编发典型案例，加强宣传引导。对形成的一些好的经验做法，通过扩大试点范围等方式进行复制推广，总结试点中形成的改革新举措，及时健全完善相关政策措施。为解决试点中可能出现的突出问题和矛盾，需要对现行法律法规进行调整的，依法律程序解决。

各有关部门和地方要按照本方案精神，强化全局和责任意识，统一思想，主动改革，勇于创新，积极作为，确保试点工作取得实效。国防领域赋予科研人员职务科技成果所有权或长期使用权的试点由国防科技工业主管部门和军队有关部门参照本方案精神制定实施方案，另行开展。

关于加强农业科技社会化服务体系建设的若干意见

（科技部 农业农村部等　国科发农〔2020〕192号　2020年7月8日）

农业科技社会化服务体系是为农业发展提供科技服务的各类主体构成的网络与组织系统，是农业科技创新体系和农业社会化服务体系的重要内容。长期以来，以农技推广机构等公益性服务机构为主体的农业科技社会化服务体系在推进农业发展、创新驱动乡村振兴中发挥了重要作用。随着我国农业组织形式和生产方式发生深刻变化，科技服务有效供给不足、供需对接不畅等问题日益凸显，越来越难以适应农业转型升级和高质量发展的需要。为进一步加强农业科技社会化服务体系建设，提高农业科技服务效能，引领和支撑农业高质量发展，推进农业农村现代化，现提出如下意见。

一、总体要求

（一）指导思想

以习近平新时代中国特色社会主义思想为指导，全面贯彻党的十九大和十九届二中、三中、四中全会精神，坚持以人民为中心的发展思想，深入实施创新驱动发展战略和乡村振兴战略，以增加农业科技服务有效供给、加强供需对接为着力点，以提高农业科技服务效能为目标，加快构建农技推广机构、高校和科研院所、企业等市场化社会化科技服务力量为依托，开放竞争、多元互补、协同高效的农业科技社会化服务体系，促进产学研深度融合，为深化农业供给侧结构性改革、推进农业高质量发展和农业农村现代化、打赢脱贫攻坚战提供有力支撑。

（二）基本原则

厘清职能、明确定位。充分发挥市场在农业科技服务资源配置中的决定性作用，更好发挥政府统筹资源、政策保障等作用，强化农技推广机构公益性服务主责，推动高校和科研院所进一步加强成果转化和科技服务，充分发挥企业等市场化社会化服务力量的创新服务主体作用。

改革创新、激发活力。坚持科技创新和体制机制创新双轮驱动，着力破除制约科技创新要素流动的体制机制障碍，将先进技术、资金、人才等创新要素导入农业农村发展实践，加快实现科技创新、人力资本、现代金融、产业发展在农业农村现代化建设中的良性互动。完善激励和支持政策，充分调动各类科技服务主体积极性，不断壮大农业科技服务业。

开放协同、多元融通。围绕农业产前产中产后和一二三产业融合发展需求，坚持公益性服务与经营性服务融合发展、专项服务与综合服务相结合，培育市场化社会化科技服务主体。发挥不同科技服务主体的特色和优势，加强相互协作与融通，构建开放协同高效的社会化服务网络。

重心下沉、注重实效。坚持人才下沉、科技下乡、服务"三农"，发挥县域综合集成农业科技服务资源和力量作用，引导各类科技服务主体深入基层，把先进适用技术送到生产一线，加速科技成果在农村基层的转移转化，着力解决农村生产经营中的现实科技难题，进一步提升广大农民获得感、幸福感。

二、推进农技推广机构服务创新

（三）加强农技推广机构能力建设

针对各地实际需求，结合区域农业生产生态条件、产业发展特点等，聚焦公益性服务主责，进一步加强农技推广机构建设，优化农技推广机构布局，保障必需的试验示范条件和技术服务设备设施。加强绿色增产、生态环保、质量安全等领域重大关键技术示范推广，提升服务脱贫攻坚和防范应对重大疫情、突发灾害等能力。（牵头部门：农业农村部，完成时限：2022年）

（四）提升基层农技推广机构服务水平

鼓励基层农技推广机构为小农户和新型农业经营主体提供全程化、精准化和个性化科技服务。加强基层农技推广机构专业人才队伍建设，实施农业科技人员素质提升计划，在贫困地区全面实施农技推广服务特聘计划。发挥基层农技推广机构对经营性农技服务活动的有效引导和必要管理作用。（牵头部门：农业

农村部，完成时限：2022年）

（五）创新农技推广机构管理机制

全面推行农业技术推广责任制度，完善以服务对象满意度为主要指标的考评体系，建立与考评结果挂钩的经费支持机制，进一步加强对农技推广机构履职情况和服务质量效果的考评。建立实际贡献与收入分配相匹配的内部激励机制，允许农业科技人员在履行好岗位职责的前提下，为家庭农场、农民专业合作社、农业企业等提供技术增值服务并合理取酬，充分发挥收入分配的激励导向作用。（牵头部门：农业农村部，完成时限：2022年）

三、强化高校与科研院所服务功能

（六）充分释放高校和科研院所农业科技服务动能

完善高校和科研院所农业科技服务考核机制，将服务"三农"和科技成果转移转化的成效作为学科评估、人才评价等各类评估评价和项目资助的重要依据。鼓励引导高校和科研院所设置一定比例的推广教授和研究员岗位，并把农业科技服务成效作为专业技术职称评聘和工作考核的重要参考。建立健全高校和科研院所农业科技成果转移转化机制，加强对成果转化的管理、组织和协调。（牵头部门：科技部、教育部、农业农村部，完成时限：2022年）

（七）鼓励高校和科研院所创新农业科技服务方式

优化新农村发展研究院布局，搭建跨高校、科研院所和地区的资源整合与共享平台。鼓励高校和科研院所开展乡村振兴智力服务，推广科技小院、专家大院、院（校）地共建等创新服务模式。支持高校和科研院所在农业科技园区建设科技成果转化和服务基地。（牵头部门：科技部、教育部、农业农村部，完成时限：2022年）

四、壮大市场化社会化
科技服务力量

（八）提升供销合作社科技服务能力

全面深化供销合作社综合改革，强化其科技服务功能，充分发挥其服务农民生产生活生力军和综合平台的独特作用。创新农资服务方式，鼓励发展"农资＋"技术服务推广模式，推动农资销售与技术服务有机结合。探索建立供销合作社联农带农评价机制，将农业科技服务作为衡量其为农服务能力的重要指标。（牵头部门：供销合作总社，完成时限：2022年）

（九）引导和支持企业开展农业科技服务

鼓励企业牵头组织各类产学研联合体研发和承接转化先进、适用、绿色技术，引导企业根据自身特点与农户建立紧密的利益联结机制，探索并推广"技物结合""技术托管"等创新服务模式。鼓励有条件地区建立完善农业科技服务后补助机制，激励企业开展农业科技服务。加大农业科技服务企业培育力度，开展农业科技服务企业建设试点示范。（牵头部门：科技部、农业农村部，完成时限：2022年）

（十）提升农民合作社、家庭农场及社会组织科技服务能力

加强对农民合作社、家庭农场、农村专业技术协会从业人员特别是核心人员、技术骨干的技能培训。引导支持科技水平高的农民合作社、家庭农场、农村专业技术协会通过建立示范基地、"田间学校"等方式开展科技示范。鼓励专业技术协会、学会及其他各类社会组织采取多种方式开展农业科技服务。（牵头部门：农业农村部、科技部，完成时限：2022年）

五、提升农业科技服务综合集成能力

（十一）加强科技服务县域统筹

把县域作为统筹农业科技服务的基本单元，创新农业科技服务资源配置机制，引导科技、人才、信息、资金、管理等创新要素在县域集散。支持县（市）党委和政府依托农业科技园区统筹科技服务资源，结合当地农业特色资源发掘、特色产业发展需要，搭建科技服务综合平台，提升县域全产业链农业科技服务能力。优选若干具有代表性的创新型县（市）开展农业科技社会化服务体系建设试点。（牵头部门：科技部、农业农村部，完成时限：2022年）

（十二）深入推行科技特派员制度。

突出为民目标、科技属性、特派特色，建立健全符合农业科技服务需求和特点的科技特派员服务体系，将科技特派员队伍打造成为党的"三农"政策宣传队、农业科技传播者、科技创新创业领头羊、乡村脱贫致富带头人。强化现有支持政策和资金渠道的统筹利用，进一步加大对科技特派员工作的支持力度。把科技特派员纳入科技人才工作体系统筹部署，坚持政府、市场、社会三方派与乡镇选择的有机结合，进一步拓宽科技特派员来源渠道。完善科技特派员创业服务机制，用好利益共同体模式，培育更多创新联合体，支持科技特派员领办创办协办创新实体。加强对科技特派员工作的动态监测和绩效评估。（牵头部门：科技部，完成时限：2022年）

（十三）加强科技服务载体和平台建设

依托国家农业科技园区、农业科技示范展示基地等载体，创建一批具有区域特色的农业科技社会化服务平台。优化各类农业科技园区布局，完善园区管理办法和监测评价机制，将农业科技社会化服务成效作为重要考核指标。支持农业科技企业孵化器、"星创天地"建设，推动建立长效稳定支持机制。加强涉农国家技术创新中心等建设，促进产学研结合。加强对科技服务载体和平台的绩效评价，并把绩效评价结果作为引导支持科技服务载体和平台建设的重要依据。（牵头部门：科技部、农业农村部，完成时限：2022年）

（十四）提升农业科技服务信息化水平

加强农业科技服务信息化建设，实施农业科技服务信息化集成应用示范工程，推动大数据、云计算、人工智能等新一代信息技术在农业科技服务中的示范应用，探索"互联网＋"农业科技服务新手段，提高服务的精准化、智能化、网络化水平。开展农业科技大数据标准化体系建设，推动农业科技数据资源开放共享。加强技能培训，提升农户信息化应用科技能力和各类科技服务主体的服务水平。（牵头部门：科技部、农业农村部，完成时限：2025年）

六、加强农业科技服务政策保障和组织实施

（十五）提高科技创新供给能力

有效整合现有科技资源，建立协同创新机制，推动产学研、农科教紧密结合，支持各类科技服务主体开展农业重大技术集成熟化和示范推广。加强国家科技计划对农业科技社会化服务领域的支持，优化国家农业科技项目形成机制，着力突破关键核心技术瓶颈。推进农业基础研究、应用基础研究、技术创新顶层设计和一体化部署，形成系列化、标准化、高质量的农业技术成果包，切实提高农业科技创新供给的针对性和有效性。（牵头部门：科技部、农业农村部，完成时限：2022年）

（十六）加大多元化资金支持力度

充分发挥财政资金作用，统筹用好现有资金渠道支持农业科技社会化服务体系建设。完善农业科技创新引导支持政策，将存量和新增资金向引领现代农业发展方向的科技服务领域倾斜，鼓励引导社会资本支持农业科技社会化服务。加大金融支持力度，鼓励有条件地区推广科技创新券制度，推动企业等各类新型农业经营主体直接购买科技服务。鼓励金融机构开展植物新品种权等知识产权质押融资、科技担保、保险

等服务，在业务范围内加强对农业科技服务企业的中长期信贷支持。金融监管部门要加强对投入资金的风险评估和管控，保障资金安全。（牵头部门：财政部、银保监会、科技部、农业农村部按职责分工负责，完成时限：持续推进）

（十七）加强科技服务人才队伍建设

鼓励引导人才向艰苦边远地区和基层一线流动，健全人才向基层流动激励机制，鼓励地方出台有针对性的人才引进政策。实施好边远贫困地区、边疆民族地区和革命老区人才支持计划。鼓励更多专业对口的高校毕业生到基层从事专业技术服务。支持引导返乡下乡在乡人员进入各类园区、创业服务平台开展农业科技创新创业服务。加大对基层农业科技人员专业技术职称评定的政策倾斜，壮大农业科技成果转化专业人才队伍。加强农业科技培训和农村科普，培养专业

大户、科技示范户和乡土人才，提高农民科学文化素养。（牵头部门：科技部、人力资源社会保障部，完成时限：2022年）

（十八）加强组织领导

加强党对农业科技社会化服务体系建设的领导，各级有关部门要列入重要议事日程，在政策制定、工作部署、资金投入等方面加大支持力度。科技部、农业农村部要发挥牵头作用，统筹推进体系建设各项工作。各有关部门要抓紧制定和完善相关政策措施，密切协作配合，确保各项任务落实到位。建立农业科技社会化服务体系建设监测评价机制，定期组织开展督查评估，及时研究解决工作推进中遇到的新情况新问题。加强先进事迹、典型案例和成功经验积极宣传，对作出突出贡献的单位和个人按照规定给予表彰，积极营造支持农业科技服务的良好氛围。

全国乡村产业发展规划
（2020—2025年）

（农业农村部　农产发〔2020〕4号　2020年7月9日）

产业兴旺是乡村振兴的重点，是解决农村一切问题的前提。乡村产业内涵丰富、类型多样，农产品加工业提升农业价值，乡村特色产业拓宽产业门类，休闲农业拓展农业功能，乡村新型服务业丰富业态类型，是提升农业、繁荣农村、富裕农民的产业。近年来，农村创新创业环境不断改善，新产业新业态大量涌现，乡村产业发展取得了积极成效。但存在产业链条较短、融合层次较浅、要素活力不足等问题，亟待加强引导、加快发展。根据《国务院关于促进乡村产业振兴的指导意见》要求，为加快发展以二三产业为重点的乡村产业，制定本规划。

规划期限2020—2025年。

第一章　规划背景

产业振兴是乡村振兴的首要任务。必须牢牢抓住机遇，顺势而为，乘势而上，加快发展乡村产业，促进乡村全面振兴。

第一节　重要意义

当前，我国即将全面建成小康社会，开启全面建设社会主义现代化国家新征程，发展乡村产业意义重大。

发展乡村产业是乡村全面振兴的重要根基。乡村振兴，产业兴旺是基础。要聚集更多资源要素，发掘更多功能价值，丰富更多业态类型，形成城乡要素顺畅流动、产业优势互补、市场有效对接格局，乡村振兴的基础才牢固。

发展乡村产业是巩固提升全面小康成果的重要支撑。全面建成小康社会后，在迈向基本实现社会主义现代化的新征程中，农村仍是重点和难点。发展乡村产业，让更多的农民就地就近就业，把产业链增值收益更多地留给农民，农村全面小康社会和脱贫攻坚成果的巩固才有基础、提升才有空间。

发展乡村产业是推进农业农村现代化的重要引擎。农业农村现代化不仅是技术装备提升和组织方式创新，更体现在构建完备的现代农业产业体系、生产体系、经营体系。发展乡村产业，将现代工业标准理念和服务业人本理念引入农业农村，推进农业规模化、标准化、集约化，纵向延长产业链条，横向拓展产业形态，助力农业强、农村美、农民富。

第二节　发展现状

党的十八大以来，农村创新创业环境不断改善，乡村产业快速发展，促进了农民就业增收和乡村繁荣发展。

农产品加工业持续发展。2019年，农产品加工业营业收入超过22万亿元，规模以上农产品加工企业8.1万家，吸纳3 000多万人就业。

乡村特色产业蓬勃发展。建设了一批产值超10亿元的特色产业镇（乡）和超1亿元的特色产业村。发掘了一批乡土特色工艺，创响了10万多个"乡字号""土字号"乡土特色品牌。

乡村休闲旅游业快速发展。建设了一批休闲旅游精品景点，推介了一批休闲旅游精品线路。2019年，休闲农业接待游客32亿人次，营业收入超过8 500亿元。

乡村新型服务业加快发展。2019年，农林牧渔专业及辅助性活动产值6 500亿元，各类涉农电商超过3万家，农村网络销售额1.7万亿元，其中农产品网络销售额4 000亿元。

农业产业化深入推进。2019年，农业产业化龙头企业9万家（其中，国家重点龙头企业1 542家），农民合作社220万家，家庭农场87万家，带动1.25亿农户进入大市场。

农村创新创业规模扩大。2019年，各类返乡入乡创新创业人员累计超过850万人，创办农村产业融合项目的占到80%，利用"互联网＋"创新创业的超过50%。在乡创业人员超过3 100万人。

近年来，各地在促进乡村产业发展中积累了宝贵经验。注重布局优化，在县域内统筹资源和产业，探索形成县城、中心镇（乡）、中心村层级分工明显的格局。注重产业融合，发展二三产业，延伸产业链条，促进主体融合、业态融合和利益融合。注重创新驱动，开发新技术，加快工艺改进和设施装备升级，提升生产效率。注重品牌引领，推进绿色兴农、品牌强农，培育农产品区域公用品牌和知名加工产品品牌，创响乡土特色品牌，提升品牌溢价。注重联农带农，建立多种形式的利益联结机制，让农民更多分享产业链增值收益。

第三节　机遇挑战

当前，乡村产业发展面临难得机遇。主要是：政策驱动力增强。坚持农业农村优先发展方针，加快实施乡村振兴战略，更多的资源要素向农村聚集，"新基建"改善农村信息网络等基础设施，城乡融合发展进程加快，乡村产业发展环境优化。市场驱动力增强。消费结构升级加快，城乡居民的消费需求呈现个性化、多样化、高品质化特点，休闲观光、健康养生消费渐成趋势，乡村产业发展的市场空间巨大。技术驱动力增强。世界新科技革命浪潮风起云涌，新一轮产业革命和技术革命方兴未艾，生物技术、人工智能在农业中广泛应用，5G、云计算、物联网、区块链等与农业交互联动，新产业新业态新模式不断涌现，引领乡村产业转型升级。

同时，乡村产业发展面临一些挑战。主要是：经济全球化的不确定性增大。新冠肺炎疫情对世界经济格局产生冲击，全球供应链调整重构，国际产业分工深度演化，对我国乡村产业链构建带来较大影响。资源要素瓶颈依然突出。资金、技术、人才向乡村流动仍有诸多障碍，资金稳定投入机制尚未建立，人才激励保障机制尚不完善，社会资本下乡动力不足。乡村网络、通讯、物流等设施薄弱。发展方式较为粗放。创新能力总体不强，外延扩张特征明显。目前，农产品加工业与农业总产值比为2.3：1，远低于发达国家3.5：1的水平。农产品加工转化率为67.5%，比发达国家低近18个百分点。产业链条延伸不充分。第一产业向后端延伸不够，第二产业向两端拓展不足，第三产业向高端开发滞后，利益联结机制不健全，小而散、小而低、小而弱问题突出，乡村产业转型升级任务艰巨。

第二章　总体要求

第一节　指导思想

以习近平新时代中国特色社会主义思想为指导，全面贯彻党的十九大和十九届二中、三中、四中全会精神，坚持农业农村优先发展，以实施乡村振兴战略为总抓手，以一二三产业融合发展为路径，发掘乡村功能价值，强化创新引领，突出集群成链，延长产业链，提升价值链，培育发展新动能，聚焦重点产业，聚集资源要素，大力发展乡村产业，为农业农村现代化和乡村全面振兴奠定坚实基础。

第二节　基本原则

——坚持立农为农。以农业农村资源为依托，发展优势明显、特色鲜明的乡村产业。把二三产业留在乡村，把就业创业机会和产业链增值收益更多留给农民。

——坚持市场导向。充分发挥市场在资源配置中的决定性作用，激活要素、激活市场、激活主体，以乡村企业为载体，引导资源要素更多地向乡村汇聚。

——坚持融合发展。发展全产业链模式，推进一

中国农产品加工业年鉴

产往后延、二产两头连、三产走高端,加快农业与现代产业要素跨界配置。

——坚持绿色引领。践行绿水青山就是金山银山理念,促进生产生活生态协调发展。健全质量标准体系,培育绿色优质品牌。

——坚持创新驱动。利用现代科技进步成果,改造提升乡村产业。创新机制和业态模式,增强乡村产业发展活力。

第三节　发展目标

到 2025 年,乡村产业体系健全完备,乡村产业质量效益明显提升,乡村就业结构更加优化,产业融合发展水平显著提高,农民增收渠道持续拓宽,乡村产业发展内生动力持续增强。

——农产品加工业持续壮大。农产品加工业营业收入达到 32 万亿元,农产品加工业与农业总产值比达到 2.8∶1,主要农产品加工转化率达到 80%。

——乡村特色产业深度拓展。培育一批产值超百亿元、千亿元优势特色产业集群,建设一批产值超十亿元农业产业镇(乡),创响一批"乡字号""土字号"乡土品牌。

——乡村休闲旅游业优化升级。农业多种功能和乡村多重价值深度发掘,业态类型不断丰富,服务水平不断提升,年接待游客人数超过 40 亿人次,经营收入超过 1.2 万亿元。

——乡村新型服务业类型丰富。农林牧渔专业及辅助性活动产值达到 1 万亿元,农产品网络销售额达到 1 万亿元。

——农村创新创业更加活跃。返乡入乡创新创业人员超过 1 500 万人。

第三章　提升农产品加工业

农产品加工业是国民经济的重要产业。农产品加工业从种养业延伸出来,是提升农产品附加值的关键,也是构建农业产业链的核心。进一步优化结构布局,培育壮大经营主体,提升质量效益和竞争力。

第一节　完善产业结构

统筹发展农产品初加工、精深加工和综合利用加工,推进农产品多元化开发、多层次利用、多环节增值。

拓展农产品初加工。鼓励和支持农民合作社、家庭农场和中小微企业等发展农产品产地初加工,减少产后损失,延长供应时间,提高质量效益。果蔬、奶类、畜禽及水产品等鲜活农产品,重点发展预冷、保鲜、冷冻、清洗、分级、分割、包装等仓储设施和商品化处理,实现减损增效。粮食等耐储农产品,重点发展烘干、储藏、脱壳、去杂、磨制等初加工,实现保值增值。食用类初级农产品,重点发展发酵、压榨、灌制、炸制、干制、腌制、熟制等初加工,满足市场多样化需求。棉麻丝、木竹藤棕草等非食用类农产品,重点发展整理、切割、粉碎、打磨、烘干、拉丝、编织等初加工,开发多种用途。

提升农产品精深加工。引导大型农业企业加快生物、工程、环保、信息等技术集成应用,促进农产品多次加工,实现多次增值。发展精细加工,推进新型非热加工、新型杀菌、高效分离、清洁生产、智能控制、形态识别、自动分选等技术升级,利用专用原料,配套专用设备,研制专用配方,开发类别多样、营养健康、方便快捷的系列化产品。推进深度开发,创新超临界萃取、超微粉碎、生物发酵、蛋白质改性等技术,提取营养因子、功能成分和活性物质,开发系列化的加工制品。

推进综合利用加工。鼓励大型农业企业和农产品加工园区推进加工副产物循环利用、全值利用、梯次利用,实现变废为宝、化害为利。采取先进的提取、分离与制备技术,推进稻壳米糠、麦麸、油料饼粕、果蔬皮渣、畜禽皮毛骨血、水产品皮骨内脏等副产物综合利用,开发新能源、新材料等新产品,提升增值空间。

第二节　优化空间布局

按照"粮头食尾""农头工尾"要求,统筹产地、销区和园区布局,形成生产与加工、产品与市场、企业与农户协调发展的格局。

推进农产品加工向产地下沉。向优势区域聚集,引导大型农业企业重心下沉,在粮食生产功能区、重要农产品保护区、特色农产品优势区和水产品主产区,建设加工专用原料基地,布局加工产能,改变加工在城市、原料在乡村的状况。向中心镇(乡)和物流节点聚集,在农业产业强镇、商贸集镇和物流节点布局劳动密集型加工业,促进农产品就地增值,带动农民就近就业,促进产镇融合。向重点专业村聚集,依托工贸村、"一村一品"示范村发展小众类的农产品初加工,促进产村融合。

推进农产品加工与销区对接。丰富加工产品,在产区和大中城市郊区布局中央厨房、主食加工、休闲食品、方便食品、净菜加工和餐饮外卖等加工,满足城市多样化、便捷化需求。培育加工业态,发展"中央厨房+冷链配送+物流终端""中央厨房+快餐门店""健康数据+营养配餐+私人订制"等新型加工业态。

推进农产品加工向园区集中。推进政策集成、要素集聚、企业集中、功能集合，发展"外地经济"模式，建设一批加销贯通、贸工农一体、一二三产业融合发展的农产品加工园区，培育乡村产业"增长极"。提升农产品加工园，强化科技研发、融资担保、检验检测等服务，完善仓储物流、供能供热、废污处理等设施，促进农产品加工企业聚集发展。在农牧渔业大县（市），每县（市）建设一个农产品加工园。不具备建设农产品加工园条件的县（市），可采取合作方式在异地共同建设农产品加工园。建设国际农产品加工产业园，选择区位优势明显、产业基础好、带动作用强的地区，建设一批国际农产品加工产业园，对接国际市场，参与国际产业分工。

第三节　促进产业升级

技术创新是农产品加工业转型升级的关键。要加快技术创新，提升装备水平，促进农产品加工业提档升级。

推进加工技术创新。以农产品加工关键环节和瓶颈制约为重点，建设农产品加工与贮藏国家重点实验室、保鲜物流技术研究中心及优势农产品品质评价研究中心。组织科研院所、大专院校与企业联合开展技术攻关，研发一批集自动测量、精准控制、智能操作于一体的绿色贮藏、动态保鲜、快速预冷、节能干燥等新型实用技术，以及实现品质调控、营养均衡、清洁生产等功能的先进加工技术。

推进加工装备创制。扶持一批农产品加工装备研发机构和生产创制企业，开展信息化、智能化、工程化加工装备研发，提高关键装备国产化水平。运用智能制造、生物合成、3D打印等新技术，集成组装一批科技含量高、适用性广的加工工艺及配套装备，提升农产品加工层次水平。

第四章　拓展乡村特色产业

乡村特色产业是乡村产业的重要组成部分，是地域特征鲜明、乡土气息浓厚的小众类、多样性的乡村产业，涵盖特色种养、特色食品、特色手工业和特色文化等，发展潜力巨大。

第一节　构建全产业链

以拓展二三产业为重点，延伸产业链条，开发特色化、多样化产品，提升乡村特色产业的附加值，促进农业多环节增效、农民多渠道增收。

以特色资源增强竞争力。根据消费结构升级的新变化，开发特殊地域、特殊品种等专属性特色产品，以特性和品质赢得市场。发展特色种养，根据种质资源、地理成分、物候特点等独特资源禀赋，在最适宜的地区培植最适宜的产业。开发特色食品，重点开发乡土卤制品、酱制品、豆制品、腊味、民族特色奶制品等传统食品。开发适宜特殊人群的功能性食品。传承特色技艺，改造提升蜡染、编织、剪纸、刺绣、陶艺等传统工艺。弘扬特色文化，发展乡村戏剧曲艺、杂技杂耍等文化产业。

以加工流通延伸产业链。做强产品加工，鼓励大型龙头企业建设标准化、清洁化、智能化加工厂，引导农户、家庭农场建设一批家庭工场、手工作坊、乡村车间，用标准化技术改造提升豆制品、民族特色奶制品、腊肉腊肠、火腿、剪纸、刺绣、蜡染、编织、制陶等乡土产品。做活商贸物流，鼓励地方在特色农产品优势区布局产地批发市场、物流配送中心、商品采购中心、大型特产超市，支持新型经营主体、农产品批发市场等建设产地仓储保鲜设施，发展网上商店、连锁门店。

以信息技术打造供应链。对接终端市场，以市场需求为导向，促进农户生产、企业加工、客户营销和终端消费连成一体、协同运作，增强供给侧对需求侧的适应性和灵活性。实施"互联网＋"农产品出村进城工程，完善适应农产品网络销售的供应链体系、运营服务体系和支撑保障体系。创新营销模式，健全绿色智能农产品供应链，培育农商直供、直播直销、会员制、个人定制等模式，推进农商互联、产销衔接，再造业务流程、降低交易成本。

以业态丰富提升价值链。提升品质价值，推进品种和技术创新，提升特色产品的内在品质和外在品相，以品质赢得市场、实现增值。提升生态价值，开发绿色生态、养生保健等新功能新价值，增强对消费者的吸附力。提升人文价值，更多融入科技、人文元素，发掘民俗风情、历史传说和民间戏剧等文化价值，赋予乡土特色产品文化标识。

第二节　推进聚集发展

集聚资源、集中力量，建设富有特色、规模适中、带动力强的特色产业集聚区。打造"一县一业""多县一带"，在更大范围、更高层次上培育产业集群，形成"一村一品"微型经济圈、农业产业强镇小型经济圈、现代农业产业园中型经济圈、优势特色产业集群大型经济圈，构建乡村产业"圈"状发展格局。

建设"一村一品"示范村镇。依托资源优势，选择主导产业，建设一批"小而精、特而美"的"一村一品"示范村镇，形成一村带数村、多村连成片的发展格局。用3~5年的时间，培育一批产值超1亿元的特色产业专业村。

建设农业产业强镇。根据特色资源优势，聚焦1~2个主导产业，吸引资本聚镇、能人入镇、技术进镇，建设一批标准原料基地、集约加工转化、区域主导产业、紧密利益联结于一体的农业产业强镇。用3~5年的时间，培育一批产值超10亿元的农业产业强镇。

提升现代农业产业园。通过科技集成、主体集合、产业集群，统筹布局生产、加工、物流、研发、示范、服务等功能，延长产业链，提升价值链，促进产业格局由分散向集中、发展方式由粗放向集约、产业链条由单一向复合转变，发挥要素集聚和融合平台作用，支撑"一县一业"发展。用3~5年的时间，培育一批产值超100亿元的现代农业产业园。

建设优势特色产业集群。依托资源优势和产业基础，突出串珠成线、连块成带、集群成链，培育品种品质优良、规模体量较大、融合程度较深的区域性优势特色农业产业集群。用3~5年的时间，培育一批产值超1000亿元的骨干优势特色产业集群，培育一批产值超100亿元的优势特色产业集群。

第三节 培育知名品牌

按照"有标采标、无标创标、全程贯标"要求，以质量信誉为基础，创响一批乡村特色知名品牌，扩大市场影响力。

培育区域公用品牌。根据特定自然生态环境、历史人文因素，明确生产地域范围，强化品种品质管理，保护地理标志农产品，开发地域特色突出、功能属性独特的区域公用品牌。规范品牌授权管理，加大品牌营销推介，提高区域公用品牌影响力和带动力。

培育企业品牌。引导农业产业化龙头企业、农民合作社、家庭农场等新型经营主体将经营理念、企业文化和价值观念等注入品牌，实施农产品质量安全追溯管理，加强责任主体逆向溯源、产品流向正向追踪，推动部省农产品质量安全追溯平台对接、信息共享。

培育产品品牌。传承乡村文化根脉，挖掘一批以手工制作为主、技艺精湛、工艺独特的瓦匠、篾匠、铜匠、铁匠、剪纸工、绣娘、陶艺师、面点师等能工巧匠，创响一批"珍稀牌""工艺牌""文化牌"的乡土品牌。

第四节 深入推进产业扶贫

贫困地区发展特色产业是脱贫攻坚的根本出路。促进脱贫攻坚与乡村振兴有机衔接，发展特色产业，促进农民增收致富，巩固脱贫攻坚成果。

推进资源与企业对接。发掘贫困地区优势特色资源，引导资金、技术、人才、信息向贫困地区的特色优势区聚集，特别是要引导农业产业化龙头企业与贫困地区合作创建绿色优质农产品原料基地，布局加工产能，深度开发特色资源，带动农民共建链条、共享品牌，让农民在发展特色产业中稳定就业、持续增收。

推进产品与市场对接。引导贫困地区与产地批发市场、物流配送中心、商品采购中心、大型特产超市、电商平台对接，支持贫困地区组织特色产品参加各类展示展销会，扩大产品影响，让贫困地区的特色产品走出山区、进入城市、拓展市场。深入开展消费扶贫，拓展贫困地区产品流通和销售渠道。

第五章 优化乡村休闲旅游业

乡村休闲旅游业是农业功能拓展、乡村价值发掘、业态类型创新的新产业，横跨一二三产业、兼容生产生活生态、融通工农城乡，发展前景广阔。

第一节 聚焦重点区域

依据自然风貌、人文环境、乡土文化等资源禀赋，建设特色鲜明、功能完备、内涵丰富的乡村休闲旅游重点区。

建设城市周边乡村休闲旅游区。依托都市农业生产生态资源和城郊区位优势，发展田园观光、农耕体验、文化休闲、科普教育、健康养生等业态，建设综合性休闲农业园区、农业主题公园、观光采摘园、垂钓园、乡村民宿和休闲农庄，满足城市居民消费需求。

建设自然风景区周边乡村休闲旅游区。依托秀美山川、湖泊河流、草原湿地等地区，在严格保护生态环境的前提下，统筹山水林田湖草系统，发展以农业生态游、农业景观游、特色农（牧、渔）业游为主的休闲农（牧、渔）园和农（牧、渔）家乐等，以及森林人家、健康氧吧、生态体验等业态，建设特色乡村休闲旅游功能区。

建设民俗民族风情乡村休闲旅游区。发掘深厚的民族文化底蕴、欢庆的民俗节日活动、多样的民族特色美食和绚丽的民族服饰，发展民族风情游、民俗体验游、村落风光游等业态，开发民族民俗特色产品。

建设传统农区乡村休闲旅游景点。依托稻田、花海、梯田、茶园、养殖池塘、湖泊水库等大水面、海洋牧场等田园渔场风光，发展景观农业、农事体验、观光采摘、特色动植物观赏、休闲垂钓等业态，开发

"后备箱""伴手礼"等旅游产品。

第二节　注重品质提升

乡村休闲旅游要坚持个性化、特色化发展方向，以农耕文化为魂、美丽田园为韵、生态农业为基、古朴村落为形、创新创意为径，开发形式多样、独具特色、个性突出的乡村休闲旅游业态和产品。

突出特色化。注重特色是乡村休闲旅游业保持持久吸引力的前提。开发特色资源，发掘农业多种功能和乡村多重价值，发展特色突出、主题鲜明的乡村休闲旅游项目。开发特色文化，发掘民族村落、古村古镇、乡土文化，发展具有历史特征、地域特点、民族特色的乡村休闲旅游项目。开发特色产品，发掘地方风味、民族特色、传统工艺等资源，创制独特、稀缺的乡村休闲旅游服务和产品。

突出差异化。乡村休闲旅游要保持持久竞争力，必须差异竞争、错位发展。把握定位差异，依据不同区位、不同资源和不同文化，发展具有城乡间、区域间、景区间主题差异的乡村休闲旅游项目。瞄准市场差异，依据各类消费群体的不同消费需求，细分目标市场，发展研学教育、田园养生、亲子体验、拓展训练等乡村休闲旅游项目。顺应老龄化社会的到来，发展民宿康养、游憩康养等乡村休闲旅游项目。彰显功能差异，依据消费者在吃住行、游购娱方面的不同需求，发展采摘园、垂钓园、农家宴、民俗村、风情街等乡村休闲旅游项目。

突出多样化。乡村休闲旅游要保持持久生命力，要走多轮驱动、多轨运行的发展之路。推进业态多样，统筹发展农家乐、休闲园区、生态园、乡村休闲旅游聚集村等业态，形成竞相发展、精彩纷呈的格局。推进模式多样，跨界配置乡村休闲旅游与文化教育、健康养生、信息技术等产业要素，发展共享农庄、康体养老、线上云游等模式。推进主体多样，引导农户、村集体经济组织、农业企业、文旅企业及社会资本等建设乡村休闲旅游项目。

第三节　打造精品工程

实施乡村休闲旅游精品工程，加强引导，加大投入，建设一批休闲旅游精品景点。

建设休闲农业重点县。以县域为单元，依托独特自然资源、文化资源，建设一批设施完备、业态丰富、功能完善，在区域、全国乃至世界有知名度和影响力的休闲农业重点县。

建设美丽休闲乡村。依托种养业、田园风光、绿水青山、村落建筑、乡土文化、民俗风情和人居环境等资源优势，建设一批天蓝、地绿、水净、安居、乐业的美丽休闲乡村，实现产村融合发展。鼓励有条件的地区依托美丽休闲乡村，建设健康养生养老基地。

建设休闲农业园区。根据休闲旅游消费升级的需要，促进休闲农业提档升级，建设一批功能齐全、布局合理、机制完善、带动力强的休闲农业精品园区，推介一批视觉美丽、体验美妙、内涵美好的乡村休闲旅游精品景点线路。引导有条件的休闲农业园建设中小学生实践教育基地。

第四节　提升服务水平

促进乡村休闲旅游高质量发展，要规范化管理、标准化服务，让消费者玩得开心、吃得放心、买得舒心。

健全标准体系。制修订乡村休闲旅游业标准，完善公共卫生安全、食品安全、服务规范等标准，促进管理服务水平提升。

完善配套设施。加强乡村休闲旅游点水、电、路、讯、网等设施建设，完善餐饮、住宿、休闲、体验、购物、停车、厕所等设施条件。开展垃圾污水等废弃物综合治理，实现资源节约、环境友好。

规范管理服务。引导和支持乡村休闲旅游经营主体加强从业人员培训，提高综合素质，规范服务流程，为消费者提供热情周到、贴心细致的服务。

第六章　发展乡村新型服务业

乡村新型服务业是适应农村生产生活方式变化应运而生的产业，业态类型丰富，经营方式灵活，发展空间广阔。

第一节　提升生产性服务业

扩大服务领域。适应农业生产规模化、标准化、机械化的趋势，支持供销、邮政、农民合作社及乡村企业等，开展农技推广、土地托管、代耕代种、烘干收储等农业生产性服务，以及市场信息、农资供应、农业废弃物资源化利用、农机作业及维修、农产品营销等服务。

提高服务水平。引导各类服务主体把服务网点延伸到乡村，鼓励新型农业经营主体在城镇设立鲜活农产品直销网点，推广农超、农社（区）、农企等产销对接模式。鼓励大型农产品加工流通企业开展托管服务、专项服务、连锁服务、个性化服务等综合配套服务。

第二节　拓展生活性服务业

丰富服务内容。改造提升餐饮住宿、商超零售、美容美发、洗浴、照相、电器维修、再生资源回收等

乡村生活服务业，积极发展养老护幼、卫生保洁、文
化演出、体育健身、法律咨询、信息中介、典礼司仪
等乡村服务业。

创新服务方式。积极发展订制服务、体验服务、
智慧服务、共享服务、绿色服务等新形态，探索"线
上交易＋线下服务"的新模式。鼓励各类服务主体建
设运营覆盖娱乐、健康、教育、家政、体育等领域的
在线服务平台，推动传统服务业升级改造，为乡村居
民提供高效便捷服务。

第三节　发展农村电子商务

培育农村电子商务主体。引导电商、物流、商
贸、金融、供销、邮政、快递等各类电子商务主体到
乡村布局，构建农村购物网络平台。依托农家店、农
村综合服务社、村邮站、快递网点、农产品购销代办
站等发展农村电商末端网点。

扩大农村电子商务应用。在农业生产、加工、流
通等环节，加快互联网技术应用与推广。在促进工业
品、农业生产资料下乡的同时，拓展农产品、特色食
品、民俗制品等产品的进城空间。

改善农村电子商务环境。实施"互联网＋"农产
品出村进城工程，完善乡村信息网络基础设施，加快
发展农产品冷链物流设施。建设农村电子商务公共服
务中心，加强农村电子商务人才培养，营造良好市场
环境。

第七章　推进农业产业化和农村产业融合发展

农业产业化是农业经营体制机制的创新，农村产
业融合发展是农业与现代产业要素的交叉重组，引领
农业和乡村产业转型升级。

第一节　打造农业产业化升级版

壮大农业产业化龙头企业队伍。实施新型农业经
营主体培育工程，引导龙头企业采取兼并重组、股份
合作、资产转让等形式，建立大型农业企业集团，打
造知名企业品牌，提升龙头企业在乡村产业发展中的
带动能力。指导地方培育龙头企业，形成国家、省、
市、县级龙头企业梯队，打造乡村产业发展"新雁阵"。
培育农业产业化联合体。扶持一批龙头企业牵
头、家庭农场和农民合作社跟进、广大小农户参与的
农业产业化联合体，构建分工协作、优势互补、联系
紧密的利益共同体，实现抱团发展。引导农业产业化
联合体明确权利责任、建立治理结构、完善利益联结
机制，促进持续稳定发展。有序推进土地经营权入股

农业产业化经营。

第二节　推进农村产业融合发展

培育多元融合主体。支持发展县域范围内产业关
联度高、辐射带动力强、参与主体多的融合模式，促
进资源共享、链条共建、品牌共创，形成企业主体、
农民参与、科研助力、金融支撑的产业发展格局。

发展多类型融合业态。引导各类经营主体以加工
流通带动业态融合，发展中央厨房等业态。以功能拓
展带动业态融合，推进农业与文化、旅游、教育、康
养等产业融合，发展创意农业、功能农业等。以信息
技术带动业态融合，促进农业与信息产业融合，发展
数字农业、智慧农业等。

建立健全融合机制。引导新型农业经营主体与小
农户建立多种类型的合作方式，促进利益融合。完善
利益分配机制，推广"订单收购＋分红""农民入
股＋保底收益＋按股分红"等模式。

第八章　推进农村创新创业

农村创新创业是乡村产业振兴的重要动能。优化
创业环境，激发创业热情，形成以创新带创业、以创
业带就业、以就业促增收的格局。

第一节　培育创业主体

深入实施农村创新创业带头人培育行动，加大扶
持，培育一批扎根乡村、服务农业、带动农民的创新
创业群体。

培育返乡创业主体。以乡情感召、政策吸引、事
业凝聚，引导有资金积累、技术专长和市场信息的返
乡农民工在农村创新创业，培育一批充满激情的农村
创新创业优秀带头人，引领乡村新兴产业发展。

培育入乡创业主体。优化乡村营商环境，强化政
策扶持，构建农业全产业链，引导大中专毕业生、退
役军人、科技人员和工商业主等入乡创业，应用新技
术、开发新产品、开拓新市场，引入现代管理、经营
理念和业态模式，丰富乡村产业发展类型。

培育在乡创业主体。加大乡村能人培训力度，提
高发现机会、识别市场、整合资源、创造价值的能
力。培育一批"田秀才""土专家""乡创客"等乡土
人才，以及乡村工匠、文化能人、手工艺人等能工巧
匠，领办家庭农场、农民合作社等，创办家庭工场、
手工作坊、乡村车间等。

第二节　搭建创业平台

按照"政府搭建平台、平台聚集资源、资源服务创

业"的要求，建设各类创新创业园区和孵化实训基地。

选树农村创新创业典型县。遴选政策环境良好、工作机制完善、服务体系健全、创业业态丰富的县（市），总结做法经验，推广典型案例，树立一批全国农村创新创业典型县。

建设农村创新创业园区。引导地方建设一批资源要素集聚、基础设施齐全、服务功能完善、创新创业成长快的农村创新创业园区，依托现代农业产业园、农产品加工园、高新技术园区、电商物流园等，建立"园中园"式农村创新创业园。力争用5年时间，覆盖全国农牧渔业大县（市）。

建设孵化实训基地。依托各类园区、大中型企业、知名村镇、大中专院校等平台和主体，建设一批集"生产＋加工＋科技＋营销＋品牌＋体验"于一体、"预孵化＋孵化器＋加速器＋稳定器"全产业链的农村创新创业孵化实训基地。

第三节 强化创业指导

建设农村创业导师队伍。建立专家创业导师队伍，重点从大专院校、科研院所等单位遴选一批理论造诣深厚、实践经验丰富的科研人才、政策专家、会计师、设计师、律师等，为农村创业人员提供创业项目、技术要点等指导服务。建立企业家创业导师队伍，重点从农业产业化龙头企业、新型农业经营主体中遴选一批有经营理念、市场眼光的乡村企业家，为农村创业人员提供政策运用、市场拓展等指导服务。建立带头人创业导师队伍，重点从农村创新创业带头人中遴选一批经历丰富、成效显著的创业成功人士，为农村创业人员提供经验分享等指导服务。

健全指导服务机制。建立指导服务平台，依托农村创新创业园区、孵化实训基地和网络平台等，通过集中授课、案例教学、现场指导等方式，创立"平台＋导师＋学员"服务模式。开展点对点指导服务，根据农村创业导师和农村创业人员实际，开展"一带一""师带徒""一带多"等精准服务。创新指导服务方式，通过网络、视频等载体，为农村创业人员提供政策咨询、技术指导、市场营销、品牌培育等服务。农村创业导师为农村创业人员提供咨询服务，不替代农村创业人员创业决策，强化农村创业人员决策自主、风险自担意识。

第四节 优化创业环境

强化创业服务。支持地方依托县乡政府政务大厅设立农村创新创业服务窗口，发挥乡村产业服务指导机构和行业协会商会作用，培育市场化中介服务机构。建立"互联网＋"创新创业服务模式，为农村创新创业主体提供灵活便捷在线服务。

强化创业培训。依托普通高校、职业院校、优质培训机构、公共职业技能培训平台等开展创业能力提升培训，让有意愿的农村创新创业人员均能受到免费创业培训。推行"创业＋技能""创业＋产业"的培训模式，开展互动教学、案例教学和现场观摩教学。发挥农村创新创业带头人作用，讲述励志故事，分享创业经验。

第五节 培育乡村企业家队伍

乡村企业家是乡村企业发展的核心，是乡村产业转型升级的关键。加强乡村企业家队伍建设的统筹规划，将乡村产业发展与乡村企业家培育同步谋划、同步推进。

壮大乡村企业家队伍。采取多种方式扶持一批大型农业企业集团，培育一批具有全球战略眼光、市场开拓精神、管理创新能力的行业领军乡村企业家。引导网络平台企业投资乡村，开发农业农村资源，丰富产业业态类型，培育一批引领乡村产业转型的现代乡村企业家。同时，发掘一批乡村能工巧匠，培育一批"小巨人"乡村企业家。

弘扬乡村企业家精神。弘扬爱国敬业精神，培养乡村企业家国家使命感和民族自豪感，引导乡村企业家把个人理想融入乡村振兴和民族复兴的伟大实践。弘扬敢为人先精神，培养乡村企业家识别市场、发现机会、敢闯敢干的特质，开发新产品，创造新需求，拓展新市场。弘扬坚忍执着精神，引导乡村企业家传承"走遍千山万水，说尽千言万语，历经千辛万苦"的品质，不畏艰难、吃苦耐劳、艰苦创业。弘扬立农为农精神，引导乡村企业家厚植乡土情怀、投身乡村振兴大潮，带领千千万万的小农户与千变万化的大市场有效对接。依据有关规定，对扎根乡村、服务农业、带动农民、贡献突出的优秀乡村企业家给予表彰。

第九章 保障措施

第一节 加强统筹协调

落实五级书记抓乡村振兴的工作要求，有力推动乡村产业发展。建立农业农村部门牵头抓总、相关部门协调配合、社会力量积极支持、农民群众广泛参与的推进机制，加强统筹协调，确保各项措施落实到位。建立乡村产业评价指标体系，加强数据采集、市场调查、运行分析和信息发布，对规划实施情况进行跟踪监测，科学评估发展成效。

第二节　加强政策扶持

加快完善土地、资金、人才等要素支撑的政策措施，确保各项政策可落地、可操作、可见效。完善财政扶持政策，采取"以奖代补、先建后补"等方式，支持现代农业产业园、农业产业强镇、优势特色产业集群及农产品仓储保鲜冷链设施建设。鼓励地方发行专项债券用于乡村产业。强化金融扶持政策，引导县域金融机构将吸收的存款主要用于当地，建立"银税互动""银信互动"贷款机制。充分发挥融资担保体系作用，强化担保融资增信功能，推动落实创业担保贷款贴息政策。完善乡村产业发展用地政策体系，明确用地类型和供地方式，实行分类管理。

第三节　强化科技支撑

建立以企业为主体、市场为导向、产学研相结合的技术创新体系，加强创新成果产业化，提升产业核心竞争力。引导大专院校、科研院所与乡村企业合作，开展联合技术攻关，研发一批具有先进性、专属性的技术和工艺，创制一批适用性广、经济性好的设施装备。支持科技人员以科技成果入股乡村企业，建立健全科研人员校企、院企共建双聘机制。指导县（市）成立乡村产业专家顾问团，为乡村产业发展提供智力支持。

第四节　营造良好氛围

挖掘乡村产业发展鲜活经验，总结推广一批发展模式、典型案例和先进人物。弘扬创业精神、工匠精神、企业家精神，激发崇尚创新、勇于创业的热情。充分运用传统媒体和新媒体，解读产业政策、宣传做法经验、推广典型模式，引导全社会共同关注、协力支持，营造良好发展氛围。

餐饮质量安全提升行动方案

（市场监管总局　市监食经［2020］97号　2020年9月8日）

为深入贯彻习近平总书记关于统筹推进疫情防控和经济社会发展，以及保障食品安全、制止餐饮浪费行为等重要指示批示精神，落实《中共中央　国务院关于深化改革加强食品安全工作的意见》，总结推广前一阶段餐饮质量安全提升工作实践，固化有效工作机制，推进餐饮服务食品安全治理体系和治理能力现代化，确保人民群众身体健康和饮食安全，市场监管总局决定开展餐饮质量安全提升行动，特制定本方案。

一、工作目标

以"智慧管理"为突破，"分类监管"为先导，坚持问题导向、科学监管、务实管用，完善长效制度机制，着力破解餐饮服务食品安全重点、难点问题，顺应疫情防控常态化前提下消费者安全、健康的餐饮消费需求，以规范助发展、以发展促转型，切实提升人民群众在餐饮服务食品安全领域的获得感、幸福感、安全感。

二、重点任务

（一）以人员培训为重点，强化检查和抽考，着力解决从业人员规范操作、食品安全管理员能力提升问题；

（二）以餐饮后厨为重点，突出重点区域检查，着力解决餐饮环境脏乱差问题；

（三）以进货查验为重点，督促餐饮单位履行进货查验记录义务，着力解决食品安全责任追溯问题；

（四）以餐饮具清洗消毒为重点，强化监督检查、检测和执法办案，着力解决食品安全制度执行问题；

（五）以推动"明厨亮灶"、鼓励举报为重点，强化社会共治，落实奖励措施，提高举报投诉处理效率，着力解决主体责任不落实问题。

三、主要措施

（一）全面落实餐饮服务提供者主体责任

1. 督促餐饮服务提供者落实餐饮食品安全第一责任人责任。餐饮服务提供者要严格执行《餐饮服务食品安全操作规范》，严格制度建设和从业人员管理、严格设施设备维护管理、严把原辅料购进质量安全关、严把餐饮加工制作关、严把餐饮具清洗消毒关、严把环境卫生控制关，定期开展自查自纠，保证提供的餐食符合食品安全的相关要求。

严格执行禁止野生动物及其制品交易相关规定，不得经营野生动物菜肴。严格执行国务院关于长江流域禁捕有关要求，严禁以非法捕捞渔获物及来源不明水产品为原料加工制作菜肴。

2. 规范连锁餐饮企业食品安全管理。鼓励餐饮服务企业发展连锁经营。连锁餐饮企业总部应当设立食品安全管理机构，配备专职食品安全管理人员，加强对其经营门店（包括加盟店）的食品安全指导、监督、检查和管理。鼓励连锁餐饮企业总部对各门店原料采购配送、人员培训考核、食品安全自查等进行统一管理，提升门店食品安全管理的标准化、规范化水平。

3. 鼓励餐饮服务提供者推动食品安全管理和服务升级。鼓励餐饮服务提供者推动"互联网＋明厨亮灶"，主动向消费者公开加工制作过程，接受社会监督；积极运用信息化技术，实施智慧管理；引导消费者使用公筷公勺、聚餐分餐制、减少使用一次性餐具；引导消费者适量点餐，开展"光盘行动"；主动向消费者作出有关餐饮食品安全和餐饮服务质量的承诺，并在经营场所、菜单、外卖餐食的包装上提供有关"减油、减盐、减糖"等健康饮食宣传内容。鼓励中央厨房和集体用餐配送单位购买食品安全责任保险，发挥保险的他律作用，完善风险分担机制。

（二）全面落实网络餐饮服务第三方平台主体责任

4. 加强审查登记管理。网络餐饮服务第三方平台要对新入网的餐饮服务提供者进行实地核查，确保有实体经营门店并依法取得食品经营许可证。对平台上存量的餐饮服务提供者开展自查，及时下线无证店铺。加强手机APP等移动端入网餐饮服务提供者的审查。利用平台技术优势，建立入网餐饮服务提供者食品经营许可证数据库，推行许可证到期前提醒、许可证超期下线。

5. 加强线上信息公示管理。网络餐饮服务第三方平台要严格审核入网餐饮服务提供者上传的食品经营许可及相关经营信息，确保公示信息完整、真实、及时更新。

6. 加强配送过程管理。网络餐饮服务第三方平台要对配送人员进行食品安全培训和考核，督促配送人员保持配送容器清洁。加快实行外卖餐食封签，确保食品配送过程不受污染。鼓励使用环保可降解的食品容器、餐饮具和包装材料。大力推行无接触配送。

7. 加强分支机构、代理商、合作商等的管理。网络餐饮服务第三方平台要督促分支机构、代理商、合作商等主动向监管部门备案，严格执行食品经营许可证审查等各项食品安全管理制度，并主动向市场监管部门报送平台入网餐饮服务提供者数据和平台分支机构、代理商、合作商等信息。

（三）加大规范指导和监督检查力度

8. 从严执法检查。各地市场监管部门要按照《食品生产经营日常监督检查管理办法》相关要求，重点检查餐饮服务提供者落实食品安全主体责任的情况，特别是食品安全自查情况、食品安全管理员法规知识的掌握情况。

9. 实施分级分类监管。各地市场监管部门要根据《食品生产经营风险分级管理办法（试行）》相关要求，全面实施风险分级管理。同时，参考《餐饮服务食品安全监督检查操作指南》，结合本地区实际，根据餐饮服务提供者经营业态、经营方式、规模大小及出现问题类型等因素，对餐饮服务提供者科学分类，制定分类检查要点表，按照分类检查要点表对餐饮服务提供者实施检查。

10. 规范"小餐饮"经营行为。各地市场监管部门要通过取缔一批、规范一批、提升一批，推动"小餐饮"管理水平提升。配合相关部门，加强政策引导，创造条件，推动"小餐饮"集中经营，推动原料配送、餐饮具清洗消毒、后厨环境卫生、从业人员健康体检等统一管理，促进"小餐饮"向集约化规范化转型升级。

11. 逐步实施智慧监管。各地市场监管部门要对各类监管数据开展深度整合、分析，建立集监管信息实时录入、专项检查分配、名单筛选、统计数据自动分析、执法文书现场打印、简易处罚等功能于一体的移动执法系统，推动现场检查工作规范化、标准化、信息化。

12. 加强网络餐饮服务第三方平台备案管理和线上监测。各地市场监管部门要逐步完善辖区内网络餐饮服务平台及其分支机构、代理商、合作商台账。运用信息化手段对网络餐饮服务第三方平台上公示的证照、地址等信息开展监测，重点筛查未公示食品经营许可证、公示的食品经营许可证超过有效期、未公示菜品主要原料、超范围经营等问题。研究建立线上监测信息通报、推送机制，及时将监测发现的违法行为线索推送至入网餐饮服务提供者属地市场监管部门，进行核查。对涉及的网络餐饮服务第三方平台，要同步查处。

13. 强化入网餐饮服务提供者线下检查。各地市场监管部门要将入网餐饮服务提供者线下检查与无证餐饮综合治理有机结合，以学校和居民小区周边、城乡接合部等为重点区域，以小餐饮店、无牌匾标识餐饮店为重点对象开展无证经营行为监督检查，及时规范、查处无证餐饮服务提供者，消除线上无证经营源头。

（四）强化社会共治

14. 开展"随机查餐厅"活动。各地市场监管部门要结合属地实际确定检查频次，可由市民决定检查区域、检查店铺及检查项目，采取"视频＋图文"直播形式公开监督检查过程，可邀请社会各界人士参与实地监督检查，邀请媒体对检查中发现的问题餐饮店后续整改情况进行"回头看"跟踪报道。

15. 指导行业协会开展量化分级评定。市场监管总局已指导中国烹饪协会制定《餐饮服务量化分级评定规范》（以下简称《评定规范》），在食品安全的基础上，增加了服务品质和消费体验等内容。各地市场监管部门可选择本地区有条件、有能力的行业协会开展量化分级评定工作。行业协会可直接参照《评定规范》开展量化分级评定，也可结合本地区实际，对《评定规范》进行修改完善，作为开展本地区量化分级评定的依据，将量化分级评定打造为行业自律、社会共治的载体。鼓励行业协会结合量化分级评定，开展"放心餐厅""餐饮示范店"等创建活动，发挥优秀企业的示范引领作用，推动餐饮行业健康有序发展。

16. 畅通投诉举报渠道。各地市场监管部门要落实投诉举报奖励制度，鼓励餐饮行业"懂行者"、企业员工进行内部举报，曝光行业潜规则。

四、时间安排

（一）2021 年作为"餐饮从业人员培训年"

各地市场监管部门要聚焦从业人员和食品安全管理员培训考核，在市场监管总局《餐饮服务食品安全管理人员必备知识参考题库》基础上，结合当地餐饮服务监管实际，建立一套题库、一套学习课程或资料库、一个培训考核系统或平台（以下简称"两库一平台"）。在"两库一平台"中，可针对餐饮服务不同岗位设定培训考核内容，实行分类培训考核，提高培训考核的精准度。将"两库一平台"用于餐饮服务提供者、市场监管部门开展食品安全管理人员、从业人员学习培训及考核，进一步强化从业人员对食品安全规定、违法行为处罚、预防食源性疾病等相关知识掌握程度，全面提升餐饮从业人员素质和食品安全管理人员管理能力，解决从业人员"不懂法、难整改"等突出问题。

（二）2022 年作为"餐饮服务规范年"

各地市场监管部门要聚焦餐饮食品安全风险，督促餐饮服务提供者、网络餐饮服务第三方平台通过线上培训、直播教学等方式，加强对餐饮从业人员、配送人员食品安全风险防控、外卖食品安全管理等知识培训，严格落实疫情常态化防控工作有关要求，鼓励公勺公筷、聚餐分餐、外卖餐食封签、无接触配送，切实保障人民群众就餐安全。

（三）2023 年作为"餐饮环境卫生提升年"

各地市场监管部门要聚焦餐饮环境卫生水平提升，指导餐饮服务提供者加强环境卫生规范化、精细化管理。打造"清洁厨房"，优化厨房布局及硬件设施，鼓励引入色标管理、4D、5 常、6T 等管理方法，提升后厨环境卫生管理水平。细化就餐区环境、设施、清洁和消毒操作要求。解决餐饮门店卫生间难看、难闻、难用等突出问题，实现卫生间设施齐全、功能完善、环境整洁，为消费者营造安全、整洁、舒适的餐饮服务环境，有效改善餐饮消费体验。

五、有关要求

（一）高度重视

各地市场监管部门要深入贯彻习近平总书记重要指示批示精神，认真落实党中央、国务院决策部署，在疫情防控常态化前提下，将提升餐饮质量安全水平作为改善民生、促进食品行业健康有序发展的重要举措，积极争取地方扶持政策，确保各项工作取得积极进展。在充分发挥监管部门作用、督促餐饮服务提供者落实食品安全主体责任的同时，积极建立与商务、旅游、住建、交通等行业主管部门的沟通协调机制，发挥各部门的政策、资源等优势，促进形成全社会共同制止餐饮浪费的良好风气。

（二）加强组织实施

各地市场监管部门要结合实际制定切实可行的具体方案，找准工作切入点和重点，明确时间表、路线图、责任人，做好整体工作部署。主要负责同志要定期听取工作汇报，及时组织研究解决实际问题，给予政策、资金、人员等各方面的支持，确保各项任务和工作要求落实到位。

（三）及时报送工作信息

各地市场监管部门要认真梳理工作开展情况，及时总结经验做法，并将有关材料报送市场监管总局（食品经营司）。2020 年 11 月 15 日前，报送工作部署情况、具体联络员及联系方式；2021 年、2022 年和 2023 年，每年 6 月 15 日、11 月 15 日前，报送半年、全年工作总结和工作情况统计表；2023 年 11 月 15 日前，报送 3 年工作总结和工作情况统计表。

关于创新举措加大力度进一步做好节粮减损工作的通知

（国家粮食和物资储备局　国粮仓〔2020〕244号　2020年9月11日）

各省、自治区、直辖市及新疆生产建设兵团粮食和物资储备局（粮食局），中国储备粮管理集团有限公司、中粮集团有限公司、中国中化集团有限公司、中国供销集团有限公司、北大荒农垦集团有限公司，有关粮食科研院所、院校：

习近平总书记多次强调"厉行勤俭节约，反对铺张浪费"。近日，习近平总书记对制止餐饮浪费行为作出重要指示。各级粮食和物资储备部门积极落实习近平总书记重要指示批示精神，全面实施国家粮食安全战略，强化节粮减损重点任务，取得良好成效。我国已进入高质量发展阶段，发展具有多方面优势和条件，同时发展不平衡不充分问题仍然突出。各级粮食和物资储备部门要以习近平新时代中国特色社会主义思想为指导，深入落实总体国家安全观，扛稳粮食安全重任，着力推进节粮减损反对粮食浪费，全力保障国家粮食安全。现将有关要求通知如下：

一、提高政治站位，充分认识节粮减损工作的重要意义

粮食关乎国运民生，粮食安全是实现经济发展、社会稳定、国家安全的重要基础。今年以来新冠肺炎疫情冲击，国际形势日趋复杂，粮食安全的重要性进一步凸显。尽管我国粮食生产连年丰收，对粮食安全始终要有危机意识。各级粮食和物资储备部门要时刻紧绷粮食安全这根弦，全面落实总体国家安全观，做到居安思危，有备无患。

当前，粮食产后收购、储存、运输、加工、消费等环节损失浪费问题仍然存在，个别环节较为突出。大力促进节粮减损反对粮食浪费，是新形势下保障国家粮食安全和增加粮食有效供给的迫切需要，是弘扬中华民族勤俭节约传统美德、培育和践行社会主义核心价值观、加快建设资源节约型环境友好型社会的重要举措。各级粮食和物资储备部门要深入落实习近平总书记关于粮食安全的重要指示批示精神，坚决扛稳国家粮食安全重任，全面贯彻实施国家粮食安全战略，把饭碗牢牢端在自己手中，切实守住管好"天下粮仓"，狠抓促进节粮减损反对粮食浪费重点工作，将粮食和物资储备部门承担的厉行节约反对浪费的职责任务落到实处。要继续大力弘扬创业、创新、节俭、奉献的"四无粮仓"精神和"宁流千滴汗、不坏一粒粮"的粮食系统光荣传统，切实抓好粮食流通和消费各环节的节粮减损，进一步提高节粮减损反对粮食浪费工作实效。

二、加强立法修规，强化依法管粮依规节粮

积极推动《粮食安全保障法》立法进程，争取修订的《粮食流通管理条例》尽早出台，加快地方粮食立法修规，强化依法管粮，促进节粮减损。积极探索制定粮食产后减损工作指导意见，大力推动建立健全政府主导、需求牵引、全民参与、社会协调推进的体系机制，统筹各类相关主体，从技术研发应用、宣传教育、标准规划、管理机制、投资引导等方面，指导粮食收获、仓储、运输、加工、消费等各个环节减损工作。

组织制定完善粮食企业信用管理相关规章制度，适时出台《粮食企业信用监管和联合惩戒办法》。强化制度管粮和技术管粮相结合，严格执行《粮油仓储管理办法》和《粮油储藏技术规范》等制度标准，以及《粮油储存安全责任暂行规定》《粮油安全储存守则》《粮库安全生产守则》等，深入落实储粮质量安全责任制和各项管理措施，确保储存粮食数量、质量和卫生安全。加强粮食加工标准的宣传贯彻和实施工作，推进适度加工等相关标准制修订，完善粮油标准体系建设，强化以标准制修订工作促进节粮减损。加强粮食收储企业执行国家粮食收购政策情况的监管，进一步强化监管措施，防止出现区域性、阶段性"卖粮难"。

严格实施粮食安全省长责任制考核、中央事权粮食政策执行和中央储备粮管理情况年度考核，压紧压

实区域粮食安全主体责任和中央储备管理主体责任。加强粮食质量安全收购监管，避免不符合食品安全标准的粮食流向口粮市场或进入政府储备。着力维护储运环节市场秩序，对压级压价、掺杂使假，不按合同出入库等行为坚决予以打击，加快建立在地监管体制，推进信息化监管和信用监管，强化监管实效，不断增强执行力和权威性。加强职业技能教育培训，开展岗位练兵，不断提高仓储管理人员的职业技能。

三、加强体系建设，全方位持续减少粮食产后损失

大力实施"优质粮食工程"，着力推进粮食产后服务体系建设，巩固建设成效，发挥粮食产后服务中心为种粮农户提供清理、干燥、收储、加工、销售等服务的积极作用，帮助农民好粮卖好价，促进粮食提质进档，推动节粮减损，为实现"优粮优储"奠定基础。指导和帮助农民实施农户科学储粮项目，推广适用于农户的多型规模储粮新装具，为农户提供科学储粮技术培训和服务，东北地区继续推广规模化农户储粮装具，帮助农民解决"地趴粮"霉变问题，努力减少粮食产后损失，促进种粮农民增产增收。布局"绿色仓储提升行动"，支持建设绿色低温仓储设施，对现有仓房硬件进行气密性、隔热性改造；推广应用节粮减损提质增效新技术、现代粮仓建设技术和物流配套技术，以及储粮"四合一"升级新技术等储粮技术；推广防霉抑菌技术，整治超标粮食，进一步降低储粮损耗，提升粮食品质。

持续推进现代粮食仓储物流体系建设，继续开展危仓老库改造升级，加强"智慧粮库"建设，提升科学储粮减损能力。督促指导粮食企业切实做好入库粮食的除杂整理，推进分类、分品种、分仓储存保管，提高入库粮食质量，杜绝霉粮坏粮事故。加强粮食物流园区建设，不断完善原粮散粮运输体系建设，试点糙米低温储运技术。培养专业化的粮食减损技术创新研发队伍，加强高技能人才培养工作。

四、强化科技创新，全面推广节粮减损新技术成果

积极开展粮食储藏、物流、加工等领域节粮减损技术和装备研究开发，强化相关技术成果推广应用，通过技术创新实现高效减损，建设无形良田。深入研究粮堆温、湿、热迁移规律，开展粮堆多场耦合技术应用，推进低温成套技术集成创新，研发新型储粮药剂，推广储粮生物药剂。强化各类规模农户储粮

技术开发和推广应用，开发新型谷物收获机械，鼓励开发移动式绿色环保烘干设备。因地制宜推广热泵、生物质等多种烘干新热源，更好地满足粮食干燥需求。

推广稻谷、小麦、玉米、大豆等粮油适度加工技术成果，推进低温升、立式等碾米设备，以及拥有自主知识产权的油脂加工成套装备、小麦磨粉新装备广泛应用。开发并推广全谷物、杂粮等既有利于营养健康又节约的粮油食品科研成果。进一步完善粮油加工业技术标准体系。持续推进适度加工技术研究，鼓励内源营养加工等新技术研发和应用，推进谷物蛋白、米糠油、生物材料等技术开发和应用。淘汰高耗粮、高耗能、高污染的落后产能和工艺设备。加强新型专用散粮、成品粮集装运输装备及配套装卸设备的推广应用。

利用物联网、大数据、云计算、5G等信息技术，提高物流线路优化水平，降低运输周期。开发粮食产业链溯源技术，推广避免成品粮储运管理出现压货临期管理问题，提高供应链减损保障能力，探索粮食物流新商业模式。围绕"科技兴粮"重点工作，聚焦减损重点任务，强化落实。加强粮机使用、农户储粮和加工新技术培训。粮食科研院所、院校等要主动研发节粮减损新技术，积极参与爱粮节粮活动，为促进节粮减损反对粮食浪费提供科技支撑。

五、大力弘扬节俭美德，营造爱粮节粮舆论氛围

大力宣传节约光荣、浪费可耻的思想观念，努力营造厉行节约、反对浪费的社会风气。创新组织开展世界粮食日和全国粮食安全宣传周、粮食和物资储备科技活动周等主题活动，发挥粮食安全宣传教育基地作用，全面开展爱粮节粮宣传教育，加强节粮减损技术宣传，普及节粮减损知识。大力倡导科学文明消费方式，继续深入打造"节约一粒粮"宣传教育活动品牌，利用多媒体作品开展宣传，弘扬优良传统，歌颂节俭美德，使消费者关注粮食生产和流通、供应，增强危机意识和健康意识，营造"爱惜粮食光荣，浪费粮食可耻"的浓厚氛围。积极配合有关部门，落实餐饮环节减少食物浪费的有关要求，加强公务活动用餐管理，持续推行简餐和标准化饮食，杜绝公务活动用餐浪费行为。自觉践行"光盘行动"，切实防止"舌尖上的浪费"，从粮食和物资储备部门做起，以良好的作风引领社会风尚。

各级粮食和物资储备部门要切实增强促进节粮减损反对粮食浪费的责任感和紧迫感，将节粮减损工作

纳入本级粮食安全责任制考核，主动加强与相关部门的沟通合作，为加快构建更高层次、更高质量、更有效率、更可持续的国家粮食安全保障体系，做出新的更大贡献。

关于制定国民经济和社会发展第十四个五年规划和二〇三五年远景目标的建议

（中共中央　2020 年 10 月 29 日）

"十四五"时期是我国全面建成小康社会、实现第一个百年奋斗目标之后，乘势而上开启全面建设社会主义现代化国家新征程、向第二个百年奋斗目标进军的第一个五年。中国共产党第十九届中央委员会第五次全体会议深入分析国际国内形势，就制定国民经济和社会发展"十四五"规划和二〇三五年远景目标提出以下建议。

一、全面建成小康社会，开启全面建设社会主义现代化国家新征程

1. 决胜全面建成小康社会取得决定性成就。

"十三五"时期是全面建成小康社会决胜阶段。面对错综复杂的国际形势、艰巨繁重的国内改革发展稳定任务特别是新冠肺炎疫情严重冲击，以习近平同志为核心的党中央不忘初心、牢记使命，团结带领全党全国各族人民砥砺前行、开拓创新，奋发有为推进党和国家各项事业。全面深化改革取得重大突破，全面依法治国取得重大进展，全面从严治党取得重大成果，国家治理体系和治理能力现代化加快推进，中国共产党领导和我国社会主义制度优势进一步彰显；经济实力、科技实力、综合国力跃上新的大台阶，经济运行总体平稳，经济结构持续优化，预计二〇二〇年国内生产总值突破一百万亿元；脱贫攻坚成果举世瞩目，五千五百七十五万农村贫困人口实现脱贫；粮食年产量连续五年稳定在一万三千亿斤以上；污染防治力度加大，生态环境明显改善；对外开放持续扩大，共建"一带一路"成果丰硕；人民生活水平显著提高，高等教育进入普及化阶段，城镇新增就业超过六千万人，建成世界上规模最大的社会保障体系，基本医疗保险覆盖超过十三亿人，基本养老保险覆盖近十亿人，新冠肺炎疫情防控取得重大战略成果；文化事业和文化产业繁荣发展；国防和军队建设水平大幅提升，军队组织形态实现重大变革；国家安全全面加

强，社会保持和谐稳定。"十三五"规划目标任务即将完成，全面建成小康社会胜利在望，中华民族伟大复兴向前迈出了新的一大步，社会主义中国以更加雄伟的身姿屹立于世界东方。全党全国各族人民要再接再厉、一鼓作气，确保如期打赢脱贫攻坚战，确保如期全面建成小康社会、实现第一个百年奋斗目标，为开启全面建设社会主义现代化国家新征程奠定坚实基础。

2. 我国发展环境面临深刻复杂变化。

当前和今后一个时期，我国发展仍然处于重要战略机遇期，但机遇和挑战都有新的发展变化。当今世界正经历百年未有之大变局，新一轮科技革命和产业变革深入发展，国际力量对比深刻调整，和平与发展仍然是时代主题，人类命运共同体理念深入人心，同时国际环境日趋复杂，不稳定性不确定性明显增加，新冠肺炎疫情影响广泛深远，经济全球化遭遇逆流，世界进入动荡变革期，单边主义、保护主义、霸权主义对世界和平与发展构成威胁。我国已转向高质量发展阶段，制度优势显著，治理效能提升，经济长期向好，物质基础雄厚，人力资源丰富，市场空间广阔，发展韧性强劲，社会大局稳定，继续发展具有多方面优势和条件，同时我国发展不平衡不充分问题仍然突出，重点领域关键环节改革任务仍然艰巨，创新能力不适应高质量发展要求，农业基础还不稳固，城乡区域发展和收入分配差距较大，生态环保任重道远，民生保障存在短板，社会治理还有弱项。全党要统筹中华民族伟大复兴战略全局和世界百年未有之大变局，深刻认识我国社会主要矛盾变化带来的新特征新要求，深刻认识错综复杂的国际环境带来的新矛盾新挑战，增强机遇意识和风险意识，立足社会主义初级阶段基本国情，保持战略定力，办好自己的事，认识和把握发展规律，发扬斗争精神，树立底线思维，准确识变、科学应变、主动求变，善于在危机中育先机、于变局中开新局，抓住机遇，应对挑战，趋利避害，

奋勇前进。

3. 到二〇三五年基本实现社会主义现代化远景目标。

党的十九大对实现第二个百年奋斗目标作出分两个阶段推进的战略安排,即到二〇三五年基本实现社会主义现代化,到本世纪中叶把我国建成富强民主文明和谐美丽的社会主义现代化强国。展望二〇三五年,我国经济实力、科技实力、综合国力将大幅跃升,经济总量和城乡居民人均收入将再迈上新的大台阶,关键核心技术实现重大突破,进入创新型国家前列;基本实现新型工业化、信息化、城镇化、农业现代化,建成现代化经济体系;基本实现国家治理体系和治理能力现代化,人民平等参与、平等发展权利得到充分保障,基本建成法治国家、法治政府、法治社会;建成文化强国、教育强国、人才强国、体育强国、健康中国,国民素质和社会文明程度达到新高度,国家文化软实力显著增强;广泛形成绿色生产生活方式,碳排放达峰后稳中有降,生态环境根本好转,美丽中国建设目标基本实现;形成对外开放新格局,参与国际经济合作和竞争新优势明显增强,人均国内生产总值达到中等发达国家水平,中等收入群体显著扩大,基本公共服务实现均等化,城乡区域发展差距和居民生活水平差距显著缩小;平安中国建设达到更高水平,基本实现国防和军队现代化;人民生活更加美好,人的全面发展、全体人民共同富裕取得更为明显的实质性进展。

二、"十四五"时期经济社会发展指导方针和主要目标

4. "十四五"时期经济社会发展指导思想。

高举中国特色社会主义伟大旗帜,深入贯彻党的十九大和十九届二中、三中、四中、五中全会精神,坚持以马克思列宁主义、毛泽东思想、邓小平理论、"三个代表"重要思想、科学发展观、习近平新时代中国特色社会主义思想为指导,全面贯彻党的基本理论、基本路线、基本方略,统筹推进经济建设、政治建设、文化建设、社会建设、生态文明建设的总体布局,协调推进全面建设社会主义现代化国家、全面深化改革、全面依法治国、全面从严治党的战略布局,坚定不移贯彻创新、协调、绿色、开放、共享的新发展理念,坚持稳中求进工作总基调,以推动高质量发展为主题,以深化供给侧结构性改革为主线,以改革创新为根本动力,以满足人民日益增长的美好生活需要为根本目的,统筹发展和安全,加快建设现代化经济体系,加快构建以国内大循环为主体、国内国际双

循环相互促进的新发展格局,推进国家治理体系和治理能力现代化,实现经济行稳致远、社会安定和谐,为全面建设社会主义现代化国家开好局、起好步。

5. "十四五"时期经济社会发展必须遵循的原则。

——坚持党的全面领导。坚持和完善党领导经济社会发展的体制机制,坚持和完善中国特色社会主义制度,不断提高贯彻新发展理念、构建新发展格局能力和水平,为实现高质量发展提供根本保证。

——坚持以人民为中心。坚持人民主体地位,坚持共同富裕方向,始终做到发展为了人民、发展依靠人民、发展成果由人民共享,维护人民根本利益,激发全体人民积极性、主动性、创造性,促进社会公平,增进民生福祉,不断实现人民对美好生活的向往。

——坚持新发展理念。把新发展理念贯穿发展全过程和各领域,构建新发展格局,切实转变发展方式,推动质量变革、效率变革、动力变革,实现更高质量、更有效率、更加公平、更可持续、更为安全的发展。

——坚持深化改革开放。坚定不移推进改革,坚定不移扩大开放,加强国家治理体系和治理能力现代化建设,破除制约高质量发展、高品质生活的体制机制障碍,强化有利于提高资源配置效率、有利于调动全社会积极性的重大改革开放举措,持续增强发展动力和活力。

——坚持系统观念。加强前瞻性思考、全局性谋划、战略性布局、整体性推进,统筹国内国际两个大局,办好发展安全两件大事,坚持全国一盘棋,更好发挥中央、地方和各方面积极性,着力固根基、扬优势、补短板、强弱项,注重防范化解重大风险挑战,实现发展质量、结构、规模、速度、效益、安全相统一。

6. "十四五"时期经济社会发展主要目标。

锚定二〇三五年远景目标,综合考虑国内外发展趋势和我国发展条件,坚持目标导向和问题导向相结合,坚持守正和创新相统一,今后五年经济社会发展要努力实现以下主要目标。

——经济发展取得新成效。发展是解决我国一切问题的基础和关键,发展必须坚持新发展理念,在质量效益明显提升的基础上实现经济持续健康发展,增长潜力充分发挥,国内市场更加强大,经济结构更加优化,创新能力显著提升,产业基础高级化、产业链现代化水平明显提高,农业基础更加稳固,城乡区域发展协调性明显增强,现代化经济体系建设取得重大进展。

——改革开放迈出新步伐。社会主义市场经济体制更加完善，高标准市场体系基本建成，市场主体更加充满活力，产权制度改革和要素市场化配置改革取得重大进展，公平竞争制度更加健全，更高水平开放型经济新体制基本形成。

——社会文明程度得到新提高。社会主义核心价值观深入人心，人民思想道德素质、科学文化素质和身心健康素质明显提高，公共文化服务体系和文化产业体系更加健全，人民精神文化生活日益丰富，中华文化影响力进一步提升，中华民族凝聚力进一步增强。

——生态文明建设实现新进步。国土空间开发保护格局得到优化，生产生活方式绿色转型成效显著，能源资源配置更加合理、利用效率大幅提高，主要污染物排放总量持续减少，生态环境持续改善，生态安全屏障更加牢固，城乡人居环境明显改善。

——民生福祉达到新水平。实现更加充分更高质量就业，居民收入增长和经济增长基本同步，分配结构明显改善，基本公共服务均等化水平明显提高，全民受教育程度不断提升，多层次社会保障体系更加健全，卫生健康体系更加完善，脱贫攻坚成果巩固拓展，乡村振兴战略全面推进。

——国家治理效能得到新提升。社会主义民主法治更加健全，社会公平正义进一步彰显，国家行政体系更加完善，政府作用更好发挥，行政效率和公信力显著提升，社会治理特别是基层治理水平明显提高，防范化解重大风险体制机制不断健全，突发公共事件应急能力显著增强，自然灾害防御水平明显提升，发展安全保障更加有力，国防和军队现代化迈出重大步伐。

三、坚持创新驱动发展，全面塑造发展新优势

坚持创新在我国现代化建设全局中的核心地位，把科技自立自强作为国家发展的战略支撑，面向世界科技前沿、面向经济主战场、面向国家重大需求、面向人民生命健康，深入实施科教兴国战略、人才强国战略、创新驱动发展战略，完善国家创新体系，加快建设科技强国。

7. 强化国家战略科技力量。

制定科技强国行动纲要，健全社会主义市场经济条件下新型举国体制，打好关键核心技术攻坚战，提高创新链整体效能。加强基础研究、注重原始创新，优化学科布局和研发布局，推进学科交叉融合，完善共性基础技术供给体系。瞄准人工智能、量子信息、集成电路、生命健康、脑科学、生物育种、空天科技、深地深海等前沿领域，实施一批具有前瞻性、战略性的国家重大科技项目。制定实施战略性科学计划和科学工程，推进科研院所、高校、企业科研力量优化配置和资源共享。推进国家实验室建设，重组国家重点实验室体系。布局建设综合性国家科学中心和区域性创新高地，支持北京、上海、粤港澳大湾区形成国际科技创新中心。构建国家科研论文和科技信息高端交流平台。

8. 提升企业技术创新能力。

强化企业创新主体地位，促进各类创新要素向企业集聚。推进产学研深度融合，支持企业牵头组建创新联合体，承担国家重大科技项目。发挥企业家在技术创新中的重要作用，鼓励企业加大研发投入，对企业投入基础研究实行税收优惠。发挥大企业引领支撑作用，支持创新型中小微企业成长为创新重要发源地，加强共性技术平台建设，推动产业链上中下游、大中小企业融通创新。

9. 激发人才创新活力。

贯彻尊重劳动、尊重知识、尊重人才、尊重创造方针，深化人才发展体制机制改革，全方位培养、引进、用好人才，造就更多国际一流的科技领军人才和创新团队，培育具有国际竞争力的青年科技人才后备军。健全以创新能力、质量、实效、贡献为导向的科技人才评价体系。加强学风建设，坚守学术诚信。深化院士制度改革。健全创新激励和保障机制，构建充分体现知识、技术等创新要素价值的收益分配机制，完善科研人员职务发明成果权益分享机制。加强创新型、应用型、技能型人才培养，实施知识更新工程、技能提升行动，壮大高水平工程师和高技能人才队伍。支持发展高水平研究型大学，加强基础研究人才培养。实行更加开放的人才政策，构筑集聚国内外优秀人才的科研创新高地。

10. 完善科技创新体制机制。

深入推进科技体制改革，完善国家科技治理体系，优化国家科技规划体系和运行机制，推动重点领域项目、基地、人才、资金一体化配置。改进科技项目组织管理方式，实行"揭榜挂帅"等制度。完善科技评价机制，优化科技奖励项目。加快科研院所改革，扩大科研自主权。加强知识产权保护，大幅提高科技成果转移转化成效。加大研发投入，健全政府投入为主、社会多渠道投入机制，加大对基础前沿研究支持。完善金融支持创新体系，促进新技术产业化规模化应用。弘扬科学精神和工匠精神，加强科普工作，营造崇尚创新的社会氛围。健全科技伦理体系。促进科技开放合作，研究设立面向全球的科学研究

基金。

四、加快发展现代产业体系，推动经济体系优化升级

坚持把发展经济着力点放在实体经济上，坚定不移建设制造强国、质量强国、网络强国、数字中国，推进产业基础高级化、产业链现代化，提高经济质量效益和核心竞争力。

11. 提升产业链供应链现代化水平。

保持制造业比重基本稳定，巩固壮大实体经济根基。坚持自主可控、安全高效，分行业做好供应链战略设计和精准施策，推动全产业链优化升级。锻造产业链供应链长板，立足我国产业规模优势、配套优势和部分领域先发优势，打造新兴产业链，推动传统产业高端化、智能化、绿色化，发展服务型制造。完善国家质量基础设施，加强标准、计量、专利等体系和能力建设，深入开展质量提升行动。促进产业在国内有序转移，优化区域产业链布局，支持老工业基地转型发展。补齐产业链供应链短板，实施产业基础再造工程，加大重要产品和关键核心技术攻关力度，发展先进适用技术，推动产业链供应链多元化。优化产业链供应链发展环境，强化要素支撑。加强国际产业安全合作，形成具有更强创新力、更高附加值、更安全可靠的产业链供应链。

12. 发展战略性新兴产业。

加快壮大新一代信息技术、生物技术、新能源、新材料、高端装备、新能源汽车、绿色环保以及航空航天、海洋装备等产业。推动互联网、大数据、人工智能等同各产业深度融合，推动先进制造业集群发展，构建一批各具特色、优势互补、结构合理的战略性新兴产业增长引擎，培育新技术、新产品、新业态、新模式。促进平台经济、共享经济健康发展。鼓励企业兼并重组，防止低水平重复建设。

13. 加快发展现代服务业。

推动生产性服务业向专业化和价值链高端延伸，推动各类市场主体参与服务供给，加快发展研发设计、现代物流、法律服务等服务业，推动现代服务业同先进制造业、现代农业深度融合，加快推进服务业数字化。推动生活性服务业向高品质和多样化升级，加快发展健康、养老、育幼、文化、旅游、体育、家政、物业等服务业，加强公益性、基础性服务业供给。推进服务业标准化、品牌化建设。

14. 统筹推进基础设施建设。

构建系统完备、高效实用、智能绿色、安全可靠的现代化基础设施体系。系统布局新型基础设施，加快第五代移动通信、工业互联网、大数据中心等建设。加快建设交通强国，完善综合运输大通道、综合交通枢纽和物流网络，加快城市群和都市圈轨道交通网络化，提高农村和边境地区交通通达深度。推进能源革命，完善能源产供储销体系，加强国内油气勘探开发，加快油气储备设施建设，加快全国干线油气管道建设，建设智慧能源系统，优化电力生产和输送通道布局，提升新能源消纳和存储能力，提升向边远地区输配电能力。加强水利基础设施建设，提升水资源优化配置和水旱灾害防御能力。

15. 加快数字化发展。

发展数字经济，推进数字产业化和产业数字化，推动数字经济和实体经济深度融合，打造具有国际竞争力的数字产业集群。加强数字社会、数字政府建设，提升公共服务、社会治理等数字化智能化水平。建立数据资源产权、交易流通、跨境传输和安全保护等基础制度和标准规范，推动数据资源开发利用。扩大基础公共信息数据有序开放，建设国家数据统一共享开放平台。保障国家数据安全，加强个人信息保护。提升全民数字技能，实现信息服务全覆盖。积极参与数字领域国际规则和标准制定。

五、形成强大国内市场，构建新发展格局

坚持扩大内需这个战略基点，加快培育完整内需体系，把实施扩大内需战略同深化供给侧结构性改革有机结合起来，以创新驱动、高质量供给引领和创造新需求。

16. 畅通国内大循环。

依托强大国内市场，贯通生产、分配、流通、消费各环节，打破行业垄断和地方保护，形成国民经济良性循环。优化供给结构，改善供给质量，提升供给体系对国内需求的适配性。推动金融、房地产同实体经济均衡发展，实现上下游、产供销有效衔接，促进农业、制造业、服务业、能源资源等产业门类关系协调。破除妨碍生产要素市场化配置和商品服务流通的体制机制障碍，降低全社会交易成本。完善扩大内需的政策支撑体系，形成需求牵引供给、供给创造需求的更高水平动态平衡。

17. 促进国内国际双循环。

立足国内大循环，发挥比较优势，协同推进强大国内市场和贸易强国建设，以国内大循环吸引全球资源要素，充分利用国内国际两个市场两种资源，积极促进内需和外需、进口和出口、引进外资和对外投资协调发展，促进国际收支基本平衡。完善内外贸一体

化调控体系，促进内外贸法律法规、监管体制、经营资质、质量标准、检验检疫、认证认可等相衔接，推进同线同标同质。优化国内国际市场布局、商品结构、贸易方式，提升出口质量，增加优质产品进口，实施贸易投资融合工程，构建现代物流体系。

18. 全面促进消费。

增强消费对经济发展的基础性作用，顺应消费升级趋势，提升传统消费，培育新型消费，适当增加公共消费。以质量品牌为重点，促进消费向绿色、健康、安全发展，鼓励消费新模式新业态发展。推动汽车等消费品由购买管理向使用管理转变，促进住房消费健康发展。健全现代流通体系，发展无接触交易服务，降低企业流通成本，促进线上线下消费融合发展，开拓城乡消费市场。发展服务消费，放宽服务消费领域市场准入。完善节假日制度，落实带薪休假制度，扩大节假日消费。培育国际消费中心城市。改善消费环境，强化消费者权益保护。

19. 拓展投资空间。

优化投资结构，保持投资合理增长，发挥投资对优化供给结构的关键作用。加快补齐基础设施、市政工程、农业农村、公共安全、生态环保、公共卫生、物资储备、防灾减灾、民生保障等领域短板，推动企业设备更新和技术改造，扩大战略性新兴产业投资。推进新型基础设施、新型城镇化、交通水利等重大工程建设，支持有利于城乡区域协调发展的重大项目建设。实施川藏铁路、西部陆海新通道、国家水网、雅鲁藏布江下游水电开发、星际探测、北斗产业化等重大工程，推进重大科研设施、重大生态系统保护修复、公共卫生应急保障、重大引调水、防洪减灾、送电输气、沿边沿江沿海交通等一批强基础、增功能、利长远的重大项目建设。发挥政府投资撬动作用，激发民间投资活力，形成市场主导的投资内生增长机制。

六、全面深化改革，构建高水平社会主义市场经济体制

坚持和完善社会主义基本经济制度，充分发挥市场在资源配置中的决定性作用，更好发挥政府作用，推动有效市场和有为政府更好结合。

20. 激发各类市场主体活力。

毫不动摇巩固和发展公有制经济，毫不动摇鼓励、支持、引导非公有制经济发展。深化国资国企改革，做强做优做大国有资本和国有企业。加快国有经济布局优化和结构调整，发挥国有经济战略支撑作用。加快完善中国特色现代企业制度，深化国有企业混合所有制改革。健全管资本为主的国有资产监管体制，深化国有资本投资、运营公司改革。推进能源、铁路、电信、公用事业等行业竞争性环节市场化改革。优化民营经济发展环境，构建亲清政商关系，促进非公有制经济健康发展和非公有制经济人士健康成长，依法平等保护民营企业产权和企业家权益，破除制约民营企业发展的各种壁垒，完善促进中小微企业和个体工商户发展的法律环境和政策体系。弘扬企业家精神，加快建设世界一流企业。

21. 完善宏观经济治理。

健全以国家发展规划为战略导向，以财政政策和货币政策为主要手段，就业、产业、投资、消费、环保、区域等政策紧密配合，目标优化、分工合理、高效协同的宏观经济治理体系。完善宏观经济政策制定和执行机制，重视预期管理，提高调控的科学性。加强国际宏观经济政策协调，搞好跨周期政策设计，提高逆周期调节能力，促进经济总量平衡、结构优化、内外均衡。加强宏观经济治理数据库等建设，提升大数据等现代技术手段辅助治理能力。推进统计现代化改革。

22. 建立现代财税金融体制。

加强财政资源统筹，加强中期财政规划管理，增强国家重大战略任务财力保障。深化预算管理制度改革，强化对预算编制的宏观指导。推进财政支出标准化，强化预算约束和绩效管理。明确中央和地方政府事权与支出责任，健全省以下财政体制，增强基层公共服务保障能力。完善现代税收制度，健全地方税、直接税体系，优化税制结构，适当提高直接税比重，深化税收征管制度改革。健全政府债务管理制度。建设现代中央银行制度，完善货币供应调控机制，稳妥推进数字货币研发，健全市场化利率形成和传导机制。构建金融有效支持实体经济的体制机制，提升金融科技水平，增强金融普惠性。深化国有商业银行改革，支持中小银行和农村信用社持续健康发展，改革优化政策性金融。全面实行股票发行注册制，建立常态化退市机制，提高直接融资比重。推进金融双向开放。完善现代金融监管体系，提高金融监管透明度和法治化水平，完善存款保险制度，健全金融风险预防、预警、处置、问责制度体系，对违法违规行为零容忍。

23. 建设高标准市场体系。

健全市场体系基础制度，坚持平等准入、公正监管、开放有序、诚信守法，形成高效规范、公平竞争的国内统一市场。实施高标准市场体系建设行动。健全产权执法司法保护制度。实施统一的市场准入负面清单制度。继续放宽准入限制。健全公平竞争审查机

制，加强反垄断和反不正当竞争执法司法，提升市场综合监管能力。深化土地管理制度改革。推进土地、劳动力、资本、技术、数据等要素市场化改革。健全要素市场运行机制，完善要素交易规则和服务体系。

24. 加快转变政府职能。

建设职责明确、依法行政的政府治理体系。深化简政放权、放管结合、优化服务改革，全面实行政府权责清单制度。持续优化市场化法治化国际化营商环境。实施涉企经营许可事项清单管理，加强事中事后监管，对新产业新业态实行包容审慎监管。健全重大政策事前评估和事后评价制度，畅通参与政策制定的渠道，提高决策科学化、民主化、法治化水平。推进政务服务标准化、规范化、便利化，深化政务公开。深化行业协会、商会和中介机构改革。

七、优先发展农业农村，全面推进乡村振兴

坚持把解决好"三农"问题作为全党工作重中之重，走中国特色社会主义乡村振兴道路，全面实施乡村振兴战略，强化以工补农、以城带乡，推动形成工农互促、城乡互补、协调发展、共同繁荣的新型工农城乡关系，加快农业农村现代化。

25. 提高农业质量效益和竞争力。

适应确保国计民生要求，以保障国家粮食安全为底线，健全农业支持保护制度。坚持最严格的耕地保护制度，深入实施藏粮于地、藏粮于技战略，加大农业水利设施建设力度，实施高标准农田建设工程，强化农业科技和装备支撑，提高农业良种化水平，健全动物防疫和农作物病虫害防治体系，建设智慧农业。强化绿色导向、标准引领和质量安全监管，建设农业现代化示范区。推动农业供给侧结构性改革，优化农业生产结构和区域布局，加强粮食生产功能区、重要农产品生产保护区和特色农产品优势区建设，推进优质粮食工程。完善粮食主产区利益补偿机制。保障粮、棉、油、糖、肉等重要农产品供给安全，提升收储调控能力。开展粮食节约行动。发展县域经济，推动农村一二三产业融合发展，丰富乡村经济业态，拓展农民增收空间。

26. 实施乡村建设行动。

把乡村建设摆在社会主义现代化建设的重要位置。强化县城综合服务能力，把乡镇建成服务农民的区域中心。统筹县域城镇和村庄规划建设，保护传统村落和乡村风貌。完善乡村水、电、路、气、通信、广播电视、物流等基础设施，提升农房建设质量。因地制宜推进农村改厕、生活垃圾处理和污水治理，实施河湖水系综合整治，改善农村人居环境。提高农民科技文化素质，推动乡村人才振兴。

27. 深化农村改革。

健全城乡融合发展机制，推动城乡要素平等交换、双向流动，增强农业农村发展活力。落实第二轮土地承包到期后再延长三十年政策，加快培育农民合作社、家庭农场等新型农业经营主体，健全农业专业化社会化服务体系，发展多种形式适度规模经营，实现小农户和现代农业有机衔接。健全城乡统一的建设用地市场，积极探索实施农村集体经营性建设用地入市制度。建立土地征收公共利益用地认定机制，缩小土地征收范围。探索宅基地所有权、资格权、使用权分置实现形式。保障进城落户农民土地承包权、宅基地使用权、集体收益分配权，鼓励依法自愿有偿转让。深化农村集体产权制度改革，发展新型农村集体经济。健全农村金融服务体系，发展农业保险。

28. 实现巩固拓展脱贫攻坚成果同乡村振兴有效衔接。

建立农村低收入人口和欠发达地区帮扶机制，保持财政投入力度总体稳定，接续推进脱贫地区发展。健全防止返贫监测和帮扶机制，做好易地扶贫搬迁后续帮扶工作，加强扶贫项目资金资产管理和监督，推动特色产业可持续发展。健全农村社会保障和救助制度。在西部地区脱贫县中集中支持一批乡村振兴重点帮扶县，增强其巩固脱贫成果及内生发展能力。坚持和完善东西部协作和对口支援、社会力量参与帮扶等机制。

八、优化国土空间布局，推进区域协调发展和新型城镇化

坚持实施区域重大战略、区域协调发展战略、主体功能区战略，健全区域协调发展体制机制，完善新型城镇化战略，构建高质量发展的国土空间布局和支撑体系。

29. 构建国土空间开发保护新格局。

立足资源环境承载能力，发挥各地比较优势，逐步形成城市化地区、农产品主产区、生态功能区三大空间格局，优化重大基础设施、重大生产力和公共资源布局。支持城市化地区高效集聚经济和人口、保护基本农田和生态空间，支持农产品主产区增强农业生产能力，支持生态功能区把发展重点放到保护生态环境、提供生态产品上，支持生态功能区的人口逐步有序转移，形成主体功能明显、优势互补、高质量发展的国土空间开发保护新格局。

30. 推动区域协调发展。

推动西部大开发形成新格局，推动东北振兴取得

新突破，促进中部地区加快崛起，鼓励东部地区加快推进现代化。支持革命老区、民族地区加快发展，加强边疆地区建设，推进兴边富民、稳边固边。推进京津冀协同发展、长江经济带发展、粤港澳大湾区建设、长三角一体化发展，打造创新平台和新增长极。推动黄河流域生态保护和高质量发展。高标准、高质量建设雄安新区。坚持陆海统筹，发展海洋经济，建设海洋强国。健全区域战略统筹、市场一体化发展、区域合作互助、区际利益补偿等机制，更好促进发达地区和欠发达地区、东中西部和东北地区共同发展。完善转移支付制度，加大对欠发达地区财力支持，逐步实现基本公共服务均等化。

31. 推进以人为核心的新型城镇化。

实施城市更新行动，推进城市生态修复、功能完善工程，统筹城市规划、建设、管理，合理确定城市规模、人口密度、空间结构，促进大中小城市和小城镇协调发展。强化历史文化保护、塑造城市风貌，加强城镇老旧小区改造和社区建设，增强城市防洪排涝能力，建设海绵城市、韧性城市。提高城市治理水平，加强特大城市治理中的风险防控。坚持房子是用来住的、不是用来炒的定位，租购并举、因城施策，促进房地产市场平稳健康发展。有效增加保障性住房供给，完善土地出让收入分配机制，探索支持利用集体建设用地按照规划建设租赁住房，完善长租房政策，扩大保障性租赁住房供给。深化户籍制度改革，完善财政转移支付和城镇新增建设用地规模与农业转移人口市民化挂钩政策，强化基本公共服务保障，加快农业转移人口市民化。优化行政区划设置，发挥中心城市和城市群带动作用，建设现代化都市圈。推进成渝地区双城经济圈建设。推进以县城为重要载体的城镇化建设。

九、繁荣发展文化事业和文化产业，提高国家文化软实力

坚持马克思主义在意识形态领域的指导地位，坚定文化自信，坚持以社会主义核心价值观引领文化建设，加强社会主义精神文明建设，围绕举旗帜、聚民心、育新人、兴文化、展形象的使命任务，促进满足人民文化需求和增强人民精神力量相统一，推进社会主义文化强国建设。

32. 提高社会文明程度。

推动形成适应新时代要求的思想观念、精神面貌、文明风尚、行为规范。深入开展习近平新时代中国特色社会主义思想学习教育，推进马克思主义理论研究和建设工程。推动理想信念教育常态化制度化，

加强党史、新中国史、改革开放史、社会主义发展史教育，加强爱国主义、集体主义、社会主义教育，弘扬党和人民在各个历史时期奋斗中形成的伟大精神，推进公民道德建设，实施文明创建工程，拓展新时代文明实践中心建设。健全志愿服务体系，广泛开展志愿服务关爱行动。弘扬诚信文化，推进诚信建设。提倡艰苦奋斗、勤俭节约，开展以劳动创造幸福为主题的宣传教育。加强家庭、家教、家风建设。加强网络文明建设，发展积极健康的网络文化。

33. 提升公共文化服务水平。

全面繁荣新闻出版、广播影视、文学艺术、哲学社会科学事业。实施文艺作品质量提升工程，加强现实题材创作生产，不断推出反映时代新气象、讴歌人民新创造的文艺精品。推进媒体深度融合，实施全媒体传播工程，做强新型主流媒体，建强用好县级融媒体中心。推进城乡公共文化服务体系一体建设，创新实施文化惠民工程，广泛开展群众性文化活动，推动公共文化数字化建设。加强国家重大文化设施和文化项目建设，推进国家版本馆、国家文献储备库、智慧广电等工程。传承弘扬中华优秀传统文化，加强文物古籍保护、研究、利用，强化重要文化和自然遗产、非物质文化遗产系统性保护，加强各民族优秀传统手工艺保护和传承，建设长城、大运河、长征、黄河等国家文化公园。广泛开展全民健身运动，增强人民体质。筹办好北京冬奥会、冬残奥会。

34. 健全现代文化产业体系。

坚持把社会效益放在首位、社会效益和经济效益相统一，深化文化体制改革，完善文化产业规划和政策，加强文化市场体系建设，扩大优质文化产品供给。实施文化产业数字化战略，加快发展新型文化企业、文化业态、文化消费模式。规范发展文化产业园区，推动区域文化产业带建设。推动文化和旅游融合发展，建设一批富有文化底蕴的世界级旅游景区和度假区，打造一批文化特色鲜明的国家级旅游休闲城市和街区，发展红色旅游和乡村旅游。以讲好中国故事为着力点，创新推进国际传播，加强对外文化交流和多层次文明对话。

十、推动绿色发展，促进人与自然和谐共生

坚持绿水青山就是金山银山理念，坚持尊重自然、顺应自然、保护自然，坚持节约优先、保护优先、自然恢复为主，守住自然生态安全边界。深入实施可持续发展战略，完善生态文明领域统筹协调机制，构建生态文明体系，促进经济社会发展全面绿色

转型，建设人与自然和谐共生的现代化。

35. 加快推动绿色低碳发展。

强化国土空间规划和用途管控，落实生态保护、基本农田、城镇开发等空间管控边界，减少人类活动对自然空间的占用。强化绿色发展的法律和政策保障，发展绿色金融，支持绿色技术创新，推进清洁生产，发展环保产业，推进重点行业和重要领域绿色化改造。推动能源清洁低碳安全高效利用。发展绿色建筑。开展绿色生活创建活动。降低碳排放强度，支持有条件的地方率先达到碳排放峰值，制定二〇三〇年前碳排放达峰行动方案。

36. 持续改善环境质量。

增强全社会生态环保意识，深入打好污染防治攻坚战。继续开展污染防治行动，建立地上地下、陆海统筹的生态环境治理制度。强化多污染物协同控制和区域协同治理，加强细颗粒物和臭氧协同控制，基本消除重污染天气。治理城乡生活环境，推进城镇污水管网全覆盖，基本消除城市黑臭水体。推进化肥农药减量化和土壤污染治理，加强白色污染治理。加强危险废物医疗废物收集处理。完成重点地区危险化学品生产企业搬迁改造。重视新污染物治理。全面实行排污许可制，推进排污权、用能权、用水权、碳排放权市场化交易。完善环境保护、节能减排约束性指标管理。完善中央生态环境保护督察制度。积极参与和引领应对气候变化等生态环保国际合作。

37. 提升生态系统质量和稳定性。

坚持山水林田湖草系统治理，构建以国家公园为主体的自然保护地体系。实施生物多样性保护重大工程。加强外来物种管控。强化河湖长制，加强大江大河和重要湖泊湿地生态保护治理，实施好长江十年禁渔。科学推进荒漠化、石漠化、水土流失综合治理，开展大规模国土绿化行动，推行林长制。推行草原森林河流湖泊休养生息，加强黑土地保护，健全耕地休耕轮作制度。加强全球气候变暖对我国承受力脆弱地区影响的观测，完善自然保护地、生态保护红线监管制度，开展生态系统保护成效监测评估。

38. 全面提高资源利用效率。

健全自然资源资产产权制度和法律法规，加强自然资源调查评价监测和确权登记，建立生态产品价值实现机制，完善市场化、多元化生态补偿，推进资源总量管理、科学配置、全面节约、循环利用。实施国家节水行动，建立水资源刚性约束制度。提高海洋资源、矿产资源开发保护水平。完善资源价格形成机制。推行垃圾分类和减量化、资源化。加快构建废旧物资循环利用体系。

十一、实行高水平对外开放，开拓合作共赢新局面

坚持实施更大范围、更宽领域、更深层次对外开放，依托我国大市场优势，促进国际合作，实现互利共赢。

39. 建设更高水平开放型经济新体制。

全面提高对外开放水平，推动贸易和投资自由化便利化，推进贸易创新发展，增强对外贸易综合竞争力。完善外商投资准入前国民待遇加负面清单管理制度，有序扩大服务业对外开放，依法保护外资企业合法权益，健全促进和保障境外投资的法律、政策和服务体系，坚定维护中国企业海外合法权益，实现高质量引进来和高水平走出去。完善自由贸易试验区布局，赋予其更大改革自主权，稳步推进海南自由贸易港建设，建设对外开放新高地。稳慎推进人民币国际化，坚持市场驱动和企业自主选择，营造以人民币自由使用为基础的新型互利合作关系。发挥好中国国际进口博览会等重要展会平台作用。

40. 推动共建"一带一路"高质量发展。

坚持共商共建共享原则，秉持绿色、开放、廉洁理念，深化务实合作，加强安全保障，促进共同发展。推进基础设施互联互通，拓展第三方市场合作。构筑互利共赢的产业链供应链合作体系，深化国际产能合作，扩大双向贸易和投资。坚持以企业为主体，以市场为导向，遵循国际惯例和债务可持续原则，健全多元化投融资体系。推进战略、规划、机制对接，加强政策、规则、标准联通。深化公共卫生、数字经济、绿色发展、科技教育合作，促进人文交流。

41. 积极参与全球经济治理体系改革。

坚持平等协商、互利共赢，推动二十国集团等发挥国际经济合作功能。维护多边贸易体制，积极参与世界贸易组织改革，推动完善更加公正合理的全球经济治理体系。积极参与多双边区域投资贸易合作机制，推动新兴领域经济治理规则制定，提高参与国际金融治理能力。实施自由贸易区提升战略，构建面向全球的高标准自由贸易区网络。

十二、改善人民生活品质，提高社会建设水平

坚持把实现好、维护好、发展好最广大人民根本利益作为发展的出发点和落脚点，尽力而为、量力而行，健全基本公共服务体系，完善共建共治共享的社会治理制度，扎实推动共同富裕，不断增强人民群众

获得感、幸福感、安全感，促进人的全面发展和社会全面进步。

42. 提高人民收入水平。

坚持按劳分配为主体、多种分配方式并存，提高劳动报酬在初次分配中的比重，完善工资制度，健全工资合理增长机制，着力提高低收入群体收入，扩大中等收入群体。完善按要素分配政策制度，健全各类生产要素由市场决定报酬的机制，探索通过土地、资本等要素使用权、收益权增加中低收入群体要素收入。多渠道增加城乡居民财产性收入。完善再分配机制，加大税收、社保、转移支付等调节力度和精准性，合理调节过高收入，取缔非法收入。发挥第三次分配作用，发展慈善事业，改善收入和财富分配格局。

43. 强化就业优先政策。

千方百计稳定和扩大就业，坚持经济发展就业导向，扩大就业容量，提升就业质量，促进充分就业，保障劳动者待遇和权益。健全就业公共服务体系、劳动关系协调机制、终身职业技能培训制度。更加注重缓解结构性就业矛盾，加快提升劳动者技能素质，完善重点群体就业支持体系，统筹城乡就业政策体系。扩大公益性岗位安置，帮扶残疾人、零就业家庭成员就业。完善促进创业带动就业、多渠道灵活就业的保障制度，支持和规范发展新就业形态，健全就业需求调查和失业监测预警机制。

44. 建设高质量教育体系。

全面贯彻党的教育方针，坚持立德树人，加强师德师风建设，培养德智体美劳全面发展的社会主义建设者和接班人。健全学校家庭社会协同育人机制，提升教师教书育人能力素质，增强学生文明素养、社会责任意识、实践本领，重视青少年身体素质和心理健康教育。坚持教育公益性原则，深化教育改革，促进教育公平，推动义务教育均衡发展和城乡一体化，完善普惠性学前教育和特殊教育、专门教育保障机制，鼓励高中阶段学校多样化发展。加大人力资本投入，增强职业技术教育适应性，深化职普融通、产教融合、校企合作，探索中国特色学徒制，大力培养技术技能人才。提高高等教育质量，分类建设一流大学和一流学科，加快培养理工农医类专业紧缺人才。提高民族地区教育质量和水平，加大国家通用语言文字推广力度。支持和规范民办教育发展，规范校外培训机构。发挥在线教育优势，完善终身学习体系，建设学习型社会。

45. 健全多层次社会保障体系。

健全覆盖全民、统筹城乡、公平统一、可持续的多层次社会保障体系。推进社保转移接续，健全基本养老、基本医疗保险筹资和待遇调整机制。实现基本养老保险全国统筹，实施渐进式延迟法定退休年龄。发展多层次、多支柱养老保险体系。推动基本医疗保险、失业保险、工伤保险省级统筹，健全重大疾病医疗保险和救助制度，落实异地就医结算，稳步建立长期护理保险制度，积极发展商业医疗保险。健全灵活就业人员社保制度。健全退役军人工作体系和保障制度。健全分层分类的社会救助体系。坚持男女平等基本国策，保障妇女儿童合法权益。健全老年人、残疾人关爱服务体系和设施，完善帮扶残疾人、孤儿等社会福利制度。完善全国统一的社会保险公共服务平台。

46. 全面推进健康中国建设。

把保障人民健康放在优先发展的战略位置，坚持预防为主的方针，深入实施健康中国行动，完善国民健康促进政策，织牢国家公共卫生防护网，为人民提供全方位全周期健康服务。改革疾病预防控制体系，强化监测预警、风险评估、流行病学调查、检验检测、应急处置等职能。建立稳定的公共卫生事业投入机制，加强人才队伍建设，改善疾控基础条件，完善公共卫生服务项目，强化基层公共卫生体系。落实医疗机构公共卫生责任，创新医防协同机制。完善突发公共卫生事件监测预警处置机制，健全医疗救治、科技支撑、物资保障体系，提高应对突发公共卫生事件能力。坚持基本医疗卫生事业公益属性，深化医药卫生体制改革，加快优质医疗资源扩容和区域均衡布局，加快建设分级诊疗体系，加强公立医院建设和管理考核，推进国家组织药品和耗材集中采购使用改革，发展高端医疗设备。支持社会办医，推广远程医疗。坚持中西医并重，大力发展中医药事业。提升健康教育、慢病管理和残疾康复服务质量，重视精神卫生和心理健康。深入开展爱国卫生运动，促进全民养成文明健康生活方式。完善全民健身公共服务体系。加快发展健康产业。

47. 实施积极应对人口老龄化国家战略。

制定人口长期发展战略，优化生育政策，增强生育政策包容性，提高优生优育服务水平，发展普惠托育服务体系，降低生育、养育、教育成本，促进人口长期均衡发展，提高人口素质。积极开发老龄人力资源，发展银发经济。推动养老事业和养老产业协同发展，健全基本养老服务体系，发展普惠型养老服务和互助性养老，支持家庭承担养老功能，培育养老新业态，构建居家社区机构相协调、医养康养相结合的养老服务体系，健全养老服务综合监管制度。

48. 加强和创新社会治理。

完善社会治理体系，健全党组织领导的自治、法治、德治相结合的城乡基层治理体系，完善基层民主协商制度，实现政府治理同社会调节、居民自治良性互动，建设人人有责、人人尽责、人人享有的社会治理共同体。发挥群团组织和社会组织在社会治理中的作用，畅通和规范市场主体、新社会阶层、社会工作者和志愿者等参与社会治理的途径。推动社会治理重心向基层下移，向基层放权赋能，加强城乡社区治理和服务体系建设，减轻基层特别是村级组织负担，加强基层社会治理队伍建设，构建网格化管理、精细化服务、信息化支撑、开放共享的基层管理服务平台。加强和创新市域社会治理，推进市域社会治理现代化。

十三、统筹发展和安全，建设更高水平的平安中国

坚持总体国家安全观，实施国家安全战略，维护和塑造国家安全，统筹传统安全和非传统安全，把安全发展贯穿国家发展各领域和全过程，防范和化解影响我国现代化进程的各种风险，筑牢国家安全屏障。

49. 加强国家安全体系和能力建设。

完善集中统一、高效权威的国家安全领导体制，健全国家安全法治体系、战略体系、政策体系、人才体系和运行机制，完善重要领域国家安全立法、制度、政策。健全国家安全审查和监管制度，加强国家安全执法。加强国家安全宣传教育，增强全民国家安全意识，巩固国家安全人民防线。坚定维护国家政权安全、制度安全、意识形态安全，全面加强网络安全保障体系和能力建设。严密防范和严厉打击敌对势力渗透、破坏、颠覆、分裂活动。

50. 确保国家经济安全。

加强经济安全风险预警、防控机制和能力建设，实现重要产业、基础设施、战略资源、重大科技等关键领域安全可控。实施产业竞争力调查和评价工程，增强产业体系抗冲击能力。确保粮食安全，保障能源和战略性矿产资源安全。维护水利、电力、供水、油气、交通、通信、网络、金融等重要基础设施安全，提高水资源集约安全利用水平。维护金融安全，守住不发生系统性风险底线。确保生态安全，加强核安全监管，维护新型领域安全。构建海外利益保护和风险预警防范体系。

51. 保障人民生命安全。

坚持人民至上、生命至上，把保护人民生命安全摆在首位，全面提高公共安全保障能力。完善和落实安全生产责任制，加强安全生产监管执法，有效遏制危险化学品、矿山、建筑施工、交通等重特大安全事故。强化生物安全保护，提高食品药品等关系人民健康产品和服务的安全保障水平。提升洪涝干旱、森林草原火灾、地质灾害、地震等自然灾害防御工程标准，加快江河控制性工程建设，加快病险水库除险加固，全面推进堤防和蓄滞洪区建设。完善国家应急管理体系，加强应急物资保障体系建设，发展巨灾保险，提高防灾、减灾、抗灾、救灾能力。

52. 维护社会稳定和安全。

正确处理新形势下人民内部矛盾，坚持和发展新时代"枫桥经验"，畅通和规范群众诉求表达、利益协调、权益保障通道，完善信访制度，完善各类调解联动工作体系，构建源头防控、排查梳理、纠纷化解、应急处置的社会矛盾综合治理机制。健全社会心理服务体系和危机干预机制。坚持专群结合、群防群治，加强社会治安防控体系建设，坚决防范和打击暴力恐怖、黑恶势力、新型网络犯罪和跨国犯罪，保持社会和谐稳定。

十四、加快国防和军队现代化，实现富国和强军相统一

贯彻习近平强军思想，贯彻新时代军事战略方针，坚持党对人民军队的绝对领导，坚持政治建军、改革强军、科技强军、人才强军、依法治军，加快机械化信息化智能化融合发展，全面加强练兵备战，提高捍卫国家主权、安全、发展利益的战略能力，确保二〇二七年实现建军百年奋斗目标。

53. 提高国防和军队现代化质量效益。

加快军事理论现代化，与时俱进创新战争和战略指导，健全新时代军事战略体系，发展先进作战理论。加快军队组织形态现代化，深化国防和军队改革，推进军事管理革命，加快军兵种和武警部队转型建设，壮大战略力量和新域新质作战力量，打造高水平战略威慑和联合作战体系，加强军事力量联合训练、联合保障、联合运用。加快军事人员现代化，贯彻新时代军事教育方针，完善三位一体新型军事人才培养体系，锻造高素质专业化军事人才方阵。加快武器装备现代化，聚力国防科技自主创新、原始创新，加速战略性前沿性颠覆性技术发展，加速武器装备升级换代和智能化武器装备发展。

54. 促进国防实力和经济实力同步提升。

同国家现代化发展相协调，搞好战略层面筹划，深化资源要素共享，强化政策制度协调，构建一体化国家战略体系和能力。推动重点区域、重点领域、新兴领域协调发展，集中力量实施国防领域重大工程。优化国防科技工业布局，加快标准化通用化进程。完

善国防动员体系，健全强边固防机制，强化全民国防教育，巩固军政军民团结。

十五、全党全国各族人民团结起来，为实现"十四五"规划和二〇三五年远景目标而奋斗

实现"十四五"规划和二〇三五年远景目标，必须坚持党的全面领导，充分调动一切积极因素，广泛团结一切可以团结的力量，形成推动发展的强大合力。

55. 加强党中央集中统一领导。

贯彻党把方向、谋大局、定政策、促改革的要求，推动全党深入学习贯彻习近平新时代中国特色社会主义思想，增强"四个意识"、坚定"四个自信"、做到"两个维护"，完善上下贯通、执行有力的组织体系，确保党中央决策部署有效落实。落实全面从严治党主体责任、监督责任，提高党的建设质量。深入总结和学习运用中国共产党一百年的宝贵经验，教育引导广大党员、干部坚持共产主义远大理想和中国特色社会主义共同理想，不忘初心、牢记使命，为党和人民事业不懈奋斗。全面贯彻新时代党的组织路线，加强干部队伍建设，落实好干部标准，提高各级领导班子和干部适应新时代新要求抓改革、促发展、保稳定水平和专业化能力，加强对敢担当善作为干部的激励保护，以正确用人导向引领干事创业导向。完善人才工作体系，培养造就大批德才兼备的高素质人才。把严的主基调长期坚持下去，不断增强党自我净化、自我完善、自我革新、自我提高能力。锲而不舍落实中央八项规定精神，持续纠治形式主义、官僚主义，切实为基层减负。完善党和国家监督体系，加强政治监督，强化对公权力运行的制约和监督。坚持无禁区、全覆盖、零容忍，一体推进不敢腐、不能腐、不想腐，营造风清气正的良好政治生态。

56. 推进社会主义政治建设。

坚持党的领导、人民当家作主、依法治国有机统一，推进中国特色社会主义政治制度自我完善和发展。坚持和完善人民代表大会制度，加强人大对"一府一委两院"的监督，保障人民依法通过各种途径和形式管理国家事务、管理经济文化事业、管理社会事务。坚持和完善中国共产党领导的多党合作和政治协商制度，加强人民政协专门协商机构建设，发挥社会主义协商民主独特优势，提高建言资政和凝聚共识水平。坚持和完善民族区域自治制度，全面贯彻党的民族政策，铸牢中华民族共同体意识，促进各民族共同团结奋斗、共同繁荣发展。全面贯彻党的宗教工作基本方针，积极引导宗教与社会主义社会相适应。健全基层群众自治制度，增强群众自我管理、自我服务、自我教育、自我监督实效。发挥工会、共青团、妇联等人民团体作用，把各自联系的群众紧紧凝聚在党的周围。完善大统战工作格局，促进政党关系、民族关系、宗教关系、阶层关系、海内外同胞关系和谐，巩固和发展大团结大联合局面。全面贯彻党的侨务政策，凝聚侨心、服务大局。坚持法治国家、法治政府、法治社会一体建设，完善以宪法为核心的中国特色社会主义法律体系，加强重点领域、新兴领域、涉外领域立法，提高依法行政水平，完善监察权、审判权、检察权运行和监督机制，促进司法公正，深入开展法治宣传教育，有效发挥法治固根本、稳预期、利长远的保障作用，推进法治中国建设。促进人权事业全面发展。

57. 保持香港、澳门长期繁荣稳定。

全面准确贯彻"一国两制"、"港人治港"、"澳人治澳"、高度自治的方针，坚持依法治港治澳，维护宪法和基本法确定的特别行政区宪制秩序，落实中央对特别行政区全面管治权，落实特别行政区维护国家安全的法律制度和执行机制，维护国家主权、安全、发展利益和特别行政区社会大局稳定。支持特别行政区巩固提升竞争优势，建设国际创新科技中心，打造"一带一路"功能平台，实现经济多元可持续发展。支持香港、澳门更好融入国家发展大局，高质量建设粤港澳大湾区，完善便利港澳居民在内地发展政策措施。增强港澳同胞国家意识和爱国精神。支持香港、澳门同各国各地区开展交流合作。坚决防范和遏制外部势力干预港澳事务。

58. 推进两岸关系和平发展和祖国统一。

坚持一个中国原则和"九二共识"，以两岸同胞福祉为依归，推动两岸关系和平发展、融合发展，加强两岸产业合作，打造两岸共同市场，壮大中华民族经济，共同弘扬中华文化。完善保障台湾同胞福祉和在大陆享受同等待遇的制度和政策，支持台商台企参与"一带一路"建设和国家区域协调发展战略，支持符合条件的台资企业在大陆上市，支持福建探索海峡两岸融合发展新路。加强两岸基层和青少年交流。高度警惕和坚决遏制"台独"分裂活动。

59. 积极营造良好外部环境。

高举和平、发展、合作、共赢旗帜，坚持独立自主的和平外交政策，推进各领域各层级对外交往，推动构建新型国际关系和人类命运共同体。推进大国协调和合作，深化同周边国家关系，加强同发展中国家团结合作，积极发展全球伙伴关系。坚持多边主义和共商共建共享原则，积极参与全球治理体系改革和建设，加强涉外法治体系建设，加强国际法运用，维护

以联合国为核心的国际体系和以国际法为基础的国际秩序，共同应对全球性挑战。积极参与重大传染病防控国际合作，推动构建人类卫生健康共同体。

60. 健全规划制定和落实机制。

按照本次全会精神，制定国家和地方"十四五"规划纲要和专项规划，形成定位准确、边界清晰、功能互补、统一衔接的国家规划体系。健全政策协调和工作协同机制，完善规划实施监测评估机制，确保党中央关于"十四五"发展的决策部署落到实处。

实现"十四五"规划和二〇三五年远景目标，意义重大，任务艰巨，前景光明。全党全国各族人民要紧密团结在以习近平同志为核心的党中央周围，同心同德，顽强奋斗，夺取全面建设社会主义现代化国家新胜利！

关于防止耕地"非粮化"
稳定粮食生产的意见

（国务院办公厅　国办发［2020］44 号　2020 年 11 月 17 日）

各省、自治区、直辖市人民政府，国务院各部委、各直属机构：

近年来，我国农业结构不断优化，区域布局趋于合理，粮食生产连年丰收，有力保障了国家粮食安全，为稳定经济社会发展大局提供坚实支撑。与此同时，部分地区也出现耕地"非粮化"倾向，一些地方把农业结构调整简单理解为压减粮食生产，一些经营主体违规在永久基本农田上种树挖塘，一些工商资本大规模流转耕地改种非粮作物等，这些问题如果任其发展，将影响国家粮食安全。各地区各部门要坚持以习近平新时代中国特色社会主义思想为指导，增强"四个意识"、坚定"四个自信"、做到"两个维护"，认真落实党中央、国务院决策部署，采取有力举措防止耕地"非粮化"，切实稳定粮食生产，牢牢守住国家粮食安全的生命线。经国务院同意，现提出以下意见。

一、充分认识防止耕地"非粮化"稳定粮食生产的重要性紧迫性

（一）坚持把确保国家粮食安全作为"三农"工作的首要任务

随着我国人口增长、消费结构不断升级和资源环境承载能力趋紧，粮食产需仍将维持紧平衡态势。新冠肺炎疫情全球大流行，国际农产品市场供给不确定性增加，必须以稳定国内粮食生产来应对国际形势变化带来的不确定性。各地区各部门要始终绷紧国家粮食安全这根弦，把稳定粮食生产作为农业供给侧结构性改革的前提，着力稳政策、稳面积、稳产量，坚持

耕地管控、建设、激励多措并举，不断巩固提升粮食综合生产能力，确保谷物基本自给、口粮绝对安全，切实把握国家粮食安全主动权。

（二）坚持科学合理利用耕地资源

耕地是粮食生产的根基。我国耕地总量少，质量总体不高，后备资源不足，水热资源空间分布不匹配，确保国家粮食安全，必须处理好发展粮食生产和发挥比较效益的关系，不能单纯以经济效益决定耕地用途，必须将有限的耕地资源优先用于粮食生产。各地区各部门要认真落实重要农产品保障战略，进一步优化区域布局和生产结构，实施最严格的耕地保护制度，科学合理利用耕地资源，防止耕地"非粮化"，切实提高保障国家粮食安全和重要农产品有效供给水平。

（三）坚持共同扛起保障国家粮食安全的责任

我国人多地少的基本国情决定了必须举全国之力解决 14 亿人口的吃饭大事。各地区都有保障国家粮食安全的责任和义务，粮食主产区要努力发挥优势，巩固提升粮食综合生产能力，继续为全国作贡献；产销平衡区和主销区要保持应有的自给率，确保粮食种植面积不减少、产能有提升、产量不下降，共同维护好国家粮食安全。

二、坚持问题导向，坚决防止耕地"非粮化"倾向

（四）明确耕地利用优先序

对耕地实行特殊保护和用途管制，严格控制耕地转为林地、园地等其他类型农用地。永久基本农田是

依法划定的优质耕地，要重点用于发展粮食生产，特别是保障稻谷、小麦、玉米三大谷物的种植面积。一般耕地应主要用于粮食和棉、油、糖、蔬菜等农产品及饲草饲料生产。耕地在优先满足粮食和食用农产品生产基础上，适度用于非食用农产品生产，对市场明显过剩的非食用农产品，要加以引导，防止无序发展。

（五）加强粮食生产功能区监管

各地区要把粮食生产功能区落实到地块，引导种植目标作物，保障粮食种植面积。组织开展粮食生产功能区划定情况"回头看"，对粮食种植面积大但划定面积少的进行补划，对耕地性质发生改变、不符合划定标准的予以剔除并及时补划。引导作物一年两熟以上的粮食生产功能区至少生产一季粮食，种植非粮作物的要在一季后能够恢复粮食生产。不得擅自调整粮食生产功能区，不得违规在粮食生产功能区内建设种植和养殖设施，不得违规将粮食生产功能区纳入退耕还林还草范围，不得在粮食生产功能区内超标准建设农田林网。

（六）稳定非主产区粮食种植面积

粮食产销平衡区和主销区要按照重要农产品区域布局及分品种生产供给方案要求，制定具体实施方案并抓好落实，扭转粮食种植面积下滑势头。产销平衡区要着力建成一批旱涝保收、高产稳产的口粮田，保证粮食基本自给。主销区要明确粮食种植面积底线，稳定和提高粮食自给率。

（七）有序引导工商资本下乡

鼓励和引导工商资本到农村从事良种繁育、粮食加工流通和粮食生产专业化社会化服务等。尽快修订农村土地经营权流转管理办法，督促各地区抓紧建立健全工商资本流转土地资格审查和项目审核制度，强化租赁农地监测监管，对工商资本违反相关产业发展规划大规模流转耕地不种粮的"非粮化"行为，一经发现要坚决予以纠正，并立即停止其享受相关扶持政策。

（八）严禁违规占用永久基本农田种树挖塘

贯彻土地管理法、基本农田保护条例有关规定，落实耕地保护目标和永久基本农田保护任务。严格规范永久基本农田上农业生产经营活动，禁止占用永久基本农田从事林果业以及挖塘养鱼、非法取土等破坏耕作层的行为，禁止闲置、荒芜永久基本农田。利用永久基本农田发展稻渔、稻虾、稻蟹等综合立体种养，应当以不破坏永久基本农田为前提，沟坑占比要符合稻渔综合种养技术规范通则标准。推动制订和完善相关法律法规，明确对占用永久基本农田从事林果业、挖塘养鱼等的处罚措施。

三、强化激励约束，落实粮食生产责任

（九）严格落实粮食安全省长责任制

各省、自治区、直辖市人民政府要切实承担起保障本地区粮食安全的主体责任，稳定粮食种植面积，将粮食生产目标任务分解到市县。要坚决遏制住耕地"非粮化"增量，同时对存量问题摸清情况，从实际出发，分类稳妥处置，不搞"一刀切"。国家发展改革委、农业农村部、国家粮食和储备局等部门要将防止耕地"非粮化"作为粮食安全省长责任制考核重要内容，提高粮食种植面积、产量和高标准农田建设等考核指标权重，细化对粮食主产区、产销平衡区和主销区的考核要求。严格考核并强化结果运用，对成绩突出的省份进行表扬，对落实不力的省份进行通报约谈，并与相关支持政策和资金相衔接。

（十）完善粮食生产支持政策

落实产粮大县奖励政策，健全粮食主产区利益补偿机制，着力保护和调动地方各级政府重农抓粮、农民务农种粮的积极性。将省域内高标准农田建设产生的新增耕地指标调剂收益优先用于农田建设再投入和债券偿还、贴息等。加大粮食生产功能区政策支持力度，相关农业资金向粮食生产功能区倾斜，优先支持粮食生产功能区内目标作物种植，加快把粮食生产功能区建成"一季千斤、两季一吨"的高标准粮田。加强对种粮主体的政策激励，支持家庭农场、农民合作社发展粮食适度规模经营，大力推进代耕代种、统防统治、土地托管等农业生产社会化服务，提高种粮规模效益。完善小麦稻谷最低收购价政策，继续实施稻谷补贴和玉米大豆生产者补贴，继续推进三大粮食作物完全成本保险和收入保险试点。积极开展粮食生产薄弱环节机械化技术试验示范，着力解决水稻机插、玉米籽粒机收等瓶颈问题，加快丘陵山区农田宜机化改造。支持建设粮食产后烘干、加工设施，延长产业链条，提高粮食经营效益。

（十一）加强耕地种粮情况监测

农业农村部、自然资源部要综合运用卫星遥感等现代信息技术，每半年开展一次全国耕地种粮情况监测评价，建立耕地"非粮化"情况通报机制。各地区要对本区域耕地种粮情况进行动态监测评价，发现问题及时整改，重大情况及时报告。定期对粮食生产功能区内目标作物种植情况进行监测评价，实行信息化、精细化管理，及时更新电子地图和数据库。

（十二）加强组织领导

各省、自治区、直辖市人民政府要按照本意见要

求，抓紧制定工作方案，完善相关政策措施，稳妥有序抓好贯彻落实，于 2020 年年底前将有关落实情况报国务院，并抄送农业农村部、自然资源部。各有关部门要按照职责分工，切实做好相关工作。农业农村部、自然资源部要会同有关部门做好对本意见执行情况的监督检查。

乳制品质量安全提升行动方案

（市场监管总局　国市监食生〔2020〕195 号　2020 年 12 月 20 日）

近年来，市场监管部门深入贯彻党中央、国务院决策部署，严格落实"四个最严"要求，把乳制品作为食品安全监管工作重点，着力加强质量安全监管，乳制品质量安全总体水平不断提升，但仍存在企业自主研发能力不足、食品安全管理能力不强、产品竞争力和美誉度不高等问题。为深入推进奶业振兴工作，提升乳制品质量安全水平，制定本方案。

一、总体目标

到 2023 年，乳制品质量安全监管法规标准体系更加完善，乳制品质量安全监管能力大幅提升，监督检查发现问题整改率达到 100%，乳制品监督抽检合格率保持在 99% 以上。乳制品生产企业质量安全管理体系更加完善，规模以上乳制品生产企业实施危害分析与关键控制点体系达到 100%。乳制品生产企业原辅料、关键环节与产品检验管控率达到 100%，食品安全自查率达到 100%，发现风险报告率达到 100%，食品安全管理人员监督抽查考核合格率达到 100%。婴幼儿配方乳粉生产企业质量管理体系自查与报告率达到 100%。乳制品生产企业自建自控奶源比例进一步提高，产品研发能力进一步增强，产品结构进一步优化，生产工艺进一步改进，乳制品消费信心进一步增强。

二、重点任务

（一）强化法规标准体系建设

1. 围绕落实国务院关于推进奶业振兴保障乳品质量安全的有关要求，积极推动修订《乳品质量安全监督管理条例》，构建更加科学、合理的监管法规体系。

2. 积极配合农业农村部、国家卫生健康委修订生乳、灭菌乳、巴氏杀菌乳、婴幼儿配方食品等食品安全国家标准，制定完善加工工艺标准、检测方法标准。鼓励行业协会制定团体标准，提升乳品安全指标、品质指标。

3. 研究修订乳制品生产许可审查细则，支持企业采用新技术、新工艺生产新产品，鼓励企业使用生鲜乳生产乳制品，强化奶酪、黄油等干乳制品研发。

4. 组织研究制定乳制品生产企业食品安全信息记录规范，督促企业真实、准确、完整记录进货、投料、生产、检验、贮存、运输、销售、自查、召回等关键环节和关键岗位食品安全信息，推动企业建立食品安全追溯体系。

（二）强化落实企业主体责任

1. 督促企业加强食品安全管理。乳制品企业主要负责人要增强全面负责食品安全工作的责任意识，有效落实食品安全管理制度，建立健全食品安全管理机构，设立食品安全管理岗位，配备专业技术人员和食品安全管理人员，并组织培训、考核合格。

2. 督促企业加强全过程控制。加强奶源管理，提高自建自控奶源比例，开展牧场审核，严格奶牛养殖环节饲料、兽药等投入品使用管理，尽量缩短生鲜乳运输距离，对生鲜乳收购、运输实行精准化、全时段管理。加强原辅料管控，建立供应商审核、原辅料验收贮存管理、不合格原辅料处置等制度，强化进口商资质、原辅料合格证明等文件审核。加强过程管理，全面实施良好生产规范、危害分析与关键控制点体系，加强生产过程中原辅料称量、投料、杀菌、灌装等关键点控制。

3. 督促企业加强风险防控。加强食品安全自查，定期对产品研发、原辅料采购贮存、生产条件、设备状态、产品检验、标签标识、生产记录等方面食品安全状况进行检查评价并报告食品安全事故潜在风险。婴幼儿配方乳粉生产企业还要定期对质量管理体系运行情况进行自查，并提交自查报告。集团公司应定期对所属工厂进行检查。鼓励企业选择食品安全专业机构开展第三方检查评价。加强食品安全突发事件处置，对监督检查、抽检监测、媒体报道、投诉举报等反映的问题立即进行排查分析，及时消除风险隐患。加强食品召回演练，对上市销售的不符合食品安全标准或者有证据证明可能危害人体健康的乳制品，立即停止生产销售并实施召回，及时告知消费者，最大限度地减少食品安全危害。

4. 督促企业加强检验把关。严格落实原辅料把关和产品出厂检验义务，加强原辅料、半成品、成品以及生产卫生状况的检验检测。鼓励生产企业探索基于产品研发、原料把关、过程监控、定期监测等控制措施，合理设定低温短保质期乳制品微生物等检验项目和频次。鼓励集团公司设立中心实验室，对所属乳制品工厂统一进行检验把关，提高效率、节约资源、降低成本。婴幼儿配方乳粉生产企业要对出厂产品按照食品安全标准实施全项目逐批检验，不得实施委托检验，加强对质量安全风险指标的检验检测。

5. 引导企业加强创新研发。加强低温乳制品冷链储运设施建设，发展智慧物流，建设信息化平台，整合末端配送销售网点，全程监控储运和销售温度，确保产品安全与品质。加大企业信息化建设投入力度，鼓励企业采用信息化手段建立、完善食品安全追溯体系，实现产品全程可追溯。加大研发投入，加强产品创新，增品种提品质，优化加工工艺，做大做强主打产品，提升企业竞争力。鼓励集团公司整合技术力量统一设立研发部门，独立或者通过产学研相结合的方式开展科研创新。

（三）强化质量安全监督管理

1. 加强乳制品企业许可审查。加强乳制品生产许可审查培训，提高材料审查与现场核查质量。严格新建工厂、生产条件发生变化工厂的现场核查，强化生产场所、设备设施、设备布局和工艺流程、原辅料采购与使用管理、人员管理、管理制度及其执行等方面检查，督促乳制品生产企业持续符合食品生产许可条件。加大对婴幼儿配方乳粉生产许可的审查力度，重点审核与产品配方注册内容的符合性，特别是产品配方注册申请的设备设施、生产工艺是否发生变化，审核企业食品安全管理制度以及质量管理体系建立情况。

2. 加强婴幼儿配方乳粉产品配方注册。修订《婴幼儿配方乳粉产品配方注册管理办法》，明确不予注册的情形，要求企业具有完整生产工艺，不得使用已符合食品安全国家标准的婴幼儿配方乳粉作为原料申请配方注册；进一步加强对婴幼儿配方乳粉产品配方科学性、安全性材料和研发报告的审查，对配方科学依据不足，提交材料不支持配方科学性、安全性的一律不予注册；加大现场核查和抽样检验力度，重点核查申请人是否具备与所申请配方相适应的研发能力、生产能力、检验能力，以及与申请材料的真实性、一致性。

3. 加强乳制品企业监督检查。将乳制品生产企业作为监督检查重点，根据企业风险等级合理确定检查频次，重点检查进货查验、原辅料使用、产品检验记录和标签标识等是否符合规定要求。建立健全婴幼儿配方乳粉生产企业体系检查制度，重点检查企业生产质量管理体系建立运行、按配方注册和生产许可要求组织生产等情况。省级市场监管部门原则上对辖区内婴幼儿配方乳粉生产企业每年至少开展一次体系检查，并督促企业对体系检查发现问题整改到位，指导基层加强日常监管。加大对农村、城乡接合部等重点区域和超市、批发市场、母婴用品店、网络等乳制品经营场所的日常监督检查力度，重点检查进货查验、产品标签标识、温度控制和记录等，以及婴幼儿配方乳粉专区专柜销售、标签说明书是否与注册批准的一致等内容。

4. 加强乳制品抽检监测。加大乳制品抽样检验和风险监测力度，以问题为导向，加强对不合格产品生产企业的抽检。监督检查人员对乳制品生产企业开展监督检查时，根据需要可对原料、半成品、成品进行抽样检验。婴幼儿配方乳粉的抽检，按照"企业和检验项目全覆盖"的原则开展，每月在流通环节对已获配方注册且在售的全部国产和进口婴幼儿配方食品企业生产的产品进行抽检，及时公布抽检结果。加大乳制品抽检监测后处置工作力度，及时消除食品安全风险，督促企业整改到位，实现食品安全闭环管理。加强风险监测数据收集、分析、研判，开展乳制品风险交流工作，及时向相关部门通报监测情况。

三、主要措施

（一）加大违法违规行为打击力度

严厉打击使用不合格原辅料、非法添加非食用物质、滥用食品添加剂、虚假夸大宣传、生产假冒伪劣乳制品等违法行为。严厉查处分装、未按规定注册备案或未按注册备案要求组织生产婴幼儿配方乳粉等违法违规行为。严格落实原乳标识制度，依法查处使用复原乳不作出标识的企业。严格按照法律法规要求，依法从严落实"处罚到人"要求。

（二）加大正面宣传引导力度

定期发布乳制品监督抽检信息，积极宣传乳制品生产加工和质量安全监管成效。倡导乳制品生产企业开展公众参观活动，普及灭菌乳、巴氏杀菌乳、奶酪、婴幼儿配方乳粉等乳制品营养知识。鼓励新闻媒体准确客观报道乳制品质量安全问题，有序开展食品安全舆论监督。

（三）积极推进社会共治

畅通投诉举报渠道，加大举报奖励力度。鼓励社会各界特别是企业内部人员、媒体、消费者等举报或提供乳制品质量安全问题线索，曝光企业违法行为。鼓励企业建立内部员工发现食品安全隐患奖励制度。支持行业协会加强行业自律，引导乳制品企业自觉维护和规范市场竞争秩序，充分发挥行业协会诚信建设、科普宣传作用。

四、实施步骤

（一）部署推动阶段（2020 年 12 月底前）

各省级市场监管部门根据本方案，结合各地实际情况，细化目标、分解任务，制定完善工作方案。深入开展动员部署，统一思想认识。采取多种形式，强化社会宣传，营造良好氛围。

（二）深入推进阶段（2021 年 1 月至 2023 年 6 月）

各级市场监管部门要加强督促指导，定期组织评价乳制品质量安全提升行动工作进展情况，及时分析新问题、研究新情况、出台新措施，深入推进乳制品质量安全提升行动。

（三）总结提升阶段（2023 年 7 月至 2023 年 12 月）

各省级市场监管部门在全面完成乳制品质量安全提升行动目标任务的基础上，认真总结工作成效，研究进一步提升乳制品质量安全水平的意见建议，探索

加强乳制品质量安全监管举措。

五、工作要求

（一）加强组织领导

各省级市场监管部门要认真分析辖区乳制品质量安全基本情况，掌握当地乳制品产业发展特点，制定完善更加符合实际的乳制品质量安全提升措施，进一步明确工作目标，合理分解工作任务，加大工作推进力度，狠抓贯彻落实，做到责任到位、措施到位、落实到位。

（二）加强督促指导

各省级市场监管部门要加强对基层监管部门的工作指导，推动落实属地监管责任，一级抓一级，层层抓落实，确保各项任务落到实处。

（三）密切协调配合

各级市场监管部门要主动加强与农业农村、卫生健康、工业和信息化等部门及行业组织的沟通联络，发挥各自优势，形成工作合力，研究解决实施中遇到的问题，协同推动各项工作落实。

（四）加强工作总结

各级市场监管部门要及时总结典型做法和先进经验，查找工作中的问题和不足，及时组织开展阶段性总结，分析原因，制定措施，持续推动各项任务落实。工作推进情况每年 12 月底报送总局食品生产司。

关于促进农产品加工环节减损增效的指导意见

（农业农村部　农产发［2020］9 号　2020 年 12 月 23 日）

各省、自治区、直辖市及计划单列市农业农村（农牧）厅（局、委），新疆生产建设兵团农业农村局：

近年来，农产品加工业快速发展，成为乡村产业的主体力量，为促进农业提质增效、农民就业增收发挥了重要作用。但农产品加工不足和加工过度问题突出，造成加工环节损失较多，影响粮食等主要农产品有效供给和加工业质量效益提升。为贯彻落实党中央、国务院部署，促进农产品加工业高质量发展，现提出以下意见。

一、总体要求

（一）指导思想。

以习近平新时代中国特色社会主义思想为指导，以推动高质量发展为主题，以实施乡村振兴战略为总抓手，紧扣保障国家粮食安全目标，聚焦加工环节，突出标准引领，强化创新驱动，引导农产品合理加工、深度加工、综合利用加工，推进农产品多元化开发、多层次利用、多环节增值，实现减损增供、减损

增收、减损增效，促进农产品加工业优化升级，为乡村全面振兴和农业农村现代化提供有力支撑。

（二）基本原则。

坚持分类指导。根据不同品种和不同需求，合理确定主食类、鲜食类和功能类加工程度，做到宜粗则粗、宜精则精、宜初则初、宜深则深。

坚持标准引领。突出营养导向，兼顾口感和外观，完善农产品加工标准，推动产品适度加工、深度加工。

坚持创新驱动。突破加工技术瓶颈，创新加工工艺，创制配套设备，提高农产品加工综合利用率。

坚持绿色发展。健全全程质量控制、清洁生产和可追溯体系，生产开发安全优质、绿色生态的食品及加工制品，促进资源循环高效利用。

（三）发展目标。

到 2025 年，农产品加工环节损失率降到 5% 以下。到 2035 年，农产品加工环节损失率降到 3% 以下。

二、加强设施建设，发展农产品初加工减损增效

（四）发展延长销售时间类初加工。

支持农民合作社、家庭农场和中小微企业等，建设烘干和储藏等设施，延长供应时间，有效降低损耗，促进提升品质。粮食等耐储农产品，重点发展烘干、储藏、脱壳、去杂、磨制等初加工，实现保值增值。果蔬、奶类、畜禽及水产品等鲜活农产品，重点发展预冷、保鲜、冷冻、清洗、分级、分割、包装等仓储设施和商品化处理，实现减损增效。

（五）发展终端消费需求类初加工。

拓展农产品初加工范围，减少产后损失。食用类初级农产品，重点发展清洗、分级、包装、切分、发酵、压榨、灌制、炸制、干制、腌制、熟制等初加工，提高农产品附加价值。棉麻丝、木竹藤棕草等非食用类农产品，重点发展整理、切割、粉碎、打磨、烘干、拉丝、编织等初加工，开发多种用途。

三、改进工艺装备，发展农产品精深加工减损增效

（六）促进口粮品种适度加工。

引导农产品加工企业合理确定小麦、稻谷等口粮品种加工精度，减少精面、精米等过度加工造成的资源浪费和营养流失，提高出粉和出米率。发展专用粉、全麦粉和专用米、糙米等新型健康产品，增加营养成分，减少加工损失。

（七）促进农产品深度加工。

鼓励大型农业企业和农业科技型企业，创新超临界萃取、超微粉碎、蛋白质改性等技术，挖掘玉米、大豆和特色农产品等多种功能价值，提取营养因子、功能成分和活性物质，开发营养均衡、养生保健、食药同源的加工食品和质优价廉、物美实用的非食用加工产品。

四、推行绿色生产，发展综合利用加工减损增效

（八）推进粮油类副产物综合利用。

引导粮油加工企业应用低碳低耗、循环高效的绿色加工技术，综合利用碎米、米糠、稻壳、麦麸、胚芽、玉米芯、饼粕、油脚等副产物，开发米粉、米线、米糠油、胚芽油、膳食纤维、功能物质、多糖多肽等食品或食品配料，生产白炭黑、活性炭、助滤剂等产品，提高粮油综合利用效率。

（九）推进果蔬类副产物综合利用。

引导果蔬加工企业应用生物发酵、高效提取、分离和制备等先进技术，综合利用果皮果渣、菜叶菜帮等副产物，开发饲料、肥料、基料以及果胶、精油、色素等产品，实现变废为宝、化害为利。

（十）推进畜禽水产类副产物综合利用。

引导畜禽水产加工企业应用酶解、发酵等先进适用技术，综合利用皮毛、骨血、内脏等副产物，开发血浆蛋白、胶原蛋白肠衣、血粉、多肽、有机钙、鱼油等产品，提升加工层次。

五、强化标准引领，推进农产品加工创新减损增效

（十一）完善农产品加工标准体系。

按照"有标采标、无标创标、全程贯标"要求，制修订农产品加工业国家标准和行业标准，建立适宜的农产品及其加工制品评判标准体系。健全果蔬、畜禽、水产等鲜活农产品加工技术规范、操作规程和产品标准。修订稻谷、小麦等口粮加工标准，降低色度、亮度等感官指标，提高出米率、出粉率等产出指标。完善玉米等深加工标准，提高加工层次。

（十二）开展加工技术创新。

组织科研院所与农产品加工企业开展联合攻关，研发一批集自动测量、精准控制、智能操作于一体的绿色储粮、动态保鲜、快速预冷、节能干燥等减损实用技术，以及实现品质调控、营养均衡、清洁生产等

先进加工技术，减少资源浪费和营养流失。

（十三）推进加工装备创制。

引导农产品加工装备研发机构和生产创制企业，开展智能化、清洁化加工技术装备研发，提升农产品加工装备水平。运用智能制造、生物合成、3D打印等新技术，集成组装一批科技含量高、应用范围广、节粮节水节能的农产品加工工艺及配套装备，降低农产品加工物耗能耗。

六、加强组织领导，保障农产品 加工减损增效措施落实到位

（十四）强化统筹协调。

将减少农产品加工环节损失浪费纳入有关责任制考核内容，建立农产品加工环节减损增效协调机制，调度分析加工环节减损增效措施落实进展，研究改进的具体措施。各级农业农村部门要承担起牵头抓总的职责，加强与发展改革、财政、工业和信息化、市场监管等部门的沟通协调，推进各项措施落实。引导大型农产品加工企业主动扛起责任，把农产品加工环节减损增效的各项措施落到实处。

（十五）强化政策扶持。

支持农产品加工企业参与农业产业强镇、现代农业产业园、优势特色产业集群等相关项目建设，改造提升加工技术装备。完善农机购置补贴政策，拓展烘干、清选、粉碎、磨制等农产品初加工机械购置补贴范围。支持农民合作社和家庭农场与农业产业化龙头企业通过利益联结组建农业产业化联合体，共同促进农产品加工环节减损增效。引导金融机构对减损增效成效显著的农产品加工企业优先提供贷款支持。

（十六）强化宣传引导。

加强公众营养膳食科普知识宣传，引导消费者树立科学、健康的消费理念，逐步转变追求口粮"亮、白、精"的消费习惯。发挥社会组织作用，督促农产品加工企业严格执行国家和行业标准。总结推广一批农产品加工环节减损增效发展模式和典型案例，充分运用传统媒体和新媒体全方位宣传推介，营造全社会共同关注、协同支持农产品加工环节减损增效的良好氛围。

4

第四部分

国内综合统计
资料

国内综合统计资料
简 要 说 明

1. 本部分统计资料主要包括农林牧渔业主要产品产量、农产品加工机械拥有量及农产品加工行业固定资产投资情况、按国民经济行业分类统计有关农产品加工业现状、农产品加工业主要产品产量、农产品加工业主要产品出口创汇情况、农产品加工业部分行业与企业排序，以及我国西部地区综合统计等 7 部分统计数据。

2. 香港和澳门特别行政区的统计是构成国家统计总体的一部分，但根据中华人民共和国"香港特别行政区基本法"和"澳门特别行政区基本法"的有关原则，香港、澳门与内地是相对独立的统计区域。根据各自不同的统计制度和法律规定，独立进行统计工作。本部分中所涉及的统计数据均未包括香港、澳门特别行政区和台湾省。这三部分相关统计数据，另在本年鉴附录中列出。

3. 本部分统计资料数据，除已注明"资料来源"之外，其余均采用国家统计局公布的数据。

4. 本部分采用的统计数据，基本上以 2019 年数据为主，为了保持与上卷年鉴提供数据的连续性，有一部分统计数据是在上卷基础上，延续列出。

5. 本部分有关表中所示"规模以上企业"是指年产品销售收入 2 000 万元以上的企业。

6. 本部分有关表中所示工业产值、工业增加值、工业产品销售产值、利税总额等数据未单独标注者，均按当年价格计算（当年价格即为现行价格）。

7. 本部分统计资料数据所使用的计量单位，均采用国际统一标准计量单位。对有关行业未按国际统一标准计量单位提供的数据，编辑部均按国际统一标准计量单位进行了相应换算。

8. 本部分中同一类、同一行业统计数据，由于管理渠道、统计范围、数据采集方法、时间等略有不同，加之有些行业与相关管理部门交叉较多，因此数据也略有不同。但来自同一系统的数据基本上还是一致的。

9. 本部分统计资料中，依据国家统计局、农业农村部、国家林业和草原局、中国食品工业协会、中国轻工业联合会、中国纺织工业联合会等部门、行业提供的相关数据，开辟了"我国西部地区综合统计"专栏。

10. 本部分统计资料中符号使用说明："空格"表示该项统计指标数据不详或无该项数据；"*"或"①"表示本表下有注解。

11. 由于时间短促，难免有误，请给予批评指正。

农林牧渔业主要产品产量统计

表1　我国主要农产品产量（2015—2019年）

单位：万 t

年 份	粮 食						
	合 计	谷 物				豆 类	薯 类
		小 计	稻 谷	小 麦	玉 米		
2015	66 060.3	61 818.4	21 214.2	13 255.5	26 499.2	1 512.5	2 729.3
2016	66 043.5	61 666.5	21 109.4	13 318.8	26 361.3	1 650.7	2 726.3
2017	66 160.7	61 520.5	21 267.6	13 424.1	25 907.1	1 841.6	2 798.6
2018	65 789.2	61 003.6	21 212.9	13 144.0	25 717.4	1 920.3	2 865.4
2019	66 384.3	61 369.7	20 961.4	13 359.6	26 077.9	2 131.9	2 882.7

年 份	棉 花	油 料				麻 类	
		小 计	花 生	油菜籽	芝 麻	小 计	黄红麻
2015	590.7	3 390.5	1 596.1	1 385.9	45.0	15.6	4.8
2016	534.3	3 400.0	1 636.1	1 312.8	35.2	18.1	3.4
2017	565.3	3 475.2	1 709.2	1 327.4	36.6	21.8	2.9
2018	610.3	3 433.4	1 733.2	1 328.1	43.1	20.3	2.9
2019	588.9	3 493.0	1 752.0	1 348.5	46.7	23.4	2.9

年 份	糖 料			茶 叶	烟 叶	
	小 计	甘 蔗	甜 菜		小 计	烤 烟
2015	11 215.2	10 706.4	508.8	227.7	267.7	249.5
2016	11 176.0	10 321.5	854.5	231.3	257.4	244.5
2017	11 378.8	10 440.4	938.4	246.0	239.1	227.9
2018	11 937.4	10 809.7	1 127.7	261.0	224.1	211.0
2019	12 166.1	10 938.8	1 227.3	277.7	215.3	202.1

年 份	水 果					
	小 计	苹 果	柑 橘	梨	葡 萄	香 蕉
2015	24 524.6	3 889.9	3 617.5	1 652.7	1 316.4	1 062.7
2016	24 405.2	4 039.3	3 591.5	1 596.3	1 262.9	1 094.0
2017	25 241.9	4 139.0	3 816.8	1 641.0	1 308.3	1 117.0
2018	25 688.4	3 923.3	4 138.1	1 607.8	1 366.7	1 122.2
2019	27 400.8	4 242.5	4 584.5	1 731.4	1 419.5	1 165.6

表 2　各地区主要农产品产量（2019 年）

单位：万 t

地区	一、粮食					
	总产	1. 谷物				2. 豆类
		总产	稻谷	小麦	玉米	总产
全国总计	66 384.3	61 369.7	20 961.4	13 359.6	26 077.9	2 131.9
北　京	28.8	27.7	0.1	4.4	22.8	0.4
天　津	223.3	221.2	42.9	60.5	115.2	1.1
河　北	3 739.2	3 566.9	48.7	1 462.6	1 986.6	30.1
山　西	1 361.8	1 266.8	1.8	226.2	939.4	34.2
内蒙古	3 652.5	3 261.8	136.2	182.7	2 722.3	251.6
辽　宁	2 430.0	2 375.7	434.8	1.4	1 884.4	22.8
吉　林	3 877.9	3 769.5	657.2	1.1	3 045.3	77.0
黑龙江	7 503.0	6 653.0	2 663.5	20.4	3 939.8	797.0
上　海	95.9	95.3	88.0	5.8	1.1	0.2
江　苏	3 706.2	3 612.0	1 959.6	1 317.5	311.1	70.3
浙　江	592.1	528.6	462.1	32.4	32.3	30.6
安　徽	4 054.0	3 935.0	1 630.0	1 656.9	642.8	100.8
福　建	493.9	403.8	388.8	0.0	13.4	11.4
江　西	2 157.5	2 072.2	2 048.3	3.0	19.8	29.3
山　东	5 357.0	5 203.6	100.7	2 552.9	2 536.5	53.5
河　南	6 695.4	6 528.9	512.5	3 741.8	2 247.4	102.0
湖　北	2 725.0	2 579.6	1 877.1	390.7	307.2	39.0
湖　南	2 974.8	2 846.8	2 611.5	7.5	220.3	37.3
广　东	1 240.8	1 131.6	1 075.1	0.2	55.6	11.8
广　西	1 332.0	1 259.1	992.0	0.5	261.2	24.2
海　南	145.0	126.5	126.5			1.7
重　庆	1 075.2	750.6	487.0	6.9	249.5	40.9
四　川	3 498.5	2 825.4	1 469.8	246.2	1 062.1	129.9
贵　州	1 051.2	718.9	423.8	33.0	232.3	29.4
云　南	1 870.0	1 579.4	534.0	71.9	920.0	122.3
西　藏	103.9	101.9	0.4	19.2	2.6	1.8
陕　西	1 231.1	1 108.1	80.4	382.0	609.6	28.1
甘　肃	1 162.6	923.0	2.1	281.1	594.1	32.7
青　海	105.5	69.2		40.3	14.2	3.3
宁　夏	373.2	331.5	55.1	34.6	230.5	2.3
新　疆	1 527.1	1 496.3	51.6	576.0	858.4	14.8

（续）

地区	一、粮食 3. 薯类* 总　产	二、油料				三、棉花
		总　产	1. 花生	2. 油菜籽	3. 芝麻	总　产
全国总计	2 882.7	3 493.0	1 752.0	1 348.5	46.7	588.9
北　京	0.6	0.3	0.2	0.0	0.0	0.0
天　津	1.0	0.4	0.4	0.0	0.0	1.8
河　北	142.3	119.5	96.5	3.5	0.2	22.7
山　西	60.8	13.7	1.4	2.2	0.2	0.3
内蒙古	139.1	228.7	10.8	39.0	0.1	0.0
辽　宁	31.4	97.7	96.4	0.1	0.0	0.0
吉　林	31.4	81.8	76.9	0.0	0.2	
黑龙江	53.0	11.5	6.7	0.2	0.1	
上　海	0.3	0.8	0.2	0.6	0.0	0.0
江　苏	23.9	94.3	42.7	50.5	1.1	1.6
浙　江	33.0	31.9	5.0	25.7	1.0	0.8
安　徽	18.2	161.4	70.6	87.3	1.7	5.6
福　建	78.8	22.0	21.0	0.9	0.0	0.0
江　西	56.0	120.8	48.2	68.9	3.6	6.6
山　东	99.9	289.0	284.8	2.3	0.1	19.6
河　南	64.5	645.5	576.7	44.2	19.9	2.7
湖　北	106.4	313.9	85.7	211.3	12.9	14.4
湖　南	90.7	239.2	29.3	208.0	1.6	8.2
广　东	97.4	110.2	108.7	0.9	0.6	
广　西	48.7	71.6	67.2	2.8	1.2	0.1
海　南	16.8	8.7	8.6		0.1	
重　庆	283.6	65.2	13.7	49.9	0.5	
四　川	543.2	367.4	68.4	296.4	0.3	0.3
贵　州	302.9	103.0	11.6	77.2	0.1	0.0
云　南	168.3	62.5	6.8	54.1	0.0	0.0
西　藏	0.2	5.7	0.0	5.7		
陕　西	95.0	60.1	12.3	37.3	1.2	0.8
甘　肃	206.9	63.2	0.2	35.6		3.3
青　海	33.0	28.9		28.7		
宁　夏	39.4	7.7	0.0	0.8		
新　疆	16.0	66.4	1.0	14.3	0.0	500.2

(续)

地区	四、麻 类		五、糖 料		六、烟 叶	
	总 产	黄红麻	1. 甘蔗	2. 甜菜	总 产	烤烟
全国总计	**23.4**	**2.9**	**10 938.8**	**1 227.3**	**215.3**	**202.1**
北 京						
天 津						
河 北	0.0			64.3	0.3	0.2
山 西	0.0			0.1	0.3	0.3
内蒙古	0.3			629.6	0.4	0.4
辽 宁	0.0			14.6	1.4	1.2
吉 林	0.0			2.9	2.4	1.2
黑龙江	12.4			41.6	2.6	2.5
上 海			0.4			
江 苏	0.1		5.4	2.0		
浙 江	0.0	0.0	44.7		0.1	
安 徽	1.0	0.2	7.9		2.1	1.8
福 建	0.0	0.0	26.3		10.6	10.5
江 西	0.5	0.0	62.4		2.3	2.2
山 东	0.0				4.4	4.2
河 南	1.9	1.9	11.9		22.8	22.1
湖 北	0.7	0.0	27.9		6.3	5.2
湖 南	0.4	0.0	34.2		18.6	18.4
广 东	0.0	0.0	1 434.6		4.2	3.6
广 西	0.7	0.6	7 490.7		1.6	1.3
海 南	0.0	0.0	114.5		0.0	0.0
重 庆	0.4	0.0	8.1		5.9	4.7
四 川	3.2	0.0	37.2	0.1	16.0	13.7
贵 州	0.1		62.8	0.0	23.5	21.6
云 南	0.1		1 569.7		83.5	81.0
西 藏					0.0	
陕 西	0.2	0.0	0.1	0.0	5.4	5.3
甘 肃	0.3			26.5	0.5	0.5
青 海				0.0		
宁 夏				0.1	0.1	0.1
新 疆	1.1			445.3		

* 薯类产量按 5∶1 折粮计算，下同。

表3　我国玉米主产区生产情况（2018—2019年）

单位：万 t

地　区	2018年	2019年	同比增长（%）
河　北	1 941.2	1 986.6	2.3
山　西	981.6	939.4	−4.3
内蒙古	2 700.0	2 722.3	0.8
辽　宁	1 662.8	1 884.4	13.3
吉　林	2 799.9	3 045.3	8.8
黑龙江	3 982.2	3 939.8	−1.1
山　东	2 607.2	2 536.5	−2.7
河　南	2 351.4	2 247.4	−4.4
四　川	1 066.3	1 062.1	−0.4
其　他	6 106.9	5 714.1	−6.4
总　计	**25 717.4**	**26 077.9**	**1.4**

表4　各地区水果产量（2019年）

单位：万 t

地　区	水　果	其中 苹　果	梨	西　瓜	甜　瓜	葡　萄
全国总计	**27 400.8**	**4 242.5**	**1 731.4**	**6 324.1**	**1 355.7**	**1 419.5**
北　京	59.9	4.7	7.5	12.5	0.2	2.1
天　津	57.4	3.4	7.3	18.7	2.1	10.1
河　北	1 391.5	221.6	363.2	251.8	89.4	118.8
山　西	862.7	421.9	86.1	45.1	7.4	31.2
内蒙古	280.4	21.1	8.4	144.5	81.2	5.7
辽　宁	820.7	248.8	130.5	130.8	37.6	78.2
吉　林	153.9	5.3	8.4	93.2	32.8	8.9
黑龙江	165.0	13.8	6.4	80.1	46.1	5.4
上　海	48.1		3.7	15.2	2.6	63.0
江　苏	983.6	54.0	77.8	495.6	85.3	65.2
浙　江	744.1		38.1	203.6	46.4	77.0
安　徽	706.3	37.4	125.4	298.6	10.7	53.4
福　建	727.2	0.0	19.1	38.1	3.4	21.8
江　西	693.3		16.5	191.1	17.0	8.8
山　东	2 840.2	950.2	104.2	770.6	210.9	112.5
河　南	2 589.7	408.8	137.4	1 417.2	187.3	83.2
湖　北	1 010.2	0.8	40.4	287.5	43.8	29.8
湖　南	1 062.0		19.5	337.3	45.5	20.7
广　东	1 768.6		11.9	93.2	13.1	
广　西	2 472.1		43.8	294.4	30.8	60.1
海　南	456.1			50.9	3.0	
重　庆	476.4	0.6	30.7	56.1	0.9	11.9
四　川	1 136.7	76.5	94.3	113.0	L6	40.7
贵　州	442.0	20.3	39.7	51.7	2.8	32.0
云　南	860.3	55.0	57.3	41.5	3.0	95.1
西　藏	2.4	1.0	0.1	0.3	0.0	0.1
陕　西	2 012.8	1 135.6	104.6	177.1	72.4	76.7
甘　肃	710.1	340.5	25.3	194.9	52.6	26.2
青　海	3.7	0.4	0.4	1.1	0.0	0.0
宁　夏	258.6	50.2	1.5	154.2	10.2	24.5
新　疆	1 604.8	170.7	121.7	264.3	215.6	313.2

（续）

地　区	其		中		
	红　枣	柿　子	香　蕉	菠　萝	柑　橘
全国总计	**746.4**	**329.4**	**1 165.6**	**173.3**	**4 584.5**
北　京	0.8	1.9			
天　津	1.6	1.4			
河　北	78.0	29.3			
山　西	65.7	18.8			
内蒙古	0.3	0.0			
辽　宁	11.4				
吉　林					
黑龙江					
上　海	0.0	0.0			10.8
江　苏	0.3	7.8			2.9
浙　江		5.7			183.4
安　徽	2.4	10.1			3.1
福　建		11.5	44.8	1.7	365.8
江　西		2.8			413.2
山　东	63.1	10.9			
河　南	18.3	46.4			4.6
湖　北	3.1	5.0			478.2
湖　南	3.4	2.4			560.5
广　东		13.7	464.8	111.0	464.8
广　西	3.1	110.6	311.0	3.7	1 124.5
海　南			121.8	45.2	8.5
重　庆	1.1	1.4	0.1		295.1
四　川	1.8	5.7	5.0	0.1	457.7
贵　州	0.4	1.8	6.6		52.4
云　南	2.6	9.2	211.4	11.7	108.6
西　藏					0.1
陕　西	99.9	28.7			50.4
甘　肃	9.1	4.3			0.1
青　海					
宁　夏	7.1				
新　疆	372.8				

表5　各地区茶叶产量（2019年）

单位：t

地　区	茶　叶	其　　中						
		绿茶	青茶	红茶	黑茶	黄茶	白茶	其他茶叶
全国总计	2 777 204	1 849 861	300 356	258 307	192 066	8 563	45 087	122 965
北　京								
天　津								
河　北	5	5						
山　西	101							101
内蒙古								
辽　宁								
吉　林								
黑龙江								
上　海	72	71		1				
江　苏	14 332	10 736	7	3 589				
浙　江	177 184	171 023		1 391	3 180			1 590
安　徽	121 980	106 308	39	6 916	150	5 744	1 473	1 350
福　建	439 931	127 656	227 323	52 455			31 815	682
江　西	66 778	52 341	717	8 548	56	231	1 666	3 219
山　东	24 756	24 756						
河　南	65 271	60 973		4 084	21		193	
湖　北	352 517	241 235	8 271	36 957	54 428	720	2 608	8 298
湖　南	233 450	104 398	2 565	23 512	95 690	743	932	5 610
广　东	110 775	44 816	48 898	9 697		794		6 570
广　西	82 761	56 020	545	18 703	3 002		173	4 319
海　南	1 267	688		363				217
重　庆	44 807	39 323	71	3 926	19		71	1 397
四　川	325 363	269 815	4 313	10 443	23 161	227	697	16 707
贵　州	197 844	158 300	1 270	16 720	8 889	86	5 446	7 134
云　南	437 168	308 605	6 337	56 550		0	9	65 668
西　藏	116	6		2			5	104
陕　西	79 264	71 326		4 450	3 470	18		
甘　肃	1 461	1 461						
青　海								
宁　夏								
新　疆								

表6 我国农垦系统国有农场主要农产品产量（2018—2019 年）

项　目	产量（万 t）		
	2018 年	2019 年	同比增长（%）
一、粮食	3 652.8	3 441.1	−5.8
谷物	3 359.4	3 154.2	−6.1
稻谷	1 882.6	1 831.3	−2.7
小麦	276.1	242.4	−12.2
玉米	1 200.7	1 043.8	−13.1
豆类	174.0	216.3	24.3
大豆	167.9	210.1	25.1
薯类（折粮）	70.1	66.7	−4.9
二、棉花	284.8	244.7	−12.8
三、油料	79.7	75.7	−5.1
四、糖料	755.8	746.5	−1.2
五、麻类	8.2	10.2	24.6
六、烟叶			
七、药材			
八、蔬菜、瓜类			

表 7　各地区农垦系统主要农产品产量（2019 年）

单位：万 t

地　区	粮　食	棉　花	油　料	糖　料	麻　类
全国总计	**3 441.1**	**244.7**	**75.6**	**746.5**	**10.1**
北　京	0.1				
天　津	1.5				
河　北	60.1	0.4	0.5	1.9	
山　西	3.7	0	0		
内蒙古	231.2		18.5	71.5	
辽　宁	129.7		1.7	1.0	
吉　林	70.9		0.9		
黑龙江	2 027.0		0.2	0.5	1.1
上　海	23.1		0.5		
江　苏	133.7		0		
浙　江	0.7	0	0		
安　徽	35.0	0	0.2	0	
福　建	4.2		0.3	0.3	
江　西	75.0	0.3	3.0	0.9	
山　东	6.8	0	0		
河　南	26.9		1.6		
湖　北	92.0	0.8	7.3	0.4	0
湖　南	69.0	5.7	5.2	0.3	0
广　东	5.3		0.6	216.8	7.9
广　西	1.2		0.2	220.6	
海　南	11.1		0	17.6	
重　庆	0.2				
四　川	0.2		0		
贵　州	0.1		0	0	
云　南	5.2		0	39.5	
陕　西	9.9		0		
甘　肃	26.1	0.5	0.9	3.1	
青　海	8.5		0.6	0	
宁　夏	37.3		0.1		
新　疆	345.3	237.0	33.2	171.9	1.1

表 8　我国农垦系统茶、桑、果、林生产情况（2018—2019 年）

指　标	单　位	2018 年	2019 年	同比增长（%）
一、年末实有茶园面积	khm^2	27.3	31.9	16.8
茶叶总产量	万 t	5.6	5.3	−5.2
二、年末实有桑园面积	khm^2	0.9	1.3	42.7
三、年末实有果园面积	khm^2	411.3	404.2	−1.7
水果总产量	万 t	745.3	784.2	5.2
其中：苹果	万 t	101.2	112.5	11.1
梨	万 t	62.4	72.5	16.2
柑橘	万 t	43.9	45.7	4.0
四、年末实有橡胶园面积	khm^2	439.1	425.4	−3.1
当年橡胶开割面积	khm^2	327.9	306.4	−6.5
每公顷产干胶	kg	893.6	930.0	4.1
全年干胶总产量	万 t	29.3	28.5	−2.7
五、当年造林面积	khm^2	65.4	108.1	65.3
用材林	khm^2	11.6	8.6	−26.0
经济林	khm^2	15.0	26.7	78.4
防护林	khm^2	38.1	69.6	82.7
薪炭林	khm^2	0.3	2.7	804.3
特种用材林	khm^2	0.4	0.5	22.5

表 9　我国部分热带水果产量情况（2018—2019 年）

单位：万 t

项　目	2018 年	2019 年	同比增长（%）
荔　枝	302.8	184.9	−64.0
龙　眼	203.0		
柑　橘	4 138.1	4 584.5	10
香　蕉	1 122.2	1 165.6	4.0
芒　果	226.8	245.5	11.0
菠　萝	162.5	173.3	6.0

表 10　我国棉花主产区生产情况（2018—2019 年）

单位：万 hm^2、万 t

地　区	面　积			产　量		
	2018 年	2019 年	同比增长（%）	2018 年	2019 年	同比增长（%）
新　疆	249.1	254.1	2.01	511.1	500.2	−2.13
山　东	18.3	16.9	−7.65	21.7	19.6	−9.68
河　南	3.7	3.4	−8.11	3.8	2.7	−28.95
河　北	21.0	20.4	−2.86	23.9	22.7	−5.02
湖　北	15.9	16.3	2.52	14.9	14.4	−3.36
江　苏	1.7	1.2	−29.41	2.1	1.6	−23.81
安　徽	8.6	6.0	−30.23	8.9	5.6	−37.08
湖　南	6.4	6.3	−1.56	8.6	8.2	−4.65
主产区总计	324.7	324.6	−0.03	595.0	575.0	−3.36
全国总计	**335.4**	**333.9**	**−0.45**	**610.3**	**588.9**	**−3.51**
主产区占全国比重（%）	96.8	97.2	0.43	97.5	97.6	0.14

表 11 各地区蔬菜产量增减情况（2018—2019 年）

单位：万 t

地 区	2018 年	2019 年	同比增长（%）
全国总计	70 346.7	72 102.6	2.44
北 京	130.6	111.5	−17.14
天 津	254.0	242.8	−4.61
河 北	5 154.5	5 093.1	−1.20
山 西	821.9	827.8	0.72
内蒙古	1 006.5	1 090.8	7.73
辽 宁	1 852.3	1 885.4	1.75
吉 林	438.2	445.4	1.62
黑龙江	634.4	655.4	3.20
上 海	294.5	268.1	−9.84
江 苏	5 625.9	5 643.7	0.32
浙 江	1 888.4	1 903.1	0.77
安 徽	2 118.2	2 213.6	4.31
福 建	1 493.0	1 570.7	4.95
江 西	1 537.0	1 581.8	2.83
山 东	8 192.0	8 181.1	−0.13
河 南	7 260.7	7 368.7	1.47
湖 北	3 963.9	4 086.7	3.00
湖 南	3 822.0	3 969.4	3.71
广 东	3 330.2	3 528.0	5.60
广 西	3 432.2	3 636.4	5.62
海 南	566.8	572.0	0.91
重 庆	1 932.7	2 008.8	3.78
四 川	4 438.0	4 639.1	4.33
贵 州	2 613.4	2 734.8	4.44
云 南	2 205.7	2 304.1	4.27
西 藏	72.6	77.5	6.35
陕 西	1 808.4	1 897.4	4.69
甘 肃	1 292.6	1 388.8	6.93
青 海	150.3	151.9	1.05
宁 夏	550.8	565.9	2.67
新 疆	1 465.1	1 458.8	−0.43

表 12 我国主要经济林产品产量（2015—2019 年）

单位：万 t

年 份	木材（万 m³）	松 脂	生 漆	油桐籽	油茶籽
2015	7 200.3	132.63	2.28	41.20	216.35
2016	7 775.8	132.89	2.19	40.85	216.44
2017	8 398.2	144.39	1.81	37.01	243.16
2018	8 810.9	137.54	1.89	34.82	262.98
2019	10 045.9				267.93

表 13　各地区主要林产品产量（2019 年）

单位：t

地　区	木材（万 m³）	橡　胶	松　脂	生　漆	油桐籽	油茶籽
全国总计	10 045.9	809 859				2 679 270
北　京	17.3					
天　津	31.0					
河　北	106.6					
山　西	25.7					
内蒙古	85.3					
辽　宁	107.0					
吉　林	205.0					
黑龙江	154.8					
上　海	0.1					152
江　苏	232.5					74 022
浙　江	123.5					94 096
安　徽	509.7					130 330
福　建	647.6					421 686
江　西	277.0					
山　东	516.3					
河　南	256.0					209 419
湖　北	304.4					1 100 375
湖　南	331.4					161 528
广　东	945.1	20 552				265 059
广　西	3 500.2	10				21 906
海　南	208.8	330 810				
重　庆	62.9					19 792
四　川	243.8					70 750
贵　州	309.0					25 193
云　南	745.5	458 486				9
西　藏	9.9					
陕　西	20.7					
甘　肃	6.1					
青　海						
宁　夏						
新　疆	62.8					

注：2019 年国家林业和草原局制度修订，取消松脂、生漆、油桐籽等指标。

表 14 我国主要牲畜饲养情况（2015—2019 年）

单位：万头（只）

年 份	合 计	大 牲 畜 年 底 存 栏 头 数				
		牛	马	驴	骡	骆 驼
2015	9 929.8	9 055.8	397.5	342.4	104.1	30.1
2016	9 559.9	8 834.5	351.2	259.3	84.5	30.5
2017	9 763.6	9 038.7	343.6	267.8	81.1	32.3
2018	9 625.5	8 915.3	347.3	253.3	75.8	33.8
2019	9 877.4	9 138.3	367.1	260.1	71.4	40.5

年 份	肉猪出栏头数	猪年底存栏头数	羊年底存栏只数		
			合 计	山 羊	绵 羊
2015	72 415.6	45 802.9	31 174.3	14 507.5	16 666.8
2016	70 073.9	44 209.2	29 930.5	13 691.8	16 238.8
2017	70 202.1	44 158.9	30 231.7	13 823.8	16 407.9
2018	69 382.4	42 817.1	29 713.5	13 574.7	16 138.8
2019	54 419.2	31 040.7	30 072.1	13 723.2	16 349.0

表 15 我国主要畜产品产量（2015—2019 年）

年 份	总产量（万 t）	肉 类 产 量（万 t）				奶类产量（万 t）		禽蛋产量（万 t）
		猪牛羊肉				总产量	其中:牛奶	
		小 计	猪 肉	牛 肉	羊 肉			
2015	8 749.5	6 702.2	5 645.4	616.9	439.9	3 295.5	3 179.8	3 046.1
2016	8 628.3	6 502.6	5 425.5	616.9	460.3	3 173.9	3 064.0	3 160.5
2017	8 654.4	6 557.5	5 451.8	634.6	471.1	3 148.6	3 038.6	3 096.3
2018	8 624.6	6 522.9	5 403.7	644.1	475.1	3 176.8	3 074.6	3 128.3
2019	7 758.8	5 410.1	4 255.3	667.3	487.5	3 297.6	3 201.2	3 309.0

年 份	蜂蜜（万 t）	蚕 茧（万 t）		绵羊毛（万 t）			山羊毛总产量（t）	羊绒总产量（t）
		总 产	其中:桑蚕茧	总 产	细羊毛	半细羊毛		
2015	47.3	81.2	74.1	41.3	13.1	13.5	35 487	18 684
2016	55.5	80.3	73.8	41.1	12.9	13.8	35 785	18 844
2017	54.3	81.7	75.1	41.0	12.8	13.3	32 863	17 852
2018	44.7	83.1	76.4	35.6	11.8	12.0	26 965	15 438
2019	44.4	83.3	77.2	34.1	10.9	11.3	24 875	14 964

表 16 各地区奶类产量（2018—2019 年）

单位：万 t

地 区	2018 年		2019 年	
	奶类产量	其中：牛奶	奶类产量	其中：牛奶
全国总计	3 176.8	3 074.6	3 297.6	3 201.2
北 京	31.1	31.1	26.4	26.4
天 津	48.0	48.0	47.4	47.4
河 北	391.1	384.8	433.8	428.7
山 西	81.7	81.1	92.3	91.8
内蒙古	571.8	565.6	582.9	577.2
辽 宁	132.6	131.8	134.7	133.9
吉 林	39.0	38.8	40.0	39.9
黑龙江	458.5	455.9	467.0	465.2
上 海	33.4	33.4	29.7	29.7
江 苏	50.0	50.0	62.4	62.4
浙 江	15.8	15.7	15.5	15.5
安 徽	30.8	30.8	33.8	33.8
福 建	14.3	13.8	15.0	14.5
江 西	9.6	9.6	7.3	7.3
山 东	232.5	225.1	234.5	228.0
河 南	208.9	202.7	208.5	204.1
湖 北	12.8	12.8	13.4	13.4
湖 南	6.2	6.2	6.3	6.3
广 东	13.9	13.9	13.9	13.9
广 西	8.9	8.9	8.7	8.7
海 南	0.2	0.2	0.2	0.2
重 庆	4.9	4.9	4.2	4.2
四 川	64.3	64.2	66.8	66.7
贵 州	4.6	4.6	5.3	5.3
云 南	65.7	58.2	66.7	59.9
西 藏	40.8	36.4	48.2	42.4
陕 西	159.7	109.7	159.7	107.8
甘 肃	41.1	40.5	44.7	44.1
青 海	33.5	32.6	35.5	34.9
宁 夏	169.4	168.3	183.4	183.4
新 疆	201.7	194.9	209.4	204.4

表 17 我国农垦系统主要畜产品产量（2018—2019 年）

单位：万 t

项 目	2018 年	2019 年	同比增长（%）
1. 肉类总产量	163.0	139.0	−14.72
其中：猪肉	126.2	102.1	−19.10
2. 牛奶	389.8	418.2	7.29
3. 羊毛（t）	31 823.0	31 797.0	−0.08
4. 禽蛋	45.4	48.1	5.95

表 18 我国水产品产量（2015—2019 年）

单位：万 t

年 份	总产量	1. 海水产品	其 中		2. 淡水产品	其 中	
			捕 捞	养 殖		捕 捞	养 殖
2015	6 699.6	3 409.6	1 534.0	1 875.6	3 290.1	227.8	3 062.3
2016	6 901.2	3 490.1	1 328.2	1 963.1	3 411.1	231.8	3 179.2
2017	6 445.3	3 321.7	1 321.0	2 000.7	3 123.6	218.3	2 905.3
2018	6 457.7	3 301.4	1 270.2	2 031.2	3 156.2	196.4	2 959.8
2019	6 480.4	3 282.5	1 217.2	2 065.4	3 197.9	184.1	3 013.7

表 19 各地区水产品产量（2019 年）

单位：万 t

地 区	总产量	1. 养殖小计	其 中		2. 捕捞小计	其 中		
			海水养殖	淡水养殖		海洋捕捞	远洋渔业	淡水捕捞
全国总计	**64 803 616**	**50 790 728**	**20 653 287**	**30 137 441**	**14 012 888**	**10 001 515**	**2 170 152**	**1 841 221**
北 京	30 190	21 079		21 079	9 111		6 661	2 450
天 津	262 231	222 149	5 155	216 994	40 082	26 952	7 973	5 157
河 北	990 116	707 755	448 802	258 953	282 361	190 932	55 906	35 523
山 西	46 307	44 040		44 040	2 267			2 267
内蒙古	125 956	111 904		111 904	14 052			14 052
辽 宁	4 550 106	3 758 969	2 947 318	811 651	791 137	487 098	264 924	39 115
吉 林	236 626	217 501		217 501	19 125			19 125
黑龙江	648 300	608 300		608 300	40 000			40 000
上 海	280 277	83 555		83 555	196 722	12 592	183 137	993
江 苏	4 841 159	4 094 150	915 258	3 178 892	747 009	445 577	9 370	292 062
浙 江	5 767 227	2 441 611	1 270 357	1 171 254	3 325 616	2 723 652	442 155	159 809
安 徽	2 314 603	2 109 524		2 109 524	205 079			205 079
福 建	8 145 763	5 946 541	5 107 162	839 379	2 199 222	1 611 613	516 508	71 101
江 西	2 588 135	2 420 568		2 420 568	167 567			167 567
山 东	8 232 724	6 052 333	4 970 985	1 081 348	2 180 391	1 677 385	413 716	89 290
河 南	990 858	878 603		878 603	112 255			112 255
湖 北	4 695 432	4 533 682		4 533 682	161 750			161 750
湖 南	2 544 116	2 463 211		2 463 211	80 905			80 905
广 东	8 664 017	7 291 432	3 291 325	4 000 107	1 372 585	1 195 747	67 840	108 998
广 西	3 421 459	2 761 464	1 425 970	1 335 494	659 995	550 819	18 126	91 050
海 南	1 721 571	625 342	270 955	354 387	1 096 229	1 079 148		17 081
重 庆	541 717	524 116		524 116	17 601			17 601
四 川	1 576 856	1 538 002		1 538 002	38 854			38 854
贵 州	243 623	233 024		233 024	10 599			10 599
云 南	636 500	606 137		606 137	30 363			30 363
西 藏	406	96		96	310			310
陕 西	166 208	161 196		161 196	5 012			5 012
甘 肃	14 353	14 353		14 353				
青 海	18 526	18 526		18 526				
宁 夏	157 660	149 533		149 533	8 127			8 127
新 疆	166 758	152 032		152 032	14 726			14 726

表 20　我国沿海地区海洋捕捞水产品产量（按品种分）（2019 年）

单位：kt

地　区	海洋捕捞产量	按水产品种类分					
		1. 鱼类	海鳗	鯯鱼	鳀鱼	沙丁鱼	鲱鱼
全国总计*	10 001.5	6 828.8	309.5	67.2	625.4	98.8	11.4
天　津	27.0	23.8			19.4		
河　北	190.9	103.9			39.4		
辽　宁	487.1	281.8	0.2	0.4	26.0	0.6	0.0
上　海	12.6	4.9	0.2	0.0			
江　苏	445.6	240.3	6.8	2.1	2.1	0.2	0.1
浙　江	2 723.7	1 821.0	77.5	11.4	46.6	6.6	1.6
福　建	1 611.6	1 164.9	59.4	11.1	63.2	9.9	3.9
山　东	1 677.4	1 164.0	13.0		395.9	4.4	1.0
广　东	1 195.7	854.1	69.8	23.0	28.7	54.2	3.6
广　西	550.8	297.9	11.7	17.8		10.0	0.9
海　南	1 079.1	872.2	71.1	1.3	4.1	12.9	0.4

地　区	按水产品种类分							
	石斑鱼	鲷	蓝圆鲹	白姑鱼	黄姑鱼	鲍鱼	大黄鱼	小黄鱼
全国总计	97.4	131.1	448.7	90.1	62.7	62.3	59.8	284.2
天　津								1.3
河　北					0.2	0.0		6.3
辽　宁	2.9	0.1		0.3	1.1	0.1	15.8	52.8
上　海					0.1		0.0	0.1
江　苏	0.0	0.1	0.0	3.2	6.3	1.6	0.2	24.4
浙　江	1.3	5.8	46.9	45.6	32.4	44.7	1.1	117.8
福　建	16.0	47.7	213.7	9.0	7.9	10.2	2.9	9.1
山　东		0.1		11.2	7.1	0.4	2.7	42.3
广　东	36.2	37.0	85.2	15.5	4.2	4.2	24.7	18.0
广　西	4.8	20.5	56.5	1.4	0.1	0.7		
海　南	36.3	19.8	46.5	4.0	3.4	0.4	12.4	12.1

（续）

地　区	按 水 产 品 种 类 分							
	梅童鱼	方头鱼	玉筋鱼	带鱼	金钱鱼	梭鱼	鲐鱼	鲅鱼
全国总计	**220.0**	**39.8**	**88.5**	**916.7**	**329.2**	**111.1**	**414.7**	**348.9**
天　津				0.2		0.7	0.9	1.2
河　北	0.2		0.1	2.1		9.5	6.4	8.4
辽　宁	4.0	0.2	2.8	7.2		12.0	24.5	40.2
上　海	0.0			0.1			0.0	0.0
江　苏	55.6	0.2	0.3	46.3	0.0	7.3	4.0	6.6
浙　江	137.8	15.6	26.2	376.1	1.5	7.2	168.9	77.5
福　建	17.3	4.0	10.8	133.9	8.6	14.7	130.7	40.4
山　东			33.8	74.1		25.2	29.9	146.7
广　东	2.8	7.6	2.2	117.8	76.3	23.4	28.9	24.2
广　西		0.0		25.0	28.1	7.5	9.7	2.0
海　南	2.4	12.2	12.3	133.8	214.6	3.7	10.7	1.7

地　区	按 水 产 品 种 类 分							
	金枪鱼	鲳鱼	马面鲀	竹荚鱼	鲻鱼	2. 甲壳类	虾	毛虾
全国总计	**38.2**	**326.6**	**127.7**	**40.0**	**83.3**	**1 917.9**	**1 270.5**	**389.2**
天　津						1.2	0.8	0.2
河　北		2.5	0.6		3.6	42.4	29.9	5.8
辽　宁	0.1	0.8	0.3		6.5	96.0	65.7	21.3
上　海		0.1		0.0		7.5	0.9	
江　苏		28.7	0.8	0.0	9.9	131.9	43.6	22.6
浙　江	3.4	101.6	18.5	1.3	9.2	726.8	533.9	160.3
福　建	3.1	56.4	32.7	10.1	19.5	287.3	171.3	49.9
山　东		32.5	1.6			218.3	176.4	57.4
广　东	13.8	62.7	37.1	4.9	15.9	208.7	135.8	32.9
广　西		8.8	20.5	0.2	7.5	129.8	72.4	29.9
海　南	17.8	32.6	15.5	23.4	11.2	68.1	39.8	8.9

（续）

地　区	按水产品种类分							
	对虾	鹰爪虾	虾蛄	蟹	梭子蟹	青蟹	蟳	3. 贝类
全国总计	215.4	240.2	221.4	647.5	458.4	79.2	24.3	411.9
天　津	0.0		0.5	0.4	0.2			1.3
河　北	1.4	2.1	15.9	12.6	7.7	0.0	0.5	18.9
辽　宁	4.5	4.1	27.7	30.3	15.1	4.4	6.2	49.3
上　海	0.0	0.6		6.6	5.3			0.0
江　苏	2.3	7.8	7.2	88.2	80.6	2.2	1.0	37.9
浙　江	65.8	139.8	55.1	192.9	163.4	3.0	5.4	20.5
福　建	27.1	39.6	33.2	116.0	78.1	15.0	4.3	34.3
山　东	16.8	22.0	49.6	41.9	27.5	0.1	1.5	139.4
广　东	60.3	12.5	22.2	72.9	39.0	29.1	2.9	41.9
广　西	17.8	8.7	6.6	57.5	29.8	10.5	2.0	48.7
海　南	19.4	3.0	3.3	28.3	11.6	14.8	0.4	19.8

地　区	按水产品种类分					
	4. 藻类	5. 头足类	乌贼	鱿鱼	章鱼	6. 其他类	海蜇
全国总计	17.4	569.2	131.1	290.0	106.0	256.2	145.8
天　津		0.6		0.4	0.1	0.1	
河　北		10.3	1.4	1.6	6.2	15.4	10.2
辽　宁	0.3	22.4	3.3	12.5	4.3	37.4	11.7
上　海		0.2			0.2		
江　苏	0.8	13.0	2.0	6.8	3.5	21.7	13.2
浙　江	1.2	128.2	34.2	66.1	22.3	26.1	5.3
福　建	1.8	110.0	30.8	55.5	17.3	13.4	11.0
山　东	1.2	88.1	9.8	38.1	30.5	66.3	45.8
广　东	5.7	57.4	14.0	21.5	10.7	28.0	11.7
广　西		40.3	14.4	19.7	5.7	34.2	32.3
海　南	6.5	98.8	21.2	67.9	5.2	13.6	4.6

表 21　我国沿海地区海水养殖水产品产量（按品种分）（2019 年）

单位：kt

地　区	海水养殖产量	1. 鱼类	1. 鱼　类					
			鲈鱼	鲆鱼	大黄鱼	军曹鱼	鲕鱼	鲷鱼
全国总计	20 653.3	1 605.8	180.2	116.1	225.5	42.2	30.0	101.3
天　津	5.2	1.6		0.0				
河　北	448.8	12.7		6.1				
辽　宁	2 947.3	71.3	8.0	53.8				0.0
上　海								
江　苏	915.3	83.2	1.3	5.8				0.1
浙　江	1 270.4	53.8	9.2	0.1	23.9		0.0	4.0
福　建	5 107.2	429.4	38.0	4.9	186.5	0.1	4.3	39.5
山　东	4 971.0	104.2	18.7	42.3			0.0	0.2
广　东	3 291.3	666.3	93.8	3.0	15.1	32.0	25.5	51.9
广　西	1 426.0	65.4	9.6			0.1		4.4
海　南	271.0	117.9	1.6			10.0	0.1	1.3

地区	1. 鱼　类				2. 甲壳类	2. 甲壳类		
	美国红鱼	河鲀	石斑鱼	鲽鱼		(1) 虾	(1) 虾	
							南美白对虾	斑节对虾
全国总计*	70.2	17.5	183.1	12.3	1 743.8	1 450.2	1 144.4	84.1
天　津		0.0	0.5		3.6	3.6	3.5	
河　北		2.1	0.6	1.9	27.5	26.2	16.9	0.0
辽　宁		2.0			40.5	34.2	10.5	
上　海								
江　苏		0.2		1.6	113.4	79.3	20.4	8.2
浙　江	7.2		0.2	0.0	108.1	61.5	37.3	0.6
福　建	16.3	10.0	34.1	0.8	212.3	136.8	111.1	6.3
山　东	4.1	2.8	0.5	4.1	163.7	147.0	105.2	1.2
广　东	36.6	0.4	77.7	3.8	606.4	525.5	417.4	62.5
广　西	6.0		3.3		338.7	320.7	319.4	1.0
海　南			66.3		129.5	115.4	102.5	4.2

（续）

地 区	2. 甲壳类					3. 贝类	3. 贝 类	
	（1）虾		（2）蟹				牡 蛎	鲍
	中国对虾	日本对虾	总产	梭子蟹	青蟹			
全国总计	**38.6**	**51.0**	**293.6**	**113.8**	**160.6**	**14 389.7**	**5 225.6**	**180.3**
天 津								
河 北	5.0	4.2	1.3	1.3		360.5	1.5	
辽 宁	12.0	10.3	6.3	6.3		2 238.8	273.9	2.9
上 海								
江 苏	5.9	0.6	34.1	30.5	1.9	668.5	40.2	
浙 江	1.9	1.3	46.6	20.2	26.3	1 004.6	227.7	0.3
福 建	5.3	9.0	75.5	31.6	36.3	3 237.7	2 012.6	144.0
山 东	7.5	17.3	16.7	14.1	0.2	3 922.4	869.9	21.4
广 东	1.0	8.3	80.9	9.8	65.1	1 922.4	1 139.2	11.6
广 西		0.1	18.0		18.0	1 017.0	659.3	
海 南			14.1	0.0	12.8	17.7	1.4	0.0

地 区	3. 贝 类						
	螺	蚶	贻贝	江珧	扇贝	蛤	蛏
全国总计	**241.2**	**387.7**	**870.7**	**13.5**	**1 828.1**	**3 967.4**	**869.3**
天 津							
河 北	4.2	8.7			297.8	48.0	0.1
辽 宁		69.9	36.3		423.9	1 229.0	38.4
上 海							
江 苏	66.9	31.4	45.7			374.8	57.8
浙 江	12.8	142.2	204.4		0.6	103.3	305.8
福 建	6.7	65.2	112.4		9.2	472.7	300.8
山 东	10.3	5.5	384.1	0.2	973.5	1 209.6	153.6
广 东	86.3	57.9	75.6	13.3	120.2	265.5	11.1
广 西	47.8	4.2	12.2		2.8	260.5	1.7
海 南	6.3	2.7			0.1	4.1	

（续）

地　区	4. 藻　类	4. 藻　类					
		海带	裙带菜	紫菜	江蓠	麒麟菜	石花菜
全国总计	2 538.4	1 624.0	202.4	212.3	348.1	0.4	
天　津							
河　北	1.0	1.0					
辽　宁	467.5	314.5	153.0				
上　海							
江　苏	41.4	0.2		41.1			
浙　江	98.4	19.7		56.8			
福　建	1 187.6	803.1		80.8	244.3		
山　东	663.0	481.3	48.6	17.8	52.6		
广　东	73.8	4.2	0.9	15.9	49.8		
广　西							
海　南	5.8				1.4	0.4	

地　区	4. 藻类	4. 藻类	5. 其他类	5. 其他类	5. 其他类	5. 其他类	5. 其他类
	羊栖菜	苔　菜		海参	海胆（kg）	海水珍珠(kg)	海蜇
全国总计	27.0		375.5	171.7	2.8	89.6	
天　津							
河　北			47.0	6.6			7.7
辽　宁			129.1	44.7	1 617.8		73.1
上　海							
江　苏			8.8	0.1			5.2
浙　江	20.1		5.5	0.1			0.8
福　建	6.9		40.1	27.4			2.4
山　东			117.7	92.6	5 574.0		0.2
广　东			22.4	0.1	1 050.8	2.0	0.1
广　西			4.8			0.8	
海　南			0.1	0.0			

表 22　各地区农垦系统畜牧业生产情况（2019 年）

单位：万头、万只

地　区	大牲畜年末头数	牛年末头数	猪年末头数	羊年末只数	家禽年末只数
全国总计	299.0	243.9	728.4	1 118.5	10 524.0
北　京	8.4	8.4	35.8		631.7
天　津	3.8	3.6	0.3	1.7	104.3
河　北	17.9	17.5	27.2	6.9	279.2
山　西	1.2	1.2	0.2	2.9	12.7
内蒙古	38.5	33.1	26.6	235.4	102.6
辽　宁	6.1	5.6	32.8	14.5	1 745.5
吉　林	2.9	2.7	5.0	19.1	78.3
黑龙江	19.7	17.9	58.3	18.9	467.2
上　海	7.3	7.3	32.3		113.3
江　苏	0.7	0.7	5.2	1.0	377.5
浙　江			6.5	0.1	1.7
安　徽	3.0	0.3	1.3	1.2	259.0
福　建	0.5	0.5	21.2	1.5	162.2
江　西	3.5	3.5	29.7	1.8	282.2
山　东	1.2	1.2	3.9	0.1	89.0
河　南	0.7	0.7	11.6	0.5	31.7
湖　北	3.3	3.3	70.0	59.8	858.0
湖　南	5.1	4.5	32.1	3.6	466.9
广　东	3.1	2.9	46.6	0.9	480.5
广　西	0.8	0.8	51.4	0.1	358.1
海　南	4.1	4.1	21.6	8.7	1 628.7
重　庆	3.1	3.1	8.1		116.6
四　川	12.7	12.2	0.6	1.7	0.3
贵　州	0.9	0.9	0.1	0.1	0.3
云　南	0.7	0.7	5.0	0.5	192.5
陕　西	0.8	0.8	0.6	2.0	10.4
甘　肃	1.6	1.6	0.8	14.3	18.9
青　海	5.3	2.0	0.4	23.1	
宁　夏	7.3	7.3	2.4	7.9	63.8
新　疆	137.5	95.5	189.7	690.1	1 590.8

资料来源：表中数据来自 2020 年版《中国农村统计年鉴》。

表 23　我国按人口平均的主要农畜产品产量（2015—2019 年）

单位：kg/人

年　份	粮　食	棉　花	油　料	猪牛羊肉	牛　奶	水产品
2015	482	4.3	24.7	48.9	23.2	45.1
2016	479	3.8	26.3	47.2	22.2	46.3
2017	477	4.1	25.1	47.3	21.9	46.5
2018	472	4.4	24.7	46.8	22.1	46.4
2019	475	4.2	25.0	38.7	22.9	46.4

表 24　我国城乡居民家庭人均食品消费量比较（2015—2019 年）

单位：kg/人

年份	粮食		蔬菜		食用油（植物油）		猪牛羊肉		家禽		水产品	
	农村	城市	农村	城市	农村	城市	农村	城市	农村	城市	农村	城市
2015	159.5	112.6	88.7	100.2	9.2	10.7	23.1	28.9	7.1	9.4	7.2	14.7
2016	157.2	111.9	89.7	103.2	9.3	10.6	22.7	29.0	7.9	10.2	7.5	14.8
2017	154.6	109.7	88.5	102.5	9.2	10.3	23.6	29.2	7.9	9.7	7.4	14.8
2018	148.5	110.0	87.5	103.1	9.0	8.9	27.5	31.2	8.0	9.8	7.8	14.3
2019	154.8	110.6	89.5	105.8	9.8	9.2	24.7	28.7	10.0	11.4	9.6	16.7

资料来源：表中数据来自 2020 年版《中国统计年鉴》。

表 25　我国城镇和农村人口人均食品消费支出情况（2015—2019 年）

单位：元/人

项　目	2015 年	2016 年	2017 年	2018 年	2019 年
全国人均	**4 814.0**	**5 151.0**	**5 373.6**	**5 631.1**	**6 084.2**
城镇居民	6 359.7	6 762.4	7 001.0	7 239.0	7 732.6
农村居民	3 048.0	3 266.1	3 415.4	3 645.6	3 998.2
人均增长	320.1	337.0	222.6	257.5	453.1
城镇居民增长	359.7	402.8	238.6	238.0	493.6
农村居民增长	234.0	218.0	149.3	230.2	352.6

资料来源：表中数据来自 2020 年版《中国统计年鉴》。

表 26　我国人口增长情况（2015—2019 年）

单位：万人

项　目	2015 年	2016 年	2017 年	2018 年	2019 年
人口数	137 462	138 271	139 008	139 538	140 005
其中：城镇人口	77 116	79 298	81 347	83 137	84 843
农村人口	60 346	58 973	57 661	56 401	55 162
增长人数	680	809	737	530	467

农产品加工机械拥有量及农产品加工行业固定资产投资情况

表 27　农产品加工业按建设性质和构成分固定资产投资（2019 年）

单位：亿元

行　业	新建	扩建	改建和技术改造
合　计	**26 308.2**	**11 276.9**	**18 465.8**
农副食品加工业	5 557.7	1 795.3	3 463.4
食品制造业	2 911.0	852.1	1 918.7
酒、饮料和精制茶制造业	2 041.9	557.9	1 138.7
烟草制品业	83.3	1.7	110.4
纺织业	2 564.2	1 582.0	2 235.0
纺织服装、服饰业	2 327.7	1 040.8	1 523.5
皮革、毛皮、羽毛及其制品业和制鞋业	1 185.9	1 275.1	633.8
木材加工及木、竹、藤、棕、草制品业	2 158.5	470.0	1 836.3
家具制造业	2 387.9	1 169.0	1 223.1
造纸及纸制品业	1 122.4	682.6	1 049.5
印刷业和记录媒介复制业	742.4	511.2	758.5
橡胶和塑料制品业	3 225.4	1 339.3	2 574.9

表 28　我国农产品加工业按控股情况分固定资产投资比上年增长情况（2019 年）

单位：%

行　业	全部投资	国有控股	集体控股	私人控股
农副食品加工业	−8.7	−4.1	−22.8	−8.0
食品制造业	−3.7	−11.0	72.4	−1.4
酒、饮料和精制茶制造业	6.3	47.3	43.5	2.7
烟草制品业	−0.2	13.4		−75.1
纺织业	−8.9	−4.3	−4.9	−11.4
纺织服装、服饰业	1.8	6.4	−43.3	3.8
皮革、毛皮、羽毛及其制品业和制鞋业	−2.6	11.1	41.3	−0.3
木材加工及木、竹、藤、棕、草制品业	−6.0	53.2	68.1	−10.4
家具制造业	−0.7	19.6	−67.9	−0.3
造纸及纸制品业	−11.4	−3.6	−1.5	−7.5
印刷业和记录媒介复制业	4.6	5.9	74.8	6.5
橡胶和塑料制品业	1.0	4.6	−14.2	1.9

表 29　我国农产品加工行业新增固定资产后主要产品新增生产能力（2018—2019 年）

产 品 名 称	单 位	2018	2019
轮胎外胎	万条/年	2 007	1 419
轮胎内胎	万条/年		
化学纤维	万 t/年	2 025 136	
棉纺锭	锭	8 113 521	
啤　酒	万 t/年	34	
白　酒	万 t/年	34	
其他酒	万 t/年	9	
卷　烟	箱/年	866	
机制纸	万 t/年	38	274

表 30　我国农产品加工行业实际到位资金比上年增长情况（2019 年）

单位：%

行　　业	合计	国家预算	国内贷款	利用外资	自筹资金	其他资金
农副食品加工业	−12.5	76.8	−15.2	−18.9	−13.1	−2.0
食品制造业	−8.6	335.6	−23.6	−58.3	−8.3	7.3
酒、饮料和精制茶制造业	0.9	119.9	11.7	14.8	−0.1	5.8
烟草制品业	−11.8				−12.1	47.0
纺织业	−8.3	−56.2	−16.1	−30.2	−7.0	−23.5
纺织服装、服饰业	5.6	−31.5	33.1	−63.5	5.9	10.2
皮革、毛皮、羽毛及其制品业和制鞋业	−0.4	48.6	55.5	−24.0	−4.9	79.1
木材加工及木、竹、藤、棕、草制品业	−6.8	16.1	−31.3	65.3	−8.2	62.9
家具制造业	0.8	−32.6	−13.9	−56.6	1.3	21.2
造纸及纸制品业	−9.9	−18.0	−35.9		−11.2	−28.1
印刷业和记录媒介复制业	1.3	224.9	−42.7		3.7	23.3
橡胶及塑料制品业	−2.6	225.6	−22.8	21.4	−2.2	18.6

表 31　林业系统森工固定资产投资完成情况（2018—2019 年）

单位：万元

项　　目	2018 年	2019 年	同比增长（%）
一、森工固定资产投资完成额（按构成划分）	10 629 856	9 576 262	−9.91
1. 建筑工程	3 075 209	3 873 267	25.95
2. 安装工程	336 563	452 788	34.53
3. 其他投资	6 723 407	5 250 207	−21.91
二、当年新增固定资产	3 404 712	3 794 280	11.44

表 32　林业系统各地区森工固定资产投资完成情况（2019 年）

单位：万元

地　区	合　计	建筑工程	安装工程	其他投资
全国总计	9 576 262	3 873 267	452 788	5 702 995
北　京	1 628 734	1 011 256	2 279	617 478
天　津	135 368	8 647		126 721
河　北	1 092	1 092		
山　西	6 297	3 964	611	2 333
内蒙古	108 434	57 384	378	51 050
辽　宁	34 530	3 394		31 136
吉　林	30 706	19 733	2 993	10 973
黑龙江	419 004	71 356	4 180	347 648
上　海	160 353			160 353
江　苏	55 859			55 859
浙　江	3 200	1 679	12	1 521
安　徽	168 626	936	26	167 690
福　建	15 324	2 083	1 136	13 241
江　西	17 901	5 854		12 047
山　东	28 197	7 150	5 100	21 047
河　南	4 243	1 154	757	3 089
湖　北	13 039	4 378		8 661
湖　南	151 083	102 702	531	48 381
广　东	59 772	20 466	615	39 306
广　西	5 000 366	2 101 930	333 258	2 898 436
海　南	9 318	9 318		
重　庆	181 563	22 810	14 541	158 753
四　川	140 475	97 111	2 635	43 364
贵　州	134 085	64 101		69 984
云　南	125 946	23 391	4 870	102 555
西　藏	206 857	94 372	72 041	112 485
陕　西	315 439	63 205	117	252 234
甘　肃	78 599	6 828	3 385	71 771
青　海	202 158			202 158
宁　夏	7 375	1 026	763	6 349
新　疆	24 165	3 179	719	20 986
局直属单位	108 154	62 767	1 841	45 387
大兴安岭	69 931	51 237	893	18 694

表 33　我国农村住户固定资产投资完成情况（2018—2019 年）

单位：亿元

项　目	2018 年	2019 年	同比增长（%）
固定资产投资总额	10 039.2	9 396.2	−6.40
农林牧渔业	2 254.1	2 286.9	1.46

　　资料来源：表中数据来自 2020 年版《中国农村统计年鉴》。

表34　我国水产行业固定资产投资完成情况（2018—2019年）

单位：亿元

项　目	2018年	2019年	同比增长（%）
一、投资总额	1 439.2	1 665.2	15.7
二、本年新增固定资产		226	
三、固定资产交付使用率（%）			

资料来源：表中数据来自2020年版《中国统计年鉴》。

按国民经济行业分类统计农产品加工业现状

表35　我国农产品加工业规模以上工业企业主要指标（2019年）

行　业	单位数（个）	营业收入（亿元）	利润总额（亿元）	资产总计（亿元）	负债合计（亿元）
合　计	122 009	207 561.5	13 410.4	167 597.3	80 845.7
农副食品加工业	21 346	47 412.6	2 052.0	29 773.1	16 998.2
食品制造业	8 043	19 510.7	1 789.1	16 508.7	7 912.9
酒、饮料和精制茶制造业	5 674	15 336.1	2 286.7	17 932.0	7 492.4
烟草制品业	107	11 135.0	933.1	10 378.4	2 332.7
纺织业	18 018	24 665.8	1 132.5	19 927.1	11 128.8
纺织服装、服饰造业	13 353	15 617.8	877.6	11 627.9	5 730.7
皮革、毛皮、羽毛及其制品和制鞋业	8 319	11 861.5	800.7	6 717.4	3 238.4
木材加工及竹、藤、棕、草制品业	9 012	8 879.9	427.1	4 996.7	2 678.5
家具制造业	6 472	7 346.0	488.4	5 931.9	3 164.8
造纸及纸制品业	6 579	13 335.1	732.3	14 935.1	8 664.3
印刷业和记录媒介复制业	5 673	6 794.0	469.0	5 906.9	2 717.9
橡胶制品业	19 413	25 667.0	1 421.9	22 962.1	11 464.6

表36 我国农产品加工业规模以上工业企业主要成本性指标（2019年）

行 业	营业成本 （亿元）	销售费用 （亿元）	管理费用 （亿元）	财务费用 （亿元）	平均用工人数 （万人）
合 计	**169 075.2**	**7 472.1**	**9 564.8**	**1 534.3**	**2 163.5**
农副食品加工业	42 410.1	1 102.5	1 360.1	377.5	288.4
食品制造业	15 035.1	1 727.9	987.7	108.9	176.3
酒、饮料和精制茶制造业	10 223.8	1 284.8	798.3	71.5	119.3
烟草制品业	3 799.3	157.7	499.7	−54.1	16.2
纺织业	21 734.3	452.3	1 070.9	271.8	348.0
纺织服装、服饰造业	13 198.8	567.8	859.7	106.6	301.7
皮革、毛皮、羽毛及其制品和制鞋业	10 091.2	300.5	566.6	75.3	211.5
木材加工及竹、藤、棕、草制品业	7 840.4	195.5	311.9	67.4	93.7
家具制造业	6 040.6	305.0	474.7	46.5	113.4
造纸及纸制品业	11 422.7	416.6	630.6	192.9	115.9
印刷业和记录媒介复制业	5 612.2	193.2	463.2	49.0	85.0
橡胶制品业	21 666.7	768.3	1 541.4	221.0	294.1

表37 我国农产品加工业国有及国有控股工业企业主要指标（2019年）

行 业	单位数 （个）	主营业务 （亿元）	利润总额 （亿元）	资产总计 （亿元）	负债合计 （亿元）
合 计	**2 453**	**23 237.2**	**2 394.1**	**26 274.1**	**9 634.5**
农副食品加工业	670	3 186.9	50.1	2 111.9	1 443.2
食品制造业	320	1 311.8	72.5	1 439.1	757.6
酒、饮料和精制茶制造业和精制茶制造业	277	3 951.0	1 189.5	6 777.6	2 186.8
烟草制品业	88	11 096.7	930.3	10 313.3	2 293.9
纺织业	149	697.7	14.1	1 103.6	545.1
纺织服装、服饰造业	201	208.8	4.5	357.3	140.3
皮革、毛皮、羽毛及其制品和制鞋业	29	83.3	4.2	104.9	46.3
木材加工及竹、藤、棕、草制品业	71	170.0	−4.0	322.2	213.2
家具制造业	22	140.0	26.5	168.8	109.7
造纸及纸制品业	101	589.6	23.7	1 054.2	650.3
印刷业和记录媒介复制业	278	598.2	58.8	807.2	261.3
橡胶制品业	247	1 203.2	23.9	1 714.0	986.8

表 38　我国农产品加工业国有及国有控股工业企业主要成本性指标（2019 年）

行　　业	营业成本（亿元）	销售费用（亿元）	管理费用（亿元）	财务费用（亿元）	平均用工人数（万人）
合　　计	**12 707.6**	**854.8**	**1 161.7**	**16.8**	**113.3**
农副食品加工业	2 953.0	76.2	76.9	28.3	14.8
食品制造业	1 031.5	135.1	69.2	10.6	12.8
酒、饮料和精制茶制造业和精制茶制造业	1 836.1	378.1	216.3	−17.5	24.6
烟草制品业	3 769.8	156.6	495.3	−54.6	15.6
纺织业	634.6	11.3	35.4	14.8	9.3
纺织服装、服饰造业	159.6	5.3	44.6	−0.6	8.1
皮革、毛皮、羽毛及其制品业	69.2	1.9	7.6	0.5	1.7
皮革、毛皮、羽毛及其制品和制鞋业	151.1	6.2	10.8	4.5	2.0
家具制造业	107.2	2.7	19.7	−0.6	0.7
造纸及纸制品业	493.0	18.7	42.7	15.4	4.8
印刷业和记录媒介复制业	460.8	11.9	68.7	−0.4	7.5
橡胶制品业	1 041.7	50.8	74.5	16.4	11.4

表 39　我国农产品加工业外商投资和港澳台商投资工业企业主要指标（2019 年）

行　　业	单位数（个）	营业收入（亿元）	利润总额（亿元）	资产总计（亿元）	负债合计（亿元）
合　　计	**13 295**	**41 745.9**	**34 141.7**	**37 682.0**	**18 669.4**
农副食品加工业	1 319	7 747.7	6 993.9	5 585.2	3 406.4
食品制造业	1 069	5 710.7	3 920.0	4 919.9	2 214.8
酒、饮料和精制茶制造业	609	3 103.7	2 204.0	3 038.8	1 543.0
纺织业	1 778	4 061.0	3 489.8	3 854.5	1 774.1
纺织服装、服饰业	2 256	4 148.1	3 521.7	3 420.5	1 675.9
皮革、毛皮、羽毛及其制品和制鞋业	1 208	3 714.0	3 081.4	2 194.3	1 021.4
木材加工及竹、藤、棕、草制品业	263	413.2	349.4	411.0	210.4
家具制造业	646	1 388.6	1 140.8	1 321.1	719.0
造纸及纸制品业	765	3 979.3	3 284.7	5 488.0	2 794.7
印刷业和记录媒介复制业	531	1 100.1	876.2	1 284.4	507.4
橡胶制品业	2 851	6 379.5	5 279.8	6 164.3	2 802.3

表 40　我国农产品加工业外商投资和港澳台商投资工业企业主要成本性指标（2019 年）

行　业	营业成本（亿元）	销售费用（亿元）	管理费用（亿元）	财务费用（亿元）	平均用工人数（万人）
合　　计	34 141.7	2 347.1	2 236.8	229.7	469.4
农副食品加工业	6 993.9	207.9	190.1	48.0	37.9
食品制造业	3 920.0	881.7	336.6	4.1	41.9
酒、饮料和精制茶制造业	2 204.0	393.6	145.2	4.3	22.5
纺织业	3 489.8	92.5	222.9	32.5	53.4
纺织服装、服饰业	3 521.7	154.0	249.1	21.6	87.1
皮革、毛皮、羽毛及其制品和制鞋业	3 081.4	121.0	204.8	15.5	71.4
木材加工及竹、藤、棕、草制品业	349.4	15.9	22.9	5.3	5.3
家具制造业	1 140.8	55.0	110.4	5.5	21.2
造纸及纸制品业	3 284.7	165.5	206.1	53.6	22.3
印刷业和记录媒介复制业	876.2	40.3	90.8	5.9	18.0
橡胶制品业	5 279.8	219.7	457.9	33.4	88.4

表 41　我国农产品加工业私有工业企业主要指标（2019 年）

行　业	企业数（个）	营业收入（亿元）	利润总额（亿元）	资产总计（亿元）	负债合计（亿元）
合　　计	86 094	101 511.7	5 413.6	63 477.1	34 646.3
农副食品加工业	14 355	23 537.7	1 119.1	12 729.7	6 805.9
食品制造业	4 849	7 413.5	542.8	4 877.4	2 328.3
酒、饮料和精制茶制造业	3 441	4 836.4	404.5	3 431.9	1 590.4
烟草制品业	7	9.6	0.8	26.2	20.2
纺织业	13 980	15 551.1	682.4	10 659.2	6 471.1
纺织服装、服饰业	9 110	8 373.6	458.9	5 175.4	2 743.4
皮革、毛皮、羽毛及其制品和制鞋业	6 148	6 723.8	414.3	3 315.8	1 719.0
木材加工及竹、藤、棕、草制品业	7 573	6 976.7	333.2	3 140.5	1 675.3
家具制造业	4 925	4 735.7	304.8	3 465.7	1 818.8
造纸及纸制品业	4 578	5 955.3	266.3	3 940.6	2 414.9
印刷业和记录媒介复制业	3 830	3 797.2	215.7	2 508.4	1 365.1
橡胶制品业	13 298	13 601.1	670.8	10 206.3	5 693.9

表 42 我国农产品加工业私有工业企业主要成本性指标（2019 年）

行　　业	营业成本 （亿元）	销售费用 （亿元）	管理费用 （亿元）	财务费用 （亿元）	平均用工人数 （万人）
合　　计	**87 643.0**	**2 713.5**	**4 394.3**	**865.7**	**1 173.3**
农副食品加工业	20 891.1	517.3	716.8	179.3	154.8
食品制造业	6 079.3	350.1	365.1	56.4	77.8
酒、饮料和精制茶制造业	3 832.6	216.8	234.5	48.3	40.4
烟草制品业	7.4	0.2	1.4	0.1	0.1
纺织业	13 756.2	265.3	635.8	166.9	226.7
纺织服装、服饰业	7 117.0	279.3	430.5	61.0	160.3
皮革、毛皮、羽毛及其制品和制鞋业	5 788.6	145.6	285.5	53.0	112.1
木材加工及竹、藤、棕、草制品业	6 205.4	134.1	224.1	43.8	71.5
家具制造业	3 908.5	194.9	280.6	31.8	73.0
造纸及纸制品业	5 222.8	150.9	250.8	61.6	66.6
印刷业和记录媒介复制业	3 210.4	99.7	219.4	32.6	44.1
橡胶制品业	11 623.7	359.3	749.8	130.9	145.9

表 43 我国农产品加工业大中型工业企业主要指标（2019 年）

行　　业	企业数 （个）	营业收入 （亿元）	利润总额 （亿元）	资产总计 （亿元）	负债合计 （亿元）
合　　计	**13 939**	**103 285.4**	**8 579.4**	**96 545.4**	**44 933.7**
农副食品加工业	1 902	18 901.5	981.5	13 556.1	7 835.4
食品制造业	1 310	12 140.3	1 308.3	10 632.2	5 076.5
酒、饮料和精制茶制造业	756	9 644.1	1 848.6	12 470.9	4 788.5
烟草制品业	67	10 973.0	902.2	10 117.5	2 253.2
纺织业	2 198	11 546.7	651.8	10 435.2	5 421.5
纺织服装、服饰业	2 239	8 226.8	554.7	6 997.8	3 157.7
皮革、毛皮、羽毛及其制品和制鞋业	1 353	5 962.3	446.2	3 697.3	1 633.3
木材加工及竹、藤、棕、草制品业	398	1 693.7	123.8	1 304.8	656.1
家具制造业	755	3 503.9	297.5	3 264.8	1 710.7
造纸及纸制品业	687	7 346.9	520.1	10 302.8	5 903.0
印刷业和记录媒介复制业	551	2 549.9	230.6	2 585.1	1 009.8
橡胶制品业	1 723	10 796.3	714.1	11 180.9	5 488.0

表 44　我国农产品加工业大中型工业企业主要成本性指标（2019 年）

行　业	营业成本（亿元）	销售费用（亿元）	管理费用（亿元）	财务费用（亿元）	平均用工人数（万人）
合　计	**78 280. 9**	**4 775. 7**	**4 942. 1**	**691. 2**	**1 073. 1**
农副食品加工业	16 820. 5	460. 5	497. 3	162. 8	137. 7
食品制造业	8 958. 6	1 400. 3	584. 9	50. 6	105. 9
酒、饮料和精制茶制造业	5 712. 0	1 021. 6	503. 4	12. 4	72. 7
烟草制品业	3 693. 5	151. 9	484. 5	−52. 4	15. 2
纺织业	10 019. 6	228. 6	536. 0	141. 6	156. 6
纺织服装、服饰业	6 781. 1	383. 5	465. 0	56. 7	168. 7
皮革、毛皮、羽毛及其制品和制鞋业	4 980. 9	183. 6	321. 7	31. 4	125. 0
木材加工及竹、藤、棕、草制品业	1 418. 3	55. 0	75. 1	17. 3	21. 5
家具制造业	2 798. 9	169. 5	249. 5	20. 2	54. 9
造纸及纸制品业	6 131. 3	266. 2	356. 3	138. 0	47. 2
印刷业和记录媒介复制业	2 022. 9	84. 1	201. 3	15. 5	35. 9
橡胶制品业	8 943. 3	370. 9	667. 1	97. 1	131. 8

表 45　我国乳制品行业主要经济指标（2015—2019 年）

年份	企业数量（个）	营业收入（亿元）	利润总额（亿元）	消费量（万 t）
2015	538	3 328. 50		2 957. 9
2016	627	3 503. 89		3 204. 7
2017	611	3 590. 41	244. 87	3 259. 3
2018	587	3 582. 60	220. 60	2 681. 5
2019	565	3 946. 99	379. 35	3 026. 8

资料来源：表中数据由国家统计局提供。

表 46　林业系统农产品加工业总产值（2018—2019 年）

行　业	工业总产值（万元）		
	2018 年	2019 年	同比增长（％）
总　计	**762 727 590**	**807 510 000**	**5. 87**
1. 非木质林产品加工制造业	58 241 270	58 676 597	0. 75
2. 木材加工及竹、藤、棕、草制品业	128 158 726	133 988 804	4. 55
木材加工	22 919 180	26 170 659	14. 19
人造板制造业	66 863 043	68 017 090	1. 73
木制品制造业	28 373 177	28 107 173	−0. 94
竹、藤、棕、草制品制造业	10 003 326	11 693 882	16. 90
3. 木、竹、藤家具制造业	63 560 469	66 177 562	4. 12
4. 木、竹、苇浆造纸和纸制品业	66 465 191	69 610 978	4. 73
5. 林产化学产品制造业	6 025 110	5 704 470	−5. 32
6. 木质工艺品和木质文教体育用品制造		8 752 313	
7. 其　他	11 686 830	11 088 680	−5. 12

表 47 林业系统各地区农产品加工业总产值（2019 年）

单位：万元

地 区	总 计	非木质林产品加工制造业	木材加工和木、竹、藤、棕、苇制品制造				
			合 计	木材加工	人造板制造业	木制品制造业	竹、藤、棕、苇制品制造
全国总计	807 510 000	58 676 597	133 988 804	26 170 659	68 017 090	28 107 173	11 693 882
北 京	2 610 077						
天 津	336 160						
河 北	14 607 173	2 381 541	3 795 352	535 457	2 962 149	296 384	1 362
山 西	5 319 197	421 441	59 716	42 493	11 509	5 714	
内蒙古	4 869 345	66 416	1 056 968	1 015 720	40 772	476	
辽 宁	10 145 402	573 610	1 188 349	328 291	218 037	575 879	66 142
吉 林	11 255 288	2 506 168	1 897 628	292 693	840 912	764 023	
黑龙江	12 852 222	493 648	1 196 228	734 682	127 804	290 514	43 228
上 海	2 922 402		398 800		398 800		
江 苏	48 934 524	1 903 455	18 976 418	1 547 415	12 865 900	4 070 194	492 909
浙 江	51 672 221	2 631 566	7 282 287	986 377	1 466 537	3 743 522	1 085 851
安 徽	43 452 388	3 584 051	11 880 572	2 054 700	6 966 605	1 482 468	1 376 799
福 建	64 505 423	7 565 169	14 370 608	1 602 650	2 296 434	5 986 295	4 485 229
江 西	51 120 531	1 859 869	4 214 270	799 167	1 277 039	1 693 142	444 922
山 东	65 877 734	6 061 516	21 602 079	3 126 411	17 003 090	1 282 171	190 407
河 南	21 439 310	1 549 233	3 556 308	974 459	2 253 166	263 757	64 926
湖 北	40 957 696	3 155 751	4 090 027	567 361	1 924 408	1 308 157	290 101
湖 南	50 297 711	4 109 305	5 498 991	1 180 830	1 180 720	1 408 855	1 728 586
广 东	84 159 503	6 865 775	5 681 015	1 037 358	2 681 348	1 525 687	436 622
广 西	70 426 465	2 406 407	20 515 965	7 196 563	11 012 897	1 923 334	383 171
海 南	6 541 382	229 913	240 557	136 925	82 621	8 221	12 790
重 庆	13 901 849	470 014	986 723	283 993	315 575	243 628	143 527
四 川	39 478 893	1 651 959	2 686 075	749 552	1 148 265	441 572	346 686
贵 州	33 645 800	2 244 689	737 979	390 543	218 582	80 279	48 575
云 南	24 841 778	3 724 975	1 723 853	445 400	598 638	642 521	37 294
西 藏	396 405		2 036	2 036			
陕 西	14 132 385	999 908	241 130	92 350	74 224	60 357	
甘 肃	4 307 313	217 036	12 210	6 413	4 533	708	14 199
青 海	699 625	27 140	34 050	2 550	31 500		556
宁 夏	1 549 705	339 736					
新 疆	9 213 675	604 126	53 822	38 245	15 025	552	
大兴安岭	1 040 418	32 180	8 788	25		8 763	

（续）

地　区	木质、竹、藤家具制造业	林产化学产品制造业	木、竹、苇浆造纸及纸制品业	木质工艺品和木质文教体育用品制造	其　他
全国总计	**66 177 562**	**5 704 470**	**69 610 978**	**8 752 313**	**11 088 680**
北　京					
天　津					
河　北	530 129	49 530	34 149	9 445	31 582
山　西	33 967	1 120	635	143	19 696
内蒙古	2 281	1 800	29 623	46	40 822
辽　宁	588 129		243 395	7 570	80 141
吉　林	474 067	9 147	435 079	23 958	124 072
黑龙江	301 094	2 027	255 026	77 247	231 319
上　海	991 267		1 000 000		
江　苏	2 235 522	998 224	4 712 959	273 550	626 765
浙　江	5 303 035	152 008	9 573 190	2 398 572	192 667
安　徽	2 361 807	146 768	698 549	563 752	362 509
福　建	6 449 701	1 169 434	9 813 412	1 723 055	1 437 183
江　西	14 141 338	710 825	466 221	300 872	191 734
山　东	2 889 530		4 747 854	1 720 604	302 412
河　南	1 268 943	22 955	929 640	184 236	379 277
湖　北	1 956 005	47 062	2 229 432	114 512	903 572
湖　南	2 032 796	23 053	2 523 272	374 983	984 256
广　东	17 265 321	483 899	22 909 622	198 204	932 828
广　西	2 563 876	998 182	3 720 560	268 290	2 322 093
海　南	7 876	644	2 235 267	2 025	107
重　庆	1 157 664	10 928	866 703	144 344	339 665
四　川	2 962 654	178 515	1 466 237	52 562	804 442
贵　州	343 009	80 005	425 519	267 472	254 027
云　南	247 783	405 162	266 806	38 290	212 927
西　藏					
陕　西	62 173		25 768	8 471	185 542
甘　肃	7 475			110	16 884
青　海					20 030
宁　夏					705
新　疆	120		2 060		91 256
大兴安岭		5 704			167

表 48 我国水产品加工业发展情况（2018—2019 年）

项　目	单　位	2018 年	2019 年	同比增长（%）
一、水产加工企业	个	9 336	9 323	−0.14
水产品加工能力	t/年	28 921 556	28 882019	−0.14
其中：规模以上加工企业	个	2 524	2 570	1.82
二、水产冷库	座	7 957	8 056	1.24
冻结能力	t/d	868 930	930 543	7.09
冷藏能力	t/次	4 671 761	4 620 653	−1.09
制冰能力	t/d	202 420	208 177	2.84
三、水产加工品总量	t	21 568 505	21 714 136	0.68
淡水加工产品	t	3 818 330	3 953 244	3.53
海水加工产品	t	17 750 175	17 760 892	0.06
（一）水产冷冻品	t	15 149 561	15 322 657	1.14
其中：冷冻品	t	7 732 722	7 938 585	2.66
冷冻加工品	t	7 416 839	7 384 072	−0.44
（二）鱼糜制品及干腌制品	t	3 079 607	2 915 215	−5.34
其中：鱼糜制品	t	1 455 460	1 393 957	−4.23
干腌制品	t	1 624 147	1 521 258	−6.33
（三）藻类加工品	t	1 106 594	1 151 716	4.08
（四）罐制品	t	355 774	354 145	−0.46
（五）水产饲料（鱼粉）	t	649 934	699 008	7.55
（六）鱼油制品	t	72 562	48 991	−32.48
（七）其他水产加工品	t	1 154 473	1 103 978	−4.37
其中：助剂和添加剂	t	70 151	67 845	−3.29
珍珠	kg	152 400	166 710	9.39
四、用于加工的水产品总量	t	26 534 066	26 499 616	−0.13
其中：淡水产品	t	5 543 884	5 581 716	0.68
海水产品	t	20 990 182	20 917 900	−0.34
五、部分水产品年加工量	t	1 797 118	1 728 887	−3.80
其中：对虾	t	517 358	487 141	−5.84
克氏原螯虾	t	409 044	509 938	24.67
罗非鱼	t	697 229	559 876	−19.70
鳗鱼	t	129 061	122 454	−5.12

资料来源：表中数据来自 2020 年版《中国渔业统计年鉴》。

表 49　我国水产品加工业加工能力、产量及产值（2015—2019 年）

年　份	加工企业数（个）	加工能力（万 t/年）	水产品加工总产量		折合水产品原料（万 t）	总产值（亿元）	占水产品总产值比率（%）
			总产量（万 t）	同比增长（%）			
2015	9 892	2 810.3	2 092.3	1.91	2 274.3		
2016	9 694	2 849.1	2 165.4	3.50		4 090.2	
2017	9 674	2 926.2	2 196.3	1.43		4 305.1	
2018	9 336	2 892.2	2 156.9	−1.79			
2019	9 323	2 888.2	2 171.4	0.68			

表 50　我国沿海省、自治区、直辖市水产品加工业生产情况（2018—2019 年）

单位：万 t

地　区	2018 年	2019 年	同比增长（%）
全国总计	2 156.85	2 171.41	0.68
天　津	0.20	0.18	−10.00
河　北	7.31	8.41	15.05
辽　宁	248.82	239.10	−3.91
上　海	1.29	1.32	2.33
江　苏	128.22	128.71	0.38
浙　江	189.64	198.82	4.84
福　建	412.78	429.71	4.10
山　东	677.31	668.43	−1.31
广　东	144.64	135.01	−6.66
广　西	73.77	74.18	0.56
海　南	47.68	38.86	−18.50
11 省份小计	1 931.66	1 923.73	−0.41
占全国比重（%）	89.56	88.59	−1.08

资料来源：表中数据来自 2020 年版《中国渔业统计年鉴》。

表 51　我国农业系统农产品加工企业主要经济指标（2019 年）

项　　目	单　　位	2019 年
企业个数	万个	8.1
营业收入	万亿元	14.69
同比增长	%	2.1
利润总额	万亿元	0.97
同比增长	%	1.5
税金总额	亿元	
同比增长	%	

资料来源：表中数据由农业农村部提供。

表 52 我国渔业经济总产值（2018—2019 年）

单位：万元

指 标	2018 年	2019 年	同比增长（%）
渔业经济总产值	258 644 732.15	264 064 971.47	2.10
1. 渔业	128 154 129.31	129 344 905.31	0.93
其中：海水养殖	35 720 005.13	35 752 877.65	0.09
淡水养殖	58 842 681.35	61 865 997.32	5.14
海洋捕捞	22 287 573.77	21 160 229.84	−5.06
淡水捕捞	4 657 715.05	3 980 895.96	−14.53
水产苗种	6 646 154.01	6 584 904.54	−0.92
2. 渔业工业和建筑业	56 750 934.70	58 991 718.57	3.95
其中：水产品加工	43 367 909.15	44 646 079.21	2.95
渔用机具制造	3 848 943.61	3 792 916.75	−1.46
其中：渔船渔机修造	2 311 046.24	2 337 259.60	1.13
渔用绳网制造	1 361 687.19	1 282 381.00	−5.82
渔用饲料	6 471 452.71	7 378 617.49	14.02
渔用药物	194 976.24	211 431.69	8.44
建筑业	1 936 329.03	2 087 174.64	7.79
其他	931 323.96	875 498.79	−5.99
3. 渔业流通和服务业	73 739 668.14	75 728 347.59	2.70
其中：水产流通	58 392 955.22	59 741 538.89	2.31
水产（仓储）运输	4 128 041.97	4 241 603.22	2.75
休闲渔业	9 022 548.17	9 636 785.82	6.81
其他	2 196 122.78	2 108 419.66	−3.99

表 53　全国主要经济林产品生产情况（2019 年）

单位：t

指　　标	产　　量
各类经济林产品总量	195 088 331
一、水果	159 104 131
二、干果	12 050 980
其中：板栗	2 198 130
枣（干重）	5 284 979
秦子	137 167
松子	133 757
三、林产饮料产品（干重）	2 411 842
四、林产调料产品（干重）	747 439
五、森林食品	4 680 038
其中：竹笋干	1 032 505
六、森林药材	4 541 553
其中：杜仲	253 512
七、木本油料	7 706 323
1. 油茶籽	2 679 270
2. 核桃（干重）	4 689 184
3. 油橄榄	62 955
4. 油用牡丹籽	37 035
5. 其他木本油料	237 879
八、林产工业原料	3 846 025
其中：紫胶（原胶）	6 549

表 54 各地区主要经济林产品生产情况（2019 年）

单位：t

地 区	各类经济林产品总量						
	合计	水果	干果				
			小计	板栗	枣（干重）	榛子	松子
全国总计	195 088 331	159 104 131	12 050 980	2 198 130	5 284 979	137 167	133 757
北　京	694 086	648 148	33 476	22 529	1 373		
天　津	187 777	184 259	1 743	1 743		12 438	23
河　北	10 304 221	9 244 027	798 529	326 510	309 281	69	283
山　西	6 975 206	5 372 759	1 195 700	2 803	815 546	11 486	
内 蒙 古	195 088 331	715 278	35 803		708		
辽　宁	6 488 947	5 352 106	482 983	144 196	133 497	86 755	42 481
吉　林	597 487	361 285	27 208	436		3 941	19 475
黑 龙 江	754 358	322 417	35 879			14 034	15 936
上　海	276 462	276 318					
江　苏	3 210 215	2 990 424	48 249	12 151	9 191		86
浙　江	5 163 846	4 510 539	89 335	70 967	1 409		
安　徽	4 875 816	4 046 809	153 271	109 454	17 674	727	
福　建	8 048 404	6 173 147	216 057	86 904	3 444	1 580	
江　西	6 227 651	4 639 333	41 181	21 339	754	70	325
山　东	19 489 764	18 418 008	715 673	256 351	222 556	3 760	
河　南	7 092 212	5 890 355	345 197	105 724	87 193		
湖　北	9 372 918	7 626 248	445 302	390 281	11 778		
湖　南	8 623 170	6 491 042	165 657	107 812	25 385		176
广　东	12 101 367	11 217 830	77 545	39 589	2 832		
广　西	19 560 159	17 596 487	169 749	109 757	8 289	1 582	1
海　南	5 302 415	2 580 731	2 317 415				
重　庆	4 320 358	3 795 585	36 490	23 656	4 120		757
四　川	9 736 803	8 207 792	93 143	51 729	12 195		11 743
贵　州	4 166 400	2 756 240	151 316	81 033	1 464		12 794
云　南	9 984 190	5 894 663	220 909	142 648	3 092	20	23 720
西　藏	26 997	18 184					
陕　西	12 214 754	10 263 374	1 117 524	86 600	858 933		5 778
甘　肃	6 466 734	5 947 108	130 766	3 631	84 068	15	151
青　海	384 783	855	28 026				
宁　夏	830 159	685 008	49 143		45 234	4	
新　疆	10 795 800	6 877 772	2 826 997	287	2 624 963		
大 兴 安 岭	12 954		714			686	28

（续）

地　区	各类经济林产品总量					
	林产饮料产品（干重）	林产调料产品（干重）	森林食品		森林药材	
			小计	其中：竹笋干	小计	其中：杜仲
全国总计	2 411 842	747 439	4 680 038	1 032 505	4 541 553	253 512
北　京						
天　津						
河　北	187	3 530	25 211		70 559	50
山　西	17 500	13 470	31 593		86 934	10
内 蒙 古	13 420		9 558		26	
辽　宁	39 000		559 915		40 072	2
吉　林			83 295		100 606	
黑 龙 江	4 573		265 686		125 079	
上　海			144	144		
江　苏	12 708	99	51 445	727	95 861	65
浙　江	178 292		250 789	191 223	16 534	108
安　徽	125 606	954	129 084	41 228	185 570	1 257
福　建	329 183		774 257	214 917	203 595	71
江　西	48 170	377	328 867	60 796	200 630	6 859
山　东	46 951	38 352	72 699		21 472	25
河　南	22 619	29 625	269 979	1 507	245 578	20 952
湖　北	314 884	2 846	331 811	19 891	256 320	16 457
湖　南	158 455	1 707	154 764	64 342	442 991	143 702
广　东	89 184	66 690	84 423	60 677	114 465	
广　西	71 277	156 673	237 377	180 536	302 697	4 114
海　南	1 306	23 290	364	363	28 990	
重　庆	32 640	97 949	86 060	28 132	214 185	9 748
四　川	160 833	105 333	257 151	104 802	279 743	25 119
贵　州	234 798	11 031	340 654	17 834	448 364	14 046
云　南	409 380	98 088	259 289	40 961	345 294	992
西　藏					3 975	
陕　西	97 827	49 738	63 000	4 424	117 561	9 895
甘　肃	3 048	47 425	1 340	1	97 247	40
青　海	1	9			353 014	
宁　夏		253			92 997	
新　疆					30 904	
大 兴 安 岭			11 393		847	

（续）

地　　区	各类经济林产品总量							
	木本油料						林产工业原料	
	小计	油茶籽	核桃（干重）	油橄榄	油用牡丹籽	其他木本油料	小计	其中：紫胶（原胶）
全国总计	7 706 323	2 679 270	4 689 184	62 955	37 035	237 879	3 846 025	6 549
北　　京	12 462		1 460		2			
天　　津	1 775		1 775					
河　　北	160 978		159 765		159	1 054	1 200	
山　　西	257 250		254 877		989	1 384		
内 蒙 古	500					500	8 000	
辽　　宁	14 871		13 011		1	1 859		
吉　　林	25 093		25 032			61		
黑 龙 江	724		724					
上　　海								
江　　苏	2 409	152	1 892		336	49	9 000	
浙　　江	100 057	74 022	25 974			61	18 300	
安　　徽	130 749	94 096	26 659		9 111	833	103 773	
福　　建	142 127	130 330		64		11 733	210 038	
江　　西	426 684	421 686	13			4 985	542 409	
山　　东	176 609		164 472		11 018	1 119		
河　　南	242 429	54 822	177 022		5 552	5 033	46 430	
湖　　北	335 133	209 419	122 401	191	2 539	583	60 374	
湖　　南	1 110 847	1 100 375	7 584	2	51	2 835	97 707	
广　　东	164 802	161 528				3 274	286 428	656
广　　西	300 587	265 059	2 558			32 970	725 312	
海　　南	21 906	21 906					328 413	
重　　庆	49 492	12 929	27 776	1 600	97	7 090	7 957	
四　　川	624 334	19 792	563 233	20 607	143	20 559	8 474	
贵　　州	178 764	70 750	97 234	3	240	10 537	45 233	
云　　南	1 422 208	25 193	1 341 927	1 064	1 747	52 277	1 334 359	5 893
西　　藏	4 838	9	4 829					
陕　　西	493 287	17 202	398 987	140	4 770	72 218	12 443	
甘　　肃	239 625		194 853	39 284	249	5 239	175	
青　　海	2 878		2 878					
宁　　夏	2 758		2 697		61			
新　　疆	1 060 127		1 058 551			1 576		
大兴安岭								

表 55 我国饮料行业主要经济指标（2018—2019 年）

指　标	单　位	2018 年	2019 年	同比增长（%）
企业单位数	个	6 805	5 674	−16.62
总产量	万 t	15 679.2		
营业收入	亿元	15 534.9	15 336.1	−1.28
利润总额	亿元	2 094.3	2 286.7	9.19
职工人数	万人	129.6	119.3	−7.95
资产总计	亿元	17 688.7	17 932.0	1.38
负债合计	亿元	7 438.5	7 492.4	0.72

注：表中数据来自 2020 年版《中国统计年鉴》，以上数据为规模以上工业企业的经济指标。

表 56 我国酿酒行业主要酒种销售收入增长情况（2019 年）

单位:%

指　标	产销量增长	销售收入增长	利润总额增长
白　酒	−0.8	8.2	14.5
啤　酒	1.1	4.8	10.0
葡萄酒	−10.1	−17.5	−16.7
发酵酒精	−2.5	12.5	−151.9

资料来源：表中数据由国家统计局提供。

表 57 我国酿酒行业主要经济指标（2018—2019 年）

指　标	单　位	2018 年	2019 年	同比增长（%）
企业单位数	个	2 546	2 129	−16.4
产品产量	万 kL	5 631.9	5 590.1	0.1
营业收入	亿元	8 122.7	8 350.7	2.8
利润总额	亿元	1 476.5	1 611.7	9.2

资料来源：表中数据由国家统计局提供。

表 58 我国乳制品行业主要经济指标（2018—2019 年）

指　标	单　位	2018 年	2019 年	同比增长（%）
年末奶牛存栏	万头	1 037.7	1 044.7	0.70
全年奶类总产量	万 t	3 176.8	3 297.6	3.80
其中：牛奶产量	万 t	3 074.6	3 201.2	4.12
全国乳制品产量	万 t	2 687.1	2 719.4	5.60

（续）

指　标	单　位	2018 年	2019 年	同比增长（%）
其中：液态乳	万 t	2 505.5	2 537.7	5.80
乳粉	万 t		105.2	2.40
乳制品工业总产值	亿元			
营业收入	亿元	3 582.6	3 947.0	10.17
乳制品加工利润总额	亿元			
城镇居民人均消费	kg			
乳制品进口量	万 t	281.64	313.16	11.19
乳制品进口额	亿美元	106.93	118.61	10.92
乳制品出口量	万 t	5.65	5.75	1.61
乳制品出口额	亿美元	3.76	4.58	21.61

资料来源：表中数据由国家统计局提供。

表 59　我国烟草工业主要经济指标（2018—2019 年）

指　标	单　位	2018 年	2019 年	同比增长（%）
企业数	个	116	107	−7.76
工业总产值	亿元			
营业收入	亿元	10 465.4	11 135.0	6.40
利润总额	亿元	923.5	933.1	1.04
平均用工人数	万人	16.2	16.2	0.00
资产总计	亿元	10 881.1	10 378.4	−4.62
负债合计	亿元	2 619.6	2 332.7	−10.95

表 60　我国纺织工业主要经济指标（2018—2019 年）

指　标	单　位	2018 年	2019 年	同比增长（%）
企业数	个	19 122	18 018	−5.77
工业总产值	亿元			
营业收入	亿元	27 863.1	24 665.8	−11.48
利润总额	亿元	1 265.3	1 132.5	−10.50
平均用工人数	万人	331.8	348.0	4.66
资产总计	亿元	21 819.8	19 927.1	−8.67
负债合计	亿元	12 324.0	11 128.8	−9.70

表 61　我国纺织服装、服饰业主要经济指标（2018—2019 年）

指　　标	单　位	2018 年	2019 年	同比增长（%）
企业数	个	14 827	13 353	−9.94
工业总产值	亿元			
营业收入	亿元	17 417.7	15 617.8	−10.33
利润总额	亿元	1 006.8	877.6	−12.83
平均用工人数	万人	335.6	301.7	−11.24
资产总计	亿元	12 515.9	11 627.9	−7.09
负债合计	亿元	6 075.6	5 730.7	−5.68

表 62　我国皮革、皮毛、羽毛及其制品和制鞋业经济运行情况（2018—2019 年）

指　　标	单　位	2018 年	2019 年	同比增长（%）
企业数	个	8 550	8 319	−2.70
工业总产值	亿元			
营业收入	亿元	12 130.5	11 861.5	−2.22
利润总额	亿元	721.0	800.7	11.05
平均用工人数	万人	214.0	211.5	−1.17
资产总计	亿元	6 511.3	6 717.4	3.17
负债合计	亿元	3 103.3	3 238.4	4.35

资料来源：数据来自 2020 年版《中国统计年鉴》。

表 63　我国家具制造业经济运行情况（2018—2019 年）

指　　标	单　位	2018 年	2019 年	同比增长（%）
企业数	个	6 300	6 472	2.73
工业总产值	亿元			
营业收入	亿元	7 081.7	7 346.0	3.73
利润总额	亿元	425.9	488.4	14.67
资产总计	亿元	5 624.1	5 931.9	3.73
负债合计	亿元	2 900.0	3 164.8	9.13
平均用工人数	亿元	110.4	113.4	2.72

资料来源：数据来自 2020 年版《中国统计年鉴》。

表 64　我国造纸和纸制品业经济运行情况（2018—2019 年）

指　　标	单　位	2018 年	2019 年	同比增长（%）
企业数	个	6 704	6 579	−1.86
营业收入	亿元	14 012.8	13 335.1	−4.84
利润总额	亿元	766.4	732.3	−4.45
资产总计	亿元	14 715.2	14 935.1	1.49
负债合计	亿元	8 491.7	8 664.3	2.03
平均用工人数	万人	106.2	115.9	9.13

资料来源：数据来自 2020 年版《中国统计年鉴》。

表 65　我国新闻出版业基本情况（2018—2019 年）

	类　别	单　位	2018 年	2019 年	同比增长（％）
总 计	图书、期刊、报纸总印张	亿印张	1 937.18	1 855.82	−4.20
	折合用纸量	万 t			
	其中：书籍用纸量	万 t			
	课本用纸量	万 t			
	期刊用纸量	万 t			
	报纸用纸量	万 t			
	图片用纸量	万 t			
图 书	出版总量	种	519 250	505 979	−1.86
	其中：初版图书	种	247 108	224 762	−2.56
	重版重印图书	种	272 142	281 217	−9.04
	总印数	亿册（张）	82.91	86.93	3.33
	总印张	亿印张	758.20	800.43	4.85
	折合用纸量	万 t			
	定价金额	亿元	1 870.90	2 032.97	8.66
期 刊	出版总数	种	10 139	10 171	0.32
	平均期印数	万册	12 331	11 957	−3.03
	总印数	亿册	22.92	21.89	−4.48
	总印张	亿印张	126.75	121.27	−4.32
	折合用纸量	万 t			
	定价金额	亿元	217.92	219.83	0.88
报 纸	出版种数	种	1 871	1 851	−1.07
	平均期印数	万份	17 584.84	17 303.34	−1.60
	总印数	亿份	337.26	317.59	−5.83
	总印张	亿印张	927.90	796.51	−14.16
	折合用纸量	万 t			
	定价金额	亿元	393.45	392.39	−0.27
电子出版物 及音像制品	出版种数	种	19 466	19 782	1.62
	出版数量	万盒（张）	50 008.40	52 433.24	4.85
	发行数量	亿盒（张）			
	发行金额	亿元			
出版物进出口 出口	图书、期刊、报纸				
	出口数量	万册	1 696.07	1 653.43	−2.51
	出口金额	万美元	7 194.75	7 483.15	4.01
进口	图书、期刊、报纸				
	进口数量	万册	4 088.02	4 206.50	2.90
	进口金额	万美元	36 202.19	38 560.51	6.51

资料来源：表中数据来自国家新闻出版署。

表 66　我国印刷和记录媒介复制业主要经济指标（2018—2019 年）

指　　标	单　位	2018 年	2019 年	同比增长（%）
企业数	个	5 406	5 673	4.94
营业收入	亿元	6 471.4	6 794.0	4.99
利润总额	亿元	425.6	469.0	10.20
资产总计	亿元	5 752.4	5 906.9	2.69
负债合计	亿元	2 576.0	2 717.9	5.51
平均用工人数	万人	84.5	85.0	0.59

资料来源：表中数据来自 2020 版《中国统计年鉴》。

表 67　我国农产品加工业能源消费总量和主要能源品种消费量（2018 年）

行　　业	能源消费总量（万 t 标准煤）	煤炭消费量（万 t）	焦炭消费量（万 t）	原油消费量（万 t）	汽油消费量（万 t）	煤油消费量（万 t）	柴油消费量（万 t）	燃料油消费量（万 t）	天然气消费量（亿 m³）	电力消费量（亿 kW·h）
合　　计	27 132	10 188	141	0	61	0	104	21	154	6 011
农副食品加工业	4 036	1 871	137		10		26	2	21	764
食品制造业	1 959	1 619	1		5		10	2	20	277
酒、饮料和精制茶制造业	1 317	690			4		6	1	15	169
烟草加工业	198	15			2				1	53
纺织业	7 372	951	2		7		7	5	37	1 748
纺织服装、服饰业	866	57			6		5	1	6	233
皮革、毛皮、羽毛及其制品和制鞋业	546	33			4		2		2	158
木材加工及竹、藤、棕草制品业	1 059	108			2		6		3	270
家具制造业	367	5	1		3		4		2	109
造纸及纸制品业	4 102	4 272			3		15	6	26	728
印刷业和记录媒介复制	517	66			4				4	126
橡胶制品业	4 793	501			13		17	4	17	1 376

农产品加工业主要产品产量

表 68　我国农产品加工业主要产品产量（2018—2019 年）

产 品 名 称	单 位	2018 年	2019 年	同比增长（%）
原盐	万 t	6 363.61	6 701.44	5.31
精制食用植物油	万 t	4 940.43	5 421.76	9.74
成品糖	万 t	1 198.77	1 389.39	15.90
罐头	亿 t	1 047.85	1 034.63	−1.26
啤酒	万 kL	3 800.83	3 765.29	−0.94
卷烟	亿支	23 375.59	23 642.49	1.14
纱	万 t	3 078.88	2 827.16	−8.18
布	亿 m	698.47	555.19	−20.51
机制纸及纸板	万 t	12 045.97	12 515.30	3.90
中成药	万 t	259.01	282.36	9.02
合成橡胶	万 t	691.39	743.96	7.60
橡胶轮胎外胎	万条	88 608.72	84 445.28	−4.70
化学纤维	万 t	5 418.02	5 883.37	8.59

表 69　我国淀粉产量及品种情况（2018—2019 年）

单位：万 t

品 种	2018 年	2019 年	同比增长（%）	占总淀粉（%）
合 计	2 926.04	3 182.35	8.76	100.00
玉米淀粉	2 815.00	3 097.00	10.02	97.32
木薯淀粉	26.27	17.01	−35.26	0.53
马铃薯淀粉	59.20	45.49	−23.15	1.43
甘薯淀粉	25.57	22.85	−10.64	0.72
小麦淀粉				

资料来源：表中数据由中国淀粉工业协会提供。

表 70　我国淀粉深加工品产量（2018—2019 年）

单位：万 t

主要品种	2018 年	2019 年	同比增长（%）	占深加工品（%）
合 计	1 600.52	1 737.80	8.58	100.00
变性淀粉	165.87	175.78	5.97	10.12
固体淀粉糖	374.55	451.00	20.41	25.95
液体淀粉糖	947.93	985.00	3.91	56.68
糖 醇	112.17	126.02	12.35	7.25

资料来源：表中数据由中国淀粉工业协会提供。

表71 我国变性淀粉主要品种产量（2018—2019年）

单位：万t

主要品种	2018年	2019年	同比增长（%）	占比（%）
合 计	97.13	103.48	22.59	100.00
氧化淀粉	29.15	27.96	−4.08	23.48
复合变性淀粉	19.88	31.92	60.56	26.81
醋酸酯淀粉	18.41	21.61	17.38	18.15
阳离子淀粉	15.93	21.99	38.04	18.47
磷酸酯淀粉	13.76	15.59	13.30	13.09

资料来源：表中数据由中国淀粉工业协会提供。

表72 我国玉米淀粉生产规模情况（2018—2019年）

项 目	单 位	2018年	2019年	同比增长（%）
年产100万t以上的企业	个	8	9	12.5
年产100万t以上的企业总产量	万t	1 435.7	1 672.4	16.5
占全国玉米淀粉总产量	%	51.0	54.0	5.9
年产40万t以上的企业	个	25	27	8.0
年产40万t以上的企业总产量	万t	2 449.1	2 756.3	12.5
占全国玉米淀粉总产量	%	87	89	2.3

资料来源：表中数据由中国淀粉工业协会提供。

表73 我国部分淀粉深加工品生产规模情况（2018—2019年）

	项 目	2018年	2019年	同比增长（%）
变性淀粉	年产10万t以上企业（个）	4	4	0.00
	年产10万t以上企业总产量（万t）	68.70	72.00	4.80
	占全国总产量（%）	41.40	41.00	−0.97
	年产5万t以上企业（个）	9	10	11.11
	年产5万t以上企业总产量（万t）	100.35	114.18	13.78
	占全国总产量（%）	60.50	60.50	0.00
	年产2万t以上企业（个）	23	24	4.35
	年产2万t以上企业总产量（万t）	140.20	156.50	11.63
	占全国总产量（%）	84.50	89.00	5.33
固体淀粉糖	年产100万t以上企业（个）	1	1	0.00
	年产100万t以上企业总产量（万t）	133.20	122.10	−8.33
	占全国总产量（%）	32.75	27.10	−17.25
	年产20万t以上企业（个）	5	6	20.00
	年产20万t以上企业总产量（万t）	279.70	320.20	14.48
	占全国总产量（%）	68.76	71.06	3.34
	年产10万t以上企业（个）	9		
	年产10万t以上企业总产量（万t）	334.50		
	占全国总产量（%）	82.26		

（续）

项　目	2018 年	2019 年	同比增长（%）
液体淀粉糖　年产 50 万 t 以上企业（个）	7	7	0.00
年产 50 万 t 以上企业总产量（万 t）	398.30	588.34	47.71
占全国总产量（%）	58.60	59.74	1.95
年产 10 万 t 以上企业（个）			
年产 10 万 t 以上企业总产量（万 t）			
占全国总产量（%）			

资料来源：表中数据由中国淀粉工业协会提供。

表 74　我国各地区罐头产量（2018—2019 年）

单位：t

地　区	2018 年	2019 年	同比增长（%）
全　国	**10 279 864**	**9 191 000**	**−10.59**
福　建	3 161 780	2 979 612	−5.76
湖　南	866 973		
山　东	1 081 034	602 314	−44.28
湖　北	1 131 783	740 307	−34.59
新　疆	575 010		
安　徽	537 047	477 282	−11.13
广　西	310 881		
浙　江	452 284	458 922	1.47
广　东	389 875		
河　北	161 338		
河　南	143 699		
四　川	432 356		
海　南	189 333		
陕　西	120 311		
江　苏	95 933		
江　西	124 193		
辽　宁	140 392		
重　庆	60 146		
黑龙江	107 707		
甘　肃	22 834		
天　津	68 252		
上　海	38 252		
云　南	38 266		
贵　州	2 510		
吉　林	3		
山　西	10 093		
宁　夏			
内蒙古	17 492		

表 75　我国各地区饮料产量（2018—2019 年）

单位：万 t

地　区	2018 年	2019 年	同比增长（%）
全国总计	**15 679.21**	**17 769.66**	**13.33**
北京市	410.80	430.69	4.84
天津市	232.66	256.51	10.25
河北省	540.88	577.03	6.68
山西省	106.87	119.47	11.79
内蒙古	54.26	61.13	12.66
辽宁省	244.50	282.87	15.69
吉林省	570.22	569.13	−0.19
黑龙江省	319.74	346.29	8.30
上海市	257.08	276.89	7.71
江苏省	641.56	367.43	−42.73
浙江省	759.06	897.77	18.27
安徽省	409.64	466.44	13.87
福建省	655.86	809.20	23.38
江西省	427.19	458.55	7.34
山东省	342.57	372.77	8.82
河南省	824.52	819.62	−0.59
湖北省	912.50	1 252.13	37.22
湖南省	537.45	753.69	40.23
广东省	2 960.43	3 264.44	10.27
广　西	355.02	280.07	−21.11
海南省	60.82	83.66	37.55
重庆市	280.60	270.80	−3.49
四川省	1 625.80	1 952.58	20.10
贵州省	578.74	572.75	−1.04
云南省	437.15	451.59	3.30
西　藏	68.40	58.58	−14.36
陕西省	705.30	1 386.82	96.63
甘肃省	123.14	134.58	9.29
青海省	14.84	12.30	−17.12
宁　夏	34.73	31.33	−9.79
新　疆	186.89	152.55	−18.37

资料来源：表中数据由中国食品工业协会提供。

表 76　我国粮油加工业年生产能力汇总情况（2016—2018 年）

单位：万 t、万台（套）

| 年份 | 处理稻谷 | 处理小麦 | 处理油料 | 其中 | | 油脂精炼 | 处理玉米 | 处理杂粮 | 加工饲料 | 粮机制造 |
				大豆	菜籽					
2016	29 908	18 914	15 476			4 898	1 526		26 770	42.1
2017	36 397	10 181	16 928	11 408	3 633				22 161	82.2
2018	36 898	19 663	17 275	11 843	3 508	6 762				66.5

表 77　我国各地区白酒产量（2018—2019 年）

单位：万 kL

地　区	2018	2019	同比增长（%）
全国总计	**871.2**	**689.0**	**−20.91**
四　川	358.3	326.0	−9.01
河　南	42.9	26.8	−37.53
山　东	40.6	39.7	−2.22
江　苏	69.2	18.5	−73.27
吉　林	19.4	2.1	−89.18
湖　北	56.0	56.9	1.61
黑龙江	15.3	12.4	−18.95
贵　州	30.9	24.1	−22.01
安　徽	43.1	29.0	−32.71
北　京	46.4	31.7	−31.68
湖　南	14.8	12.8	−13.51
河　北	16.1	12.5	−22.36
广　东	15.6	13.0	−16.67
陕　西	15.7	16.1	2.55
江　西	11.2	11.0	−1.78
山　西	16.7	19.9	19.16
广　西	11.2	1.8	−83.93
重　庆	11.2	11.6	3.57
云　南	9.6	8.6	−10.42
内蒙古		3.4	
新　疆		4.3	
福　建	6.3	6.8	7.94
甘　肃		2.5	
天　津		2.3	
辽　宁		1.4	
青　海		1.8	
浙　江		1.0	
宁　夏			
西　藏		0.0	

注：2019 年数据仅统计 1～11 月。

表 78　我国粮油加工业主要产品产量（2016—2018 年）

单位：万 t、万台（套）

年份	大米	小麦粉	食用植物油	玉米加工产品	粮食食品	其中：大豆食品	杂粮及薯类	饲料	粮机设备
2016	21 109	7 800	3 231					20 918	42.1
2017	21 268	13 801	6 071	4 100	2 232	223	536	20 009	35.1
2018	21 213	7 304	6 762						66.5

表 79　我国乳制品产量情况（规模以上企业）（2015—2019 年）

单位：万 t

指　标	2015 年	2016 年	2017 年	2018 年	2019 年
乳制品	2 782.5	2 993.2	2 935.0	2 687.1	2 719.4
其中：液体乳	2 521.0	2 831.2	2 814.3	2 505.6	2 537.7
乳粉	142.0	139.0	120.7	97.0	105.2

资料来源：中国乳制品工业协会。

表 80　我国乳制品加工量前五位省、自治区情况（2019 年）

地　区	产量（万 t）	同比增长（%）	占全国比例（%）
全国总计	2 719.4	1.2	100.0
河　北	356.2	−2.5	13.6
内蒙古	288.3	13.1	9.5
山　东	217.6	−13.5	9.4
黑龙江	198.5	−2.9	7.6
陕　西	163.2	5.1	5.8

资料来源：中国乳制品工业协会。

表 81　我国烟草工业主要产品产量（2018—2019 年）

年　份	烟叶（万 t）	烤烟（万 t）	卷烟（亿支）
2018	224.1	211.0	
2019	215.3	202.1	
同比增长（%）	−3.9	−4.2	

资料来源：表中数据来自 2020 年版《中国统计年鉴》。

表 82　我国发酵酒精产量（2018—2019 年）

单位：万 kL

年　份	2018 年	2019 年	同比增长（%）
产　量	646.6	691.6	3.96

资料来源：表中数据由中国酒业协会提供。

表 83　我国各地区啤酒产量（2018—2019 年）

单位：万 kL

地　区	2018 年	2019 年	同比增长（%）
全　国	3 812.24	3 765.3	−1.2
山　东	471.90	484.3	2.6
广　东	387.29	384.9	−0.6
河　南	256.13	253.2	−1.1
浙　江	237.31	226.8	−4.4
辽　宁	213.30	207.0	−3.0
四　川	221.36	229.0	3.5
黑龙江	185.01	201.6	9.0
广　西	155.60	117.8	−24.3
湖　北	171.04	128.2	−25.0
江　苏	173.11	181.5	4.8
河　北	166.76	180.6	8.3
福　建	150.28	158.1	5.2
吉　林	92.17	90.6	−1.7
北　京	108.46	91.4	−15.7
江　西	83.62	71.3	−14.7
安　徽	52.84	79.1	49.7
云　南	72.82	71.3	−2.1
贵　州	95.60	111.1	16.2
内蒙古	64.62	64.3	−0.5
陕　西	93.06	70.8	−23.9
重　庆	70.61	67.2	−4.8
湖　南	56.34	62.3	10.6
上　海	49.96	44.2	−11.5
甘　肃	44.55	41.9	−5.9
新　疆	48.63	53.0	9.0
山　西	17.52	18.1	3.3
天　津	32.83	26.8	−18.4
宁　夏	20.79	21.1	1.5
西　藏	13.34	13.2	−1.0
青　海	1.95	2.0	2.6
海　南	3.45	2.1	−39.1

资料来源：表中数据来自中国酒业协会啤酒分会。

表 84　我国饲料工业产品产量（2016—2019 年）

单位：万 t

年　份	饲料产量	其中：1. 配（混）合饲料	2. 浓缩饲料	3. 预混合饲料
2016	20 962	18 394	1 877	691
2017	22 162	19 619	1 854	689
2018	22 788	20 529	1 606	653
2019	22 885	21 014	1 242	543

资料来源：表中数据由中国饲料工业协会提供。

表 85　我国部分省份饲料产量（2018—2019 年）

单位：万 t

地　区	2018 年	2019 年	同比增长（%）
全国总计	**22 788**	**22 885**	**0.4**
10 省小计	17 254	16 130	−6.5
10 省占全国比重（%）	75.72	70.48	−5.24
广　东	3 226	3 779	17.1
山　东	3 062	2 924	−4.5
广　西	1 532	1 509	−1.5
河　北	1 346	1 231	−8.5
湖　南	1 344	1 034	−23.1
江　苏	1 266	1 276	0.8
辽　宁	1 235	1 319	6.8
四　川	1 085	1 037	−4.4
河　南	1 069	930	−13.0
湖　北	1 069	1 091	2.1

资料来源：表中数据由中国饲料工业协会提供。

表 86　我国鱼油、鱼粉产量（2015—2019 年）

单位：kt

年　份	2015 年	2016 年	2017 年	2018 年	2019 年
鱼　粉	480.0	460.0	375.0	649.9	699.0
鱼　油	68.6	65.7	50.0	72.6	49.0

表 87　我国各地区水产品加工总量（2018—2019 年）

单位：t

地区	2018 年		2019 年	
	水产加工品总量	水产加工品总量	水产加工品总量	其中：淡水加工产品
全国总计	**21 568 505**	**3 818 330**	**21 714 136**	**3 953 244**
北　京	2 020	1 645	2 312	1 670
天　津	1 510	1 000	1 822	1 312
河　北	73 106	12 998	84 057	12 633
山　西			1 050	350
内蒙古	6 564	6 564	5 581	5 581
辽　宁	2 488 199	36 566	2 390 997	36 150
吉　林	250 815	1 975	261 593	1 491
黑龙江	10 102	10 102	12 199	12 199
上　海	12 854	10 305	13 183	9 748
江　苏	1 282 187	625 058	1 287 053	641 343
浙　江	1 896 422	78 732	1 988 206	81 617
安　徽	197 433	192 706	202 278	197 486
福　建	4 127 756	193 342	4 297 124	189 286
江　西	375 525	375 525	364 888	364 888
山　东	6 773 128	107 266	6 684 339	103 995
河　南	21 889	21 889	19 905	19 905
湖　北	1 166 637	1 166 637	1 311 295	1 311 295
湖　南	151 886	151 886	219 485	219 485
广　东	1 446 350	352 372	1 350 100	330 257
广　西	737 665	121 975	741 751	124 017
海　南	476 760	280 090	398 598	212 207
重　庆	687	687	543	543
四　川	3 798	3 798	4 688	4 688
贵　州	1 872	1 872	1 802	1 802
云　南	42 406	42 406	31 395	31 395
西　藏				
陕　西	1 090	1 090	1 100	1 100
甘　肃				
青　海	11 000	11 000	28 000	28 000
宁　夏	96	96		
新　疆	8 748	8 748	8 801	8 801

资料来源：表中数据来自 2020 版《中国渔业统计年鉴》。

表88 各地区木本油料产品生产情况（2019 年）

单位：t

地 区	合 计	油茶籽	核 桃	油橄榄	油用牡丹籽	其 他
全国总计	7 706 323	2 679 270	4 689 184	62 955	37 035	237 879
北 京	12 462		12 460		2	
天 津	1 775		1 775			
河 北	160 978		159 765		159	1 054
山 西	257 250		254 877		989	1 384
内蒙古	500					500
辽 宁	14 871		13 011		1	1 859
吉 林	25 093		25 032			61
黑龙江	724		724			
上 海						
江 苏	2 429	152	1 892		336	49
浙 江	100 057	74 022	25 974			61
安 徽	130 749	94 096	26 659		9 111	883
福 建	142 127	130 330		64		11 733
江 西	426 684	421 686	13			4 985
山 东	176 609		164 472		11 018	1 119
河 南	242 429	54 822	177 022		5 552	5 033
湖 北	335 133	209 419	122 401	191	2 539	583
湖 南	1 110 847	1 100 375	7 584	2	51	2 835
广 东	164 802	161 528				3 274
广 西	300 587	265 059	2 558			32 970
海 南	21 906	21 906				
重 庆	49 492	12 929	27 776	1 600	97	7 090
四 川	624 334	19 792	563 233	20 607	143	20 559
贵 州	178 764	70 750	97 234	3	240	10 537
云 南	1 422 208	25 193	1 341 927	1 064	1 747	52 277
西 藏	4 838	9	4 829			
陕 西	493 287	17 202	398 987	140	4 740	72 218
甘 肃	239 625		194 853	39 284	249	5 239
青 海	2 878		2 878			
宁 夏	2 758		2 697		61	
新 疆	45 688		45 603			85
大兴安岭						

表89 我国食用菌产量、产值、出口情况（2018—2019 年）

项 目	单 位	2018 年	2019 年	同比增长（%）
产 量	万 t	3 842.04	3 933.87	3.80
产 值	亿元	2 937.37	3 126.67	6.40
出口量	万 t	70.31	67.97	−3.33
创 汇	亿美元	44.54	36.35	−18.35

表 90　我国酿酒行业主要产品产量（2018—2019 年）

单位：万 kL

产品	2018 年	2019 年	同比增长（％）
总　计	5 631.93	5 590.10	−0.7
发酵酒精	646.63	691.60	7.0
饮料酒	4 985.30	4 898.70	−1.7
葡萄酒	62.91	45.20	−28.2
白　酒	871.20	786.10	−9.8
啤　酒	3 812.24	3 765.30	−1.2

表 91　各地区农产品主要森林药材产量（2019 年）

单位：t

地　区	合　计	其中：杜仲
全国总计	4 541 553	253 512
北　京		
天　津		
河　北	70 559	50
山　西	86 934	10
内蒙古	19 469	
辽　宁	40 072	2
吉　林	100 606	
黑龙江	125 079	
上　海		
江　苏	95 861	65
浙　江	16 534	108
安　徽	185 570	1 257
福　建	203 595	71
江　西	200 630	6 859
山　东	21 472	25
河　南	245 578	20 952
湖　北	256 320	16 457
湖　南	442 991	143 702
广　东	114 465	
广　西	302 697	4 114
海　南	28 990	
重　庆	214 185	9 748
四　川	279 743	14 046

（续）

地　区	合　计	其中：杜仲
贵　州	448 364	992
云　南	345 294	
西　藏	3 975	9 895
陕　西	117 561	40
甘　肃	97 247	
青　海	353 014	
宁　夏	92 997	
新　疆	30 904	
大兴安岭	847	

表 92　我国森林工业主要产品产量（2018—2019 年）

主　要　产　品	单　位	2018 年	2019 年	同比增长（%）
锯　材	万 m³	8 361.8	6 475.5	−19.33
木片（实积）	万 m³	4 089.0		
人造板	万 m³	29 909.3	30 859.2	3.18
胶合板	万 m³	17 898.3	18 005.7	0.60
纤维板	万 m³	6 168.1	6 199.6	0.51
刨花板	万 m³	2 731.5	2 979.7	9.09
其他人造板	万 m³	3 111.4	3 674.1	18.09
其他加工材	万 m³	1 343.7		
改性木材	万 m²	140.1		
指接材	万 m²	364.5		
木竹地板	万 m³	78 897.8	81 805.0	3.68
林产化学产品				
松香类产品	t	1 421 382.0	1 438 582.0	1.21
松节油类产品	t	242 435.0		
樟　脑	t	19 442.0		
冰　片	t	1 244.0		
栲胶类产品	t	3 165.0	2 348.0	−25.81
紫胶类产品	t	6 570.0	6 549	−0.32
木竹热解产品	t	1 457 014.0		
木质生物质成型燃料	t	944 389.0		

表 93 各地区森林工业主要产品产量（2019 年）

单位：万 m³

地 区	锯 材	木 片（实积）	人 造 板					其他加工材	
			合 计	胶合板	纤维板	刨花板	其他人造板	改性木材	指接材
全国总计	6 745.5		30 859.2	18 005.7	6 199.6	2 979.7	3 674.1		
北 京									
天 津									
河 北	68.7		1 628.5	668.5	483.4	262.2	214.3		
山 西	14.0		14.7	1.4	4.5	0.6	8.3		
内蒙古	335.9		29.0	24.2			4.8		
辽 宁	157.4		137.6	35.1	48.9	11.7	42.0		
吉 林	89.3		256.1	90.5	73.8	22.5	69.4		
黑龙江	394.5		58.7	31.6	0.1	1.2	25.8		
上 海									
江 苏	463.8		5 734.1	3 657.4	878.2	878.8	319.7		
浙 江	438.8		552.0	176.4	81.5	17.3	276.8		
安 徽	568.1		2 662.8	1 852.3	358.2	180.7	271.7		
福 建	209.8		1 114.2	692.9	197.5	38.1	185.7		
江 西	304.6		501.9	142.1	120.0	49.5	190.3		
山 东	1 032.0		7 772.9	5 188.2	1 459.3	668.7	456.7		
河 南	174.6		1 676.4	703.2	401.6	166.2	405.4		
湖 北	215.1		840.9	378.2	323.0	77.8	62.0		
湖 南	399.0		568.8	285.1	62.8	38.7	182.2		
广 东	198.0		1 016.4	221.9	540.8	188.5	65.2		
广 西	931.6		4 955.9	3 411.5	626.2	253.7	664.5		
海 南	96.3		51.3	30.9	6.0	14.1	0.4		
重 庆	160.6		132.8	49.6	40.9	34.1	8.2		
四 川	159.0		605.3	127.2	334.3	20.3	123.5		
贵 州	158.6		160.0	90.1	14.9	7.0	48.0		
云 南	141.1		326.1	127.7	110.6	47.7	40.1		
西 藏	1.2								
陕 西	14.1		41.2	12.2	27.4	0.5	1.1		
甘 肃	1.8		5.1	0.6	3.5		1.0		
青 海									
宁 夏			2.2	2.2					
新 疆	17.8		14.4	5.0	2.4		7.1		
大兴安岭									

(续)

地 区	木竹地板 （万 m²）	樟 脑 （t）	冰 片 （t）	松香类 产品（t）	松节油 类产品 （t）	栲胶类 产品 （t）	紫胶类 产品 （t）	木竹热 解产品 （t）	木质生 物质成 型燃料
全国总计	**81 805.0**			**1 438 582**		**2 348**	**6 459**		
北　京									
天　津									
河　北						1 200			
山　西									
内蒙古	0.8								
辽　宁	1 215.7								
吉　林	3 268.9								
黑龙江	302.4								
上　海									
江　苏	39 756.7			9 000					
浙　江	9 719.9			18 300					
安　徽	8 434.1			10 065					
福　建	3 268.5			116 847					
江　西	3 024.7			513 563					
山　东	4 251.2								
河　南	226.2					980			
湖　北	3 329.5			15 973					
湖　南	1 163.4			48 367					
广　东	2 164.9			136 546			656		
广　西	1 273.8			381 570		68			
海　南	16.7			735					
重　庆	25.6			1 208					
四　川	111.1								
贵　州	71.7			7 042					
云　南	178.9			179 366		100	5 893		
西　藏	0.2								
陕　西									
甘　肃									
青　海									
宁　夏									
新　疆									
大兴安岭									

表94 我国水产品加工产品的主要种类与产量（2016—2019年）

单位：万 t

年 份	冷冻制品	干腌制品	鱼糜制品	鱼 粉	罐制品	鱼油制品
2016	1 388.6	168.9	148.3	69.0	42.9	8.5
2017	1 487.3	171.1	154.2	63.9	42.0	6.8
2018	1 515.0	162.4	145.5	65.0	35.6	7.3
2019	1 532.3	152.1	139.4	69.9	35.4	4.9

资料来源：表中数据来自2020版《中国渔业统计年鉴》。

表95 纺织工业主要产品产量（规模以上企业）（2018—2019年）

产品名称	单 位	2018年	2019年	同比增长（%）
化学纤维	万 t	5 011.1	5 952.8	9.9
纱	万 t	2 976.0	2 892.1	−6.1
布	亿 m	490.0	575.6	−17.6
服装	万件	222.7	244.7	−3.3

资料来源：表中数据中国纺织工业联合会提供。

表96 我国家具工业分地区主要产品产量（2019年）

单位：万件

地 区	家 具	地 区	家 具
全国总计	31 339.64	福 建	3 701.38
北 京	372.48	江 西	3 418.77
天 津	213.88	山 东	3 097.78
河 北	642.76	河 南	1 026.28
山 西	44.72	湖 北	542.25
辽 宁	1 308.58	湖 南	491.87
吉 林	52.90	广 东	6 163.72
黑龙江	182.68	广 西	104.51
上 海	382.45	重 庆	716.82
江 苏	1 860.51	四 川	2 052.25
浙 江	4 009.58	贵 州	191.55
安 徽	723.70	云 南	38.22

资料来源：表中数据由中国家具协会提供。

表 97　我国造纸工业纸浆消耗情况（2018—2019 年）

单位：万 t

品　种	2018 年		2019 年		同比增长（%）
	消　耗	所占比例（%）	消　耗	所占比例（%）	
纸浆消耗量	9 387	100	9 609	100	2.36
1. 木　浆	3 303	35	3 581	37	8.42
其中：进口木浆	2 166	23	2 317	24	6.97
国产木浆	1 137	12	1 264	13	11.17
2. 非木浆	610	7	585	6	−4.10
3. 废纸浆	5 474	58	5 443	57	−0.57
其中：进口废纸浆	30	—	92	1	206.67
国产废纸浆	5 444	58	5 351	56	−1.71

资料来源：表中数据来自中国造纸协会。

表 98　我国造纸工业纸浆生产情况（2015—2019 年）

单位：万 t

品　种	2015 年	2016 年	2017 年	2018 年	2019 年
总　计	7 984	7 925	7 949	7 201	7 207
木　浆	966	1 005	1 050	1 147	1 268
废纸浆	6 338	6 329	6 302	5 444	5 351
非木浆	680	591	597	610	588
苇　浆	100	68	69	49	51
蔗渣浆	96	90	86	90	70
竹　浆	143	157	165	191	209
稻麦草	303	244	246	250	222
其他浆	38	32	31	30	36

资料来源：表中数据来自中国造纸协会。

表 99　我国纸和纸板主要品种产量（2018—2019 年）

单位：万 t

品　种	2018 年	2019 年	同比增长（%）
纸及纸板合计	10 435	10 765	3.19
一、纸			
1. 新闻纸	190	150	−21.05
2. 未涂布印刷书写纸	1 750	1 780	1.71
3. 涂布印刷纸	705	680	−3.35
其中：铜版纸	655	630	−3.82
4. 生活用纸	970	1 005	3.61
5. 包装用纸	690	695	0.72
二、纸板			
1. 白纸板	1 335	1 410	5.62
其中：涂布白纸板	1 275	1 350	5.88
2. 箱纸板	2 145	2 190	2.10
3. 瓦楞原纸	2 105	2 220	5.46
三、特种纸及纸板	320	380	18.75
四、其他纸及纸板	225	255	13.33

资料来源：表中数据来自中国造纸协会。

表 100 我国纸和纸板消费结构情况（2018—2019 年）

单位：万 t

产 品 名 称	生产量			消费量		
	2018 年	2019 年	同比增长（%）	2018 年	2019 年	同比增长（%）
总 计	**10 435**	**10 765**	**3.19**	**10 439**	**10 704**	**2.54**
1. 新闻纸	190	150	−21.05	237	195	−17.72
2. 未涂布印刷书写纸	1 750	1 780	1.71	1 751	1 749	−0.11
3. 涂布印刷纸	705	680	−3.35	604	542	−10.26
其中：铜版纸	655	630	−3.82	581	535	−7.92
4. 生活用纸	970	1 005	3.61	901	930	3.22
5. 包装用纸	690	695	0.72	701	699	−0.29
6. 白纸板	1 335	1 410	5.62	1 219	1 277	4.76
其中：涂布白纸板	1 275	1 350	5.88	1 158	1 216	5.01
7. 箱纸板	2 145	2 190	2.10	2 345	2 403	2.47
8. 瓦楞原纸	2 105	2 220	5.46	2 213	2 374	2.47
9. 特种纸和纸板	320	380	18.75	261	309	18.39
10. 其他纸和纸板	225	255	13.33	207	226	9.18

资料来源：表中数据来自中国造纸协会。

表 101 我国纸和纸板生产、消费及进口量与人均消费量（2015—2019 年）

年 份	纸和纸板总产量 （万 t）	纸和纸板总消费量 （万 t）	纸和纸板进口量 （万 t）	人均消费量 （kg）
2015	10 710	10 352	287	75
2016	10 855	10 419	297	75
2017	11 130	10 897	466	78
2018	10 435	10 439	622	75
2019	10 765	10 704	625	75

资料来源：表中数据来自中国造纸协会。

表 102 我国人均主要工农业产品产量（2015—2019 年）

产品名称	单 位	2015 年	2016 年	2017 年	2018 年	2019 年
粮 食	kg	453.0	449.0	477.2	472.4	474.9
棉 花	kg	4.1	3.8	4.1	4.4	4.2
油 料	kg	25.8	26.3	25.1	24.7	25.0
糖 料	kg			82.1	85.7	87.1
茶 叶	kg			1.8	1.9	2.0
水 果	kg			182.1	184.4	196.0
猪牛羊肉	kg	48.3	47.0	47.3	46.8	38.7
水产品	kg	49.1	50.6	46.5	46.4	46.4
牛 奶	kg	27.4	26.1	21.9	22.1	22.9
布	m	65.1	65.7	50.1	47.2	39.7
机制纸及纸板	kg	85.6	89.3	80.1	86.5	89.5
纱	kg	25.8	27.0	29.1	22.1	20.2

资料来源：表中数据来自《中国农村统计年鉴》。

农产品加工业主要产品出口创汇情况

表 103 我国海关出口农产品及加工品数量与金额（2018—2019 年）

单位：万元

产品名称	单位	2018 年		2019 年	
		数量	金额	数量	金额
活猪	万头	158	281 943	106158（t）	273 609
活家禽	万只	240	641	129（t）	926
牛肉	t	434	2 106	218	1 130
猪肉	t	41 762	128 634	26 630	97 513
冻鸡	t	109 085	157 088	94 327	157 590
水海产品	万 t	425	14 537 758	419	14 013 551
鲜蛋	百万个	1 177	73 691	71809（t）	78 204
谷物及谷物粉	万 t	249	706 055	318	852 468
稻谷和大米	万 t	209	588 314	275	727 598
玉米	t	12 192	4 020	26 136	6 845
蔬菜	万 t	948	8 323 665	979	8 666 985
鲜或冷藏蔬菜	万 t	629	3 066 199	651	3 829 854
橘、橙	t	708 817	654 488	694 119	645 378
苹果	t	1 118 478	854 650	971 146	865 494
松子仁	t	12 750	122 364	10 434	161 592
大豆	万 t	13	65 400	11	63 401
花生及花生仁	万 t	20	184 270	19	182 130
食用植物油（含棕榈油）	t	294 727	202 869	266 564	188 477
食糖	t	195 747	66 679	185 600	60 342
天然蜂蜜	t	123 478	164 556	120 845	162 303
茶叶	t	364 742	1 173 890	366 558	1 392 263
辣椒干	t	77 243	102 081	73 055	106 496
猪肉罐头	t	50 028	98 784	29 013	63 358
蘑菇罐头	t	241 694	379 831	254 444	614 746
啤酒	万 L	38 571	166 428	41 760	176 127
肠衣	t	102 856	890 021	95 671	729 390
填充用羽毛、羽绒	t	49 355	540 158	46 057	601 843
中药材及中成药	t	128 400	727 337	132 514	811 772
烤烟	t	127 493	295 907	121 869	296 239

（续）

产 品 名 称	单 位	2018 年 数 量	2018 年 金 额	2019 年 数 量	2019 年 金 额
纸 烟	万条	14 332	481 876	33944（t）	487 939
锯 材	万 m³	25	117 011	112417（t）	111 504
生 丝	t	4 581	192 091	4 305	157 501
山羊绒	t	3 212	157 835	2 940	145 525
棉 花	t	47 349	62 025	52 143	62 108
烟花、爆竹	t	379 031	571 189	345 279	548 042
松香及树脂酸	t	47 085	53 939	35 256	33 830
新的充气橡胶轮胎	万条	48 620	9 957 253	625	10 191 344
纸及纸板（未切成形）	万 t	565	4 614 314	629	5 532 973
棉纱线	t	402 072	1 159 941	374 972	1 092 145
丝织物			426 245		413 419
棉机织物			9 439 002		9 186 832
亚麻及苎麻机织物	万 m	34 826	711 458	33 807	728 944
合成短纤及棉混纺机织物	万 m	168 955	1 386 496	168 278	1 336 063
地 毯	万 m²	63 568	1 963 088	841 509	2 013 755
塑料编织袋（周转袋除外）	万条	637 709	659 369	587 927	611 968
纺织机械及零件			2 413 900		2 587 209
家具及其零件			35 430 327		37 296 999
非针织或钩编织物制服装			42 557 648		41 503 806
针织或钩编织服装			41 348 799		41 771 604
皮 鞋	万双	67 916	6 151 302	57（万 t）	6 579 566
橡胶或塑料底布鞋（包括球鞋）	万双	294 235	9 049 812	115（万 t）	9 224 469
足球、篮球、排球	万个	23 895	310 693	23 667	307 136
竹编结品	t	29 505	93 164	28 745	95 240
藤编结品	t	9 182	53 289	9 399	57 429
草编结品	t	16 590	87 434	19 144	117 175
柳编结品	t	50 009	308 840	46 460	320 575

表 104 我国农产品进出口状况（2015—2019 年）

单位：亿美元、%

年 份	出口额	同比	进口额	同比	进出口总额	同比	逆 差	同比
2015	706.8	−1.8	1 168.8	−4.6	1 875.6	−3.6	462.0	−8.7
2016	729.9	3.3	1 115.7	−4.5	1 845.6	−1.6	385.8	−16.5
2017	755.3	3.5	1 258.6	12.8	2 013.9	9.1	503.2	30.4
2018	797.1	5.5	1 371.0	8.9	2 168.1	7.7	573.8	14.0
2019	791.0	−1.7	1 509.7	10.0	2 300.7	5.7	718.7	26.5

资料来源：表中数据来自中华人民共和国农业农村部。

表 105　我国主要农产品进出口增速情况（2017—2019 年）

单位：亿美元、%

类 别	年 份	进口额	同 比	出口额	同 比
水产品	2017	113.5	21.1	204.1	−1.6
	2018	148.6	31.0	223.3	5.6
	2019	187.0	25.6	206.6	−8.0
蔬 菜	2017	5.5	3.8	131.5	−10.7
	2018	8.3	50.0	152.4	−1.8
	2019	9.6	15.9	155.0	1.7
水 果	2017	58.6	0.9	50.6	−29.1
	2018	84.2	34.5	71.6	1.2
	2019	103.6	23.2	74.5	4.1

资料来源：表中数据来自中华人民共和国农业农村部。

表 106　我国海关进口农产品及加工品数量与金额（2018—2019 年）

单位：万美元

产 品 名 称	单 位	2018 年		2019 年	
		数 量	金 额	数 量	金 额
谷物及谷物粉	万 t	2 047	591 184	1 785	520 292
小麦	万 t	310	85 805	349	100 307
稻谷和大米	万 t	308	163 930	255	129 719
大豆	万 t	8 803	3 806 003	8 851	3 533 687
食用植物油	万 t	629	472 770	953	633 356
食糖	万 t	280	102 880	339	112 112
天然橡胶（包括胶乳）	万 t	260	360 672	245	337 280
合成橡胶（包括胶乳）	万 t	441	762 077	412	668 565
原木	万 m³	5 969	1 098 445	5 980	943 380
锯材	万 m³	3 674	1 013 068	3 714	859 181
纸浆	万 t	2 479	1 971 594	2 720	1 711 877
羊毛	万 t	37	322 273	28	239 561
棉花	万 t	157	317 159	185	357 048
氯化钾	万 t	746	184 792	908	265 341
硫酸钾	万 t	7	2 499	7	2 494
杀虫剂、除草剂及类似品	t	79 200	68 956	89 689	76 155

资料来源：表中数据来自《中国农村统计年鉴》。

表 107　我国粮油产品进口情况（2016—2019 年）

单位：万 t

年份	粮食	谷物	小麦	大米	玉米	大麦	大豆
2016	11 476.6	2 198.9	341.2	356.2	316.8	500.5	8 391.3
2017	13 062.0	2 559.0	422.0	403.0	283.0	886.0	9 553.0
2018	11 555.0	2 050.2	309.9	307.7	352.4	681.5	8 803.1
2019	11 144.0	1 791.8	348.8	245.6	479.3	592.9	8 851.1

年份	食用植物油	豆油	菜油	棕榈油	葵花油和红花油
2016	552.8	56.0	70.0	315.7	95.7
2017	577.0	65.3	75.7	510.0	74.5
2018	808.7	54.9	129.6	532.7	70.3
2019	1 152.7	82.6	161.5	755.2	122.9

表 108　我国粮油产品出口情况（2016—2019 年）

单位：万 t

年 份	粮食	谷物	小麦	大米	玉米	大豆	食用植物油	豆油	菜籽油
2016	190.1	58.1	11.3	39.5	0.4	12.7	11.3	8.0	0.5
2017	280.0	161.1	29.6	119.9	8.6		20.2	13.3	2.1
2018	366.0	254.4	28.6	208.9	1.2	13.0	29.6		
2019	434.0	323.6	31.3	274.8	2.6	11.0	26.8		

资料来源：表中数据来自中国农业农村部。

表 109　我国蔬菜进出口情况（2018—2019 年）

品种类别	进 口					
	2018 年		2019 年		同比增长（%）	
	数量（万 t）	金额（亿美元）	数量（万 t）	金额（亿美元）	数量	金额
鲜冷冻蔬菜						
加工蔬菜						
干蔬菜			0.23	0.13		
合　计	49.11	8.28	50.17	9.60	2.2	16.0

品种类别	出 口					
	2018 年		2019 年		同比增长（%）	
	数量（万 t）	金额（亿美元）	数量（万 t）	金额（亿美元）	数量	金额
鲜冷冻蔬菜	629.00	46.40	651.00	55.43	3.5	19.5
加工蔬菜						
干蔬菜			36.30	29.39		
合　计	1 124.64	152.38	1 163.19	154.99	3.4	1.7

资料来源：表中数据来自中国海关。

表 110　我国谷物进出口情况（2014—2019 年）

单位：万 t、%

年　份	进口量	同比增长	出口量	同比增长	净进口量	同比增长
2014	1 951.6	33.8	76.9	23.1	1 874.7	38.0
2015	3 218.2	64.9	53.3	−30.8	3 164.9	68.8
2016	2 198.9	−31.7	58.1	9.0	2 140.8	−32.4
2017	2 559.0	16.4	156.0	168.5	2 403.0	12.3
2018	2 050.2	−19.9	254.4	57.4	1 795.8	−25.1
2019	1 791.8	−12.6	323.6	26.8	1 468.2	−18.2

资料来源：表中数据由中国农业农村部提供。

表 111　我国分品种粮食进口情况（2015—2019）

单位：kt

年　份	小　麦	大　米	玉　米	大　豆
2015	3 007		4 730	81 694
2016	3 412	3 562	3 168	
2017	4 420	4 030	2 830	95 530
2018	3 099	3 077	3 524	88 031
2019	3 488	2 546	4 793	88 511

资料来源：表中数据由中国农业农村部提供。

表 112　我国主要粮食产品进出口情况（2019 年）

单位：万 t

主要粮食产品	进　口	出　口	增　减
谷　物	1 791.8	323.6	−1 468.2
大　米	254.6	274.8	20.2
小　麦	348.8	31.3	−317.5
玉　米	479.3	2.6	−476.7
大　麦	592.9	315.3	−277.7
大　豆	8 851.1	11.7	−8 839.4

资料来源：表中数据由中国农业农村部提供。

表 113　我国油脂油料进口情况（2015—2019 年）

单位：kt

年　份	大豆进口量	油菜籽进口量	其他油籽进口量	植物油进口量	其　中			
					豆油	棕榈油	菜油	其他植物油
2015	81 694	4 471	806	8 391	818	5 909	815	818
2016	83 913	3 566	2 050	6 884	560	4 478	700	750
2017	95 530	1 296		5 770	650	3 460	757	
2018	88 031	4 756		8 087	549	5 327	1 296	
2019	88 511	2 737	206	11 527	826	7 552	1 615	1 229

资料来源：表中数据由中国农业农村部提供。

表 114　我国林产品进出口数量（2018—2019 年）

产　品　名　称		贸　易	单　位	2018 年	2019 年
原木	针叶原木	出口	m³		
		进口		41 612 911	44 484 085
	阔叶原木	出口	m³	72 327	50 632
		进口		18 072 555	14 745 446
	合　计	**出口**	**m³**	**72 327**	**50 632**
		进口		**59 685 466**	**59 229 531**
	锯　材	出口	m³	255 670	245 820
		进口		36 642 861	37 051 023
	单　板	出口	m³	428 288	461 487
		进口		958 718	1 244 081
	特形材	出口	t	132 838	97 267
		进口		28 971	68 704
	刨花板	出口	m³	353 440	336 644
		进口		1 065 331	1 036 113
	纤维板	出口	m³	2 273 630	2 133 683
		进口		307 631	242 180
	胶合板	出口	m³	11 203 381	1 006 058
		进口		162 996	139 251
	木制品	出口	t	2 392 503	2 357 129
		进口		664 333	637 822
	家　具	出口	件	386 935 434	353 208 468
		进口		12 246 952	10 275 286
	木　片	出口	t	230	71
		进口		12 836 122	12 564 718
	木　浆	出口	t	24 370	38 975
		进口		24 419 135	26 226 052
	废　纸	出口	t	537	689
		进口		17 025 286	10 362 640
	纸和纸制品	出口	t	8 563 363	9 161 090
		进口		6 404 037	6 379 417
	木　炭	出口	t	60 647	49 491
		进口		298 037	329 338
	松　香	出口	t	46 950	35 256
		进口		69 931	75 707

（续）

产 品 名 称		贸 易	单 位	2018 年	2019 年
水果	柑橘属	出口	t	983 551	1 013 842
		进口		533 265	567 157
	鲜苹果	出口	t	1 118 478	971 146
		进口		64 512	125 208
	鲜梨	出口	t	491 087	470 245
		进口		7433	
	鲜葡萄	出口	t	27 162	379 345
		进口		231 702	252 312
	山竹果	出口	t	26	104
		进口		159 029	364 584
	鲜榴梿	出口	t	4	7
		进口		431 956	604 705
	鲜龙眼	出口	t	3 713	1 628
		进口		456 603	406 615
	鲜火龙果	出口	t	3 990	5 136
		进口		510 844	435 716
坚果	核桃	出口	t	51 157	125 343
		进口		11 114	10 238
	板栗	出口	t	36 389	39 820
		进口		7822	6 641
	松子仁	出口	t	12 750	10 434
		进口		3175	539
	开心果	出口	t	4 939	4 878
		进口		54 954	114 107
干果	梅干及李干	出口	t	544	896
		进口		6304	9 080
	龙眼干、肉	出口	t	410	530
		进口		83 965	114 182
	柿饼	出口	t	2 434	2 160
		进口		2	1
	红枣	出口	t	11 172	13 357
		进口		3	15
	葡萄干	出口	t	23 739	40 185
		进口		37 717	40 666
果汁	柑橘属果汁	出口	t	4 553	3 761
		进口		97 816	104 328
	苹果汁	出口	t	558 700	385 966
		进口		6445	8 227

表 115　我国林产品进出口金额（2018—2019 年）

单位：千美元

产品名称		贸易	2018 年	2019 年
总计		出口	**74 891 352**	**75 395 411**
		进口	**81 892 984**	**74 960 493**
原木	针叶原木	出口		
		进口	5 785 597	5 642 349
	阔叶原木	出口	23 605	15 330
		进口	5 199 242	3 791 450
	合计	出口	**23 605**	**15 330**
		进口	**10 984 839**	**9 433 798**
锯材		出口	180 496	165 135
		进口	10 132 562	8 592 147
单板		出口	481 998	524 959
		进口	192 217	228 444
特形材		出口	189 707	143 183
		进口	45 769	84 477
刨花板		出口	106 627	94 389
		进口	242 553	234 329
纤维板		出口	1 118 496	941 612
		进口	141 499	131 212
胶合板		出口	5 425 910	4 393 734
		进口	155 669	125 580
木制品		出口	6 086 516	6 001 919
		进口	666 670	650 685
家具		出口	22 933 444	19 919 617
		进口	1 256 034	1 064 381
木片		出口	478	198
		进口	2 263 472	2 400 167
木浆		出口	20 375	28 759
		进口	19 513 308	16 765 090
废纸		出口	203	241
		进口	4 294 716	1 943 079
纸和纸制品		出口	17 599 912	20 549 348
		进口	6 203 231	5 272 058
木炭		出口	80 387	82 425
		进口	87 121	97 657
松香		出口	81 774	49 258
		进口	84 263	78 339

（续）

产 品 名 称		贸 易	2018 年	2019 年
水果	柑橘属	出口	1 261 167	1 270 393
		进口	633 489	594 780
	鲜苹果	出口	1 298 926	1 246 333
		进口	117 385	219 040
	鲜 梨	出口	530 066	573 050
		进口	12 671	
	鲜葡萄	出口	689 676	1 008 381
		进口	586 352	643 520
	山竹果	出口	30	92
		进口	349 401	794 911
	鲜榴梿	出口	6	7
		进口	1 095 163	1 604 484
	鲜龙眼	出口	8 295	4 745
		进口	365 577	424 880
	鲜火龙果	出口	6 422	9 038
		进口	396 649	362 140
坚果	核 桃	出口	149 973	341 261
		进口	34 107	27 409
	板 栗	出口	78 469	86 659
		进口	19 220	13 098
	松子仁	出口	184 826	233 554
		进口	30 162	9 305
	开心果	出口	20 762	19 859
		进口	352 594	809 186
干果	梅干及李干	出口	2 416	2 916
		进口	11 365	15 271
	龙眼干、肉	出口	2 765	2 804
		进口	11 365	144 817
	柿 饼	出口	7 446	6 749
		进口	5	3
	红 枣	出口	35 872	38 581
		进口	47	94
	葡萄干	出口	45 737	74 200
		进口	52 983	58 804
果汁	柑橘类果汁	出口	9 974	8 892
		进口	191 326	184 136
	苹果汁	出口	621 540	425 717
		进口	5354	7 171
其 他		出口	16 232 475	19 173 670
		进口	20 706 541	9 833 733

表 116　各地区水产品进口贸易情况（2018—2019 年）

单位：万美元、t

地　区	2018 年		2019 年		同比增长（%）	
	金额	数量	金额	数量	金额	数量
全国总计	1 489 341.77	5 223 491	1 870 119.71	6 265 245	25.57	19.94
北　京	67 007.34	132 056	78 453.27	133 718	17.08	1.26
天　津	63 584.08	160 911	188 825.13	425 799	196.97	164.62
河　北	10 957.32	35 031	10 859.11	40 410	−0.90	15.36
山　西	14.18	38	92.73	452	553.98	1 100.06
内蒙古	0.75		8.59	23	1 052.40	
辽　宁	234 912.12	1 238 550	255 589.37	1 366 383	8.80	10.32
吉　林	30 906.09	54 421	35 317.08	68 542	14.27	25.95
黑龙江	928.19	2 529	1 873.04	3 423	101.79	35.36
上　海	242 528.98	435 279	282 341.56	509 602	16.42	17.07
江　苏	19 402.20	85 901	21 411.63	77 413	10.36	−9.88
浙　江	54 020.22	182 805	62 519.66	189 509	15.73	3.67
安　徽	2 348.51	13 863	4 192.60	19 826	78.52	43.01
福　建	142 532.14	697 152	189 135.89	876 923	32.70	25.79
江　西	155.10	417	2 186.24	1 216	1 309.60	191.85
山　东	315 698.93	1 185 761	341 584.86	1 318 317	8.20	11.18
河　南	2 786.75	5 366	3 491.99	6 038	25.31	12.54
湖　北	2 956.58	8 030	3 686.74	10 170	24.70	26.65
湖　南	8 611.18	17 606	17 146.25	18 037	99.12	2.45
广　东	262 390.67	872 903	340 868.56	1 117 661	29.91	28.04
广　西	7 247.16	37 447	10 218.55	37 484	41.00	0.10
海　南	3 030.96	2 905	2 043.51	2 677	−32.58	−7.85
重　庆	4 895.66	19 602	4 276.86	14 904	−12.64	−23.97
四　川	6 933.90	19 294	7 962.49	10 642	14.83	−44.84
贵　州	423.23	68	77.60	102	−81.66	49.02
云　南	3 050.81	6 151	3 448.94	5 893	13.05	−4.20
西　藏						
陕　西	470.84	289	673.39	536	43.02	85.26
甘　肃	29.93	30	11.89	24	−60.27	−20.79
青　海	0.85		48.00	1	5 547.06	
宁　夏	189.94	933	268.41	1 054	41.31	12.91
新　疆	1 327.19	8 154	1 505.77	8 465	13.46	3.82

表 117　各地区水产品出口贸易情况（2018—2019 年）

单位：万美元、t

地　区	2018 年		2019 年		同比增长（%）	
	金额	数量	金额	数量	金额	数量
全国总计	2 244 328.73	4 327 581	2 065 765.21	4 267 946	−7.96	−1.38
北　京	337.53	2 653	65.76	282	−80.52	−89.37
天　津	2 685.93	3 960	1 647.80	2 674	−38.65	−32.48
河　北	26 063.15	31 647	23 962.25	28 458	−8.06	−10.08
山　西	18.78	13	8.73	6	−53.53	−53.47
内蒙古	8.26	16	8.86	20	7.33	22.73
辽　宁	311 398.48	854 484	293 129.02	839 425	−5.87	−1.76
吉　林	13 053.05	29 432	13 830.72	31 269	5.96	6.24
黑龙江	405.38	646	77.71	217	−80.83	−66.45
上　海	10 877.02	9 064	13 516.74	15 731	24.27	73.55
江　苏	48 591.46	55 066	36 488.58	46 702	−24.91	−15.19
浙　江	207 873.39	500 971	189 339.33	484 896	−8.92	−3.21
安　徽	7 084.51	4 668	5 330.60	3 999	−24.76	−14.34
福　建	637 492.50	919 650	555 089.26	870 578	−12.93	−5.34
江　西	21 535.74	7 841	13 649.86	6 137	−36.62	−21.74
山　东	516 058.88	1 103 682	512 698.38	1 142 900	−0.65	3.55
河　南	266.20	174	95.71	116	−64.05	−33.70
湖　北	9 501.46	6 852	10 512.33	11 409	10.64	66.51
湖　南	1 579.49	1 292	1 753.79	1 340	11.04	3.77
广　东	358 666.59	604 212	320 451.51	578 080	−10.65	−4.32
广　西	20 337.56	42 316	19 196.02	41 857	−5.61	−1.08
海　南	45 242.91	145 011	48 256.09	157 864	6.66	8.86
重　庆	0.27		1.93		620.43	
四　川	3 585.53	1 647	5 166.18	2 079	44.08	26.27
贵　州	18.23	82	1.24	6	−93.19	−92.64
云　南	1 246.90	1 835	1 330.78	1 735	6.73	−5.43
西　藏	1.53	1				
陕　西	13.87	22	4.68	6	−66.28	−73.05
甘　肃			5.53	12		
青　海			0.36			
宁　夏	22.6	16	6.89	6	−69.53	−66.00
新　疆	361.52	326	138.57	141	−61.67	−56.75

资料来源：表 116、表 117 中数据来自 2019 年版《中国渔业统计年鉴》。

表 118　我国淀粉及部分深加工品进出口情况（2018—2019 年）

单位：t

主 要 品 种	2018 年		2019 年		同比增长（%）	
	进口量	出口量	出口量	出口量	进口量	出口量
玉米淀粉	2 526	519 000	3 053	704 000	20.86	35.65
本薯淀粉	2 008 800	700	2 375 500	680	18.25	−2.80
马铃薯淀粉	42 586	43 840 549	49 576	47 372 041	16.42	8.06
未列名淀粉	48 700	1 778	30 900	6 111	−36.55	243.70
糊精及其他改性淀粉	419 899	400 676 666	461 722	422 749 059	9.96	5.51
山梨醇	2 198	82 920	1 456	89 114	−33.78	7.47
甘露醇	542	9 051	297	8 252	−45.17	−8.82
木糖醇	78	46 312	16	43 935	−78.86	−5.13
葡萄糖及葡萄糖浆（果糖<20%）	1 958	743 489	7 567	795 930	286.40	7.05
葡萄糖及葡萄糖浆（20%≤果糖≤50%，转化糖除外）	1 092	12 580	403	9 108	−63.08	−27.60
果糖及果糖浆（果糖>50%，转化糖除外）	2 890	302 410	3 198	229 658	10.64	−24.06
其他固体糖	21 971	466 293	167 084	492 570	660.47	5.64
合　　计	2 553 240	446 701 748	3 100 475	472 500 458	765.56	244.67

资料来源：表中数据由中国淀粉工业协会提供。

表 119　我国食糖进出口与贸易方式情况（2016—2019 年）

单位：万 t

		进　　口				
年 份	合　　计	一般贸易	来料加工	进料加工	保税仓库进出境	其他
2016	211.48	176.34	0.95	6.72	18.70	
2017	229.07	115.96	0.88	12.55	76.19	
2018	279.55	183.66		18.09	45.14	
2019	339.01					

		出　　口				
年 份	合　　计	一般贸易	来料加工	进料加工	保税仓库进出境	其他
2016	12.04	0.90	0.74	1.31	8.96	
2017	15.79	8.97	0.65	1.65	1.74	
2018	19.57	8.31		1.83	5.42	
2019	18.56					

资料来源：表中数据由中国糖业协会提供。

表 120　我国食品出口情况（2019 年）

单位：t、万美元

产 品 名 称	出　口　量	出　口　额
总　计		
糖	185 600	8 7 367
糖果、蜜饯	417 737	127 927

（续）

产品名称	出口量	出口额
焙烘糕饼	178 749	54 111
方便食品	566 612	92 943
乳品	94 759	54 1 513
罐头	2 300 300	324 500
可可制品	61 817	32 969
调味品、发酵品		

表 121　我国蜂蜜生产及出口情况（2016—2019 年）

年　份	我国产量（万 t）	出口量（万 t）	出口率（%）	出口创汇（万美元）
2016	55.53	12.83	23.10	27 665
2017	54.25	12.93	23.80	27 100
2018	44.69	12.35	27.60	24 926
2019	44.41	12.45	27.20	29 428

资料来源：表中数据由中国蜂蜜协会提供。

表 122　我国蜂产品出口情况（2018—2019 年）

主要产品	数量、金额、单价	2018 年	2019 年	同比增长（%）
蜂　蜜	数量（t）	123 000	120 845.47	5.76
	金额（万美元）	24 926	23 501.48	1.77
	平均单价（美元/kg）	2.02	1.94	−3.77
鲜蜂王浆	数量（t）	731.51	675.26	−7.69
	金额（万美元）	2 064.00	1 839.44	−10.88
	平均单价（美元/kg）	28.22	27.24	−3.46
鲜蜂王浆粉	数量（t）	258.64	257.53	−0.43
	金额（万美元）	2 327.45	2 233.42	−4.04
	平均单价（美元/kg）	89.98	86.72	−3.62
蜂王浆制剂	数量（t）	307.00	345.10	12.41
	金额（万美元）	303.20	333.73	10.07
	平均单价（美元/kg）	9.88	9.67	−2.09

资料来源：表中数据来自《中国蜂业》。

表 123　我国水产品进出口贸易情况（2016—2019 年）

年　份	出口量（万 t）	出口额（亿美元）	进口量（万 t）	进口额（亿美元）
2016	423.7	207.3	404.1	93.7
2017	433.9	211.5	489.7	113.5
2018	432.8	224.4	522.3	148.9
2019	426.8	206.6	626.5	187.0

资料来源：表中数据来自 2020 年版《中国渔业统计年鉴》。

表 124　我国乳制品进口情况（2019 年）

单位：万 t、万美元

项　目	数　量	金　额	占　比（%）
乳制品	297.31	1 112 500	100.0
干乳制品	204.88	996 500	100.0
婴配奶粉	34.55		16.9
大包奶粉	101.48	312 400	49.5
乳　清	45.34	60 700	22.1
奶　酪	11.49	52 200	5.6
奶　油	8.55	46 600	4.2
液态奶	92.43	116 000	100.0
鲜　奶	89.06	110 100	96.4
酸　奶	3.38	5 900	3.6

资料来源：表中数据由中国海关提供。

表 125　我国纺织品服装出口情况（2018—2019 年）

产品名称	单位	2018 年	2019 年	同比增长（%）
纺织品服装出口总额	亿美元	2 767.3	2 807.1	1.43
其中：纺织品	亿美元	1 191.0	1 272.5	6.84
服　装	亿美元	1 576.3	1 534.5	−2.65

资料来源：表中数据由中国海关提供。

表 126　我国机械工业产品进出口情况（2016—2019 年）

单位：亿美元

项　目	2016 年	2017 年	2018 年	2019 年
产品进出口总额	6 475	7 123	7 747	7 735
产品进口总额	2 727	3 063	3 218	3 151
产品出口总额	3 748	4 060	4 529	4 584

表 127　我国中药行业进出口情况（2018—2019 年）

单位：亿美元

年　份	行　业	进出口 总额	进出口 同比增长（%）	出口 总额	出口 同比增长（%）	进口 总额	进口 同比增长（%）
2018	全国医药合计	1 148.51	−1.56	644.22	5.96	504.29	−9.75
	中药合计	57.68	10.99	39.09	7.39	18.59	19.38
2019	全国医药合计	1 456.91	26.85	738.30	14.6	718.61	42.50
	中药合计	61.74	6.99	40.19	2.8	21.55	15.9

表 128　我国天然橡胶、合成橡胶进口情况（2016—2019 年）

单位：万 t、万美元

产品	2016 年 数量	2016 年 金额	2017 年 数量	2017 年 金额	2018 年 数量	2018 年 金额	2019 年 数量	2019 年 金额
天然橡胶	250.1	335 392	279.3	491 693	260.5	360 672	245.0	337 279
合成橡胶	330.8	535 569	436.4	847 600	441.0	762 077	412.0	668 565

农产品加工业部分行业与企业排序

表 129　轻工业系统农产品加工业分行业主要经济指标（2018 年）

序号	按企业单位数排序 行业	企业数（个）	行业占轻工系统比重（%）	序号	按主营业各收入排序 行业	工业销售产值（亿元）	行业占轻工系统比重（%）
	总　计	90 738	100.00		总　计	129 094.6	100.00
1	农副食品加工业	25 007	27.56	1	农副食品加工业	30 808.6	23.87
2	食品制造业	8 981	9.90	2	食品制造业	15 641.9	12.12
3	酒、饮料和精制茶制造业	6 805	7.50	3	酒、饮料和精制茶制造业	17 688.7	13.70
4	烟草制品业	116	0.13	4	烟草制品业	10 881.1	8.43
5	纺织业	19 122	21.07	5	纺织业	21 819.8	16.90
6	皮革、毛皮、羽毛及其制品和制鞋业	8 550	9.42	6	皮革、毛皮、羽毛及其制品和制鞋业	6 511.3	5.04
7	木材加工和木、竹、藤、棕、草制品业	9 153	10.09	7	木材加工和木、竹、藤、棕、草制品业	5 403.9	4.19
8	家具制造业	6 300	6.94	8	家具制造业	5 624.1	4.36
9	造纸和纸制品业	6 704	7.39	9	造纸和纸制品业	14 715.2	11.40

序号	按利税总额排序 行业	利税总额（亿元）	行业占轻工系统比重（%）	序号	按利润总额排序 行业	利润总额（亿元）	行业占轻工系统比重（%）
	总　计	63 469.6	100.00		总　计	122 690.1	100.00
1	农副食品加工业	16 845.9	26.54	1	农副食品加工业	47 758.3	29.35
2	食品制造业	7 180.8	11.31	2	食品制造业	18 679.8	11.48
3	酒、饮料和精制茶制造业	7 438.5	11.72	3	酒、饮料和精制茶制造业	15 534.9	9.55
4	烟草制品业	2 619.6	4.13	4	烟草制品业	10 465.4	6.43
5	纺织业	12 324.0	19.42	5	纺织业	27 863.1	17.12
6	皮革、毛皮、羽毛及其制品和制鞋业	3 103.3	4.89	6	皮革、毛皮、羽毛及其制品和制鞋业	12 130.5	7.45
7	木材加工和木、竹、藤、棕、草制品业	2 565.8	4.04	7	木材加工和木、竹、藤、棕、草制品业	9 210.3	5.66
8	家具制造业	2 900.0	4.57	8	家具制造业	7 081.7	4.35
9	造纸和纸制品业	8 491.7	13.38	9	造纸和纸制品业	14 012.8	8.61

（续）

序号	按负债合计排序			序号	按资产总计排序		
	行　业	负债合计（亿元）	行业占轻工系统比重（%）		行　业	资产总计（亿元）	行业占轻工系统比重（%）
	总　计	133 351.9	100.00		总　计	10 348.3	100.00
1	农副食品加工业	42 803.3	32.10	1	农副食品加工业	2 124.4	20.53
2	食品制造业	14 640.3	10.98	2	食品制造业	1 552.2	15.00
3	酒、饮料和精制茶制造业	10 725.5	8.04	3	酒、饮料和精制茶制造业	2 094.3	20.24
4	烟草制品业	3 748.5	2.81	4	烟草制品业	923.5	8.92
5	纺织业	24 834.0	18.62	5	纺织业	1 265.3	12.23
6	皮革、毛皮、羽毛及其制品和制鞋业	10 495.7	7.87	6	皮革、毛皮、羽毛及其制品和制鞋业	721.0	6.97
7	木材加工和木、竹、藤、棕、草制品业	8 105.9	6.08	7	木材加工和木、竹、藤、棕、草制品业	475.3	4.59
8	家具制造业	5 904.0	4.43	8	家具制造业	425.9	4.12
9	造纸和纸制品业	12 094.7	9.07	9	造纸和纸制品业	766.4	7.41

资料来源：表中数据由《中国统计年鉴》提供。

表 130　我国淀粉产量前十强企业（2019 年）

序　号	企 业 名 称	占有率（%）
1	诸城兴贸玉米开发有限公司	13.29
2	巨能金玉米开发有限公司	6.95
3	中粮生化总公司	6.53
4	玉锋实业集团	6.27
5	西王集团	5.27
6	金象生化有限责任公司	5.23
7	宁夏伊品生物科技股份有限公司	3.58
8	京粮集团	3.49
9	长春大成实业集团有限公司	3.25
10	秦皇岛骊骅淀粉股份有限公司	2.95

资料来源：表中数据由中国淀粉工业协会提供。

表 131　我国白酒十大品牌（2019 年）

序号	品　牌	生　产　企　业
1	飞天茅台	中国贵州茅台酒厂（集团）有限责任公司
2	五粮液	四川川省宜宾五粮液集团有限公司
3	剑南春	四川绵竹剑南春酒厂有限公司
4	洋河大曲	江苏洋河酒厂股份有限公司
5	泸州老窖特曲	泸州老窖集团有限责任公司
6	郎牌郎酒	四川郎酒集团有限责任公司
7	汾酒青花	山西杏花村汾酒集团有限责任公司
8	古井贡年份原浆	安徽古井贡酒股份有限公司
9	双沟大曲	江苏双沟酒业股份有限公司
10	西凤酒凤香型	陕西西凤酒股份有限公司

表 132　我国酿酒行业十强企业（2019 年）

序号	企　业　名　称
1	中国贵州茅台酒厂（集团）有限责任公司
2	四川省宜宾五粮液集团有限公司
3	江苏洋河酒厂股份有限公司
4	泸州老窖股份有限公司
5	安徽古井集团有限责任公司
6	山西杏花村汾酒集团有限责任公司
7	中国绍兴黄酒集团有限公司
8	重庆啤酒股份有限公司
9	烟台张裕集团有限公司
10	会稽山绍兴酒股份有限公司

表 133　我国造纸行业十强企业（2019 年）

序号	企　业　名　称
1	玖龙纸业（控股）有限公司
2	山东晨鸣纸业集团股份有限公司
3	华泰集团有限公司
4	山东太阳控股集团有限公司
5	金东纸业（江苏）股份有限公司
6	理文造纸有限公司
7	山鹰国际控股股份公司
8	海南金海浆纸业有限公司
9	中国纸业投资有限公司
10	宁波中华纸业有限公司

资料来源：表中信息由中国造纸协会提供。

表 134　我国啤酒十大品牌生产企业（2019 年）

序 号	品 牌	生 产 企 业
1	雪 花	华润雪花啤酒（中国）有限公司
2	青 岛	青岛啤酒股份有限公司
3	百 威	百威英博哈尔滨啤酒有限公司
4	哈尔滨	百威英博哈尔滨啤酒有限公司
5	燕 京	北京燕京啤酒集团公司（燕京）
6	蓝 带	肇庆蓝带啤酒有限公司
7	嘉士伯	嘉士伯啤酒（广东）有限公司
8	喜 力	喜力（中国）企业管理有限公司
9	崂 山	青岛啤酒股份有限公司
10	生 力	广州生力啤酒有限公司

表 135　我国烟草十大品牌生产企业（2019 年）

序 号	品 牌	生 产 企 业
1	中 华	上海烟草集团有限责任公司
2	芙蓉王	湖南中烟工业有限责任公司
3	黄鹤楼	湖北中烟工业有限责任公司
4	玉 溪	红塔烟草（集团）有限责任公司
5	利 群	浙江中烟工业有限责任公司
6	云 烟	红云红河集团昆明卷烟厂
7	双 喜	上海烟草集团有限责任公司
8	南 京	江苏中烟工业有限责任公司
9	红塔山	红塔烟草（集团）有限责任公司
10	白 沙	湖南中烟工业有限责任公司

资料来源：表中数据来自 2019 胡润排行榜。

表 136　我国橡胶制品十大品牌生产企业（2019 年）

序 号	品 牌	生 产 企 业
1	鼎 湖	安徽中鼎控股（集团）股份有限公司
2	时代新材	株洲时代新材料科技股份有限公司
3	双 西	陕西延长石油西北橡胶有限责任公司
4	康迪泰克	康迪泰克（中国）橡塑技术有限公司
5	拓 普	宁波拓普集团股份有限公司
6	海 达	江阴海达橡塑股份有限公司
7	三五三七	际华集团股份有限公司
8	双 箭	浙江双箭橡胶股份有限公司
9	三力士	三力士股份有限公司
10	鹏 翎	天津鹏翎胶管股份有限公司

资料来源：表中数据由中国橡胶工业协会提供。

表 137　我国家具十大品牌生产企业（2019 年）

序　号	品　牌	生　产　企　业
1	圣奥家具	浙江圣奥家具制造有限公司
2	震旦	震旦（中国）有限公司
3	海太欧林	海太欧林集团有限公司
4	至盛冠美	广州市至盛冠美家具有限公司
5	致洋行具	珠海励致洋行办公家私有限公司
6	美勒	上海新冠美家具有限公司
7	美时家具	东莞美时家具有限公司
8	华盛家具	中山市华盛家具制造有限公司
9	光润家具	东莞光润家具股份有限公司
10	世纪京泰家具	北京世纪京泰家具有限公司

表 138　我国纺织品服装出口十强企业（2019 年）

序　号	企　业　名　称
1	宁波申洲针织有限公司
2	霍尔果斯荣达商贸有限公司
3	广西合安元贸易有限公司
4	广西益瑞商贸有限公司
5	江苏国泰华盛实业有限公司
6	湖南省天丰信供应链有限公司
7	威海纺织集团进出口有限责任公司
8	上海新联纺进出口有限公司
9	江苏国泰国华实业有限公司
10	广东溢达纺织有限公司

资料来源：表中信息由中国纺织工业联合会提供。

表 139　我国纸及纸板产量 100 万 t 以上省、自治区、直辖市（2018—2019 年）

单位：万 t

地　区	产　量		
	2018 年	2019 年	同比增长（%）
广　东	1 815	1 864	2.70
山　东	1 810	1 830	1.10
浙　江	1 510	1 429	−5.36
江　苏	1 141	1 312	14.99
福　建	750	784	4.53
河　南	490	498	1.63
湖　北	325	355	9.23
安　徽	305	325	6.56
重　庆	288	301	4.51
四　川	245	260	6.12
广　西	240	245	2.08

（续）

地　区	产　量		
	2018 年	2019 年	同比增长（％）
河　北	205	240	17.07
江　西	200	235	17.50
湖　南	235	217	−7.66
天　津	220	210	−4.55
海　南	166	175	5.42
辽　宁	102	132	29.41
合　计	**10 047**	**10 412**	**3.63**

资料来源：表中数据来自中国造纸协会。

表 140　我国纸及纸板产量 100 万 t 以上的生产企业（2019 年）

单位：万 t

序　号	生　产　企　业	产　量
1	玖龙纸业（控股）有限公司	1 502.00
2	理文造纸有限公司	593.00
3	山东晨鸣纸业集团股份有限公司	515.00
4	山东太阳控股集团有限公司	499.40
5	山鹰国际控股股份公司	473.59
6	华泰集团有限公司	307.70
7	中国纸业投资有限公司	277.50
8	宁波中华纸业有限公司（含宁波亚洲浆纸业有限公司）	261.86
9	江苏荣成环保科技股份有限公司	252.00
10	山东博汇集团有限公司	235.26
11	福建联盛纸业	203.00
12	金东纸业（江苏）股份有限公司	199.07
13	亚太森博中国控股有限公司	156.40
14	东莞金洲纸业有限公司	154.09
15	东莞建晖纸业有限公司	147.22
16	金红叶纸业集团有限公司	144.00
17	浙江景兴纸业股份有限公司	143.71
18	武汉金凤凰纸业有限公司	136.39
19	广西金桂浆纸业有限公司	135.00
20	山东世纪阳光纸业集团有限公司	126.00
21	维达国际控股有限公司	125.00
22	恒安国际集团有限公司	121.00
23	海南金海浆纸业有限公司	114.00

表 141 我国重点造纸企业产量排名前 30 名企业（2018—2019 年）

单位：万 t

序号	企 业 名 称	产 量		
		2018 年	2019 年	同比增长（%）
1	玖龙纸业（控股）有限公司	1 394.00	1 502.00	7.75
2	理文造纸有限公司	563.17	593.00	5.30
3	山东晨鸣纸业集团股份有限公司	456.72	515.00	12.76
4	山东太阳控股集团有限公司	459.73	499.40	8.63
5	山鹰国际控股股份公司	463.21	473.59	2.24
6	华泰集团有限公司	313.64	307.70	−1.89
7	中国纸业投资有限公司	290.00	277.50	−4.31
8	宁波中华纸业有限公司（含宁波亚洲浆纸业有限公司）	252.11	261.86	3.87
9	江苏荣成环保科技股份有限公司	220.97	252.00	14.04
10	山东博汇集团有限公司	175.22	235.26	34.27
11	福建联盛纸业	182.00	203.00	11.54
12	金东纸业（江苏）股份有限公司	191.00	199.07	4.23
13	亚太森博中国控股有限公司	152.90	156.40	2.29
14	东莞金洲纸业有限公司	85.21	154.09	80.84
15	东莞建晖纸业有限公司	150.71	147.22	−2.32
16	金红叶纸业集团有限公司	146.00	144.00	−1.37
17	浙江景兴纸业股份有限公司	138.72	143.71	3.60
18	武汉金凤凰纸业有限公司	104.19	136.39	30.91
19	广西金桂浆纸业有限公司	109.10	135.00	23.74
20	山东世纪阳光纸业集团有限公司	124.50	126.00	1.20
21	维达国际控股有限公司	122.00	125.00	2.46
22	恒安国际集团有限公司	102.83	121.00	17.67
23	海南金海浆纸业有限公司	103.78	114.00	9.85
24	芬欧汇川（中国）有限公司	87.00	89.50	2.87
25	新乡新亚纸业集团股份有限公司	82.35	82.86	0.62
26	河南省龙源纸业股份有限公司	58.39	78.97	35.25
27	永丰余造纸（扬州）有限公司	65.40	77.80	18.96
28	大河纸业有限公司	62.95	63.01	0.10
29	东莞金田纸业有限公司	54.50	61.67	13.16
30	金华盛纸业（苏州工业园区）有限公司	59.03	60.69	2.81

资料来源：表中数据来自中国造纸协会。

表 142 我国主食品加工十强企业（2019年）

序　号	企　业　名　称
1	郑州思念食品有限公司
2	安徽青松食品有限公司
3	山东环丰食品股份有限公司
4	安徽王仁和米线食品有限公司
5	淮北徽香昱原早餐工程有限责任公司
6	江西麻姑实业集团有限公司
7	湖南粮食集团有限责任公司
8	合肥市福客多快餐食品有限公司
9	山东省托福实业有限公司
10	西安爱菊粮油工业集团有限公司

资料来源：表中数据来自中国粮食行业协会。

表 143 我国皮革行业十强企业（2019年）

序　号	企　业　名　称
1	浙江通天星集团股份有限公司
2	广州红谷皮具有限公司
3	山东恒泰皮草制品有限公司
4	海宁森德皮革有限公司
5	四川达威科技股份有限公司
6	浙江中辉皮草有限公司
7	杭州兽王实业有限公司
8	东莞市爱玛数控科技有限公司
9	德州市鑫华润科技股份有限公司
10	浙江雪豹服饰有限公司

资料来源：表中信息由中国皮革协会提供。

我国西部地区综合统计

表 144 我国西部地区主要农产品产量（2018—2019 年）

单位：万 t

主要农产品	2018 年	2019 年	同比增长（%）
一、粮食作物	16 901.0	16 982.9	0.48
（一）谷 物	14 418.5	14 425.2	0.05
稻 谷	4 274.9	4 232.4	−0.99
小 麦	1 923.1	1 874.4	−2.53
玉 米	7 727.2	7 756.8	0.38
谷 子	81.0	92.5	14.20
高 粱	126.1	166.9	32.36
（二）豆 类	622.6	681.4	9.44
大 豆	407.2	461.5	13.33
杂 豆	215.5	219.9	2.04
（三）薯 类	1 859.9	1 876.3	0.88
马铃薯	1 322.1	1 338.3	1.23
二、油料作物	1 108.8	1 130.3	1.94
花 生	185.7	192.0	3.39
油菜籽	646.4	641.8	−0.71
芝 麻	3.1	3.3	6.45
胡麻籽	26.6	25.3	−4.89
葵花籽	216.7	239.2	10.38
三、棉 花	516.2	504.7	−2.23
四、麻 类	5.7	6.2	8.77
黄红麻	0.7	0.7	0.00
五、糖 料	10 006.8	10 270.3	2.63
甘 蔗	9 040.7	9 168.5	1.41
甜 菜	966.1	1 101.8	14.05
六、烟 叶	139.1	137.0	−1.51
烤 烟	130.1	128.5	−1.23
七、茶 叶	109.4	116.9	6.86
八、水 果	9 218.8	10 260.3	11.30

表 145　我国西部地区主要农产品单位面积产量（2018—2019 年）

单位：kg/hm²

主 要 农 产 品	2018 年	2019 年	同比增长（%）
一、粮食作物	4 991.1	5 046.3	1.11
（一）谷 物	5 687.6	5 753.2	1.15
稻 谷	6 871.4	6 893.6	0.32
小 麦	4 017.7	4 031.5	0.34
玉 米	6 146.3	6 235.7	1.45
谷 子	2 889.3	3 000.6	3.85
高 粱	3 856.6	4 827.1	25.16
（二）豆 类	1 834.6	1 936.0	5.53
大 豆	1 785.6	1 926.1	7.87
杂 豆	1 934.8	1 957.4	1.17
（三）薯 类	3 634.1	3 707.2	2.01
马铃薯	3 560.1	3 647.7	2.46
二、油料作物	2 239.9	2 303.4	2.83
花 生	2 630.0	2 675.0	1.71
油菜籽	2 100.0	2 118.7	0.89
芝 麻	1 856.1	1 857.6	0.08
胡麻籽	1 623.5	1 629.2	0.35
向日葵籽	2 741.9	2 964.7	8.13
三、棉花	2 043.8	1 963.9	−3.91
四、麻类	2 014.9	2 011.3	−0.18
黄红麻	2 963.5	2 877.3	−2.91
五、糖料	74 014.4	76 073.9	2.78
甘 蔗	77 363.9	79 143.7	2.30
甜 菜	52 712.6	57 511.0	9.10
六、烟叶	1 993.4	1 989.9	−0.18
烤 烟	1 976.2	1 969.0	−0.36

表 146　我国西部地区茶叶产量（2019 年）

单位：t

地区	茶叶总产量	其中						
		绿茶	青茶	红茶	黑茶	黄茶	白茶	其他茶
全国总计	2 777 204	1 849 861	300 356	258 307	192 066	8 563	45 087	122 965
地区小计	1 168 784	904 856	12 536	110 794	38 541	313	6 401	95 546
占全国比重（%）	42.1	48.9	4.2	42.9	20.1	3.7	14.2	77.7
内蒙古								
广　西	82 761	56 020	545	18 703	3 002		173	4 319
重　庆	44 807	39 323	71	3 926	19			1 397
四　川	325 363	269 815	4 313	10 443	23 161	227	71	16 707
贵　州	197 844	158 300	1 270	16 720	8 889	86	5 446	7 134
云　南	437 168	308 605	6 337	56 550		0	9	65 668
西　藏	116	6		2			5	104
陕　西	79 264	71 326		4 450	3 470			
甘　肃	1 461	1 461				18		
青　海								
宁　夏								
新　疆								

表 147　我国西部地区水果产量（2019 年）

单位：万 t

地区	水果总产量	其中					
		香蕉	苹果	柑橘	梨	葡萄	菠萝
全国总计	27 400.8	1 165.6	4 242.5	4 584.5	1 731.4	1 419.5	173.3
地区小计	18 003.0	534.1	1 871.9	2 088.9	527.2	686.2	15.5
占全国比重（%）	65.7	45.8	44.1	45.6	30.4	48.3	8.9
内蒙古	280.4		21.1		8.4	5.7	
广　西	2 472.1	311.0		1 124.5	43.8	60.1	3.7
重　庆	476.4	0.1	0.6	295.1	30.7	11.9	
四　川	1 136.7	5.0	76.5	457.7	94.3	40.7	0.1
贵　州	442.0	6.6	20.3	52.4	39.7	32.0	
云　南	860.3	211.4	55.0	108.6	57.3	95.1	11.7
西　藏	2.4		1.0	0.1	0.1	0.1	
陕　西	2 012.8		1 135.6	50.4	104.6	76.7	
甘　肃	710.1		340.5	0.1	25.3	26.2	
青　海	3.7		0.4		0.4	0.0	
宁　夏	258.6		50.2		1.5	24.5	
新　疆	1 604.8		170.7		121.7	313.2	

表 148　我国西部地区主要林产品产量（2018—2019 年）

产　品	单　位	2018 年	2019 年	同比增长（%）
木　材	万 m³	4 425	5 046	14.0
竹　材	万根	119 110	105 405	−11.5
板　栗	t	517 687	499 341	−3.5
竹笋干	t	175 141	376 690	115.1
油茶籽	t	426 286	410 934	−3.6
核　桃	t	3 065 770	3 695 523	20.5
生　漆	t	12 690		
油桐籽	t	183 213		
乌桕籽	t	2 955		
五倍子	t	14 025		
棕　片	t	23 129		
松　脂	t	816 372		
紫胶（原胶）	t	2 022	5 893	191.4

表 149　我国西部地区主要畜产品产量（2018—2019 年）

产 品 名 称	单　位	2018 年	2019 年	同比增长（%）
一、肉类总产量	万 t	2 658.7	2 460.9	−7.44
猪　肉	万 t	1 632.0	1 340.9	−17.84
牛　肉	万 t	288.5	303.4	5.16
羊　肉	万 t	287.9	296.8	3.09
禽　肉	万 t	393.9	458.8	16.48
兔　肉	万 t	27.1	28.5	5.17
二、其他畜产品产量				
奶　类	万 t	1 366.3	1 415.5	3.60
牛　奶	万 t	1 288.8	1 338.9	3.89
山羊粗毛	t	14 471.1	13 228.3	−8.59
绵羊毛	t	270 017.2	263 948.4	−2.25
细羊毛	t	98 583.8	92 852.9	−5.81
半细羊毛	t	61 399.5	59 388.3	−3.28
山羊绒	t	11 318.1	11 133.0	−1.64
蜂　蜜	万 t	14.4	14.3	−0.69
禽　蛋	万 t	450.7	483.6	7.30

表 150　我国西部地区水产品产量（2018—2019 年）

单位：t

产 品 名 称	2018 年	2019 年	同比增长（%）
水产品总产量	**6 944 598**	**7 070 022**	**1.81**
按海水、内陆分			
海水产品产量	1 944 161	1 994 915	2.61
内陆水产品产量	5 000 437	5 075 107	1.49
按生产性质分			
捕捞产量	823 690	799 639	−2.92
养殖产量	6 120 908	6 270 383	2.44

表 151　我国西部地区人均主要农产品、畜产品、水产品产量（2018—2019 年）

单位：kg/人

产 品 名 称	2018 年	2019 年	同比增长（%）
一、主要农产品			
（一）粮　食	446.8	446.1	−0.16
1. 谷　物	381.2	378.9	−0.60
稻　谷	113.0	111.2	−1.59
小　麦	50.8	49.2	−3.15
玉　米	204.3	203.8	−0.24
谷　子	2.1	2.4	14.29
高　粱	3.3	4.4	33.33
2. 豆　类	16.5	17.9	8.48
大　豆	10.8	12.1	12.04
杂　豆	5.7	5.8	1.75
3. 薯　类	49.2	49.3	0.20
马铃薯	35.0	35.2	0.57
（二）油　料	29.3	29.7	1.37
花　生	4.9	5.0	2.04
油菜籽	17.1	16.9	−1.17
芝　麻	0.1	0.1	0.00
胡麻籽	0.7	0.7	0.00
向日葵籽	5.7	6.3	10.53
（三）棉　花	13.6	13.3	−2.21
（四）麻　类	0.2	0.2	0.00
黄红麻	0.0	0.0	0.00
（五）糖　料	264.6	269.8	1.97
甘　蔗	239.0	240.8	0.75
甜　菜	25.5	28.9	13.33
（六）水　果	243.7	269.5	10.59
（七）烟　叶	3.7	3.6	−2.70
烤　烟	3.4	3.4	0.00
二、畜产品			
（一）猪牛羊肉	58.4	50.4	−13.70
猪　肉	43.1	34.8	−19.26
牛　肉	7.6	7.9	3.95
羊　肉	7.6	7.7	1.32
（二）奶　类	36.1	36.8	1.94
牛　奶	34.1	34.8	2.05
（三）禽　蛋	11.9	12.6	5.88
三、水产品	18.4	18.4	0.00
（一）鱼　类	13.9	13.8	−0.72
（二）虾蟹类	1.3	1.4	7.69

表152 我国西部地区农林牧渔业总产值、增加值及构成（2018—2019年）

名 称	总 产 值		增 加 值	
	2018年	2019年	2018年	2019年
一、绝对数（亿元）				
合 计	**34 585.3**	**38 254.1**	**21 050.4**	**3 668.8**
1. 农 业	20 754.0	22 692.5	13 370.1	1 938.5
2. 林 业	1 813.5	1 903.4	1 214.8	89.9
3. 牧 业	9 504.7	10 963.0	5 046.3	1 458.3
4. 渔 业	1 118.5	1 181.3	723.8	62.8
二、构成（%）				
农林牧渔业合计	100.0	100.0	100.0	100.0
1. 农 业	60.0	59.3	62.6	52.8
2. 林 业	5.2	5.0	5.7	2.5
3. 牧 业	27.5	28.7	25.1	39.7
4. 渔 业	3.2	3.1	3.4	1.7

表153 我国西部地区林业产业总产值（2019年）

单位：万元

地 区	总 计	第一产业	第二产业	第三产业
全国总计	**807 510 000**	**252 646 249**	**361 959 335**	**192 904 416**
地区小计	**217 463 238**	**90 203 765**	**63 164 250**	**64 095 223**
占全国比重（%）	26.93	35.70	17.45	33.23
内蒙古	4 869 345	2 048 583	1 286 352	1 534 410
广 西	70 426 465	21 371 104	33 389 135	15 666 226
重 庆	13 901 849	5 707 529	4 036 143	4 158 177
四 川	39 478 893	14 251 419	10 109 238	15 118 236
贵 州	33 645 800	8 678 800	4 352 700	20 614 300
云 南	24 841 778	14 379 988	7 009 522	3 452 268
西 藏	396 405	321 862	2 036	72 507
陕 西	14 132 385	11 028 865	1 545 459	1 558 061
甘 肃	4 307 313	3 655 421	258 187	393 705
青 海	699 625	528 909	81 220	89 496
宁 夏	1 549 705	894 749	340 441	314 515
新 疆	9 213 675	7 336 536	753 817	1 123 322

表 154 我国西部地区森林工业主要产品产量（2019 年）

地 区	锯材（万 m³）	木片（万实积 m³）	胶合板（万 m³）	纤维板（万 m³）	刨花板（万 m³）	其他人造板（万 m³）	改性木材（万 m³）	指接材（万 m³）
全国总计	6 745.5		18 005.7	6 199.6	2 979.7	3 674.1		
地区小计	1 150.7		3 850.3	1 160.2	363.3	898.3		
占全国比重（%）	17.06		21.38	18.71	12.19	24.45		
内蒙古	335.9		24.2			4.8		
广　西	931.6		3 411.5	626.2	253.7	664.5		
重　庆	160.6		49.6	40.9	34.1	8.2		
四　川	159.0		127.2	334.3	20.3	123.5		
贵　州	158.6		90.1	14.9	7.0	48.0		
云　南	141.1		127.7	110.6	47.7	40.1		
西　藏	1.2							
陕　西	14.1		12.2	27.4	0.5	1.1		
甘　肃	1.8		0.6	3.5		1.0		
青　海								
宁　夏			2.2					
新　疆	17.8		5.0	2.4		7.1		

地 区	木竹地板（万 m²）	松香类产品（t）	松节油类产品（t）	樟脑（t）	冰片（t）	栲胶类产品（t）	紫胶类产品（t）	木材热解产品（t）	木质生物质成型燃料（t）
全国总计	81 805.0	1 438 582				2 348	6 459		
地区小计	1 662.1	569 186				168	5 893		
占全国比重（%）	2.03	39.57				7.16	91.24		
内蒙古	0.8								
广　西	1 273.8	381 570				68			
重　庆	25.6	1 208							
四　川	111.1								
贵　州	71.7	7 042							
云　南	178.9	179 366				100	5 893		
西　藏									
陕　西	0.2								
甘　肃									
青　海									
宁　夏									
新　疆									

表 155　我国西部地区粮食作物单位面积产量（2019 年）

单位：kg/hm²

地　区	谷物	稻谷	小麦	玉米	豆类	薯类	油料
全　国	**6 272.0**	**7 059.2**	**5 630.4**	**6 316.7**	**1 925.0**	**4 036.3**	**2 702.4**
内蒙古	6 353.9	8 472.4	3 395.3	7 209.0	1 804.7	4 643.4	2 456.5
广　西	5 395.0	5 791.0	1 584.2	4 502.5	1 615.9	1 848.7	2 824.0
重　庆	6 614.5	7 433.6	3 287.7	5 692.9	2 044.4	4 270.0	1 975.8
四　川	6 336.1	7 860.0	4 028.2	5 760.0	2 320.8	4 310.0	2 457.0
贵　州	4 981.7	6 376.1	2 403.4	4 378.1	926.6	3 192.9	1 722.2
云　南	5 011.2	6 345.8	2 186.1	5 161.6	2 538.0	3 163.4	1 990.4
西　藏	5 710.7	5 594.9	5 932.6	5 457.7	3 581.4	1 521.8	2 654.6
陕　西	4 490.3	7 631.3	3 955.2	5 178.9	1 491.9	2 767.9	2 193.9
甘　肃	4 907.5	5 942.6	3 799.0	6 014.0	2 310.2	3 702.3	2 178.5
青　海	3 659.4		3 934.2	6 762.0	2 364.2	4 284.0	2 030.2
宁　夏	5 841.6	8 095.2	3 211.5	7 688.1	1 315.9	4 252.9	1 964.6
新　疆	7 012.5	9 068.9	5 426.1	8 607.8	2 972.5	7 966.1	3 037.7

表 156　我国西部地区国有农场基本情况（2019 年）

地　区	农场个数（个）	职工人数（万人）	耕地面积（khm²）
全国总计	**1 843**	**214.7**	**6 480.8**
地区小计	**728**	**59.7**	**2 582.5**
占全国比重（%）	39.50	27.81	39.85
内蒙古	104	5.4	741.0
广　西	47	2.3	33.8
重　庆	18	0.7	0.3
四　川	92	0.3	3.3
贵　州	37	0.2	1.0
云　南	43	4.8	12.1
陕　西	12	0.4	11.1
甘　肃	24	1.2	69.3
青　海	19	0.6	40.2
宁　夏	14	1.1	41.3
新　疆	318	42.7	1 629.1

其 他

表157 我国农产品质量安全例行监测情况 (2020年)

监测产品种类	合格率	同比
蔬 菜	97.6	上升 0.3 个百分点
畜禽产品	98.8	上升 0.5 个百分点
水产品	95.9	上升 0.2 个百分点
水 果	98.0	上升 3.9 个百分点
茶 叶	98.1	下降 0.2 个百分点

资料来源：表中数据由农业农村部提供。

表158 我国大米加工50强企业 (2019年)

序号	企 业 名 称	序号	企 业 名 称
1	中粮粮谷控股有限公司	26	湖南粮食集团有限责任公司
2	益海嘉里金龙鱼粮油食品股份有限公司	27	湖北康宏粮油食品有限公司
3	湖北国宝桥米有限公司	28	黑龙江省和粮农业有限公司
4	金健米业股份有限公司	29	深圳市中泰米业有限公司
5	华润五丰米业（中国）有限公司	30	湖北金银丰食品有限公司
6	上海良友（集团）有限公司	31	松原粮食集团有限公司
7	万年贡集团有限公司	32	深圳市深粮控股股份有限公司
8	湖北禾丰粮油集团有限公司	33	庆安东禾金谷粮食储备有限公司
9	湖北省粮油（集团）有限责任公司	34	江西金佳谷物股份有限公司
10	北京古船米业有限公司	35	庆安鑫利达米业有限公司
11	江苏省农垦米业集团有限公司	36	广东友粮粮油实业有限公司
12	宜兴市粮油集团大米有限公司	37	南京沙塘庵粮油实业有限公司
13	湖南角山米业有限责任公司	38	黑龙江秋然米业有限公司
14	湖北省宏发米业公司	39	方正县宝兴新龙米业有限公司
15	洪湖市洪湖浪米业有限责任公司	40	吉林裕丰米业股份有限公司
16	江西奉新天工米业有限公司	41	黑龙江和美泰富食品有限公司
17	湖北庄品健实业（集团）有限公司	42	湖北京和米业有限公司
18	安徽稼仙金佳粮集团股份有限公司	43	浙江恒天粮食股份有限公司
19	东莞市太粮米业有限公司	44	广东穗方源实业有限公司
20	安徽牧马湖农业开发集团有限公司	45	蚌埠市香飘飘粮油食品科技有限公司
21	黑龙江省北大荒米业集团有限公司	46	安徽省东博米业有限公司
22	湖南天下洞庭粮油实业有限公司	47	宁夏昊王米业集团有限公司
23	安徽联河股份有限公司	48	深圳市稼贾福实业有限公司
24	湖南浩天米业有限公司	49	上海限海贸易有限公司
25	安徽省阜阳市海泉粮油工业股份有限公司	50	五常市乔府大院农业股份有限公司

表 159 我国小麦粉加工 50 强企业（2019 年）

序号	企 业 名 称	序号	企 业 名 称
1	五得利面粉集团有限公司	26	广州岭南穗粮谷物股份有限公司
2	益海嘉里金龙鱼粮油食品股份有限公司	27	安徽省天麒面业科技股份有限公司
3	中粮粮谷控股有限公司	28	江苏省银河面粉有限公司
4	金沙河集团有限公司	29	江苏省淮安新丰面粉有限公司
5	蛇口南顺面粉有限公司	30	维维六朝松面粉产业有限公司
6	发达面粉集团股份有限公司	31	青岛维良食品有限公司
7	今麦郎食品股份有限公司	32	固安县参花面粉有限公司
8	山东利生食品集团有限公司	33	西安爱菊粮油工业集团有限公司
9	江苏三零面粉有限公司	34	宁夏塞北雪面粉有限公司
10	陕西陕富面业有限责任公司	35	上海福新面粉有限公司
11	北京古船食品有限公司	36	河南神人助粮油有限公司
12	新疆天山面粉（集团）有限责任公司	37	河南莲花面粉有限公司
13	陕西西瑞（集团）有限责任公司	38	陕西老牛面粉有限公司
14	甘肃红太阳面业集团有限责任公司	39	丹阳市同乐面粉有限公司
15	广东白燕粮油实业有限公司	40	新疆盛康宏鑫（集团）有限公司
16	潍坊风筝面粉有限责任公司	41	安徽省凤宝粮油食品（集团）有限公司
17	山东天邦粮油有限公司	42	山东梨花面业有限公司
18	宝鸡祥和面粉有限责任公司	43	湖北三杰粮油食品集团有限公司
19	广东新粮实业有限公司面粉厂	44	安徽金鸽面业集团有限公司
20	安徽正宇面粉有限公司	45	青岛皇丰粮油食品有限公司
21	山东半球面粉有限公司	46	安徽皖王面粉集团有限公司
22	内蒙古恒丰食品工业（集团）股份有限公司	47	周口市雪荣面粉有限公司
23	浙江恒天粮食股份有限公司	48	绵阳仙特米业有限公司
24	河南天香面业有限公司	49	四川雄健实业有限公司
25	广东金禾面粉有限公司	50	河南省大程粮油集团股份有限公司

表 160 我国食用油加工 50 强企业（2019 年）

序号	企 业 名 称	序号	企 业 名 称
1	益海嘉里金龙鱼粮油食品股份有限公司	26	青岛长生集团股份有限公司
2	中粮集团有限公司	27	上海富味乡油脂食品有限公司
3	山东鲁花集团有限公司	28	山东玉皇粮油食品有限公司
4	九三粮油工业集团有限公司	29	广东鹰麦食品有限公司
5	山东渤海实业股份有限公司	30	西安邦淇制油科技有限公司
6	三河汇福粮油集团有限公司	31	西安爱菊粮油工业集团有限公司
7	西王集团有限公司	32	河南省淇花食用油有限公司
8	山东三星玉米产业科技有限公司	33	北京艾森绿宝油脂有限公司
9	中储粮镇江粮油有限公司	34	合肥燕庄食用油有限责任公司
10	山东香驰粮油有限公司	35	邦基正大（天津）粮油有限公司
11	道道全粮油股份有限公司	36	防城港澳加粮油工业有限公司
12	湖北省粮油（集团）有限责任公司	37	广州植之元油脂实业有限公司
13	仪征方顺粮油工业有限公司	38	浙江新市油脂股份有限公司
14	山东金胜粮油食品有限公司	39	包头市金鹿油脂有限责任公司
15	上海良友海狮油脂实业有限公司	40	江苏佳丰粮油工业有限公司
16	湖南粮食集团有限责任公司	41	湖南省长康实业有限责任公司
17	京粮（天津）粮油工业有限公司	42	江苏金洲粮油集团
18	山东龙大植物油有限公司	43	陇南市祥宇油橄榄开发有限责任公司
19	山东兴泉油脂有限公司	44	大团结农业股份有限公司
20	青岛天祥食品集团有限公司	45	内蒙古蒙佳粮油工业集团有限公司
21	湖北省现代农业有限公司	46	湖南新金浩茶油股份有限公司
22	厦门银祥油脂有限公司	47	吉林出彩农业产品开发有限公司
23	金太阳粮油股份有限公司	48	泉州市金华油脂食品有限公司
24	长安花粮油股份有限公司	49	安徽华安食品有限公司
25	云南滇雪粮油有限公司	50	凯欣粮油有限公司

表 161　我国挂面加工十强企业（2019 年）

序　号	企 业 名 称
1	河北金沙河面业集团有限责任公司
2	克明面业股份有限公司
3	益海嘉里金龙鱼粮油食品股份有限公司
4	今麦郎食品股份有限公司
5	想念食品股份有限公司
6	中粮粮谷控股有限公司
7	博大面业集团有限公司
8	金健米业股份有限公司
9	江西省春丝食品有限公司
10	宁夏塞北雪面粉有限公司

表 162　我国杂粮加工十强企业（2019 年）

序　号	企 业 名 称
1	安徽燕之坊食品有限公司
2	吉林市老爷岭农业发展有限公司
3	怀仁市龙首山粮油贸易有限责任公司
4	浏阳河集团股份有限公司
5	中粮粮谷控股有限公司
6	黑龙江省和粮农业有限公司
7	内蒙古老哈河粮油工业有限责任公司
8	吉林北显生态农业集团有限公司
9	甘肃豫兰生物科技有限公司
10	合阳县雨阳富硒农产品专业合作社

表 163　我国粮油机械制造十强企业（2019 年）

序　号	企 业 名 称
1	布勒（无锡）商业有限公司
2	江苏正昌集团有限公司
3	丰尚农牧装备有限公司
4	合肥美亚光电技术股份有限公司
5	湖南郴州粮油机械有限公司
6	迈安德集团有限公司
7	河北苹乐面粉机械集团有限公司
8	中粮工程科技股份有限公司
9	安徽捷迅光电技术有限公司
10	湖北永祥粮食机械股份有限公司

资料来源：表 158 至表 163 的数据由中国粮食行业协会。

5

第五部分

标准、专利

农产品加工业部分国家标准（2020年）

标 准 号	标 准 名 称	代 替 标 准
GB 4544—2020	啤酒瓶	
GB/T 10784—2020	罐头食品分类	GB/T 10784—2006
GB/T 12703.5—2020	纺织品 静电性能试验方法 第5部分：旋转机械摩擦法	
GB/T 12703.8—2020	纺织品 静电性能试验方法 第8部分：水平机械摩擦法	
GB/T 21962—2020	玉米收获机械	
GB/T 22850—2020	织锦工艺制品	
GB/T 26901—2020	李贮藏技术规程	GB/T 26901—2011
GB/T 26904—2020	桃贮藏技术规程	
GB/T 29471—2020	食品安全检测移动实验室通用技术规范	GB/T 29471—2012
GB/T 29868—2020	运动防护用品 针织类基本技术要求	
GB/T 30357.9—2020	乌龙茶 第9部分：白芽奇兰	
GB/T 38583—2020	刺参	
GB/T 38501—2020	给袋式自动包装机	
GB/T 38473—2020	纺织品 动态条件下干燥速率的测定（蒸发热板法）	
GB/T 38465—2020	人造革合成革试验方法 耐寒性的测定	
GB/T 38464—2020	人造革合成革试验方法 耐揉搓性的测定	
GB/T 38463—2020	超洁净塑料瓶灌装设备通用技术要求	
GB/T 38462—2020	纺织品 隔离衣用非织造布	
GB/T 38461—2020	食品包装用PET瓶吹瓶成型模具	
GB/T 38458—2020	包装饮用水（桶装）全自动冲洗灌装封盖机 通用技术规范	
GB/T 38457—2020	液态瓶装包装质量检测机技术要求	
GB/T 38573—2020	预糊化淀粉	
GB/T 38572—2020	食用豌豆淀粉	
GB/T 38574—2020	食品追溯二维码通用技术要求	
GB/T 38581—2020	香菇	
GB/T 38697—2020	块菌（松露）鲜品质量等级规格	
GB/T 38880—2020	儿童口罩技术规范	
GB/T 39072—2020	袋栽银耳菌棒生产规范	
GB/T 39076—2020	纺织品 新烟碱类农药残留的测定	
GB/T 39228—2020	土壤微生物生物量的测定 熏蒸提取法	
GB/T 39229—2020	肥料和土壤调理剂 砷、镉、铬、铅、汞含量的测定	
GB/T 39369—2020	皮革 物理和机械试验 透水汽性测定	
GB/T 39452—2020	皮革 物理和机械试验 涂层粘着牢度的测定	
GB/T 39357—2020	银耳栽培基地建设规范	
GB/T 39363—2020	金银花空气源热泵干燥通用技术要求	
GB/T 39364—2020	皮革 化学、物理、机械和色牢度试验 取样部位	
GB/T 39365—2020	皮革 物理和机械试验 耐干热性的测定	
GB/T 39366—2020	皮革 色牢度试验 耐摩擦色牢度	
GB/T 39368—2020	皮革 物理和机械试验 耐折牢度的测定：鞋面弯曲法	
GB/T 39370—2020	皮革 物理和机械试验 表面反射性能的测定	

（续）

标 准 号	标 准 名 称	代 替 标 准
GB/T 39372—2020	皮革　物理和机械试验　伸长率的测定	
GB/T 39373—2020	皮革　色牢度试验　耐溶剂色牢度	
GB/T 39374—2020	皮革　物理和机械试验　弯折力的测定	
GB/T 39375—2020	皮革　物理和机械试验　尺寸变化的测定	
GB/T 39376—2020	皮革　抽样　批样抽样数量	
GB/T 39415.1—2020	包装袋　特征性能规范方法　第1部分：纸袋	
GB/T 39415.2—2020	包装袋　特征性能规范方法　第2部分：热塑性软质薄膜袋	
GB/T 39438—2020	包装鸡蛋	
GB/T 39500—2020	皮革　物理和机械试验　视密度和单位面积质量的测定	
GB/T 39507—2020	皮革　物理和机械试验　耐磨性能的测定：马丁代尔球盘法	
GB/T 39562—2020	台式乌龙茶加工技术规范	
GB/T 39563—2020	台式乌龙茶	
GB/T 39592—2020	黄茶加工技术规程	
GB/T 39606—2020	纺织品　尼泊金酯类抗菌剂的测定	
GB/T 39621—2020	纺织品　定量化学分析　交联型莱赛尔纤维与粘胶纤维、铜氨纤维、莫代尔纤维的混合物（甲酸/氯化锌法）	

农产品加工业农业行业标准（2020 年）

标 准 号	标 准 名 称	代 替 标 准
NY/T 3673—2020	植物油料中角鲨烯含量的测定	
NY/T 3674—2020	油菜薹中莱菔硫烷含量的测定　液相色谱串联质谱法	
NY/T 3675—2020	红茶中茶红素和茶褐素含量的测定　分光光度法	
NY/T 3679—2020	高油酸花生筛查技术规程　近红外法	
NY/T 3691—2020	粮油作物产品中黄曲霉鉴定技术规程	
NY/T 3705—2020	鲜食大豆品种品质	
NY/T 3713—2020	植物品种特异性（可区别性）、一致性和稳定性测试指南　真姬菇	
NY/T 3715—2020	植物品种特异性（可区别性）、一致性和稳定性测试指南　长根菇	
NY/T 3716—2020	植物品种特异性（可区别性）、一致性和稳定性测试指南　金针菇	
NY/T 3717—2020	植物品种特异性（可区别性）、一致性和稳定性测试指南　猴头菌	
NY/T 3718—2020	植物品种特异性（可区别性）、一致性和稳定性测试指南　糙皮侧耳	
NY/T 3719—2020	植物品种特异性（可区别性）、一致性和稳定性测试指南　果梅	
NY/T 3726—2020	植物品种特异性（可区别性）、一致性和稳定性测试指南　松果菊属	
NY/T 3727—2020	植物品种特异性（可区别性）、一致性和稳定性测试指南　线纹香茶菜	

（续）

标　准　号	标　准　名　称	代　替　标　准
NY/T 3729—2020	植物品种特异性（可区别性）、一致性和稳定性测试指南　毛木耳	
NY/T 3736—2020	植物品种特异性（可区别性）、一致性和稳定性测试指南　美味扇菇	
NY/T 654—2020	绿色食品　白菜类蔬菜	NY/T 654—2012
NY/T 655—2020	绿色食品　茄果类蔬菜	NY/T 655—2012
NY/T 743—2020	绿色食品　绿叶类蔬菜	NY/T 743—2012
NY/T 744—2020	绿色食品　葱蒜类蔬菜	NY/T 744—2012
NY/T 745—2020	绿色食品　根菜类蔬菜	NY/T 745—2012
NY/T 746—2020	绿色食品　甘蓝类蔬菜	NY/T 746—2012
NY/T 747—2020	绿色食品　瓜类蔬菜	NY/T 747—2012
NY/T 748—2020	绿色食品　豆类蔬菜	NY/T 748—2012
NY/T 750—2020	绿色食品　热带、亚热带水果	NY/T 750—2011
NY/T 752—2020	绿色食品　蜂产品	NY/T 752—2012
NY/T 840—2020	绿色食品　虾	NY/T 840—2012
NY/T 2667.15—2020	热带作物品种审定规范　第15部分：槟榔	
NY/T 2667.16—2020	热带作物品种审定规范　第16部分：橄榄	
NY/T 2667.17—2020	热带作物品种审定规范　第17部分：毛叶枣	
NY/T 2668.15—2020	热带作物品种试验技术规程　第15部分：槟榔	
NY/T 2668.16—2020	热带作物品种试验技术规程　第16部分：橄榄	
NY/T 2668.17—2020	热带作物品种试验技术规程　第17部分：毛叶枣	
NY/T 3785—2020	葡萄扇叶病毒的定性检测　实时荧光PCR法	
NY/T 3786—2020	高油酸油菜籽	
NY/T 3787—2020	土壤中四环素类、氟喹诺酮类、磺胺类、大环内酯类和氯霉素类抗生素含量同步检测方法　高效液相色谱法	
NY/T 3788—2020	农田土壤中汞的测定　催化热解—原子荧光法	
NY/T 3789—2020	农田灌溉水中汞的测定　催化热解—原子荧光法	
NY/T 3804—2020	油脂类饲料原料中不皂化物的测定　正己烷提取法	
NY/T 3806—2020	天然生胶、浓缩天然胶乳及其制品　镁含量的测定　原子吸收光谱法	
NY/T 3807—2020	香蕉茎秆破片机　质量评价技术规范	
NY/T 3809—2020	热带作物种质资源描述规范　番木瓜	
NY/T 3810—2020	热带作物种质资源描述规范　莲雾	
NY/T 3811—2020	热带作物种质资源描述规范　杨桃	
NY/T 3812—2020	热带作物种质资源描述规范　番石榴	
NY/T 3817—2020	农产品质量安全追溯操作规程　蛋与蛋制品	
NY/T 3818—2020	农产品质量安全追溯操作规程　乳与乳制品	
NY/T 3819—2020	农产品质量安全追溯操作规程　食用菌	
NY/T 453—2020	红江橙	
NY/T 604—2020	生咖啡	
NY/T 692—2020	黄皮	

农产品加工业机械行业标准（2020年）

标 准 号	标 准 名 称	代 替 标 准
JB/T 13841—2020	生物质卧式破碎机通用技术条件	
JB/T 13840—2020	生物质立式破碎机通用技术条件	
JB/T 13914—2020	智能粉末成型压力机	
JB/T 13958—2020	果蔬输送机	
JB/T 13959—2020	麻花成型机	
JB/T 13960—2020	食品称重拣选机	
JB/T 13961—2020	链条式菜肴输送机	
JB/T 20054—2020	大蜜丸机	JB/T 20054—2005

农产品加工业林业行业标准（2020年）

标 准 号	标 准 名 称	代 替 标 准
LY/T 1703—2020	实木地板生产综合能耗	LY/T 1703—2007
LY/T 3243—2020	生物质成型燃料抗碎性测试方法及工业分析方法	
LY/T 1114—2020	松香生产综合能耗	LY/T 1114—2011
LY/T 1530—2020	刨花板生产综合能耗	LY/T 1530—2011
LY/T 3242—2020	林业企业能源管理通则	
LY/T 1150—2020	栲胶生产综合能耗	LY/T 1150—2011
LY/T 1529—2020	普通胶合板生产综合能耗	LY/T 1529—2012
LY/T 3241—2020	纤维板生产线节能技术规范	
LY/T 1934—2020	园林机械 以汽（柴）油机为动力的坐骑式草坪修剪机	LY/T 1934—2010
LY/T 1202—2020	园林机械 以汽油机为动力的步进式草坪修剪机	LY/T 1202—2010
LY/T 1810—2020	园林机械 以汽油机为动力的便携杆式绿篱修剪机	LY/T 1810—2008
LY/T 3240—2020	园林机械 以锂离子电池为动力源的坐骑式草坪修剪机	
LY/T 3239—2020	园林机械 以锂离子电池为动力源的手持式松土机	
LY/T 3238—2020	林业机械 以汽油机为动力的可移动手扶式挖坑施肥机	
LY/T 3237—2020	林业机械 以内燃机为动力的半挂式枝丫切碎机	
LY/T 3236—2020	人造板及其制品气味分级及其评价方法	
LY/T 1926—2020	人造板与木（竹）制品抗菌性能检测与分级	LY/T 1926—2010
LY/T 3235—2020	负离子功能人造板及其制品通用技术要求	
LY/T 3234—2020	数码喷印装饰木制品通用技术要求	
LY/T 3233—2020	地采暖用木质地板甲醛释放承载量规范	
LY/T 3232—2020	框架式实木复合地板	
LY/T 3231—2020	室内木制品用水性紫外光固化涂料	
LY/T 1923—2020	室内木质门	LY/T 1923—2010
LY/T 3227—2020	木地板生产生命周期评价技术规范	
LY/T 3224—2020	树脂浸渍改性木材干燥规程	
LY/T 3223—2020	沉香质量分级	
LY/T 3222—2020	木材及木基材料吸湿尺寸稳定性检测规范	
LY/T 3221—2020	实木壁板	

（续）

标　准　号	标　准　名　称	代　替　标　准
LY/T 3220—2020	木质浴桶	
LY/T 3219—2020	木结构用自攻螺钉	
LY/T 3218—2020	木结构楼板振动性能测试方法	
LY/T 3205—2020	专用竹片炭	
LY/T 3204—2020	竹展平板	
LY/T 3203—2020	竹炭远红外发射率测定方法	
LY/T 2222—2020	竹单板	LY/T 2222—2013
LY/T 3202—2020	竹缠绕管廊	
LY/T 3201—2020	展平竹地板	
LY/T 3200—2020	圆竹家具通用技术条件	
LY/T 3197—2020	竹材制品碳计量规程	
LY/T 3196—2020	竹林碳计量规程	
LY/T 3195—2020	防腐竹材的质量要求	
LY/T 3194—2020	结构用重组竹	
LY/T 3193—2020	竹质工程材料术语	
LY/T 1659—2020	人造板工业粉尘防控技术规范	LY/T 1659—2006
LY/T 1738—2020	实木复合地板用胶合板	LY/T 1738—2008
LY/T 1859—2020	仿古木质地板	LY/T 1859—2009
LY/T 3191—2020	林木DNA条形码构建技术规程	
LY/T 1829—2020	林业植物产地检疫技术规程	LY/T 1829—2009
LY/T 3187—2020	极小种群野生植物种质资源保存技术规程	
LY/T 3186—2020	极小种群野生植物苗木繁育技术规程	
LY/T 3185—2020	极小种群野生植物野外回归技术规范	
LY/T 3178—2020	西北华北山地次生林经营技术规程	
LY/T 3177—2020	主要宿根花卉露地栽培技术规程	
LY/T 3176—2020	梅花培育技术规程	
LY/T 3175—2020	接骨木培育技术规程	
LY/T 3174—2020	木槿培育技术规程	
LY/T 3173—2020	南方型黑杨速生丰产林培育技术规程	
LY/T 3172—2020	林业和草原行政许可评价规范	
LY/T 3171—2020	林业和草原行政许可实施规范	

农产品加工业供销行业标准（2020年）

标　准　号	标　准　名　称	代　替　标　准
GH/T1282—2020	草豆蔻	
GH/T1284—2020	青花椒	
GH/T1287—2020	辛夷花	
GH/T 1292—2020	冻干水果蔬菜检验规程	
GH/T 1289—2020	干花椒流通规范	

（续）

标　准　号	标　准　名　称	代　替　标　准
GH/T 1290—2020	花椒及花椒加工产品　花椒酰胺总含量的测定　紫外分光光度法	
GH/T 1291—2020	花椒及花椒加工产品　花椒酰胺总含量的测定　高效液相色谱法	
GH/T 1296—2020	花果香型红茶加工技术规程	
GH/T 1297—2020	茉莉红茶	
GH/T 1152—2020	梨冷藏技术	
GH/T 1160—2020	干制红枣贮存	GH/T 1160—2017
GH/T 1191—2020	叶用莴苣（生菜）预冷与冷藏运输技术	GH/T 1191—2017
GH/T 1302—2020	鲜枸杞	
GH/T 1185—2020	鲜荔枝	GH/T 1185—2017
GH/T 1184—2020	哈密瓜	GH/T 1184—2017
GH/T 1304—2020	籽棉回潮率微波测量仪	
GH/T 1305—2020	籽棉颜色检测仪	
GH/T 1306—2020	籽棉颜色测试方法　光电法	
GH/T 1310—2020	富硒马铃薯	
GH/T 1312—2020	蜂胶中绿原酸、咖啡酸、p-香豆酸、3,5-二咖啡酰奎宁酸、4,5-二咖啡酰奎宁酸和阿替匹林 C 的测定　高效液相色谱法	
GH/T 1313—2020	蜂蜜中甘油含量的测定　高效液相色谱法	
GH/T 1314—2020	蜂蜜中甘露糖含量的测定　高效液相色谱法	
GH/T 1315—2020	蜂蜜中酪蛋白的测定　酶联免疫法	
GH/T 1316—2020	蜂蜜中松二糖、松三糖、吡喃葡糖基蔗糖、异麦芽糖和蜜三糖含量的测定　高效液相色谱法	
GH/T 1317—2020	棉花仓储管理规程	
GH/T 1318—2020	棉花热解气体产物测定方法	
GH/T 1319—2020	棉包红外成像温度测量装置	
GH/T 1189—2020	液压棉花打包机试验方法	GH/T 1189—2017

农产品加工业粮食行业标准（2020 年）

标　准　号	标　准　名　称	代　替　标　准
LS/T 3320—2020	米糠粕	
LS/T 3269—2020	油用米糠	
LS/T 3268—2020	辣木叶粉	
LS/T 3267—2020	糯性黍（稷）米粉	
LS/T 3125—2020	翅果	
LS/T 3106—2020	马铃薯	LS/T 3106—1985
LS/T 1223—2020	应急储备大米储藏技术规程	
LS/T 1222—2020	粮食干燥机系统工艺设计技术规范	
LS/T 1221—2020	储粮害虫在线监测技术规程	

（续）

标 准 号	标 准 名 称	代 替 标 准
LS/T 6139—2020	粮油检验　粮食及其制品中有机磷类和氨基甲酸酯类农药残留的快速定性检测	
LS/T 6138—2020	粮油检验　粮食中黄曲霉毒素的测定　免疫磁珠净化超高效液相色谱法	
LS/T 6137—2020	米粉条食用品质感官评价方法	
LS/T 3319—2020	漆树籽饼粕	
LS/T 3266—2020	米粉条用稻米	
LS/T 1220—2020	平房仓横向通风技术规程	
LS/T 1201—2020	磷化氢熏蒸技术规程	LS/T 1201—2002

农产品加工业轻工行业标准（2020 年）

标 准 号	标 准 名 称	代 替 标 准
QB/T 5505—2020	肉类罐头中牛、羊、猪、鸡、鸭源性成分检测方法　PCR 法	
QB/T 5504—2020	鱼类罐头中金枪鱼品种鉴别方法　PCR 法	
QB/T 5503—2020	壳寡糖	
QB/T 5502—2020	开菲尔发酵剂	
QB/T 5498—2020	皮艺装饰品通用技术要求	
QB/T 5496—2020	貉子皮初加工技术规范	
QB/T 5495—2020	水貂皮初加工技术规范	
QB/T 5494—2020	淀粉基蔬菜水果托盘	
QB/T 5486—2020	坚果与籽类食品贮存技术规范	
QB/T 5476—2020	果酒通用技术要求	
QB/T 5475—2020	蜂蜜酒	
QB/T 5474—2020	柔版塑料薄膜复合油墨	
QB/T 5473—2020	超高压方便米饭	
QB/T 5472—2020	生湿面制品	
QB/T 5471—2020	方便菜肴	
QB/T 2019—2020	低钠盐	QB/T 2019—2005
QB/T 5443—2020	牛排质量等级	
QB/T 5442—2020	牛排	

农产品加工业出入境检验检疫行业标准（2020 年）

标 准 号	标 准 名 称	代 替 标 准
SN/T 1264—2020	墨西哥棉铃象检疫鉴定方法	SN/T 1264—2003
SN/T 1274—2020	菜豆象检疫鉴定方法	SN/T 1274—2003
SN/T 1555—2020	鸡传染性喉气管炎检疫技术规范	SN/T 1555—2005
SN/T 1556—2020	鸡传染性鼻炎检疫技术规范	SN/T 1556—2005
SN/T 1682—2020	蜜蜂欧洲幼虫腐臭病检疫技术规范	SN/T 1682—2010

(续)

标 准 号	标 准 名 称	代 替 标 准
SN/T 2734—2020	传染性鲑鱼贫血病检疫技术规范	SN/T 2734—2010
SN/T 4078—2020	蜂房小甲虫检疫技术规范	
SN/T 5182—2020	牡蛎疱疹病毒病检疫技术规范	
SN/T 5183—2020	牛皮蝇蛆病检疫技术规范	
SN/T 5184—2020	禽副伤寒检疫技术规范	
SN/T 5185—2020	猪副伤寒检疫技术规范	
SN/T 5186—2020	鲍脓疱病检疫技术规范	
SN/T 5187—2020	边界病检疫技术规范	
SN/T 5188—2020	迟缓爱德华氏菌病检疫技术规范	
SN/T 5189—2020	鲴类肠败血症检疫技术规范	
SN/T 5190—2020	鹿慢性消耗性疾病检疫技术规范	
SN/T 5191—2020	禽肾炎检疫技术规范	
SN/T 5192—2020	嗜皮菌病检疫技术规范	
SN/T 5193—2020	兔球虫病检疫技术规范	
SN/T 5194—2020	羊传染性脓疱皮炎检疫技术规范	
SN/T 5195—2020	对虾急性肝胰腺坏死病检疫技术规范	
SN/T 5196—2020	猪轮状病毒感染检疫技术规范	
SN/T 5198—2020	熊蜂短膜虫检疫技术规范	
SN/T 5199—2020	家畜家禽成分 DNA 条形码检测技术规范	
SN/T 5200—2020	穿山甲物种鉴定技术规范	
SN/T 5201—2020	林麝物种鉴定技术规范	
SN/T 5202—2020	梅花鹿物种鉴定技术规范　实时荧光 PCR 法	
SN/T 5203—2020	鱼类物种鉴定　基因条形码的检测技术规范	
SN/T 5204—2020	植物病原细菌筛查　MALDI-TOF MS 法	
SN/T 5205—2020	柏平缕瓜花叶病毒检疫鉴定方法	
SN/T 5206—2020	洋葱黄矮病毒的检疫鉴定方法	
SN/T 5207—2020	蓝莓休克病毒检疫鉴定方法	
SN/T 5215—2020	土荆芥监测与鉴定方法	
SN/T 5276—2020	出口食品中多种过敏原的测定　液相色谱-质谱/质谱法	
SN/T 5279—2020	鳗鲡疱疹病毒感染检疫技术规范	
SN/T 5280—2020	禽偏肺病毒感染检疫技术规范	
SN/T 5281—2020	禽坦布苏病毒病检疫技术规范	
SN/T 1684—2020	瓦螨病检疫技术规范	SN/T 1684—2005
SN/T 5282—2020	虾偷死野田村病毒病检疫技术规范	
SN/T 1467—2020	小鹅瘟检疫技术规范	SN/T 1467—2004
SN/T 5283—2020	熊蜂微孢子虫检疫技术规范	
SN/T 5324.1—2020	出口包装饮用水和饮用天然矿泉水中奥卡西平、阿米替林、舍曲林、帕罗西汀和阿利马嗪的测定　液相色谱-质谱/质谱法	
SN/T 5324.2—2020	出口包装饮用水和饮用天然矿泉水中丙咪嗪、卡马西平、氟西汀、氟尼辛和氯米帕明的测定　液相色谱-质谱/质谱法	

（续）

标 准 号	标 准 名 称	代 替 标 准
SN/T 5324.3—2020	出口包装饮用水和饮用天然矿泉水中扑尔敏、西咪替丁、异丙嗪、苯海拉明、雷尼替丁、阿替洛尔、普萘洛尔和沙丁胺醇的测定　液相色谱-质谱/质谱法	
SN/T 5325.1—2020	出口食品中食源性病毒定量检测　数字 PCR 法　第 1 部分：诺如病毒	
SN/T 5325.2—2020	出口食品中食源性病毒定量检测　数字 PCR 法　第 2 部分：甲型肝炎病毒	
SN/T 5325.3—2020	出口食品中食源性病毒定量检测　数字 PCR 法　第 3 部分：轮状病毒	
SN/T 5325.4—2020	出口食品中食源性病毒定量检测　数字 PCR 法　第 4 部分：札如病毒	
SN/T 5325.5—2020	出口食品中食源性病毒定量检测　数字 PCR 法　第 5 部分：星状病毒	
SN/T 5325.6—2020	出口食品中食源性病毒定量检测　数字 PCR 法　第 6 部分：柯萨奇病毒	
SN/T 5325.7—2020	出口食品中食源性病毒定量检测　数字 PCR 法　第 7 部分：脊髓灰质炎病毒	
SN/T 2233—2020	出口植物源性食品中甲氰菊酯残留量的测定	
SN/T 5333—2020	玉米霜霉病菌（非中国种）检疫鉴定方法	
SN/T 1194—2020	植物及其产品转基因成分检测　抽样及制样方法	
SN/T 5334.1—2020	转基因植物产品的数字 PCR 检测方法　第 1 部分：通用要求与定义	
SN/T 5334.2—2020	转基因植物产品的数字 PCR 检测方法　第 2 部分：转基因大豆	
SN/T 5334.3—2020	转基因植物产品的数字 PCR 检测方法　第 3 部分：转基因玉米	
SN/T 5334.4—2020	转基因植物产品的数字 PCR 检测方法　第 4 部分：转基因油菜	
SN/T 5334.5—2020	转基因植物产品的数字 PCR 检测方法　第 5 部分：转基因棉花	
SN/T 5334.6—2020	转基因植物产品的数字 PCR 检测方法　第 6 部分：转基因马铃薯	
SN/T 5334.7—2020	转基因植物产品的数字 PCR 检测方法　第 7 部分：转基因苜蓿	
SN/T 5334.8—2020	转基因植物产品的数字 PCR 检测方法　第 8 部分：转基因甜菜	
SN/T 5335—2020	非洲猪瘟检测实验室生物安全操作技术规范	
SN/T 5336—2020	猪瘟病毒及非洲猪瘟病毒检测　微流控芯片法	

农产品加工业烟草行业标准（2020年）

标 准 号	标 准 名 称	代 替 标 准
YC/T 587—2020	卷烟工厂生产制造水平综合评价方法	
YC/T 242—2020	烟用香精 乙醇、1,2-丙二醇、丙三醇含量测定 气相色谱法	YC/T 242—2008
YC/T 336—2020	烟叶收购站设计规范	YC/T 336—2010

农产品加工业纺织行业标准（2020年）

标 准 号	标 准 名 称	代 替 标 准
FZ/T 63052—2020	涤纶短纤织带	
FZ/T 63051—2020	缝纫用涤纶长丝本色线	
FZ/T 74001—2020	纺织品 针织运动护具	FZ/T 74001—2013
FZ/T 73068—2020	海藻纤维混纺针织服装	
FZ/T 73016—2020	针织保暖内衣 絮片型	FZ/T 73016—2013
FZ/T 72029—2020	珊瑚绒面料	
FZ/T 72028—2020	精梳亚麻混纺针织面料	
FZ/T 55002—2020	锦纶浸胶子口布	
FZ/T 54129—2020	有色超高分子量聚乙烯长丝	
FZ/T 54128—2020	中、高强锦纶6牵伸丝	
FZ/T 54127—2020	循环再利用涤纶单丝	
FZ/T 54126—2020	低熔点涤纶/涤纶复合牵伸丝	
FZ/T 54125—2020	低熔点涤纶牵伸丝	
FZ/T 54124—2020	导电涤纶牵伸丝/涤纶牵伸丝混纤丝	
FZ/T 54048—2020	循环再利用涤纶牵伸丝	FZ/T 54048—2012
FZ/T 54047—2020	循环再利用涤纶低弹丝	FZ/T 54047—2012
FZ/T 54046—2020	循环再利用涤纶预取向丝	FZ/T 54046—2012
FZ/T 51018—2020	纤维用海藻酸钠	
FZ/T 50053—2020	再生纤维素纤维鉴别试验方法 着色后显微镜法	
FZ/T 15002—2020	纺织经纱上浆用聚丙烯酸类浆料	FZ/T 15002—2011
FZ/T 12040—2020	涤纶（锦纶）长丝/氨纶包覆纱	FZ/T 12040—2013
FZ/T 12005—2020	普梳涤与棉混纺本色纱线	FZ/T 12005—2011
FZ/T 10020—2020	纺织经纱上浆用聚丙烯酸类浆料试验方法 粘度测定	FZ/T 10020—2011
FZ/T 10016—2020	纺织经纱上浆用聚丙烯酸类浆料试验方法 不挥发物含量测定	FZ/T 10016—2011
FZ/T 01155—2020	纺织品 定量化学分析 牛皮纤维与某些其他纤维的混合物	
FZ/T 07008—2020	定形机热平衡测试与计算方法	
FZ/T 07007—2020	染色机水效限定值及水效等级	
FZ/T 99021—2020	间歇式染色机数控系统	
FZ/T 95029—2020	常温常压喷射溢流染色机	
FZ/T 99015—2020	纺织通用电控设备技术规范	FZ/T 99015—1998
FZ/T 90010—2020	电动机底轨尺寸	FZ/T 90010—2009
FZ/T 64079—2020	面膜用竹炭粘胶纤维非织造布	
FZ/T 62041—2020	数码印花毛巾	
FZ/T 73065—2020	植物染料染色针织服装	

（续）

标 准 号	标 准 名 称	代 替 标 准
FZ/T 54123—2020	酸性染料易染氨纶长丝	
FZ/T 54122—2020	抗菌涤纶低弹丝	
FZ/T 54006—2020	有色涤纶牵伸丝	FZ/T 54006—2010
FZ/T 54005—2020	有色涤纶低弹丝	FZ/T 54005—2010
FZ/T 51017—2020	铜系抗菌母粒	
FZ/T 50052—2020	酸性染料易染氨纶　上色率试验方法	
FZ/T 50051—2020	涤纶预取向丝动态热应力试验方法	
FZ/T 50050—2020	合成纤维　工业长丝干热收缩率试验方法	
FZ/T 50048—2020	化学纤维　长丝接触瞬间凉感性能试验方法	
FZ/T 61010—2020	山羊绒毯	
FZ/T 24013—2020	耐久型抗静电山羊绒针织品	FZ/T 24013—2010
FZ/T 14020—2020	涂料染色水洗棉布	FZ/T 14020—2011
FZ/T 14050—2020	莫代尔纤维纱线与涤纶低弹丝交织印染布	
FZ/T 14049—2020	莱赛尔纤维纱线与涤纶氨纶包覆丝线交织印染布	
FZ/T 14048—2020	锦纶氨纶弹力印染布	
FZ/T 14018—2020	锦纶与棉交织印染布	FZ/T 14018—2010
FZ/T 14019—2020	棉提花印染布	FZ/T 14019—2010
FZ/T 64023—2020	耐酵素洗非织造粘合衬	FZ/T 64023—2011
FZ/T 64025—2020	涂层面料用机织粘合衬	FZ/T 64025—2011
FZ/T 64024—2020	水溶性机织粘合衬	FZ/T 64024—2011
FZ/T 64022—2020	成衣免烫用机织粘合衬	FZ/T 64022—2011
FZ/T 64001—2020	机织黑炭衬	FZ/T 64001—2011
FZ/T 13050—2020	莱赛尔纤维与粘胶纤维混纺本色布	
FZ/T 13024—2020	间位芳纶本色布	FZ/T 13024—2011
FZ/T 12066—2020	涤粘色纺纱/氨纶包覆弹力线	
FZ/T 12028—2020	涤纶色纺纱线	FZ/T 12028—2012
FZ/T 12065—2020	莱赛尔纤维与粘胶纤维混纺本色纱	
FZ/T 12009—2020	腈纶本色纱	FZ/T 12009—2011
FZ/T 60031—2020	服装衬布蒸汽熨烫后的外观及尺寸变化试验方法	FZ/T 60031—2011
FZ/T 01111—2020	粘合衬酵素洗后的外观及尺寸变化试验方法	FZ/T 01111—2011
FZ/T 01110—2020	粘合衬粘合压烫后的渗胶试验方法	FZ/T 01110—2011
FZ/T 01086—2020	纺织品　纱线毛羽测定方法　投影计数法	FZ/T 01086—2000

农产品加工业发明专利（2019 年）

[2019 年农产品加工业（含加工制品、加工技术与设备）部分专利选摘]

申请或批准号	发 明 名 称	申请（专利权）人与通信地址	发明人
CN201910210108.6	一种超冰温的禽肉冷鲜加工系统及方法	中国科学院广州能源研究所，广东省广州市天河区五山能源路 2 号（510640）	董凯军、孙　钦、李　瑛
CN201910766275.9	一种具有除尘功能的烟熏腊肉用烘烤设备	烟台千载食品科技有限公司，山东省烟台市高新技术产业开发区科技大道 39 号内 8 号中俄科技创新园（264670）	

（续）

申请或批准号	发 明 名 称	申请（专利权）人与通信地址	发明人
CN201910743247.5	一种高抗氧化的酚基壳聚糖希夫碱及其制备方法和应用	中国科学院烟台海岸带研究所，山东省烟台市莱山区春晖路 17 号（264003）	郭占勇、李 青
CN201910185594.0	一种鲜米机用防霉变谷仓	东南大学，江苏省南京市玄武区四牌楼 2 号（210096）	张 艳、苟春林
CN201910743356.7	一种含氮杂环二脲类壳聚糖衍生物及其制备方法和应用	中国科学院烟台海岸带研究所，山东省烟台市莱山区春晖路 17 号（264003）	郭占勇、张晶晶
CN201910238935.6	一种家用雾化杀菌装置	四川水喜宝科技发展有限公司，四川省成都市经济技术开发区（龙泉驿区）成龙大道二段 1666 号 D2 栋 5 层 03 附 3 号（610000）	任 强
CN201910114816.X	一种肠道益生菌制剂的工业生产方法	哈尔滨美华生物技术股份有限公司，黑龙江省哈尔滨市道里区上海街 8-8 号（150016）	梁金钟、肖雯娟
CN201910607642.0	一种膦酸海带多糖铁及其制备方法	鲁东大学，山东省烟台市芝罘区红旗中路 184 号（264025）	殷 平、贾志华
CN201910766275.9	一种具有除尘功能的烟熏腊肉用烘烤设备	烟台千载食品科技有限公司，山东省烟台市高新技术产业开发区科技大道 39 号内 8 号中俄科技创新园（264670）	李 瑛
CN201910743247.5	一种高抗氧化的酚基壳聚糖希夫碱及其制备方法和应用	中国科学院烟台海岸带研究所，山东省烟台市莱山区春晖路 17 号（264003）	郭占勇、李 青
CN201910743356.7	一种含氮杂环二脲类壳聚糖衍生物及其制备方法和应用	中国科学院烟台海岸带研究所，山东省烟台市莱山区春晖路 17 号（264003）	郭占勇、张晶晶
CN201910109658.9	传感器材料及用于药材果蔬品质的数据信息化检测	权冉（银川）科技有限公司，宁夏回族自治区银川市同心北街以西常春藤 26 号（750000）	鲍 香、陈建功
CN201910608981.0	20（R）-人参皂苷 Rg3 的制备方法及其在制备热应激致生精损伤药物中的应用	吉林农业大学，吉林省长春市新城大街 2888 号吉林农业大学中药材学院 307（130118）	李 伟、李新殿
CN201910385918.5	一种形成易瘦体质的益生菌和益生元组合物及其应用	中科宜康（北京）生物科技有限公司，北京市大兴区北京经济技术开发区天华北街 11 号院 2 号楼 15 层 1505（100176）	耿 然、刘海霞
CN201910369731.6	精确分料的面团切割分块机	山东商务职业学院，山东省烟台市莱山区金海路 1001 号（264000）	丛 晓、苏令磊
CN201910447049.4	一种维生素 B₁ 改性蒙脱石复合霉菌毒素吸附剂及其制备方法和应用	中国矿业大学（北京），北京市海淀区学院路丁 11 号（100083）	郑水林、孙志明
CN201910607642.0	一种膦酸海带多糖铁及其制备方法	鲁东大学，山东省烟台市芝罘区红旗中路 184 号（264025）	殷 平、贾志华
CN201910205945.X	具有高黏附性植物乳杆菌 RS-09 及其应用	鲁东大学，山东省烟台市芝罘区红旗中路 184 号（264001）	姜琳琳、张兴晓

（续）

申请或批准号	发 明 名 称	申请（专利权）人与通信地址	发明人
CN201910527664.6	一种低钠含量的大豆多肽及其制备方法	武汉天天好生物制品有限公司，湖北省武汉市汉南区纱帽街育才路551号（430000）	陈大伟、成 静
CN201910393187.9	植物乳杆菌DP189及其应用	吉林省农业科学院，吉林省长春市净月开发区彩宇大街1363号（130033）	李盛钰、赵玉娟
CN201910280294.0	一种羟丙基三甲基氯化铵壳聚糖—羧基多糖复合盐及制备方法和应用	中国科学院烟台海岸带研究所，山东省烟台市莱山区春晖路17号（264003）	郭占勇、宓英其
CN201910234997.X	一种基于烟熏食品加工的烟熏液雾化装置及其雾化方法	烟台爵巧食品有限公司，山东省烟台市莱山区迎春大街133号附1号科技创业大厦A座415号（264000）	王晓伟
CN201910210108.6	一种超冰温的禽肉冷鲜加工系统及方法	中国科学院广州能源研究所，广东省广州市天河区五山能源路2号（510640）	董凯军、孙 钦
CN201910156573.6	含烟酰胺单核苷酸和罗汉果苷的组合物及其应用	北京慧宝源生物技术股份有限公司；北京慧宝源企业管理有限公司，北京市海淀区上地信息路2号（北京实创高科技发展总公司2-2号D栋1-8层）八层806室（100085）	周 骅、谢百波
CN201910369731.6	精确分料的面团切割分块机	山东商务职业学院，山东省烟台市莱山区金海路1001号（264000）	丛 晓、苏令磊
CN201910301860.1	一种防治脊髓型颈椎病的药物及其用途	上海中医药大学附属龙华医院，上海市徐汇区宛平南路725号（200032）	王拥军、施 杞
CN201910238935.6	一种家用雾化杀菌装置	四川水喜宝科技发展有限公司，四川省成都市经济技术开发区（龙泉驿区）成龙大道二段1666号D2栋5层03附3号（610000）	任 强
CN201910185594.0	一种鲜米机用防霉变谷仓	东南大学，江苏省南京市玄武区四牌楼2号（210096）	张 艳、荀春林
CN201910109658.9	传感器材料及用于药材果蔬品质的数据信息化检测	权冉（银川）科技有限公司，宁夏回族自治区银川市同心北街以西常春藤26号（750000）	鲍 香、陈建功
CN201910280294.0	一种羟丙基三甲基氯化铵壳聚糖—羧基多糖复合盐及制备方法和应用	中国科学院烟台海岸带研究所，山东省烟台市莱山区春晖路17号（264003）	郭占勇、宓英其
CN201910234997.X	一种基于烟熏食品加工的烟熏液雾化装置及其雾化方法	烟台爵巧食品有限公司，山东省烟台市莱山区迎春大街133号附1号科技创业大厦A座415号（264000）	王晓伟
CN201910205945.X	具有高黏附性植物乳杆菌RS-09及其应用	鲁东大学，山东省烟台市芝罘区红旗中路184号（264001）	姜琳琳、张兴晓
CN201910060976.0	一株米曲霉ZA116菌株及其应用	佛山市海天（高明）调味食品有限公司；广东海天创新技术有限公司；佛山市海天调味食品股份有限公司，广东省佛山市高明区沧江工业园东园（528000）	周其洋、侯 莎

（续）

申请或批准号	发 明 名 称	申请（专利权）人与通信地址	发明人
CN201910114816.X	高密度培养两歧双杆菌的化学去胁迫法	哈尔滨美华生物技术股份有限公司，黑龙江省哈尔滨市道里区上海街 8－8 号（150016）	梁金钟、肖雯娟
CN201920266929.7	一种通风式原粮仓储设备	泉州市汇达工业设计有限公司，福建省泉州市泉港区涂岭镇黄田村厝斗 25 号（362800）	孙佳慧、金秋林
CN201920148442.9	一种方便拆装的面食机	九阳股份有限公司，山东省济南市槐荫区美里路 999 号（250117）	王旭宁、陈雨轩
CN201920154291.8	一种制面快速的面食机	九阳股份有限公司，山东省济南市槐荫区美里路 999 号（250117）	王旭宁、欧阳鹏斌
CN201920574744.2	一种小型立式和面机	广州汇德数控科技有限公司，广东省广州市花都区秀全街大布村工业路 17 号之二（510000）	庄元均
CN201920587546.X	一种用于制备高端食材家常营养面条的挤压设备	河南京华食品科技开发有限公司，河南省焦作市温县太极大道西段（454850）	张 京、李玉峰
CN201920376673.5	一种肉类切条机	绍兴市祥泰丰食品有限公司，浙江省绍兴市人民东路 1426 号 3 号楼西首一楼（312000）	朱伟林
CN201920376732.9	一种肉类切丁机	绍兴市祥泰丰食品有限公司，浙江省绍兴市人民东路 1426 号 3 号楼西首一楼（312000）	张义谱
CN201920377356.5	一种肉类切条机的出料结构	绍兴市祥泰丰食品有限公司，浙江省绍兴市人民东路 1426 号 3 号楼西首一楼（312000）	朱伟林
CN201920380466.7	一种锯骨机	四川众合一家食品有限公司，四川省德阳市广汉市三水镇中心村 8 组新鑫和 13 幢 2 楼 3、4 号（618301）	常宇飞
CN201920542900.7	一种蔬菜与肉类的真空冷冻干燥装置	江西康嘉生物科技有限公司，江西省九江市都昌县都昌镇芙蓉山工业区（332600）	冯子晨、冯上水
CN201920156248.5	一种高效水产品加工解冻装置	扬州兴湖食品有限公司，江苏省扬州市高邮市城南经济新区南环路 3 号（225600）	陈 建
CN201920310640.0	一种辣椒烘干装置	四川省川椒种业科技有限责任公司，四川省自贡市富顺县富世镇釜江大道西段 240 号（643299）	杨朝进、陈炳金
CN201920588976.3	一种果蔬保鲜剂的喷布装置	临沂市农业科学院，山东省临沂市兰山区涑河北街 351 号（276012）	冷 鹏、周绪元
CN201920121319.8	一种粮食翻晒机	南京信息职业技术学院，江苏省南京市仙林大学城文澜路 99 号（210013）	孙 妍、张 斌
CN201920222922.5	一种粮食自动摊晒装置	龙泉市千亿洁具厂，浙江省丽水市龙泉市安仁镇安仁口村黄林源 15 号（323701）	崔志强
CN201920606650.9	一种有机大米生产用除湿装置	山东东都食品有限公司，山东省临沂市盛庄街道罗六路 49 号（276000）	孙爱伟
CN201920622723.3	一种粮食存储的防虫防霉装置	安徽科技学院，安徽省滁州市凤阳县东华路 9 号安徽科技学院（233100）	韩 越
CN201920478970.0	一种豆制品腐竹加工设备用结皮槽	安阳市双强豆制品有限公司，河南省安阳市内黄县二安工业区（大槐林村南侧）（456300）	陈章红、马徐超

（续）

申请或批准号	发 明 名 称	申请（专利权）人与通信地址	发明人
CN201920479972.1	一种豆制品腐竹加工用的便捷型原料滤浆装置	安阳市双强豆制品有限公司，河南省安阳市内黄县二安工业区（大槐林村南侧）（456300）	陈章红、马徐超
CN201920479978.9	一种腐竹生产加工用自动成型装置	安阳市双强豆制品有限公司，河南省安阳市内黄县二安工业区（大槐林村南侧）（456300）	陈章红、马徐超
CN201920187977.7	一种茶叶烘干机用热能循环利用机构	政和县世发茶厂，福建省南平市政和县铁山镇铁山村（黑鼻笼）（350000）	魏思忠
CN201920430729.0	一种茶叶干燥设备	广西科技大学鹿山学院，广西壮族自治区柳州市鱼峰区新柳大道99号（545616）	蔡锦源、莫晓宁
CN201920445015.7	一种黄色金花茶不褪色脱水设备	玉林师范学院，广西壮族自治区玉林市教育路299号（537000）	王道波、黄维
CN201920449822.6	一种多功能茶叶加工生产线	长沙湘丰智能装备股份有限公司，湖南省长沙市经开区漓湘路259号湘丰科技产业园（410100）	汤哲、彭浩明
CN201920472070.5	一种便于装卸料的滚筒式茶叶烘干装置	宜昌清溪沟贡茶有限公司，湖北省宜昌市夷陵区雾渡河镇马卧泥村二组（443100）	郑盎甲
CN201920234964.0	一种桑叶茶加工烘焙装置	达州市瑞福农业开发有限公司，四川省达州市达川区双庙镇南岳寺村9组26号（635000）	聂孝国
CN201920201405.X	糖果三维摆动混合搅料机	广东谷瑞澳食品有限公司，广东省江门市台山市水步镇福安东路9号（529000）	高鹏
CN201920201932.0	糖果配料自动计量浇注成型装置	广东谷瑞澳食品有限公司，广东省江门市台山市水步镇福安东路9号（529000）	高鹏
CN201920265784.9	一种能量棒横切成型装置	苏州优尔食品有限公司，江苏省苏州市吴中区金庭镇东园路15号（215000）	陈建
CN201920324276.3	一种食品加工用高温灭菌机	福建欧瑞园食品有限公司，福建省漳州市芗城区石亭镇南山工业园（363000）	黄屹、王莉
CN201920235616.5	夹心脂肪脆产品加工设备	中国农业科学院农产品加工研究所，北京市海淀区圆明园西路2号院（100193）	侯成立、张德权
CN201920265590.9	一种食品加工蒸煮罐	苏州优尔食品有限公司，江苏省苏州市吴中区金庭镇东园路15号（215000）	陈建
CN201920586489.3	一种用于制备高端食材家常营养面条的熟化装置	河南京华食品科技开发有限公司，河南省焦作市温县太极大道西段（454850）	张京、李玉峰
CN201920060449.5	一种可提供杀菌功能的菜籽保鲜装置	益阳市鸿福三益粮油有限公司，湖南省益阳市赫山区龙光桥镇全丰村（410000）	曹政科
CN201920573970.9	一种用于发糕灌浆的辅助生产装置	浙江善蒸坊食品股份有限公司，浙江省衢州市龙游县工业园区亲善路8号（324400）	黄雪梅、蓝锦国
CN201920568481.4	一种用于黄豆酱生产的黄豆原料蒸煮装置	湖北岭上人家生态食品有限公司，湖北省宜昌市远安县鸣凤镇嫘祖路16号（444200）	刘孝泉
CN201920421733.0	一种蛋品腌制沉降器	开心食品（长春）有限公司，吉林省长春市九台区上河湾镇干沟村4社（130000）	王晓洋

（续）

申请或批准号	发 明 名 称	申请（专利权）人与通信地址	发明人
CN201920620836.X	一种糟菜加工用腌制设备	闽清县坂东日宝食品厂，福建省福州市闽清县坂东镇朱厝工业区（350811）	池 钦
CN201920621342.3	一种糟菜滚动式腌制加工装置	闽清县坂东日宝食品厂，福建省福州市闽清县坂东镇朱厝工业区（350811）	池 钦
CN201920646153.1	一种用于多品种糟菜腌制的腌料池	闽清县坂东日宝食品厂，福建省福州市闽清县坂东镇朱厝工业区（350811）	池 钦
CN201920080370.9	一种蜂胶提纯用混合过滤设备	浙江福赐德生物科技有限公司，浙江省衢州市江山市虎山街道景星东路298-1号（324100）	徐水荣、金水荣
CN201920502005.2	一种制作混合果汁饮品用的黑枸杞打浆机	福鹿（鄂尔多斯市）沙业有限公司，内蒙古自治区鄂尔多斯市伊金霍洛旗阿镇创业大厦A座801室（17200）	郭耀泽
CN201920239105.0	板栗十字开口机	南京信息职业技术学院，江苏省南京市仙林大学城文澜路99号（210013）	郝秀云
CN201920285682.3	一种水果削皮机	广西呈鸣生物科技有限公司，广西壮族自治区南宁市那洪大道39号南宁奥园·北京组团北区4号楼1单元101号（530000）	覃淑芬、覃淑宁
CN201920168402.0	一种农场营业用的果蔬清洁装置	石城县鑫铭缘家庭农场，江西省赣州市石城县屏山镇万盛村（342700）	陈建鑫
CN201920168564.4	一种蔬菜生产销售用清洗装置	石城县大由乡吉利蔬菜专业合作社，江西省赣州市石城县大由乡前进路32号（342700）	李远根
CN201920451914.8	脱水蔬菜用自动上下料清洗装置	宁夏发途发蔬菜产业集团有限公司，宁夏回族自治区石嘴山市惠农区红果子镇农副产品加工区（753600）	韩正东、韩正伟
CN201920580706.8	一种用于制备新鲜食材营养冷冻菜的自动清洗装置	河南京华食品科技开发有限公司，河南省焦作市温县太极大道西段（454850）	张 京、李玉峰
CN201920622464.4	一种可防粘黏的糟菜加工用清洗装置	闽清县坂东日宝食品厂，福建省福州市闽清县坂东镇朱厝工业区（350811）	池 钦
CN201920621479.9	一种糟菜加工用清洗脱水装置	闽清县坂东日宝食品厂，福建省福州市闽清县坂东镇朱厝工业区（350811）	池 钦
CN201920452146.8	一种电热蔬菜烘干炉	四川大学工程设计研究院有限公司，四川省成都市武侯区一环路南一段24号（610041）	吴 洋、宋广鑫
CN201920545337.9	一种苹果干干燥房及其干燥系统	宁夏弘兴达果业有限公司，宁夏回族自治区中卫市沙坡头区东园镇政府东侧（755000）	王小亮、贾永华
CN201920347539.2	一种用于奶牛的苜蓿混合搅拌装置	江苏佳谷生物科技有限公司，江苏省南京市江宁区谷里街道牛首大道69号（210000）	张卢军
CN201920389069.6	一种便于加料的玉米膨化机	四川省旺达饲料有限公司，四川省成都市崇州市三江镇顺金西街728号（611246）	王成中
CN201920649214.X	一种泡椒凤爪沥水装置	安徽省麦浪食品有限公司，安徽省蚌埠市固镇县石湖乡304省道南侧（233706）	黄国友

（续）

申请或批准号	发 明 名 称	申请（专利权）人与通信地址	发明人
CN201822011267.7	一种实现可靠自动进料的食品加工机	九阳股份有限公司，山东省济南市槐荫区美里路999号（250117）	王旭宁、于创江
CN201920265747.8	一种食品挤压生产装置	苏州优尔食品有限公司，江苏省苏州市吴中区金庭镇东园路15号（215000）	陈 建
CN201920479953.9	一种豆制品加工前用拌料装置	安阳市双强豆制品有限公司，河南省安阳市内黄县二安工业区（大槐林村南侧）（456300）	陈章红、马徐超
CN201920282845.2	一种粉丝制作用搅拌装置	安徽顶大食品有限公司，安徽省阜阳市皖西北商贸城物流园区（236000）	高晓萍、朱凤连
CN201920632711.9	一种绞肉机	石家庄北容食品有限公司，河北省石家庄市正定县新安镇东权城村村北（50800）	曹卫东、曹树旺
CN201920670462.2	一种方便进料的饲料粉碎装置	江苏天蓬饲料有限公司，江苏省盐城市响水县运河镇工业园区（224600）	嵇春海
CN201920578385.8	一种茶叶除杂分离装置	宜昌清溪沟贡茶有限公司，湖北省宜昌市夷陵区雾渡河镇马卧泥村二组（443100）	郑盉甲
CN201920153045.0	一种新型连续式清洗装置	四川圣菲伦食品有限公司，四川省绵阳市三台县花园镇芦溪工业区（621100）	任凌飞
CN201920642426.5	豆豉摊晾机智能感应清洗装置	泰山恒信有限公司，山东省泰安市高新区配天门大街139号（271000）	陈书来、粟 兵
CN201920488568.0	一种百香果绞汁机	广西凭祥桂商现代农业投资有限公司；广西民族师范学院，广西壮族自治区崇左市凭祥市银兴大街C-A栋二楼（532200）	张 斌、马令法
CN201920777876.5	一种存放河豚鱼用保鲜装置	江苏豚岛食品有限公司，江苏省镇江市扬中市三茅街道翠竹北路666号（212200）	张荣平
CN201920616260.X	一种酸菜加工专用输送机	沈阳誉满食品有限公司，辽宁省沈阳市新民市张家屯镇崔三家子村（110300）	唐玉满
CN201920378708.9	一种防止物料外溅的进料装置	四川省旺达饲料有限公司，四川省成都市崇州市三江镇顺金西街728号（611246）	吴 超
CN201920385423.8	一种滚揉机的上料装置	四川众合一家食品有限公司，四川省德阳市广汉市三水镇中心村8组新鑫和13幢2楼3、4号（618301）	常宇飞
CN201920607031.1	一种草本酵素饮料制备装置	社旗县顾医堂生物医药科技有限责任公司，河南省南阳市社旗县赊店镇政和街66号（473300）	顾六成
CN201920378519.1	一种用于处理柑果肉装置	泰州学院；江门市凯深环保科技有限公司，江苏省泰州市济川东路93号（225300）	朱年青、杨井国
CN201920452791.X	一种仓式立体烘干装置	青岛新欧亚能源有限公司，山东省青岛市市北区铁山路21号1602室（266011）	赵宗波、李洪利
CN201920729278.0	一种酸菜加工用沥水风干装置	闽清县坂东日宝食品厂，福建省福州市闽清县坂东镇朱厝工业区（350811）	池 钦

（续）

申请或批准号	发 明 名 称	申请（专利权）人与通信地址	发明人
CN201920677634.9	一种用于饲料灭菌杀毒的微波烘干装置	西安圣达环保设备有限公司，陕西省西安市西咸新区秦汉新城临港路以东南贺村以北天工一路10号1楼（712000）	王冲冲
CN201920242166.2	一种有机农业种植用农产品重量检测装置	优渥有机农业有限公司，山东省潍坊市峡山生态经济发展区太保庄街道驻地（261000）	潘建营
CN201920464105.0	一种用于菠菜采收的辅助器件	靳芙蓉；苏生成，青海省西宁市湟中县鲁沙尔镇黄茨湾巷26号（811600）	徐红星、张迎春
CN201920019925.9	一种饼干流水线烘干设备	徐州海儿斯食品集团有限公司，江苏省徐州市泉山区淮海西路苏豪时代广场1#-1-1115（221002）	吴 颖
CN201920347094.8	一种自动和面机	安徽燕前堂食品供应链有限公司，安徽省合肥市包河区工业园太原路12号速冻米面食品加工厂房5楼（230000）	程 婧、房东明
CN201920399911.4	一种螺旋藻面坯制作装置	福州昌盛食品有限公司，福建省福州市仓山区光桥20号（350026）	陆昌实、翁爱玉
CN201920415557.X	一种立式和面机	北京好仁缘食品有限公司，北京市朝阳区高碑店乡西店村甲18号（100020）	刘福顺
CN201920415559.9	一种便于清洗的卧式和面机	北京好仁缘食品有限公司，北京市朝阳区高碑店乡西店村甲18号（100020）	刘福顺
CN201920023773.X	一种和面锅用盐水定量添加装置	河北鲜邦食品有限公司，河北省邢台市任县任城镇永康街（55150）	王立晓
CN201920197134.5	一种糕团防粘装置	浙江五味和食品有限公司；杭州市食品酿造有限公司，浙江省湖州市德清县禹越工业园区杭海路666路（313213）	冯 纬、江利明
CN201920347065.1	一种便于移动的仿手工饺子机	安徽燕前堂食品供应链有限公司，安徽省合肥市包河区工业园太原路12号速冻米面食品加工厂房5楼（230000）	程 婧、房东明
CN201920570279.5	一种面团导向装置	石家庄北容食品有限公司，河北省石家庄市正定县新安镇东权城村村北（50800）	曹卫东、曹树旺
CN201920397738.4	锯骨机	四川众合一家食品有限公司，四川省德阳市广汉市三水镇中心村8组新鑫和13幢2楼3、4号（618301）	常宇飞
CN201920402121.7	一种带间隙调节装置的新型多功能骨肉分离机	济南翡禧食品科技研究所，山东省济南市历下区二环东路7506号创就业孵化基地综合实训楼618号（250000）	邓之学、赵晓晨
CN201920556250.1	一种冻肉切片机	深圳市绿春翔农业科技有限公司，广东省深圳市龙岗区平湖街道白泥坑社区新荔二路2-1（518111）	李杰平
CN201920514339.1	一种用于批量生产的高效锯骨机	内蒙古旭一牧业有限公司，内蒙古自治区巴彦淖尔市杭锦后旗陕坝镇中南渠村一社（15400）	李志民

（续）

申请或批准号	发 明 名 称	申请（专利权）人与通信地址	发明人
CN201920128308.2	一种茶叶摊青机	嵊州市一杯香茶业专业合作社，浙江省绍兴市嵊州市贵门乡贵门村名茶加工集聚区（312400）	吕秋明
CN201920128604.2	一种扁茶炒制机	嵊州市一杯香茶业专业合作社，浙江省绍兴市嵊州市贵门乡贵门村名茶加工集聚区（312400）	吕秋明
CN201920196688.3	一种节能型茶叶加工用烘干脱水装置	新昌县鼎石科技咨询服务有限公司，浙江省绍兴市新昌县七星街道灵池路5号（312500）	肖翠艳
CN201920420670.7	一种巧克力灌注设备	莱州多比巧克力有限公司，山东省烟台市莱州市平里店镇店王村南500米（261400）	张　军、杨　平
CN201920420671.1	一种巧克力调温机	莱州多比巧克力有限公司，山东省烟台市莱州市平里店镇店王村南500米（261400）	张　军、杨　平
CN201920419892.7	一种巧克力脱模装置	莱州多比巧克力有限公司，山东省烟台市莱州市平里店镇店王村南500米（261400）	张　军、杨　平
CN201920277652.8	一种空气能巴氏杀菌装置	深圳粤通新能源环保技术有限公司，广东省深圳市龙华新区大浪街道华辉路上横朗第四工业区DS-3栋1层（518000）	邓志友
CN201920628786.X	一种豆粉加工用灭菌装置	佳木斯冬梅大豆食品有限公司，黑龙江省佳木斯市郊区长青乡四合村（友谊路西段佳木斯市经济技术开发区）（154000）	靳济洲、刘汉涤
CN201920282871.5	一种粉丝制作用蒸煮装置	安徽顶大食品有限公司，安徽省阜阳市皖西北商贸城物流园区（236000）	高晓萍、朱风连
CN201920423419.6	一种火麻油杀菌装置	陵川县清凉太行农产品开发有限公司，山西省晋城市陵川县嵩文镇石字岭村（48300）	苏宇波
CN201920074597.2	一种花椒杀青后冷区装置	巫山县昌茂农业开发有限公司，重庆市巫山县官渡镇官渡村1社（404703）	陈大权、王大海
CN201920046699.3	一种油茶果剥壳装置	广西金茶王油脂有限公司，广西壮族自治区南宁市江南区旱塘路10号（530031）	梁文红
CN201920308363.X	一种油茶籽剥壳机	德化心源油茶农民专业合作社，福建省泉州市德化县水口镇淳湖村（362000）	郑世上
CN201920142212.1	冬瓜去皮机	广东志伟妙卓智能机械制造有限公司，广东省佛山市南海区丹灶镇建沙路东三区3号联东优谷园一期B区19座102单元一楼（528251）	肖林华、肖能武
CN201920308798.4	一种核桃用全自动清洗脱皮设备	宾川康弘林产品有限责任公司，云南省大理白族自治州宾川县金牛镇佛都路11号（671600）	李义康
CN201920347111.8	一种包子菜馅脱水装置	安徽燕前堂食品供应链有限公司，安徽省合肥市包河区工业园太原路12号速冻米面食品加工厂房5楼（230000）	程　婧、房东明
CN201920186769.5	一种便携式果蔬农产品清洗装置	重庆莱到佳农产品有限公司，重庆市江北区山水景园19号附1、9号（400010）	于德明
CN201920619025.8	一种豆粉加工用过滤装置	佳木斯冬梅大豆食品有限公司，黑龙江省佳木斯市郊区长青乡四合村（友谊路西段佳木斯市经济技术开发区）（154000）	曹红莹、董良杰

（续）

申请或批准号	发 明 名 称	申请（专利权）人与通信地址	发明人
CN201920634070.0	一种食品加工用搅拌装置	河南斧头食品科技有限公司，河南省郑州市金水区俭学街2号院2号楼（启迪之星金水创业园）3层308-015（450000）	刘伟亚
CN201920533001.0	食品加工制粉设备	徐州工程学院，江苏省徐州市云龙区丽水路2号（221000）	华 裕、孙月娥
CN201920292033.6	一种环保型水蒸气巴氏杀菌装置	驻马店市中远塑胶有限公司，河南省驻马店市产业集聚区东源路与驿城大道交叉口东200米路北（463000）	王满意
CN201920403629.9	一种黑蒜发酵机	小熊电器股份有限公司，广东省佛山市顺德区勒流街道富裕村委会富安集约工业区5-2-1号地（528318）	李一峰、张 春
CN201920021172.5	一种保鲜周期长的冷库果蔬保鲜装置	重庆菜到佳农产品有限公司，重庆市江北区山水景园19号附1、9号（400010）	于德明
CN201920565633.5	一种粮食烘干装置	洮南市胜恩泰机械制造有限公司，吉林省白城市洮南市南道口长白路路东50米（137000）	任广波
CN201920282830.6	一种粉丝制作用烘干设备	安徽顶大食品有限公司，安徽省阜阳市皖西北商贸城物流园区（236000）	朱风连、高晓萍
CN201920274196.1	一种谷物烘干机	星光农机股份有限公司，浙江省湖州市南浔区和孚镇星光大街1688号（313000）	朱云飞、樊远地
CN201920447541.7	一种多级预加热型的豆干烘烤机	重庆久味凤食品（集团）有限公司，重庆市武隆工业园区长坝组团园区南路1号（408500）	张才均、甘立元
CN201920436334.1	一种防脱落的隧道炉用传动装置	深圳市耐美特工业设备有限公司，广东省深圳市宝安区西乡固成西井路118号B区2栋（2楼A）（518000）	尹林东、符建国
CN201920184902.3	燃气旋转煎饼机	临沂市易通食品机械有限公司，山东省临沂市枣沟头镇驻地（276000）	张宗扬
CN201920156306.4	一种薯片成型设备	秦皇岛麦叽食品科技开发有限公司，河北省秦皇岛市海港区环月街10号（66000）	徐 权
CN201920145536.0	一种用于面包加工的面粉搅拌机装置	肇庆学院；广西科技大学，广东省肇庆市端州区肇庆大道（526061）	张 帅、程 昊
CN201920534936.0	一种面条机及其定量水调节装置	元厨（北京）科技有限公司，北京市大兴区乐园路4号院2号楼5层1单元603（102600）	王国真
CN201920187531.4	一种用于制作宫面的上杆机	石家庄鲜竹宫面有限公司，河北省石家庄市藁城区机场路杨马村段66号（52160）	陈 鹏
CN201920437139.0	一种面条机导面结构	永康市富康电器有限公司，浙江省金华市永康市芝英镇柿后工业区宏伟北路28号（321306）	徐其能
CN201920570251.1	一种可调节面饼厚度的滚压机构	石家庄北容食品有限公司，河北省石家庄市正定县新安镇东权城村村北（50800）	曹卫东、曹树旺
CN201920187508.5	一种用于制作宫面的盘条机	石家庄鲜竹宫面有限公司，河北省石家庄市藁城区机场路杨马村段66号（52160）	陈 鹏

（续）

申请或批准号	发 明 名 称	申请（专利权）人与通信地址	发明人
CN201920285395.2	一种面食成型机构	阜新小东北食品有限公司，辽宁省阜新高新区食品加工园兴园路西侧（123000）	闫世和
CN201920187509.X	一种用于制作宫面的圆盘式熟化分条机	石家庄鲜竹宫面有限公司，河北省石家庄市藁城区机场路杨马村段 66 号（52160）	陈 鹏
CN201920370226.9	一种蔬菜腌制加工用旋转式风干设备	浏阳市味鲜原食品有限公司，湖南省长沙市浏阳市环保科技示范园（410000）	陈卫星
CN201920546604.4	一种多功能果蔬冻干生产线	江西康嘉生物科技有限公司，江西省九江市都昌县都昌镇芙蓉山工业区（332600）	冯子晨、冯上水
CN201920426261.8	一种超高效的炼乳乳糖结晶设备	江苏道宁药业有限公司，江苏省常州市武进区湖塘镇东华科技创业园（213000）	张志彬、魏 利
CN201920523721.9	一种高效的压榨机	合肥四季机电设备有限公司，安徽省合肥市肥东县撮镇镇唐安社区和平路北侧东方早城 12 幢 404 室（230000）	赵田田、赵四国
CN201920181875.4	一种茶叶碳焙机	武夷山市叶发茶业有限公司，福建省南平市武夷山市兴山路 199 号（354399）	叶以发、罗新国
CN201920520760.3	一种茶叶立体式连续滚筒冷却回潮机	青岛市农业科学研究院，山东省青岛市李沧区万年泉路 168 号（266100）	张翠玲、王正欣
CN201920362423.6	带新型传动结构的茶叶理条机	浙江上河茶叶机械有限公司，浙江省丽水市松阳县望松街道丽安环路 18 号（323400）	李剑勇、林智森
CN201920126411.3	花茶生产用蒸制处理装置	安徽统庆堂花茶有限公司，安徽省亳州市谯城区工业园区站前路南侧，（236800）	翟 辉
CN201920257306.3	一种荷叶茶加工用热风杀青装置	江西爱莲农业发展有限公司，江西省赣州市石城县琴江镇古樟工业园 C10、C15（342700）	邱火焰
CN201920381418.X	一种冻米糖生产用熬糖装置	浙江妙味房食品有限公司，浙江省衢州市开化县芹阳办事处解放街 63－6 号（324300）	吴殿辉
CN201920255142.0	一种卷筒冰淇淋的制备系统	内蒙古蒙牛乳业（集团）股份有限公司，内蒙古自治区呼和浩特市和林格尔盛乐经济园区（11500）	张 磊、王建军
CN201920461453.2	气液同步混合膨化装置及包含其的冰淇淋机	兰云科技（广州）有限责任公司，广东省广州市番禺区大龙街长盛大街 12 号 501（511400）	涂汉杰
CN201920496040.8	一种利用乳品深加工制取酪蛋白的装置	厦门亿赛膜技术有限公司，福建省厦门市集美区锦亭北路 252 号厂房第一层 C 区（361000）	曾志农、王 威
CN201920496064.3	一种利用牛奶制取 MPC 和乳糖粉的系统	厦门亿赛膜技术有限公司，福建省厦门市集美区锦亭北路 252 号厂房第一层 C 区（361000）	曾志农、王 威
CN201920371652.4	一种米粉晾晒杆	湖南粉湘情食品有限公司，湖南省长沙市浏阳市两型产业园（410000）	李 健
CN201920224007.X	一种液体调味料高温灭菌装置	河南品正食品科技有限公司，河南省焦作市温县产业集聚区纬三路 12 号（454850）	张德林、张世齐
CN201920371648.8	一种升降式米粉松丝装置	湖南粉湘情食品有限公司，湖南省长沙市浏阳市两型产业园（410000）	李 健

（续）

申请或批准号	发 明 名 称	申请（专利权）人与通信地址	发明人
CN201920356359.0	一种米粉烘干加工用挂粉杆	湖南粉湘情食品有限公司，湖南省长沙市浏阳市两型产业园（410000）	李 健
CN201920581873.4	一种新型爆米花机	广州市恒思通电子有限公司，广东省广州市番禺区沙湾镇沙坑村第一工业区岗心路31号2楼（510000）	吕家骅
CN201920370553.4	一种翻转式黄豆浸泡装置	浏阳市味鲜原食品有限公司，湖南省长沙市浏阳市环保科技示范园（410000）	陈卫星
CN201920548721.4	一种鸡蛋剥壳装置	江苏鹿鹿通食品有限公司，江苏省南通市海门市四甲镇兴业路58号（226141）	鹿于成、常圣保
CN201920156284.1	一种含夹层蛋卷机	秦皇岛麦叽食品科技开发有限公司，河北省秦皇岛市海港区环月街10号（66000）	徐 权
CN201920348348.8	一种多层鱼豆腐降温装置	福建坤兴海洋股份有限公司，福建省福州市马尾区兴业路8号（350015）	邓立青、林春强
CN201920036940.4	一种农业蔬菜腌制装置	河套学院，内蒙古自治区巴彦淖尔市临河区大学路河套学院（15000）	孙志惠
CN201920370603.9	一种蔬菜腌制加工用翻滚式拌料设备	浏阳市味鲜原食品有限公司，湖南省长沙市浏阳市环保科技示范园（410000）	陈卫星
CN201920444046.0	一种辣椒籽的活动脱离装置	广东省农业科学院蔬菜研究所，广东省广州市天河区五山金颖路66号省蔬菜研究所（510640）	徐小万、李 涛
CN201920382779.6	一种同步式削皮机刀具组件	合肥速能机械科技有限责任公司，安徽省合肥市蜀山区新产业园自主创新产业基地三期（南区）C座10层（230088）	马子化
CN201920554411.3	一种内刺式滚筒去皮机	潍坊久恒食品有限公司，山东省潍坊市临朐县冶源镇西圈村（262600）	张世勇、张京顺
CN201920231920.2	爆皮去皮系统	上海本优机械有限公司，上海市金山区亭林镇亭谊路680号（201500）	胡金保、姜本平
CN201920126845.3	一种洗椒机	成都健心食品有限公司，四川省成都市郫县三道堰镇秦家庙村五组（610000）	雷胱心、周小玲
CN201920370292.6	一种蔬菜腌制加工用清洗装置	浏阳市味鲜原食品有限公司，湖南省长沙市浏阳市环保科技示范园（410000）	陈卫星
CN201920409258.5	蔬菜加工用清洗和分拣装置	云南优纤贝供应链管理有限公司，云南省昆明市嵩明县嵩阳镇木作居民委员会普矣居民小组伟诚蔬菜配送中心6-1号（651799）	玄文祥、袁映融
CN201920563689.7	一种用于果蔬粉生产线的果蔬清洗机	恩益达（天津）生物科技有限公司，天津市武清区京津科技谷产业园高王路西侧2号孵化器6号楼201室（301700）	沈春明
CN201920572012.X	一种清洗装置	石家庄北容食品有限公司，河北省石家庄市正定县新安镇东权城村村北（50800）	曹卫东、曹树旺
CN201920043803.3	一种农产品果蔬加工清洗装置	重庆贝丰仁生态农业开发有限公司，重庆市江津区几江街道石狮子街（402260）	周黎勇

（续）

申请或批准号	发 明 名 称	申请（专利权）人与通信地址	发明人
CN201920507404.8	一种芝麻连续淘洗滤水装置	涡阳县五星粮油有限公司，安徽省亳州市涡阳县工业园B区（华都大道南侧、炬能粮油西侧）（233600）	孙世军
CN201920179073.X	一种节能环保型烟果槟榔烘烤设备	湖南中通电气股份有限公司，湖南省湘潭市高新区双拥路27号创新创业园A3栋（411101）	程日兴、阳 宁
CN201920351322.9	一种用于果蔬烘干的烘干装置	山东数能信息科技有限公司，山东省济南市历城区西周南路42号（250000）	吴正刚、王 海
CN201920451517.0	脱水蔬菜烘干用布料器	宁夏发途发蔬菜产业集团有限公司，宁夏回族自治区石嘴山市惠农区红果子镇农副产品加工区（753600）	韩正东、韩正伟
CN201920548888.0	一种甘蔗自动加工设备	南京林业大学，江苏省南京市龙蟠路159号（210037）	刘俊锋、洪晓玮
CN201920371634.6	一种米粉松散架	湖南粉湘情食品有限公司，湖南省长沙市浏阳市两型产业园（410000）	李 健
CN201920447519.2	一种手撕素内半成品的送料脱油系统	重庆久味夙食品（集团）有限公司，重庆市武隆工业园区长坝组团园区南路1号（408500）	张才均、甘立元
CN201920156285.6	空心膨化食品挤出成型装置	秦皇岛麦叽食品科技开发有限公司，河北省秦皇岛市海港区环月街10号（66000）	徐 权
CN201920381403.3	一种冻米糖生产用搅拌装置	浙江妙味房食品有限公司，浙江省衢州市开化县芹阳办事处解放街63-6号（324300）	吴殿辉
CN201920615342.2	气泡式酸菜清洗装置	沈阳誉满食品有限公司，辽宁省沈阳市新民市张家屯镇崔三家子村（110300）	唐玉满
CN201920595426.4	一种鱼糕片成型装置	福建省波蓝食品有限责任公司，福建省福州市福清市宏路街道梧店村3号楼（350030）	王长新
CN201920725684.X	一种粉条切段机构	广元市剑蜀食品有限公司，四川省广元市利州区大石食品工业园（628000）	罗 斌、罗 志
CN201920571987.0	一种烧饼降温的螺旋装置	石家庄北容食品有限公司，河北省石家庄市正定县新安镇东权城村村北（50800）	曹卫东、曹树旺
CN201920695723.6	一种方便收集的酱腌菜加工初晒用晾晒装置	福州日宝食品有限公司，福建省福州市闽清县坂东镇朱厝工业区（350811）	许聿庆
CN201920289803.1	一种用于农产品的节能型循环干燥系统装置	宁夏中宁县兴顺农林生态开发有限公司，宁夏回族自治区中卫市中宁县平安西街朱营二队（755100）	高 军、蒋秀琴
CN201920687416.3	一种农业用烘干机	宜昌楚农农业发展有限公司，湖北省兴山县黄粮镇金家坝村五组（443799）	付先财、李 君
CN201920062317.6	一种清热降脂减肥茶储存装置	河北铭心堂生物科技有限公司，河北省石家庄市高新区长江大道9号筑业高新国际18-J房间（50000）	王洪稳、王露颖
CN201920356898.4	一种易清洁的电动立式无烟烤串炉	哈尔滨市韩香缘炉具有限公司，黑龙江省哈尔滨市香坊区旭升街1号7栋2层（150010）	闫玉鸣、李德瑞

（续）

申请或批准号	发 明 名 称	申请（专利权）人与通信地址	发明人
CN201920570304.X	一种给螺旋装置清洗降温的喷淋装置	石家庄北容食品有限公司，河北省石家庄市正定县新安镇东权城村村北（50800）	曹卫东、曹树旺
CN201920530376.1	一种食用油加热装置	西安瑞福油脂有限公司，陕西省西安市莲湖区枣园西路221号（710000）	王　凯
CN201920128600.4	紫薯山药面的成型机	江西阿颖金山药食品集团有限公司，（江西省抚州市金山口工业区）	游贵颖、李建忠
CN201920257386.2	一种面粉搅拌装置	安徽皖雪食品有限公司，安徽省淮北市濉溪县百善镇工业园（235000）	王清伟、秦婉秋
CN201920120349.7	一种和面机	北京武亿丰食品有限公司，北京市顺义区李桥镇北河村平沿路北河段272号（101300）	刘　彬
CN201920120476.7	和面机	北京武亿丰食品有限公司，北京市顺义区李桥镇北河村平沿路北河段272号（101300）	刘　彬
CN201920120479.0	带有下料组件的花卷成型机	北京武亿丰食品有限公司，北京市顺义区李桥镇北河村平沿路北河段272号（101300）	刘　彬
CN201920120492.6	压面机	北京武亿丰食品有限公司，北京市顺义区李桥镇北河村平沿路北河段272号（101300）	刘　彬
CN201920324061.1	一种新型压面机	广东春晓食品有限公司，广东省肇庆市高要区蛟塘镇沙田工业园（526113）	黄汉标
CN201920120178.8	带有刷油装置的花卷成型机	北京武亿丰食品有限公司，北京市顺义区李桥镇北河村平沿路北河段272号（101300）	刘　彬
CN201920382514.6	一种用于包子的封口结构	湖州职业技术学院，浙江省湖州市吴兴区湖州市教育园区（313000）	胡锡晨、朱景建
CN201920560287.1	面条生产机	大理市李欧自动化技术有限公司，云南省大理白族自治州大理市下关镇深长村82号附8603室（671000）	李逢斌、程碧景
CN201920465519.5	一种水产品烘干晾晒装置	浙江海洋大学，浙江省舟山市定海区临城街道海大南路1号（316022）	常如月、章　寒
CN201920511123.X	一种茶叶加工用高效揉捻机	江西农业大学，江西省南昌市经济技术开发区志敏大道1101号（330045）	吴瑞梅、金山峰
CN201920517061.3	一种可控制压力强度的茶叶揉捻机	江西农业大学，江西省南昌市经济技术开发区志敏大道1101号（330045）	熊爱华、吴瑞梅
CN201920273699.7	一种蜜饯冷却机	金果园老农（北京）食品股份有限公司，北京市延庆区八达岭镇飞东路1号（102100）	卜一凡、武天林
CN201920469281.3	一种芒果果脯快速浸糖装置	中国热带农业科学院南亚热带作物研究所，广东省湛江市麻章区湖秀路1号（524091）	张　明、杜丽清
CN201920559369.4	一种糖画机器人糖浆送料装置	武汉商学院，湖北省武汉市武汉经济技术开发区东风大道816号（430056）	高　俊、蒲　俊
CN201920410673.2	一种冰沙机	常熟市圣海电器有限公司，江苏省苏州市常熟市尚湖镇家鑫村后面一幢楼（215500）	岳　建

（续）

申请或批准号	发 明 名 称	申请（专利权）人与通信地址	发明人
CN201920570801.X	一种真空包装食品的水浴杀菌装置	安徽悠之优味食品有限公司，安徽省马鞍山市和县历阳镇巢宁路东侧 99 号（238200）	胡玉发、丁 荣
CN201920267819.2	一种鲜切食品等离子体脱水及杀菌一体化设备	天津科技大学，天津市滨海新区经济技术开发区第 13 大街 9 号（300457）	陈 野、李书红
CN201920279238.0	一种食品生产用加热炉反光板紧固装置	漳州顶津食品有限公司，福建省漳州市龙文区龙腾北路 21 号（363000）	林学文、周伟璘
CN201920473978.8	一种粉丝自动抓取称重以及成型装置	皖西学院，安徽省六安市裕安区月亮岛（237012）	董 真、秦学义
CN201920205057.3	农产品加压腌制装置	台州知通科技有限公司，浙江省台州市三门县海游街道湘山村（317100）	陈英米、李谦涛
CN201920396706.2	一种密闭效果好的泡菜池	四川厨之乐食品有限公司，四川省眉山市东坡区尚义镇建镇下街 46 号（620010）	辛祖民、周 言
CN201920420964.X	一种枣夹核桃成型机	山西农业大学，山西省晋中市太谷县铭贤南路兴农街 1 号（30801）	朱 璞、裴二鹏
CN201920403351.5	一种桔子破碎机	南丰县吉品生物科技有限公司，江西省抚州市南丰县黄金工业园区（344500）	朱昱坤、刘润华
CN201920431434.5	一种全自动核桃去壳机	临泉县金满园农林科技有限公司，安徽省阜阳市临泉县杨小街镇柳集村民委员会柳集（236400）	张 成
CN201920265483.6	一种环形榨菜剥皮装置	江南大学，江苏省无锡市蠡湖大道 1800 号江南大学（214122）	黎鸿峦、唐正宁
CN201920123646.7	一种土豆片加工去皮设备	云南农垦镇雄天使食品有限公司，云南省昭通市镇雄县五德镇大火地工业园区（657200）	易 智、向万军
CN201920062772.6	一种食品加工用快速清洗装置	徐州工程学院，江苏省徐州市云龙区丽水路 2 号（221000）	施梦凡、万 雨
CN201920150323.7	一种果蔬清洗机的清洗装置	国投中鲁果汁股份有限公司，北京市丰台区科兴路 7 号 205 室（100071）	张继明、王广林
CN201920271575.5	一种用于清洗蔬菜的滚筒清洗机	安徽精益诚食品有限公司，安徽省亳州市蒙城县辛集乡李大塘村（233500）	黄 巍、刘玉峰
CN201920503133.9	一种蔬菜用毛刷清洗机	北京斋堂生态农业科技有限公司，北京市门头沟区斋堂镇西胡林村 1 号（102309）	刘 睿
CN201920122250.0	一种黄花菜清洗机	陕西大荔沙苑黄花有限责任公司，陕西省渭南市大荔县官池工业园区（714000）	潘青录
CN201920342303.X	一体式水果清洗吸水风干机	福建太铭鑫工业科技有限公司，福建省福州市仓山区建新镇金塘路 9 号第 9 号楼一层（350007）	任 超
CN201920121719.9	一种杀青机	陕西大荔沙苑黄花有限责任公司，陕西省渭南市大荔县官池工业园区（714000）	潘青录
CN201920121730.5	一种蒸制托盘	陕西大荔沙苑黄花有限责任公司，陕西省渭南市大荔县官池工业园区（714000）	潘青录

（续）

申请或批准号	发　明　名　称	申请（专利权）人与通信地址	发明人
CN201920351321.4	一种空气能热泵烘干装置	山东数能信息科技有限公司，山东省济南市历城区西周南路42号（250000）	王宝光、吴正刚
CN201920354983.7	一种瓜蒌籽炒制装置	岳西县徽记农业开发有限公司，安徽省安庆市岳西县经济开发区（246600）	李广来、朱德毅
CN201920496520.4	炒制胡麻防糊吹撒冷却装置	宁夏百优珍选生物科技有限公司，宁夏回族自治区银川市永宁县望远镇工业园区人和小企业创业园B2号厂房（750101）	陈岳峰
CN201920586407.5	温控型芒果加工用烘干装置	金树农业（澜沧）有限公司，云南省普洱市澜沧拉祜族自治县糯扎度乡雅口大歇场二组（665000）	李春红
CN201920127221.3	一种籽瓜挖瓤机挖刀自动升降装置	甘肃农业大学，甘肃省兰州市安宁区营门村1号甘肃农业大学（730070）	唐学虎、马瑞龙
CN201920383482.1	一种包子成型装置	湖州职业技术学院，浙江省湖州市吴兴区湖州市教育园区（313000）	朱佳锋、朱景建
CN201920116607.4	休闲营养米粉片的片花膨化装置	江西阿颖金山药食品集团有限公司，江西省抚州市南城县金山口工业区（344700）	游贵颖、李建忠
CN201920233409.6	一种高温高效率双螺杆膨化设备	惠州市中宠宠物食品有限公司，广东省惠州市惠东县平山泰园工业城内（516300）	张翠月
CN201920095819.9	一种土豆片生产用油炸设备	云南农垦镇雄天使食品有限公司，云南省昭通市镇雄县五德镇大火地工业园区（657200）	易　智、向万军
CN201920096437.8	一种土豆片生产用搅拌设备	云南农垦镇雄天使食品有限公司，云南省昭通市镇雄县五德镇大火地工业园区（657200）	易　智、向万军
CN201920729621.1	一种具有筛选功能的酸菜加工用切割装置	闽清县坂东日宝食品厂，福建省福州市闽清县坂东镇朱厝工业区（350811）	池　钦
CN201920123314.9	一种魔芋糕转运装置	山东汇润膳食堂股份有限公司，山东省潍坊市安丘经济技术开发区黄山西街1号（262100）	辛冬梅
CN201920621977.3	一种粉丝加工用烘干架	安徽潮谊食品科技有限公司，安徽省淮南市八公山区八公山镇工业集聚区标准化厂房5号（232000）	宗　超
CN201920613064.7	谷物烘干系统	重庆纽通科技有限公司，重庆市南岸区亚太路1号13幢12-7号（400060）	杨燕飞
CN201920907168.9	一种和面机的控制电路	佛山市南海康莱达机电制造有限公司，广东省佛山市南海区狮山镇穆院村穆北工业区（528200）	罗勇斌、马永志
CN201920500477.4	一种辣椒收割机	西安烨然汽车零部件有限公司，陕西省西安市高陵区姬家管委会杨官寨村二组（710089）	高粉粮、余大州
CN201920145653.7	一种整体式节能粮仓专用降温设备	四川吉鑫源科技有限公司，四川省成都市青羊区文武路42号18层J号（610000）	王　君、郑　徵
CN201920037291.X	一种挂面生产线自动和面压合机	东莞益海嘉里粮油食品工业有限公司，广东省东莞市麻涌镇新沙工业园（523000）	李　红

（续）

申请或批准号	发 明 名 称	申请（专利权）人与通信地址	发明人
CN201920104313.X	一种挂面机	丹阳市烽创机械制造有限公司，江苏省镇江市丹阳市珥陵镇左墓桥南侧（212300）	冯文兵
CN201920343020.7	一种饼干加工过程中用的喷油机	阳江市德宝食品机械有限公司，广东省阳江市阳东区北惯镇霍达三路南边及金田二路东边地段（529500）	张德晟
CN201920438663.X	一种馄饨成型机构	河南中博食品机械有限公司，河南省新乡市新乡县七里营镇金融大道11号（453000）	陈光涛、陈荣志
CN201920546320.5	包馅食品成型机	成都康河机械设备有限公司，四川省成都市双流区蛟龙工业港双流园区涪江路15座（168号）（610000）	李进强、司军伟
CN201920305543.2	一种可自动均衡温度和湿度的面制食品醒发装置	南宁万国食品有限公司，广西壮族自治区南宁市国家经济技术开发区金凯路13号金凯工业园5栋1-3层（530031）	温日秀、侯　波
CN201920271677.7	一种蛋糕奶油抹平机	长江大学，湖北省荆州市南环路1号（434000）	伍嘉玲、张雨晗
CN201920257124.6	一种火腿辊揉机	中国包装和食品机械有限公司，北京市朝阳区北沙滩1号（100083）	丁有河、王道路
CN201920325164.X	一种食品加工用滚揉机	上海财治食品有限公司，上海市松江区九亭镇涞坊路2039号11、12号厂房（201615）	张　健、谢贤军
CN201920010939.4	食用菌加工烘干装置	西峡县家家宝食品有限公司，河南省南阳市西峡县民营生态工业园（474550）	杜广义、江新栓
CN201920161871.X	一种具有保温杀菌剂的优质乳巴氏杀菌机	天津市鑫嘉科技发展有限公司，天津市武清区京滨工业园京滨睿城4号楼105室-76（集中办公区）（301712）	孙守强、郭　强
CN201920253464.1	一种发酵乳生产的接种设备	浙江一景乳业股份有限公司，浙江省绍兴市嵊州市经济开发区普田大道555号（312400）	李一清
CN201920310139.4	一种带有称重功能的新型茶叶压饼机	福建安溪住佑茶叶机械有限公司，福建省泉州市安溪县官桥镇塘垅开发区三魁厂房1号楼（362000）	廖晓海
CN201920060136.X	一种新型的糖果巧克力冷柜	东营市志达食品机械有限公司，山东省东营市广饶县潍高路以南广饶镇工业园区（257000）	魏志刚
CN201920273829.7	一种食品高温杀菌系统	重庆鑫佳宝食品有限公司，重庆市铜梁区金龙大道兴铜路1号（402560）	魏国庆、孙　俊
CN201920325168.8	一种食品真空冷却机	上海财治食品有限公司，上海市松江区九亭镇涞坊路2039号11、12号厂房（201615）	张　健、谢贤军
CN201920287038.X	一种热带水果软质冰淇淋冷冻贮藏罐	广西高桂农业科技有限公司，广西壮族自治区百色市田阳县百色国家农业科技园孵化中心一楼（533600）	喻华杰、刘华南
CN201920460171.0	爆米花机	广东新宝电器股份有限公司，广东省佛山市顺德区勒流镇政和南路（528322）	郭建刚、姚伟涛

（续）

申请或批准号	发 明 名 称	申请（专利权）人与通信地址	发明人
CN201920207635.7	一种用于咸蛋清脱盐处理的电渗析装置	厦门市科宁沃特水处理科技股份有限公司，福建省厦门市火炬高新区创业园轩业楼 3046 室（361000）	纪镁铃、黄春梅
CN201920427403.2	一种风味剂生产设备	江苏翼邦生物技术有限公司，江苏省常州市金坛区龙湖路 29 号（213000）	殷 军、吴志荣
CN201920547692.X	一种苹果汁制作装置	青岛农业大学，山东省青岛市城阳区长城路 700 号青岛农业大学园艺学院（266000）	张玉刚、孙 欣
CN201920295863.4	一种小型瓜子脱壳机	山东省食品药品检验研究院，山东省济南市历城区高新技术开发区新泺大街 2749 号药品检验所大楼 1－101（250101）	田洪芸、李 恒
CN201920435770.7	具有自动清理机壳内壁功能的火麻脱壳机	黄志忠，辽宁省锦州市北镇市闾阳驿镇吴台村44 号（121000）	黄志忠、黄 杉
CN201920460134.X	大葱根部去土装置	天津农学院，天津市西青区津静公路 22 号（300384）	李艳聪、李继明
CN201920026914.3	一种椭球刷式水果清洗机	安徽农业大学，安徽省合肥市蜀山区长江西路 130 号（230036）	何晓东、朱德泉
CN201920295011.5	一种脐橙清洗装置	赣州天绿生化科技有限公司，江西省赣州市赣县区高新技术产业园区储潭工业小区（341100）	肖 梅
CN201920127932.0	一种保温节能型花生翻炒装置	新疆老炒坊食品科技开发有限责任公司，新疆维吾尔自治区昌吉回族自治州昌吉市大西渠镇闽昌工业园区（831100）	陈韦纲、薛文涛
CN201920128293.X	一种炒花生去沙一体装置	新疆老炒坊食品科技开发有限责任公司，新疆维吾尔自治区昌吉回族自治州昌吉市大西渠镇闽昌工业园区（831100）	薛文涛、陈韦纲
CN201920105651.5	一种下粉盒	丹阳市烽创机械制造有限公司，江苏省镇江市丹阳市珥陵镇左墓桥南侧（212300）	冯文兵
CN201920360553.6	一种食品制作用五层风冷机器	安徽灵猫食品有限公司，安徽省滁州市全椒县襄河镇杨桥路二路 9 号 10 幢（230000）	丁 荣
CN201920260569.X	一种新式炸油条机	诸城市德正机械有限公司，山东省潍坊市东武街 76 号（261000）	曹志刚
CN201920447530.9	一种智能化豆浆浆渣初级分离设备	重庆久味凤食品（集团）有限公司，重庆市武隆工业园团园区南路 1 号（408500）	张才均、甘立元
CN201920622889.5	一种用于分选机振动料槽的立体缓冲降噪装置	福建铂格智能科技股份公司，福建省漳州市龙海市双弟华侨农场洲仔村东湖片区（363100）	林学杰、蔡兆晖
CN201920639427.4	一种果蔬烘干机	天津市真如果食品工业有限公司，天津市滨海新区安裕路 90 号（300000）	王 振
CN201920625468.8	一种腐竹晾晒烘干装置	赣州市飞天太阳能工程技术研究所，江西省赣州市赣县区梅林镇站前大道百望花园 1－3 号店面（341100）	邱云飞

（续）

申请或批准号	发明名称	申请（专利权）人与通信地址	发明人
CN201920421688.9	一种面皮烘干装置	潍坊美城食品有限公司，山东省潍坊市潍城区宝通街 278 号（261053）	王　超、刘洪强
CN201920416150.9	小型稻谷烘干实验装置	张家港市粮食质量监测站；江苏省粮食局粮油质量监测所，江苏省苏州市张家港市锦丰镇洪福村 16 组张家港市粮食质量监测站（215600）	费杏兴、黄　伟
CN201920165414.8	连体式蛋糕烤盘	福建国粮食品股份有限公司，福建省泉州市惠安县螺阳镇城南工业区（经营场所泉州市惠安县城南中心工业区电子商务创业园）（惠盈路）1 楼 11、12 号铺面（362100）	朱汉良
CN201920127536.8	一种便于清洁的防烫伤烤红薯机	浙江合马商用设备有限公司，浙江省嘉兴市平湖经济技术开发区五一路 58 号内 B 幢 1 楼（314000）	李　宁
CN201920122190.2	一种具有水分沥干功能的薯条机	厦门欣椿食品有限公司，福建省厦门市集美区杏前路 184 号（361000）	汤裕滨、黄恩清
CN201920281817.9	一种油炸食品加工用可精确控温的加热装置	河南科技学院，河南省新乡市华兰大道东段 90 号（453003）	张令文、王雪菲
CN201920026771.6	一种方便面制作用的和面机	安徽麦德发食品有限公司，安徽省阜阳市颍东开发区阜蚌路 999 号（236000）	夏元振、姚影辉
CN201920205175.4	一种真空和面机	北京得利兴斯食品有限公司，北京市海淀区上庄镇东马坊村 366 号（100089）	郭卫华、孙志流
CN201920310283.8	一种新型牛肉面加工揉面装置	兰州博仕生物科技有限责任公司，甘肃省兰州市七里河区建兰路 29 号（730050）	张彦新
CN201920339881.8	一种新型和面机	赵瑞千，河北省邢台市隆尧县魏家庄镇肖东村 307 号（553500）	赵瑞千
CN201920244898.5	一种斜轴和面机	佛山市顺德区伟琪博五金机械有限公司，广东省佛山市顺德区北滘镇桃村烈士中路 136 号 F 栋（528300）	周伟杰
CN201920335877.4	一种密封效果好的卧式和面机	阳江市德宝食品机械有限公司，广东省阳江市阳东区北惯镇霍达三路南边及金田二路东边地段（529500）	张德晟
CN201920381454.6	一种自动和面机	四川省鑫好麦的多食品有限公司，四川省成都市郫都区安德镇中国川菜产业化园区安平东路 289 号（611733）	吕元平
CN201920310285.7	一种牛肉面加工机入料装置	兰州博仕生物科技有限责任公司，甘肃省兰州市七里河区建兰路 29 号（730050）	张彦新
CN201920027118.1	一种方便面烘干装置	安徽麦德发食品有限公司，安徽省阜阳市颍东开发区阜蚌路 999 号（236000）	夏元振、姚影辉
CN201920056240.1	一种包子机	上海诚淘机械有限公司，上海市松江区永丰街道欣玉路 188 号 B1 栋（201600）	谢周伟、杨伟江
CN201920537719.7	烧麦成型设备	成都康河机械设备有限公司，四川省成都市双流区蛟龙工业港双流园区涪江路 15 座（168 号）（610000）	李进强、司军伟

（续）

申请或批准号	发 明 名 称	申请（专利权）人与通信地址	发明人
CN201920545743.5	饺子成型设备	成都康河机械设备有限公司，四川省成都市双流区蛟龙工业港双流园区涪江路 15 座（168号）（610000）	李进强、司军伟
CN201920310284.2	一种新型牛肉面成型装置	兰州博仕生物科技有限责任公司，甘肃省兰州市七里河区建兰路 29 号（730050）	张彦新
CN201920310950.2	一种新型牛肉面拉面机	兰州博仕生物科技有限责任公司，甘肃省兰州市七里河区建兰路 29 号（730050）	张彦新
CN201920248304.8	带有出料机构的斩拌机	廊坊百德食品有限公司，河北省廊坊市大厂高新技术产业开发区工业四路东段 159 号（653000）	李胜男
CN201920248999.X	香肠扭结机	廊坊百德食品有限公司，河北省廊坊市大厂高新技术产业开发区工业四路东段 159 号（653000）	李胜男
CN201920248625.8	一种便于清洗的鸭蛋高温蒸煮杀菌装置	高邮市秦邮蛋品有限公司，江苏省扬州市高邮城南经济新区兴区路（225600）	王　晨、曹龙泉
CN201920235281.7	一种太阳能酸奶发酵设备	红原牦牛乳业有限责任公司，四川省阿坝藏族羌族自治州红原县邛溪镇瑞庆西路 37 号（624400）	曲　崧、谢　剑
CN201920193241.0	一种巧克力生产用过滤装置	湖南省湘巧食品有限公司，湖南省益阳市高新区高新大道以南标准化厂房 A 区 A12 栋（422200）	杜志刚
CN201920220265.0	一种新型用于压片糖果生产的颗粒机	甘肃味鲜农业科技有限公司，甘肃省兰州市安宁区营门村 1 号（甘肃农业大学图书馆 102室）（730070）	汪　月、田　琼
CN201920386633.9	一种压片糖果生产装置	甘肃味鲜农业科技有限公司，甘肃省兰州市安宁区营门村 1 号（甘肃农业大学图书馆 102室）（730070）	汪　月、田　琼
CN201920386848.0	一种用于压片糖果的混料装置	甘肃味鲜农业科技有限公司，甘肃省兰州市安宁区营门村 1 号（甘肃农业大学图书馆 102室）（730070）	汪　月、田　琼
CN201920131176.9	一种果汁生产浓缩蒸发系统	天津商业大学，天津市北辰区光荣道 409 号（300310）	邹同华、汪　伟
CN201920140462.1	一种分段冷却的真空冷却机	甘肃田地白家食品有限责任公司，甘肃省定西市渭源县工业集中区渭源工业园（748200）	李晓梅
CN201920052969.1	一种粉丝加工用烘干机	武汉旭东食品有限公司；湖北工业大学，湖北省武汉市东西湖区七雄路 55 号（430040）	何旭东、李述刚
CN201920151790.1	一种用于籽类坚果食品的间隙式高压蒸煮装置	湖南工业大学，湖南省株洲市泰山西路 88 号（412007）	王　兵、王　晨
CN201920403081.8	自动米粉机送料装置	四川农业大学，四川省成都市温江区惠民路 211 号（611130）	秦　文、刘芷卉

（续）

申请或批准号	发　明　名　称	申请（专利权）人与通信地址	发明人
CN201920490668.7	一种多功能果酱机	深圳市利宏伟实业有限公司，广东省深圳市龙华区大浪街道大浪社区美宝路 54 号 A 栋 1 层东分隔体（518000）	陈永泉
CN201920474041.2	一种淀粉蒸煮设备	涡阳县五星粮油有限公司，安徽省亳州市涡阳县工业园 B 区（华都大道南侧、炬能粮油西侧）（233600）	孙世军
CN201920507418.X	一种芝麻连续脱皮装置	塔里木大学，新疆维吾尔自治区阿拉尔市塔里木大学（843300）	李　鸿、姜修坤
CN201920463790.5	一种搓力式花生脱壳装置	厦门欣椿食品有限公司，福建省厦门市集美区杏前路 184 号（361000）	汤裕滨、黄恩清
CN201920122909.2	一种板栗加工用的高效率脱蓬装置	河北华田食品有限公司，河北省石家庄市藁城区南孟镇东只甲村（521610）	付权习、贾素桥
CN201920155816.X	一种籽洗型干辣椒清洗机	中饮巴比食品股份有限公司，上海市松江区车墩镇茸江路 785 号（201600）	赵　亮
CN201920091718.4	一种蔬菜清洗装置	广州达元食品安全技术有限公司，广东省广州市高新技术产业开发区科学城开源大道 11 号 A1 栋第六层 602 房（510000）	袁明安
CN201920124436.X	一种自动控制食品机械冲洗线	河北华田食品有限公司，河北省石家庄市藁城区南孟镇东只甲村（521610）	付权习、贾素桥
CN201920154818.7	一种毛巾型干辣椒洗净机	北京得利兴斯食品有限公司，北京市海淀区上庄镇东马坊村 366 号（100089）	郭卫华、梁团结
CN201920205119.0	一种长箱式涡流果蔬清洗设备	北京得利兴斯食品有限公司，北京市海淀区上庄镇东马坊村 366 号（100089）	郭卫华、梁团结
CN201920205143.4	一种省水型翻滚式蔬菜清洗机	青岛日辰食品股份有限公司，山东省青岛市即墨市青岛环保产业园（即发龙山路 20 号）（266200）	崔宝军、张　艳
CN201920291155.3	一种调味料用蔬菜加工清洗装置	台州职业技术学院，浙江省台州市椒江区学院路 788 号（318000）	杨彦青
CN201920376666.5	一种电气自动化瓜果清洗装置	安徽鑫茂食品有限公司，安徽省阜阳市颍州区颍州经济开发区颍三路 68 号（236000）	李　军
CN201920471380.5	一种用于芝麻加工的高效烘干输送系统	中饮巴比食品股份有限公司，上海市松江区车墩镇茸江路 785 号（201600）	赵　亮
CN201920089911.4	一种蔬菜脱水机	厦门欣椿食品有限公司，福建省厦门市集美区杏前路 184 号（361000）	龚　艳、王丽萍
CN201920111208.9	一种毛豆自动拨送剥壳装置	泰安意美特机械有限公司，山东省泰安市新泰市谷里镇小新兴村西（271215）	董和银、陈丙龙
CN201920293259.8	一种全混合日粮立式固定搅拌机	江西和泽生物科技有限公司，江西省上饶市鄱阳县工业园芦田轻工产业基地（334000）	陈　翔
CN201920333505.8	一种液体添加设备	西安百跃羊乳集团有限公司，陕西省西安市阎良区武屯街西环路北段（710089）	孟百跃

（续）

申请或批准号	发 明 名 称	申请（专利权）人与通信地址	发明人
CN201920059450.6	一种营养品制备用胶囊	龙海市言成机械设备有限公司，福建省漳州市龙海市海澄镇九二一北路 23 号（363000）	赖大平
CN201920277592.X	一种自动裹粉机用传送装置	山东大树达孚特膳食品有限公司，山东省菏泽市牡丹区吕陵镇菏东路东段（274009）	薛　冰、巩义红
CN201920112221.6	一种制备低蛋白大米及大米肽用浸泡装置	邯郸市绿而康脱水蔬菜食品有限公司，河北省邯郸市经济开发区南沿村镇西张寨村北（560000）	王小全、张　毅
CN201920458436.3	一种蒜片加工用的杂质筛除装置	山东天鹅棉业机械股份有限公司，山东省济南市天桥区大魏庄东路 99 号（250032）	郎晓霞、高海强
CN201920513993.0	活动盖板调节机构及轧花机	西安工业大学，陕西省西安市未央区学府中路 2 号（710032）	马　群、秦文罡
CN201920299909.X	一种莲杆拉丝装置	江苏李工果蔬机械有限公司，江苏省泰州市兴化市昭阳工业园三区（225700）	史俊鹏、
CN201920373881.X	一种能除杂的果蔬用快速脱水装置	山东交通学院，山东省济南市长清区大学科技园海棠路 5001 号（250357）	王海燕、唐一媛
CN201920389305.4	双臂苹果采摘圆形分级收集机器人	龙海市言成机械设备有限公司，福建省漳州市龙海市海澄镇九二一北路 23 号（363000）	赖大平
CN201920224136.9	一种麻薯加工用蒸炼机	无锡贝克威尔器具有限公司，江苏省无锡市滨湖区太湖街道黄金湾工业园（214000）	郑风光、张　净
CN201920199804.7	一种可折叠的多口法式面包烤盘	青岛众诚合兴金属制品有限公司，山东省青岛市即墨市环保工业园海孚路 3 号（266000）	朱召勇、宫米雪
CN201920077860.3	一种拉面注油装置	潍坊美城食品有限公司，山东省潍坊市潍城区宝通街 278 号（261053）	王　超、刘洪强
CN201920421687.4	一种烧卖成型设备	安徽职业技术学院，安徽省合肥市新站区文忠路 2600 号（230011）	陈欣欢、李能菲
CN201920281146.6	一种屠宰场杀猪用流水线	徐州土巴猪生态农业有限公司，江苏省徐州市泉山区荣景盛苑 S1－1－106 号（221008）	王　勇
CN201920383038.X	香肠精准灌装推送装置	青县德丰肠衣有限公司，河北省沧州市青县金牛镇小牛庄（626500）	李斯骥
CN201920267313.1	一种肠衣加工用撒盐装置	浙江金旭食品有限公司，浙江省台州市三门县浦坝港镇小雄村（317100）	金礼庆
CN201920406571.3	一种蔬菜速冻加工用冷却机	浙江金旭食品有限公司，浙江省台州市三门县浦坝港镇小雄村（317100）	金礼庆
CN201920412323.X	一种果蔬速冻加工用速冻机	丽江飞创生物开发有限公司，云南省丽江市永胜县永北镇南华居委会（674100）	雷庆菊
CN201920195871.1	一种核桃仁用保鲜装置	攸县南国宏豆食品有限公司，湖南省株洲市攸县攸州工业园商业路（412300）	夏　毅
CN201920395060.6	豆制品加工用甩浆装置	攸县南国宏豆食品有限公司，湖南省株洲市攸县攸州工业园商业路（412300）	夏　毅
CN201920330387.5	一种用于豆腐加工的豆腐黄煮装置	福建帝峰生态茶业发展有限公司，福建省泉州市南安市成功开发区一期（362300）	林坤炜

（续）

申请或批准号	发 明 名 称	申请（专利权）人与通信地址	发明人
CN201920188381.9	一种热能利用率高的茶叶杀青装置	黄老五食品股份有限公司，四川省内江市威远县镇西镇中心街 197 号 5 幢（642453）	袁 伟
CN201920238784.X	防堵塞的花生酥成型机	金果园老农（北京）食品股份有限公司，北京市延庆区八达岭镇飞东路 1 号（102100）	卜一凡、武天林
CN201920128475.7	一种蜜饯生产线的烘干装置	青岛营上电器有限公司，山东省青岛市即墨市营上路 8 号（266000）	李兆鹏、刘春阳
CN201920189902.2	一种可以使冰饮料出现冰沙效果的装置	广州煌牌自动设备有限公司，广东省广州市番禺区东环街番禺大道北 555 号番禺节能科技园内天安科技发展大厦 201B（511493）	何 锋
CN201920294453.8	一种冰淇淋机的冷却搅拌缸	泰州市博斯通制冷机械有限公司，江苏省泰州市海陵区工人新村 24 号楼 301 室（225300）	高 平
CN201920318189.7	一种冰淇淋机用膨化装置	安徽润宝食品有限公司，安徽省亳州市蒙城县双涧镇工业功能区（233500）	张 宝、杨华妹
CN201920195949.X	一种梅菜扣肉生产用杀菌装置	北京万龙洲饮食有限责任公司，北京市朝阳区亚运村安慧里 4 区 15 号中国五矿大厦 2 层（100020）	吴宝春
CN201920116062.7	一种侧出风食品速冻设备	柳州市雅维乳品有限责任公司，广西壮族自治区柳州市洛埠开发区 1 号（545005）	欧振宏、韦国庆
CN201920185871.3	豆奶防爆瓶冷却装置	荣成市禾禧生物科技有限公司，山东省威海市荣成市崂山南路 788 号（264300）	于爱喜、盖铭恩
CN201920223447.3	一种食品添加剂自动干燥设备	吴起运鑫实业有限公司；西安石川生态工程规划设计研究院有限公司，陕西省延安市吴起县金佛坪村（717600）	康全鑫、张云霞
CN201920047822.3	一种土豆打浆机	广西华崧农业科技有限公司，广西壮族自治区百色市田阳县百育镇国家农业科技园区（533612）	廖慧军、廖胜强
CN201920287029.0	一种芒果柠檬复合饮料生产用多功能果肉切片机	湖南杨家将茶油股份有限公司，湖南省怀化市芷江公坪镇顺溪铺工业园（418000）	杨 银
CN201920328088.8	一种用于茶籽内壳剥壳的新型剥壳设备	唐山师范学院，河北省唐山市建设北路 156 号（630000）	姬芳芳、
CN201920368646.3	坚果切割机用上料机构及坚果切割机	丽江飞创生物开发有限公司，云南省丽江市永胜县永北镇南华居委会（674100）	雷庆菊
CN201920195868.X	一种核桃加工用蒸煮设备	甘肃薯晶食品有限责任公司，甘肃省张掖市民乐县生态工业园区中小企业创新孵化园（734500）	杨发福
CN201920067188.X	一种具有筛分功能的马铃薯清洗设备	滁州市南谯区沃林蓝莓种植专业合作社，安徽省滁州市南谯区珠龙镇珠龙村（239000）	梁冬梅、陈 婕
CN201920217937.2	一种蓝莓采摘用过滤清洗装置	曲阜恒艳食品科技有限公司，山东省济宁市曲阜市息陬镇西息陬村南（273100）	黄梓轩、张南南
CN201920311913.3	立式多用途共享清洗机	四川汇达通机械设备制造有限公司，四川省成都市崇州经济开发区创新大道力兴之家 A12 号（610000）	毛 洪、魏 敏

（续）

申请或批准号	发 明 名 称	申请（专利权）人与通信地址	发明人
CN201920481750.3	卧式电解水果蔬清洗机	四川汇达通机械设备制造有限公司，四川省成都市崇州经济开发区创新大道力兴之家 A12 号（610000）	毛　洪、魏　敏
CN201920481780.4	一种翻转式洗菜机	青岛枫林食品机械有限公司，山东省青岛市即墨市龙泉街道汽车产业新城静水二路（266299）	华正德
CN201920133801.3	履带式热风循环烘烤机	广东荣诚食品有限公司，广东省汕头市升平工业区沿河路 40 号（515000）	郑镇标、郑宗真
CN201920163734.X	一种卧式炒货机	宁波恒康食品有限公司，浙江省宁波市慈溪市周巷镇环城北路 888 号（315324）	傅群儿、郭利锋
CN201920386913.X	一种可自动分离的坚果类食品炒制机	龙泉市千亿洁具厂，浙江省丽水市龙泉市安仁镇安仁口村黄林源 15 号（323701）	崔志强
CN201920205063.9	一种速冻食品破碎机	广东荣诚食品有限公司，广东省汕头市升平工业区沿河路 40 号（515000）	郑镇标、郑宗真
CN201920163296.7	一种面包切割注浆机	四川洁能干燥设备有限责任公司，四川省成都市高新区大源街 136、140 号 1 层（610041）	何光赞、林仁斌
CN201920322013.9	葡萄干除湿干燥机	南通玉兔集团有限公司，江苏省南通市如皋市江安镇玉兔路（226500）	黄海波
CN201920321856.7	一种肉松烘烤炉	宁夏沙湖月食品有限公司，宁夏回族自治区石嘴山市平罗县轻工业园区（753400）	郭学刚
CN201920316100.3	一种月饼烤制生产用支架	广州御膳坊食品有限公司，广东省广州市增城区永宁街誉山国际创盈路 33 号二层 203 房（511300）	莫火烙、陈炎华
CN201920234810.1	一种点心烘烤自转屉盘	湖南省南一门南北特食品有限公司，湖南省长沙市天心区裕南街街道裕南街社区裕南街 235 号（410000）	韦帮卡、廖　灿
CN201920328021.4	一种糕点烘烤托盘	娄底市娄星区徐家铺农业发展有限公司，湖南省娄底市娄星区双江乡万家村（417000）	黄林英
CN201920004461.4	一种红薯片油炸机	长沙绝艺食品有限公司，湖南省长沙市浏阳市两型产业园（410000）	陶佑忠
CN201920094258.0	一种振动除杂油炸设备	长沙绝艺食品有限公司，湖南省长沙市浏阳市两型产业园（410000）	陶佑忠
CN201920094261.2	一种用于食品加工的油炸设备	湖南万利隆食品有限公司，湖南省湘潭市九华经开区立志路 19 号（411100）	赵　迪
CN201920102951.8	一种和面机	河北宇牛炊事机械有限公司，河北省邢台市宁晋县四芝兰镇北侯家庄三村（555500）	李维华、张瑞增
CN201920131004.1	一种轧面机	白象食品股份有限公司，河南省郑州市新郑市薛店镇工贸开发区（450000）	姚忠良、郭文江
CN201920435359.X	一种面带捶打按压系统	广州市恩焙食品有限公司，广东省广州市南沙区东涌镇大同村南月上街 1 巷 5 号 102（510000）	陈伟伟、

（续）

申请或批准号	发　明　名　称	申请（专利权）人与通信地址	发明人
CN201920344485.4	一种食品加工用注浆机	深圳市嘉源五金电器有限公司，广东省深圳市宝安区沙井街道南环路和一鸿桥工业园一期第2栋一楼、三、四层（518104）	麦志坚、刘文军
CN201920149524.5	一种用于黄油机的油管清除组件	晋江力绿食品有限公司，福建省泉州市晋江市安平工业综合开发区第Ⅲ区第12小区01C（362200）	袁光茂、吴声坎
CN201920220691.4	出浆量可调的调味浆料槽	湖南省南一门南北特食品有限公司，湖南省长沙市天心区裕南街街道裕南街社区裕南街235号（410000）	韦帮卡、廖　灿
CN201920328124.0	一种糕点表面喷料装置	安徽冠淮食品有限公司，安徽省六安市霍邱县石店镇工业集中区（237000）	王后俊
CN201920304465.4	一种用于挂面切割的运输装置	安徽沃福机械科技有限公司，安徽省安庆市太湖民营经济创业园C5栋（246400）	陈　伟、雷克健
CN201920153588.2	一种拉油条机	安徽冠淮食品有限公司，安徽省六安市霍邱县石店镇工业集中区（237000）	王后俊
CN201920297279.2	一种挂面切面机	想念食品股份有限公司，河南省南阳市龙升工业园龙升大道（473000）	孙君庚
CN201920393473.0	面条截断装置及面条切截设备	安徽冠淮食品有限公司，安徽省六安市霍邱县石店镇工业集中区（237000）	王后俊
CN201920297277.3	一种多辊恒温挂面机	云和县宏峰模具厂，浙江省丽水市云和县白龙山道黄水碓村东山下20号（323600）	杨　鹏
CN201920085748.4	一种加工肉馅的装置	上海山林食品有限公司，上海市金山区亭林镇松隐工业区达福路99号1号楼、3号楼（201500）	黄木秀、胡振福
CN201920259377.7	一种肉丸加工用的原料斩切机	南通玉兔集团有限公司，江苏省南通市如皋市江安镇玉兔路（226500）	黄海波
CN201920323872.X	一种食品风干机	合肥三伍机械有限公司，安徽省合肥市经济开发区桃花工业园拓展区派河大道与湖东路交口（230000）	张书宏、张　利
CN201920252020.6	用于谷物烘干的分流装置	天津皮糖张科技有限公司，天津市宝坻区黄庄镇产业功能区一号路东2号（301800）	张　琦
CN201920179150.1	一种可做多种形状皮糖的快速成型设备	黄老五食品股份有限公司，四川省内江市威远县镇西镇中心街197号5幢（642453）	袁　伟
CN201920238952.5	一种防堵塞的花生酥成型机	天津皮糖张科技有限公司，天津市宝坻区黄庄镇产业功能区一号路东2号（301800）	张　琦
CN201920179638.4	皮糖制作工艺中的带有智能显示机构的搅拌设备	天津皮糖张科技有限公司，天津市宝坻区黄庄镇产业功能区一号路东2号（301800）	张　琦
CN201920179609.8	一种喷雾式皮糖外表皮加工设备	兰云科技（广州）有限责任公司，广东省广州市番禺区大龙街长盛大街12号501（511400）	涂汉杰、
CN201920097752.2	制冷缸及包含其的冰淇淋机	武汉旭东食品有限公司，湖北工业大学，湖北省武汉市东西湖区七雄路55号（430040）	何旭东、李述刚

（续）

申请或批准号	发 明 名 称	申请（专利权）人与通信地址	发明人
CN201920151838.9	一种用于籽类坚果食品的连续式高压蒸煮装置	唐山珍珠甘栗食品有限公司，河北省唐山市遵化市文化北路 195 号（64200）	王 琳
CN201920174573.4	一种板栗生产加工用消毒装置	湖南万利隆食品有限公司，湖南省湘潭市九华经开区立志路 19 号（411100）	赵 迪
CN201920099979.0	一种汤圆机	江西盖比欧科技有限公司，江西省九江市修水县工业园（332000）	伍立新
CN201920268580.0	一种大米发酵用灭菌装置	云南云粲食品开发有限公司，云南省红河哈尼族彝族自治州建水县临安镇陈官村委会陈官村十三组（654300）	赵家义
CN201920143549.4	一种免煮方便米线自动生产线	漯河恒丰机械制造科技有限公司，河南省漯河市漯河经济开发区珠江路 14 号（462000）	黄安芳、戴全申
CN201920261016.6	辣条下料锅装置及辣条多头称下料锅	应城市春华养生豆皮有限公司，湖北省孝感市应城市三合镇三结村尤湾 16 号（432406）	程春华
CN201920261558.3	豆丝制作机	南通玉兔集团有限公司，江苏省南通市如皋市江安镇玉兔路（226500）	黄海波
CN201920321827.0	一种用于肉松的炒锅	娄底市娄星区徐家铺农业发展有限公司，湖南省娄底市娄星区双江乡万家村（417000）	黄林英
CN201920004435.1	一种红薯漂烫机	唐山珍珠甘栗食品有限公司，河北省唐山市遵化市文化北路 195 号（642000）	张承志、王 琳
CN201920219741.7	一种板栗碎壳装置	彭阳县泰明食品加工有限公司，宁夏回族自治区固原市彭阳县南门工业园区 A 区房（756500）	惠泰吉、惠昭君
CN201920293930.9	一种带挤压腔的核桃破壳机	丽江飞创生物开发有限公司，云南省丽江市永胜县永北镇南华居委会（674100）	雷庆菊
CN201920194967.6	一种核桃用去皮装置	河北工业大学；天津金凤花股份有限公司，天津市红桥区丁字沽光荣道 8 号河北工业大学东院 330♯河北工业大学（300132）	关玉明、魏志超
CN201920166986.8	一种果蔬清洗机	娄底市娄星区徐家铺农业发展有限公司，湖南省娄底市娄星区双江乡万家村（417000）	黄林英
CN201920004466.7	一种红薯清洗设备	临泽县富堂农产品贸易有限公司，甘肃省张掖市临泽县沙河农副产品加工产业集中区（临泽火车南站西）（734200）	高云龙
CN201920023642.1	一种瓜子初步清洗装置	国投中鲁果汁股份有限公司，北京市丰台区科兴路 7 号 205 室（100071）	张继明、任建堂
CN201920150626.9	一种果蔬清洗机	丽江飞创生物开发有限公司，云南省丽江市永胜县永北镇南华居委会（674100）	雷庆菊
CN201920196604.6	一种核桃加工用清洗装置	闽清县金沙大龙湾生态养殖场有限公司，福建省福州市闽清县金沙镇墩面村（350805）	林桂瑾
CN201920465213.X	一种青枣加工用防破损清洗装置	甘肃农业大学，甘肃省兰州市安宁区营门村 1 号甘肃农业大学（730070）	唐学虎、马瑞龙

（续）

申请或批准号	发 明 名 称	申请（专利权）人与通信地址	发明人
CN201920213786.3	一种籽瓜挖瓤机挖刀过载保护装置	枣庄市沃玛农业开发有限公司，山东省枣庄市山亭区城头镇马山头村村北（277200）	王春雷、安小雅
CN201920167840.5	清洁生产柿饼的整形装置	迁西县栗芳园食品有限公司，河北省唐山市迁西县太平寨镇大岭寨北2公里处（643000）	王 坤、高欣欣
CN201920195641.5	一种装备有搅拌装置的安梨汁饮料存放器皿	广东智力素全营养科技有限公司，广东省汕头市金平区升平工业区内8-2宗地厂房之三（515000）	杨少华
CN201920423684.4	一种婴幼儿用南瓜粉的研磨烘干装置	浏阳市味鲜原食品有限公司，湖南省长沙市浏阳市环保科技示范园（410000）	陈卫星
CN201920370602.4	一种豆腐加工用黄豆浸泡筛选装置	开化元山茶业有限公司，浙江省温州市开化县华埠镇新青阳村（324300）	陈祖明
CN201920291440.5	一种茶叶与茶叶末分离装置	舟山海誉食品科技有限公司，浙江省舟山市普陀区东港街道新晨路12-16号（316100）	郑伟业
CN201920343771.9	一种水产品清洗分选设备	山东仁禾食品科技股份有限公司，山东省济宁市金乡县济宁市食品工业园万福路东（272200）	荆晶晶、荆玉壮
CN201920629174.2	一种具有收集清理蒜皮功能的蒜片加工装置	蚌埠学院，安徽省蚌埠市曹山路1866号（233030）	徐 静、武 杰
CN201920409014.7	一种肉制品成型压制机	安远县橙皇现代农业发展有限公司，江西省赣州市安远县九龙工业园（342100）	李良文
CN201920173511.1	一种脐橙运输装置	青岛湍湾生态农业科技发展有限公司，山东省青岛市即墨市移风店镇湍湾西北村（266200）	王人福
CN201920464733.9	一种带有清洁装置的黑蒜发酵机械	青岛湍湾生态农业科技发展有限公司，山东省青岛市即墨市移风店镇湍湾西北村（266200）	王人福
CN201920464735.8	一种黑蒜发酵机的自动上料结构	洮南市胜恩泰机械制造有限公司，吉林省白城市洮南市南道口长白路路东50米（137000）	任广波
CN201920569811.1	一种粮食烘干用出料装置	广东容声电器股份有限公司，广东省佛山市顺德区容桂桥东路8号（528300）	张礼富、吴江水
CN201920414477.2	一种可折叠花式电烤炉	天津马士通机械设备有限公司，天津市津南区双港镇发港南路36号（天津曹氏弯管有限公司院内）（300350）	刘立新
CN201920138935.4	一种旋转式煎饼摊饼机	天津马士通机械设备有限公司，天津市津南区双港镇发港南路36号（天津曹氏弯管有限公司院内）（300350）	刘立新
CN201920138992.2	一种水果片低温真空油炸机	德州职业技术学院（德州市技师学院），山东省德州市新城区大学东路（253000）	徐凤印、刘 聪
CN201920260879.1	低温真空油炸锅	吴忠市嘉禾粮油食品有限公司，宁夏回族自治区吴忠市利通区北郊（大众农机市场对面）（751100）	李建华、康小林
CN201920320047.4	一种用于马铃薯鲜面生产和面淌料斗	北京清和传家餐饮管理有限责任公司，北京市海淀区中关村大街18号8层03-255（100000）	卜凡波、朱学庆

（续）

申请或批准号	发 明 名 称	申请（专利权）人与通信地址	发明人
CN201920417397.2	用于擀饺子皮的擀面杖	安徽燕前堂食品供应链有限公司，安徽省合肥市包河区工业园太原路12号速冻米面食品加工厂房5楼（230000）	程　婧、房东明
CN201920347093.3	一种仿手工馄饨机	广州白云面业有限责任公司，广东省广州市白云区江高镇神山罗溪村罗溪中路49号（510000）	姚积和、
CN201920313254.7	一种面条均匀剪切装置	广州御膳坊食品有限公司，广东省广州市增城区永宁街誉山国际创盈路33号二层203房（511300）	莫火烙、陈炎华
CN201920234840.2	一种点心机用刷油装置	诺心食品（上海）有限公司，上海市徐汇区田林路140号28号楼503室（200233）	张　岚
CN201920315339.9	一种蛋糕切割机	北京奥瑞嘉餐饮有限公司，北京市石景山区麻峪路村北口65-3院（100041）	孙东平
CN201920177666.2	一种食品加工用真空滚揉机	潍坊潍森纤维新材料有限公司，山东省潍坊市寒亭区海龙路328号（261100）	郭华伟、马后文
CN201920430488.X	一种纤维素肠衣套缩棒辅助加工设备	潍坊潍森纤维新材料有限公司，山东省潍坊市寒亭区海龙路328号（261100）	王文星、郭华伟
CN201920431333.8	一种稳定纤维素肠衣生产甘油浓度的装置	上海荷裕冷冻食品有限公司，上海市奉贤区现代农业园区汇丰西路1438号（201401）	吕　昕
CN201920132461.2	一种可调节切割长度的切割机	汇美农业科技有限公司，湖南省常德市西洞庭管理区祝丰镇沙河居委会迎丰北路118号（415137）	刘志文、
CN201920462967.X	一种橘子罐头生产用杀菌装置	安徽科技学院，安徽省滁州市凤阳县东华路9号（233100）	段依梦、张卫华
CN201920003173.7	一种节能清洁型横流粮食烘干装置	合肥三伍机械有限公司，安徽省合肥市经济开发区桃花工业园拓展区派河大道与湖东路交口（230000）	张书宏、张　利
CN201920252019.3	谷物烘干机用可调节的出料斗	石屏尚古堂豆制品发展有限公司，云南省红河哈尼族彝族自治州石屏县异龙镇松村豆制品加工区二期第Ⅱ-8幢（662200）	修　珺
CN201920261936.8	一种用于豆皮加工的自动上料装置	石屏尚古堂豆制品发展有限公司，云南省红河哈尼族彝族自治州石屏县异龙镇松村豆制品加工区二期第Ⅱ-8幢（662200）	修　珺
CN201920261943.8	一种腐竹加工成形机	石屏尚古堂豆制品发展有限公司，云南省红河哈尼族彝族自治州石屏县异龙镇松村豆制品加工区二期第Ⅱ-8幢（662200）	修　珺
CN201920262386.1	一种豆皮烘干设备	云南省林业科学院，云南省昆明市盘龙区蓝桉路2号（650201）	宁德鲁、缪福俊
CN201920133596.0	一种核桃粉末油脂制备系统	江西阳岭云华茶业有限公司，江西省赣州市崇义县阳岭国家森林公园石公坳（341200）	陶春光

（续）

申请或批准号	发 明 名 称	申请（专利权）人与通信地址	发明人
CN201920325487.9	一种炒制均匀的茶叶炒制机	鑫鼎生物科技有限公司，湖北省宜昌市伍家岗区桔乡路 509 号（443001）	何建刚、李世振
CN201920195251.8	一种巧克力生产用精磨分散装置	焦作汇力康食品有限公司，河南省焦作市武陟县詹店新区西部工业区詹郇路东（454950）	职红海、方志勇
CN201920340171.7	一种带有压料机构的拐杖糖输送成型机构	四川茂华食品有限公司，四川省眉山市东坡区万胜镇商业街（620000）	古明亮、刘学彬
CN201920364560.3	一种带有加热保温系统的雪花酥制作装置	福建长德蛋白科技有限公司，福建省福州市元洪投资区（福清市城头镇梁厝村）（350314）	宋培民
CN201920238370.7	一种便于清洗的原料脱皮压饼装置	漳州市益泉食品有限公司，福建省漳州市漳糖路古塘村 21 号（363020）	李海滨
CN201920249288.4	一种天然食品流态化速冻装置	洛阳深山生物科技有限公司，河南省洛阳市栾川县旅游产业集聚区科技北路标准化厂房 D栋 01－2 号（471500）	李海武、李佩怡
CN201920211107.9	一种代餐粉微波熟化设备	西安交通大学，陕西省西安市咸宁西路 28 号（710049）	刘红霞、马　辛
CN201920099158.7	低温等离子体谷物及豆类净化装置	江西诺泰生物科技有限公司，江西省宜春市樟树市城北经济技术开发区（331200）	刘承宾、吴　清
CN201920115685.2	一种辊筒干燥熟化设备	黑龙江冰泉多多保健食品有限责任公司，黑龙江省佳木斯市东风区安庆街 555 号（154000）	杨　勇、王兴龙
CN201920228455.7	一种黄豆失活灭酶装置	合肥学院，安徽省合肥市经开区锦绣大道 99号（230601）	陈静怡、李银涛
CN201920136302.X	一种肉松生产用搅拌装置	重庆市中药研究院，重庆市南岸区黄桷垭南山路 34 号（400065）	王爱平、杨　勇
CN201920317796.1	一种制作醋泡姜的容器	山东哈亚东方食品有限公司，山东省济南市济阳区济北开发区仁和街 17 号（251400）	袁德海
CN201920082796.8	一种花生加工用设有翻转结构的浸渍机	宁波恒康食品有限公司，浙江省宁波市慈溪市周巷镇环城北路 888 号（315324）	傅群儿、郭利锋
CN201920386914.4	一种坚果类食品油炸生产设备	广东润迈科技有限公司，广东省广州市白云区石榴桥路 79 号三楼南座之五（510080）	洪淳桦
CN201920121199.1	一种瓜子剥壳装置	山东三羊榛缘生物科技有限公司；山东华山农林科技有限公司，山东省潍坊市诸城市皇华镇龙华街 6501 号（262200）	魏玉明
CN201920320938.X	一种榛子仁破碎装置	福建胜华农业科技发展有限公司，福建省福州市永泰县城峰镇太原村白沙宫（350799）	檀青青、卢玉胜
CN201920323537.X	一种茶籽剥壳机	甘肃薯晶食品有限责任公司，甘肃省张掖市民乐县生态工业园区中小企业创新孵化园（734500）	杨发福
CN201920067367.3	一种用于马铃薯淀粉制备的马铃薯清洗装置	高台县金康脱水蔬菜有限公司，甘肃省张掖市高台县骆驼城镇健康村（734300）	邓延文、赵多芳
CN201920111662.4	一种脱水蔬菜去石机	高台县金康脱水蔬菜有限公司，甘肃省张掖市高台县骆驼城镇健康村（734300）	邓延文、赵多芳

（续）

申请或批准号	发 明 名 称	申请（专利权）人与通信地址	发明人
CN201920114052.X	一种脱水蔬菜清洗杀菌装置	武汉旭东食品有限公司；湖北工业大学，湖北省武汉市东西湖台商投资区（8）（430040）	何旭东、李述刚
CN201920160430.8	一种花生清洗流水线	高台县金康脱水蔬菜有限公司，甘肃省张掖市高台县骆驼城镇健康村（734300）	邓延文、赵多芳
CN201920109669.2	一种脱水蔬菜用烘干装置	高台县金康脱水蔬菜有限公司，甘肃省张掖市高台县骆驼城镇健康村（734300）	邓延文、赵多芳
CN201920110019.X	一种脱水蔬菜用除尘装置	高台县金康脱水蔬菜有限公司，甘肃省张掖市高台县骆驼城镇健康村（734300）	邓延文、赵多芳
CN201920111055.8	一种脱水蔬菜用晾干货架	湖南省湘巧食品有限公司，湖南省益阳市高新区高新大道以南标准化厂房A区A12栋（422200）	杜志刚
CN201920188247.9	一种巧克力生产用巧克力豆干燥装置	甘肃瑰隆生物科技有限公司，甘肃省张掖市民乐县生态工业园区中小企业创新创业孵化园A1号（734502）	张炳
CN201920316923.6	一种食用菌烘干装置	甘肃瑰隆生物科技有限公司，甘肃省张掖市民乐县生态工业园区中小企业创新创业孵化园A1号（734502）	张炳
CN201920320509.2	一种脱水菜加工装置	高台县金康脱水蔬菜有限公司，甘肃省张掖市高台县骆驼城镇健康村（734300）	邓延文、赵多芳
CN201920113986.1	一种脱水蔬菜生产用去根装置	徐州土巴猪生态农业有限公司，江苏省徐州市泉山区荣景盛苑S1-1-106号（221008）	王勇
CN201920382193.X	一种香肠肉馅制备的绞肉机	图玛仕机械（江苏）有限公司，江苏省镇江市新区大港五峰山路西（213000）	唐后福
CN201920450029.8	一种食用菌加工用除杂筛选装置	武威广大工贸有限公司，甘肃省武威市凉州区双城镇达桐村（733000）	张嘉玥、高延梅
CN201920381165.6	一种分级洗果机	黔南民族师范学院，贵州碧竖科技服务有限公司，贵州省黔南布依族苗族自治州都匀市经济开发区龙山大道（558000）	周才碧、宋丽莎
CN201920409926.4	一种旋转式茶叶摊青机	高台县金康脱水蔬菜有限公司，甘肃省张掖市高台县骆驼城镇健康村（734300）	邓延文、赵多芳
CN201920113532.4	一种双向蔬菜运输机	贵州李记食品有限公司，贵州省黔南布依族苗族自治州独山县高新技术产业园区李记大道南300米（558200）	李霄、胡刚
CN201920263713.5	一种大型泡菜坛的搅拌装置	黄柏玮，中国台湾高雄市	黄柏玮
CN201920325745.3	直立式热风烘豆装置	浙江省农业科学院，浙江省杭州市石桥路198号（310000）	程远、周国治
CN201920307741.2	一种辣椒干燥装置	宿迁柏特粮食设备有限公司，江苏省宿迁市沭阳县经济开发区明珠路202号（223600）	胡剑云、周军
CN201920286774.3	一种粮食干燥用翻搅装置	云南农垦镇雄天使食品有限公司，云南省昭通市镇雄县五德镇大火地工业园区（657200）	易智、向万军

申请或批准号	发 明 名 称	申请（专利权）人与通信地址	发明人
CN201920095784.9	一种土豆片生产用锅炉	湖北卧龙神厨食品股份有限公司，湖北省襄阳市樊城区江汉路 171 号（441000）	张　辉
CN201920148698.X	一种无烟油炸机	广州力牌机械设备有限公司，广东省广州市花都区花山镇新和村工业区瑞莲路西自编 168 号（510000）	胡丰华
CN201920091871.7	一种真空式和面机	广州力牌机械设备有限公司，广东省广州市花都区花山镇新和村工业区瑞莲路西自编 168 号（510000）	胡丰华
CN201920086209.2	一种起酥机	广州力牌机械设备有限公司，广东省广州市花都区花山镇新和村工业区瑞莲路西自编 168 号（510000）	胡丰华
CN201920092291.X	一种全自动起酥机	广州御膳坊食品有限公司，广东省广州市增城区永宁街誉山国际创盈路 33 号二层 203 房（511300）	陈炎华、莫火烙
CN201920234838.5	一种点心机的面皮输送机构	龙海市恒友铭食品机械有限公司，福建省漳州市龙海市海澄工业区（363000）	周艺泉、陈海坤
CN201920355145.1	一种多功能追料糕点裱花机	廊坊百德食品有限公司，河北省廊坊市大厂高新技术产业开发区工业四路东段 159 号（065300）	李胜男
CN201920190251.9	高效绞肉机	浙江海洋大学，浙江省舟山市临城街道长峙岛海大南路 1 号（316000）	陈小娥、方旭波
CN201920231214.8	一种节能型牛肉干烘干装置	漳州市益泉食品有限公司，福建省漳州市漳糖路古塘村 21 号（363020）	李海滨
CN201920249293.5	一种新型蒸汽式蔬菜杀青机	新余学院，江西省新余市高新区阳光大道 2666 号（338004）	谢莲萍
CN201920254781.5	一种食用菌蒸汽灭菌炉	湖南鑫牧营养品科技有限公司，湖南省邵阳市城步儒林镇城北开发区 8 号（422000）	杨沛仕
CN201920014418.6	一种羊奶生产线中的循环保存制冷机	湖南鑫牧营养品科技有限公司，湖南省邵阳市城步儒林镇城北开发区 8 号（422000）	袁国平
CN201920014408.2	一种羊奶粉生产用巴氏杀菌机	湖南鑫牧营养品科技有限公司，湖南省邵阳市城步儒林镇城北开发区 8 号（422000）	袁国平
CN201920023742.4	一种羊奶粉洁净蒸汽杀菌设备	湖南鑫牧营养品科技有限公司，湖南省邵阳市城步儒林镇城北开发区 8 号（422000）	肖大树
CN201920016297.9	一种羊奶粉生产防投错装置	金华职业技术学院，浙江省金华市婺州街 1188 号（321017）	黄亚玲、张珊珊
CN201920141530.6	一种用于酸奶制作的炒制发酵一体机	茅台学院，贵州省遵义市仁怀市鲁班大道（564500）	程新政、王小英
CN201920239824.2	一种道真灰豆腐果用灰加工装置	新昌县鼎石科技咨询服务有限公司，浙江省绍兴市新昌县七星街道灵池路 5 号（312500）	肖翠艳
CN201920215328.3	一种具有驱虫功能的茶叶晾晒装置	东营市志达食品机械有限公司，山东省东营市广饶县潍高路以南广饶镇工业园区（257000）	魏志刚

（续）

申请或批准号	发 明 名 称	申请（专利权）人与通信地址	发明人
CN201920221437.6	糖果成型冲压机	东营市志达食品机械有限公司，山东省东营市广饶县潍高路以南广饶镇工业园区（257000）	魏志刚
CN201920221439.5	糖条挤出机	江西盖比欧科技有限公司，江西省九江市修水县工业园（332000）	伍立新
CN201920268582.X	一种大米蛋白生产加工用灭酶灭菌装置	漯河食品职业学院，河南省漯河市郾城区文明路与107国道交叉口（462300）	王明娟、王瑞贤
CN201920326466.9	一种食品加工冷却装置	塔尔普（北京）制药技术有限公司，北京市海淀区蓝靛厂东路2号院2号楼（金源时代商务中心2号楼）11层1单元（A座）12D-1（100097）	胡勇刚、冯涛
CN201920332354.4	一种低温膨化干燥海参的高压釜装置	重庆市食品药品检验检测研究院，重庆市北部新区春兰二路1号（401121）	汪敏、秦德萍
CN201920176072.X	一种食品检测用具消毒装置	湖南赤松亭农牧有限公司，湖南省益阳市南县工业园通盛大道（413200）	曹灿、李林静
CN201920202303.X	一种牛肉加工使用的高温杀菌装置	山东益锦食品有限公司，山东省莱芜市高新区衡山路66号（271100）	石涛
CN201920147797.6	含多酚的功能性豆沙加工用加热罐	四川众润食品有限公司，四川省成都市蒲江县寿安镇新城路590号（611600）	陈果、秦仁义
CN201920255760.5	一种安装于鸡蛋干生产线的碎蛋框	四川众润食品有限公司，四川省成都市蒲江县寿安镇新城路590号（611600）	陈果、秦仁义
CN201920255777.0	一种鸡蛋干生产工序中的蛋液收集装置	青海金垄基实业有限公司，青海省西宁市湟源县巴燕乡元山村（812100）	于海龙
CN201920282283.1	一种浓缩牦牛骨汤方便粉丝食品	连云港紫川食品有限公司，江苏省连云港市灌云县经济开发区浙江西路（原树云路）南侧、树云中沟西侧（222200）	戈吴超
CN201920021782.5	一种芝麻清洗机	甘肃农业大学，甘肃省兰州市安宁区营门村1号（730070）	张明新、边红霞
CN201920037758.0	一种蔬菜自动清洗机器	泌阳县大地菌业有限公司，河南省驻马店市泌阳县杨集街（463700）	赵全磊、
CN201920147495.9	一种果蔬水果清洗筛选设备	国投中鲁果汁股份有限公司，北京市丰台区科兴路7号205室（100071）	张继明、任建堂
CN201920150551.4	一种果蔬清洗机的除杂装置	国投中鲁果汁股份有限公司，北京市丰台区科兴路7号205室（100071）	张继明、任建堂
CN201920150629.2	一种果蔬清洗机的二次清洗装置	唐山华日美食品有限公司，河北省唐山市遵化市文化北路158号（064200）	王靖源
CN201920183112.3	一种板栗加工用清洗装置	福建佰奥源生物科技有限公司，福建省福州市闽侯县南屿镇南旗村西铺街29号（350109）	林政凤、林东
CN201920089917.1	一种脱水蔬菜用杀菌烘干装置	西双版纳云垦澳洲坚果科技开发有限公司，云南省西双版纳傣族自治州景洪市宣慰大道99号（666100）	彭志东、段球贤

（续）

申请或批准号	发 明 名 称	申请（专利权）人与通信地址	发明人
CN201920175730.3	一种规模化标准化加工开口带壳澳洲坚果的焙烤设备	北方民族大学；宁夏饮和食品发展有限公司，宁夏回族自治区银川市西夏区文昌北街204号（750021）	高海涛、赵成章
CN201920347582.9	一种超声波净化脱蜡装置	成都中科华力机械有限责任公司，四川省成都市郫县成都现代工业港北片区（611730）	蔡新华、饶佳龙
CN201920089941.5	一种辣椒蒸椒生产线	四川众润食品有限公司，四川省成都市蒲江县寿安镇新城路590号（611600）	陈果、秦仁义
CN201920256823.9	一种安装于鸡蛋干生产线的集气罩	岭南师范学院，广东省湛江市赤坎区寸金路29号（524048）	李锐、林扬茹
CN201920356009.4	一种便于批量制作的发酵面用拉伸装置	江苏傲农生物科技有限公司，江苏省宿迁市泗阳县经济开发区金鸡湖路9号（223700）	赵世忠、黄彪
CN201920364674.8	一种物料膨化装置	广东广信饲料有限公司，广东省茂名市电白区岭门镇鹿岭村委会东北后（525435）	李广壮、李超春
CN201920238273.8	一种具有加热结构的蛋白粉生产用低温膨化机	福建融万安农业发展有限公司，福建省福州市福清市音西街道音西村溪前A3店面（350300）	魏孝龙
CN201920231385.0	一种用于制备番薯丸外皮的搅拌机	吉林大学，吉林省长春市前进大街2699号（130000）	任丽丽、徐健
CN201920369001.1	一种红枣清洗分选干燥一体机	广州力牌机械设备有限公司，广东省广州市花都区花山镇新和村工业区瑞莲路西自编168号（510000）	胡丰华
CN201920048960.3	一种分段式面包分块机	安徽冠淮食品有限公司，安徽省六安市霍邱县石店镇工业集中区（237000）	王后俊
CN201920297278.8	一种用于烘干挂面的挂面架杆传送装置	湖南裕湘食品宁乡有限公司，湖南省长沙市宁乡经济技术开发区蓝月谷路99号（410600）	李先银、陈华
CN201920089286.3	一种和面机	成都康河机械设备有限公司，四川省成都市双流区蛟龙工业港双流园区涪江路15座（610000）	李进强、司军伟
CN201920345654.6	饺子机压合机构	成都康河机械设备有限公司，四川省成都市双流区蛟龙工业港双流园区涪江路15座（610000）	李进强、司军伟
CN201920346085.7	饺子旋转压合装置	大理丹葵农业开发有限公司，云南省大理白族自治州鹤庆县西邑镇西园村民委员会陈家院村（650000）	陈龙江
CN201920132398.2	一种鲜花饼生产成型装置	阿卜杜热合曼 麦提库尔班，新疆维吾尔自治区和田地区策勒县固拉哈玛乡阿克依来柯村120号（848300）	阿卜杜热合曼·麦提库尔班
CN201920104494.6	一种馕饼成型机	岭南师范学院，广东省湛江市赤坎区寸金路29号（524048）	李锐、谢静
CN201920355558.X	一种方便卸面的发酵面食用发酵机	安徽芳草女服饰股份有限公司，安徽省阜阳市临泉县城关镇临新路西侧田桥开发区（236400）	王露露、

（续）

申请或批准号	发 明 名 称	申请（专利权）人与通信地址	发明人
CN201920031230.2	特种养殖动物脱皮机	蚌埠学院，安徽省蚌埠市曹山路 1866 号（233030）	徐 静、武 杰
CN201920261525.9	一种猪肉滚揉腌制装置	重庆市涪陵区宏吉肉类食品有限公司，重庆市涪陵区龙桥镇双桂村三社（408000）	陈全兴、胡 刚
CN201920222658.5	一种生猪肉制品加工用分段切割装置	蚌埠学院，安徽省蚌埠市曹山路 1866 号（233030）	徐 静、武 杰
CN201920261080.4	一种旋转式均匀腌制的肉馅搅碎装置	福州宏东食品有限公司，福建省福州市保税区 8-1-2（自贸试验区内）（350000）	陈忠杰、李 健
CN201920227221.0	一种鱼类切片机	曲阜市盛隆食品机械有限公司，山东省济宁市曲阜市陵城镇新兴庄村东 7 号（273100）	薛存生
CN201920273586.7	一种豆腐皮分离卷布机	临泽县绿然枣业食品有限公司，甘肃省张掖市临泽县沙河农产品加工集中区（734200）	韩建玲、汪如泉
CN201920307649.6	一种红枣蜜制渗糖装置	河北秋铭食品股份有限公司，河北省保定市定州市周村镇朱家庄村（73000）	朱秋明
CN201920336717.1	一种手掰肠制作用高温杀菌釜	海南盒子怪农业科技有限公司，海南省海口市南海大道 266 号海口国家高新区创业孵化中心 A 楼 5 层 A1-1451 室（570000）	符凯娣
CN201920303706.3	一种水果加工冷却设备	汇美农业科技有限公司，湖南省常德市西洞庭管理区祝丰镇沙河居委会迎丰北路 118 号（415137）	刘志文
CN201920320688.X	一种便于充分浸泡的橘子罐头加工用酸碱处理装置	无锡职业技术学院，江苏省无锡市高浪西路 1600 号（214121）	臧红波、秦 丰
CN201920228126.2	一种手摇式薯条压制装置	泸州古道电子商务有限公司，四川省泸州市泸县玉蟾大道西段 599 号电商大厦（646000）	余建权、
CN201920270549.0	一种三重保护的新型泡菜坛	江西花圣食品有限公司，江西省南昌市青山湖区昌北机场经济技术开发区昌北大道（330100）	艾 丹、高 俊
CN201920282164.6	一种用于蜂蜜生产的加热装置	海南盒子怪农业科技有限公司，海南省海口市南海大道 266 号海口国家高新区创业孵化中心 A 楼 5 层 A1-1451 室（570000）	符凯娣
CN201920303703.X	一种水果加工用制浆装置	江苏靖江食品机械制造有限公司，江苏省泰州市靖江市新桥镇新桥街 6 号（214500）	李姜华、肖 炜
CN201920179894.3	一种椰肉磨浆机	岑溪市永丰澳洲坚果专业合作社，广西壮族自治区梧州市岑溪市大隆镇福隆村（543205）	黄勇锋
CN201920293655.0	一种坚果脱皮机	海南盒子怪农业科技有限公司，海南省海口市南海大道 266 号海口国家高新区创业孵化中心 A 楼 5 层 A1-1451 室（570000）	符凯娣
CN201920303707.8	一种全自动水果加工去皮机的分块器	邢台市农业科学研究院，河北省邢台市莲池大街 699 号（540000）	刘 红、李新娜

（续）

申请或批准号	发　明　名　称	申请（专利权）人与通信地址	发明人
CN201920116144.1	花生清洗机	海南盒子怪农业科技有限公司，海南省海口市南海大道 266 号海口国家高新区创业孵化中心 A 楼 5 层 A1－1451 室（570000）	符凯娣
CN201920304359.6	一种水果加工用清洗消毒装置	汇美农业科技有限公司，湖南省常德市西洞庭管理区祝丰镇沙河居委会迎丰北路 118 号（415137）	刘志文
CN201920320599.5	一种便于对废水进行处理的橘子罐头生产用热烫机	海南盒子怪农业科技有限公司，海南省海口市南海大道 266 号海口国家高新区创业孵化中心 A 楼 5 层 A1－1451 室（570000）	符凯娣
CN201920304358.1	一种水果加工用水果清洗装置	海南盒子怪农业科技有限公司，海南省海口市南海大道 266 号海口国家高新区创业孵化中心 A 楼 5 层 A1－1451 室（570000）	符凯娣
CN201920303727.5	一种水果加工用低温气流速干仓	山东万德大地有机食品有限公司，山东省临沂市沂水县四十里镇沂水火车站以北（276400）	门振军
CN201920081870.4	一种全自动大蒜去皮机	龙海市言成机械设备有限公司，福建省漳州市龙海市海澄镇九二一北路 23 号（363000）	赖大平
CN201920248381.3	一种全自动裹粉机用回粉收集装置	龙海市言成机械设备有限公司，福建省漳州市龙海市海澄镇九二一北路 23 号（363000）	赖大平
CN201920249094.4	一种全自动裹粉机用搅拌装置	龙海市言成机械设备有限公司，福建省漳州市龙海市海澄镇九二一北路 23 号（363000）	赖大平
CN201920249103.X	一种全自动裹粉机用上料装置	龙海市言成机械设备有限公司，福建省漳州市龙海市海澄镇九二一北路 23 号（363000）	赖大平
CN201920248382.8	一种全自动裹粉机用吹粉加料装置	六安市品肆食品科技有限公司，安徽省六安市经济技术开发区科技创业服务中心 A 栋 510（237014）	赵　爽
CN201920320145.8	一种用于泡茶的茶球	甘肃畜牧工程职业技术学院，甘肃省武威市凉州区黄羊镇镇北路 6 号（733006）	杨　玲、王小龙
CN201920213873.9	一种果蔬加工用清洗设备	湖南裕湘食品宁乡有限公司，湖南省长沙市宁乡经济技术开发区蓝月谷路 99 号（410600）	李先银、陈　华
CN201920454797.0	一种芝麻筛选清洗浸泡分离装置	扬州兴湖食品有限公司，江苏省扬州市高邮市城南经济新区南环路 3 号（225600）	陈　建
CN201920176383.6	一种速冻水产原材料用清洗装置	河南牧业经济学院；郑州国食科技有限公司，河南省郑州市郑东新区龙子湖北路 6 号（450000）	侯银臣、郝修振
CN201920296820.8	一种用于麦胚发酵的发酵罐	广州煌牌自动设备有限公司，广东省广州市番禺区东环街番禺大道北 555 号番禺节能科技园内天安科技发展大厦 201B（511493）	何　锋
CN201920483959.3	一种冰淇淋机出料阀	安徽冠淮食品有限公司，安徽省六安市霍邱县石店镇工业集中区（237000）	王后俊
CN201920304464.X	一种等温挂面烘干房	江苏八百寿生物科技有限公司，江苏省徐州市鼓楼区新台子小学校内（221000）	周保福

（续）

申请或批准号	发 明 名 称	申请（专利权）人与通信地址	发明人
CN201920823305.0	一种适用于腌制保健品的生产设备	江苏省淮阴商业学校，江苏省淮安市高教园区枚乘东路 6 号（223002）	朱银超、孙传虎
CN201920296305.X	一种便于对油条进行捞取的自动翻滚油条装置	馆陶县月青农业科技有限公司，河北省邯郸市馆陶县原山街 386 号（57750）	闫风波
CN201920275198.2	一种面条生产用搅拌装置	永康市富康电器有限公司，浙江省金华市永康市芝英镇柿后工业区宏伟北路 28 号（321306）	徐其能
CN201920239497.0	一种压面辊间距调节结构	永康市富康电器有限公司，浙江省金华市永康市芝英镇柿后工业区宏伟北路 28 号（321306）	徐其能
CN201920239499.X	一种面条机动力分合结构	漯河市邦兴机械有限公司，河南省漯河市郾城区井冈山路与纬八路交叉口北 100 米路东（462000）	王联军、殷 军
CN201920145164.1	一种面皮折合机构	漳州童世界食品有限公司，福建省漳州市龙海市东园镇厚境村双凤 341（363100）	洪添荣
CN201920041465.X	一种便于更换的饼干成形模具	江西高美高健康食品有限公司，江西省宜春市高安市工业园（村前镇袁家村）（330800）	梁兴君
CN201920100531.6	一种便于挤压米料的米饼生产用切块装置	龙海市言成机械设备有限公司，福建省漳州市龙海市海澄镇九二一北路 23 号（363000）	赖大平
CN201920248347.6	一种奶油饼干加工用挤出装置	内蒙古秋实生物有限公司，内蒙古自治区乌兰察布市察哈尔经济技术开发区海子工业园振兴大街南、同盛风电西（152000）	李 强、苑德生
CN201920206074.9	一种胶原肠衣加工用套缩机	金溪冰缘食品有限公司，江西省抚州市金溪县工业园 C 区（香料产业园）（344000）	赵 宾
CN201920017208.2	一种肉类食品加工用食材清洗装置	连云港紫川食品有限公司，江苏省连云港市灌云县经济开发区浙江西路（原树云路）南侧、树云中沟西侧（222200）	戈吴超
CN201920217735.8	一种鸡爪劈半机	蚌埠学院，安徽省蚌埠市曹山路 1866 号（233030）	徐 静、武 杰
CN201920218642.7	一种肉干快速风干设备	湖南创天蛋品智能科技有限公司，湖南省长沙市望城区高塘岭街道旺旺西路 8 号（410200）	邓 锐、陈清泉
CN201920176478.8	一种隧道式蛋黄烘干机	漳州顶津食品有限公司，福建省漳州市龙文区龙腾北路 21 号（363100）	游英辉、罗文宇
CN201920320981.6	一种奶茶生产用 UHT 杀菌机药剂自动添加装置	大庆市吉禾生物科技集团有限公司，黑龙江省大庆市杜尔伯特蒙古族自治县德力戈尔工业园区（166200）	蒋振伟
CN201920018492.5	一种大豆粉生产用煮浆装置	阜阳健诺生物科技有限公司，安徽省阜阳市安徽颍东开发区富强路 26 号（236000）	魏庆峰
CN201920316668.5	一种乳钙生产用糖条喷出装置	浙江圣吗哪食品有限公司，浙江省温州市苍南县灵溪镇建兴东路（浙闽物流中心对面）（325800）	陈祖博
CN201920029893.0	操作方便的免清洗冰淇淋机	浙江圣吗哪食品有限公司，浙江省温州市苍南县灵溪镇建兴东路（浙闽物流中心对面）（325800）	陈祖博

（续）

申请或批准号	发 明 名 称	申请（专利权）人与通信地址	发明人
CN201920032784.4	一种操作方便的免清洗冰淇淋机	广州回味源蛋类食品有限公司，广东省广州市白云区江高镇神山管理区罗溪路3号（510460）	戴建国
CN201920168814.4	一种咸蛋黄制作用蛋清蛋黄分离清洗机	湖南创天蛋品智能科技有限公司，湖南省长沙市望城区高塘岭街道旺旺西路8号（410200）	孙栓辉、陈清泉
CN201920173620.3	一种蛋黄蛋清分离装置	青岛和旺食品有限公司，山东省青岛市胶州市胶莱镇马店蓝色制造业经济区（266300）	王 勇
CN201920331824.5	一种大豆酱杀菌装置	江西育源生态农业有限公司，江西省赣州市南安镇梅山村洋坑组旱坑（341500）	谢 伟、谢 莹
CN201920313029.3	一种板鸭生产用加热杀菌装置	江西高美高健康食品有限公司，江西省宜春市高安市工业园（村前镇袁家村）（330800）	梁兴君
CN201920099858.6	一种米粉生产的蒸汽加热装置	云和凯超工艺品经营部，浙江省丽水市云和县紧水滩镇田垟村黄家10号（323699）	蓝海燕
CN201920106455.X	一种咸菜切碎滚揉一体机	宁夏农林科学院种质资源研究所），宁夏回族自治区银川市黄河东路590号宁夏农林科学院种质资源研究所（宁夏设施农业工程技术研究中心）（750000）	裴红霞、王学梅
CN201920213207.5	一种辣椒酱生产用研磨装置	青岛天赐丰食品有限公司，山东省青岛市胶州市胶东办事处小麻湾西村（266000）	王克彬
CN201920064854.4	一种辣椒干用清洁装置	巢湖学院，安徽省合肥市巢湖经开区半汤路1号（238000）	龚智强、王认认
CN201920318697.5	一种多功能高效果蔬清洗装置	东山远隆食品有限公司，福建省漳州市东山县康美镇马銮村（363000）	沈武勇
CN201920360271.6	一种水果罐头生产原料清洗设备	连云港紫川食品有限公司，江苏省连云港市灌云县经济开发区浙江西路（原树云路）南侧、树云中沟西侧（222200）	戈吴超
CN201920228131.3	一种芝麻烘炒机	漳州童世界食品有限公司，福建省漳州市龙海市东园镇厚境村双凤341（363100）	洪添荣
CN201920048967.5	一种食品溶豆用快速成型装置	江西高美高健康食品有限公司，江西省宜春市高安市工业园（村前镇袁家村）（330800）	梁兴君
CN201920099917.X	一种便于使用的米饼成型装置	深圳亿瓦创新科技有限公司，广东省深圳市龙华区大浪街道华联社区老围第一工业区D栋二楼整层（518109）	李 响、蒋海龙
CN201920296142.5	食品打印机Z轴固定组件	安徽永迪油脂科技有限公司，安徽省合肥市长丰双凤经济开发区（230000）	胡应来
CN201920132922.6	一种食用油过滤装置	清馨（北京）科技有限公司，北京市西城区三里河东路30号院1号楼二层201—2017室（100000）	楚玉祥、高 峰
CN201920323196.6	一种半固态调味料类食品混合装置	武汉曹祥泰食品有限责任公司，湖北省武汉市武昌区解放路409号（430060）	卢耀武、陈以祥

（续）

申请或批准号	发 明 名 称	申请（专利权）人与通信地址	发明人
CN201920044594.4	一种酥糖炒米机的搅拌装置	河南顺鑫大众种业有限公司，河南省郑州市金水区东风路 28 号院 1 号（450003）	孙毅廷、史利霞
CN201920136786.8	一种小麦种子筛选烘干一体机	金华职业技术学院，浙江省金华市婺州街 1188 号（321017）	黄亚玲、方　虹
CN201920141626.2	一种多功能一体化切肉机	兴化市盛和食品有限公司，江苏省泰州市兴化市垛田镇水产村（225700）	王　飞
CN201920044128.6	一种用于生产脱水蔬菜的振动上料装置	咸宁市科隆粮油食品机械股份有限公司，湖北省咸宁市咸安区经济开发区（凤凰工业园）（437000）	龙少辉、陈胜全
CN201920325694.4	烘炒机防粘锅自动吹扫装置	泉州市泉海机械设备有限公司，福建省泉州市南安市丰州镇素雅村（旧石垄收费站斜对面铁皮厂房）（362300）	吴盛金
CN201920226971.6	一种新型节能农业烘干机	广州白云面业有限责任公司，广东省广州市白云区江高镇神山罗溪村罗溪中路 49 号（510000）	刘史明
CN201920313151.0	用于面条的循环烘干装置	青岛华荣林制粉食品有限公司，山东省青岛市即墨市环保产业园海孚路 26 号（266200）	赵华荣、江海英
CN201920100589.0	一种麦饭石挂面加工用低温烘干装置	天津马士通机械设备有限公司，天津市津南区双港镇发港南路 36 号（天津曹氏弯管有限公司院内）（300350）	刘立新
CN201920138773.4	一种简易型自动煎饼机	天津马士通机械设备有限公司，天津市津南区双港镇发港南路 36 号（天津曹氏弯管有限公司院内）（300350）	刘立新
CN201920138951.3	一种全自动传统煎饼机	上海御存食品有限公司，上海市嘉定区马陆镇彭封路 92 号 1 幢、2 幢、3 幢、4 幢（201801）	毕　升、郭羿妏
CN201920016286.0	一种搅拌装置的防粘连机构	黄山市昱城食品有限公司，安徽省黄山市经济开发区祁门路 17 号（245000）	欧阳智子
CN201920151525.3	饼胚撒麻装置和饼胚成型机组	福建耘福食品有限公司，福建省龙岩市新罗区龙岩大道 276 号（商务运营中心）龙工大厦 14 层 1405（364000）	王伯伍
CN201920115980.8	一种导热效果好的面包整形机	玉田县京东食品机械厂，河北省唐山市玉田县渠河头乡段家庄村（64107）	田玉军
CN201920286078.2	一种轧切式面条机轧辊调节装置	湖南万利隆食品有限公司，湖南省湘潭市九华经开区立志路 19 号（411100）	赵　迪
CN201920103348.1	一种搅馅机	江苏新天地食品股份有限公司，江苏省淮安市化工西路运河村 9 组（223002）	徐社林、李松林
CN201920241567.6	一种高效的肉排扎孔装置	金溪冰缘食品有限公司，江西省抚州市金溪县工业园 C 区（香料产业园）（344000）	赵　宾
CN201920017151.6	一种肉类食品加工用食材处理装置	金溪冰缘食品有限公司，江西省抚州市金溪县工业园 C 区（香料产业园）（344000）	赵　宾

（续）

申请或批准号	发　明　名　称	申请（专利权）人与通信地址	发明人
CN201920008628.4	一种适用于肉类食品加工的提升装置	徐州工程学院，江苏省徐州市泉山区南三环路18号徐州工程学院大学科技园（徐州市2.5产业园）（221000）	经　纬、刘丽丽
CN201920090898.4	一种量产化豆腐压水成型机	佛山市集智智能科技有限公司，广东省佛山市顺德区杏坛镇光华村委会杏龙南中路2号之一（528300）	龚　翔
CN201920157308.5	压板和注入管翻转机构	石城县恒锋农业机械有限公司，江西省赣州市石城县小松镇昌源小区（341200）	肖　勤
CN201920323542.0	鲜莲自动脱壳去衣一体机	连城县福农食品有限公司，福建省龙岩市连城县莲峰镇江坊村红心食品加工园区Y7地块西块（364000）	揭金海、罗远雪
CN201920190771.X	一种双层结构的土豆清洗去皮机	惠州市四季绿农产品有限公司，广东省惠州市惠阳区平潭镇金星村农科所旁（仅作办公使用）（516200）	张　宋、伍一辉
CN201920083152.0	一种蔬菜清洗分拣装置	海南金农实业有限公司，海南省海口市秀英区永兴镇永德村委会海榆中线13公里处188号（570000）	黄时京、王　瑛
CN201920249501.1	一种高效水果清洗装置	海南金农实业有限公司，海南省海口市秀英区永兴镇永德村委会海榆中线13公里处188号（570000）	黄时京、王　瑛
CN201920249502.6	一种对荔枝进行连续加工的装置	江苏徐淮地区连云港农业科学研究所，江苏省连云港市新浦区海连东路26号（222006）	谭一罗、杨和川
CN201920312743.0	一种食用菌加工用烘干机	绩溪县中巧食用菌种植专业合作社，安徽省宣城市绩溪县瀛洲镇中巧村5号（245300）	胡在进、邵秀芳
CN201920222268.8	一种香菇烘干装置	海南金农实业有限公司，海南省海口市秀英区永兴镇永德村委会海榆中线13公里处188号（570000）	黄时京、王　瑛
CN201920249497.9	一种破损率低的荔枝脱梗装置	江苏汇源食品饮料有限公司，江苏省盐城市江苏亭湖经济开发区飞驰大道26号（18）（224000）	还振宁
CN201920043881.3	一种茶饮料加工用除杂装置	云和漫行者玩具有限公司，浙江省丽水市云和县崇头镇叶山头村下洋20号（323606）	叶　锋
CN201920101312.X	一种辣椒切段分离清洗装置	云和漫行者玩具有限公司，浙江省丽水市云和县崇头镇叶山头村下洋20号（323606）	叶　锋
CN201920101088.4	一种自动化切除洋葱根部和表皮的设备	江西众得力厨具有限公司，江西省赣州市章贡区客家大道169-2号场地（341000）	张继云
CN201920019828.X	一种带清洗功能的甘蔗榨汁机	河南羚锐正山堂养生茶股份有限公司，河南省信阳市羊山新区新二十四大街59号（464000）	黄吉林、熊　涛
CN201920299193.3	一种红茶用微波隧道干燥机	青岛创联精密机械有限公司，山东省青岛市城阳区惜福镇街道北部工业团地112号（266109）	许智惇、石　硕

（续）

申请或批准号	发 明 名 称	申请（专利权）人与通信地址	发明人
CN201920153800.5	一种油炸升降机	巩义市北山口正新机械厂，河南省郑州市巩义市北山口镇底沟村（451250）	郝卓雅、郝正立
CN201920242253.8	一种翻腾式和面兼洗面筋机	曲靖市金兰世家食品有限公司，云南省曲靖市麒麟区沿江街道职教集团内（655000）	高 伟
CN201920235258.8	制作鲜花饼的设备	广东职业技术学院，广东省佛山市禅城区澜石街道澜石二路20号（528000）	刘 磊
CN201920257969.5	一种面团压片器	安徽强盛食品机械制造有限公司，安徽省宿州市开发区外环南路北侧宿州市新北方服饰有限责任公司院内（234000）	盛家虎
CN201920122603.7	一种双螺杆挤塑式烙馍机的出面装置	青岛建华食品机械制造有限公司，山东省青岛市胶州市营海第三工业园（204国道营海路口南200米东）（266000）	李兴斌、杨华健
CN201920206352.0	框架式全自动劈半机	厦门璞真食品有限公司，福建省厦门市同安区轻工食品工业区美禾九路158号（361100）	潘世朝、李志强
CN201920203158.7	一种多功能刨片机	浙江吾鲜生食品有限公司，浙江省舟山市普陀区东港街道海景时代广场3号楼1210、1220室（316100）	邬文敏
CN201920277067.8	一种远洋海鲜可调式加工清洗机	郑州科技学院，河南省郑州市二七区马寨经济开发区学院路1号（450000）	贾华坡、贾 勉
CN201920262491.5	粮食干燥机	广西梧州茂圣茶业有限公司，广西壮族自治区梧州市舜帝大道中段56号（543002）	苏淑梅、蒋健轩
CN201920154124.3	一种茶叶砖成型机	金果园老农（北京）食品股份有限公司，北京市延庆区八达岭镇飞东路1号（102100）	卜一凡、武天林
CN201920124777.7	一种蜜饯软化机构	金果园老农（北京）食品股份有限公司，北京市延庆区八达岭镇飞东路1号（102100）	卜一凡、武天林
CN201920124911.3	一种能够调节倾斜角度的蜜饯洗糖机构	甘肃味鲜农业科技有限公司，甘肃省兰州市安宁区营门村1号（甘肃农业大学图书馆102室）（730070）	汪 月、田 琼
CN201920220770.5	一种蓝莓叶黄素压片糖果的计量输送机	金果园老农（北京）食品股份有限公司，北京市延庆区八达岭镇飞东路1号（102100）	卜一凡、武天林
CN201920125118.5	一种滚筒式糖衣包裹机	金果园老农（北京）食品股份有限公司，北京市延庆区八达岭镇飞东路1号（102100）	卜一凡、武天林
CN201920125137.8	一种蜜饯生产线的烘干传送设备	湖南津山口福食品有限公司，湖南省常德市桃源县漳江镇漳江南路157号（415000）	张多君
CN201920166334.4	一种酸菜切碎后自动脱水装置	湖南洞庭湖蛋业食品有限公司，湖南省益阳市南县南洲镇小河堰村九组（413200）	曾庆华、曾 虹
CN201920276073.1	一种鸭蛋分离机打蛋机构	内蒙古工业大学，内蒙古自治区呼和浩特市新城区爱民街49号（10051）	徐东飞、岳志勇
CN201920138424.2	一种粉条成型装置	临泽县富堂农产品贸易有限公司，甘肃省张掖市临泽县沙河农副产品加工产业集中区（临泽火车南站西）（734200）	高云龙

（续）

申请或批准号	发 明 名 称	申请（专利权）人与通信地址	发明人
CN201920247481.4	一种瓜子加工生产用清洗装置	临泽县富堂农产品贸易有限公司，甘肃省张掖市临泽县沙河农副产品加工产业集中区（临泽火车南站西）（734200）	高云龙
CN201920247856.7	一种瓜子加工生产用翻炒设备	上海联豪食品有限公司，上海市奉贤区奉城镇航塘公路5008号2幢（201499）	彭思汉
CN201920133540.5	便于腌制料添加的腌制装置	怀化金扬商用设备有限公司，湖南省怀化市高新区中小企业孵化园标准化厂房16栋1楼（418000）	杨立良、褚文杰
CN201920264340.3	一种便于清洗的熟食保鲜多功能柜	江西映泉农副食品有限公司，江西省南昌市进贤县池溪乡桥南屯上（331703）	肖印泉
CN201920099344.0	一种内翻转式脯辣椒腌制用密封罐	福建长德蛋白科技有限公司，福建省福州市元洪投资区（福清市城头镇梁厝村）（350314）	宋培民
CN201920075716.6	一种具有温度调节和废渣收集功能的轧胚机	金果园老农（北京）食品股份有限公司，北京市延庆区八达岭镇飞东路1号（102100）	卜一凡、武天林
CN201920128473.8	一种蜜饯加工用缓冲装置	金果园老农（北京）食品股份有限公司，北京市延庆区八达岭镇飞东路1号（102100）	卜一凡、武天林
CN201920126897.0	一种蜜饯定量上料机构	金果园老农（北京）食品股份有限公司，北京市延庆区八达岭镇飞东路1号（102100）	卜一凡、武天林
CN201920130757.0	一种蜜饯软化蒸汽回收机构	江西高美高健康食品有限公司，江西省宜春市高安市工业园（村前镇袁家村）（330800）	梁兴君
CN201920100394.6	一种米粉加工用烘干装置	青县德丰肠衣有限公司，河北省沧州市青县金牛镇小牛庄（626500）	李振宇
CN201920271721.4	一种用于肠衣加工的烘干机	合肥学院，安徽省合肥市经开区锦绣大道99号（230601）	陈静怡、梁远远
CN201920136301.5	一种肉松烘干装置	山东平芝食品有限公司，山东省枣庄市山亭区城头镇工业园区（277200）	李怀平
CN201920159376.5	一种节能型腐竹烘干设备	青田县博可克机床加工厂，浙江省丽水市青田县船寮镇赤岩镇环城路30号（323911）	朱郁范
CN201920151470.6	一种自动翻稻机	河北省农业机械化研究所有限公司，河北省石家庄市新华区和平西路630号（500510）	陈林、张亚振
CN201920228167.1	一种具备撒施添加剂功能的青贮捆裹联合作业机	连云港紫川食品有限公司，江苏省连云港市灌云县经济开发区浙江西路（原树云路）南侧、树云中沟西侧（222200）	戈吴超
CN201920018951.X	一种连续花生米油炸机	连云港紫川食品有限公司，江苏省连云港市灌云县经济开发区浙江西路（原树云路）南侧、树云中沟西侧（222200）	戈吴超
CN201920019029.2	一种花生米油炸机	黄山市昱城食品有限公司，安徽省黄山市经济开发区祁门路17号（245000）	欧阳智子
CN201920151380.7	主动压辊组合件和新型压面机	无锡华顺民生食品有限公司，江苏省无锡市惠山区钱桥街道晓陆路68号（214151）	丁正华、张印

（续）

申请或批准号	发 明 名 称	申请（专利权）人与通信地址	发明人
CN201920179899.6	一种核桃包的自动成型装置	宿州国恩食品机械有限公司，安徽省宿州市宿马现代产业园楚江大道与泗洲路交口（234000）	李志国、李志亚
CN201920255467.9	一种面点成型装置	深圳市菜篮食品有限公司，广东省深圳市罗湖区清水河街道红岗路 1003 号红岗大厦五层南侧 502 房（518000）	刘志良、刘辉煌
CN201920068420.1	一种便于清洗的灌肠机	深圳市菜篮食品有限公司，广东省深圳市罗湖区清水河街道红岗路 1003 号红岗大厦五层南侧 502 房（518000）	刘志良、刘辉煌
CN201920059335.9	物料分离锯骨机	深圳市菜篮食品有限公司，广东省深圳市罗湖区清水河街道红岗路 1003 号红岗大厦五层南侧 502 房（518000）	刘志良、刘辉煌
CN201920061517.X	一种打浆机的上料装置	漳州福友食品有限公司，福建省漳州市长泰县经济开发区武安镇官山工业园（363000）	潘艺斌
CN201920239327.2	一种杨梅干生产用的蒸汽式灭菌装置	湖北豆邦休闲食品有限公司，湖北省荆门市沙洋经济开发区工业六路（448200）	程 波
CN201920144554.7	一种豆制品摊凉装置	厦门强成宇机械设备有限公司，福建省厦门市集美区灌口镇顶许村洋宅社 65 号之六（361021）	熊艳军、罗小泉
CN201920149444.X	一种豆腐料盘自动填充机	安徽红花食品有限公司，安徽省蚌埠市固镇经济开发区纬六路南侧（233700）	舒 亚、舒红云
CN201920240529.9	一种豆皮加热输送机构	安徽红花食品有限公司，安徽省蚌埠市固镇经济开发区纬六路南侧（233700）	舒 亚、舒红云
CN201920240548.1	一种豆皮生加工产线叠放机构	安徽红花食品有限公司，安徽省蚌埠市固镇经济开发区纬六路南侧（233700）	舒 亚、舒红云
CN201920240804.7	一种自动化豆皮生产设备	安徽红花食品有限公司，安徽省蚌埠市固镇经济开发区纬六路南侧（233700）	舒 亚、舒红云
CN201920246468.7	一种豆皮厚度可控喷浆装置	安徽红花食品有限公司，安徽省蚌埠市固镇经济开发区纬六路南侧（233700）	舒 亚、舒红云
CN201920246816.0	一种豆皮生产线预烘干架	安徽红花食品有限公司，安徽省蚌埠市固镇经济开发区纬六路南侧（233700）	舒 亚、舒红云
CN201920249976.0	一种豆皮加工浆料搅拌装置	靖州飞山茶业有限公司，湖南省怀化市靖州县艮山口黄土坝村五组（418400）	丁宗坚、唐顺成
CN201920058522.5	一种茶叶加工用烘干机	长兴县大唐贡茶有限公司，浙江省湖州市长兴县水口乡徽州庄村（313108）	林瑞满、王圣海
CN201920043760.9	一种茶叶理条机用提升装置	湖南热冰物联技术有限公司，湖南省长沙市高新开发区汇智中路 169 号金荣同心国际工业园 A8 栋 4 楼（410000）	熊霞丽
CN201920142692.1	一种冰淇淋自助售货机出料机构	湖南洞庭湖蛋业食品有限公司，湖南省益阳市南县南洲镇小河堰村九组（413200）	曾庆华、曾 虹

（续）

申请或批准号	发 明 名 称	申请（专利权）人与通信地址	发明人
CN201920261083.8	一种鸭蛋分离机风干机构	艾得客实业（湖北）有限公司，湖北省天门市天门工业园（431700）	毛皇江
CN201920153960.X	一种多功能液体杀菌管道系统	保山市奥福实业有限公司，云南省保山市工贸园区启动区 7 号标准厂房（678000）	王情雄、姚季玉
CN201920080512.1	一种用于蜜汁豆快速脱壳的设备	保山市奥福实业有限公司，云南省保山市工贸园区启动区 7 号标准厂房（678000）	王情雄、姚季玉
CN201920070978.3	一种坚果加工用脱青皮装置	保山市奥福实业有限公司，云南省保山市工贸园区启动区 7 号标准厂房（678000）	王情雄、姚季玉
CN201920071800.0	一种用于核桃加工的脱青皮清洗机	连云港紫川食品有限公司，江苏省连云港市灌云县经济开发区浙江西路（原树云路）南侧、树云中沟西侧（222200）	戈吴超
CN201920018808.0	一种芝麻沥水机	保山市奥福实业有限公司，云南省保山市工贸园区启动区 7 号标准厂房（678000）	王情雄、姚季玉
CN201920070974.5	一种坚果企业生产线	保山市奥福实业有限公司，云南省保山市工贸园区启动区 7 号标准厂房（678000）	王情雄、姚季玉
CN201920070965.6	一种坚果生产线用的烘干装置	诸城市永成机械厂，山东省潍坊市诸成市开发区王家庄子万解路东（261000）	孙锡明、田永俊
CN201920098926.7	一种农业用葵瓜子烘干设备	唐山华日美食品有限公司，河北省唐山市遵化市文化北路 158 号（64200）	王彦君
CN201920174003.5	一种板栗生产加工用翻炒设备	商河县庆华机械有限公司，山东省济南市商河县玉皇庙镇 9 号（251604）	崇　峻、张光辉
CN201920159992.0	一种大蒜切根用切刀	济南华庆农业机械科技有限公司，山东省济南市商河县玉皇庙镇政府驻地（251600）	崇金宇、甄润桐
CN201920160167.2	一种大蒜切苗装置	辣妹子食品股份有限公司，湖南省益阳市沅江经济开发区辣妹子食品工业园（413100）	杨　丽、张继光
CN201920188586.7	一种曝辣椒破皮机专用破皮箱	湖北卧龙神厨食品股份有限公司，湖北省襄阳市樊城区江汉路 171 号（441000）	张　辉
CN201920110536.7	一种新型膨化机	福建长德蛋白科技有限公司，福建省福州市元洪投资区（福清市城头镇梁厝村）（350314）	宋培民
CN201920296472.4	一种具有过滤结构的浸出脱油装置	无锡太湖学院，江苏省无锡市钱荣路 68 号（214000）	方宁生、蒋　凯
CN201920304294.5	一种苹果削皮切片一体机	名佑（福建）食品有限公司，福建省三明市三元区城东乡白蒙畲（365000）	王加泽
CN201920123624.0	一种香米培根片的生产装置	山东省农业科学院科技信息研究所，山东省济南市工业北路 202 号（250100）	王凤云、阮怀军
CN201920120779.9	一种苹果漂浮上料装置	重庆市药品技术审评认证中心，重庆市渝北区食品城大道 27 号（401120）	周利茗、郭艳婧
CN201920251173.9	甘蔗一体化处理装置	勐海濮人农业庄园有限公司，云南省西双版纳傣族自治州勐海县勐混镇班盆村火碑帮（666200）	龚最荣、张文秀

（续）

申请或批准号	发 明 名 称	申请（专利权）人与通信地址	发明人
CN201920224169.3	一种茶叶加工滚筒式温风机	郑州科技学院，河南省郑州市二七区马寨经济开发区学院路 1 号（450000）	贾华坡、张玉华
CN201920193345.1	粮食烘干机	湖南洞庭湖蛋业食品有限公司，湖南省南县南洲镇小荷堰村九组（413200）	曾 虹、曾庆华
CN201920030605.3	一种用于鸡蛋清洗设备的烘干装置	福建省慕兰卡食品有限公司，福建省漳州市蓝田开发区梧桥中路 3 号（363007）	黄本万、谢 炜
CN201920032679.0	一种节水型高效洗蛋机	奉节县渝萧农业发展有限公司，重庆市奉节县平安乡射淌村 1 组 20 号（404600）	肖林高
CN201920074357.2	一种鸡蛋清洗装置	江西众得力厨具有限公司，江西省赣州市章贡区客家大道 169‒2 号场地（341000）	张继云
CN201920019812.9	一种方便清洗的和面机	重庆市唐老大食品有限公司，重庆市梁平县聚奎镇大来村 2 组（400000）	唐小锋
CN201920115773.2	一种自动静压麻花机	青岛创想智能技术有限公司，山东省青岛市高新区锦业路 1 号中小企业孵化器蓬业楼 4 楼（266000）	张 宏
CN201920019803.X	一种便于收料和清洗的打浆机	吉林单氏米业有限责任公司，吉林省白城市通榆县兴隆山镇长胜村（130000）	蒋皓宇
CN201920089014.3	一种苏打小米生产用干燥装置	广州英迪尔电器有限公司，广东省广州市番禺区大龙街傍江东村兴江路 6 号 101（511400）	涂汉杰、严 亮
CN201920158521.8	冰淇淋机冷凝器系统以及包含其的冰淇淋机	湖北沙市水处理设备制造厂，湖北省荆州市沙市区月堤路 8 号（434000）	徐德兵、彭红斌
CN201920093988.9	一种用于果汁超滤系统滤液压力检测的装置	巩义市北山口正新机械厂，河南省郑州市巩义市北山口镇底沟村（451250）	郝卓雅、郝正立
CN201920110845.4	一种可切丝的凉皮自动生产设备	哈尔滨博乐恩机器人技术有限公司，黑龙江省哈尔滨市经开区哈平路集中区黄海路 25 号 1 栋 3 楼 305 房间（150000）	李伟明、孙立才
CN201920158214.X	杏核开核机新型四口上料装置	青岛理工大学，山东省青岛市市北区抚顺路 11 号（266033）	侯小凡、刘林林
CN201920245502.9	一种送料预紧椰子去皮一体机	广东志伟妙卓智能机械制造有限公司，广东省佛山市南海区丹灶镇建沙路东三区 3 号联东优谷园一期 B 区 19 座 102 单元一楼（528251）	肖林华、肖能武
CN201920142231.4	一种蔬菜自动脱水机	湖南赤松亭农牧有限公司，湖南省益阳市南县工业园通盛大道（413200）	曹 灿、陈立忠
CN201920057250.7	一种牛肉熟食加工使用的酱料涂抹装置	辣妹子食品股份有限公司，湖南省益阳市沅江经济开发区辣妹子食品工业园（413100）	杨 丽、张继光
CN201920188591.8	一种曝辣椒破皮机	增城市麦肯嘉顿食品有限公司，广东省广州市增城区荔城街新城大道 126 号之一（511300）	姚广龙
CN201920140340.2	奶油微细化高压均质设备	湖北老巴王生态农业发展有限公司，湖北省宜昌市长阳土家族自治县磨市镇磨市村三组（443505）	彭青江、毛卫国

（续）

申请或批准号	发　明　名　称	申请（专利权）人与通信地址	发明人
CN201920071732.8	一种鱼产品加工拌料装置	江西众得力厨具有限公司，江西省赣州市章贡区客家大道 169-2 号场地（341000）	张继云
CN201920010656.X	一种解决肉末飞溅的打浆机	深圳市菜篮食品有限公司，广东省深圳市罗湖区清水河街道红岗路 1003 号红岗大厦五层南侧 502 房（518000）	刘志良、刘辉煌
CN201920059377.2	一种便捷型绞肉机	福建长德蛋白科技有限公司，福建省福州市元洪投资区（福清市城头镇梁厝村）（350314）	宋培民
CN201920238298.8	一种提纯度高方便调节高度的蛋白粉提纯装置	铭基食品有限公司，广东省深圳市红岭北路清水河仓库区（518038）	石　莹、丁　博
CN201920353372.0	一种鸡肉粒用摆肉链振荡器	广东志伟妙卓智能机械制造有限公司，广东省佛山市南海区丹灶镇建沙路东三区 3 号联东优谷园一期 B 区 19 座 102 单元一楼（528251）	肖林华、肖能武
CN201920142214.0	一种切肉丝肉片机	固原宝发农牧有限责任公司，宁夏回族自治区固原市原州区经济开发区建业街（756000）	余　宝、韩立双
CN201920190467.5	一种生产饲料旋转配器	武汉市侏儒山食品有限公司，湖北省武汉市蔡甸区侏儒街（430106）	刘志敏、艾如飞
CN201920032343.4	一种翻炒均匀的螺旋烘干机	武汉市侏儒山食品有限公司，湖北省武汉市蔡甸区侏儒街（430106）	刘志敏、艾如飞
CN201920032393.2	一种翻炒烘干机	重庆市奉节县瀼西农业科技有限公司，重庆市奉节县永乐镇大坝村 6 组 17 号（404600）	克小娟、
CN201920151639.8	用于果物生产的一体采摘收集装置	烟台兴捷智能科技有限公司，山东省烟台市经济技术开发区燕山路旭日小区 32 号楼 3 楼 307-12 号（264006）	温钫琨、温桂利
CN201920113702.9	一种炒琪烘干一体机	安徽省朗硕食品有限公司，安徽省亳州市涡阳县陈大镇工业园区（233600）	孙　辉
CN201920104326.7	一种饼干加工用快速烘干与输送一体化装置	苏州都好食品有限责任公司，江苏省苏州市吴中区河东工业园区南尹丰路 166 号（215124）	施雅洪、王廷森
CN201920140082.8	一种糕点表面刷涂装置	苏州都好食品有限责任公司，江苏省苏州市吴中区河东工业园区南尹丰路 166 号（215124）	施雅洪、王廷森
CN201920137682.9	一种新型月饼翻饼装置	河北永生食品有限公司，河北省衡水市冀州区西吕工业区（53200）	武永生
CN201920157453.3	一种面条生产系统用的自动回杆系统	苏州都好食品有限责任公司，江苏省苏州市吴中区河东工业园区南尹丰路 166 号（215124）	施雅洪、王廷森
CN201920140081.3	一种新型卷状糕点成型装置	苏州都好食品有限责任公司，江苏省苏州市吴中区河东工业园区南尹丰路 166 号（215124）	施雅洪、王廷森
CN201920137540.2	一种月饼快速挤压成型装置	长沙绿食园食品有限公司，湖南省长沙市长沙县安沙镇龙华岭村毛屋咀组（长沙县放心米粉生产基地）（410000）	张　毅
CN201920077773.8	一种糕点成型机	河南沣瑞食品有限公司，河南省平顶山市鲁山县红卫路中段红卫食品加工园区（467000）	张　磊

（续）

申请或批准号	发 明 名 称	申请（专利权）人与通信地址	发明人
CN201920132137.0	一种牛排加工装置	山东哈亚东方食品有限公司，山东省济南市济阳区济北开发区仁和街 17 号（251400）	袁德海
CN201920171514.1	一种强力破骨机遥控清洗装置	南通宝泰机械科技有限公司，江苏省南通市港闸区长泰路 693 号（226000）	马徐飞、张晓峰
CN201920089496.2	一种工业用虾滤壳机	名佑（福建）食品有限公司，福建省三明市三元区城东乡白蒙畲（365000）	黄辉煌
CN201920124265.0	一种培根模具固定装置	安徽红花食品有限公司，安徽省蚌埠市固镇经济开发区纬六路南侧（233700）	舒亚、舒红云
CN201920204794.1	一种油豆皮快速成型装置	安徽红花食品有限公司，安徽省蚌埠市固镇经济开发区纬六路南侧（233700）	舒亚、舒红云
CN201920204798.X	一种豆皮生产用起皮翻转结构	安徽红花食品有限公司，安徽省蚌埠市固镇经济开发区纬六路南侧（233700）	舒亚、舒红云
CN201920206213.8	一种豆皮生产用循环加热蒸汽箱	漳州福友食品有限公司，福建省漳州市长泰县经济开发区武安镇官山工业园（363000）	潘艺斌
CN201920110777.1	一种蔬菜加工用的蒸气式烫料机	湖南津山口福食品有限公司，湖南省常德市桃源县漳江镇漳江南路 157 号（415000）	张多君
CN201920175891.2	一种酸菜腌制装置	淮北顺发食品有限公司，安徽省淮北市濉溪县乾隆湖工业集中区乾隆大道 10 号（235000）	徐立龙、朱平
CN201920145163.7	一种方便面调味油自动化连续制备系统	潍坊金典食品有限公司，山东省潍坊市峡山区岞山街道潍胶路与潍峡路交叉路口东 80 米路南（261000）	朱金波、朱昱菡
CN201920075296.1	一种干果食品用自动开壳装置	海南大白康健医药股份有限公司，海南省海口市南海大道 266 号海口国家新区创业孵化中心 A 楼 5 层 A1 - 76 室（570100）	陈炎亭
CN201920206890.X	用于椰子油加工的椰子果肉剔除装置	重庆帅驰农业开发有限公司，重庆市江津区西湖镇河坝社区虎龙居民小组（402260）	秦中明
CN201920046625.X	一种水果类加工用剥皮装置	奉节县堡家农业开发有限公司，重庆市奉节县康乐镇河水村 2 组（404600）	虞洁如
CN201920015877.6	一种农业用水果清洗设备	重庆佳民农业开发有限公司，重庆市江津区支坪镇真武场社区楠林居民组（402260）	周黎勇
CN201920051085.4	一种食用农产品深加工用清洗消毒装置	重庆艳廷生态农业开发有限公司，重庆市江津区鼎山街道滨江大道 24 号贵福江畔如歌 2 幢 1 - 5 - 5（402260）	杨恩
CN201920041398.1	一种农产品深加工用原料清洗装置	潍坊金典食品有限公司，山东省潍坊市峡山区岞山街道潍胶路与潍峡路交叉路口东 80 米路南（261000）	朱金波、朱昱菡
CN201920075550.8	一种干果清洗干燥装置	漳州福友食品有限公司，福建省漳州市长泰县经济开发区武安镇官山工业园（363000）	潘艺斌
CN201920051757.1	一种紫薯干生产用便于摊晒的装置	龙海市言成机械设备有限公司，福建省漳州市龙海市海澄镇九二一北路 23 号（363000）	赖大平

（续）

申请或批准号	发 明 名 称	申请（专利权）人与通信地址	发明人
CN201920115338.X	一种裹粉机的吹粉装置	龙海市言成机械设备有限公司，福建省漳州市龙海市海澄镇九二一北路 23 号（363000）	赖大平
CN201920115339.4	一种麻薯裹粉机用出粉装置	威海壹鹏食品有限公司，山东省威海市文登区汕头东路 129-1 号（264400）	邢建生、乔文华
CN201920129443.9	一种压饼机	长沙绿食园食品有限公司，湖南省长沙市长沙县安沙镇龙华岭村毛屋咀组（长沙县放心米粉生产基地）（410000）	张　毅
CN201920017197.8	一种自动绞肉机	诏安继春茶业有限公司，福建省漳州市诏安县白洋乡汀洋村原老米厂（363500）	钟权伟
CN201920345723.3	一种茶叶杂质筛除装置	海南盒子怪农业科技有限公司，海南省海口市南海大道 266 号海口国家高新区创业孵化中心 A 楼 5 层 A1-1451 室（570000）	符凯娣
CN201920304361.3	一种水果加工用分选装置	深圳市菜篮食品有限公司，广东省深圳市罗湖区清水河街道红岗路 1003 号红岗大厦五层南侧 502 房（518000）	陈德塑、陈新洲
CN201920061516.5	一种冻肉切片机的送料装置	江苏赤山湖农业科技有限公司，江苏省镇江市句容市郭庄镇小慧布艺（212434）	徐　杨
CN201920191447.X	一种具有过滤饲料粉末功能的装袋机	中农海稻（深圳）生物科技有限公司，广东省深圳市大鹏新区大鹏街道鹏飞路 7 号（518000）	杨记磙
CN201920139781.0	一种海水稻稻草青贮加工设备	宁波新芝冻干设备股份有限公司，浙江省宁波市镇海区蛟川街道镇浦路 1788 号（315200）	杨树伟
CN201920325805.1	一种谷物真空冷冻干燥装置	抚州市永兴米业有限公司，江西省抚州市临川区东馆镇（344100）	黄毅洋、黄开荣
CN201920263198.0	一种粮食干燥系统	武汉铭远智通科技有限公司，湖北省武汉市经济技术开发区 19C26 地块中环湖畔臻园 5 栋 5 层 6 室（430000）	夏志刚、屈俊超
CN201920719845.4	一种采用激光传感器的面皮测厚装置	莱州亿家源面粉有限公司，山东省烟台市莱州市城港路啤酒厂东（261400）	万　正、谢宝珍
CN201920033041.9	一种新型的高效率卧式和面机	宿州国恩食品机械有限公司，安徽省宿州市宿马现代产业园楚江大道与泗洲路交口（234000）	李志国、李志亚
CN201920202289.3	一种面皮拉薄装置	佛山市顺德区昇富电器有限公司，广东省佛山市顺德区大良云路东乐路绿茵花园 13A601 号之二（528300）	姚文海、朱光胜
CN201920036469.9	一种刀盘及灌肠机	佛山市顺德区昇富电器有限公司，广东省佛山市顺德区大良近良群星路三街 15 号首层（住改商）（528300）	姚文海、朱光胜
CN201920156706.5	一种螺杆及灌肠机	江苏唯高生物科技有限公司，江苏省淮安市金湖经济开发区宁淮大道 29 号（211600）	邱军捷
CN201920015024.2	一种高效压肠机	宜兴优峰机械科技有限公司，江苏省无锡市宜兴经济技术开发区诸桥路 12 号（214200）	王立锋、徐本清

（续）

申请或批准号	发 明 名 称	申请（专利权）人与通信地址	发明人
CN201920171768.3	一种茶叶杀青烘干机	天津信达恒升科技发展有限公司，天津市南开区红旗路南端西侧丽都大厦 807（300380）	吕 政
CN201920195513.0	一种用于食品添加剂生产的原料灭菌装置	福建长德蛋白科技有限公司，福建省福州市元洪投资区（福清市城头镇梁厝村）（350314）	宋培民
CN201920075787.6	一种大豆浓缩蛋白生产用减少溢料的烘干装置	江门市新会区御柑园陈皮有限公司，广东省江门市新会区双水镇五堡村五堡开发区（江门市新会区双水镇双水大道北 73 号 2082）（529100）	谈越雄
CN201920020913.8	一种鲜柑清洗及分拣装置	吉首大学，湖南省湘西土家族苗族自治州吉首市人民南路 120 号（416000）	刘世彪、彭小列
CN201920272872.1	一种八月瓜去皮取籽干燥装置	潍坊金富通机械设备有限公司，山东省潍坊市坊子区翠坊街 1 号（261200）	张 奇、刘民福
CN201920110994.0	烤盘转移装置	烟台兴捷智能科技有限公司，山东省烟台市经济技术开发区燕山路旭日小区 32 号楼 3 楼 307 - 12 号（264006）	温钫琨、温桂利
CN201920114601.3	一种炒琪装置	福建耘福食品有限公司，福建省龙岩市新罗区龙岩大道 276 号（商务运营中心）龙工大厦 14 层 1405（364000）	邓红燕、周家林
CN201920107267.9	一种便于更换压面辊的压面机	福建耘福食品有限公司，福建省龙岩市新罗区龙岩大道 276 号（商务运营中心）龙工大厦 14 层 1405（364000）	黄桂荣、李 敏
CN201920098612.7	一种面包用便于放料的面包整形机	福建耘福食品有限公司，福建省龙岩市新罗区龙岩大道 276 号（商务运营中心）龙工大厦 14 层 1405（364000）	傅文鑫、林妙丽
CN201920107288.0	一种便于清洁的切面机	福州榕兴厨房设备有限公司，福建省福州市台江区西环中路 683 号一层（350000）	李庆锁
CN201920034838.0	一种便捷更换冰块的冰鲜台	洛阳生生乳业有限公司，河南省洛阳市孟津县平乐镇翟泉村（471000）	刘国强、张利君
CN201920149520.7	一种具有消毒清洗功能的奶制品发酵罐	洛阳生生乳业有限公司，河南省洛阳市孟津县平乐镇翟泉村（471000）	叶立奇、刘国强
CN201920182346.6	一种便于控制发酵温度的酸奶用发酵罐	洛阳生生乳业有限公司，河南省洛阳市孟津县平乐镇翟泉村（471000）	叶立奇、刘国强
CN201920182347.0	一种便于出料能够减少罐壁残留的酸奶发酵罐	湖南洞庭湖蛋业食品有限公司，湖南省南县南洲镇小荷堰村九组（413200）	曾 虹、曾庆华
CN201920080723.5	一种鸭蛋蛋黄蛋清分离装置	山东平芝食品有限公司，山东省枣庄市山亭区城头镇工业园区（277200）	李怀平
CN201920121747.0	一种豆制品用烘干切片一体化装置	淄博恒成机械制造股份有限公司，山东省淄博市桓台县索镇工业二路 1257 号（255000）	徐 彬、徐 杰
CN201920159762.4	一种新型链板式打蛋机	惠东县鹰王农业科技有限公司，广东省惠州市平山街道三联村委岭子头小组三角堀地段（516300）	杨国安

（续）

申请或批准号	发　明　名　称	申请（专利权）人与通信地址	发明人
CN201920033071.X	一种具有内胆的酸菜坛	诸城中康农业开发有限公司，山东省潍坊市诸城市开发区历山路 208 号（262200）	王　彬、
CN201920081134.9	一种多功能腌渍池	吉林工程技术师范学院，吉林省长春市宽城区凯旋路 3050 号（130000）	戚颖欣、吴　威
CN201920064420.4	饮料生产用打浆机	诸城市利杰食品机械有限公司，山东省潍坊市诸城市舜王街道箭桥路 49 号（262200）	王军杰
CN201920126909.X	一种土豆削皮机	诸城市利杰食品机械有限公司，山东省潍坊市诸城市舜王街道箭桥路 49 号（262200）	王军杰
CN201920126930.X	一种削皮机刀盘总成	诸城市利杰食品机械有限公司，山东省潍坊市诸城市舜王街道箭桥路 49 号（262200）	王军杰
CN201920127004.4	一种红薯削皮机	耿马曹型彬野生动物养殖有限责任公司，云南省临沧市耿马县耿马镇允捧村允捧组（677000）	何义仙
CN201920007317.6	一种咖啡生产用清洗装置	河北氧霸空间环保科技有限公司，河北省保定市乐凯北大街 3555 号 B 座 1010 室（71051）	刘月好
CN201920157932.5	一种负氧离子果蔬清洗机	武汉新五心服务管理股份有限公司，湖北省武汉市江夏区藏龙岛科技园杨桥湖大道 13 号恒瑞创智天地 5 号楼 506 号（430205）	袁　杰
CN201920053976.3	一种具有收集装置的食品微波加热隧道	诸城中康农业开发有限公司，山东省潍坊市诸城市开发区历山路 208 号（262200）	王　彬
CN201920081197.4	一种泡菜发酵装置	小熊电器股份有限公司，广东省佛山市顺德区勒流街道富裕村委会富安集约工业区 5-2-1 号地（528318）	李一峰、张　春
CN201920152406.X	防止冷凝水回流的盖体及实施该盖体的黑蒜发酵机	江西阿颖金山药食品集团有限公司，江西省抚州市南城县金山口工业区（344000）	游贵颖、李建忠
CN201920068823.6	一种绿豆山药米粉的冷风降温装置	诸城市鑫烨机械有限公司，山东省潍坊市诸城市舜王街道箭桥路 78 号（262200）	李庆新
CN201920139017.3	一种土豆泥真空低温脱水设备	天津市农作物研究所（天津市水稻研究所），天津市西青区津静公路北侧天津市农作物研究所（300384）	孙　玥、孙林静
CN201920281957.6	一种农业用水稻粒烘干装置	北京市福兴斋糕点有限责任公司，北京市房山区大石窝镇北尚乐村（102408）	贾燕飞
CN201920032193.7	一种面包脱盒装置	山西绿德农业科技有限公司，山西省阳泉市平定县娘子关镇坡底村（45000）	张照俊
CN201920165421.8	一种压饼机构	山西绿德农业科技有限公司，山西省阳泉市平定县娘子关镇坡底村（45000）	张照俊
CN201920177070.2	一种压饼机	河南文祥进出口贸易有限公司，河南省洛阳市涧西区衡山路一拖物流服务中心（471000）	李志慧
CN201920162452.8	甜甜圈成型油炸翻转一体机	北京市福兴斋糕点有限责任公司，北京市房山区大石窝镇北尚乐村（102408）	李伟庆
CN201920032191.8	一种和面机	北京市福兴斋糕点有限责任公司，北京市房山区大石窝镇北尚乐村（102408）	李伟庆

（续）

申请或批准号	发　明　名　称	申请（专利权）人与通信地址	发明人
CN201920032253.5	一种便于清洁的和面机	上海诚淘机械有限公司，上海市松江区永丰街道欣玉路 188 号 B1 栋（201600）	谢周伟
CN201920003858.1	一种自动连续压面装置	上海诚淘机械有限公司，上海市松江区永丰街道欣玉路 188 号 B1 栋（201600）	谢周伟、陈　清
CN201920056236.5	一种燕尾馄饨封口夹具	宿州市恒元食品机械有限公司，安徽省宿州市开发区金河路 6‐106 号（234000）	侯永刚、蒋光中
CN201920067232.7	一种仿手工锥形杂粮包加工机	江苏盛夏农业科技发展有限公司，江苏省南通市通州区金沙镇金余村一组（226300）	季红梅、喻林冲
CN201920062203.1	一种水果均匀上蜡设备	江西黄龙油脂有限公司，江西省抚州市东乡县经济开发区浅水湾工业园（331800）	艾华阳
CN201920139394.7	一种用于米糠油生产的结晶系统	江西黄龙油脂有限公司，江西省抚州市东乡县经济开发区浅水湾工业园（331800）	艾华阳
CN201920146840.7	一种米糠油防氧化设备	河南文祥进出口贸易有限公司，河南省洛阳市涧西区衡山路一拖物流服务中心（471000）	李志慧
CN201920162038.7	燃气自动搅拌爆米花机	甘肃田地白家食品有限责任公司，甘肃省定西市渭源县工业集中区渭源工业园（748200）	李晓梅
CN201920052968.7	一种粉丝熟化机	甘肃田地白家食品有限责任公司，甘肃省定西市渭源县工业集中区渭源工业园（748200）	李晓梅
CN201920052970.4	一种粉丝挤压成型装置	甘肃田地白家食品有限责任公司，甘肃省定西市渭源县工业集中区渭源工业园（748200）	李晓梅
CN201920052981.2	一种新型多功能食品搅拌机	中山市新佳食品有限公司，广东省中山市南头镇同福东路 32 号之一（528427）	骆俊英
CN201920066456.6	一种便于清洗的蓝莓压榨装置	赣县春芳油茶种植专业合作社，江西省赣州市赣县吉埠镇上堡村过岭组 2 号（342700）	刘春芳
CN201920069588.4	一种碾磨式的油茶果脱壳机	重庆市奉节县增根农业发展有限公司，重庆市奉节县大树镇凤仙村 5 组 9 号（404600）	郑昌立
CN201920053152.6	一种白及用去皮装置	东营易知科石油化工技术开发有限公司，山东省东营市东营区莒州路 30 号（257000）	杜明远、杜海彬
CN201920088442.4	嵌入式多功能果蔬清洗装置	江苏盛夏农业科技发展有限公司，江苏省南通市通州区金沙镇金余村一组（226300）	季红梅、喻林冲
CN201920061727.9	一种毛豆剥荚机	金寨大别山玉井水饮品有限公司，安徽省六安市金寨梅山镇大别山玉博园金街 6 栋（237300）	杨舜凯
CN201920143880.6	一种矿泉水制备系统	天津东宇顺油脂股份有限公司，天津市武清区大碱厂镇杨崔公路与武清城区外环交口（301706）	朱广宇
CN201920209284.3	一种香油打捞用撇油装置	甘肃怡泉新禾农业科技发展有限公司，甘肃省金昌市金川区新华东路 68 号（737100）	张　楠、李大军
CN201920070492.X	一种尾菜饲料化发酵装置	内蒙古鄂尔多斯资源股份有限公司，内蒙古自治区鄂尔多斯市东胜区达拉特南路 102 号（17000）	李　星、王永利

（续）

申请或批准号	发 明 名 称	申请（专利权）人与通信地址	发明人
CN201920102899.6	小型山羊绒超声清洗装置以及山羊绒清洗系统	江苏永盛生物科技有限公司，江苏省泰州市泰兴市农产品加工园区（古高路）（225400）	吴明华、许 剑
CN201920098135.4	一种生产猪血浆蛋白粉用可控调压转子泵	上海荷裕冷冻食品有限公司，上海市奉贤区现代农业园区汇丰西路1438号（201401）	吕 昕
CN201920132525.9	一种鱼类产品速冻用干燥型速冻机	江苏傲农生物科技有限公司，江苏省宿迁市泗阳县经济开发区金鸡湖路9号（223700）	肖小剑、邱修斌
CN201920085936.7	一种易于控制排料的冷却装置	无锡神谷金穗科技有限公司，江苏省无锡市新吴区硕放南开路90-1（214000）	王 艳
CN201920094779.6	一种谷物拨粮结构	湖南赤松亭农牧有限公司，湖南省益阳市南县工业园通盛大道（413200）	曹 灿
CN201920033573.2	一种肉类揉滚装置	花园药业股份有限公司，浙江省金华市东阳市南马镇花园工业区（322121）	付长华、郎明洋
CN201920132144.0	一种茶叶提取装置	秦皇岛职业技术学院，河北省秦皇岛市北戴河区联峰北路90号（66100）	王 华、岳学庆
CN201920131096.3	一种用于制作年糕的舂臼设备	周口师范学院，河南省周口市川汇区文昌路东段周口师范学院（466000）	谢娟娟、朱自强
CN201920087486.5	一种水培蔬菜种植用收菜机	靖州异溪茯苓食品有限责任公司，湖南省怀化市靖州县茯苓医药食品科技产业园（418400）	颜树德、钟志茂
CN201920007546.8	一种食品加工用烘烤机	太原纳新食品有限公司，山西省太原市高新区高新置业大厦主楼6层（30006）	徐丽斌、牛嫚莉
CN201920008998.8	一种滚筒喷雾式家用面食加工装置	郑州千味央厨食品股份有限公司，河南省郑州市高新区红枫里2号（450001）	贾学明、朱国新
CN201920043738.4	一种注芯油条的生产设备	漳州童世界食品有限公司，福建省漳州市龙海市东园镇厚境村双凤341（363100）	洪添荣
CN201920044265.X	一种可自动清洗的饼干注浆装置	郑州孔河天地食品有限公司，河南省郑州市二七区康佳南路城开马寨食品工业园8号楼（450000）	卢大马、马宏雁
CN201920004754.2	擀面皮生产系统	茂名新洲海产有限公司，广东省茂名市电白区白云（江高）产业转移工业园第四区09号（525000）	李 强
CN201920045345.7	一种去皮机	隆昌金豆子豆制品有限责任公司，四川省内江市隆昌市渔箭镇石庙子村（642150）	葛志远、吴小彬
CN201920014757.4	一种生产效率高的新型豆筋卷制辊	河南洪河天地食品有限公司，河南省漯河市召陵区阳山路与桃园路交叉口（462300）	卢大马、陈 锋
CN201920004755.7	面筋卷自动抽芯系统	临沂市农业科学院，山东省临沂市兰山区涑河北街351号（276012）	方瑞元、田 磊
CN201920112286.0	一种高效花生清洗装置	安徽雪域燕果食品有限公司，安徽省合肥市肥东县肥东经济开发区团结路南侧（231600）	林 波
CN201920019963.4	一种葡萄干加工用风力除水装置	龙海市言成机械设备有限公司，福建省漳州市龙海市海澄镇九二一北路23号（363000）	赖大平

（续）

申请或批准号	发 明 名 称	申请（专利权）人与通信地址	发明人
CN201920115335.6	一种麻薯加工用裹粉装置	天津信达恒升科技发展有限公司，天津市南开区红旗路南端西侧丽都大厦 807（300380）	吕 政
CN201920202624.X	一种用于食品添加剂生产的原料脱色过滤装置	成都华以科技有限公司，四川省成都市郫都区德源镇（菁蓉镇）田坝东街 6 号 5 楼 502 室（611700）	江孔华、童明强
CN201920184827.0	一种用于果蔬脱绿系统的三级空气过滤装置	深圳市菜篮食品有限公司，广东省深圳市罗湖区清水河街道红岗路 1003 号红岗大厦五层南侧 502 房（518000）	刘志良、刘辉煌
CN201920065741.6	一种冻肉切片机的高效清洁送料系统	上海御存食品有限公司，上海市嘉定区马陆镇彭封路 92 号 1 幢、2 幢、3 幢、4 幢（201801）	陈 波、林坤生
CN201920016190.4	一种分切机的滚揉机构	上海御存食品有限公司，上海市嘉定区马陆镇彭封路 92 号 1 幢、2 幢、3 幢、4 幢（201801）	陈 波、熊春林
CN201920017390.1	一种吐司面包整形机	上海御存食品有限公司，上海市嘉定区马陆镇彭封路 92 号 1 幢、2 幢、3 幢、4 幢（201801）	林坤生、余仲东
CN201920016302.6	一种酥皮压面机	上海御存食品有限公司，上海市嘉定区马陆镇彭封路 92 号 1 幢、2 幢、3 幢、4 幢（201801）	陈 波、林坤生
CN201920017422.8	一种分切机	衢州市光大面业有限公司，浙江省衢州市柯城区扬浦路 38 号 1 幢（324000）	徐恒创、徐益俊
CN201920090093.X	一种全自动挂面面杆收集整理运输线	天津艾尔森生物科技有限公司，天津市滨海新区新技术产业园区华苑产业区（环外）海泰南北大街 6 号（300384）	李海波、梁 红
CN201920051359.X	冰激凌凝冻机	驰春机械（厦门）有限公司，福建省厦门市同安区工业集中区建材园 32 号 201 室（360001）	江进福、黄春池
CN201920037453.X	一种热风茶叶解块机	娄星区百威种植专业合作社，湖南省娄底市娄星区水洞镇白晃村德厚堂（417000）	何长庚
CN201920006205.9	一种炒籽机	四川川麻人家食品开发有限公司，四川省雅安市汉源县甘溪坝工业园区（625000）	任 康
CN201920065509.2	花椒烘干设备及花椒生产设备	浙江粮午斋食品有限公司，浙江省嘉兴市秀洲区油车港镇正原北路 81 号（314019）	陶 芸、何向民
CN201920198730.5	一种荔枝采后集保鲜与包装一体化智能化设备	河南懿丰油脂有限公司，河南省驻马店市泌阳县产业集聚区（463700）	闫明明、汪 磊
CN201920129625.6	一种橄榄油分离防溅油设备	云南筑想生物科技有限公司，云南省昆明市高新区昌源中路万科金域国际 1 期 17 栋 3003（650106）	杨民爱
CN201920118312.0	一种茶叶加工用烤叶机	安徽雪域燕果食品有限公司，安徽省合肥市肥东县肥东经济开发区团结路南侧（231600）	林 波
CN201920019989.9	一种环保型果干清洗用气泡清洗机	安徽雪域燕果食品有限公司，安徽省合肥市肥东县肥东经济开发区团结路南侧（231600）	林 波
CN201920020482.5	一种果蔬干制品加工清洗用水道冲洗设备	郑州中锣科技有限公司，河南省郑州市金水区花园路天伦路花园茶楼 D 区 29 - 1 室（450003）	王 瑞、王清峰

（续）

申请或批准号	发　明　名　称	申请（专利权）人与通信地址	发明人
CN201920092192.1	一种具有烘干功能的新型粮仓	上高县宝龙食品有限公司，江西省宜春市上高县塔下乡上新村（336400）	黄永红
CN201920044402.X	一种用于生猪屠宰加工的废弃物无害化处理装置	海南芭芭乐食品股份有限公司，海南省海口市龙华区龙昆南路89号汇隆广场3单元1812房（570206）	邱春庆、吴美兰
CN201920014438.3	一种食品饮料杀菌机	湖南津山口福食品有限公司，湖南省常德市桃源县漳江镇漳江南路157号（415000）	张多君
CN201920166777.3	一种老坛酸菜加工用多级清洗装置	上海荷裕冷冻食品有限公司，上海市奉贤区现代农业园区汇丰西路1438号（201401）	吕　昕
CN201920157171.3	一种鱼类加工用可调节的切片机	湖南津山口福食品有限公司，湖南省常德市桃源县漳江镇漳江南路157号（415000）	张多君
CN201920166332.5	一种老坛剁辣椒腌制坛	郑州中锣科技有限公司，河南省郑州市金水区花园路天伦路花园茶楼D区29-1室（450003）	张　慧、郝　涛
CN201920082743.6	一种可调距粮食烘干机	郑州中锣科技有限公司，河南省郑州市金水区花园路天伦路花园茶楼D区29-1室（450003）	郝　伟、王　瑞
CN201920081904.X	一种多功能粮食烘干机	运城学院，山西省运城市盐湖区复旦西街1155号（44000）	王艳萍、曹发昊
CN201920063649.6	一种用于食品检测的取样解冻装置	南阳东亿机械设备有限公司，河南省南阳市卧龙区信臣路68号（473000）	宋洋山、张爱军
CN201920012970.1	一种紧凑型咖啡烘焙机	宜兴高等职业技术学校，江苏省无锡市宜兴市宜城荆邑南路97号（214206）	曹利敏、吴雅楠
CN201920073292.X	方便省力切肉机	鑫宇生物科技（上海）有限公司，上海市奉贤区程普路216号车间1北面第2层（201400）	李　朋、黄玉英
CN201920005622.1	一种食用香精配料用可升降配料台	长兴县大唐贡茶有限公司，浙江省湖州市长兴县水口乡徽州庄村（313108）	林瑞满、王圣海
CN201920043913.X	一种输送式茶叶生产用烘干装置	辽宁祥和农牧实业有限公司，辽宁省阜新市高新技术产业开发区盛瑞路103号（123000）	刘平祥、张　淼
CN201920283864.7	饲料膨化机水源检测反馈系统	湖南洞庭湖蛋业食品有限公司，湖南省南县南洲镇小荷堰村九组（413200）	曾　虹、曾庆华
CN201920083156.9	一种用于打蛋清洗设备的清洗装置	漳州福友食品有限公司，福建省漳州市长泰县经济开发区武安镇官山工业园（363000）	潘艺斌
CN201920042782.3	豆制品加工专用的杀菌脱水装置	漳州福友食品有限公司，福建省漳州市长泰县经济开发区武安镇官山工业园（363000）	潘艺斌
CN201920042748.6	一种火龙果干生产用的小型加工装置	抚州市润通实业有限公司，江西省抚州市东乡区红星企业集团总部大院东侧1号店（331800）	饶纪卫
CN201920054790.X	瓜蒌籽恒温炒制装置	临泽县富堂农产品贸易有限公司，甘肃省张掖市临泽县沙河农副产品加工产业集中区（临泽火车南站西）（734200）	高云龙

（续）

申请或批准号	发 明 名 称	申请（专利权）人与通信地址	发明人
CN201920054368.4	一种瓜子烘干装置	郑州孔河天地食品有限公司，河南省郑州市二七区康佳南路城开马寨食品工业园 8 号楼（450000）	康路明、陈 锋
CN201920004793.2	蔬菜丸子自动挤出机	河南洪河天地食品有限公司，河南省漯河市召陵区阳山路与桃园路交叉口（462300）	卢伟亮、卢大马
CN201920004776.9	适用于热干面连续化生产的滚筒式拌油松丝机	山东省农业科学院科技信息研究所，山东省济南市工业北路 202 号（250100）	王凤云、郑纪业
CN201920120846.7	一种苹果分级执行装置	临沂市农业科学院，山东省临沂市兰山区涑河北街 351 号（276012）	樊青峰
CN201920042041.5	一种烘干效果好的小麦烘干机	青岛枫林食品机械有限公司，山东省青岛市即墨市龙泉街道汽车产业新城静水二路（266299）	华正德
CN201920005315.3	花生果真空入味系统	青岛枫林食品机械有限公司，山东省青岛市即墨市龙泉街道汽车产业新城静水二路（266299）	华正德
CN201920005361.3	芝麻脱水机	青岛枫林食品机械有限公司，山东省青岛市即墨市龙泉街道汽车产业新城静水二路（266299）	华正德
CN201920005481.3	芝麻降温机	北京莲顺农业开发有限公司，北京市顺义区马坡地区办事处毛家营樱桃园（101300）	李传兴
CN201920106697.9	具有减少碰撞坏果作用的樱桃选果机	重庆市食友食品开发有限公司，重庆市九龙坡区白市驿镇太慈村十社（太慈工业园区）（400000）	林时武
CN201920001864.3	一种用于腌制牛肉的滚揉设备	宿州市恒元食品机械有限公司，安徽省宿州市开发区金河路 6-106 号（234000）	万大创、蒋光中
CN201920075426.1	一种自动落盘摆盘装置	安徽雪域燕果食品有限公司，安徽省合肥市肥东县肥东经济开发区团结路南侧（231600）	林 波
CN201920019967.2	一种葡萄干烘干用晾干架	漯河市农业科学院，河南省漯河市郾城区黄河路 900 号（462000）	周彦忠、姬小玲
CN201920048867.2	一种高效烘干花生的装置	重庆市开州区魏亚柑橘种植场，重庆市开州区白鹤街道东华社区 8 组 96 号附 1 号（405400）	魏 亚
CN201920001325.X	一种桃子清洗装置	山西潞安石圪节智华生物科技有限公司，山西省长治市襄垣县侯堡镇创新街东区 95 号（46200）	李海波、闫 鉴
CN201920276168.3	一种牡丹籽油微胶囊的制备设备	安德里茨（中国）有限公司，广东省佛山市禅城区古新路 70 号安德里茨中国总部大楼 15 层（528000）	沈 波、骆健球
CN201920062179.1	膨化机切刀及膨化机切刀控制系统	广东省生物工程研究所（广州甘蔗糖业研究所），广东省广州市海珠区石榴岗路 10 号（510316）	陈海宁、肖爱玲

（续）

申请或批准号	发 明 名 称	申请（专利权）人与通信地址	发明人
CN201920010109.1	一种焦糖制作设备	山东川国机械制造有限公司，山东省潍坊市坊子区坊安街道潍安路9号（潍安路以西、东王松村以东）（261200）	张福龙、孙 萌
CN201921121213.4	一种打捆机捡拾后揉搓装置	湖北武功记食品有限公司，湖北省武汉市东西湖区走马岭食品大道6号（430000）	詹连英、王 顺
CN201920018640.3	一种香肠生产原料加工用真空搅拌设备	湖北武功记食品有限公司，湖北省武汉市东西湖区走马岭食品大道6号（430000）	王 顺、黄小金
CN201920018456.9	一种环保型火腿食品灌肠机	湖北武功记食品有限公司，湖北省武汉市东西湖区走马岭食品大道6号（430000）	周 俊、杨文锋
CN201920018291.5	一种环保型肉松炒制设备	青岛枫林食品机械有限公司，山东省青岛市即墨市龙泉街道汽车产业新城静水二路（266299）	华正德
CN201920005483.2	花生酱降温机	临泽县富堂农产品贸易有限公司，甘肃省张掖市泽县沙河农副产品加工产业集中区（临泽火车南站西）（734200）	高云龙
CN201920025650.X	一种瓜子多层式晾晒支架	绍兴市柯桥区舜越绿色食品有限公司，浙江省绍兴市王坛镇工业园区（312000）	张建军

第六部分

大 事 记

1 月

9～10 日 "2020 年全国粮食和物资储备工作会议"在京召开。会议以习近平新时代中国特色社会主义思想为指导，认真落实中央经济工作会议和中央农村工作会议精神，按照全国发展和改革工作会议部署，总结 2019 年工作，安排 2020 年任务，加快推动粮食和物资储备改革发展。会议认真传达贯彻了李克强总理和韩正副总理、胡春华副总理的重要批示。国家发展改革委党组书记、主任何立峰出席会议并讲话。会议强调，聚焦国家粮食和物资储备安全核心职能，必须统筹把握两个大局、高点定位；突出"深化改革、转型发展"时代主题，必须与时俱进、主动识变求变应变；坚守安全稳定廉政"三条底线"，必须直面风险挑战、敢于善于斗争。会议要求，新的一年要突出重点，抓出亮点，加快开创粮食和物资储备改革发展新局面。一要坚持以深化改革为动力，健全完善体制机制，着力提高粮食和物资储备治理能力。积极推动"两项改革"，强化完善"两项考核"，健全法律法规和标准体系，创新执法督查方式。二要坚持以科学规划为引领，强弱项补短板，着力筑牢基础，提高效能。科学编制"十四五"规划，大力实施重点工程项目，加快推进信息化建设和应用，持续落实科技和人才兴粮兴储。三要坚持以高质量发展为目标，做好粮食市场和流通的文章，加快建设粮食产业强国。四要坚持以解决突出问题为导向，积极主动、科学调控，统筹做好安全保障各项工作。切实做好粮食保供稳价工作，全面提高应急保障水平，稳妥推进各类储备收储轮换，抓牢盯紧安全生产。五要坚持以政治建设为统领，认真贯彻新时代党的组织路线，全面提高党建工作水平。各省、自治区、直辖市及计划单列市、新疆生产建设兵团粮食和物资储备局（粮食局）主要负责同志，部分中央企业、地方粮食企业、涉粮院校相关负责同志参加会议。中央国家机关有关部门、单位相关负责同志应邀出席会议。国家粮食和物资储备局各司局单位、各垂直管理局主要负责同志参加会议。

10～11 日 "2020 年全国科技工作会议"在京召开。会议深入学习贯彻习近平新时代中国特色社会主义思想和党的十九大及十九届二中、三中、四中全会精神，深入贯彻中央经济工作会议精神，总结 2019 年工作，部署 2020 年重点任务：深入实施创新驱动发展战略，决胜迈进创新型国家行列，以优异成绩助力全面建成小康社会、实现第一个百年奋斗目标。会议要求，2020 年要重点做好以下 10 方面工作。一是统筹推进研发任务部署，强化关键核心技术攻关和基础研究。二是编制发布中长期科技发展规划，形成跻身创新型国家前列的系统布局。三是优化创新基地布局，打造国家实验室引领的战略科技力量。四是加快新技术新成果转化应用，培育壮大新动能。五是大力发展民生科技，为创造美好生活提供支撑。六是构建优势互补高质量发展的区域创新布局，增强地方创新发展水平。七是深化创新能力开放合作，主动融入全球创新网络。八是深化科技体制改革，提高创新体系效能。九是激发人才创新活力，加快培育高水平人才队伍。十是加强作风学风建设，营造良好创新生态。中国科学院、中国工程院、国防科工局、中国科协负责同志，各省、自治区、直辖市、计划单列市、副省级城市、新疆生产建设兵团科技管理部门主要负责同志，中央国家机关和军队有关部门科技主管单位负责同志，部分国家自主创新示范区、国家科技重大专项（民口）实施管理办公室负责同志，科技部领导班子、中央纪委国家监委驻科技部纪检监察组负责同志，科技部机关司局和直属事业单位、自然科学基金委、科技日报社负责同志，以及部分驻外代表等参加会议。

19 日 "全国标准化工作会议"在京召开。国家市场监督管理总局副局长、国家标准委主任田世宏出席会议并作工作报告。民政部副部长高晓兵、全国工商联副主席鲁勇、国际电工委员会（IEC）主席舒印彪出席会议并讲话。中国标准化专家委员会主任委员邬贺铨、副主任委员张纲出席会议。田世宏强调，党中央、国务院高度重视标准化工作，高质量发展对标准化提出新要求，全球百年未有之大变局给标准化带来重大机遇和挑战，面对新形势、新要求，要更加注重标准化在国家治理体系和治理能力现代化建设中的作用，更加注重标准化治理体系和治理能力建设，更加注重标准化的全方位开放，更加注重标准化对市场监管的有效支撑。田世宏指出，2019 年标准化工作砥砺前行，在深化标准化工作改革、建设推动高质量发展的标准体系、标准实施与监督、标准化管理、标准国际化等方面取得积极进展。2020 年是全面建成小康社会和"十三五"规划收官之年，是"十四五"谋篇布局之年，是提升标准化治理效能之年，要强化顶层设计，提升标准化工作的战略定位；要深化标准化改革，提升标准化发展活力；要加强标准体系建设，提升引领高质量发展的能力；要参与国际标准治理，提升标准国际化水平；要加强科学管理，提升标准化治理效能。中央网信办、国务院有关部门、中央军委装备发展部、有关人民团体以及行业协会标准化工作部门负责人，各省、自治区、直辖市及计划单列市、副省级城市、新疆生产建设兵团市场监管部门标准化工作负责人，国家市场监督管理总局有关司局和直属单位负责人参加会议。

2月

4日 "全国产品质量安全监管工作电视电话会议"召开。会议全面总结2020年和"十三五"时期产品质量安全监管工作，研究分析"十四五"时期产品质量安全监管形势任务，部署2021年重点工作。国家市场监督管理总局副局长、国家标准委主任田世宏出席会议并讲话。会议指出，2020年全国产品质量安全监管战线勠力同心抗疫情，全力以赴促发展，各方面工作取得新进展，"十三五"产品质量安全监管工作圆满收官。2021年要着力抓好生产许可改革、风险监测预警，加强监督抽查、质量突出问题治理，创新监管机制、夯实监管基础。会议强调，要立足新发展阶段，贯彻新发展理念，围绕助力构建新发展格局，创新监管手段，全面加强产品质量安全监管。要深化工业产品生产许可改革，加强质量技术帮扶，更好服务市场主体。要推动质量安全监管贯通化、系统化、协同化，提升监管效能。要加强政治建设、作风建设、能力建设，筑牢监管根基，努力开创产品质量安全监管工作新局面。会上，上海、浙江、山东、湖北、广东等地市场监管部门负责同志作交流发言。中央纪委国家监委驻总局纪检监察组负责同志，总局各相关司局、有关直属单位负责同志在主会场参加会议。各地市场监管部门负责同志及有关处室人员在各分会场参加会议。

13日 农业农村部党组书记、部长韩长赋主持召开部党组会议。传达学习习近平总书记在中央政治局常委会会议上的重要讲话精神和国务院常务会议精神，分析新冠肺炎疫情对农业农村工作的影响，研究部署下一步工作措施。会议强调，要深入学习领会习近平总书记重要讲话精神和党中央、国务院决策部署，深刻认识做好疫情防控工作的极端重要性，时刻牢记职责使命，把中央对"三农"工作各方面要求落实到位，坚持防控疫情和推动经济社会发展"两手抓""两手硬""两不误"，积极配合农村疫情防控，统筹抓好今年"三农"重点工作，为实现全面小康目标提供支撑保障。会议指出，要高度重视、积极应对新冠肺炎疫情对农业农村经济的影响，针对农产品、生产资料、种畜禽运输受阻、产销不畅，家禽业、渔业和相关企业用工难、用工贵等突出问题，密切关注形势，及时采取有效举措，确保"菜篮子"产品、粮食等有效供给。提前研判疫情可能对粮食生产、农民增收、生猪生产恢复特别是脱贫攻坚等工作的冲击，

拿出有针对性的办法，指导各地不误农时抓好春耕生产，确保完成今年粮食生产目标任务，鼓励农村创新创业，努力增加农民收入，促进生猪生产持续恢复，努力把疫情对农业农村发展影响降到最低。会议强调，要统筹抓好当前重点工作，继续配合做好农村疫情防控，特别是重点疫区返乡农民工防控工作，防止农村疫情扩散。强化蔬菜等"菜篮子"产品生产保供，紧盯"南菜北运"生产大省、设施蔬菜重点省和规模经营主体，加大支持保障，增加"菜篮子"产品生产。抓早抓好春季田间管理和春耕备耕，推动田间管理关键技术落地见效，强化极端天气和病虫害监测防范，抓好草地贪夜蛾防控，全力夺取夏粮丰收。要认真贯彻落实《关于压实"菜篮子"市长负责制 做好农产品稳产保供工作的通知》，及时分解任务，明确职责分工，压实工作责任。推动县级以上农业农村部门开设热线电话，建立联系企业制度，收集意见诉求，拿出阶段性、针对性、可操作性的政策措施，帮助农业经营主体渡过难关。会议要求，要不断改进工作作风，切实负起责任，紧张有序推动各项工作，不搞大包大揽，不能按部就班，坚决杜绝推诿扯皮、拖延拖拉。各司局各单位要加强协同配合，转变工作方式方法，加强形势研判，深入分析疫情带来的影响，及时提出对策建议和解决措施。

14日 农业农村部印发《关于加快畜牧业机械化发展的意见》（以下简称《意见》），提出统筹设施装备和畜牧业协调发展，着力推进主要畜种养殖、重点生产环节、规模养殖场（户）的机械化。到2025年，力争畜牧业机械化率总体达到50%以上，主要畜禽养殖全程机械化取得显著成效。其中，奶牛规模化养殖机械化率达到80%以上，生猪、蛋鸡、肉鸡规模化养殖机械化率达到70%以上，肉牛、肉羊规模化养殖机械化率达到50%以上，大规模养殖场基本实现全程机械化。标准化规模养殖与机械化协调并进的畜牧业发展新格局基本形成，有条件的地区主要畜种规模化养殖率先基本实现全程机械化。《意见》明确，要以服务乡村振兴战略、满足畜牧业对机械化的需要为目标，以畜牧业机械化向全程全面高质高效转型升级为主线，以主要畜种养殖、重点生产环节、规模养殖场（户）机械化为重点，推进机械装备与养殖工艺相融合、畜禽养殖机械化与信息化相融合、设施装备配置与养殖场建设相适应、机械化生产与适度规模养殖相适应，为畜牧业高质量发展、加快现代化步伐提供有力支撑。《意见》强调，要坚持目标导向和问题导向，集中力量强科技、补短板、推全程、兴主体、保安全、稳供给，从推动畜牧机械装备科技创新、推进主要畜种规模化养殖全程机械化、加强绿色

高效新装备新技术示范推广、提高重点环节社会化服务水平、推进机械化信息化融合等重点任务入手,突出抓好养殖生产全程机械化,加快提升畜禽养殖废弃物处理机械化水平,积极促进畜牧业机械化全面提档升级。

3月

7日 "南方9省区畜禽生产视频调度会议"召开。会议主要内容是会商调度当前畜禽生产情况,研究协调解决困难问题。农业农村部部长韩长赋出席会议并强调,各地要认真学习贯彻习近平总书记重要指示精神和党中央、国务院决策部署,增强责任感使命感紧迫感,坚持问题导向、目标导向、结果导向,采取更加务实有效的措施,进一步推动生猪、家禽等畜禽生产加快恢复、稳定发展,确保完成全年稳产保供任务,为打赢疫情防控阻击战、全面建成小康社会作出新的贡献。会议指出,针对新冠肺炎疫情对畜禽产业的影响,各地各部门采取一系列措施,坚持疫情防控和畜禽生产"两手抓""两不误",紧盯发展目标不放松,推动解决企业复工、饲料缺口、禽苗运销和禽蛋卖难等问题。目前政策效果开始显现,饲料供应基本能够保障,家禽压栏问题有所缓解,畜牧业生产经营秩序正在逐步恢复,畜牧业生产呈现积极向好态势。会议强调,各地要毫不放松抓紧抓实抓细各项工作,切实抓好生猪家禽生产保供。一要进一步压紧压实畜禽稳产保供地方责任。把加快发展畜禽生产、增加肉类产品供应,作为一件大事要事来抓,将发展目标细化分解到县市,采取超常规的措施,及时解决本地生产、运输等环节存在的突出问题,如期补上前期下滑的产能,把疫情对生产的影响降到最低。二要着力解决家禽业产销不畅的突出问题。推动活禽交易市场分类管理,有序开放活禽市场;加快家禽屠宰加工企业全面复工复产,通过"点对点"方式与周边省份加强合作,探索建设应急集中屠宰点,确保活禽适时屠宰、不压栏;加大产销对接力度,发展线上线下销售。三要推动生猪养殖场户加快增养补栏。加快推进生猪新建改扩建项目全面开工复工,争取尽早形成实际产能;坚持"抓大带小",采取针对性的政策措施,帮助中小养殖场户尽快补栏增养;搞好技术服务,帮助养殖场户提升饲养管理水平和生物安全防护水平。四要积极争取并落实各项扶持政策。各地要落实好生猪生产政策,加大家禽养殖扶持力度,出台针对性扶持政策。五要持续加强重大动物疫病防控。扎实做好禽流感等春季集中免疫工作,毫不松懈抓好非洲猪瘟防控。农业农村部副部长于康震主持会议,总畜牧师马有祥参加会议。江苏、福建、江西、湖南、广东、广西、四川、贵州、云南9省(自治区)农业农村部门负责人汇报交流了当前畜禽生产情况。

17日 农业农村部启动"2020年国家产地水产品兽药残留监控计划"。根据计划,今年农业农村部将监测全国33个省、自治区、直辖市及计划单列市和新疆生产建设兵团的产地水产品兽药残留状况,助力农产品稳产保供。按照工作安排,4~9月,33个省、自治区、直辖市及计划单列市和新疆生产建设兵团农业农村(渔业)主管部门,将随机抽取本辖区养殖水产品样品4 000批次以上。有关水产品质检机构将对大宗消费水产品如草鱼、鲤鱼等28个种类养殖水产品进行检测,涉及风险较大的硝基呋喃类代谢物、孔雀石绿、氧氟沙星等10种禁用药品及化合物。农业农村部将及时向社会公布国家产地水产品兽药残留监测情况。农业农村部要求,各地既要抓监测又要抓管控,加强对水产养殖中的兽药使用的监管,健全水产品兽药残留管控长效机制,持续开展专项整治行动,加大对违法用药行为的打击力度。同时,农业农村部还将在全国继续开展水产养殖用药减量行动和规范用药科普下乡活动,加强《兽药管理条例》等法规和《水产养殖用药明白纸》的宣传培训,不断提高养殖者规范用药意识。

18日 农业农村部召开"全国渔业安全生产工作视频会议"。会议总结渔业安全生产工作成绩,分析当前面临的形势和问题,部署2020年全国渔业安全生产重点工作。会议指出,2019年,渔业安全生产总体稳定,为保障渔业高质量发展作出了重要贡献。当前,我国渔业安全生产正处于"爬坡过坎"期,多重风险和隐患交织叠加,安全事故与重大险情时有发生,短板弱项依然凸显。同时随着国家防范化解与应对处置重大安全风险事故体系的构建完善,渔业转型升级和高质量发展的深入推进,以及国际组织致力于渔船安全水平的不断提升,对渔业安全生产工作提出了更高要求。各地要深刻认识渔业安全工作的艰巨性、突发性、长期性,居安思危、未雨绸缪,抓重点、补短板、强弱项,加快推进渔业安全治理体系和治理能力现代化。会议强调,各地渔业部门在慎终如始抓实抓细疫情防控的同时,要进一步强化渔业安全生产管理,严格落实安全生产责任,加强安全执法和隐患排查,扎实做好2020年渔业安全生产重点工作。一是坚持顶层设计,健全渔业安全管理制度;二是坚持"三防"并举,筑牢安全事故防范屏障;三是坚持提质扩容,深化渔船渔港综合改革;四是坚持问题导向,推进安全隐患排查治理;五是坚持应急管理,守牢渔业安全风险底线;六是坚持体制创新,改革渔业风险保障体系。

4 月

23 日 农业农村部组织召开"全国农产品仓储保鲜冷链设施建设工作视频启动会"。启动全国农产品仓储保鲜冷链设施建设,部署 2020 年重点工作。农业农村部副部长韩俊出席会议并讲话,农业农村部总畜牧师马有祥主持会议。会议指出,加快农产品仓储保鲜冷链设施建设,是贯彻落实习近平总书记重要指示精神和中央决策部署的重大举措。农产品仓储保鲜冷链设施建设是现代农业发展重大牵引性工程,对于补齐现代农业基础设施短板、扩大农业有效投资、增加农民收入、促进农业产业和农产品消费"双升级"意义重大。各级农业农村部门要深刻认识加快农产品仓储保鲜冷链设施建设的重要意义,抓紧抓好建设工作。会议指出,2020 年,建设工作以鲜活农产品主产区、特色农产品优势区和贫困地区为重点,向"三区三州"等深度贫困地区倾斜,主要围绕水果、蔬菜布局建设,坚持"农有、农用、农享",支持家庭农场、农民合作社建设一批立足田间地头、设施功能完善、经济效益良好、紧密衔接市场的农产品仓储保鲜冷链设施。力争通过"十四五"时期的持续建设,实现农产品仓储保鲜冷链能力明显提升,基本建立覆盖广泛、布局合理、重点突出、流通顺畅、服务农户的农产品仓储保鲜冷链体系,形成紧密型联农带农为农运行机制,巩固脱贫攻坚成果,推动乡村产业振兴,带动农民收入持续增长。据介绍,农业农村部将建立全国农产品产地市场信息大数据,采集鲜活农产品市场流通信息和储藏环境信息,为政府部门宏观管理提供数据支持,向市场主体提供多种信息服务。

29 日 农业农村部组织召开"非洲猪瘟防控等工作督导总结视频会议"。会议强调,各级畜牧兽医部门要坚持生猪生产恢复和非洲猪瘟等重大动物疫病防控两手抓,采取更加务实过硬的措施,确保非洲猪瘟疫情不反弹,确保其他重大动物疫情保持平稳,为年底前生猪生产基本恢复到接近常年水平目标的如期实现提供有力的防疫保障。国家首席兽医师李金祥出席会议。

会议指出,从本次督导情况看,各地认真贯彻落实党中央、国务院决策部署,通过压实责任、落实措施,有效开展非洲猪瘟防控,加快恢复生猪生产。但是,当前非洲猪瘟防控形势依然复杂严峻,生猪恢复发展的基础还不牢固,必须持续强化各项防控措施。会议强调,各地要充分认识当前非洲猪瘟疫情防控的复杂形势,针对违法违规调运加剧疫情传播风险、一些养殖主体不履行防疫主体责任等问题,按照农业农村部统一部署,继续落实各项现行防控措施,全面加强监测排查,严格规范报告疫情,加强基层动物防疫体系建设,尽快选强配齐特聘动物防疫专员,全力推动违法违规调运生猪行为专项整治行动取得实效。会前,农业农村部派出 14 个督导组深入 27 个省份的 54 个市、54 个县督导非洲猪瘟防控和生猪生产,现场检查场点超过 200 个。

29 日 农业农村部召开"国家畜禽良种联合攻关视频调度会"。会议强调,我国畜牧业正处于转型升级和加快实现现代化的关键阶段,畜禽良种联合攻关要聚焦市场需求和畜禽种业发展瓶颈,在关键技术研究和品种培育上加大原始创新力度,提高主要畜种核心种源的生产效率和自给率,掌握畜禽种业发展主动权。农业农村部副部长张桃林出席会议并讲话。

会议指出,开展畜禽良种联合攻关,是构建我国种业自主创新体系的重要部署。2019 年,农业农村部首次启动了国家畜禽良种联合攻关工作,围绕畜禽良种选育薄弱环节和核心关键技术开展攻关,优质瘦肉型猪、荷斯坦牛、白羽肉鸡等 7 个攻关组在自主创新、种质创制、品种选育等方面取得了一系列新进展,细化落实了品种登记、体型鉴定、性能测定等基础性育种工作,加快分子育种技术等现代育种方法应用,取得了初步成效。会议要求,各地要继续加大对畜禽良种联合攻关的支持力度。各攻关组要聚焦攻关目标,推进体制机制创新,把"单打独斗"变为"联合作战",始终坚持产业需求导向、政府引导、企业主体,继续完善"1+1+N"(牵头企业+首席科学家+科研院所、龙头企业等)的攻关模式,推进科企合作,集成创新资源,加快科技成果转化和产业化。要以良种联合攻关为纽带,从源头创新向外延伸,与现代种业园区、核心育种场、良种扩繁基地等协同合作,形成更广阔的示范带动效应。

5 月

13 日 "全国政策性粮食库存数量和质量大清查总结视频会议"在北京召开。会议深入学习贯彻习近平总书记关于确保粮食安全的重要指示精神,认真学习李克强总理关于全国政策性粮食库存数量和质量大清查工作的重要批示,传达学习韩正副总理关于大清查工作的批示要求。国家发展改革委党组书记、主任何立峰出席会议并讲话。会议通报了大清查结果和有关情况,表扬了大清查先进单位和先进个人,吉林、福建、江西、山东、湖南、四川六省作了典型发言。会议指出,本次全国政策性粮食库存大清查以 2019 年 3 月 31 日为时点,历时近 1 年,全面摸清了政策性粮食库存家底。大清查结果表明，国家政策性粮食库存账实基本相符，粮食库存数量可满足全国居民一年以上正常消费需求；粮食质量总体良好，常规质量、储存品质和主要食品安全三类指标，合格率均处于较高水平；粮食储存总体安全，粮食收储企业各项制度执行总体到位，仓储管理较为规范；粮食品种结构和产销区布局逐步改善，应急保障能力逐步提高。通过本次大清查，向党中央、国务院和全国人民交出了一本实实在在的"明白账"，为确保国家粮食安全奠定了坚实基础。大清查始终坚持问题导向和结果导向，检查纠正政策性粮食库存管理中存在的隐患和问题，进一步提高了粮食库存管理水平。会议强调，要以大清查为新的起点，进一步巩固放大大清查工作成效，继续保持库存充实、质量良好、储存安全的良好势头。同时，加快推动粮食安全保障法律法规制度建设，着力强化政策性粮食承储企业内部管控和主体责任，创新完善粮食安全行政监管，坚决扛稳粮食安全重任。会议要求，各地区、各有关部门要把思想和行动统一到党中央、国务院决策部署上来，进一步增强服务宏观调控和应对突发事件的能力，加快构建更高层次、更高质量、更有效率、更可持续的粮食安全保障体系，坚决守住管好"大国粮仓"。国家发展改革委党组成员、副主任张勇主持会议；财政部党组成员、副部长余蔚平，国家发展改革委党组成员、国家粮食和物资储备局局长张务锋等大清查部际协调机制成员，国家粮食和物资储备局各司局、各单位，中储粮集团公司、中粮集团公司、中国供销集团公司有关负责同志在主会场参加了会议。各省、自治区、直辖市政府分管副秘书长、大清查协调机制成员、粮食和物资储备局（粮食局）、各垂直管理局有关负责同志在分会场参加会议。

17日 "2020全民营养周暨'5·20'中国学生营养日主题宣传活动"启动，并向全国公众发起两项倡议：兴新食尚，推行分餐，预防疾病，减少浪费；合理膳食，倡导健康生活方式。与此同时，围绕"合理膳食 免疫基石"主题的一场全国性营养科普活动也拉开大幕。通过开展以"合理膳食 免疫基石"为核心的宣传教育，集中普及合理膳食对于增强免疫的基石作用和相关知识技能，重点宣传奶类和大豆等优质蛋白来源，倡导树立新食尚，推广全民分餐制，摒弃食用野生动物陋习，推动国民健康饮食习惯的形成和巩固，将合理膳食行动落到实处。

6月

3日 "2020中国和全球农业政策论坛暨《中国农业产业发展报告》和《全球粮食政策报告》发布会"在京顺利召开。农业农村部党组成员、中国农业科学院院长唐华俊出席发布会并致辞。国际食物政策研究所所长约翰·思文视频致辞。全国政协委员、农业农村部原副部长、中国农业经济学会会长陈晓华，中国农业科学院党组书记张合成，中国农业科学院原院长翟虎渠，副院长王汉中、梅旭荣出席会议，发布会由中国农业科学院农业经济研究所所长袁龙江与国际食物政策研究所东亚东南亚和中亚办公室主任陈志钢共同主持。唐华俊指出，我国稳固的"三农"基础地位保障了重要农产品的稳产保供，为稳定社会秩序、打赢疫情防控阻击战发挥了不可替代的"压舱石"作用，守好"三农"战略后院，提高农业竞争力，把农业基础打得更牢，把"三农"领域短板补得更实，任务艰巨、责任重大。约翰·思文所长强调，包容性食物系统在各方面发挥重要作用，对于为贫困人口创造更好的经济机会、缓解气候变化的影响和激发创新至关重要，尤其是新冠肺炎疫情全球蔓延，我们现在比以往任何时候都更需要包容性的食物系统。《中国农业产业发展报告2020》在2019年的基础上，继续突出战略导向、定量分析的特点，剖析了国内外宏观经济与农业产业形势；聚焦核心问题，从全要素生产率、国际贸易、生产成本等三个视角评估了中国农业产业竞争力，提出应根据国情分品种制定农业产业竞争力目标，从更广义的视角看待中国农业产业竞争力。直击热点主题，全面分析了新冠肺炎疫情对中国农业和农民收入的影响，研究表明，在新冠肺炎疫情给国民经济造成冲击的特殊时期，农业—食物系统受到的影响较小，农业—食物系统的"战略后院"、"压舱石"和"蓄水池"作用更加凸显。探究了生猪产能恢复趋势及其关键影响因素，认为生猪产能到2020年底可基本恢复至常年水平的80%以上。模拟了草地贪夜蛾对2020年中国玉米产业的影响，预计全国玉米产量损失小于2.5%。瞄准产业前瞻，预计2020年全国粮食产量达到6.7亿t，能够为打赢疫情防控阻击战、实现全年经济社会发展目标任务提供有力支撑。

29日 农业农村部部长韩长赋主持召开部常务会议，审议并原则通过《全国乡村产业发展规划（2020—2025年）》。会议强调，要高度重视乡村产业发展，把产业振兴摆上突出位置，加大引导和扶持力度，多措并举发展农产品加工业和乡村新兴产业，为乡村全面振兴提供有力支撑。会议强调，今年是打赢脱贫攻坚战、全面建成小康社会的收官之年，又遭遇新冠肺炎疫情冲击，大力发展乡村产业，对于促进农民就业增收，实现脱贫攻坚和乡村振兴有机衔接具有重要意义。要扎实推进乡村产业发展各方面工作，按照农业高质量发展要求，一项一项推进，一环一环紧抓，引导支持地方进一步挖掘特色资源，强化创新引领，突出集群成链，建设一批农产品加工园区，打造一批休闲旅游精品工程，培育一批创新创业主体，确保取得实实在在成效。要形成发展乡村产业工作合力，创新发展，攻坚克难，形成新的工作格局和推进机制，扎扎实实推进乡村产业发展。

7 月

24 日 "2020 中国农业品牌政策研讨会"在京举行，农业农村部副部长于康震出席会议并讲话。近年来，农业农村部积极贯彻落实党中央国务院决策部署，加速推进农业品牌建设，取得积极成效。政策体系逐步完善，品牌基础日益夯实，营销推介创新有力，积极构建政府、行业协会、科研院所和企业协同推进农业品牌建设的新机制，推动了区域公用品牌、企业品牌、产品品牌"新三品"协同发展。会议强调，在农产品贸易竞争日益激烈、农业经济风险不断加剧的大背景下，加快推进农业品牌建设已经成为引领农产品消费、抵御市场风险、推动农业国际合作的重要力量。农业品牌建设要以品质为根本，增强品牌"竞争力"；要以创新为引领，提升品牌"感召力"；要以协同为基础，培育品牌持久"生命力"；要以新基建为机遇，提升品牌"传播力"。会议发布并解读了《中国农业品牌发展报告（2020）》，宣布成立中国农业品牌专家工作委员会。

24 日 农业农村部组织召开"国家农产品质量安全县与贫困县结对帮扶活动推进视频会"。会议总结交流了国家农产品质量安全县与贫困县结对帮扶活动阶段性成效，研究部署下一阶段帮扶工作，推动结对帮扶活动扎实深入开展。据介绍，农业农村部于2019年8月启动结对帮扶活动，组织第一批103个国家农产品质量安全县与103个"三区三州"深度贫困地区贫困县及农业农村部定点扶贫县一对一结对帮扶。一年来，在国家农产品质量安全县的示范带动和指导下，近50%结对帮扶贫困县新成立农产品质量安全工作领导小组，新制定42项农产品质量安全监管制度，农产品质量安全保障能力明显增强，夯实了产业发展基础，结对帮扶贫困县农产品销售额和农民人均纯收入同比增加10%以上。会议要求，各地要继续采取"送进去"和"走出来"相结合的方式，组织好行业专家、技术骨干和生产能手，将完善的监管制度、标准化生产体系、农产品生产先进管理理念和技术经验传授给结对帮扶贫困县。同时组织结对帮扶

贫困县到结对的国家农产品质量安全县进行交流学习，鼓励开展项目合作，带动产业扶贫。

8 月

17~18 日 国家粮食和物资储备局召开"深入推进优质粮食工程座谈会"。会议认真贯彻习近平总书记关于深入推进优质粮食工程的重要指示精神和李克强总理关于建设粮食产业强国的重要批示要求，总结各地优质粮食工程进展情况，并对下一步深入推进工作安排部署。国家发展改革委党组成员，局党组书记、局长张务锋出席会议并讲话。局党组成员、副局长梁彦，局总工程师翟江临出席会议。张务锋指出，一是要提高站位，充分认识实施优质粮食工程的现实意义，将优质粮食工程作为深化农业供给侧结构性改革、促进粮食产业高质量发展、巩固脱贫攻坚成果、推动乡村振兴产业发展、实现农民增收和企业增效的有效载体，进一步做深做细、落地落实，达到好事办出好效果的目的。二是要突出"五优联动"，强化典型引领，抓住关键环节，放大自身优势，巩固拓展优质粮食工程成效。三是要精心谋划新一轮优质粮食工程，坚持问题导向、目标导向和结果导向相统一，突出联动、协同、共享，充分调动各方面积极性，推动优质粮食工程往深处走、往实处落。会上，山西、吉林、江苏、浙江、安徽、山东、甘肃、湖北、四川等9个省粮食和物资储备局（粮食局）主要负责同志，山东省滨州市、浙江省湖州市粮食和物资储备局以及安徽省阜南县政府负责同志围绕优质粮食工程进展情况和典型经验进行了发言和交流讨论，对持续推进优质粮食工程提出意见和建议。国家粮食和物资储备局办公室、粮食储备司、规划建设司、财务审计司、安全仓储与科技司、标准质量中心、粮食交易中心、科学研究院、杂志社主要负责同志参加座谈。

20 日 "中国农民丰收节组织指导委员会全体会议"在京召开，通报前期农民丰收节筹备工作进展情况，对2020年农民丰收节重点工作作出安排部署。会议指出，农民丰收节设立两年来，受到广大农民群众的热烈欢迎，节庆内容越来越丰富，文化韵味越来越浓，基层覆盖面越来越大，城乡参与度越来越高。2020年农民丰收节将与决战决胜脱贫攻坚紧密结合，与实施乡村振兴战略统筹推进，进一步广泛发动、普及基层，持续推进成风化俗，成为广大农村地区喜迎小康的重要载体。会议要求，各地要实化深化节庆内容，不断拓展节日载体和媒介功能，注重培育节日市场，为农民搭建创业创新的广阔舞台；要坚持文化为魂，注重保护乡村文化多样性，打造中国乡村文化符

号，构建农民丰收节城乡公共文化空间；要充分展现抗击新冠肺炎疫情中"三农"领域所表现的稳健力量，为经济社会恢复发展提振信心、增添活力。会议强调，各地要推动农民丰收节纳入各级党委、政府和农村工作领导小组重要议程，推动纳入实绩考核范畴，确保农民丰收节组织培育工作机制化。各级领导干部要与农民群众共话增收、共谋发展，引导农民丰收节成为农村地区密切党群干群关系的重要时点。各地要严格落实疫情防控要求，加强协同配合，把农民丰收节办好、办出实效，真正让广大农民受益，为全面建成小康社会增添一笔亮色。

25日　"2020年全国科技和人才兴粮兴储工作经验交流会"在江西南昌召开。会议以习近平新时代中国特色社会主义思想为指导，认真落实创新驱动发展战略，认清形势、交流经验，守正创新、久久为功，推动科技和人才兴粮兴储再上新水平。国家发展改革委党组成员，国家粮食和物资储备局党组书记、局长张务锋出席会议并讲话。国家粮食和物资储备局副局长卢景波主持会议，副局长贾骞通报有关情况，总工程师翟江临出席会议。张务锋指出，未来五年正值粮食和物资储备"深化改革、转型发展"的关键时期，发挥好科技和人才的支撑作用至关重要。全系统要认真学习领会习近平总书记关于创新发展的重要论述，提高站位，着眼长远，深化对第一动力、第一资源的认识，深化对科技和人才工作规律的认识，深化对挑战压力与发展机遇的认识，在战略全局中把握科技和人才兴粮兴储工作，坚定信心，攻坚克难，不断开创科技和人才兴粮兴储的新局面。张务锋要求，在坚持近年来行之有效做法的同时，要善于识变求变应变，立足新形势新要求，把握关键，牢牢抓好科技和人才兴粮兴储的"牛鼻子"，完善举措、优化路径，务求抓住重点、抓出亮点。要全面统筹兴粮兴储，一体推进科技和人才工作；深化"产学研"协同，培育适应粮食和物资储备高质量发展需要的创新体系；贯通"选育管用"环节，建设规模宏大结构合理的粮食和物资储备人才队伍。张务锋强调，唯改革者进，唯创新者强，唯改革创新者胜。要大力发扬改革创新精神，突出规划引领，强化项目支撑，搭建创新平台，完善课题立项、科研评价、成果转化、科研管理、人才激励五个机制，加强指导协调，为科技和人才兴粮兴储提供强大支撑。要大力宣传科技和人才兴粮兴储的重要举措，突出典型引领，挖掘创新故事，加强学风和作风建设，广泛开展岗位练兵、技能比武，让崇尚创新、尊重人才在全系统蔚然成风。要坚持问题导向、目标导向、结果导向，高标准、严要求，谋实招、求实效，推动科技和人才兴粮兴储取得丰硕成果。国家粮食和物资储备局有关司局主要负责同志，各垂直管理局主要负责同志，各省（自治区、直辖市）粮食和物资储备局（粮食局）主要负责同志，有关央企、院校、科研院所及地方企业代表参加会议。

9月

6日　"第二十三届中国农产品加工业投资贸易洽谈会"在驻马店市召开。本届大会主题是"创新引领农产品加工业，产业振兴助力全面小康"。大会明确了认真贯彻落实习近平总书记关于加快构建现代农业产业体系、生产体系、经营体系的重要指示精神，加快推进农业高质量发展的总体目标。本届农产品加工业投资贸易洽谈会突出"四大板块"，共举办"九大活动"。四大板块即成果展示板块、产品交易板块、投资洽谈板块和高层论坛板块。九大活动分别是：大会开幕式、大会重点项目签约仪式、贫困地区特色农产品推介签约仪式、2020年河南省"消费扶贫月"暨扶贫产品展销活动启动仪式、乡村产业发展论坛、中国（驻马店）国际农产品加工产业园推介暨项目签约仪式、豫沪青年企业家交流活动、全国农产品加工技术集成科研基地交流活动、驻马店市重点项目签约仪式。本届大会是在疫情防控常态化背景下，第一批线下举办的全国性展会，会议内容体现了推动"三农"工作高质量发展的新要求，会议主题体现了助力全面小康和乡村全面振兴的新使命，会议形式体现了实施扩内需、促消费回升的新期待，会议活动体现了做好"六稳"、落实"六保"的新任务，会议节点体现了打造中国农加工投洽会更亮品牌的新担当，会议筹办体现了推进疫情防控和经济发展的新变化。

17日　"2020年中国—中东欧国家特色农产品云上博览会"在山东潍坊启动。本届博览会由农业农村部和外交部主办，主题为"联手抗疫兴农 共谋合作发展"。农业农村部副部长张桃林、山东省副省长于国安出席启动仪式并致辞，保加利亚、波黑、塞尔维亚等中东欧国家的驻华大使和外交官参加相关活动。张桃林在致辞中表示，中国与中东欧国家农业互补性强、合作基础良好，2020年是中国与中东欧国家领导人共同确定的"农业多元合作年"，中国愿与中东欧国家共同努力，克服新冠肺炎疫情影响，持续深化农业合作关系。一是夯实农业合作基础，丰富合作内涵；二是激活农业合作动能，用好新业态新模式；三是营造开放包容的营商环境，培育经贸合作新增长点；四是开创互利共赢的合作局面，厚植人才科技等合作基础。保加利亚驻华大使波罗扎诺夫代表中东欧国家驻华使节致辞，希腊、匈牙利等国农业部长发来视频致辞。各国认为，中方举办此次博览会彰显了中国农业对外开放的决心，愿进一步深化与中国的农业经贸合作关系，携手应对疫情，扩大互联互通，实现合作共赢。此次博览会线下线上联动，国内国外互通，汇聚云上展、实地展、产品推介、专题研讨等活动，全方位推介中东欧优质农产品，深挖中国—中东欧国家农业合作潜力。近百家中东欧企业入驻线上展馆，11 位中东欧使节参与直播推介，超 150 万名观众云端观看直播。据悉，2020 年上半年，中国与中东欧国家农产品贸易额达 7.3 亿美元，疫情下同比逆势增长 8.2%，再创新高。

30 日 "全国农产品仓储保鲜冷链物流设施建设现场会"在甘肃省天水市召开。会议总结交流各地农产品仓储保鲜冷链物流设施建设的做法与经验，分析研判形势，梳理存在问题，明确重点任务。农业农村部副部长刘焕鑫出席会议并讲话，甘肃省委副书记孙伟致辞，甘肃省政协副主席、天水市委书记王锐出席会议。会议指出，加快农产品仓储保鲜冷链物流设施建设，是贯彻落实习近平总书记重要指示精神和党中央、国务院决策部署的重大举措，对于满足人民群众美好生活需要、巩固脱贫攻坚成果和加快乡村全面振兴具有重要意义。今年是农产品仓储保鲜冷链物流设施建设的第一年，开局良好，产地仓储保鲜能力得到增强，农民群众获得了实惠。会议强调，要扎实做好农产品仓储保鲜冷链物流设施建设，严格执行政策，加强项目管理，确保高质量完成年度建设任务。要坚持系统谋划、市场导向、融合发展、因地制宜的原则，加强组织协调，深化政策研究，创新思路方法，科学编制"十四五"农产品仓储保鲜冷链物流设施建设规划。

10 月

12 日 "2020 中国奶业 20 强（D20）峰会"在河北省石家庄市召开。本届峰会以"赋能奶业、领航健康、共享小康"为主题，回顾 D20 峰会五年历程，展现中国奶业发展成就，发布《2020 中国奶业质量报告》，总结"中国小康牛奶行动"推广成效，启动《中国奶业 20 强企业三年行动计划》。农业农村部副部长于康震在会上发表主旨演讲，农业农村部总畜牧师马有祥出席。会议强调，要抢抓战略机遇，坚持把奶业发展作为农业现代化的先行军，着力降成本、优结构、提质量、创品牌、增活力，以更大力度、更实举措、更高层次推进奶业高质量发展。产出高效率，构建现代奶业生产体系，着力提高奶业竞争力；管出高质量，打造全环节全链条的乳品质量安全监管网

络，筑牢奶业全面振兴基石；联出高收益，健全长期稳定的利益联结机制，拉紧产业融合发展纽带；亮出高品质，打造国际知名奶业品牌，引领带动我国奶业做大做强。据了解，2019 年，我国奶类产量 3 297.6 万 t，同比增长 3.8%，其中，牛奶产量 3 201 万 t，同比增长 4.1%；乳制品产量 2 719.4 万 t，同比增长 5.6%。奶牛规模养殖比例达到 64%，全部实现机械化挤奶，奶牛平均单产 7.8t。规模牧场乳蛋白、乳脂肪等指标，均达到或超过发达国家水平。乳制品和婴幼儿配方奶粉抽检合格率分别达到 99.7%、99.8%，位居食品行业前列。今年上半年，奶业生产克服新冠肺炎疫情的冲击，生鲜乳产量同比增加 7.9%，成为农业农村经济的一大亮点。

15～20 日 "2020 中国国际食品配料博览会"在广东省东莞市成功举办。农业农村部总农艺师、办公厅主任广德福出席开幕活动并讲话。本届食博会创新展会服务模式，线上线下展相结合，打破时间和空间限制，共吸引超过 1 500 家企业参与。据统计，本届展会线上总观看 1.87 亿人次，线上交易额 7 250 万元，线下交易额 1.23 亿元，签署战略合作协议金额 5 亿元，通过供应链金融解决项目融资额约 35 亿元。本届食博会以"直播＋云展会＋微综艺"新模式打造传播矩阵，运用图文、短视频和直播等融媒形式，数字化呈现展会内容，让大众全方位体验食博会。展会同期，自贸区农业政策国际研讨会、农产品跨境电商发展论坛、国际贸易与壁垒应对论坛、区块链赋能食品安全论坛、产业高质量发展论坛等 9 大专业性论坛也同步在线上线下举办。本届食博会还设立了扶贫展区，多家互联网平台全力推介，助力扶贫产品销售。来自 10 个贫困市（县）的 88 家企业参与，展出扶贫产品 500 余种，线上成交额 465 万元。

16 日 "2020 年世界粮食日和全国粮食安全宣传周主会场活动"在厦门举办。活动由国家粮食和物资储备局、农业农村部、教育部、科技部、全国妇联、福建省人民政府以及联合国粮农组织联合主办，国家发展改革委党组成员、国家粮食和物资储备局局长张务锋讲话，福建省委常委、常务副省长赵龙，农业农村部对外经济合作中心副主任胡泽安，厦门大学党委书记张彦，联合国粮农组织驻华代理代表欧敏行分别致辞；全国妇联书记处书记章冬梅，国家粮食和物资储备局副局长黄炜，国家市场监管总局、科技部有关负责同志，中国贸促会粮食行业分会会长曾丽瑛，联合国世界粮食计划署驻华代表屈四喜出席活动。张务锋指出，党中央、国务院一以贯之地高度重视国家粮食安全，特别是党的十八大以来，明确提出新粮食安全观，确立国家粮食安全战略，全面加强粮食生产、

流通、储备能力建设，我国粮食产能稳定、库存充实、储备充足、供给充裕。在这次疫情防控的大考中，粮食安全保障能力经受住了考验。张务锋强调，要时刻绷紧粮食安全这根弦，坚决扛稳粮食安全重任，在新发展格局中，加快构建更高层次、更高质量、更有效率、更可持续的国家粮食安全保障体系。要深化粮食储备安全管理体制机制改革，强化完善粮食安全省长责任制考核、中央储备粮管理和中央事权粮食政策执行情况年度考核，构建完善"产购储加销"协同联动保障机制，加快推动《粮食安全保障法》立法进程，创新强化粮食执法监管，着力推动粮食安全治理体系和治理能力现代化。要加快建设现代化粮食产业体系，全面实施优质粮食工程，在更高层次上保障国家粮食安全。要健全完善粮食市场监测预警体系，谋划建设一批区域性粮食应急保障中心和粮食物流重大项目，全面增强防范化解风险、应对突发事件的能力。要统筹抓好粮食收获、仓储、运输、加工、消费等各环节减损工作，积极实施农户科学储粮项目，把粮食安全教育纳入国民教育体系，营造爱粮节粮的浓厚社会氛围。要继续推进粮食领域南南合作，深化与共建"一带一路"国家的粮食经贸合作关系，为实现联合国2030年可持续发展目标中的"消除饥饿，实现粮食安全"做出积极努力。2020年10月16日是第40个世界粮食日，联合国粮农组织将今年粮食日主题确定为"齐成长、同繁荣、共持续，行动造就未来"。本周是我国粮食安全宣传周，主题是"端牢中国饭碗 共筑全球粮安"。活动周期间，有关部门组织开展了世界粮食日和全国粮食安全宣传周主题展、粮食安全宣传教育基地确定发布会，以及"公众走进粮食安全"系列宣教活动。16日主会场现场，发布了第二批67家全国粮食安全宣传教育基地，发布首批粮油产品企业标准"领跑者"名单，并向全社会发出"爱粮节粮、厉行节约"主题倡议。机关干部、院校学生等500多人在现场参加活动。全国31个省、自治区、直辖市同步举行了宣传活动。

11月

10日 全国农产品加工业发展推进会在湖南省长沙市召开。会议提出，要深入贯彻党的十九届五中全会精神，落实党中央、国务院部署，强化创新引领，推进集聚发展，加快发展农产品加工业，壮大乡村产业链，推动全产业链优化升级，力争到2025年，农产品加工业与农业产值比从2.3∶1提高到2.8∶1，农产品加工转化率从67.5%提高到80%，农产品加工业结构布局进一步优化，自主创新能力显著增

强，市场竞争力大幅提高，基本接近发达国家水平。农产品加工业是构建乡村产业链的核心，一头连着农业、农村和农民，一头连着工业、城市和市民，沟通城乡，亦工亦农，是体量最大、产业关联度最高、农民受益面最广的乡村产业。近年来，特别是在今年新冠肺炎疫情严重冲击下，农产品加工业保持持续较快发展，为农业转型升级、农民就业增收和农业农村现代化作出了贡献。会议强调，要紧扣乡村全面振兴目标，以构建现代乡村产业体系为着力点，统筹支持初加工、精深加工和综合利用协调发展；要推进要素集聚，以农业产业强镇、特色产业集群等项目为抓手，支持地方建设一批农产品加工产业园，创建一批农村一二三产业融合发展先导区；要推进科技创新，攻克一批农产品加工工艺和设备瓶颈难题，集成创制一批科技含量高、适用性广的加工工艺及配套装备；要推进主体培育，扶持一批农产品加工大型企业集团，创建一批主食加工示范企业，推介全国农产品加工业百强企业，培育农产品加工副产物综合利用主体，促进循环利用、高值利用和梯次利用。

20~21日 "2020中国农业农村科技发展高峰论坛暨中国现代农业发展论坛"在南京举办，农业农村部副部长张桃林出席论坛并讲话。张桃林强调，要贯彻落实党的十九届五中全会战略部署，紧紧围绕农业农村发展大局，坚持"四个面向"，以农业科技自立自强为基点，以提升产业链供应链现代化水平为关键，以农业科技体制机制改革创新为动力，大力实施乡村振兴科技支撑行动，支撑引领农业高质量发展和乡村全面振兴。要科学谋划"十四五"农业农村科技创新布局和战略举措。一是加强原始创新和关键核心技术攻关，加强农业基础研究和前瞻布局，聚焦农业"卡脖子"技术，持续加强系统创新，实现关键核心技术自主可控。二是打造国家农业战略科技力量，谋划推进农业领域国家实验室、重点实验室建设，构建农业基础前沿重大创新平台，新增一批特色产品产业技术体系，培养造就更多国际一流的科技人才。三是加快转化应用，打造一批科企融合创新联合体和产业技术创新应用示范样板，建设好现代农业产业科技创新中心。四是推进农业科技改革开放，深入推进"三个放活"政策落地，积极融入全球创新网络，进一步释放创新创造创业活力。"十三五"以来，我国农业科技取得了一批重大标志性成果，农业科技进步贡献率突破60%，主要农作物耕种收综合机械化水平超过70%，为农业农村发展取得历史性成就作出了巨大贡献。论坛发布了"十三五"农业科技标志性成果和《2020中国农业科学重大进展》等6个专项研究报告，线上线下展示了中国农业农村重大新技术新产

品新装备。

24 日 "2020 第九届亚洲食品装备论坛、中国食品和包装机械工业协会 2020 年会、中国食品科学技术学会食品机械分年年会"在上海举行。大会以"双循联动，赋能未来"为主题。中国食品和包装机械工业协会会长、中国食品科学技术学会食品机械分会理事长楚玉峰表示，今年 1~9 月，我国食品和包装机械行业营业收入首次出现负增长，为 -3.09%，但是利润增长较快，增速 8.06%，实属不易。通过这场疫情的考验，可以看出构建完整的产业链、成熟的供应链及生产过程实现自动化、智能化的迫切性。中国工程院院士、浙江大学机械学院院长杨华勇以"智能制造 食品装备行业高质量发展"为题发表主题演讲，从制造业智能化转型、工业互联网实践思路、工业典型案例、大飞机制造"大脑"四个方面进行报告。中国机械工业联合会专家委员会副主任蔡惟慈发表"体察变化积极应对——机械工业运行形式简析"主题报告。以"智能工厂共性技术与新模式应用"为题，江南大学原副校长、博士生导师纪志成主要从智能工厂发展现状、智能工厂共性关键技术、新模式应用典型案例、协同创新载体建设概括、自动化人才培养模式重构五个方向展开演讲。以"PET 无菌罐装技术与装备发展现状与展望"为题，中国农业大学食品科学与营养工程学院教授高彦祥介绍了我国饮料行业现状：我国果蔬汁、植物饮料、茶饮料销量持续快速增长，是饮料生产和消费大国，但饮料装备制造技术相对落后，"中国制造 2025"目标驱动我国饮料装备提高技术水平。国家知识产权局专家库专家程义贵就"知识产权的价值实现和风险防控"进行发言。通过多位行业专家、学者的报告，也让我们看到了智能化对于食品和包装机械行业的发展有着重要影响，只有立足于当下需求，合理运用现代化信息技术手段，才能更好促进产业、行业健康发展。同时，相关产业、行业在相关标准制度上的空白也急需面对。

27 日 由农业农村部、重庆市人民政府共同举办的"第十八届中国国际农产品交易会"在重庆市开幕，共有 1.2 万余家企业携 8 万余种展品参展，吸引各地专业采购商超 4 万人。农业农村部部长韩长赋、重庆市市长唐良智出席展会。作为农交会历史上规模最大、参展商和采购商数量最多、展品品类最全的一届展会，此次展会以"品牌强农，巩固脱贫成果；开放合作，共迎全面小康"为主题，以创造交易机会、促成贸易合作为核心，加强产业扶贫成果展示展销，强化品牌营销和产销对接，集中展示农业各行业新业态新产品。展会为期 4d，展览展示面积首次突破 20 万 m²，分为公益性展区和市场化展区。现场举办脱贫地区特色产业可持续发展论坛、数字乡村发展论坛、农业投资风险与社会资本支持"三农"发展论坛及全国农产品地理标志品牌推介会、全国农业企业品牌推介专场等系列重点活动。本届农交会是在特殊背景下举办的一次具有特殊意义的展会：一是深化改革，持续推进市场化运作；二是创新品牌营销，首次专场推介农业企业品牌；三是聚焦扶贫，突出产销对接；四是突出线上，信息化程度再升级。

12 月

2 日 "全国糖料高质量发展推进落实会"在广西贵港市召开。会议总结各地推进糖料产业发展的做法和经验，分析当前形势和存在的问题，研究部署下一步工作措施。会议强调，要切实增强推进糖料高质量发展的责任感和紧迫感，牢固树立新发展理念，加强良种良法推广应用，加快推进糖料生产基地化、规模化、标准化、绿色化、品牌化、集团化，切实提升糖料产业效益和竞争力，保障国家食糖有效供给。到 2025 年全国糖料种植面积力争稳定在 2 500 万亩，食糖产量稳定在 1 100 万 t。会议指出，"十三五"期间我国糖料产业发展取得长足进步，产能有新增长、优势产区有新提升、良种良法取得新成果、机械化水平取得新进展。与此同时，糖料产业仍存在政策扶持不足、糖农积极性不高、科技支撑不足、产量效益不高、机械化普及率不足、规模化水平不高、秸秆综合利用不足、地力肥力不高等问题。会议要求，聚焦重点工作，深入推进糖料高质量发展。一是优化优势产区布局，推动形成我国糖料生产南北协同发展的新格局，提高我国食糖有效供给能力。二是加强糖料基地建设，完善基础设施，夯实糖料产能。三是加快推进关键技术提升，大力推广应用甘蔗新品种和高产高糖绿色轻简生产技术，提高单产和品质。四是深入推进机械化作业，降低生产成本，提高生产效益。五是创新经营方式，积极培育多种形式的新型生产经营组织，促进糖料生产向专业化、规模化、产业化方向发展。六是推进信息化建设，强化信息引导服务，提升糖料生产信息化水平。七是扎实落实相关政策，完善制度设计，加强资金管理，提升项目效益，确保项目实施取得实效。

4 日 "国家科技计划（专项、基金等）管理部际联席会议"在京召开。科技部部长、联席会议召集人王志刚主持会议，财政部、国家发展改革委、军委科技委以及其他 26 家联席会议成员单位相关负责同志出席了会议。王志刚部长主持会议。科技部副部长、联席会议副召集人李萌报告了"十三五"期间国家重点研发计划实施情况及"十四五"布局总体考虑，并介绍了下一步加强重大任务和资源配置宏观统筹、深化项目分类管理改革、创新科研项目管理流程等有关部署。会议还听取了"十三五"科技创新规划组织实施进展和"十四五"科技创新规划编制、各领域重点专项任务部署、科技监督与评估、国家科技管理信息系统建设运行等情况汇报，与会同志围绕上述内容进行了研究讨论。会议审议通过了国家重点研发计划"十四五"重点专项动议和每个专项共同实施部门的建议。与会同志一致认为，"十三五"以来，部际联席会议制度对推动中央财政科技计划管理各项改革任务落实发挥了不可替代的重要作用。各部门对"十三五"期间国家科技计划实施取得的重大进展和国家重点研发计划"十四五"任务布局给予了充分肯定，认为重点专项布局科学合理、统筹兼顾，充分体现了"四个面向"的战略部署总要求，下一步将在组织实施中与科技部共同抓好落实。同时，与会单位还结合行业领域需求，对进一步发挥科技创新引领支撑作用提出了一些意见建议。

11日 农业农村部在江苏常州召开"全国食用

农产品合格证制度试行工作现场推进会"。农业农村部副部长于康震出席会议并强调，要认真贯彻落实党的十九届五中全会精神，以一抓到底的决心、更加有力的措施推进合格证制度全面试行工作，确保取得如期目标，推动提升农产品质量安全水平，满足群众高品质生活需要。会议指出，去年12月份部署合格证试行以来，各地高度重视，实施分类指导，加强协调联动，广泛开展宣传，强化日常监管，取得了积极进展和成效。合格证在完善监管制度、压实主体责任、促进农产品销售等方面发挥了应有作用。目前，全国2760个涉农县均开展了试行工作，试行范围内生产主体覆盖率达到35%，已开具合格证2.2亿张，带证上市农产品4670.5万t。会议强调，各级农业农村主管部门要全面把握合格证的核心要义，在加强生产者自控自检上下功夫，进一步严格监管监测，强化农产品产地准出与市场准入联动，充分调动各方积极因素，营造推进合格证的有利氛围，把合格证试行工作抓出成效，为全面推进乡村振兴、推动农业高质量发展作出贡献。会议还对年底做好"两节"农产品质量安全监管、农村假冒伪劣食品整治等工作进行了部署。

7 第七部分

附 录

附录简要说明

1. 本部分统计资料数据主要包括：香港、澳门特别行政区和台湾省相关统计数据；世界和部分国家主要农产品收获面积、单产和总产量；禽畜产品产量；主要国家农业与农产品加工业生产指数；农产品加工业主要经济指标；世界主要国家农、林、畜、禽产品进出口情况；按营业额排序的世界最大500个企业中农产品加工业企业。

2. 本部分统计资料数据主要来源于国家统计局、农业农村部、2020年《国际统计年鉴》、2020年《中国统计年鉴》、世界银行统计数据、美国农业部、联合国商品贸易统计数据库以及2020年《世界农业》、2020年《农业展望》等。未注明"资料来源"的数据，均采用国家统计局公布的数据。

3. 本部分统计资料中符号使用说明："空格"表示该项统计指标数据不详或无该项数据；"＊""①""△"表示本表下面有注解。

表1 部分国家（地区）农业生产指数（2017年）

（2004—2016年＝100）

国家或地区	农业	食品
世界总计	**103.7**	**103.7**
埃 及	101.0	101.1
南 非	105.3	105.4
加拿大	107.0	107.1
美 国	103.9	103.4
巴 西	106.5	107.0
中 国	102.5	102.6
印 度	107.4	107.8
日 本	99.6	99.6
韩 国	97.5	97.5
法 国	101.9	101.6
德 国	97.5	97.5
意大利	98.1	98.1
俄罗斯	107.2	107.2
英 国	102.1	102.1
澳大利亚	108.1	107.3

资料来源：表中数据来自2020年《国际统计年鉴》。

表2 我国台湾地区农业生产指数（2015—2018年）

（2016年＝100）

年份	总指数	农作物	林业	畜牧业	渔业
2015	103.8	105.1	125.6	98.1	110.5
2016	100.0	100.0	100.0	100.0	100.0
2017	105.7	109.7	84.9	99.7	105.1
2018	108.5	113.1	61.2	102.7	105.3

资料来源：表中数据来自2020年《中国统计年鉴》。

表3 我国主要指标居世界位次（2017—2018年）

指 标	2017年	2018年
国土面积	4	4
人 口	1	1
国内生产总值	2	2
人均国民总收入[①]	70（189）	71（192）
货物进出口贸易总额	1	1
出口额	1	1
进口额	2	2
外商直接投资	2	2
外汇储备	1	1

注：①括号中数据为参加排序的国家和地区。

资料来源：表中数据来自2019年《国际统计年鉴》。

表4 我国主要指标占世界比重（2017—2018年）

单位：%

指　标	2017年	2018年
国土面积	7.1	7.1
人　口	18.4	18.3
国内生产总值	15.0	15.9
货物进出口贸易总额	11.5	11.8
出口额	12.8	12.8
进口额	10.2	10.8
外商直接投资	9.0	10.7
外汇储备	26.9	26.9
稻谷产量	27.6	27.1
小麦产量	17.4	17.9
玉米产量	22.2	22.4
大豆产量	3.7	4.1

资料来源：表中数据来自2019年《国际统计年鉴》。

表5 我国主要农产品产量居世界位次（2014—2019年）

项　目	2014年	2015年	2016年	2017年	2018年	2019年
谷　物	1[3]	1	1	1	1	1
小　麦	1[3]					
稻　谷	1					
玉　米	3					
大　豆	6	4	5	4	4	4
油菜籽	2	2	2	2	2	2
花　生	1[4]	1	1	1	1	1
籽　棉	2	1	1	2	1	1
甘　蔗	3	3	3	3	3	4
茶　叶	1[4]	1	1	1	1	1
水　果[1]	1[4]	1	1	1	1	1
肉　类[2]	1[4]	1	1	1	1	1
牛　奶	3[4]					
羊　毛	1[4]					

注：①不包括瓜类；②1990年以前为猪、牛、羊肉产量的位次；③2011年数据；④2013年数据。
资料来源：表中数据来自2020年《国际统计年鉴》。

表6 世界主要国家国土面积、人口、耕地面积、陆地面积排名情况（2018年）

排名	国土面积（万 km²）		年中人口数（亿人）		耕地面积① （万 km²）		陆地面积（万 km²）	
	国家	面积	国家	人口	国家	面积	国家	面积
世界		13 202.5		75.9		138 713		1 273 432
1	俄罗斯	1 709.8	中 国	14.0	印 度	15 646	俄罗斯	163 769
2	加拿大	998.5	印 度	13.7	美 国	15 226	中 国	93 882
3	美 国	983.2	美 国	3.3	俄罗斯	12 312	美 国	91 474
4	中 国	960.0	印度尼西亚	2.7	中 国	11 890	加拿大	90 935
5	巴 西	851.6	巴基斯坦	2.2	巴 西	8 098	巴 西	83 851

注：①2016年数据。

资料来源：表中数据来自2019年《中国统计年鉴》和2020年《国际统计年鉴》。

表7 世界玉米主产国的玉米产量（2016/2017—2019/2020年度）

单位：万 t

国 家	2016/2017 年度	2017/2018 年度	2018/2019 年度	2019/2020 年度
世界总计	107 599	107 618	112 449	111 475
美 国	38 478	37 096	36 629	40 629
中 国	21 955	25 907	25 733	26 000
巴 西	9 850	8 200	10 100	10 600
欧 盟	6 145	6 210	6 421	6 830
乌克兰	2 800	2 412	3 581	3 900
阿根廷	4 100	3 200	5 100	5 000
印 度	2 626	2 872	2 723	2 750
加拿大	1 319	1 410	1 389	1 560
南 非	1 748	1 353	1 180	1 400
墨西哥	2 757	2 745	2 760	2 800
俄罗斯	1 531	1 323	1 142	1 450
印度尼西亚	1 090	1 140	1 200	1 200

资料来源：表中数据来自美国农业部（USDA）。

表8　世界主要农畜产品排名前三生产国（2018年）

农畜产品	第一位国家	产量（kt）	第二位国家	产量（kt）	第三位国家	产量（kt）
谷　物	中　国	610 036	美　国	467 951	印　度	31 8 320
小　麦	中　国	131 441	印　度	99 700	俄罗斯	72 136
稻　谷	中　国	212 129	印　度	172 580	印度尼西亚	83 037
玉　米	美　国	392 451	中　国	257 174	巴　西	82 288
大　豆	美　国	123 664	巴　西	117 888	阿根廷	37 788
甘　蔗	巴　西	746 828	印　度	376 900	中　国	108 097
甜　菜	俄罗斯	42 066	法　国	39 580	美　国	30 069
油菜籽	加拿大	20 343	中　国	13 281	印　度	8 430
籽　棉	中　国	17 712	印　度	14 657	美　国	11 430
水　果	中　国	240 750	印　度	98 722	巴　西	40 047
花　生	中　国	17 333	印　度	6 695	尼日利亚	2 887
肉　类	中　国	87 082	美　国	46 823	巴　西	28 115
蛋　类	中　国	35 976	美　国	6 518	印　度	5 237
奶　类	印　度	187 978	美　国	98 713	巴基斯坦	54 192
鱼　类	中　国	37 427	印　度	10 802	印度尼西亚	10 678
蜂　蜜	中　国	447	土耳其	108	加拿大	95

资料来源：表中数据来自2019年《国际统计年鉴》和2020年《国际统计年鉴》。

表9　世界畜牧业大国主要草食家畜存栏量排序（2017年）

单位：万只（万头）

排序	国家	牛	山羊	绵羊	马	骡	驴	骆驼	合计
1	中　国	8 321.0	13 976.9	16 135.1	550.7	192.9	456.9	32.3	39 665.7
2	印　度	18 510.4	13 334.8	6 306.9	62.5	19.6	24.7	32.5	38 291.3
3	巴　西	21 490.0	959.2	1 797.6	550.2	124.2	84.1	0.0	25 005.3
4	巴基斯坦	4 440.0	7 220.0	3 010.0	40.0	20.0	520.0	110.0	15 360.0
5	尼日利亚	2 077.3	7 803.7	4 250.0	10.2	0.0	131.3	28.2	14 300.8
6	埃塞俄比亚	6 092.7	3 071.9	3 183.7	222.8	40.6	877.9	121.1	13 610.7
7	美　国	9 370.5	264.0	525.0	1 051.1	0.0	5.2	0.0	11 215.7
8	苏　丹	3 073.4	3 144.4	4 057.4	79.1	0.1	67.1	484.9	10 906.3
9	澳大利亚	2 617.6	360.0	7 212.5	26.5	0.0	318.7	728.5	10 444.0
10	乍　得	2 760.3	3 440.8	3 078.9	116.7	0.0	0.2	0.0	10 216.7

资料来源：表中数据来自联合国粮食及农业组织（FAO）统计数据。

表 10 世界大豆主产国的大豆产量（2016/2017—2019/2020 年度）

单位：万 t

国 家	2016/2017 年度	2017/2018 年度	2018/2019 年度	2019/2020 年度
世界总计	**35 132**	**33 947**	**35 821**	**33 611**
美 国	11 692	12 004	12 052	11 226
巴 西	11 410	12 030	11 700	13 110
阿根廷	5 780	3 780	5 530	5 350
中 国	1 290	1 520	1 590	1 750
印 度	1 150	835	1 093	1 050
巴拉圭	1 067	981	885	1 025
加拿大	655	772	727	615

资料来源：表中数据来自美国农业部（USDA）。

表 11 世界猪肉贸易量情况（2016—2019 年）

单位：万 t

年 份	贸易量
2016	758
2017	754
2018	760
2019	845

资料来源：表中数据来自美国农业部（USDA）。

表 12 世界生猪存栏和出栏情况（2016—2019 年）

单位：万头

年 份	存 栏	出 栏
2016	79 232	124 908
2017	77 658	128 380
2018	78 129	127 386
2019	76 749	103 816

资料来源：表中数据来自美国农业部（USDA）。

表 13 部分国家（地区）主要粮食作物总产量（2019 年）

单位：kt

国家或地区	谷 物	其 中		
		小麦	稻谷	玉米
世界总计	**297 898.2**	**76 577.0**	**7 5 547.4**	**114 848.7**
中 国	612 72.0	13 359.6	20 961.4	26 077.9

（续）

国家或地区	谷 物	其 中		
		小麦	稻谷	玉米
美 国	421 54.9	5 225.8	837.7	34 704.8
印 度	324 30.1	10 359.6	17 764.5	2 771.5
巴 西	121 22.3	560.4	1 036.9	10 113.9
俄罗斯	117 86.8	7 445.3	109.9	1 428.2
印度尼西亚	8 529.7		5 460.4	3 069.3
阿根廷	8 494.9	1 946.0	119.0	5 686.1
乌克兰	7 444.2	2 837.0		3 588.0
法 国	7 037.9	4 060.5		1 284.5
加拿大	6 113.5	3 234.8		1 340.4
孟加拉国	5 918.2		5 458.6	356.9
越 南	4 820.8		4 344.9	475.6
巴基斯坦	4 430.2	2 434.9	1 111.5	723.6
墨西哥	4 326.0	324.4		2 722.8
土耳其	3 616.4	1 900.0	100.0	600.0

资料来源：表中数据来自 2020 年《国际统计年鉴》。

表 14 部分国家（地区）主要油料作物总产量（2019 年）

单位：kt

国家或地区	大豆	油菜籽	花生	芝麻
世界总计	**333 672**	**70 511**	**48 757**	**6 550**
巴 西	114 269	48	581	128
美 国	96 793	1 553	2 493	
阿根廷	55 264	40	1 337	
中 国	15 724	13 485	17 520	467
印 度	13 268	9 256	6 727	689
巴拉圭	8 520	60		24
加拿大	6 045	18 649		
俄罗斯	4 360	2 060		
乌克兰	3 699	3 280		
玻利维亚	2 991			
乌拉圭	2 828	91		
南 非	1 170	95		
意大利	1 043	38		
印度尼西亚	940		277	
塞尔维亚	701	84		

资料来源：表中数据来自 2020 年《国际统计年鉴》。

表 15　部分国家（地区）籽棉生产情况（2019 年）

国家或地区	籽 棉		
	收获面积（khm²）	单产（kg/hm²）	总产量（kt）
世界总计	38 640.6	2 137.4	82 589
中　国	4 815.4	4 881.2	23 505
印　度	16 037.8	1 156.6	18 550
美　国	4 777.2	2 712.0	12 956
巴　西	1 627.2	4 236.1	6 893
巴基斯坦	2 527.0	1 778.8	4 495
尼日利亚	276.6	842.4	233
土耳其	477.8	4 604.4	2 200
澳大利亚	303.5	5 360.8	1 627
墨西哥	207.2	4 425.7	917
阿根廷	332.9	2 622.4	873
埃　及	100.0	3 050.0	305
缅　甸	168.3	1 717.2	289
哈萨克斯坦	131.2	2 622.0	344
朝　鲜	19.6	1 989.8	39

资料来源：表中数据来自 2020 年《国际统计年鉴》。

表 16　部分国家（地区）甘蔗、甜菜生产情况（2019 年）

国家或地区	甘 蔗			甜 菜		
	收获面积（khm²）	单产（kg/hm²）	总产量（kt）	收获面积（khm²）	单产（kg/hm²）	总产量（kt）
世界总计	2 6 777.0	72 797.9	1 949 310	4 609.4	60 419.6	278 498
巴　西	10 081.2	74 683.1	752 895			
印　度	5 061.1	80 104.3	405 416			
泰　国	1 835.1	71 386.8	131 002			
中　国	1 414.0	77 360.7	109 388	223.4	54 937.3	12 273
巴基斯坦	1 039.8	64 320.1	66 880	1.0	39 000.0	39
墨西哥	796.0	74 540.2	59 334			
埃　及	141.0	115 716.3	16 316	207.5	50 722.9	10 525
澳大利亚	433.2	74 826.9	32 415			
印度尼西亚	443.6	65 599.6	29 100			
伊　朗	113.2	82 023.0	9 285	79.0	67 050.6	5 297
美　国	369.6	78 390.2	28 973	396.3	65 470.6	25 946

资料来源：表中数据来自 2020 年《国际统计年鉴》。

表 17　部分国家（地区）肉类产量（2018 年）

单位：kt

国家或地区	肉类总产量	其 中			
		牛 肉	羊 肉	猪 肉	禽 肉
世界总计	343 362 1	71 603	15 937	120 960	128 611
埃　及	2 405	779	74	1	1 463
南　非	3 251	1 003	162	265	1 762
加拿大	4 876	1 231	16	2 126	1 478
美　国	46 823	12 219	81	11 943	2 298
中　国	87 082	6 441	4 751	54 037	20 045
印　度	8 029	2 552	804	376	4 101
日　本	4 015	475		1 284	2 250
韩　国	2 529	279	2	1 329	915
法　国	5 462	1 460	88	2 182	1 689
德　国	8 025	1 109	34	5 350	1 530
意大利	3 662	832	37	1 487	1 277
俄罗斯	10 629	1 608	224	3 744	4 543
英　国	4 080	922	289	927	1 940
澳大利亚	4 674	2 238	763	417	1 232

资料来源：表中数据来自 2020 年《国际统计年鉴》。

表 18　部分国家（地区）牛奶产量（2018 年）

单位：kt

国家或地区	牛奶产量
世界总计	713 734
中　国	30 736
孟加拉国	832
柬埔寨	24
印　度	89 834
印度尼西亚	951
伊　朗	6 800
以色列	1 593
日　本	7 289
哈萨克斯坦	5 642
朝　鲜	83
韩　国	1 825

资料来源：表中数据来自 2020 年《国际统计年鉴》。

表 19 部分国家（地区）鱼类产量（2018 年）

单位：万 t

国家或地区	鱼类产品产量	其 中	
		海域	内陆水域
埃 及	190.4	35.2	155.2
南 非	54.5	54.2	0.3
加拿大	59.9	54.5	5.3
美 国	415.0	394.1	20.9
巴 西	117.5	42.7	74.8
中 国	3 742.7	1 051.4	2 691.4
印 度	1 080.2	291.6	788.6
日 本	286.9	282.6	4.3
韩 国	113.6	110.8	2.8
法 国	49.0	45.4	3.6
泰 国	183.2	124.9	58.3
俄罗斯	502.8	459.5	43.3
英 国	74.9	73.7	1.2

资料来源：表中数据来自 2020 年《国际统计年鉴》。

表 20 部分国家（地区）蛋类产品产量（2018 年）

单位：万 t

国家或地区	蛋类产品		其中：鸡蛋	
	产 量	占世界比重（%）	产 量	占世界比重（%）
世界总计	**8 507.4**	**100.0**	**7 895.0**	**100.0**
中 国	3 597.6	42.29	3 128.3	39.62
美 国	651.8	7.66	651.8	8.26
日 本	262.8	3.09	262.8	3.33
墨西哥	287.2	3.38	287.2	3.64
巴 西	320.9	3.77	303.0	3.84
俄罗斯	251.9	2.96	248.6	3.15
印度尼西亚	505.6	5.94	468.8	5.94
乌克兰	93.7	1.10	92.2	1.17
泰 国	111.0	1.30	71.0	0.90
土耳其	122.8	1.44	122.8	1.56
法 国	84.8	1.00	84.8	1.07
德 国	84.6	0.99	84.6	1.07
意大利	73.6	0.87	73.6	0.93
荷 兰	70.5	0.83	70.5	0.89
英 国	79.1	0.93	77.7	0.98
伊 朗	72.4	0.85	72.4	0.92

资料来源：表中数据来自 2020 年《国际统计年鉴》。

表 21 部分国家（地区）蜂蜜产量（2018 年）

单位：kt

国家或地区	蜂蜜
世界总计	**1 882**
中 国	447
土耳其	108
加拿大	95
阿根廷	79
伊 朗	76
乌克兰	71
美 国	70
印 度	68
俄罗斯	65
墨西哥	64
巴 西	42
韩 国	26
越 南	20

资料来源：表中数据来自 2020 年《国际统计年鉴》。

表 22 我国大豆进出口数量及产量情况（2010—2019 年）

单位：万 t

年份	进口数量	出口数量	产 量
2010	5 480.00	16.00	1 508.33
2011	5 264.00	21.00	1 448.53
2012	5 838.00	32.00	1 301.09
2013	6 338.00	21.00	1 195.10
2014	7 140.31	20.71	1 215.40
2015	8 169.19	13.36	1 178.50
2016	8 391.00	13.00	1 293.70
2017	9 553.00	11.00	1 489.00
2018	8 803.10	13.00	1 600.00
2019	8 850.54	11.00	1 727.00

资料来源：表中数据来自国家统计局数据库。

表 23 我国大豆来源进口国占比情况（2013—2019 年）

单位：%

年份	美国	巴西	阿根廷	俄罗斯
2013	35.12	50.17	9.65	0.11
2014	42.06	44.82	8.41	0.11
2015	34.76	49.09	11.55	0.46
2016	40.42	45.68	8.64	0.43
2017	34.19	54.41	6.71	0.44
2018	18.90	75.09	1.66	0.59
2019	19.10	64.03	8.46	0.83

资料来源：表中数据来自美国农业部（USDA）。

表 24 我国马铃薯及其产品进出口来源情况（2018 年）

单位：万美元、%

区 域	进 口		出 口	
	进口额	占比	出口额	占比
亚 洲	2 467.1	9	28 103.7	91
欧 洲	12 441.2	47	2 270.0	7
北美洲	11 190.4	42	178.1	1
非 洲	0.0	0	156.2	1
南美洲	5.7	0	11.2	0
大洋洲	560.2	2	6.7	0

资料来源：表中数据来自 2020 年《世界农业》第 7 期。

表 25 我国马铃薯及其产品主要进出口地区情况（2018 年）

单位：%

进 口		出 口	
进口地区	占比	出口地区	占比
美 国	40	越 南	32
荷 兰	23	中国香港	29
比利时	16	马来西亚	12
土耳其	5	日 本	10
德 国	4	俄罗斯	7
马来西亚	1	美 国	1
其 他	12	其 他	9
合 计	**100**	合 计	**100**

资料来源：表中数据来自联合国商品贸易统计数据库。

表 26 香港特别行政区轻工业生产指数（2015—2019 年）

（2015 年＝100）

工业组别	2015 年	2016 年	2017 年	2018 年	2019 年
所有制造行业	100.0	99.6	100.0	101.3	101.7
其中：食品、饮品及烟草制品业	100.0	103.9	107.0	110.3	111.0
纺织制品业及成衣业	100.0	95.7	91.5	90.5	91.0
纸制品及印刷业	100.0	99.2	98.6	98.2	97.2

资料来源：表中数据来自 2020 年《中国统计年鉴》。

表 27 我国台湾地区主要农产品产量（2016—2018 年）

单位：万 t

年份	稻米	槟榔	菠萝	芒果	甘蔗	茶叶	花生	香蕉
2016	158.8	10.0	52.7	10.7	52.7	1.3	6.2	25.8
2017	175.4	10.2	55.4	15.1	45.5	1.3	6.3	35.6
2018	195.0	10.3	43.2	14.7	57.9	1.5	5.9	35.6

资料来源：表中数据来自 2020 年《中国统计年鉴》。

表 28 我国小麦进口贸易情况（2001—2018 年）

单位：万 t、亿美元

年 份	数 量	金 额
2001	69.01	1.21
2002	60.46	1.03
2003	42.42	0.77
2004	723.29	16.40
2005	351.01	7.62
2006	58.41	1.08
2007	8.34	0.21
2008	3.19	0.07
2009	89.37	2.05
2010	121.87	3.09
2011	124.88	4.18
2012	368.86	11.01
2013	550.67	18.66
2014	297.12	9.62
2015	297.18	8.86
2016	337.43	8.01
2017	429.65	10.31
2018	287.61	7.81

资料来源：表中数据来自 2020 年《农业展望》第 1 期。

表 29 我国小麦生产短期波动指数情况（2010—2018 年）

年 份	趋势值（万 t）	波动值（万 t）	变异率（%）
2010	11 537.09	76.91	0.67
2011	11 824.38	38.62	0.33
2012	12 108.89	145.11	1.20
2013	12 386.85	−15.85	−0.13
2014	12 655.94	176.06	1.39
2015	12 913.67	350.33	2.71
2016	13 159.33	167.67	1.27
2017	13 395.70	37.30	0.28
2018	13 627.24	−483.24	−3.55

资料来源：表中数据来自 2020 年《农业展望》第 6 期。

表 30 我国对"一带一路"沿线国家不同农产品出口额变化情况（2005—2018 年）

单位：亿美元

类 别	2005 年	2010 年	2015 年	2018 年
谷物、油菜籽等	4.93	3.13	4.55	7.7
园艺产品	15.30	49.46	70.27	74.46
动物产品	6.26	13.53	26.10	25.49
加工产品	15.34	32.63	48.20	56.62
纺织原料农产品	1.72	2.31	2.27	2.24

资料来源：表中数据来自联合国商品贸易统计数据库。

表 31 我国对"一带一路"沿线国家不同农产品进口额变化情况（2005—2018 年）

单位：亿美元

类 别	2005 年	2010 年	2015 年	2018 年
谷物、油菜籽等	20.13	49.51	62.21	60.38
园艺产品	8.48	24.34	44.56	43.01
动物产品	12.77	17.66	20.80	35.67
加工产品	4.26	14.93	27.77	40.75
纺织原料农产品	6.26	21.72	7.67	5.94

资料来源：表中数据来自联合国商品贸易统计数据库。

表 32 我国与中东欧国家不同类别农产品贸易额（2017 年）

单位：亿美元

农产品种类	出口	进口
肉及制品	0.07	0.80
鱼、甲壳类等水产品	5.86	14.66
谷物及其制品	0.12	0.34
蔬菜和水果	12.89	0.73
茶等饮品及制品	1.12	0.35
杂项食品及其制品	1.15	0.30
油籽及油性水果	0.18	2.08
天然橡胶	0.23	3.87
软木和木材	0.12	48.05
纸浆和废纸	0.05	10.57
纺织纤维及其废料	1.43	0.36
其他未加工的动植物原料	1.97	0.41
植物油脂	0.02	2.30

资料来源：表中数据来自 2020 年《农业展望》第 3 期。

表 33 我国与中亚国家不同类别农产品贸易额（2017 年）

单位：亿美元

农产品种类	出口	进口
肉及制品	0.13	0.00
鱼、甲壳类等水产品	0.08	0.04
谷物及其制品	0.01	0.60
蔬菜和水果	3.16	0.33
茶等饮品及制品	0.63	0.01
杂项食品及其制品	0.28	0.00
油籽及油性水果	0.05	0.55
天然橡胶	0.02	0.00
软木和木材	0.01	0.00
纸浆和废纸	0.00	0.00
纺织纤维及其废料	0.07	2.17
其他未加工的动植物原料	0.07	0.14
植物油脂	0.00	0.45

资料来源：表中数据来自 2020 年《农业展望》第 3 期。

表 34 我国和日本的甘薯主要出口目标市场及占比情况（2017 年）

单位：%

中国		日本	
出口目标市场	占比	出口目标市场	占比
越 南	22.96	中国香港	60.85
日 本	17.58	新加坡	12.67
德 国	16.36	泰 国	10.56
荷 兰	10.40	其他亚洲地区	9.92
加拿大	9.73	马来西亚	4.46
大不列颠联合国	8.29	美 国	1.10
马来西亚	5.19	加拿大	0.39

资料来源：表中数据来自联合国商品贸易统计数据库。

表 35 我国与日本甘薯贸易出口强度指数比较（2010—2017 年）

年份	我国对日本出口强度指数	日本对我国出口强度指数
2010	8.080 30	0.000 00
2011	0.000 02	1.775 09
2012	4.619 06	0.000 00
2013	4.067 97	0.000 00
2014	5.146 10	0.000 00
2015	3.780 46	0.000 00
2016	1.809 22	0.351 07
2017	0.526 85	6.770 90

注：若贸易强度大于 1，则表明两国贸易联系比较紧密。
资料来源：表中数据来自联合国商品贸易统计数据库。

表 36 我国向中亚五国出口农产品占比情况（2007—2018 年）

单位：%

年份	哈萨克斯坦	吉尔吉斯斯坦	塔吉克斯坦	土库曼斯坦	乌兹别克斯坦	合计
2007	44.24	38.35	3.31	1.26	12.83	100
2008	47.07	32.88	3.33	2.19	14.52	100
2009	47.47	34.03	4.38	1.84	12.29	100
2010	43.35	40.14	4.17	1.89	10.45	100
2011	47.44	32.82	3.55	2.67	13.51	100
2012	46.77	31.64	2.96	2.49	16.14	100
2013	51.19	28.01	3.26	2.18	15.37	100
2014	46.57	36.56	3.70	2.22	10.96	100
2015	48.56	31.55	3.60	2.53	13.76	100
2016	55.26	25.65	3.19	4.45	11.46	100
2017	69.61	10.50	4.85	2.34	12.69	100
2018	64.71	17.63	2.72	1.88	13.06	100

资料来源：表中数据来自联合国商品贸易统计数据库。

表 37　我国向中亚五国出口农产品出口效率（2007—2017 年）

年份	哈萨克斯坦	吉尔吉斯斯坦	塔吉克斯坦	土库曼斯坦	乌兹别克斯坦	合计
2007	0.644 8	0.784 1	0.370 6	0.419 4	0.811 4	0.606 1
2008	0.833 7	0.827 6	0.461 6	0.776 3	0.924 3	0.764 7
2009	0.844 2	0.797 0	0.557 4	0.656 0	0.869 2	0.744 7
2010	0.832 8	0.871 5	0.539 1	0.699 0	0.829 0	0.754 3
2011	0.895 3	0.823 6	0.482 1	0.879 8	0.923 2	0.800 8
2012	0.913 0	0.870 9	0.438 2	0.888 8	0.953 1	0.812 8
2013	0.941 5	0.852 4	0.502 7	0.865 7	0.954 8	0.823 4
2014	0.934 4	0.942 9	0.601 6	0.883 9	0.931 1	0.858 8
2015	0.856 8	0.918 5	0.566 1	0.913 7	0.949 6	0.840 9
2016	0.835 3	0.598 6	0.423 5	0.957 3	0.874 8	0.737 9
2017	0.921 5	0.322 7	0.654 2	0.858 4	0.897 7	0.730 9

资料来源：表中数据来自 2020 年《世界农业》第 9 期。

表 38　非洲主要国家及整体耕地面积情况（1980—2015 年）

单位：万 hm²

国家（地区）	1980 年	1990 年	2000 年	2010 年	2015 年
尼日利亚	1 960	2 817	3 500	3 300	3 400
苏　丹	1 236	1 280	1 623	1 988	1 982
尼日尔	1 021	1 104	1 398	1 510	1 680
埃塞俄比亚	1 300	1 075	1 000	1 457	1 512
坦桑尼亚	800	900	860	1 160	1 350
南　非	1 244	1 280	1 381	1 253	1 250
摩洛哥	753	871	877	773	813
阿尔及利亚	688	708	766	750	746
非　洲	16 334	18 038	20 297	22 717	23 573

资料来源：表中数据来自 2020 年《农业展望》第 1 期。

表 39　非洲主要国家人均耕地面积情况（1980—2015 年）

单位：hm²

国家或地区	1980 年	1990 年	2000 年	2010 年	2015 年
尼日尔	1.71	1.38	1.23	0.92	0.84
中　非	0.82	0.65	0.51	0.40	0.40
马　里	0.28	0.24	0.41	0.42	0.37
多　哥	0.72	0.55	0.50	0.38	0.36

（续）

国家或地区	1980 年	1990 年	2000 年	2010 年	2015 年
乍　得	0.70	0.55	0.43	0.38	0.35
布基纳法索	0.40	0.40	0.32	0.38	0.33
纳米比亚	0.65	0.47	0.43	0.37	0.33
利比亚	0.54	0.41	0.34	0.28	0.28

资料来源：表中数据来自 2020 年《农业展望》第 1 期。

表 40　美国棉花生产贸易情况（2015—2019 年）

单位：万 hm²、kg/hm²、万 t

年份	种植面积	单产	总产量	出口量
2015	326.8	859.0	280.6	199.3
2016	384.8	972.0	373.8	324.8
2017	449.2	1 014.0	455.5	455.5
2018	404.3	989.0	399.9	399.9
2019	470.0	922.0	433.6	433.6

资料来源：表中数据来自美国农业部（USDA）。

表 41　印度棉花生产贸易情况（2015—2019 年）

单位：万 hm²、kg/hm²、万 t

年份	种植面积	单产	总产量	出口量
2015	1 230.0	458.0	563.9	125.5
2016	1 085.0	542.0	587.9	99.1
2017	1 260.0	501.0	631.4	112.8
2018	1 260.0	446.0	561.7	76.4
2019	1 330.0	499.0	664.1	65.3

资料来源：表中数据来自美国农业部（USDA）。

表 42　巴西棉花生产贸易情况（2015—2019 年）

单位：万 hm²、kg/hm²、万 t

年份	种植面积	单产	总产量	出口量
2015	95.5	1 350.0	128.9	93.9
2016	94.0	1 626.0	152.8	60.7
2017	117.5	1 708.0	200.7	90.9
2018	164.0	1 726.0	283.0	131.0
2019	167.0	1 721.0	287.4	190.5

资料来源：表中数据来自美国农业部（USDA）。

表 43　世界棉花生产贸易情况（2015—2019 年）

单位：万 hm²、kg/hm²、万 t

年份	种植面积	单产	总产量	出口量
2015	3 075.2	681.0	2 093.7	756.0
2016	2 976.1	780.0	2 322.6	825.1
2017	3 375.5	800.0	2 698.9	905.5
2018	3 335.6	774.0	2 583.4	897.5
2019	3 500.0	765.0	2 677.2	870.5

资料来源：表中数据来自美国农业部（USDA）。

表 44　世界各大洲农产品进出口额（2019 年）

地　区	进口		出口	
	金额（百万美元）	占比（％）	金额（百万美元）	占比（％）
亚　洲	30 951.40	20.65	51 769.51	65.89
非　洲	4 068.73	2.72	3 609.98	4.59
欧　洲	26 000.12	17.35	11 652.99	14.83
南美洲	47 099.35	31.43	2 415.05	3.12
北美洲	21 600.70	14.41	7 620.85	9.70
大洋洲	20 127.92	13.43	1 467.56	1.87

资料来源：表中数据来自中华人民共和国商务部对外贸易司。

表 45　世界草地资源丰富国家草地面积情况（2017 年）

单位：万 hm²、％

排　序	国家	国土面积	草地面积	草地占国土面积比例
1	美　国	98 315.1	29 146.7	29.6
2	中　国	96 000.1	28 225.7	29.4
3	俄罗斯	170 982.5	23 143.6	13.5
4	哈萨克斯坦	27 249.0	23 113.0	84.8
5	加拿大	98 797.5	19 416.7	19.7
6	巴　西	85 157.7	19 239.7	22.6
7	澳大利亚	77 412.2	18 454.7	23.8
8	蒙古国	15 641.2	9 926.3	63.5
9	阿根廷	27 804.0	8 595.2	30.9
10	苏　丹	18 860.7	6 417.0	34.0

资料来源：表中数据来自联合国粮食及农业组织（FAO）统计数据。

表 46 世界大米主要进口国进口量情况（2012—2017 年）

单位：万 t

年份	中国	尼日利亚	菲律宾	印度尼西亚	孟加拉国
2012	223.4	245.5	100.8	180.2	4.5
2013	223.6	218.7	39.9	47.2	26.0
2014	254.9	163.7	107.7	84.4	88.9
2015	334.1	78.7	109.5	86.1	107.8
2016	352.3	9.1	44.6	128.2	3.8
2017	397.8	6.5	87.4	29.3	164.1

资料来源：表中数据来自 2020 年《农业展望》第 4 期。

表 47 世界大米主要出口国出口量情况（2012—2017 年）

单位：万 t

年份	印度	泰国	越南	巴基斯坦	美国
2012	1 047.0	670.4	801.1	342.3	324.7
2013	1 130.0	678.8	393.9	382.2	318.4
2014	1 109.3	1 095.1	655.3	376.8	291.5
2015	1 095.3	978.2	684.8	405.1	326.6
2016	986.9	987.0	524.9	394.7	331.6
2017	1 206.0	1 161.6	581.2	273.7	326.6

资料来源：表中数据来自 2020 年《农业展望》第 4 期。

表 48 世界鲍鱼总产量排名前十位国家（地区）（2017 年）

单位：万 t、%

国家或地区	总产量	占比
中 国	14.85	85.04
韩 国	1.61	9.24
澳大利亚	0.43	2.45
南 非	0.12	0.69
智 利	0.10	0.59
日 本	0.10	0.57
新西兰	0.09	0.51
墨西哥	0.07	0.40
美 国	0.03	0.20
中国台湾	0.03	0.16
总 计	**17.43**	**99.85**

资料来源：表中数据来自联合国粮食及农业组织（FAO）统计数据。

表 49　世界鲍鱼出口量排名前十位国家（地区）（2017 年）

单位：万 t、%

国家或地区	出口量	占比
中　国	1.14	49.08
澳大利亚	0.24	10.48
中国香港	0.18	7.74
韩　国	0.17	7.48
中国台湾	0.17	7.12
南　非	0.10	4.21
新西兰	0.08	3.27
智　利	0.05	2.33
新加坡	0.04	1.76
美　国	0.04	1.64
总　计	**2.21**	**95.11**

资料来源：表中数据联合国粮食及农业组织（FAO）统计数据。

表 50　我国大米主要出口国家（地区）情况（2019 年）

单位：t、万美元

国家或地区	出　口		同比（%）	
	数量	金额	数量	金额
埃　及	446 000.0	13 247.7	162.4	158.9
韩　国	148 169.0	11 063.3	−14.6	−8.6
科特迪瓦	308 702.5	8 468.4	−31.5	−40.5
朝　鲜	161 609.1	7 750.8	271.2	214.4
土耳其	228 450.0	7 294.0	36.2	29.0
巴布亚新几内亚	122 417.0	4 409.5	16 223.3	14 860.1
塞拉利昂	122 626.1	3 862.4	77.1	85.2
巴基斯坦	10 572.1	3 796.3	13.8	23.0
喀麦隆	136 600.0	3 621.7	259.2	211.4
尼日尔	128 593.0	3 606.1	25 618.6	9 904.3

资料来源：表中数据来自中华人民共和国商务部对外贸易司。

表 51　我国小麦主要出口国家（地区）情况（2019 年）

单位：t、万美元

国家或地区	出　口		同比（%）	
	数量	金额	数量	金额
埃塞俄比亚	7 408.0	316.2	0.9	0.5
黎巴嫩	1 067.0	46.3		
哈萨克斯坦	45.0	1.6		

资料来源：表中数据来自中华人民共和国商务部对外贸易司。

表 52　我国植物油主要出口国家（地区）情况（2019 年）

单位：t、万美元

国家或地区	出口		同比（%）	
	数量	金额	数量	金额
朝　鲜	136 381.2	13 985.6	−7.7	−9.1
中国香港	76 428.9	7 556.6	−5.0	−11.1
日　本	7 168.5	2 303.9	27.8	22.9
美　国	3 935.4	2 212.5	−3.8	2.1
荷　兰	1 498.5	1 656.4	−2.8	−11.9
委内瑞拉	18 009.5	1 356.2		
马来西亚	9 766.9	1 039.7	−68.7	−61.3
澳大利亚	926.0	962.1	−4.1	19.7
韩　国	5 051.0	854.8	186.3	38.3
新加坡	6 437.1	822.4	−30.1	−26.5

资料来源：表中数据来自中华人民共和国商务部对外贸易司。

表 53　我国猪肉主要出口地区情况（2019 年）

单位：t、万美元

地　区	出口		同比（%）	
	数量	金额	数量	金额
香　港	24 037.0	12 755.2	32.7	−23.1
澳　门	2 592.8	1 384.1	−23.8	−14.5

资料来源：表中数据来自中华人民共和国商务部对外贸易司。

表 54　我国鸡肉主要出口国家（地区）情况（2019 年）

单位：t、万美元

国家或地区	出口		同比（%）	
	数量	金额	数量	金额
日　本	192 838.2	81 951.5	−8.1	−8.1
中国香港	144 592.7	46 628.7	0.8	7.8
荷　兰	13 336.7	4 541.4	18.8	19.1
中国澳门	11 899.6	4 284.2	6.1	12.4
马来西亚	11 964.5	3 298.5	−30.8	−28.4
英　国	8 889.8	2 960.8	26.8	27.8
韩　国	7 634.7	2 862.5	9.6	16.6
蒙　古	12 819.7	2 657.2	10.3	18.4
巴　林	7 253.3	1 512.0	−21.0	−13.2
爱尔兰	2 943.2	1 059.4	32.0	38.0

资料来源：表中数据来自中华人民共和国商务部对外贸易司。

表 55　我国苹果主要出口国家（地区）情况（2019 年）

单位：t、万美元

国家或地区	出　　口		同比（%）	
	数量	金额	数量	金额
越　南	113 273.5	20 733.8	28.3	39.6
印度尼西亚	119 481.1	16 389.1	−10.0	7.5
泰　国	97 030.9	15 338.5	−6.5	7.3
孟加拉国	176 065.3	15 209.1	18.8	27.3
菲律宾	97 359.9	12 616.7	−19.2	−13.7
缅　甸	64 787.9	10 110.4	23.0	32.6
尼泊尔	71 662.8	6 771.3	−0.9	2.0
哈萨克斯坦	45 491.2	5 993.9	−32.2	−29.8
中国香港	24 980.5	4 792.8	6.2	8.7
马来西亚	29 493.8	3 656.2	−9.9	−8.0

资料来源：表中数据来自中华人民共和国商务部对外贸易司。

表 56　我国苹果汁主要出口国家（地区）情况（2019 年）

单位：t、万美元

国家或地区	出　　口		同比（%）	
	数量	金额	数量	金额
美　国	113 070.6	11 388.3	−59.3	−63.7
日　本	47 397.2	6 106.5	0.0	13.4
南　非	46 502.3	5 318.5	17.3	22.9
俄罗斯联邦	39 549.2	3 996.5	−23.7	−21.8
土耳其	26 266.7	2 838.9	193.7	180.1
澳大利亚	23 625.0	2 767.4	−5.8	1.6
加拿大	19 697.0	2 160.1	−34.9	−35.4
德　国	15 129.4	1 589.7	132.1	110.4
印　度	9 543.8	1 101.8	−3.8	−0.7
中国台湾	5 091.1	617.4	8.2	10.0

资料来源：表中数据来自中华人民共和国商务部对外贸易司。

表 57　我国梨主要出口国家（地区）情况（2019 年）

单位：t、万美元

国家或地区	出　　口		同比（%）	
	数量	金额	数量	金额
越　南	100 292.9	17 570.7	50.6	61.0
印度尼西亚	155 722.7	13 097.3	−8.7	0.2
泰　国	46 740.4	6 374.3	−2.6	−6.9
中国香港	30 087.9	4 287.0	1.4	4.7

（续）

国家或地区	出口		同比（%）	
	数量	金额	数量	金额
马来西亚	29 916.7	3 438.6	−12.2	−1.4
菲律宾	17 758.8	2 163.4	−15.1	−1.9
缅　甸	12 828.0	1 970.7	5.2	17.2
美　国	9 443.6	1 333.4	−18.2	−17.0
加拿大	9 648.5	1 296.9	−10.5	5.3
新加坡	8 228.3	995.9	−6.4	−5.5

资料来源：表中数据来自中华人民共和国商务部对外贸易司。

表 58　我国棉花主要出口国家（地区）情况（2019 年）

单位：t、万美元

国家或地区	出口		同比（%）	
	数量	金额	数量	金额
越　南	21 382.6	3 653.3	31.5	14.4
印度尼西亚	10 238.0	1 717.7	−33.3	−43.5
孟加拉国	9 235.6	1 606.1	1,405.4	1,168.7
印　度	4 244.6	768.4	1,594.9	1,232.2
中国台湾	2 246.3	332.2	36.9	6.0
泰　国	1 410.2	272.5	111.9	103.1
日　本	1 278.3	236.9	−64.9	−66.2
朝　鲜	1 103.1	228.1	418.5	387.0
巴基斯坦	924.3	129.2	−48.5	−64.7
韩　国	59.3	10.0	−98.3	−98.6

资料来源：表中数据来自中华人民共和国商务部对外贸易司。

表 59　我国大蒜及制品主要出口国家（地区）情况（2019 年）

单位：t、万美元

国家或地区	出口		同比（%）	
	数量	金额	数量	金额
印度尼西亚	473 947.1	50 203.8	−18.0	67.4
越　南	222 863.7	30 388.2	2.3	−0.6
美　国	120 982.9	26 214.2	−22.1	−21.7
马来西亚	108 621.2	10 766.6	−28.6	11.0
巴　西	67 716.9	9 356.6	−8.3	42.5
日　本	34 011.7	9 288.3	3.2	−7.5
孟加拉国	80 112.3	7 336.0	23.5	137.5
泰　国	83 154.5	7 166.8	30.1	46.7
菲律宾	84 454.7	7 147.4	2.0	35.0
荷　兰	32 612.9	5 749.6	−5.2	25.8

资料来源：表中数据来自中华人民共和国商务部对外贸易司。

表 60　我国香菇及制品主要出口国家（地区）情况（2019 年）

单位：t、万美元

国家或地区	出　口		同比（%）	
	数量	金额	数量	金额
越　南	24 501.9	41 192.6	−53.3	−53.8
中国香港	21 515.1	36 706.2	−50.1	−49.1
马来西亚	21 829.9	32 029.6	92.4	105.4
泰　国	16 407.8	23 164.6	−1.1	−0.7
日　本	6 970.9	8 707.2	−4.8	−7.4
韩　国	8 192.0	6 224.4	−23.8	−31.9
美　国	3 834.7	2 868.3	−25.1	−34.1
新加坡	2 010.7	2 701.8	1.1	16.7
缅　甸	1 612.6	2 628.4	4 394.5	5 216.5
哈萨克斯坦	704.9	1 306.5	118.9	146.1

资料来源：表中数据来自中华人民共和国商务部对外贸易司。

表 61　我国虾制品主要出口国家（地区）情况（2019 年）

单位：t、万美元

国家或地区	出　口		同比（%）	
	数量	金额	数量	金额
美　国	37 629.2	33 722.9	−34.3	−42.5
中国台湾	15 218.1	28 241.1	−31.9	−32.8
日　本	21 683.8	20 933.6	−19.5	−6.8
中国香港	12 578.8	18 168.3	−18.9	−23.8
韩　国	14 003.2	12 114.7	−19.5	−2.6
加拿大	10 543.3	10 938.9	−8.6	−15.8
墨西哥	7 534.8	9 614.3	−21.0	−26.5
西班牙	11 410.7	8 873.4	−10.8	−13.2
澳大利亚	6 074.9	8 139.1	−11.2	−17.0
马来西亚	4 937.1	7 077.7	−11.6	−9.4

资料来源：表中数据来自中华人民共和国商务部对外贸易司。

表 62　我国花卉主要出口国家（地区）情况（2018—2019 年）

单位：万美元

国家或地区	出口金额		同比（%）
	2018 年	2019 年	
日　本	8 986.2	9 176.4	2.1
韩　国	4 180.0	5 112.3	22.3
荷　兰	3 574.4	4 002.0	12.0
美　国	2 834.4	3 003.4	6.0

（续）

国家或地区	出口金额		同比（%）
	2018 年	2019 年	
越　南	634.2	2 054.9	224.0
中国香港	881.0	1 580.9	79.4
泰　国	1 222.7	1 442.7	18.0
新加坡	986.4	1 150.8	16.7
澳大利亚	869.6	1 065.5	22.5
德　国	1 186.7	914.6	−22.9

资料来源：表中数据来自中华人民共和国商务部对外贸易司。

表 63　我国花生仁果主要出口国家（地区）情况（2019 年）

单位：t、万美元

国家或地区	出　口		同比（%）	
	数量	金额	数量	金额
越　南	34 531.1	5 112.2	−21.1	−21.0
日　本	15 655.9	3 702.5	3.6	0.3
泰　国	17 569.8	2 089.4	−11.4	−19.4
西班牙	13 726.4	1 726.3	1.1	−2.5
荷　兰	11 165.7	1 505.4	−6.1	−8.4
菲律宾	12 283.9	1 338.6	1.4	7.5
马来西亚	9 062.1	1 154.3	3.2	−7.2
加拿大	7 721.9	1 115.1	−22.7	−16.8
黎巴嫩	5 829.8	904.4	−15.5	−22.9
英　国	6 548.2	865.0	33.7	40.8

资料来源：表中数据来自中华人民共和国商务部对外贸易司。

表 64　我国蜂蜜主要出口国家（地区）情况（2019 年）

单位：t、万美元

国家或地区	出　口		同比（%）	
	数量	金额	数量	金额
日　本	29 049.4	6 401.6	−3.1	−7.9
英　国	32 113.2	5 674.2	−11.5	−13.8
波　兰	9 598.6	1 708.0	37.9	33.1
比利时	8 591.9	1 651.5	17.0	12.1
西班牙	6 862.3	1 235.4	−19.1	−23.0
德　国	3 996.0	795.4	−8.8	−10.7
南　非	3 700.2	688.8	28.1	23.8
沙特阿拉伯	3 071.6	654.5	131.9	170.3
澳大利亚	3 157.0	637.1	−24.6	−26.6
葡萄牙	3 430.7	604.6	6.3	−7.8

资料来源：表中数据来自中华人民共和国商务部对外贸易司。

表 65　我国食品主要出口国家（地区）情况（2019 年）

单位：万美元

国家或地区	出口金额		同比（%）
	2018 年	2019 年	
日　本	916 757.9	886 552.4	−3.3
中国香港	928 227.6	875 762.9	−5.7
美　国	678 041.0	521 827.4	−23.0
越　南	435 385.5	449 850.0	3.3
韩　国	432 649.9	398 839.1	−7.8
泰　国	292 703.9	337 668.1	15.4
马来西亚	217 400.0	271 588.3	24.9
印度尼西亚	175 932.7	201 973.6	14.8
菲律宾	192 928.0	192 127.4	−0.4
中国台湾	238 250.7	183 707.9	−22.9

资料来源：表中数据来自中华人民共和国商务部对外贸易司。

表 66　我国主要粮食进口情况（2001—2019 年）

单位：万 t

年份	稻米	小麦	玉米	大豆
2001	27.00	69.00	3.90	1 394.00
2002	24.00	63.00	0.81	1 131.00
2003	26.00	45.00	0.07	2 074.00
2004	76.00	726.00	0.25	2 023.00
2005	52.00	354.00	0.40	2 659.00
2006	73.00	61.00	6.54	2 824.00
2007	49.00	10.00	3.54	3 082.00
2008	32.97	4.31	5.00	3 744.00
2009	36.00	90.40	8.45	4 255.00
2010	38.82	123.07	157.32	5 480.00
2011	59.78	125.81	175.36	5 264.00
2012	236.86	370.10	520.80	5 838.00
2013	227.11	553.51	326.59	6 338.00
2014	257.90	300.00	259.91	7 140.31
2015	337.69	300.59	473.00	8 169.19
2016	356.00	341.00	317.00	8 391.00
2017	403.00	442.00	283.00	9 553.00
2018	308.00	310.00	352.00	8 803.00
2019	255.00	349.00	479.00	8 851.00

资料来源：表中数据来自国家统计局、海关总署网站。

表 67 我国主要粮食出口情况（2001—2019 年）

单位：万 t

年份	稻米	玉米	大豆
2001	186.00	600.00	25.00
2002	199.00	1 167.00	28.00
2003	262.00	1 639.00	27.00
2004	91.00	232.00	33.00
2005	69.00	864.00	40.00
2006	124.00	310.00	38.00
2007	134.00	492.00	46.00
2008	97.00	27.00	47.00
2009	79.00	13.00	35.00
2010	62.00	13.00	16.00
2011	51.57	13.61	21.00
2012	27.92	25.73	32.00
2013	47.85	7.76	21.00
2014	41.92	2.00	20.71
2015	28.72	1.11	13.36
2016	39.51	0.41	13.00
2017	119.68	8.59	11.00
2018	208.93	1.22	13.00
2019	274.76	2.61	11.00

资料来源：表中数据来自国家统计局、海关总署网站。

表 68 我国玉米出口量情况（2015—2019 年）

单位：万 t

年份	总量	出口朝鲜	占比（%）
2015	1.11	0.99	89.19
2016	0.39	0.31	79.49
2017	8.51	5.08	60.00
2018	1.20	0.43	35.83
2019	2.57	2.29	89.10

资料来源：表中数据来自中华人民共和国商务部对外贸易司。

表 69 我国玉米贸易情况（2015—2019 年）

单位：万 t

年份	进口量	出口量	净进口量
2015	473.00	1.11	471.90
2016	313.13	0.39	312.74
2017	282.70	8.51	274.19
2018	349.84	1.20	348.64
2019	479.14	2.57	476.57

资料来源：表中数据来自中华人民共和国商务部对外贸易司。

表 70 我国食用农产品进口情况（2019 年）

单位：亿美元

类　别	进口额	同比变化（%）
水海产品及制品	122.01	42.87
肉类及制品	110.96	16.83
乳　品	105.59	14.68
水果及制品	80.07	34.86
粮食及制品	73.68	−2.28
植物油	68.11	0.96
可可及巧克力	22.15	7.29
杂　粮	16.30	6.52
干、坚果	13.11	41.13
蔬菜及制品	4.05	54.74
调味料及香料	3.67	42.58
咖　啡	3.02	15.40
茶　叶	1.79	19.36
蜂蜜品	0.82	−16.54
合　计	**625.33**	**18.06**

资料来源：表中数据来自 2020 年《农业展望》第 11 期。

表 71 我国稻谷进口量及主要进口国情况（2001—2018 年）

单位：万 t

年　份	进口量	进口国 1	占比（%）	进口国 2	占比（%）
2001	30.40	泰　国	99.76	老　挝	0.09
2003	112.20	泰　国	99.71	老　挝	0.08
2005	65.40	泰　国	91.74	越　南	8.08
2007	47.15	泰　国	93.10	越　南	5.79

（续）

年　份	进口量	进口国 1	占比（％）	进口国 2	占比（％）
2009	34.25	泰　国	93.88	老　挝	5.05
2011	59.78	泰　国	53.60	越　南	40.42
2013	225.11	越　南	65.99	巴基斯坦	18.58
2014	255.72	越　南	52.89	泰　国	28.46
2015	335.00	越　南	53.56	泰　国	27.80
2016	353.45	越　南	45.79	泰　国	26.27
2017	399.25	越　南	55.85	泰　国	25.70
2018	305.58	越　南	42.21	泰　国	26.83

资料来源：表中数据来自美国农业部（USDA）。

表 72　我国小麦进口量及主要进口国情况（2001—2018 年）

单位：万 t

年　份	进口量	进口国 1	占比（％）	进口国 2	占比（％）
2001	69.01	加拿大	55.82	美　国	32.70
2003	42.42	美　国	50.28	加拿大	48.17
2005	351.57	美　国	48.78	加拿大	47.98
2007	8.34	加拿大	52.86	澳大利亚	27.69
2009	89.37	美　国	44.28	澳大利亚	36.34
2011	125.23	澳大利亚	51.01	美　国	34.82
2013	550.71	美　国	69.37	加拿大	15.74
2014	297.20	澳大利亚	46.80	美　国	29.03
2015	297.27	澳大利亚	42.23	加拿大	33.38
2016	337.42	澳大利亚	40.57	美　国	25.56
2017	429.65	澳大利亚	44.20	美　国	36.20
2018	287.61	加拿大	48.05	哈萨克斯坦	18.87

资料来源：表中数据来自美国农业部（USDA）。

表 73　我国玉米进口量及主要进口国情况（2001—2018 年）

单位：万 t

年　份	进口量	进口国 1	占比（％）	进口国 2	占比（％）
2001	3.61	美　国	98.37	巴　西	0.80
2003	0.01	美　国	94.81	阿根廷	5.02
2005	0.39	美　国	97.35	阿根廷	2.39
2007	3.51	老　挝	46.21	缅　甸	42.87
2009	8.35	美　国	80.60	巴　西	13.40
2011	175.25	美　国	73.45	巴　西	16.85

（续）

年　份	进口量	进口国 1	占比（%）	进口国 2	占比（%）
2013	326.32	美　国	90.89	乌克兰	3.33
2014	259.92	美　国	39.52	乌克兰	37.11
2015	473.03	乌克兰	81.43	美　国	9.76
2016	316.69	乌克兰	84.01	美　国	7.04
2017	282.54	乌克兰	82.39	美　国	8.52
2018	352.11	乌克兰	60.22	美　国	26.57

资料来源：表中数据来自美国农业部（USDA）。

表 74　我国大豆进口量及主要进口国情况（2001—2018 年）

单位：万 t

年　份	进口量	进口国 1	占比（%）	进口国 2	占比（%）
2001	1 357.40	美　国	47.70	阿根廷	30.63
2003	2 074.34	美　国	43.11	巴　西	30.42
2005	2 659.03	美　国	44.14	巴　西	29.27
2007	3 081.83	美　国	37.54	巴　西	34.51
2009	4 254.55	美　国	52.54	巴　西	37.00
2011	5 263.41	美　国	42.91	巴　西	39.44
2013	6 340.76	巴　西	50.15	美　国	35.02
2014	7 139.91	巴　西	44.82	美　国	42.05
2015	8 173.97	巴　西	49.05	美　国	34.78
2016	8 323.16	巴　西	45.53	美　国	40.72
2017	9 553.00	巴　西	53.00	美　国	34.00
2018	8 915.99	巴　西	73.10	美　国	18.90

资料来源：表中数据来自美国农业部（USDA）。

表 75　我国蛋类产品出口情况（2015—2019 年）

单位：万美元

国家或地区	2015 年	2016 年	2017 年	2018 年	2019 年
中国香港	14 010.9	13 484.3	13 003.4	13 489.1	13 542.2
中国澳门	1 585.0	1 530.4	1 458.1	1 687.3	1 761.2
日　本	1 170.7	908.4	894.2	996.8	957.3
美　国	695.3	665.1	741.2	775.2	775.5
新加坡	584.2	666.7	617.2	621.8	624.2
加拿大	317.1	357.3	343.7	371.8	472.8
合　计	**19 158.6**	**18 439.5**	**17 057.8**	**17 942.0**	**18 133.2**

资料来源：表中数据来自中华人民共和国商务部对外贸易司。

表 76 我国玉米进口均价情况（2010—2019 年）

单位：美元/t

年 份	中国	世界
2010	230	229
2011	328	316
2012	323	309
2013	285	280
2014	278	241
2015	233	214
2016	200	199
2017	212	200
2018	222	215
2019	221	196

资料来源：表中数据来自联合国商品贸易统计数据库。

表 77 我国玉米进出口贸易情况（2001—2019 年）

单位：万 t、亿美元

年份	数 量			金 额		
	进口	出口	顺差	进口	出口	顺差
2001	3.61	599.66	596.05	0.046	6.248	6.202
2002	0.63	1 167.33	1 166.7	0.011	11.668	11.657
2003	0.03	1 639.90	1 639.87	0.001	17.665	17.664
2004	0.23	231.79	231.56	0.005	3.240	3.235
2005	0.39	861.08	860.69	0.008	10.964	10.956
2006	6.51	307.04	300.53	0.105	4.120	4.015
2007	3.51	491.62	488.11	0.053	8.739	8.686
2008	4.91	25.23	20.32	0.104	0.731	0.627
2009	8.35	12.90	4.55	0.184	0.310	0.126
2010	157.51	12.72	−144.79	3.623	0.330	−3.293
2011	175.26	13.57	−161.69	5.741	0.458	−5.283
2012	520.67	25.71	−494.96	16.834	1.007	−15.827
2013	326.45	7.73	−318.72	9.305	0.322	−8.983
2014	259.81	1.99	−257.82	7.232	0.070	−7.162
2015	472.98	1.08	−471.90	11.038	0.035	−11.003
2016	316.63	0.35	−316.28	6.343	0.011	−6.332
2017	282.52	8.46	−274.06	6.000	0.199	−5.801
2018	352.11	1.13	−350.98	7.821	0.031	−7.790
2019	479.06	2.49	−476.57	10.569	0.068	−10.501

资料来源：表中数据来自联合国商品贸易统计数据库。

表78 我国谷物的产量和自给率情况（1997—2017 年）

单位：亿 t、%

年 份	产量	自给率
1997	4.43	101.0
1999	4.53	100.9
2001	3.96	101.4
2003	3.74	105.6
2005	4.28	101.0
2007	4.60	101.9
2009	4.92	99.6
2011	5.41	99.2
2013	5.87	97.7
2015	6.18	95.1
2017	6.15	96.3

资料来源：表中数据来自 2020 年《世界农业》第 1 期。

表79 我国口粮的产量和自给率情况（1997—2017 年）

单位：亿 t、%

年 份	产量	自给率
1997	3.24	99.7
1999	3.12	100.7
2001	2.71	100.6
2003	2.47	101.8
2005	2.78	99.0
2007	2.96	101.3
2009	3.12	99.9
2011	3.22	99.7
2013	3.30	97.9
2015	3.45	98.3
2017	3.47	98.0

资料来源：表中数据来自 2020 年《世界农业》第 1 期。

表80 我国粮食的产量和自给率情况（1997—2017 年）

单位：亿 t、%

年 份	产量	自给率
1997	4.94	100.6
1999	5.08	100.4
2001	4.53	98.3

（续）

年 份	产量	自给率
2003	4.31	99.5
2005	4.84	95.4
2007	5.04	95.1
2009	5.39	91.8
2011	5.88	90.8
2013	6.30	88.7
2015	6.61	86.6
2017	6.62	85.4

资料来源：表中数据来自 2020 年《世界农业》第 1 期。

表 81　我国粮食进口额及占外汇储备的比例（2003—2019 年）

单位：亿美元、%

年 份	粮食进口额	其占外汇储备的比例
2003	58.72	1.46
2004	86.29	1.41
2005	91.87	1.12
2006	83.28	0.08
2007	120.66	0.08
2008	225.45	1.16
2009	196.86	0.08
2010	266.15	0.09
2011	336.60	1.06
2012	421.41	1.27
2013	431.10	1.13
2014	487.11	1.27
2015	467.39	1.21
2016	421.17	1.39
2017	480.80	1.53
2018	439.72	1.43
2019	405.40	1.30

资料来源：表中数据来自中国海关统计局、国家外汇管理局。

表 82　我国马铃薯及其产品进口额情况（2016—2018 年）

单位：万美元

产品类型	2016 年	2017 年	2018 年
种用马铃薯	1.9	1.1	0.7
鲜马铃薯	0.0	0.0	0.0
冷冻马铃薯	13.6	11.0	0.8
马铃薯细粉	1 008.9	849.5	659.1
马铃薯团粒	744.8	485.9	523.1
马铃薯淀粉	3 135.4	4 785.1	4 105.0
非醋用制作冷冻马铃薯制品	16 493.1	14 331.6	20 230.8
非醋用制作未冷冻马铃薯制品	1 096.6	952.3	1 145.1

资料来源：表中数据来自联合国商品贸易统计数据库。

表 83　我国马铃薯及其产品出口额情况（2016—2018 年）

单位：万美元

产品类型	2016 年	2017 年	2018 年
种用马铃薯	93.6	110.5	157.6
鲜马铃薯	22 551.7	27 965.2	25 966.3
冷冻马铃薯	1 216.0	1 738.2	1 624.5
马铃薯细粉	50.9	58.5	39.1
马铃薯团粒	67.6	55.4	47.2
马铃薯淀粉	65.6	187.8	186.1
非醋用制作冷冻马铃薯制品	1 625.5	1 481.5	1 362.5
非醋用制作未冷冻马铃薯制品	1 197.8	10 258.2	1 342.5

资料来源：表中数据来自联合国商品贸易统计数据库。

表 84　我国梨总出口量及出口前三国家（地区）（2018—2019 年）

单位：t、万美元

国家或地区	2018 年		出　口		同比（%）	
	数量	金额	数量	金额	数量	金额
总出口	491 004.8	53 006.3	70 251.7	57 307.9	−4.2	8.1
印度尼西亚	170 602.2	13 071.5	155 722.7	13 097.3	−8.7	0.2
越　南	66 606.2	10 910.8	100 292.9	17 570.7	50.6	61.0
泰　国	48 010.8	6 850.4	46 740.4	6 374.3	−2.6	−6.9

资料来源：表中数据来自中华人民共和国商务部对外贸易司。

表 85 我国茶叶总出口量及出口前三国家（地区）（2018—2019 年）

单位：t、万美元

国家或地区	2018 年		出 口		同比（%）	
	数量	金额	数量	金额	数量	金额
总出口	364 741.8	177 786.1	366 528.1	201 954.5	0.5	13.6
中国香港	14 126.2	31 325.7	17 444.3	50 617.2	23.5	61.6
摩洛哥	77 562.5	23 706.3	74 283.6	22 532.3	−4.2	−5.0
越 南	4 341.7	10 138.0	6 156.2	15 185.6	41.8	49.8

资料来源：表中数据来自中华人民共和国商务部对外贸易司。

表 86 我国葵花籽主要进口来源国进口量占比情况（2010—2018 年）

单位：%

2010 年		2015 年		2018 年	
进口来源国	占比	进口来源国	占比	进口来源国	占比
哈萨克斯坦	51.000	哈萨克斯坦	98.200	哈萨克斯坦	97.570
美 国	37.200	美 国	1.700	俄罗斯	2.300
智 利	4.500	加拿大	0.030	美 国	0.100
法 国	3.000	意大利	0.020	西班牙	0.004
阿根廷	2.600	西班牙	0.010	日 本	0.003

资料来源：表中数据来自联合国商品贸易统计数据库。

表 87 我国葵花籽主要出口目的地出口量占比情况（2010—2018 年）

单位：%

2010 年		2015 年		2018 年	
出口目的地	占比	出口目的地	占比	出口目的地	占比
阿联酋	17.0	伊 朗	30.2	土耳其	23.9
埃 及	15.2	埃 及	21.5	埃 及	17.8
伊 朗	7.4	伊拉克	12.5	伊 朗	15.4
越 南	7.3	越 南	8.1	伊拉克	10.6
德 国	7.0	缅 甸	3.7	越 南	5.1

资料来源：表中数据来自联合国商品贸易统计数据库。

表 88 我国主要畜产品进出口情况（2019 年）

单位：万 t、亿美元

项目	进口量	进口额	出口量	出口额
畜产品	1 126.09	362.23	129.02	65.01
生猪产品	312.79	65.50	21.19	8.51
家禽产品	79.70	20.58	51.24	18.42
牛产品	175.93	86.90	2.24	1.31

（续）

项目	进口量	进口额	出口量	出口额
羊产品	39.27	18.74	0.20	0.22
乳 品	298.41	112.65	5.51	4.44
蛋产品	0.00	0.00	10.08	1.91

资料来源：表中数据来自 2020 年《农业展望》第 3 期。

表 89　我国主要畜产品进出口量结构情况（2019 年）

单位：%

进口量		出口量	
种类	占比	种类	占比
生猪产品	27.8	家禽产品	39.7
乳制品	26.5	生猪产品	16.4
牛产品	15.6	蛋产品	7.8
家禽产品	7.1	乳制品	4.3
羊产品	3.5	牛产品	1.7

资料来源：表中数据来自 2020 年《农业展望》第 3 期。

表 90　我国乳品产量和人均乳及乳制品消费量情况（2001—2018 年）

单位：万 t、kg

年份	奶类产量	牛奶产量	乳制品产量	人均乳及乳制品消费量
2001	1 122.6	1 025.5	105.4	5.7
2002	1 400.4	1 299.8	93.3	7.6
2003	1 848.6	1 746.3	140.6	9.5
2004	2 368.4	2 260.6	949.2	10.2
2005	2 864.8	2 753.4	1 310.4	10.7
2006	3 302.5	2 944.6	1 459.6	11.5
2007	3 055.2	2 947.1	1 787.4	11.8
2008	3 236.2	3 010.6	1 810.6	10.7
2009	3 153.9	2 995.1	1 935.1	11.0
2010	3 211.3	3 038.9	2 159.4	10.6
2011	3 262.8	3 109.9	2 387.5	11.5
2012	3 306.7	3 174.9	2 545.2	11.8
2013	3 118.9	3 000.8	2 698.0	11.7
2014	3 276.5	3 159.9	2 651.8	12.6
2015	3 295.5	3 179.8	2 782.5	12.1
2016	3 173.9	3 064.0	2 993.2	12.0
2017	3 148.6	3 038.6	2 935.0	12.1
2018	3 176.8	3 074.6	2 687.1	12.2

资料来源：表中数据来自联合国商品贸易统计数据库。

表 91 我国牛羊肉供需情况（2014—2018 年）

单位：万 t、%

年份	产量	进口量	出口量	消费量	自给率
2014	1 043.33	58.08	1.09	1 102.08	94.7
2015	1 056.83	69.67	0.85	1 133.81	93.2
2016	1 077.16	79.99	0.82	1 166.91	92.3
2017	1 105.69	94.41	0.61	1 209.74	91.4
2018	1 119.13	135.84	0.37	1 273.79	87.9

资料来源：表中数据来自 2020 年《农业展望》第 5 期。

表 92 我国牛羊肉消费情况（2013—2018 年）

单位：kg、%

年份	居民人均牛羊肉消费		农村居民人均牛羊肉消费		城镇居民人均牛羊肉消费	
	数量	占比	数量	占比	数量	占比
2013	2.4	9.4	1.5	6.7	3.3	11.6
2014	2.5	9.8	1.5	6.7	3.4	12.0
2015	2.8	10.7	1.7	7.4	3.9	13.5
2016	3.3	12.6	2.0	8.8	4.3	14.8
2017	3.2	12.0	1.9	8.1	4.2	14.4
2018	3.3	11.2	2.1	7.6	4.2	13.5

资料来源：表中数据来自 2020 年《农业展望》第 5 期。

表 93 我国鲍鱼出口情况（2018 年）

排 序	出口国家或地区	出口额		出口量	
		金额（万美元）	占比（%）	数量（t）	占比（%）
1	中国台湾	22 628.08	50.31	5 858.81	51.07
2	中国香港	15 720.51	34.95	3 777.34	32.93
3	新加坡	2 169.18	4.82	595.94	5.20
4	马来西亚	1 756.61	3.91	498.51	4.35
5	日 本	1 369.64	3.05	311.52	2.72
合 计		**43 644.03**	**97.04**	**11 042.12**	**96.26**

资料来源：表中数据来自联合国商品贸易统计数据库。

表 94 我国猪肉主要进口市场及其进口比例情况（2016—2018 年）

单位:%

市 场	2016 年	2017 年	2018 年	平均
德 国	20.87	17.68	18.90	19.15
西班牙	16.30	19.81	18.56	18.22
加拿大	10.04	12.32	12.02	11.46
美 国	12.83	12.86	6.24	10.64
丹 麦	10.47	8.19	6.77	8.48
巴 西	6.05	5.07	15.30	8.81
法 国	5.92	5.22	5.08	5.41

资料来源：表中数据来自联合国商品贸易统计数据库。

表 95 我国牛肉主要进口市场及其进口比例情况（2016—2018 年）

单位:%

市 场	2016 年	2017 年	2018 年	平均
巴 西	30.42	28.46	31.71	30.20
澳大利亚	22.25	21.49	20.79	21.51
乌拉圭	20.87	20.91	15.77	19.18
阿根廷	9.07	12.08	16.39	12.51
新西兰	13.07	12.54	11.00	12.20
加拿大	3.55	2.59	1.43	2.52
美 国	0.00	0.82	1.32	0.71

资料来源：表中数据来自联合国商品贸易统计数据库。

表 96 我国羊肉主要进口市场及其进口比例情况（2016—2018 年）

单位:%

市 场	2016 年	2017 年	2018 年	平均
新西兰	68.04	61.42	61.84	63.77
澳大利亚	30.36	36.81	36.58	34.58
乌拉圭	0.86	1.16	1.00	1.01
智 利	0.69	0.60	0.58	0.62

资料来源：表中数据来自联合国商品贸易统计数据库。

表 97　我国禽肉主要进口市场及其进口比例情况（2016—2018 年）

单位：%

市　场	2016 年	2017 年	2018 年	平均
巴　西	81.42	84.93	81.67	82.67
阿根廷	8.39	10.99	9.16	9.51
智　利	7.37	3.72	4.32	5.14
泰　国	0.00	0.00	4.63	1.54
波　兰	2.81	0.35	0.11	1.09

资料来源：表中数据来自联合国商品贸易统计数据库。

表 98　我国与巴西农产品贸易情况（2014—2018 年）

单位：亿美元

年份	出口额	进口额	贸易总额
2014	8.09	215.33	223.42
2015	6.65	199.09	205.74
2016	6.70	208.30	215.00
2017	7.20	265.90	273.10
2018	7.80	355.90	363.70

资料来源：表中数据来自 2020 年《对外经贸实务》第 7 期。

表 99　我国与巴西农产品贸易结构（2018—2019 年）

单位：亿美元、%

产　品		2018 年		2019 年	
		金额	比例	金额	比例
我国从巴西进口	大　豆	143.90	81.50	273.87	81.80
	鸡　肉	22.10	6.20	20.59	6.15
	牛　肉	14.87	4.17	13.79	4.12
	蔗　糖	15.30	4.30	14.33	4.28
	大豆油	11.39	3.20	11.12	3.32
我国对巴西出口	鱼　片	1.24	15.90	1.32	15.82
	大　蒜	2.04	26.20	2.12	26.40
	芸　豆	1.17	15.00	1.28	14.20
	肠　衣	0.67	8.86	0.81	7.20
	其　他	2.68	34.30	2.71	35.40

资料来源：表中数据来自中国海关统计数据。

表 100 我国与阿根廷农产品贸易情况（2001—2019 年）

单位：亿美元

年 份	自阿进口	对阿出口	贸易总额	贸易顺差
2001	10.48	0.04	10.52	−10.44
2002	8.91	0.02	8.93	−8.89
2003	22.59	0.06	22.65	−22.53
2004	27.03	0.06	27.09	−26.97
2005	29.93	0.08	30.01	−29.85
2006	24.09	0.12	24.21	−23.97
2007	51.81	0.23	52.04	−51.58
2008	84.07	0.26	84.33	−83.81
2009	34.85	0.22	35.07	−34.63
2010	57.05	0.36	57.41	−56.69
2011	54.09	0.47	54.56	−53.62
2012	50.98	0.42	51.40	−50.56
2013	49.87	0.37	50.24	−49.50
2014	45.17	0.37	45.54	−44.80
2015	50.88	0.39	51.27	−50.49
2016	42.04	0.46	42.50	−41.58
2017	36.55	0.51	37.06	−36.04
2018	22.44	0.46	22.90	−21.98
2019	65.65	0.45	66.10	−65.20

资料来源：表中数据来自联合国商品贸易统计数据库。

表 101 我国与阿根廷农产品贸易结合度情况（2001—2019 年）

年份	中国对阿根廷农产品贸易结合度	阿根廷对中国农产品贸易结合度
2001	0.11	3.74
2002	0.08	3.25
2003	0.19	5.05
2004	0.19	4.14
2005	0.22	4.24
2006	0.29	3.01
2007	0.33	4.49
2008	0.27	4.76

（续）

年份	中国对阿根廷农产品贸易结合度	阿根廷对中国农产品贸易结合度
2009	0.36	2.54
2010	0.52	2.79
2011	0.55	1.92
2012	0.49	1.60
2013	0.43	1.56
2014	0.44	1.54
2015	0.43	1.84
2016	0.40	1.48
2017	0.35	1.29
2018	0.20	0.74
2019	0.27	1.76

注：贸易结合度数值越大，表示贸易关系越密切；贸易结合度数值越小，表示贸易关系越疏远。

表 102　我国对印度农产品进出口额情况（2015—2019 年）

单位：亿美元

年份	出口额	进口额	贸易总额	贸易顺差
2015	5.7	12.6	18.3	−6.9
2016	6.3	8.9	15.2	−2.6
2017	6.7	11.1	17.8	−4.4
2018	5.3	15.3	20.6	−10.0
2019	5.0	28.5	33.5	−23.5

资料来源：表中数据来自海关 infobeacon 数据库。

表 103　我国进出口印度主要农产品情况（2019 年）

单位：亿美元、%

出口类别	出口额	占比	进口类别	进口额	占比
棉麻丝	1.1	22.2	水产品	12.4	43.7
干 豆	0.5	10.5	棉麻丝	4.7	16.6
水 果	0.3	6.5	植物油	4.0	14.1
蔬 菜	0.2	4.8	蔬 菜	3.1	10.8
精 油	0.2	4.2	调味香料	1.0	3.6
小 计	**2.4**	**48.2**	小计	**25.3**	**88.8**

资料来源：表中数据来自海关 infobeacon 数据库。

表 104　我国与墨西哥农产品贸易情况（2001—2018 年）

单位：亿美元

年份	中国进口	中国出口	贸易总额	贸易顺差
2001	0.23	0.37	0.60	0.14
2002	0.29	0.42	0.71	0.13
2003	0.29	0.83	1.12	0.54
2004	0.38	1.96	2.34	1.58
2005	0.70	2.16	2.86	1.46
2006	0.73	2.80	3.53	2.07
2007	0.77	3.07	3.84	2.30
2008	1.02	3.96	4.98	2.94
2009	0.72	3.44	4.16	2.72
2010	1.04	4.48	5.52	3.44
2011	2.58	6.18	8.76	3.60
2012	2.53	5.02	7.55	2.49
2013	2.38	6.08	8.46	3.70
2014	2.20	6.10	8.30	3.90
2015	2.30	6.28	8.58	3.98
2016	2.09	6.72	8.81	4.63
2017	3.21	7.33	10.54	4.12
2018	6.65	8.58	15.23	1.93

资料来源：表中数据来自联合国商品贸易统计数据库。

表 105　我国与斐济农产品贸易总额情况（2000—2017 年）

单位：万美元

年份	贸易总额	中国出口	中国进口	贸易顺差
2000	13.15	—	13.15	−13.15
2001	—	—	—	—
2002	219.96	213.71	6.25	207.46
2003	619.67	213.63	406.04	−192.41
2004	539.27	227.04	312.24	−85.20
2005	240.35	220.22	20.12	200.10
2006	499.24	394.79	104.45	290.33
2007	478.91	337.62	141.30	196.32
2008	899.04	719.24	178.80	540.43
2009	1 398.14	807.25	590.89	216.36
2010	1 731.55	1 198.56	532.99	665.57
2011	2 830.53	2 179.02	651.51	1 527.50
2012	3 885.68	3 109.20	776.48	2 332.72

（续）

年份	贸易总额	中国出口	中国进口	贸易顺差
2013	4 692.11	4 479.20	212.91	4 992.47
2014	6 087.62	5 739.03	348.62	5 390.41
2015	6 588.68	6 233.91	354.77	5 879.14
2016	6 176.35	5 435.38	740.97	4 694.41
2017	6 636.03	5 822.53	813.50	5 009.03

资料来源：表中数据来自 2020 年《农业展望》第 1 期。

表 106　我国对美国各类农产品进口量占美国农产品总出口量的比重（2003—2017 年）

单位：%

年份	活物、动物产品	植物产品	油脂及相关产品	其他农产品
2003	23.16	63.97	2.18	10.69
2004	10.24	80.42	0.29	9.06
2005	16.21	76.75	0.25	6.78
2006	21.02	68.43	0.61	9.93
2007	21.83	68.37	2.06	7.73
2008	17.46	74.85	2.19	5.51
2009	13.62	79.68	0.48	6.23
2010	9.43	78.85	1.79	9.92
2011	15.58	74.62	1.69	8.11
2012	12.63	77.24	1.54	8.59
2013	13.33	73.46	0.82	12.40
2014	11.33	75.39	0.96	12.31
2015	9.17	74.05	0.30	16.46
2016	12.52	74.94	0.67	11.84
2017	13.94	77.32	0.63	8.10

资料来源：表中数据来自 2020 年《世界农业》第 7 期。

表 107　我国和"一带一路"沿线国家鲜或冷藏马铃薯出口情况（2017 年）

单位：万美元、万 t

国家或地区	出口额	出口量
马来西亚	3 675.64	13.85
越　南	11 132.94	12.29
俄罗斯	3 177.70	7.37
斯里兰卡	738.47	3.76
泰　国	529.82	2.40
新加坡	709.76	2.40

资料来源：表中数据来自联合国商品贸易统计数据库。

表 108　我国与"一带一路"沿线国家马铃薯淀粉进出口额情况（2010—2017 年）

单位：万美元

年　份	出口额	进口额	顺　差
2010	137.11	125.39	11.72
2011	180.88	141.34	39.54
2012	346.29	62.70	283.59
2013	213.39	444.62	−231.23
2014	229.31	42.61	186.7
2015	45.58	121.44	−75.86
2016	39.96	296.83	−256.87
2017	44.18	245.93	−201.75

资料来源：表中数据来自 2020 年《农业展望》第 8 期。

表 109　我国猪肉进口来源构成情况（2018—2019 年）

单位：万 t、％

国家或地区	2019 年		2018 年		同比增长	
	数量	占比	数量	占比	数量	增幅
西班牙	38.16	19.14	21.96	18.41	16.20	73.75
德　国	32.32	16.21	22.84	19.15	9.48	41.51
美　国	24.50	12.28	8.57	7.18	15.93	186.02
巴　西	22.21	11.14	15.01	12.58	7.20	47.98
加拿大	17.21	8.63	16.03	13.44	1.18	7.38
丹　麦	16.43	8.24	7.23	6.06	9.21	127.42
荷　兰	16.00	8.02	8.47	7.10	7.53	88.84
法　国	8.20	4.11	4.90	4.11	3.29	67.13
智　利	7.94	3.98	4.38	3.67	3.56	81.35
英　国	7.58	3.80	4.96	4.16	2.62	52.83

资料来源：表中数据来自 2020 年《农业展望》第 4 期。

表 110　我国猪肉消费和自给情况（2000—2019 年）

单位：万 t、％

年份	产量	净进口量	表观消费量	自给率
2000	3 965.99	8.34	3 974.33	99.79
2005	4 555.33	−21.95	4 533.38	100.48
2010	5 138.44	9.12	5 147.56	99.82
2015	5 645.41	65.49	5 710.90	98.85
2018	5 403.74	115.11	5 518.85	97.91
2019	4 255.00	196.76	4 451.76	95.58

资料来源：表中数据来自 2020 年《农业展望》第 4 期。

表 111　美国猪肉产量情况（2010—2019 年）

单位：万 t

年　份	产　量
2010	1 018
2011	1 032
2012	1 055
2013	1 052
2014	1 036
2015	1 111
2016	1 132
2017	1 161
2018	1 194
2019	1 252

资料来源：表中数据来自美国农业部（USDA）。

表 112　欧盟 27 国生猪屠宰量情况（2010—2019 年）

单位：万 t

年　份	屠宰量
2010	2 155
2011	2 189
2012	2 140
2013	2 132
2014	2 149
2015	2 221
2016	2 264
2017	2 246
2018	2 292
2019	2 277

资料来源：表中数据来自美国农业部（USDA）。

表 113　欧盟对外猪肉出口量情况（2016—2019 年）

单位：万 t

年　份	出口量
2016	303
2017	276
2018	284
2019	355

资料来源：表中数据来自美国农业部（USDA）。

表 114 我国对印度尼西亚农产品进出口情况（2015—2019 年）

单位：百万美元、%

年 份	进出口额	出口额	同比增长	进口额	同比增长	顺差
2015	5 811.21	1 829.99	−7.00	4 047.22	3.40	−2 217.23
2016	5 783.41	2 055.15	12.30	3 728.26	−7.90	−1 673.11
2017	7 023.39	2 330.65	13.40	4 692.74	25.90	−2 362.09
2018	7 515.19	2 342.99	0.50	5 172.20	10.20	−2 829.21
2019	8 006.60	2 614.40	11.60	5 842.20	13.00	−3 227.80

资料来源：表中数据来自中华人民共和国商务部对外贸易司。

表 115 我国出口东南亚农产品分种类贸易额情况（2010—2016 年）

单位：亿美元

年 份	谷物	鱼和水生资源	园艺	油籽	橡胶	可可、烟草、香料	糖类
2010	3.12	5.81	29.90	1.66	2.99	4.13	2.30
2011	2.91	9.14	37.24	1.71	4.68	5.35	2.59
2012	2.99	9.86	29.85	3.67	4.54	5.41	2.54
2013	2.52	11.01	39.16	2.67	4.32	5.66	3.23
2014	2.76	14.01	37.69	4.56	4.03	5.39	3.10
2015	2.57	13.68	40.07	2.20	3.71	5.03	3.81
2016	2.86	15.05	61.95	3.84	3.47	7.17	5.10

资料来源：表中数据来自 2019 年《中国农业资源与区划》第 1 期。

表 116 东南亚出口我国农产品分种类贸易额情况（2010—2016 年）

单位：亿美元

年 份	谷物	鱼和水生资源	园艺	油籽	橡胶	可可、烟草、香料	糖类
2010	3.53	4.89	11.31	52.98	93.87	2.66	0.47
2011	4.62	5.43	17.19	71.41	138.81	3.50	3.41
2012	12.30	6.90	19.92	69.60	116.73	4.27	6.42
2013	10.99	8.48	21.15	52.33	112.69	3.25	3.07
2014	14.03	8.29	24.51	50.44	83.08	4.24	4.35
2015	15.59	8.56	27.05	44.50	65.63	4.35	6.84
2016	15.43	7.85	26.81	38.18	65.92	6.66	12.43

资料来源：表中数据来自 2019 年《中国农业资源与区划》第 1 期。

表 117　我国对美国农产品进出口情况（2015—2019 年）

单位：亿美元、%

年　份	进出口额	出口额	同比增长	进口额	同比增长	顺差
2015	320.0	73.5	−0.9	246.5	−14.0	−173.0
2016	312.0	73.6	0.1	238.4	−3.3	−164.8
2017	317.3	76.5	4.0	240.8	1.0	−164.3
2018	244.3	82.4	7.7	161.9	−32.8	−79.5
2019	205.3	64.3	−22.1	140.9	−13.0	−76.6

资料来源：表中数据来自中华人民共和国商务部对外贸易司。

表 118　我国对俄罗斯农产品进出口情况（2015—2019 年）

单位：亿美元、%

年　份	进出口额	出口额	同比增长	进口额	同比增长	顺差
2015	35.19	18.00	−21.8	17.19	10.9	0.81
2016	39.12	19.21	6.7	19.91	15.9	−0.70
2017	40.76	19.56	1.8	21.20	6.4	−1.64
2018	52.25	20.18	3.2	32.07	51.3	−11.89
2019	54.82	18.89	−6.4	35.93	12.1	−17.04

资料来源：表中数据来自中华人民共和国商务部对外贸易司。

表 119　俄罗斯各联邦大区大豆产量情况（2016—2018 年）

单位：kt

大　区	2016 年	2017 年	2018 年
中央区	1 226	1 131	1 702
南方区	357	371	319
北高加索区	51	46	55
伏尔加沿岸区	111	119	131
西伯利亚区	62	113	159
远东区	1 320	1 835	1 552
总产量	**3 127**	**3 615**	**3 918**

资料来源：表中数据来自俄罗斯联邦统计局。

表 120　俄罗斯大豆种植面积情况（2013—2018 年）

单位：khm²

年　份	种植面积
2013	1 537
2014	2 012
2015	2 131
2016	2 237
2017	2 636
2018	2 919

资料来源：表中数据来自俄罗斯联邦统计局。

表 121　俄罗斯大豆出口我国情况（2013—2018 年）

单位：万 t

年　份	出口量
2013	6.97
2014	7.85
2015	37.58
2016	36.92
2017	42.03
2018	51.94

资料来源：表中数据来自俄罗斯联邦统计局。

表 122　非洲主要国家及整体和中国、世界的玉米平均单产情况（1980—2017 年）

单位：hm²

国家或地区	1980 年	1990 年	2000 年	2010 年	2017 年
埃　及	4.04	5.78	7.68	7.27	7.71
毛里求斯	2.25	4.18	8.90	6.83	7.49
南　非	2.42	2.21	2.85	4.67	6.40
阿尔及利亚	0.97	1.65	3.62	2.58	4.00
埃塞俄比亚	1.75	1.61	1.62	2.54	3.73
乌干达	1.11	1.50	1.74	2.30	2.54
赞比亚	1.69	1.43	1.77	2.59	2.52
马　里	1.11	1.16	1.33	2.69	2.28
非　洲	1.56	1.51	1.81	2.07	2.07
中　国	3.08	4.52	4.60	5.46	6.11
世　界	3.15	3.69	4.32	5.19	5.75

资料来源：表中数据来自 2020 年《农业展望》第 1 期。

表 123　泰国有机稻米种植面积和产量情况（2012—2016 年）

单位：hm²、t

年　份	总面积	总产量
2012	22 132.49	48 414.81
2013	22 513.86	49 249.06
2014	20 116.92	44 005.74
2015	21 040.43	46 025.94
2016	26 929.67	58 908.09

资料来源：表中数据来自泰国农业部水稻司。

表 124　亚洲有机农业耕地种植结构（2015 年）

单位：万 hm²

主要季节性作物	面　积	主要多年生作物	面　积
谷　物	90.0	可　可	24.3
油料作物	63.8	温带水果	12.1
纺织作物	29.8	咖　啡	11.0
青饲料	15.5	茶	7.5
蔬　菜	5.4	坚　果	6.7

资料来源：表中数据来自 2020 年《世界农业》第 2 期。

表 125　欧盟农产品对俄罗斯出口总额（2013—2017 年）

单位：百万欧元

年　份	肉　类				奶制品			
	牛肉	猪肉	禽肉	内脏	鲜奶	奶酪	黄油	奶粉
2013	110	959	78	461	104	983	144	115
2014	79	45	45	133	74	534	93	58
2015	0	0	0	28	1	21	0	1
2016	0	0	0	0	0	0	0	0
2017	0	0	0	0	0	1	0	2

资料来源：表中数据来自 2020 年《世界农业》第 3 期。

表 126　欧盟对外出口农产品情况（2013—2017 年）

单位：百万欧元

年　份	肉　类				奶制品			
	牛肉	猪肉	禽肉	内脏	鲜奶	奶酪	黄油	奶粉
2013	488	3 806	1 599	2 337	838	3 778	559	4 156
2014	549	3 677	1 562	2 300	978	3 602	636	4 994
2015	618	3 956	1 596	2 351	974	3 481	703	4 161
2016	694	5 238	1 430	2 879	1 107	3 618	835	3 529
2017	818	5 092	1 499	3 031	1 265	3 991	919	4 454

资料来源：表中数据来自 2020 年《世界农业》第 3 期。

表 127 美国农场主要农作物产量情况（1968—2014 年）

单位：万 t

年 份	谷 物	小 麦	稻 谷	大 豆
1968	20 253.84	4 236.54	472.38	3 012.70
1978	27 660.25	4 832.27	604.05	5 086.00
1988	20 652.81	4 932.00	725.30	4 215.30
1998	34 944.77	6 932.00	836.42	7 459.90
2003	34 824.10	6 380.33	906.72	6 678.14
2008	40 354.10	6 801.61	924.12	8 074.87
2013	43 655.37	5 796.67	861.31	9 138.94
2014	44 293.25	5 539.54	1 002.60	10 801.37

资料来源：表中数据来自 2020 年《世界农业》第 3 期。

表 128 加拿大主要农作物种植面积概况（2014—2017 年）

单位：%

作物类型	2014 年	2015 年	2016 年	2017 年
小 麦	36.04	35.05	33.87	31.77
油菜籽	31.31	30.25	29.72	32.63
大 麦	8.95	9.71	9.55	8.18
大 豆	8.41	8.05	8.02	10.33
小扁豆	4.67	5.87	7.96	6.25
谷物用玉米	4.73	4.89	5.13	5.07
燕 麦	4.34	4.89	4.35	4.54
芥菜籽	0.75	0.50	0.73	0.55
金丝雀种子	0.43	0.47	0.37	0.36
鸡 豆	0.25	0.17	0.20	0.23
向日葵籽	0.11	0.15	0.10	0.09
合 计	**100**	**100**	**100**	**100**

资料来源：表中数据来自 2020 年《世界农业》第 4 期。

表 129 美国大豆生产和利用情况（1968—2016 年）

单位：千蒲式耳、%

年 份	大豆总产量	美国国内压榨	国内压榨占总产量比例
1968	1 106 958	615 223	56
1978	1 868 754	1 022 266	55
1988	1 548 841	1 051 910	68
1998	2 741 014	1 599 660	58
2008	2 967 007	1 661 992	56

（续）

年 份	大豆总产量	美国国内压榨	国内压榨占总产量比例
2013	3 357 984	1 733 888	52
2014	3 927 090	1 873 494	48
2015	3 929 160	1 886 237	48
2016	4 296 086	1 901 198	44

资料来源：表中数据来自 2020 年《世界农业》第 7 期。

表 130　美国豆油生产和利用情况（1968—2016 年）

单位：千磅、％

年 份	豆油总产量	豆油出口量	出口量占总产量比例
1968	6 531 000	899 000	14
1978	11 323 000	2 334 000	21
1988	11 737 000	1 661 000	14
1998	18 078 000	2 372 000	13
2008	18 745 000	2 193 000	12
2013	20 130 000	1 877 000	9
2014	21 399 000	2 014 000	9
2015	21 950 000	2 243 000	10
2016	22 123 000	2 556 000	11

资料来源：表中数据来自 2020 年《世界农业》第 7 期。

表 131　美国豆粕生产和利用情况（1968—2016 年）

单位：kt、％

年 份	豆粕总产量	豆粕出口量	出口量占总产量比例
1968	14 581	3 044	21
1978	24 354	6 610	27
1988	24 943	5 442	22
1998	37 797	7 122	19
2008	39 102	8 497	22
2013	40 685	11 546	28
2014	45 062	13 150	29
2015	44 672	11 954	27
2016	44 787	11 601	26

资料来源：表中数据来自 2020 年《世界农业》第 7 期。

表 132 美国植物油消费构成情况（2017 年）

植物油种类	占比（%）
大豆油	53
菜籽油	15
玉米油	13
棕榈油	8
椰子油	3
其 他	8

资料来源：表中数据来自 2020 年《世界农业》第 7 期。

表 133 泰国对美国虾产品出口情况（2013—2017 年）

单位：万 t、%

年 份	未冷冻及虾仁	冷冻虾及虾仁	虾制品	虾产品对美国出口总量	对美国出口占比
2013	—	3.41	4.38	7.8	38.38
2014	—	2.68	3.89	6.57	41.49
2015	—	2.90	4.36	7.26	46.08
2016	—	4.36	3.77	8.16	43.38
2017	0.000 841	3.90	4.08	8.00	—

资料来源：表中数据来自 2020 年《农业展望》第 2 期。

表 134 我国对美国虾产品出口情况（2012—2017 年）

单位：万 t、%

年 份	未冷冻及虾仁	冷冻虾及虾仁	虾制品	虾产品对美国出口总量	对美国出口占比
2012	—	0.92	3.62	4.54	15.90
2013	—	0.75	3.60	4.35	15.22
2014	—	0.61	3.66	4.27	17.02
2015	—	0.44	2.96	3.40	18.10
2016	—	0.71	3.50	4.21	20.69
2017	0.033	1.22	2.81	4.06	18.44

资料来源：表中数据来自 2020 年《农业展望》第 2 期。

表 135 斐济与澳大利亚农产品贸易情况（2011—2017 年）

单位：百万美元

年 份	进口额	出口额	贸易总额	贸易差额
2011	140.82	35.31	176.13	−105.51
2012	133.38	27.42	160.8	−105.96
2013	138.38	24.99	163.37	−113.39

（续）

年　份	进口额	出口额	贸易总额	贸易差额
2014	140.43	23.89	164.32	−116.54
2015	109.46	19.14	128.60	−90.32
2016	121.08	17.97	139.05	−103.11
2017	124.08	15.90	139.98	−108.18

资料来源：表中数据来自联合国商品贸易统计数据库。

表 136　萨摩亚与澳大利亚农产品贸易情况（2011—2017 年）

单位：百万美元

年　份	进口额	出口额	贸易总额	贸易差额
2011	14.43	1.08	15.51	−13.35
2012	11.44	2.86	14.30	−8.58
2013	10.01	0.27	10.28	−9.74
2014	9.78	2.36	12.14	−7.42
2015	13.26	2.36	15.62	−10.90
2016	13.87	0.80	14.67	−13.07
2017	13.79	1.55	15.34	−12.24

资料来源：表中数据来自联合国商品贸易统计数据库。

表 137　日本与斐济农产品贸易情况（2004—2018 年）

单位：百万美元

年　份	贸易额
2004	1 427.1
2005	2 498.2
2006	4 594.6
2007	1 713.5
2008	2 164.0
2009	2 570.1
2010	3 971.2
2011	4 932.5
2012	5 935.7
2013	2 873.3
2014	4 161.3
2015	1 868.3
2016	1 868.6
2017	2 452.6
2018	4 155.1

资料来源：表中数据来自联合国商品贸易统计数据库。

表 138　日本与萨摩亚农产品贸易情况（2004—2018 年）

单位：百万美元

年　份	贸易额
2004	79.6
2005	38.0
2006	39.8
2007	47.2
2008	48.7
2009	43.6
2010	24.6
2011	29.5
2012	17.5
2013	35.8
2014	21.9
2015	229.5
2016	171.2
2017	159.5
2018	157.9

资料来源：表中数据来自联合国商品贸易统计数据库。

表 139　全球粮食生产消费形势变化情况（2008/2009—2019/2020 年度）

单位：百万 t

年　度	产量	消费量	差值	贸易量
2008/2009	2 285.5	2 181.8	103.7	281.3
2009/2010	2 265.5	2 234.4	31.1	276.1
2010/2011	2 253.7	2 275.4	−21.7	281.4
2011/2012	2 357.5	2 330.9	26.6	319.7
2012/2013	2 305.4	2 330.4	−25.0	308.8
2013/2014	2 526.1	2 424.7	101.4	361.9
2014/2015	2 558.4	2 498.9	59.5	375.0
2015/2016	2 532.6	2 523.1	9.5	376.4
2016/2017	2 543.1	2 545.8	−2.7	368.9
2017/2018	2 619.0	2 600.7	18.3	414.9
2018/2019	2 626.0	2 642.8	−16.8	429.6
2019/2020	2 662.9	2 669.8	−6.9	427.7

注：粮食包括大米、小麦、玉米和其他粗粮。2019/2020 年度数据截至 2020 年 1 月。

资料来源：表中数据来自联合国粮食及农业组织（FAO）、美国农业部官网。

表 140 我国对 "一带一路" 沿线国家柑橘鲜果出口前十国家（2018 年）

排名	国 家	占比（%）
1	越 南	26.64
2	俄罗斯	13.53
3	泰 国	11.65
4	马来西亚	9.86
5	菲律宾	6.57
6	哈萨克斯坦	4.47
7	缅 甸	4.59
8	印度尼西亚	1.99
9	孟加拉国	1.64
10	吉尔吉斯斯坦	1.22

资料来源：表中数据来自 2020 年《农业展望》第 10 期。

表 141 按营业额排序的世界最大 500 个企业中相关农产品加工企业（2019 年）

企业名称	国家或地区	营业额位次	营业额（百万美元）
一、食品业			
CVS Health 公司	美 国	13	256 776.0
克罗格	美 国	51	122 286.0
雀巢公司	瑞 士	82	92 106.9
中国华润有限公司	中 国	79	94 757.8
日本永旺集团	日 本	115	78 930.3
乐 购	英 国	103	82 699.7
麦德龙	德 国	294	41 370.7
中粮集团有限公司	中 国	136	72 148.8
皇家阿藿德德尔海兹集团	荷 兰	128	74 162.0
西斯科公司	美 国	179	60 113.9
巴西 JBS 公司	巴 西	213	51 858.5
邦吉公司	美 国	297	41 140.0
丰益国际	新加坡	285	42 640.5
泰森食品	美 国	287	42 405.0
乔治威斯顿	加拿大	330	37 765.2
大众超级市场公司	美 国	325	38 462.8
艾德卡	德 国	312	39 824.1
森宝利公司	荷 兰	344	36 830.9
路易达孚集团	美 国	371	33 786.0

（续）

企业名称	国家或地区	营业额位次	营业额（百万美元）
CHS 公司	美 国	394	31 900.5
Migros 集团	瑞 士	448	28 540.1
达能	法 国	453	28 302.7
二、饮料业			
百事公司	美 国	160	67 161.0
可口可乐公司	美 国	335	37 266.0
喜力控股公司	荷 兰	474	26 827.5
三、纺织、服装业			
迪奥公司	法 国	180	60 070.5
TJX 公司	美 国	292	41 717.0
耐克公司	美 国	322	39 117.0
四、橡胶和塑料制品业			
普利司通	日 本	387	32 339.9
米其林	法 国	472	27 013.3
五、肥皂与化妆品业			
宝洁公司	美 国	156	67 684.0
欧莱雅	法 国	375	33 436.2
六、综合			
沃尔玛	美 国	1	523 964.0
家乐福	法 国	98	85 905.2
欧尚集团	法 国	196	54 672.4
联合利华	英国/荷兰	185	58 179.0

图书在版编目（CIP）数据

中国农产品加工业年鉴. 2020 / 科学技术部农村科
技司等编. —北京：中国农业出版社，2021.12
ISBN 978-7-109-28887-4

Ⅰ.①中…　Ⅱ.①科…　Ⅲ.①农产品加工－加工工业
－中国－2020－年鉴　Ⅳ.①F326.5-54

中国版本图书馆 CIP 数据核字（2021）第 213896 号

中国农业出版社出版
地址：北京市朝阳区麦子店街 18 号楼
邮编：100125
责任编辑：孟令洋　国　圆
版式设计：杜　然　责任校对：周丽芳
印刷：北京通州皇家印刷厂
版次：2021 年 12 月第 1 版
印次：2021 年 12 月北京第 1 次印刷
发行：新华书店北京发行所
开本：787mm×1092mm　1/16
印张：27.25　插页：6
字数：1100 千字
定价：300.00 元

薯类产后全程减损保质关键技术与应用

农业农村部规划设计研究院牵头承担完成了科技部"十三五"国家重点研发计划"薯类主食化加工关键新技术装备研发及示范"项目的"薯类产后储运减损技术装备及模式研究与示范"课题（2016YFD0401301），课题参与单位有中国农业科学院蔬菜花卉研究所、宁夏大学、中国农业机械化科学研究院、甘肃薯香园农业科技有限公司。

代表性成果 1　马铃薯储藏病害综合防控减损关键技术

薯类远程智能控制储藏设施：突破储藏设施远程智能控制技术，基于防病减损目标控制环境，采用新型无线传输技术，实现现场、PC端和移动端协同管理。传感系统精度：温度 ±0.1℃；湿度 ±2%。

甘薯短时高温愈伤技术：克服了整库加热愈伤存在的效率低、能耗大、不均匀问题，创新采用循环加热、隧道式进料的连续生产方式。设备愈伤能力 2 ~ 3 t/h，愈伤率 92.5%，节能率达到 57.5%，延长储藏期 40d。

马铃薯储藏病害综合防控技术：从田间到储藏全程病害防控技术集成，具有低成本、成效高的特点。储藏损失率为 2% ~ 5.7%，发芽率 2.1% ~ 4.1%。

代表性成果 2　马铃薯除土净理分级与检测技术

薯类除土净理技术：突破薯块表面干式除土净理关键技术，刮刷结合、全周位搓擦，除土率高，破损率低。马铃薯处理能力 3.3 ~ 3.5t/h，除土率 90.4% ~ 90.8%，破损率 2.67% ~ 2.72%。

薯类内部品质检测技术：基于近红外漫透射原理研制便携式检测仪，快速、精准、无损、便利。甘薯干物质检测精度 90.8%，马铃薯干物质、还原糖和淀粉检测精度分别为 91.1%、90.3%、88.6%。

薯类外在缺陷检测剔除技术：突破薯类缺陷机器视觉识别、柔性上料排序及全周位旋转定位等关键技术，创新研发外部品质检测装置等，薯块单个排序、自动剔除定制式分选。处理能力 5t/h，精度 90.5%。

代表性成果 3　薯类储运加一体化工程模式

以提升薯类储运加（储运）工程模式现代化水平为目标，构建薯类储运加工程模式评价指标体系，利用该指标体系对现有马铃薯储加工程模式、马铃薯储运工程模式和甘薯储运工程模式进行比较分析，优化提出了大型马铃薯全粉加工企业储运加模式、西南中型马铃薯储运模式、西北中型马铃薯储运模式、华东甘薯规模化储运模式等 4 种薯类储运加一体化典型模式。

薯类全粉加工关键技术及装备研发与集成示范

河南工业大学牵头承担完成了科技部"十三五"重点研发计划"薯类全粉加工关键技术及装备研发与集成示范"课题（2016YFD0401302）。该课题在马铃薯生全粉的制备工艺和装备、防褐变技术和装备、生全粉鉴定方法及加工性能综合评价、缺陷在线去除技术和装备、薯类全粉共线加工技术和高适应性滚筒干燥机方面取得了6项重大研究成果，构建出了一套完整的马铃薯生全粉加工工艺理论体系，建立了符合马铃薯主食化产品加工的评价标准以及马铃薯内部缺陷快速检测技术。

高适应性清洗脱皮机

能够最大部分地清除物料原料中的泥土和杂质，去除物料的外表皮，尽可能地除去物料皮层中的酶类物质，减轻加工中的褐变，提高产品质量。

▌▌▌ 创新点

· 设计新颖。砂辊在推料螺旋下方呈圆弧状排列，去皮面积最大，可装配砂辊磨削，不锈钢丝辊或高分子材料波浪辊去皮，多辊组合结构，耐磨性能好，去皮率高，更换方便。

· 一机多用。可连续清洗不同的原料品种，如马铃薯、红薯、木薯、菊芋、百香果等。

低游离淀粉锉磨机

根据微剪切破碎的机理，减小马铃薯物料的破碎粒度，降低能量消耗。采用挤压破碎和锯齿切削相结合的破碎原理，研制微剪切破碎低游离淀粉锉磨机。

▌▌▌ 创新点

· 采用螺旋挤压方式的微剪切破碎，在机体的挤压槽，采用超大螺旋对清洗去皮后的马铃薯物料进行挤压，使之碎解，然后送入锉磨腔。

· 锉磨锯齿适当加大，降低对马铃薯细胞的破碎程度，同时提高锯条的强度和刚度，增强耐用性，减少更换锯条时间，提高工作效率。

· 采用将锉磨机滚筒内固定锉磨锯条组件、中心轴带动叶轮转动。

▌▌▌ 专家评价意见

该项目优化出生产马铃薯生全粉的无硫复合护色剂，研制出高性能清洗去皮机和远红外气流干燥设备，保证了产品色泽和质量，保持马铃薯原有风味和营养，防止马铃薯生全粉制备过程中的褐变，项目既有理论成果又为产业化生产提供了新型实用的装备。在马铃薯生全粉加工工艺和设备方面具有创新性，填补了马铃薯生全粉加工领域的空白，项目整体技术达到国际领先水平。

薯类全粉加工技术究及关键技术、核心设备研发

中国包装和食品机械有限公司承担完成了"薯类全粉加工技术优化研究及关键技术、核心设备研发"课题（2016YFD0401302-03）。课题针对薯类全粉加工技术落后、关键装备适应性差等问题，重点开展了薯类（马铃薯、甘薯、紫薯）全粉共线加工技术、高适应性滚筒干燥技术与XGT20/40高适应性滚筒干燥机装备的研究，取得了突破性、创新性研发成果。

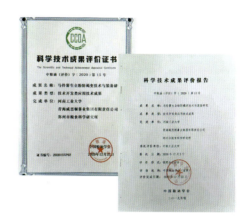

薯类（马铃薯、甘薯、紫薯）全粉共线加工技术

技术创新点：突破了高稳性、大螺距与大直径等比、变频、正反转、双螺带薯泥摊铺技术，实现了紫甘薯高黏稠物料在滚筒干燥机上的均匀摊铺，优化了薯类全粉共线加工技术的生产流程及生产工艺参数，实现了薯类全粉的共线加工生产。

高适应性滚筒干燥技术与 XGT20/40 高适应性滚筒干燥机

技术创新点：突破了高稳定双螺带式薯泥摊铺技术，实现了薯类不同品性物料快速均匀摊铺；研发了柔性气囊刮刀技术，实现了不停机更换刀片；优化了丰滚筒内部结构和表面加工工艺，干燥产量提高5.4%；研制了XGT20/40高适应性滚筒干燥机，实现不同薯类全粉共线生产，提高了设备利用率。

课题成果鉴定意见

2021年5月23日，中国机械工业联合会组织召开了"薯类（马铃薯、甘薯、紫薯）全粉共线加工技术"和"高适应性滚筒干燥技术与XGT20/40高适应性滚筒干燥机"科技成果鉴定会。鉴定委员会认为：薯类共线加工技术填补了国内空白，高适应性滚筒干燥技术及装备达到国际先进水平。

薯类主食化技术提升与装备研发

乐陵希森马铃薯产业集团有限公司牵头承担完成了科技部"十三五"国家重点研发计划"薯类主食化技术提升与装备研发"课题 (2016YFD0401303)。该课题所属项目为中国农业机械化科学研究院牵头承担的"薯类主食化加工关键新技术装备研发及示范"项目,课题参与单位有中国食品发酵工业研究院有限公司、河南农业大学、克明面业股份有限公司、郑州米格机械有限公司。课题针对高占比薯类主食新产品 (馒头、面包、面条、米粉等) 加工过程中的质构成型、连续压延、降黏、快速醒发、智能醒发、自动化包装等关键问题,开展了一系列研究,取得了突破性、创新性研发成果,部分成果达到了国际领先和国际先进水平。

基于三层面带复合的马铃薯挂面生产技术

技术创新点 1　　马铃薯面条的三层复合压延成形过程中,内外层面带厚度比为 1∶3∶1,外层面带的含水量 37% 较为适宜。内外层面带厚度比过高,压延过程中会出现外层面带破损的现象,过低则导致内层面带成形困难;提高面带含水量能增加外层面带的抗延伸位移,使其能与内层面带同步延伸。

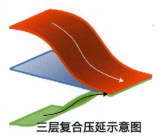

三层复合压延示意图

技术创新点 2　　三层复合压延显著提高了马铃薯挂面的抗弯能力,在面条煮制时通过限制小麦淀粉团粒的过度膨胀与马铃薯淀粉分子的溶出,改善了挂面的蒸煮与食用品质。相比普通复合,三层复合马铃薯挂面的弹性模量、断裂应力和断裂位移显著提高($p < 0.05$),最佳蒸煮时间减少了 45s,蒸煮损失率减小了 37.0%,熟面条黏附性降低了 51%。

技术创新点 3　　三层复合面带外层的面筋网络结构形成良好,从而改善了面带的整体加工品质与面条产品品质。内层面带与常规复合面带的面筋网络中均存在较多空洞,其面筋蛋白的面积、分支率均显著低于外层面带($p < 0.05$),末梢率和蛋白平均宽度则高于外层面带($p < 0.05$)。面带/面条外层的面筋网络结构均匀且致密,能有效弥补内层面带空洞、蛋白质聚集等缺陷,从而显著改善了面带的拉伸特性。

技术创新点 4　　三层复合压延方式可显著提高面带的加工品质及面条的蒸煮与食用品质。相比常规复合,同配方下三层复合面带的抗拉能力提高了 28.5%,面条的蒸煮损失降低了 26.2%,爽滑性提高了 50%,而硬度、弹性无显著性差异。

项目成果鉴定意见

2021 年 4 月 30 日,对"马铃薯非发酵主食加工技术与产品创新"项目成果进行了评价。与会专家一致认为:三层复合压延工艺有效改善了马铃薯面带抗拉能力差、易黏附,面条蒸煮损失大、易断条等技术难题;以冷冻薯泥为配料制作面条,避免了由新鲜马铃薯制备全粉的繁琐工序以及巨大能耗,大幅降低了马铃薯挂面的生产成本,且避免了营养成分的流失和破坏。该项目创新性强,项目整体技术达到国际领先水平。

低 GI 薯类面包制备工艺优化及评价

技术创新点 1 　创造性研究面包的 5 种发酵方法 (快速发酵法、直接发酵法、中种发酵法、过夜种子面团法、冷藏过夜面团法) 对薯粉面包品质及 eGI 值的影响，在面包制备工艺方面探究功效影响，为低 GI 面包制备工艺优化提供指导。

技术创新点 2 　系统探究糖元类、膳食纤维类、淀粉酶竞争抑制剂等多类型降 GI 食品原料对薯类面包 eGI 值的影响，结合面团特性及产品品质研究，开展人体 GI 测试，首次研发得到低 GI 薯粉面包，为低 GI 面包的研发提供重要引领作用。

电子器官客观评价数据结果；中种发酵法硬度显著最低（$p<0.05$），弹性最高，咀嚼度最小，面包品质相对最高。

项目成果鉴定意见

　　2021 年 3 月 17 日，对"低 GI 薯类面包制备工艺优化及评价技术"进行了技术鉴定，专家一致认为：筛选和优化了不同含量的马铃薯全粉、菊粉、甘蔗提取物等对面包 eGI 值的影响发酵方法；确认了配方组成，开发了一款低 GI 薯类面包。该项目技术达到国内领先水平。

无模质构成型及智能醒发、烘焙技术

技术创新点 1 多条模具并行、同步注浆技术

　　利用多条模具钢带组成模具槽并行的方式，可同时进行多条面包条的生产，提高生产效率。

技术创新点 2 槽型模具滚筒技术

　　滚筒采用片状组装的方式组合而成，在每片之间设置有 5mm × 60mm 的槽，便于外部滚筒钢带侧立通过，完成了小钢带和大钢带组成模具槽的需求。

技术创新点 3 超声波多条薄片切割技术

　　采用此技术可将面包条在运动中利用超声波切刀切成 5mm 左右的薄片。

项目成果鉴定意见

　　2021 年 5 月 22 日，对"连续自动成型薯类面包自动化生产线——无模质构成型及智能醒发、烘焙技术"项目进行了成果鉴定。评价委员会一致认为：多条模具并行技术实现了多条面包条的同时生产；槽型模具滚筒技术完成了小钢带和大钢带组成模具槽的需求；超声波多条薄片切割技术可将面包条在运动中切成 5mm 左右的薄片；多条同步注浆技术实现了多条模具槽进行注浆成型。该成果达到国际先进水平。

原薯主食制品加工关键技术及装备研发与示范

科技部"十三五"重点研发计划"原薯主食制品加工关键技术及装备研发与示范"课题（2016YFD0401304）已通过技术评审和课题验收。该课题属"薯类主食化加工关键新技术装备研发及示范"项目，课题承担单位为中国机械工业集团有限公司，参与单位为贵州省生物技术研究所、新疆农业科学院综合试验场、大连工业大学、天津科技大学。课题研究了原薯原料在主食制品加工中产品褐变、淀粉回生、营养流失、品控不稳的演变机理；研发了鲜切制品的褐变抑制与品质保持、烘焙制品的质构控制与营养提升、蒸煮制品回生抑制与特色制品工艺优化等新技术，研制出两次剪切制浆、对辊模压成型、桨叶式冲压制泥成型一体机等关键设备，进行了原薯主食和特色食品的生产线、主食厨房模式集成示范。

原薯主食制品加工关键装备

通过中国机械工业联合会组织的成果鉴定，以原薯制浆机、洋芋鱼鱼模压成型机、洋芋粑粑制泥成型一体机为代表的关键装备和技术适用于特色马铃薯制品的加工需求和示范应用，相关研发关键技术和装备达到国际先进水平。原薯制浆机创新设计了二次剪切刀头，采用二次剪切破碎技术和工艺，将淀粉游离率最低降到40%，保留薯浆物料制品的特色风味。洋芋鱼鱼模压成型机采用了模压角＞15°对辊模压成型方式，解决了物料粘黏难成型的问题，实现了特色马铃薯食品成型率≥90%的目标。洋芋粑粑制泥成型一体机研发了桨叶式冲击制泥、螺旋输送和挤压、切制成型等关键技术，实现多功能装备一体化，成型率≥90%。适用于特色马铃薯食品（洋芋粑粑、马铃薯饼等）加工，实现了工业化生产线示范应用。

洋芋鱼鱼及其系列制品

通过贵州省农学会组织召开成果技术评价。洋芋鱼鱼是新疆、甘肃、陕西、山西等地的传统特色马铃薯主食，具有蒸、煮、炒等多种食用形式，产品认知度很高。课题利用现代食品加工技术，开展了洋芋鱼鱼标准化、工厂化加工技术的开发，集成原料筛选、薯浆护色、机械成型、质构调制、营养强化与保质保鲜等综合技术，构建了市场化洋芋鱼鱼加工的技术体系，实现洋芋鱼鱼产品全程机械化生产。该项技术马铃薯添加量达到60%，产品类型覆盖鲜食、速冻、冷藏复配等系列；产品可用于蒸、炒、拌与菜肴制作，易于冷链运输和储存，保质期达到240d。

原薯不脱水蒸煮系列制品

通过贵州省农学会组织召开成果技术评价。系列制品以马铃薯为主要原料，通过不脱水蒸煮制泥工艺，开发出贵州特色洋芋粑粑、薯泥营养餐、速冻马铃薯丸子、马铃薯汤圆、即食型马铃薯素食肠等系列产品，解决了产品成型难及保质期短等难题，产品保质期延长至180d。通过营养强化、工艺调配等技术创新，产品易于存储，食用便捷；原薯材料直接加工降低了产品成本，实现环保与资源有效利用和有机结合。

薯类方便主食课题成果达到国际领先水平

　　四川光友薯业有限公司牵头承担完成了科技部"十三五"国家重点研发计划"薯类挤压重组方便主食加工关键技术及装备研发与示范"课题（2016YFD0401305）。该课题所属项目为中国农业机械化科学研究院牵头承担的"薯类主食化加工关键新技术装备研发及示范"项目，课题参与单位有中国农业大学、四川省食品发酵工业研究设计院、北京食品科学研究院、安徽正远包装科技有限公司。课题在四川光友薯业有限公司完成薯类挤压重组方便主食制品工艺关键技术与装备研发，以及完成技术集成与示范。

创新四大薯类方便主食

　　国家"十三五"四大薯类方便主食分别为非油炸薯类方便面、薯类方便粉丝、薯类方便米粉、薯类方便火锅，选用绿色、天然的甘薯、马铃薯、紫薯为原材料，粗细搭配，口感丰富，营养全面。更好地保留了原薯的膳食纤维、维生素、矿物质等多种营养成分，满足消费者需要的合理膳食结构，既保证营养均衡，又有益身体健康。

薯类方便粉丝

　　首创了鲜薯胶体磨粉碎、全薯粉丝及调味料配料技术；通过薯类全薯粉丝微观可视化研究，首次建立薯类全薯粉丝加工工艺；首次开发全薯粉丝产品并建立技术集成数字化、产业化示范生产线；首创世界首条年产3 600 t具有自主知识产权的薯类全薯方便粉丝示范生产线，形成多种口味、多种包装形式系列产品，实现规模化生产。

非油炸薯类方便面

　　创新鲜全薯加工薯泥与挤压重组制面工艺技术；突破了非油炸薯类方便面低温冲泡复水技术难关；创新建立了多维度质构数据可视化分析非油炸薯类方便面口感差异的评价方法；创建了年产3 600 t非油炸薯类方便面技术集成数字化、产业化示范生产线。

薯类方便米粉

　　创新筛选出适宜薯   类方便米粉加工专用薯类品种；创新性地采用了挤压成形工艺，连续老化、隧道式分段节能干燥等技术，解决了方便粉丝的复水时间、粘连并条等品质难题；首创世界首条年产2 000 t薯类方便米粉技术集成数字化、产业化示范生产线，创制多口味、多品类、多包装形态的马铃薯方便米粉、甘薯方便米粉系列产品。

薯类方便火锅

　　通过对薯类方便火锅配方、工艺技术、蔬菜包中甘薯、马铃薯片保脆护色技术、调料包控盐减钠技术研究，创新研制出甘薯、马铃薯全薯干物质高含量的薯类方便主食。开发了薯类方便火锅鲜马铃薯片、鲜甘薯片保脆护色技术，开发了薯类方便火锅控盐减钠工艺技术；研制了薯类方便火锅系列主食并进行了应用示范；研制出以薯类全薯粉丝和薯片蔬菜包等重组包装成甘薯、马铃薯系列薯类方便火锅主食：自热火锅、四川冒菜、自热酸辣粉等，采用冷水自加热或开水冲泡即可食用。

课题成果评价意见

　　2020年12月，由中国食品科学技术学会在北京组织相关专家对"十三五"薯类方便主食成果"非油炸薯类方便面、薯类方便粉丝、薯类方便米粉、薯类方便火锅"进行了成果评价，认为具国际创新领先水平。

　　2021年8月，项目牵头承担单位中国农业机械化科学研究院组织绩效评价专家对该课题进行了绩效评价，专家组认为："整体技术达到国际先进水平，薯类方便面、粉丝、米粉生产技术达到国际领先水平，同意该课题通过绩效评价。"

传统条状米面制品智能化加工关键技术装备研发与集成应用

由中国农业机械化科学研究院牵头，联合中国包装和食品机械化有限公司、青岛海科佳智能装备科技有限公司、克明面业股份有限公司、山东鲁花（延津）面粉食品有限公司共同承担的"传统条状米面制品智能化加工关键技术装备研发与集成应用"项目荣获"中国机械工业科技进步奖"一等奖。

项目围绕挂面、米粉加工过程中的关键技术环节及主要瓶颈问题进行深入研究，创新加工工艺，研发核心装备，构建产品品质可追溯体系，提升挂面、米粉工业化加工水平。

创新点 1　创新发明了高温改性和低温调质挂面加工工艺，首创米粉加工保湿循环干燥模式，研制高效、节能、分段梯度脱水技术与装备

创新多区分段柔性调节梯度脱水模式，建立含水率与干燥时间的脱水规律数学模型，研制全封闭、全天候、系列化、节能型的智能干燥系统，合格率提高 2%；发明了挂面高温改性（干蒸）和低温调质（面线熟化）加工工艺，创新研发了以"华夏一面"和"鲁花经典"为标志的优质挂面品牌；研发米粉保湿循序脱水工艺，首创保湿循环全自动米粉干燥系统，实现米粉工业化加工从无到有的重大突破；创新利用无动力排气热能回收、蒸汽冷凝水二次循环利用等技术措施，降低热能损失大于 15%。

创新点 2　研究条状米面制品的性状特点，创制高效切断、精准计量、高速包装加工装备

突破传统单层滚刀切断方式，研发了挂面双层垂直分切高效切断机；基于米粉性状特点，首创米粉专用切断装置；突破双通道称量和多规格自适应捆扎技术，研发了自动高效精准称量和捆扎设备；创新 M 型自动制袋等核心技术，研制了条状物料制袋、装填、封口一体化包装系统。切断误差 ≤ 2mm，计量速度提高 1 倍，包装速度 90 包 / min，合格率大于 98%，节约人工 50%，整体技术达到国际先进水平。

创新点 3　构建挂面、米粉加工技术装备集成和产品品质可追溯体系

通过集成供粉配粉、和面压延、保质干燥、切断包装等核心环节，创建日产 80 t 国际最大规模挂面加工生产线；通过对清洗、挤丝、老化、脱水、切断和包装进行连续化技术开发和系统集成优化，首创米粉加工从原料到成品包装的全程自动化生产；应用智能化、网络化远程监控技术，构建挂面、米粉加工技术装备集成和产品品质可追溯体系，减少人员投入 50%。

项目成果鉴定意见

项目的顺利实施和推广应用促进了挂面、米粉生产技术装备水平的快速提升，引领并推动了我国传统条状米面制品行业的高质量发展。

经中国食品科学技术学会鉴定，项目整体技术达到国际先进水平。

牛羊屠宰与畜禽分割技术装备研发示范

中国农业机械化科学研究院牵头承担完成了科技部"十三五"国家重点研发计划"牛羊屠宰与畜禽分割技术装备研发与示范"项目（2018YFD0700800）。项目针对牛羊屠宰装备落后，畜禽自动化分级分割装备缺乏，瞄准过程卫生、自动高效等关键问题，开展了一系列研究，取得了创新性研发成果。

创制的羊多工位高效扯皮机、内脏卫检同步系统在内蒙古美洋洋完成示范推广，创制的家禽分割产品快速分级系统、家禽分割主要设备在北票宏发示范应用，突破了制约家畜屠宰加工规模化生产的关键技术瓶颈，解决了畜禽屠宰加工效率和避免食品卫生安全隐患等问题。

羊多工位高效扯皮机

突破了双动力驱动的、多种空间动作相互配合的去皮技术，实现了多工位连续自动化扯皮作业，大幅提升关键单机加工效率，有效降低劳动强度。扯皮部件旋转速度与生产能力自动匹配，满足柔性扯皮加工要求，皮张破损率≤1%，有效提升产品质量，降低肉损失。

家禽自动割生产线

完成了"家禽自动化分割技术和装备研发与示范"课题，开发了家禽分割产品快速分级系统，实现挂禽区、烫毛、脱毛、掏膛、预冷及分割的自动化流水作业，集成了家禽自动分割生产线。解决了分割作业人员多，生产效率低等问题，全面提升我国家禽加工技术水平，打破了发达国家对我国的技术垄断。

专家评价意见

该项目研制了羊多工位高效扯皮机、内脏卫检同步系统、家禽快速分级系统等，建立了羊屠宰加工生产线，加工能力达 480 只/h；建立了家禽自动分割生产线，加工能力达 6 020 只/h，实现了畜禽屠宰加工自动化、标准化生产，提升了产品品质和卫生安全水平，经济社会效益显著。

食品新型压榨与微细化加工技术与装备开发

中机康元粮油装备（北京）有限公司承担完成了科技部"十三五"重点研发计划"食品新型压榨与微细化加工技术与装备开发"课题（2016YFD0400305）。该课题所属项目为浙江大学"食品工程化与智能化加工新技术装备开发研究"项目。课题参与单位有中国农业大学、北京工商大学、廊坊通用机械制造有限公司。

课题针对设备存在"生产效率低、稳定性差、智能化程度低、压榨理论研究不足"等突出问题，开展了一系列研究，取得了突破性、创新性研发成果，部分成果达到了国际先进水平。

技术创新点 1

项目采用了新型高效传动、榨膛适宜增压构建，压榨全程应力应变智能监测及控制、容积式压榨机的全自动喂料、出饼及压榨全程自动化控制等油脂加工新技术。

技术创新点 2

项目通过对油料压榨应力应变与传热传质机理技术研究，构建了榨螺与流体域模型以及油料压榨的应力－应变曲线。

技术创新点 3

开发的 WYZ5.0 全自动容积压榨机，实现了对珍稀油料的连续化规模化生产和自动控制，提高了设备产能；开发的 SLZ-50 低温榨油机，在螺旋铠甲化、压力云图建立和分布式智能压榨监测系统等关键技术和装备上取得了突破，填补了部分领域空白，有效地提升了设备的使用寿命和信息化控制水平。

项目成果评价意见

2021 年 6 月 19 日，中国粮油学会组织专家对"食品新型压榨与微细化加工技术研究与装备开发"项目成果进行了评价。与会专家一致认为：项目以高效智能化低温压榨装备为研究目标，引领油料压榨领域向绿色清洁、优质优用方式转变，整体技术达到国际先进水平。

低钠盐中式火腿相揉腌制设备和快速风干成熟控制系统研制

中国包装和食品机械有限公司承担了科技部"十三五"国家重点研发计划"低钠盐中式火腿辊揉腌制设备和快速风干成熟控制系统研制"课题（2016YFD0401502-02）。该课题所属项目为江苏雨润肉食品有限公司牵头承担的"中式传统肉制品绿色制造关键技术与装备研发及示范"项目。

课题针对干腌火腿加工周期长、盐分含量高、工艺装备落后、产品单一等关键问题，研制出的火腿自动辊揉腌制机、智能化控制的火腿快速风干成熟控制系统，已在江苏长寿集团实现产业化应用。

火腿快速风干成熟控制系统

构建的智能化温湿度控制系统，实现了传统干腌火腿连续化、自动化风干发酵，大幅节约人工数量，降低能耗，有效降低生产成本，缩短火腿工艺时间50%，达到工业化生产的技术要求，大幅提升了企业的加工技术水平和产能。

火腿自动相揉腌制设备

开发的火腿辊揉腌制自动化加工设备加工能力480条/h，辊揉频率70次/min，解决了干腌火腿品质不稳定、高盐和手工生产等难题。设备采用仿形压辊和托板对火腿进行反复辊揉、弯曲挤压和拉伸，使肌肉组织疏松柔软，有效促进盐分渗透吸收，提升火腿品质。

专家评价意见

该课题研制的火腿自动辊揉腌制设备、快速风干成熟控制系统，设备填补了国内空白，实现了火腿辊揉自动化加工及工艺参数自动化控制，突破了制约行业发展的技术难点，改变了传统干腌火腿加工技术装备落后的现状。